应用型本科院校“十三五”规划教材 · 计算机公共课程类

大学计算机基础

DAXUE JISUANJI JICHU

（第二版）

主 编 彭 梅 陈 雪 彭 平

副主编 李 满 胡 珊 张永健
姚勇娜 王凯丽

中国铁道出版社有限公司
CHINA RAILWAY PUBLISHING HOUSE CO., LTD.

内 容 简 介

本书以2015年教育部高等学校大学计算机课程教学指导委员会编制的《大学计算机基础课程教学基本要求》为依据进行编写，为广州工商学院“十三五”质量工程资助项目。本书在内容选取上注重实用性和代表性，突出应用型本科特色；在内容编排上将相关知识点分解到任务中，让学生通过对任务的分析和实现来掌握相关理论知识。全书共9章内容，主要包括计算机文化与前沿技术、计算思维导论、Windows 7应用、Word 2010基础应用、Word 2010高级应用、Excel 2010基础应用、Excel 2010高级应用、PowerPoint 2010应用、和多媒体数据表示与处理。对于操作应用性强的Microsoft Office办公应用软件和多媒体数据处理均设置任务，每个任务均按照“任务引导→任务步骤→任务实施→难点解析”的顺序进行编排，既能覆盖全书的主要知识点和技能点，带动教学的主要内容，又能切合日常的工作、生活，实用性强。

本书不仅适合作为应用型本科院校非计算机专业学生的计算机基础教材，也可作为各类从业人员的职业教育和在职培训的计算机入门教材，还可以作为广大计算机爱好者的自学教材。在具体教学安排上，各校可以根据教学学时、学生层次等具体情况，灵活选取教学内容，教学也可以不按本书的章节顺序自行安排。

图书在版编目（CIP）数据

大学计算机基础 / 彭梅，陈雪，彭平主编. —2 版. —北京：中国铁道出版社有限公司，2020.8（2021.7 重印）
应用型本科院校“十三五”规划教材. 计算机公共课程类
ISBN 978-7-113-26983-8

Ⅰ.①大… Ⅱ.①彭… ②陈… ③胡… Ⅲ.①电子计算机-高等学校-教材 Ⅳ.①TP3

中国版本图书馆 CIP 数据核字（2020）第 102594 号

书　　名：**大学计算机基础**
作　　者：彭 梅　陈 雪　彭 平

策　　划：唐 旭　　　**编辑部电话：**（010）51873202
责任编辑：刘丽丽
封面设计：刘 颖
责任校对：张玉华
责任印制：樊启鹏

出版发行：中国铁道出版社有限公司（100054，北京市西城区右安门西街 8 号）
网　　址：http://www.tdpress.com/51eds/
印　　刷：三河市航远印刷有限公司
版　　次：2017 年 8 月第 1 版　2020 年 8 月第 2 版　2021 年 7 月第 3 次印刷
开　　本：880 mm×1 230 mm　1/16　印张：21.75　字数：683 千
书　　号：ISBN 978-7-113-26983-8
定　　价：59.80 元

前言

《大学计算机基础》（第二版）以 2015 年教育部高校学校大学计算机课程教学指导委员会编制的《大学计算机基础课程教学基本要求》为依据，是编者在多年基础课程教学经验的基础上编写的，至今已经过去三年了。为了适应教学改革的需要，我们组织了《大学计算机基础》编写组，来重新编写这本教材。由于 2020 年新冠肺炎的大爆发使原本编写计划受到影响，经过大家克服困难，一本较好体现计算机通识课特点的教材终于与大家见面了。本书在内容编排上，将相关知识点分解到任务中，让学生在任务完成过程中掌握知识和方法；在编写风格上，强调任务先行，逐步为学生建立完整的知识体系。

本教材教学设计的特点如下：

（1）从“计算机文化与前沿技术”切入课程，通过介绍计算机发展过程中的典型事件和重要人物，培养学生的学习兴趣。通过引入与学生日常生活密切相关的计算机技术，讲解信息技术的编码知识。通过云计算、大数据等知识，广泛融入先进成果与技术，知识传达具有先进性和实用性。计算思维基础知识模块主要讲解计算思维的概念和本质、计算思维对其他学科的影响，帮助学生理解计算思维的本质，即抽象和自动化。算法与数据结构模块给出了算法类问题的求解思路：数学建模→算法策略分析→数据结构设计→算法过程设计→算法程序语言实现。

（2）在讲授办公软件应用时，通过对教学过程中是否有“培养学生的自学能力、综合应用能力和创造能力”的反思，采用“任务引导→任务步骤→任务实施→难点解析”的教学模式，并在其中融入计算思维的基本概念，在注重培养学生实际操作能力的同时，更注重学生信息素养的培养。案例以典型工作过程为载体设计课程内容及教学模式，围绕复杂工作过程中综合职业能力的形成来整合相应的知识和技能，形成课程知识能力体系。知识内容的深度和广度符合最新的大学计算机等级考试和相关考试要求。

本教材的特色如下：

（1）突出应用型本科特色，注重计算思维培养。

大学计算机基础作为本科学生最早接触的信息类课程，对于提升学生信息意识、拓宽思维方式，并利用计算机相关知识解决本专业领域问题的作用不言而喻。因此，将大学计算机课程由具体的计算机操作提升到计算思维方式培养的高度，创建以计算思维、项目实施为核心的教学模式，为学生进行学科研究与创新创业提供有力支撑。本教材就是基于上述教育理念，以计算思维为导向，以突出“应用”和强化“能力”为目标，结合教育教学改革新理念、新思想、新要求及多年教学改革实践和建设成果编写而成的。在培养学生掌握计算机应用技能的同时，潜移默化地培养学生运用计算机科学知识进行问题求解、系统设计等计算思维能力。

（2）内容选取充分考虑学生专业差异，注重学科交叉。

为编写好这本教材，项目组每位老师整理、收集、查阅大量适合相关专业的实用原始数据，编撰、设计适合各个本科专业的案例，针对计算机应用要求的不同，精心组织教学，注重学科交叉。

本书所使用的素材和任务完成效果已上传于中国铁道出版社有限公司资源网站（http://www.tdpress.com/51eds），读者可自行下载所需要的资料。

本书由广州工商学院计算机科学与工程系计算机文化基础教研室组织编写，为广州工商学院“十三五”质量工程资助项目。全书由彭梅、陈雪、彭平任主编，李满、胡珊、张永健、姚勇娜、王凯丽任副主编。参与编写工作的有赵勇俊、谭泽荣、王昆、钟丽花、姚丹等老师。本书在编写的过程中得到了学院领导、老师的大力支持，还得到了校企合作单位广州大匠建材有限公司的全面配合，在此一并表示感谢！

在本书的编写过程中，我们试图将多年的改革经验和体会融入教材中与大家分享。当然，由于编者水平有限，书中难免有疏漏和欠妥之处，诚请各位读者批评指正。愿与广大同行为建设高质量的计算机基础课程共同努力！

编　者

2020 年 4 月

目录

第 1 章

计算机文化与前沿技术

计算机的产生和发展	📖 数与计算工具 📖 计算机发展简史 📖 奠定现代计算机基础的重要人物 📖 计算机的类型和特点 📖 计算机的应用领域 📖 计算机的发展方向
信息编码	📖 数制 📖 各种数制的转换 📖 数据存储单位 📖 计算机中信息的编码
网络技术	📖 计算机网络概述 📖 计算机网络的组成和分类 📖 网络协议和 TCP/IP 📖 计算机网络的功能 📖 Internet 📖 计算机网络安全
前沿技术	📖 云计算 📖 大数据 📖 人工智能 📖 物联网

1.1　计算机的产生和发展

数，这种高度抽象的概念，是人类在生产和生活中逐渐形成的概念，以至于最终有了计算工具，来完成计算，解决生产和生活中的问题。从人类活动有记载以来，对自动计算的追求就一直没有停止过。通过简要地回顾计算机的历史进程，就可以了解计算机是建立在人类千百年来不懈的追求和探索之上的。

1.1.1　数与计算工具

数是量化事物多少的概念，它是抛开事物具体特征，对事物的高度抽象。从数的概念产生之日起，计数和数的计算问题也相伴而生，并始终伴随着人类的进化和人类文明的发展历程，便有了计算工具，来完成计算。

1. 数与计算

数是人类最伟大的发明之一，是人类精确描述事物的基础。古人如何记录数？考古学家发现，古人在树木或者石头上刻痕划印来记录流失的日子。中国的先民采用“结绳而治”，就是用在绳上打结的办法来记事表达数的意思；后来又改为“书契”，即用刀在竹片或木头上刻痕记数，用一画代表“一”。今天的人们还常用“正”字来记数，它表达的是“逢五进一”的意思。

考古发现，不同的文明和文字都有独特的记数法，例如：中国数字、罗马数字、阿拉伯数字等。但这些不同的记数法中，阿拉伯数字的影响最为广泛。中国人于公元前 14 世纪，发明了十进计数制，到了商代，中国人就已经能够用 0 ～ 9 十个数字来表示任意大的自然数。英国皇家学会会员李约瑟教授认为：“如果没有十进制，就几乎不能出现我们现在这个统一的世界了。”十进制在计算机科学和计算技术的发展中起了非常重要的作用，充分展示了中国古代劳动人民的独创性，在世界计算史上有着重要的地位。

2. 计算工具

计算工具的发展是从简单到复杂，过程非常漫长，如公元前 700 年左右的算筹、算盘到 17 世纪 30 年代之后的计算尺、机械式计算器，再到电子式计算机器，它们的记录和计算数据功能也变得由简单到复杂。

（1）算筹

中国的算筹出现于春秋战国时期，即公元前 770 年至公元前 221 年，它是中国古代发明的计数和计算工具，是世界上最古老的计算工具之一。古代的算筹实际上是一根根同样长短和粗细的小棍子，一般长为 13 ～ 14 cm，径粗 0.2 ～ 0.3 cm，多用竹子制成，也有用木头、兽骨、象牙、金属等材料制成的，大约二百七十几枚为一束，放在一个布袋里，系在腰部随身携带。

（2）算盘

算盘是用算珠代替算筹，用木棒将算珠穿起来，固定在木框上，用一定的指法拨动算珠代替移动算筹的计算工具。算盘使用中人们总结出许多计算口诀，使计算的速度更快，这种用算盘计算的方法叫作珠算。即使在计算机普及使用的今天，还有不少人将它作为计算训练工具。

（3）计算尺

计算尺发明于 17 世纪二三十年代，在 John Napier 对数概念发表后不久。牛津的埃德蒙 • 甘特（Edmund Gunter）发明了一种使用单个对数刻度的计算工具，当和另外的测量工具配合使用时，可以用来做乘除法。1630 年，剑桥的 William Oughtred 发明了圆算尺。1632 年，他又组合了两把甘特式计算尺，发明了被视为现代计算尺的设备。现代计算尺通常由三个互相锁定的有刻度的长条和一个滑动窗口（称为游标）组成，如图 1-1 所示，在 20 世纪 70 年代之前使用广泛，之后被电子计算器所取代。

图1-1　计算尺

（4）机械式计算机器

1623 年德国科学家威廉 • 契克卡德（Wilhelm Schickard）教授为他的挚友天文学家约翰尼斯 • 开普勒（Johannes Kepler）制作了一种机械计算机器。这是人类历史上的第一台机械式计算机器，这台机器能够进行六位数的加、减、乘、除运算。1642 年，法国哲学家和数学家帕斯卡（Blaise Pascal）发明了世界上第一台加减法计算机。它是利用齿轮传动原理制成的机械式计算机，通过手摇方式操作运算。1671 年，著名的德国数学家莱布尼茨（G.W.Leibnitz）制成了第一台能够进行加、减、乘、除四则运算的机械式计算机，如图 1-2 所示。最后，机械式计算机发展成为手摇或电动的台式计算机。1833 年，英国科学家巴贝奇（Charles Babbage）提出了制造自动化计算机的设想，他所设计的分析机，引进了程序控制的概念。尽管由于当时技术上和工艺上的局限性，这种机器未能完成制造，但它的设计思想，可以说是现代计算机的雏形。

（5）电子计算器

20 世纪四五十年代，随着电子计算器诞生，一种采用集成电路的便携式的电子计算器也随之出现，机械式计算机随之退出历史舞台。电子计算器（见图 1-3）只是简单的计算工具，有些具备函数计算功能，有些具备一定的存储功能，但一般只能存储几组数据。使用的是固化的处理模块或程序，只能完成特定的计算任务；它不能自动地实现这些操作过程，必须由人来操作完成。

图1-2　莱布尼茨发明的机械式计算机

图1-3　电子式计算器

1.1.2　计算机发展简史

在计算工具发展的漫漫征程中，使用工具的计算过程不能自动化，需要人的直接参与，借助机器进行计算是人们永远的追求。追忆计算机的发展历程可以发现，人们总是希望获得更快的计算速度，利用计算机伸展研究领域、扩展研究深度。

1. 电子数字计算机的诞生

一般认为世界上的第一台电子数字计算机是于 1946 年 2 月诞生在美国宾夕法尼亚大学的 ENIAC（Electronic Numerical Integrator And Calculator），如图 1-4 所示，是由美国物理学家莫克利（John Mauchly）教授和他的学生埃克特（Presper Eckert）为计算弹道和射击特性而研制的。它用了近 18 000 个电子管，6 000 个继电器，

图1-4　诞生于美国宾夕法尼亚大学的ENIAC

70 000 多个电阻，10 000 多只电容及其他器件。机器表面布满了电表、电线和指示灯，总体积约 90 m^3，重 30 t，功率为 150 kW，机器被安排在一排 2.75 m 高的金属柜里，占地面积约 170 m^2，其内存是磁鼓、外存为磁带，操作由中央处理器控制，使用机器语言编程。ENIAC 虽然庞大无比，但它的加减法运算速度达到了 5 000 次 / 秒，可以在 0.003 s 时间内完成两个 10 位数的乘法，使原来近 200 名工程师用机械计算机需 7 ～ 10 h 的工作量，缩短到只需 30 s 便能完成。

2. 计算机的发展

科学家们经过了艰难的探索，发明了各种各样的“计算机”，这些“计算机”顺应了当时的历史发展，发挥了巨大的作用，推动了计算机技术的不断发展。

（1）以电子器件发展为主要特征的计算机的发展阶段

从第一台电子数字计算机诞生到今天，计算机技术获得了迅猛的发展，功能不断增强，所用电子器件不断更新，可靠性不断提高，软件不断完善。直到现在，计算机还在日新月异地发展着。计算机的性能价格比继续遵循着著名的摩尔定律：芯片的集成度和性能每 18 个月提高一倍。表 1-1 列出了第一代至第四代计算机主要特征。

表 1-1　第一代至第四代计算机主要特征

年代	第一代 1946—1958 年	第二代 1959—1964 年	第三代 1965—1970 年	第四代 1971 年至今
元器件	真空电子管	晶体管	中小规模集成电路，开始采用半导体存储器	大规模和超大规模集成电路
特点	体积较庞大，造价高昂，可靠性低，存储设备为水银延迟线、磁鼓、磁芯	体积小、重量轻、可靠性大大提高，主存采用磁芯，外存为磁带、磁盘	体积大大缩小，重量更轻，成本更低，可靠性更高	出现了影响深远的微处理器，计算机向巨型机和微型机两极发展，运算速度极大提高
运算速度	每秒几千至几万次	每秒几万至几十万次	每秒几十万至几百万次	微型机每秒几百万至几千万次，巨型机每秒上亿至千万亿次
软件系统	没有系统软件，使用机器语言编程	汇编语言、高级语言开始出现，如 Fortran、ALGOL 等	高级语言进一步发展，开始使用操作系统	多种高级语言深入发展，操作系统多样化，软件配置更加丰富和完善，软件系统工程化、理论化，程序设计部分自动化
应用领域	科学计算	科学计算、数据处理、事务管理、工业工程控制	广泛应用于各个领域并走向系列化、通用化和标准化	社会、生产、军事和生活的各个方面，计算机网络化

（2）计算机的未来发展

直到今天，人们使用的所有计算机，都采用美国数学家冯•诺依曼（John von Neumann）提出的“存储程序”原理为体系结构，因此也统称为冯 • 诺依曼型计算机。20 世纪 80 年代以来，美国、日本等发达国家开始研制新一代计算机，是微电子技术、光学技术、超导技术、电子仿生技术等多学科相结合的产物，目标是希望打破以往固有的计算机体系结构，使计算机能进行知识处理、自动编程、测试和排错，能用自然语言、图形、声音和各种文字进行输入和输出，能具有人那样的思维、推理和判断能力。已经实现的非传统计算技术有：利用光作为载体进行信息处理的光计算机；利用蛋白质、DNA 的生物特性设计的生物计算机；模仿人类大脑功能的神经元计算机；以及具有学习、思考、判断和对话能力，可以辨别外界物体形状和特征，建立在模糊数学基础上的模糊电子计算机等。未来的计算机还可能是超导计算机、量子计算机、DNA 计算机或纳米计算机等。

3. 我国计算机的发展历史

我国的计算机事业创始于 20 世纪 50 年代中期。自 1957 年至今的 60 多年中，我国计算机的发展也经历了第一代（电子管）、第二代（晶体管）、第三代（中小规模集成电路）和第四代（大规模和超大规模集成电路）

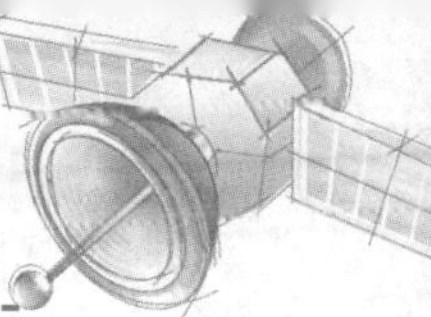

的发展过程。

（1）第一代计算机（1957—1964 年）

我国从 1957 年开始研制通用数字电子计算机，1958 年研制成功 103 型计算机（即 DJS-1 型），共生产 38 台。1959 年 9 月研制成功 104 型计算机，1960 年 4 月研制成功第一台小型通用电子计算机（107 型计算机），1964 年研制成功我国第一台自行设计的大型通用数字电子管计算机 119 机，其平均浮点运算速度为每秒 5 万次，用于我国第一颗氢弹研制的计算任务。

（2）第二代计算机（1965—1972 年）

1965 年研制成功第一台大型晶体管计算机（109 乙机），在对 109 乙机加以改进的基础上，两年后又推出了 109 丙机，在我国"两弹"试验中发挥了重要作用。

（3）第三代计算机（1973 年至 20 世纪 80 年代初）

IBM 公司 1964 年推出的 360 系列大型机是美国进入第三代计算机时代的标志，我国到 1970 年初期才陆续推出采用集成电路的大、中、小型计算机。1973 年，北京大学与北京有线电厂等单位合作研制成功运算速度为每秒 100 万次的大型通用计算机。进入 80 年代，我国高速计算机，特别是向量计算机有新的发展。1983 年中国科学院计算所完成我国第一台大型向量机——757 机，计算速度达到每秒 1000 万次。同年国防科大研制成功银河-Ⅰ亿次巨型计算机。

（4）第四代计算机（20 世纪 80 年代中期至今）

和国外一样，我国第四代计算机的研制也是从微型机开始的。20 世纪 80 年代初我国开始采用 Z80、X86 和 M6800 芯片研制微型机。1983 年 12 月研制成功与 IBM-PC 兼容的 DJS-0520 微型机。1992 年研制成功银河-Ⅱ通用并行巨型机，峰值速度达每秒 4 亿次浮点运算（相当于每秒 10 亿次基本运算操作）。1993 年研制成功"曙光一号"全对称共享存储多处理机。1995 年推出第一台具有大规模并行处理机（MPP）结构的并行机"曙光 1000"（含 36 个处理机），峰值速度为每秒 25 亿次浮点运算，实际运算速度上了每秒 10 亿次浮点运算这一高性能台阶。1997 年研制成功银河-Ⅲ百亿次并行巨型计算机系统，并于 1997—1999 年先后推出具有机群结构的曙光 1000A、曙光 2000-Ⅰ、曙光 2000-Ⅱ超级服务器。2000 年推出每秒浮点运算速度 3000 亿次的曙光 3000 超级服务器。2004 年上半年推出浮点运算速度每秒 1 万亿次的曙光 4000 超级服务器。2010 年 11 月 14 日，国际组织 TOP500 在其官方网站上公布了当年全球超级计算机 500 强排行榜，中国首台千万亿次超级计算机系统"天河一号"以每秒 2.56 千万亿次浮点运算排名全球第一。

1.1.3　奠定现代计算机基础的重要人物

在计算机科学与技术的发展进程中，以下一些人物及其思想是不能不提的，正是这些科学家们的重要思想奠定了现代计算机科学与技术的基础。

布尔（G. Boole）：英国数学家布尔广泛涉猎著名数学家牛顿、拉普拉斯、拉格朗日等人的数学名著，并写下了大量笔记，这些笔记中的思想在 1847 年收录到他的第一部著作《逻辑的数学分析》中。1854 年，已经担任柯克大学教授的布尔又出版了《思维规律的研究——逻辑与概率的数学理论基础》。凭借这两部著作，布尔建立了一门新的数学学科——布尔代数，构思了关于 0 和 1 的代数系统，用基础的逻辑符号系统描述物体和概念，为数字计算机开关电路的设计提供了重要的数学方法。

艾达•奥古斯塔（Ada Augusta）：计算机领域著名的女程序员，她是著名诗人拜伦的女儿。艾达在 1843 年发表了一篇论文，指出机器将来有可能被用来创作音乐、制图和在科学研究中运用。艾达为如何计算"伯努利数"写了一份规划，首先为计算拟定了"算法"，然后制作了一份"程序设计流程图"，被人们认为是世界上"第一个计算机程序"。1979 年 5 月，美国海军后勤司令部的杰克•库帕（Jack Cooper）在为国防部研制的一种通用计算机高级程序设计语言命名时，将它起名为 Ada，以表达人们对艾达的纪念和钦佩。

家香农（C. Shannon）：美国数学香农于 1938 年发明了以脉冲方式处理信息的继电器开关，从理论到技术彻底改变了数字电路的设计。1948 年，他写作了《通信的数学基础》，被誉为"信息论之父"。1956 年，香农率先把人工智能运用于计算机下棋，发明了一个能自动穿越迷宫的电子老鼠，以此验证了计算机可以通过学习提高智能。

阿兰·图灵（Alan Turing）：图灵发表了一篇具有划时代意义的论文——《论可计算数及其在判定问题中的应用》（*On Computer Numbers With an Application to the Entscheidungs Problem*）中，论述了一种假想的通用计算机，即理想计算机，被后人称为“图灵机”（Turing Machine，TM）。1939 年，图灵根据波兰科学家的研究成果，制作了一台破译密码的机器——“图灵炸弹”。1945 年，图灵领导一批优秀的电子工程师，着手制造自动计算引擎（Automatic Computing Engineer，ACE），1950 年 ACE 样机公开表演，被称为世界上最快、最强有力的计算机。1950 年 10 月，图灵发表了《计算机和智能》（*Computing Machinery and Intelligence*）的经典论文，进一步阐明了计算机可以有智能的思想，并提出了测试机器是否有智能的方法，人们称之为“图灵测试”，图灵也因此荣膺“人工智能之父”的称号。1954 年，42 岁的图灵英年早逝。从 1956 年起，每年由美国计算机学会（Association for Computing Machinery，ACM）向世界最优秀的计算机科学家颁发“图灵奖”（Turing Award），类似于科学界的诺贝尔奖，“图灵奖”是计算机领域的最高荣誉。

维纳（L. Wiener）：“控制论之父”，1940 年，提出现代计算机应该是数字式的，应由电子元件构成，采用二进制，并在内部存储数据。

冯·诺依曼（John von Neumann）：美籍匈牙利数学家冯·诺依曼，提出了著名的“存储程序”设计思想，是现代计算机体系的奠基人。1944 年，冯·诺依曼成为 ENIAC 研制小组的顾问，创建了电子计算机的系统设计思想。冯·诺依曼设计了“电子式离散变量自动计算机”（Electronic Discrete Variable Automatic Calculator，EDVAC），明确规定了计算机的五大部件，并用二进制替代十进制运算。EDVAC 最重要的意义在于“存储程序”。1946 年 6 月，冯·诺依曼等人提出了更为完善的设计报告《电子计算机装置逻辑结构初探》。同年七八月间，他们又在莫尔学院为美英 20 多个机构的专家讲授了课程“电子计算机设计的理论和技术”，推动了存储程序式计算机的设计与制造。EDVAC 完成于 1950 年，只用了 3 536 只电子管和 1 万只晶体管，以 1 024 个 44 bit 水银延迟线来存储程序和数据，消耗的电力和占地面积只有 ENIAC 的 1/3。EDVAC 完成后应用于科学计算和信息检索，显示了“存储程序”的威力。

1946 年，英国剑桥大学威尔克斯（M. Wilkes）教授到宾夕法尼亚大学参加了冯·诺依曼主持的培训班，完全接受了冯·诺依曼的存储程序的设计思想。1949 年 5 月，威尔克斯研制成了一台由 3 000 只电子管为主要元件的计算机，命名为电子存储程序计算机（Electronic Delay Storage Automatic Calculator，EDSAC），他也因此获得了 1967 年度的“图灵奖”。EDSAC 成为世界上第一台程序存储式数字计算机，以后的计算机都采用了程序存储的体系结构，采用这种体系结构的计算机被统称为冯·诺依曼型计算机。

1.1.4 计算机的类型

计算机发展到今天已经成为一个庞大的家族，因此计算机种类很多，一般最为常见的分类方式是以规模和处理能力分类。

不同规模和处理能力的计算机区别在于字长、存储容量、指令系统规模、运算速度、外设配置等。随着集成电路和计算机硬件技术的发展，从性价比看，今天的大型机可能就是明天的小型机，而今天的小型机就可能是明天的微型机了。

按规模和处理能力分类，可将计算机分为以下几种：

1．巨型机（Supercomputer）

巨型机是一种超级计算机，其运算速度达每秒数千万亿次浮点小数运算，甚至可以达到每秒万万亿次以上。巨型机存储容量很大，结构复杂，功能完善，价格昂贵。在计算机系列中，巨型机运算速度最高、系统规模最大，具有最高一级的处理能力。截至 2012 年 11 月，全球超级计算机排行榜 TOP500 中，排名第一的是美国泰坦（Titan），它是一款克雷 XK7 超级计算机，使用 560 640 个 AMD 皓龙处理器核心和 261 632 个英伟达 K20x 加速器，性能达到了每秒 1.759×10^{18} 次浮点运算。超级计算机泰坦的实物图如图 1-5 所示。

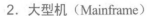

2．大型机（Mainframe）

大型机通常使用多处理器结构，具有很高的运算速度，具有较大的存储容量和较好的通用性，功能较完备，但价格也比较昂贵。通常用作银行、航空等大型应用系统中的计算机主机。大型机支持大量用户同时使用计算机数据和程序。IBM196 大型机实物图如图 1-6 所示。

图1-5　超级计算机泰坦

图1-6　IBM 196大型机

3．小型机（Minicomputer）

小型机的运算速度和存储容量低于大型机，但与终端和各种外围设备连接比较容易，适于作为联机系统的主机或者工业生产过程的自动化控制。早期的小型机也支持多用户，不过随着计算机规模与性价比的变化，多用户小型机慢慢淡出市场。现在的小型机主要被企业用作工程设计，或被政府机构和大学用作网络服务器，也被研究机构用来进行科学研究等。

4．工作站（Workstation）

工作站是一种以个人计算机和分布式网络计算为基础，主要面向专业应用领域，具备强大的数据运算与图形图像处理能力，为满足工程设计、动画制作、科学研究、软件开发、金融管理、信息服务、模拟仿真等专业领域而设计开发的高性能计算机。工作站的处理器性能和图像处理能力通常都非常高，但从外形上很难把它和一般微机区别开来，有时也把它叫作“高档微机”。图 1-7 所示为惠普 Z820 图形工作站。2010 年视觉效果（Weta Digital）公司利用惠普 Z800 工作站为大片《阿凡达》制作了大量的 CGI（计算机视觉成像）和特效。

图1-7　惠普Z820图形工作站

5．微型计算机（Microcomputer）

微型计算机简称微机，个人计算机（Personal Computer，PC）是其最具代表性的一种，一般用作桌面系统，因此也称台式机，特别适合个人事务处理、网络终端等应用。大多数用户使用的都是这种类型的计算机，它已经进入了家庭。微机也被应用在控制、工程、网络等领域。微机发展最显著的特征就是易于使用并且价格低廉。有关微机的组成及部件在后面章节中有进一步的介绍。

6．嵌入式计算机

嵌入式计算机是把处理器、存储器及接口电路直接嵌入设备中并执行专用功能的计算机，其运行的是固化的软件，即固件（Firmware），终端用户很难修改固件。嵌入式计算机系统是对功能、可靠性、成本、体积、功耗等有严格要求的专用计算机系统，其在应用数量上远远超过了通用计算机，在家电、制造业、过程控制、通信、仪器、仪表、汽车、船舶、航空、航天、军事装备、消费类产品等领域都有极其广泛的应用。

1.1.5　计算机的特点

计算机的基本特点主要包括以下几个方面：

1．高速的运算能力

计算机具有高速的运算速度，现在的计算机的速度甚至达到每秒几十亿次乃至上百亿次。例如，为了将

圆周率 π 的近似值计算到 707 位，一位数学家曾为此花十几年的时间，而如果用现代的计算机来计算，可能瞬间就能完成，同时可达到小数点后 200 万位。

2．计算精度高

一般的微型机可以达到十几位有效数字，巨型机还可以达到更高的精确度。计算机可以完成人力难以完成的高精度控制或高速操作任务。

3．逻辑判断准确

计算机可以进行各种逻辑判断，具有可靠的判断能力。这种逻辑判断能力是通过程序实现的，可以实现计算机工作的自动化，从而保证计算机控制的判断可靠、反应迅速、控制灵敏。

4．记忆能力强

在计算机中有容量很大的存储装置，不仅可以长久性地存储大量的文字、图形、图像、声音等信息资料，还可以存储指挥计算机工作的程序。

5．能自动完成各种工作

计算机能自动控制和操作，只要将事先编制好的应用程序输入计算机，计算机就能自动按照程序规定的步骤完成预定的处理任务。

1.1.6 计算机的应用领域

计算机的应用领域已渗透到社会的各行各业，正在改变着传统的学习、工作和生活方式，推动着社会的发展。目前，计算机的主要应用领域可以概括为以下几个方面：

1．科学计算（或数值计算）

科学计算是指利用计算机来完成科学研究和工程技术中提出的数学问题的计算。在现代科学技术工作中，科学计算问题是大量的和复杂的。利用计算机的高速计算、大存储容量和连续运算的能力，可以实现人工无法解决的各种科学计算问题。例如，建筑设计中为了确定构件尺寸，通过弹性力学导出一系列复杂方程，长期以来由于计算方法跟不上而一直无法求解。而计算机不但能求解这类方程，并且引起弹性理论上的一次突破，出现了有限单元法。

目前，科学计算仍然是计算机应用的一个重要领域。如高能物理、工程设计、地震预测、气象预报、航天技术等。由于计算机具有高运算速度和精度以及逻辑判断能力，因此出现了计算力学、计算物理、计算化学、生物控制论等新的学科。

2．数据处理（或信息处理）

数据处理是目前计算机应用最广泛的一个领域。利用计算机来加工、管理与操作任何形式的数据资料，如企业管理、物资管理、报表统计、账目计算、信息情报检索等。据统计，80% 以上的计算机主要用于数据处理，这类工作量大面宽，决定了计算机应用的主导方向。

数据处理从简单到复杂已经历了如下三个发展阶段：

①电子数据处理（Electronic Data Processing，EDP），它是以文件系统为手段，实现一个部门内的单项管理。

②管理信息系统（Management Information System，MIS），它是以数据库技术为工具，实现一个部门的全面管理，以提高工作效率。

③决策支持系统（Decision Support System，DSS），它是以数据库、模型库和方法库为基础，帮助管理决策者提高决策水平，改善运营策略的正确性与有效性。

目前，数据处理已广泛地应用于办公自动化、企事业计算机辅助管理与决策、情报检索、图书管理、电影电视动画设计、会计电算化等等各行各业。信息正在形成独立的产业，多媒体技术使信息展现在人们面前的不仅是数字和文字，也有声情并茂的声音和图像信息。

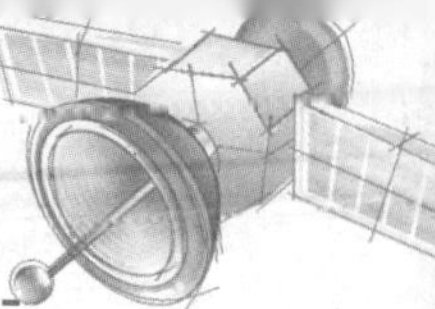

3. 计算机辅助技术

（1）计算机辅助设计（Computer Aided Design，CAD）

计算机辅助设计是利用计算机系统辅助设计人员进行工程或产品设计，以实现最佳设计效果的一种技术。它已广泛地应用于飞机、汽车、机械、电子、建筑和轻工等领域。例如，在电子计算机的设计过程中，利用CAD技术进行体系结构模拟、逻辑模拟、插件划分、自动布线等，从而大大提高了设计工作的自动化程度。又如，在建筑设计过程中，可以利用CAD技术进行力学计算、结构计算、绘制建筑图纸等，这样不但提高了设计速度，而且可以大大提高设计质量。

（2）计算机辅助制造（Computer Aided Manufacturing，CAM）

计算机辅助制造是利用计算机系统进行生产设备的管理、控制和操作的过程。例如，在产品的制造过程中，用计算机控制机器的运行，处理生产过程中所需的数据，控制和处理材料的流动以及对产品进行检测等。使用CAM技术可以提高产品质量，降低成本，缩短生产周期，提高生产率和改善劳动条件。

将CAD和CAM技术集成，实现设计生产自动化，这种技术被称为计算机集成制造系统（CIMS）。它的实现将真正做到无人化工厂（或车间）。

（3）计算机辅助测试（Computer Aided Testing，CAT）

计算机辅助测试是指利用计算机进行复杂而大量的测试工作。

（4）计算机辅助教学（Computer Aided Instruction，CAI）

计算机辅助教学是利用计算机系统使用课件来进行教学。课件可以用高级语言来开发制作，它能引导学生循环渐进地学习，使学生轻松自如地从课件中学到所需要的知识。CAI的主要特色是交互教育、个别指导和因人施教。

4. 过程控制（或实时控制）

过程控制是利用计算机及时采集检测数据，按最优值迅速地对控制对象进行自动调节或自动控制。采用计算机进行过程控制，不仅可以大大提高控制的自动化水平，而且可以提高控制的及时性和准确性，从而改善劳动条件、提高产品质量及合格率。因此，计算机过程控制已在机械、冶金、石油、化工、纺织、水电、航天等部门得到了广泛的应用。

例如，在汽车工业方面，利用计算机控制机床、控制整个装配流水线，不仅可以实现精度要求高、形状复杂的零件加工自动化，而且可以使整个车间或工厂实现自动化。

5. 人工智能（或智能模拟）

人工智能（Artificial Intelligence，AI）是研究、开发用于模拟、延伸和扩展人类智能的理论、方法、技术及应用系统的一门新兴的科学技术。人工智能是利用计算机模拟人类的智能活动，诸如感知、判断、理解、学习、问题求解和图像识别等。现在人工智能的研究已取得不少成果，有些已开始走向实用阶段。例如，能模拟高水平医学专家进行疾病诊疗的专家系统，以及具有一定思维能力的智能机器人，等等。

6. 网络应用

计算机技术与现代通信技术的结合构成了计算机网络。计算机网络的建立，不仅解决了一个单位、一个地区、一个国家中计算机与计算机之间的通信，各种软硬件资源的共享，也大大促进了文字、图像、视频和声音等各类数据的传输与处理。例如：银行服务系统、交通售票系统、网上各种信息的查询等。

1.1.7 计算机的发展方向

自从1946年世界上第一台电子计算机诞生以来，电子计算机已经走过了半个多世纪的历程。从第一代电子管计算机到现在正在开发的神经网络计算机，计算机的体积不断变小，但性能、速度却在不断提高。然而，人类的追求是无止境的，科学家们一刻也没有停止研究更好、更快、功能更强的计算机。从目前的研究方向看，未来计算机将向着以下几个方面发展。

1. 巨型化

巨型化是指计算机的运算速度更高、存储容量更大、功能更强。目前正在研制的巨型计算机其运算速度可达每秒百亿次。

2. 微型化

微型计算机已进入仪器、仪表、家用电器等小型仪器设备中，同时也作为工业控制过程的心脏，使仪器设备实现“智能化”。随着微电子技术的进一步发展，笔记本式、掌上型等微型计算机必将以更优的性能价格比受到人们的欢迎。

3. 网络化

随着计算机应用的深入，特别是家用计算机越来越普及，一方面希望众多用户能共享信息资源，另一方面也希望各计算机之间能互相传递信息进行通信。

计算机网络是现代通信技术与计算机技术相结合的产物。计算机网络已在现代企业的管理中发挥着越来越重要的作用，如银行系统、商业系统、交通运输系统等。

4. 智能化

计算机人工智能的研究是建立在现代科学基础之上的。智能化是计算机发展的一个重要方向，新一代计算机，将可以模拟人的感觉行为和思维过程的机理，进行“看”“听”“说”“想”“做”，具有逻辑推理、学习与证明的能力。

许多科学家也认为以半导体材料为基础的集成技术日益走向它的物理极限，要解决这个矛盾，必须开发新的材料，采用新的技术。于是人们努力探索新的计算材料和计算技术，致力于研制新一代的计算机，如生物计算机、光计算机和量子计算机等。

1.2 信 息 编 码

随着计算技术的不断发展，信息与物质、能源一起成为人类社会赖以生存和发展的三大资源。人们通过获取信息来认识外部世界，通过交换信息来与人交流、建立联系，通过运用信息来组织生产、生活，推动社会的进步。

信息是表现事物特征的普遍形式，往往以音频、视频、气味、色彩等形式表现，它能被人类和其他生物的感觉器官（包括传感器）所接受，再经过加工处理后用文字、符号、声音、动画、图像等媒体形式再现，成为可利用的资源。

信息技术的基础就是研究如何将日常所感受到的信息用计算机技术进行表达，即信息的编码、存储和交换。

1.2.1 数制

1. 数制的概念

数制，又称进位计数制，是指用统一的符号规则来表示数值的方法，它有 3 个基本术语：

①数符：用不同的数字符号来表示一种数制的数值，这些数字符号称为“数符”。

②基数：数制所允许使用的数符个数称为“基数”。

③权值：某数制中每一位所对应的单位值称为“权值”，或称“位权值”，简称“权”。

在进位计数制中，使用数符的组合形成多位数，按基数来进位、借位，用权值来计数。一个多位数可以表示为

$$N = \sum_{i=-m}^{n} A_i \times R^i \tag{1-1}$$

式（1-1）中：i 为某一位的位序号；A_i 为 i 位上的一个数符，$0 \leqslant A_i \leqslant R-1$，如十进制有 0，1，2，…，8，9 共 10 个数符；R 为基数，将基数为 R 的数称为 R 进制数，如十进制的 R 为 10；m 为小数部分最低位序号；n 为整数部分最高位序号（整数部分的实际位序号是从 0 开始，因此整数部分为 n+1 位）。

式（1-1）将一个数表示为多项式，也称为数的多项式表示。例如，十进制数 786，它可以根据式（1-1）表示为 $786=7\times10^2+8\times10^1+6\times10^0$，即等式的左边为顺序计数，右边则为按式（1-1）的多项式表示。实际上把任何进制的数按式（1-1）展开求和就得到了它对应的十进制数，所以式（1-1）也是不同进制数之间相互转换的基础。

由此，可以将进位计数制的基本特点归纳为：

①一个 R 进制的数有 R 个数符。

②最小的数符为 0，最大的数符为 R-1。

③计数规则为“逢 R 进 1，借 1 当 R”。

2. 常用数制

在日常生活中，人们通常使用十进制数，但实际上存在着多种进位计数制，如二进制（2 只手为 1 双手）、十二进制（12 个信封为 1 打信封）、十六进制（成语“半斤八两”，中国古代计重体制，1 斤 =16 两）、二十四进制（1 天有 24 小时）、六十进制（60 秒为 1 分钟，60 分钟为 1 小时）等。在计算机内部，一切信息的存储、处理与传输均采用二进制的形式，但由于二进制数的阅读和书写很不方便，因此在阅读和书写时又通常采用八进制数和十六进制数来表示。表 1-2 列出了常用的进位计数制。

表 1-2　常用进位计数制

进位计数制	数　符	基数	权值	计数规则
十进制	0，1，2，3，4，5，6，7，8，9	10	10^i	逢 10 进 1，借 1 当 10
二进制	0，1	2	2^i	逢 2 进 1，借 1 当 2
八进制	0，1，2，3，4，5，6，7	8	8^i	逢 8 进 1，借 1 当 8
十六进制	0，1，2，3，4，5，6，7，8，9，A，B，C，D，E，F	16	16^i	逢 16 进 1，借 1 当 16

（1）十进制

十进制（Decimal System）有 0 ～ 9 共 10 个数符，基数为 10，权系数为 10^i（i 为整数），计数规则为“逢 10 进 1，借 1 当 10”。对十进制的特点我们非常熟悉，因此不再详细介绍。

（2）二进制

二进制（Binary System）是计算机内部采用的数制。二进制有两个数符 0 和 1，基数为 2，权系数为 2^i（i 为整数），计数规则为“逢 2 进 1，借 1 当 2”。一个二进制数可以使用式（1-1）展开，例如：

$$(10101101)_2 = 1\times2^7+0\times2^6+1\times2^5+0\times2^4+1\times2^3+1\times2^2+0\times2^1+1\times2^0$$

（3）八进制

八进制（Octal System）有 8 个数符，分别用 0，1，2，3，4，5，6，7 共 8 个数符表示，基数为 8，权系数为 8^i（i 为整数），计数规则是“逢 8 进 1，借 1 当 8”。由于 $8 = 2^3$，因此 1 位八进制数对应于 3 位二进制数。一个八进制数可以使用式（1-1）展开，例如：

$$(753.64)_8=7\times8^2+5\times8^1+3\times8^0+6\times8^{-1}+4\times8^{-2}$$

（4）十六进制

十六进制（Hexadecimal System）有 16 个数符，分别用 0，1，2，3，4，5，6，7，8，9，A，B，C，D，E，F 表示，其中 A，B，C，D，E，F 分别对应十进制的 10，11，12，13，14，15。十六进制的基数为 16，权系数为 16^i（i 为整数），计数规则是“逢 16 进 1，借 1 当 16”。由于 $16 = 2^4$，因此 1 位十六进制数对应于 4 位二进制数。一个十六进制数可以使用式（1-1）展开，例如：

$$(3EC.B9)_{16}=3\times16^2+14\times16^1+12\times16^0+11\times16^{-1}+9\times16^{-2}$$

注意：为了区分不同进制的数，我们在数字（外加括号）的右下角加脚注 10，2，8，16 分别表示十进制、二进制、八进制和十六进制。或将 D，B，O，H 四个字母放在数的末尾以区分上述 4 种进制。例如，256D

或 256 表示十进制数，1001B 表示二进制数，427O 表示八进制数，4B7FH 表示十六进制数。

1.2.2　各种数制的转换

由于计算机内部使用二进制，要让计算机处理十进制数，必须先将其转化为二进制数才能被计算机所接受，而计算机处理的结果又需还原为人们所习惯的十进制数。

1. 二进制数转换为十进制数

二进制数转换为十进制数的方法就是将二进制数的每一位数按权系数展开，然后相加。即将二进制数按式（1-1）展开，然后进行相加，所得结果就是等值的十进制数。

【例 1-1】把二进制数 1101.01 转换为十进制数。

$$\begin{aligned}(1101.01)_2 &= 1\times2^3+1\times2^2+0\times2^1+1\times2^0+0\times2^{-1}+1\times2^{-2}\\ &= 8+4+0+1+0+0.25\\ &= (13.25)_{10}\end{aligned}$$

2. 十进制数转换为二进制数

将十进制数转换为二进制数是进制转换间比较复杂的一种，也是与其他进制转换的基础。这里把整数和小数转换分开讨论。

（1）整数的转换

十进制整数转换为二进制整数的方法为除基取余法，即将被转换的十进制数用 2 连续整除，直至最后的余数为 0 或 1，然后将每次所得到的商按相除过程反向排列，结果就是对应的二进制数。

【例 1-2】将十进制数 173 转换为二进制数。

将 173 用 2 进行连续整除：

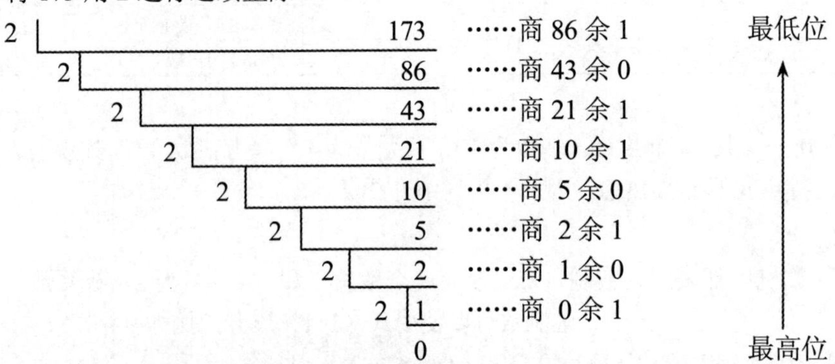

2 | 173 ……商 86 余 1
2 | 86 ……商 43 余 0
2 | 43 ……商 21 余 1
2 | 21 ……商 10 余 1
2 | 10 ……商 5 余 0
2 | 5 ……商 2 余 1
2 | 2 ……商 1 余 0
2 | 1 ……商 0 余 1
0
最低位
最高位

所以，$(173)_{10}=(10101101)_2$。

（2）小数的转换

十进制小数转换为二进制小数的方法为乘基取整法，即将十进制数连续乘 2 得到进位，按先后顺序排列进位就得到转换后的小数。

【例 1-3】将十进制小数 0.8125 转换为相应的二进制数。

高位

0.8125 × 2 = 1.6250 ……取出整数 1

0.6250 × 2 = 1.2500 ……取出整数 1

0.2500 × 2 = 0.5000 ……取出整数 0

0.5000 × 2 = 1.0000 ……取出整数 1

低位

余数为 0，转换结束。所以，$(0.8125)_{10}=(0.1101)_2$。

3．二进制数与八进制数的转换

（1）二进制数转换为八进制数

因为二进制数和八进制数的关系正好是 2 与 2 的三次幂的关系，所以二进制数与八进制数之间的转换只要按位展开就可以了。

【例 1-4】将二进制数 110100101.001011 转换为八进制数。

以小数点为界，分别将 3 位二进制对应 1 位八进制如下：

110	100	101	.	001	011	二进制
↓	↓	↓		↓	↓	
6	4	5	.	1	3	八进制

所以，$(110100101.001011)_2=(645.13)_8$。

注意：从小数点开始，往左为整数，最高位不足 3 位的，可以在前面补零；往右为小数，最低位不足 3 位的，必须在最低位后面补 0。

（2）八进制数转换为二进制数

先将需要转换的八进制数从小数点开始，分别向左和向右按每 1 位八进制对应 3 位二进制展开即得到对应的二进制数。

【例 1-5】将八进制数 357.264 转换为二进制数。

$$(357.264)_8=(011101111\ .\ 010110100)_2$$

转换后的二进制最高位和最低位无效的 0 可以省略。

4．二进制数和十六进制数之间的转换

（1）二进制数转换为十六进制数

转换方法与前面所介绍的二进制数转换为八进制数类似，唯一的区别是 4 位二进制对应 1 位十六进制，而且十六进制除了 0～9 这 10 个数符外，还用 A～F 表示它另外的 6 个数符。

【例 1-6】将二进制数 11000111.00101 转换为十六进制数。

1100	0111	.	0010	1000	二进制
↓	↓		↓	↓	
C	7	.	2	8	十六进制

从小数点开始，往左为整数，最高位不足 4 位的，可以在前面补 0；往右为小数，最低位不足 4 位的，必须在最低位后面补 0。所以，$(11000111\ .\ 00101)_2=(0C7.28)_{16}$。

注意：在给出十六进制数的前面加上“0”是因为这个十六进制数的最高位为字符 C，用 0 作为前缀以示与字母区别。

（2）十六进制数转换为二进制数

先将需要转换的十六进制数从小数点开始，分别向左和向右按每 1 位十六进制对应 4 位二进制展开即得到对应的二进制数。

【例 1-7】将十六进制数 5DF.6A 转换为二进制数。

$$(5DF.6A)_{16}=(010111011111\ .\ 01101010)_2$$

转换后的二进制最高位和最低位无效的 0 可以省略。

5．十进制数与八进制数、十六进制数之间的相互转换

表 1-3 列出了常用进制之间的转换。只要按式（1-1）所给出的表达关系，就可以用数学方法证明并得到相应的转换方法。通常，十进制和八进制及十六进制之间的转换不需要直接进行，可用二进制作为中间量进行相互转换。如要将一个十进制数转换为相应的十六进制数，可以先将十进制数转换为二进制数，然后直接根据二进制数写出对应的十六进制数，反之亦然。

表 1-3 十进制、二进制、八进制、十六进制转换表

十进制	二进制	八进制	十六进制	十进制	二进制	八进制	十六进制
0	0	0	0	8	1000	10	8
1	1	1	1	9	1001	11	9
2	10	2	2	10	1010	12	A
3	11	3	3	11	1011	13	B
4	100	4	4	12	1100	14	C
5	101	5	5	13	1101	15	D
6	110	6	6	14	1110	16	E
7	111	7	7	15	1111	17	F

1.2.3 数据存储单位

（1）位

“位”（bit）是电子计算机中最小的数据单位。每一位的状态只能是 0 或 1。

（2）字节

8 个二进制位构成 1 个“字节”（Byte，单位符号为 B），它是存储空间的基本计量单位。1 B 可以存储 1 个英文字母或者半个汉字，换句话说，1 个汉字占据 2 B 的存储空间。

（3）字（Word）

“字”由若干个字节构成，字的位数称作字长，不同档次的计算机有不同的字长。例如，一台 8 位机，它的 1 个字就等于 1B，字长为 8 位。如果是一台 16 位机，那么，它的 1 个字就由 2 B 构成，字长为 16 位。字是计算机进行数据处理和运算的单位，是衡量计算机性能的一个重要指标，字长越长，性能越强。

（4）KB（千字节）

在一般的计量单位中，小写 k 表示 1 000。例如，1 km= 1 000 m，1 kg=1 000 g。同样，大写 K 在二进制中也有类似的含义，只是这时 K 表示 2^{10}，即 1 024。1 KB 表示 1 024 B。

（5）MB（兆字节）

计量单位中的 M（兆）指 10^6，见到 M 自然想起要在该数值的后边续上 6 个 0，即扩大为原来的 100 万倍。在二进制中，MB 也表示百万级的数量级，但 1 MB 不是正好等于 1 000 000 字节，而是 1 048 576 字节，即 1 MB = 2^{20} B = 1 048 576 B。

计算机系统在数据存储容量计算中，有如下数据计量单位：

1 B = 8 bit

1 KB=2^{10}B=1 024 B

1 MB=2^{20}B=1 048 576 B

1 GB=2^{30}B=1 073 741 824 B

1 TB=2^{40}B=1 099 511 627 776 B

1.2.4 计算机中信息的编码

“数”不仅仅用来表示“量”，它还能作为“码”（Code）来使用。例如，每一个学生入学后都会有一个学号，这就是一种编码，编码的目的之一是为了便于标记每一个学生。又如，在键盘上输入英文字母 B，存入计算机的是 B 的编码 01000010，它已不再代表数量值，而是一个字符信息。这里介绍最常用的几种计算机编码。

1. BCD 码

人们习惯于使用十进制数，但是在计算机内部都是采用二进制数来表示和处理数据的，因此计算机在输

入和输出数据时，都要进行数制之间的转换处理，这项工作如果由人来完成，会浪费大量的时间。因此，必须采用一种编码方法，由计算机自动完成这种识别和转换工作。

所谓 BCD（Binary-Coded Decimal）编码，指的是二进制编码形式的十进制数，即把十进制数的每一位分别写成二进制形式的编码。

BCD 编码的形式有很多种，通常所采用的是 8421 编码。这种编码方法是用 4 位二进制数表示一位十进制数，自左向右每一位所对应的权分别是 8、4、2、1。4 位二进制数有 0000 ～ 1111 共 16 种组合形式，但只取前面 0000 ～ 1001 的 10 种组合形式，分别对应十进制数的 0 ～ 9，其余 6 种组合形式在这种编码中没有意义。

BCD 编码方法较为简单、自然、容易理解，且书写方便、直观、易于识别，如十进制数 2469，其二进制编码为：

2	4	6	9
(0010)	(0100)	(0110)	(1001)

2．ASCII 码

计算机在不同程序之间、在不同的计算机系统之间需要进行数据交换。数据交换的基本要求就是交换的双方必须使用相同的数据格式，即需要统一的编码。

目前计算机中使用的最广泛的西文字符集及其编码是美国标准信息交换码（American Standard Code for Information Interchange，ASCII），它最初是美国国家标准学会（ANSI）制定的，后被国际标准化组织（ISO）确定为国际标准，称为 ISO 646 标准。ASCII 码适用于所有拉丁文字字母。ASCII 码有两个版本，即标准 ASCII 码和扩展的 ASCII 码。

标准 ASCII 码是 7 位码（b_6 ～ b_0），即用 7 位二进制数来编码，用一个字节存储或表示，其最高位（b_7）总是 0。7 位二进制数总共可编出 2^7 ＝ 128 个码，表示 128 个字符。标准 ASCII 码具有如下特点：

①码值 000 ～ 031（0000000 ～ 0011111）对应的字符共 32 个，通常为控制符，用于计算机通信中的控制或设备的功能控制，有些字符可显示在屏幕上，有些则无法显示在屏幕上，但能看到其效果（如换行字符、响铃字符）。

②码值为 032（0100000）是空格字符，码值为 127（1111111）是删除控制符。码值 033 ～ 126（0100001 ～ 1111110）为 94 个可打印字符。

③ 0 ～ 9 这 10 个数字字符的高 3 位编码为 011（30H），低 4 位编码为 0000 ～ 1001，低 4 位的码值正好是数字字符的数值，即数字的 ASCII 码正好是 48（30H）加数字，掌握这一特点可以方便地实现 ASCII 码与二进制数的转换。

④英文字母的编码是正常的字母排序关系，大、小写英文字母的编码仅仅是 b_5 一位不同，大写字母的 ASCII 码的 b_5 位为“0”，小写字母的 ASCII 码的 b_5 位为“1”，即大、小写英文字母的 ASCII 码值相差 32（b_5 位的权值为 2^5=32）。掌握这一特点可以方便地实现大小写英文字母的转换。

扩展的 ASCII 码是 8 位码（b_7 ～ b_0），即用 8 位二进制数来编码，用一个字节存储表示。8 位二进制数总共可编出 2^8=256 个码，它的前 128 个码与标准的 ASCII 码相同，后 128 个码表示一些花纹图案符号。

3．汉字编码

汉字信息在计算机内部处理时要被转化为二进制代码，这就需要对汉字进行编码。相对于 ASCII 码，汉字编码有许多困难，如汉字量大，字形复杂，存在大量一音多字和一字多音的现象。

汉字编码技术首先要解决的是汉字输入、输出以及在计算机内部的编码问题，不同的处理过程使用不同的处理技术，有不同的编码形式。汉字编码处理过程如图 1-8 所示。

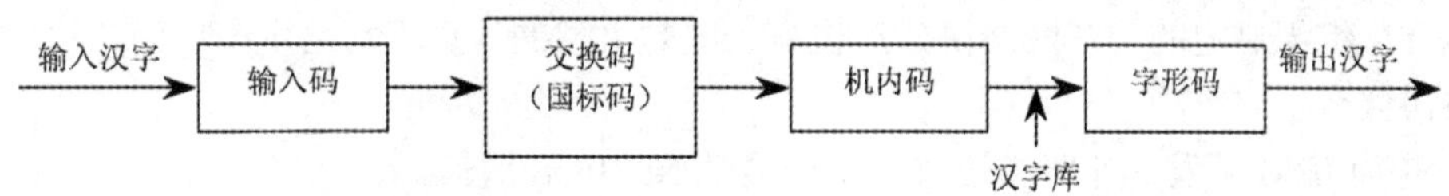

图1-8　汉字编码处理过程

4. Unicode 编码

Unicode 字符集编码是通用多八位编码字符集（Universal Multiple-Octet Coded Character Set）的简称，支持世界上超过 650 种语言的国际字符集。Unicode 允许在同一服务器上混合使用不同语言组的不同语言。它是由一个名为 Unicode 学术学会（Unicode Consortium）的机构制定的字符编码系统，支持现今世界各种不同语言的书面文本的交换、处理及显示。它为每种语言中的每个字符设定了统一并且唯一的二进制编码，以满足跨语言、跨平台进行文本转换、处理的要求。

1.3 网络技术

计算机网络自 20 世纪 60 年代产生以来，经过半个世纪特别是最近 20 多年的迅猛发展，已越来越多地被应用到政治、经济、军事、生产、教育、科学技术及日常生活等各个领域。它的发展，给人们的日常生活带来了很大的便利，缩短了人际交往的距离，甚至已经有人把地球称为“地球村”。

1.3.1 计算机网络概述

计算机网络是利用通信设备和线路将分布在不同地理位置的具有独立功能的多台计算机系统互联，遵照网络协议及网络操作系统进行数据通信，实现资源共享和信息传递的系统。

从以上定义可以看出，计算机网络是建立在通信网络的基础上，是以资源共享和在线通信为目的的。一般而言，计算机网络涉及以下基本术语：

1. 传输介质

连接两台或两台以上的计算机需要传输介质。传输介质可以是同轴电缆、双绞线和光纤等有线介质，也可以是微波、激光、红外线、通信卫星等无线介质，如图 1-9 所示。

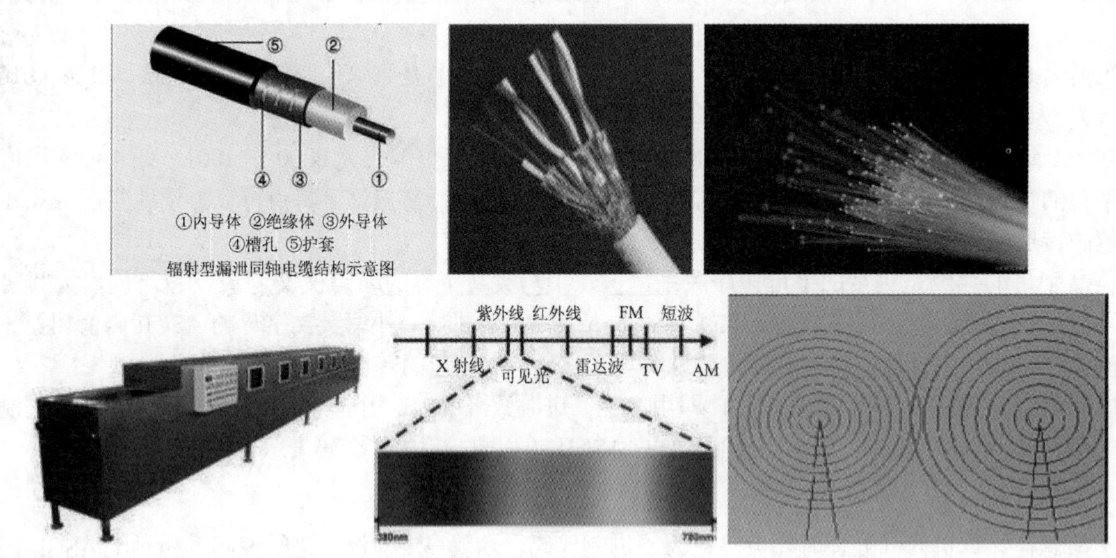

图1-9 各种传输介质

2. 通信协议

计算机之间要交换信息、实现通信，彼此之间需要有某些约定和规则，即网络协议。目前有很多网络协议，大部分是国际标准化组织制定的公共网络协议，也有一些是大型的计算机网络生产厂商自己制定的。

常用的网络协议有：

① NetBEUI 是为 IBM 开发的非路由协议，用于携带 NetBIOS 通信。

② IPX/SPX IPX 是 Novell 用于 NetWare 客户端 / 服务器的协议群组，避免了 NetBEUI 的弱点。但是，

IPX 具有完全的路由能力，可用于大型企业网。它允许有许多路由网络。包括 32 位网络地址，在单个环境中带来了新的不同弱点。

③ TCP/IP 协议是目前最常用的一种通信协议。TCP/IP 具有很强的灵活性，支持任意规模的网络，几乎可连接所有服务器和工作站。

3. 网络硬件设备

不在同一个地理位置的计算机系统要实现数据通信、资源共享，需要各种网络连接设备把各个计算机连接起来，如中继器、Hub、交换机、网卡、路由器等。此外，还需要服务器、工作站、防火墙等硬件设备。

4. 网络管理软件

目前网络管理软件相当多，包括各种网络应用软件、网络操作系统等。网络操作系统是网络中最重要的系统软件，是用户与网络资源之间的接口，承担着整个网络系统的资源管理和任务分配。目前，网络操作系统主要有 UNIX、Novell 公司的 NetWare 和微软的 Windows Server 系列。

5. 网络管理人员

这类人也可称作网络工程师，他们的主要任务是对网络进行设计、管理、监控、维护、查杀病毒等，保证网络系统能够正常有效地运行。

1.3.2　计算机网络的组成

一个计算机网络是由资源子网和通信子网构成。资源子网由提供资源的主机（Host）和请求资源的终端（Terminal）组成，负责全网的数据处理和向用户提供网络资源及服务。通信子网主要由网络结点和通信链路组成，承担全网数据传输、交换、加工和变换等通信处理工作，它是计算机网络的内层。图 1-10 是一个典型的计算机网络系统。

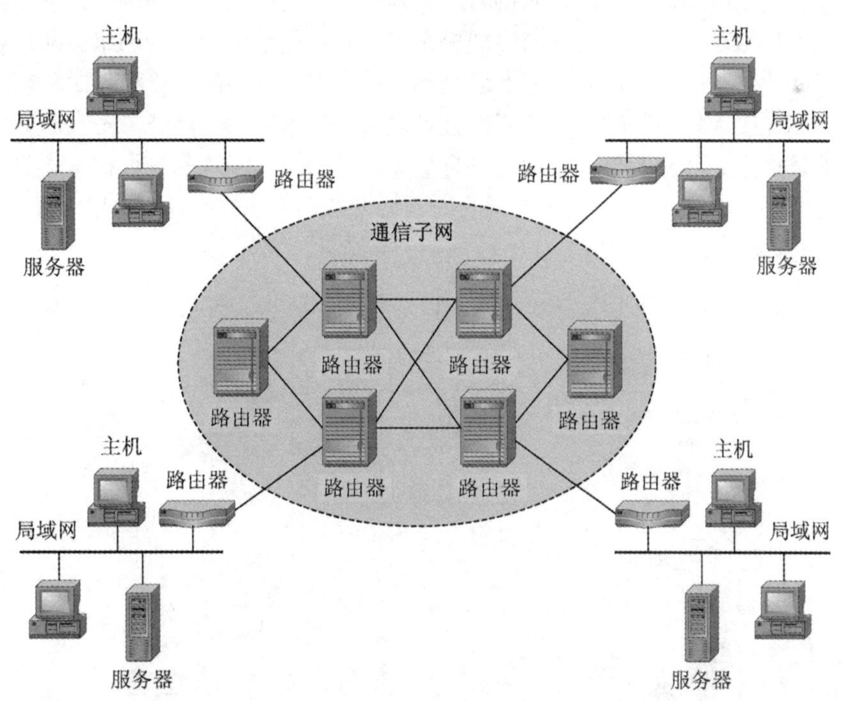

图1-10　典型的计算机网络系统

从以上网络系统的组成可以看出，计算机网络系统主体可分为网络硬件和网络软件两大部分。网络硬件包括计算机、网络设备、通信介质；网络软件包括网络操作系统、网络协议、网络应用软件。

1.3.3 计算机网络的分类

由于计算机网络的广泛应用，目前世界上出现了各种形式的计算机网络。我们可以从不同的角度对计算机网络进行分类，比如从网络的地域范围、网络的拓扑结构、网络的交换功能、网络的通信性能、网络的使用范围进行分类。

1. 按网络的地域范围划分

（1）局域网（Local Area Network，LAN）

局域网一般用微型计算机通过高速通信线路相连（传输速率通常在 10 Mbit/s 以上），但在地理上则局限在较小的范围（如一个实验室、一幢大楼、一个校园）。局域网按照采用的技术、应用范围和协议标准的不同可以分为共享局域网与交换局域网。局域网技术发展非常迅速，并且应用日益广泛，是计算机网络中最为活跃的领域之一。

（2）城域网（Metropolitan Area Network，MAN）

城域网的作用范围在广域网和局域网之间，如一个城市，作用距离为 5 ～ 50 km。城域网设计的目标是要满足几十千米范围内的大量企业、机关、公司的多个局域网互联的需求，以实现大量用户之间的数据、语音、图形与视频等多种信息的传输功能。

（3）广域网（Wide Area Network，WAN）

广域网的作用范围通常为几十到几千公里。广域网覆盖一个国家、地区，或横跨几个洲，形成国际性的远程网络。所以广域网有时也称为远程网。它将分布在不同地区的计算机系统互联起来，达到资源共享的目的。

（4）因特网（Internet）

因特网因其英文单词“Internet”的谐音而得名。在因特网应用如此发展的今天，它已是我们每天都要打交道的一种网络，无论从地理范围，还是从网络规模来讲，它都是最大的一种网络。从地理范围来说，它可以是全球计算机的互联，这种网络的最大的特点就是不定性，整个网络的计算机每时每刻随着人们网络的接入在不变的变化。当你连接因特网的时候，计算机就可以算是互联网的一部分，一旦断开连接，计算机就不属于因特网了。它的优点也是非常明显的，就是信息量大，传播广，无论你身处何地，只要联上因特网你就可以对任何可以联网用户发出信息。

2. 按网络的拓扑结构划分

按拓扑结构分类，计算机网络可分为总线结构，以及星状、环状、树状、网状结构等，如图 1-11 所示。

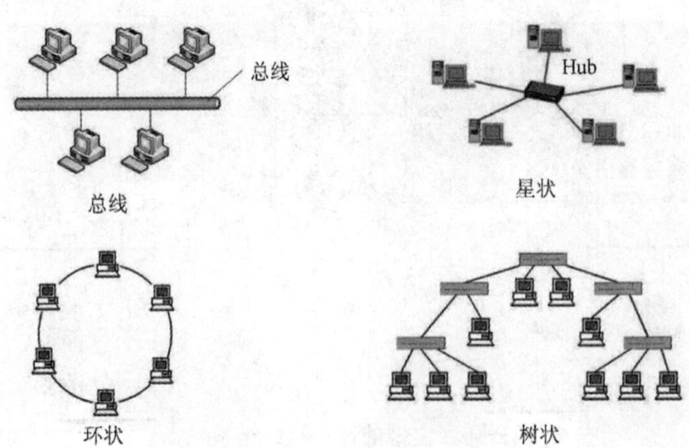

图1-11 几种网络拓扑图

① 星状网是最早采用的拓扑结构形式，其每个站点都通过连接电缆与主控机相连，相关站点之间的通信都由主控机进行，所以要求主控机有很高的可靠性，这种结构是一种集中控制方式。

② 环状网中各工作站依次相互连接组成一个闭合的环状，信息可以沿着环状线路单向（或双向）传输，

由目的站点接收。环状网适合那些数据不需要在中心主控机上集中处理而主要在各站点进行处理的情况。

③ 总线结构网中各个工作站通过一条总线连接，信息可以沿着两个不同的方向由一个站点传向另一个站点，是目前局域网中普遍采用的一种网络拓扑结构。

④ 树状结构是分级的集中控制式网络，与星状结构相比，它的通信线路总长度短，成本较低，结点易于扩充，寻找路径比较方便，但除了叶结点及其相连的线路外，任一结点或其相连的线路故障都会使系统受到影响。

⑤ 在网状拓扑结构中，网络的每台设备之间均有点到点的链路连接，这种连接不经济，只有每个站点都要频繁发送信息时才使用这种方法。它的安装也复杂，但系统可靠性高，容错能力强。有时也称为分布式结构。

除了以上分类方法以外，网络还可按交换方式分为电路交换、报文交换和分组交换三种；按所采用的传输媒体分为双绞线网、同轴电缆网、光纤网、无线网；按信道的带宽分为窄带网和宽带网；按不同用户分为科研网、教育网、商业网和企业网等。

1.3.4　网络协议和TCP/IP

网络协议（Protocol）是一种特殊的软件，是计算机网络实现其功能的最基本机制。网络协议的本质是规则，即各种硬件和软件必须遵循的共同守则。网络协议并不是一套单独的软件，它融合于其他所有的软件系统中，因此可以说，协议在网络中无所不在。网络协议遍及 OSI 通信模型的各个层次，从非常熟悉的 TCP/IP、HTTP、FTP 协议，到 OSPF、IGP 等协议，有上千种之多。局域网常用的三种通信协议分别是 TCP/IP 协议、NetBEUI 协议和 IPX/SPX 协议。

TCP/IP（Transport Control Protocol/Internet Protocol，传输控制协议 / 网际协议）协议毫无疑问是这三大协议中最重要的一个，作为互联网的基础协议，没有它就根本不可能上网，任何和互联网有关的操作都离不开 TCP/IP 协议。不过 TCP/IP 协议也是这三大协议中配置起来最麻烦的一个，单机上网还好，而通过局域网访问互联网的话，就要详细设置 IP 地址、网关、子网掩码、DNS 服务器等参数。

TCP/IP 尽管是目前最流行的网络协议，但 TCP/IP 协议在局域网中的通信效率并不高，使用它在浏览“网上邻居”中的计算机时，经常会出现不能正常浏览的现象。此时安装 NetBEUI 协议就会解决这个问题。

1.3.5　计算机网络的功能

1. 资源共享

资源共享是计算机网络最有吸引力的功能之一。在计算机网络中，有许多昂贵的资源，如大型数据库、高性能计算机等，其不可能为每一个用户所拥有，所以必须实行资源共享。资源共享包括：

① 软件资源共享，如应用程序、数据等。数据文件和应用程序可以由多名用户来使用。这种共享可以高效地利用硬盘空间，也能够使多用户项目的协作更加轻松。

② 硬件资源共享。在网络中，经常会共享一些连接到计算机上的硬件设备，以此来增加硬件的使用效率和减少硬件的投资，如网络打印机、大型磁盘阵列等。

2. 数据通信

通信和数据传输是计算机网络另一项主要功能，用以在计算机系统之间传送各种信息。利用该功能，地理位置分散的生产单位和业务部门可通过计算机网络连接在一起进行集中控制和管理。另外，也可以通过计算机网络传送电子邮件，发布新闻消息和进行电子数据交换，极大地方便了用户，提高了工作效率。

3. 提高可靠性

安全可靠性是计算机网络得以正常运转的保障。在一个系统内，若单个部件和计算机暂时失效，就必须通过替换的办法来维持系统的继续运行，如单机硬盘崩溃，就要更换新的硬盘，若事先未备份，该硬盘上的数据就可能全部丢失。但在计算机网络中，每种资源，特别是一些重要的数据和资料，可以存放在多个地点，方便用户通过多种途径来访问这些资源。建立网络之后，可以方便地通过网络进行信息的转储和备份，从而避免了单点失效对用户产生的影响，大大提高了系统的可靠性。

4. 分布处理

单机的处理能力是有限的，且由于种种原因，计算机之间的忙闲程度是不均匀的。从理论上讲，在同一个网络内的多台计算机可以通过协同操作和并行处理来增强整个系统的处理能力，并使网内各计算机负载均衡。这样一方面可以通过计算机网络将不同地点的主机或外设采集到的数据信息送往一台指定的计算机，在此计算机上对数据进行集中和综合处理，通过网络在各计算机之间传送原始数据和计算结果；另一方面，当网络中某台计算机任务过重时，可将任务分派给其他空闲的计算机，使多台计算机相互协作、均衡负载、共同完成任务。

例如，在军事指挥系统中，计算机网络可以使大范围内的多台计算机协同工作，对收集到的可疑信息进行处理，及时发出警报，从而使最高决策机构迅速采取有效措施。

1.3.6 Internet

Internet 是全世界最大的国际性计算机互联网络，它将不同地区而且规模大小不一的网络采用公共的通信协议（TCP/IP 协议集）互相连接起来。连入 Internet 的个人和组织能在 Internet 上获取信息，也能互相通信，享受连入其中的其他网络提供的信息服务。当前 Internet 已广泛应用于教育科研、政府军事、娱乐商业等许多领域，成为人们生活中最理想的信息交流工具（电子邮件、视频），理想的学习场所（电子书库、BBS 交流、远程教学），多彩多姿的娱乐世界（电影、音乐、旅游咨询），理想的商业天地（电子商务）。Internet 还在不断地变化、发展，正逐步虚拟现实的世界，形成一个崭新的信息社会。

1. Internet 概述

Internet 起源于美国。1969 年，美国国防部高级研究计划署 DARPA（Defense Advanced Research Projects Agency）资助建立了 ARPANET，它把美国几所著名大学的计算机主机连接起来，采用分组交换技术，通过专门的通信交换机和专门的通信线路相互连接。这就是最早出现的计算机网络，也被公认为 Internet 的雏形。1983 年，ARPA 把 TCP/IP 协议集作为 ARPANET 的标准协议，其核心就是 TCP（传输控制协议）和 IP（网际协议）。后来，该协议集经过不断地研究、试验和改进，成为 Internet 的基础。现在判断一个网络是否属于 Internet，主要就看它在通信时是否采用 TCP/IP 协议集。

1994 年 4 月，中国向美国 NSF 提出连入 Internet 的要求得到认可，同时 64 kbit/s 国际专线开通，实现了与 Internet 的全功能连接。从此我国被国际上正式承认为拥有全功能 Internet 的国家。1997 年，我国 Internet 事业步入高速发展阶段。同年 6 月，国家批准中科院组建中国互联网络信息中心 CNNIC。该中心每年发布两次中国互联网发展状况统计报告。2010 年 1 月，在《第 25 次中国互联网络发展状况统计报告》中显示，截至 2009 年 12 月 31 日，我国网民总人数达到 3.84 亿人，目前我国互联网普及率为 28.9%，高于世界平均水平。手机网民大幅增长，达到 2.33 亿人，且农村网民突破 1 亿。

2. Internet 的接入技术

随着互联网在国内的广泛普及，人们对网络已经不再陌生。追求上网的超快速度是现在网民们的共同梦想。传统的 Modem 接入方式已经远远无法满足广大网民对网络信息获取的巨大需求，普及宽带接入呼声高涨。目前的宽带接入方式主要有有 PSTN、ISDN、DDN、LAN、ADSL、VDSL、Cable-Modem、PON 和 LMDS 等。

3. Internet 基础应用

（1）World Wide Web

World Wide Web 称为全球信息网，简称 3W 或 WWW，也称万维网。它是一个基于超文本查询方式的信息检索服务工具，可以为网络用户提供信息的查询和浏览服务。

WWW 将位于 Internet 上不同地点的相关数据信息有机地编织在一起，提供友好的信息查询接口，用户

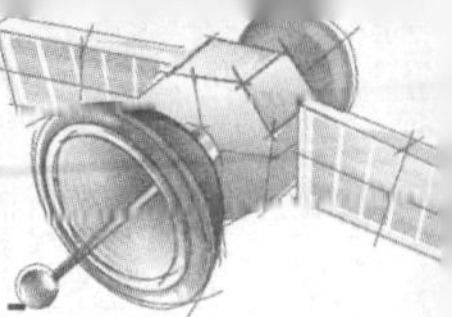

仅需要提出查询要求，而到什么地方查询及如何查询则由 WWW 自动完成。因此，通过 WWW，一个不熟悉网络使用的人也可以很快成为 Internet 行家。

（2）E-mail

E-mail 是电子邮件（Electronic Mail）的简写。它是一种快速、简洁、低廉的信息交流方式，也是网络的第一个应用。与电话相比，电子邮件无须主叫和被叫双方同时在场；与信件相比，电子邮件更为方便且几乎没有时间的延迟。因其具有其他通信工具无法比拟的优越性，E-mail 成为 Internet 上使用最频繁的应用之一。

电子邮件系统采用简单邮件传输协议 SMTP（Simple Message Transfer Protocol）发送邮件，采用邮政协议 POP3（Post Office Protocol）接收邮件。和普通信箱类似，收发电子邮件必须注册一个电子信箱（E-mail Box），用来标识发信人或收信人的地址，其格式为：用户名 @ 邮件服务器名，如 annapm @ 163.com。

（3）FTP

文件传输服务得名于其所用的文件传输协议（FTP）。它提供交互式的访问，允许用户在计算机之间传送文件，且文件的类型不限，如文本文件、二进制可执行文件、声音文件、图像文件、数据压缩文件等。

运用这个服务，用户可以直接进行任何类型文件的双向传输，其中将文件传送给 FTP 服务器称为上传；而从 FTP 服务器传送文件给用户称为下载。一般在进行 FTP 文件传送时，用户要知道 FTP 服务器的地址，且还要有合法的用户名和口令。现在，为了方便用户传送信息，许多信息服务机构都提供匿名 FTP（Anonymous FTP）服务。用户只需以 Anonymous 作为用户名登录即可。但匿名用户通常只允许下载文件，而不能上传文件。文件传输服务也可以通过浏览器或专门的 FTP 软件完成，目前，常见的客户端 FTP 软件有 CuteFTP 和 LeapFTP。

（4）远程登录

远程登录是除 FTP 外另一种远程查询或信息检索的方式，所采用的通信协议为 Telnet。用户可将自己的计算机连接到远程大型计算机上，一旦连接成功，自己的计算机就仿佛是这些远程大型计算机上的一个终端，自己就仿佛坐在远程大型机的屏幕前一样输入命令，运行大型机中的程序。

由于现在个人计算机的性能越来越强，所以 Telnet 已经越用越少了。但 Telnet 仍然有很多优点，如果用户计算机中缺少某项功能，就可以利用 Telnet 连接到远程计算机上，利用远程计算机上的功能来协助用户完成工作，可以说，Internet 上提供的所有服务，通过 Telnet 都可以使用。

（5）BBS

电子公告板系统 BBS（Bulletin Board Service）也是 Internet 提供的一种信息交流服务。它在 Internet 上开辟了一块类似公告板形式的公共场所，供人们彼此交流信息。这种交流的方式通常是公开的，没有保密性。现在大多数的 BBS 都是基于 Web 的，并被冠名为“论坛”。

（6）即时通信

即时通信，是指能够即时发送和接收因特网消息的业务，近几年来发展迅速，功能也日益丰富，逐渐集成了电子邮件、博客、音乐、电视、游戏和搜索等多种功能。目前，即时通信不再是一个单纯的聊天工具，它已经发展成集交流、资讯、娱乐、搜索、电子商务、办公协作和企业客户服务等为一体的综合化信息平台。

网络视频会议是即时通信的一个基本应用，使在不同地点的人员“面对面”地交流；网络电话——IP 电话是它的另一个应用，它通过网络传输语音，具有价格低廉、没有严格意义上的地域限制等优点。另外，实时通信也是应用最广泛的交流方式，如腾讯公司的 QQ 等。

（7）博客

自 2002 年起，博客作为一种新的网络交流形式，发展相当迅速。它的全名应是 Web log，即“网络日志”，后来缩写为 Blog。它是以网络作为载体，能便捷地发布用户个人心得，及时有效地与他人进行交流，集丰富多彩的个性化展示于一体的综合性平台。它通常是由简短且经常更新的帖子所构成。其中的内容包罗万象，从对其他网站的超链接和评论，到个人日记、照片、诗歌、散文、小说等。

（8）网上娱乐

计算机与网络技术的发展不仅为人们的工作、生活带来便利，也渗透到了传统的娱乐方式中，并开辟了一块新的娱乐天地。如网上电影，可以使人们了解最新电影动态，随时欣赏电影；网上音乐，使人们可以更快捷地找到并聆听各人喜欢的音乐；网络游戏，作为计算机游戏的延展，游戏者不再孤军奋战，而是通过网络紧紧相连，在虚拟世界里尽情遨游。

4．Internet 高级应用

（1）电子商务

随着计算机的广泛应用，网络的普及和成熟，电子安全交易协议的制定及政府的支持与推动，一种新型的商业运营模式悄然兴起，当前已成为最热门的技术，并带来了巨大的效益，这就是电子商务（Electronic Commerce）。它通常是指利用简单、快捷、低成本的电子通信方式进行的商务活动，这种活动利用网络的方式将顾客、销售商、供货商和雇员联系起来。

中国的电子商务始于 1997 年。如果说美国的电子商务是“商务推动型”，那么中国的电子商务则更多的是“技术拉动型”。在美国，电子商务实践早于电子商务概念，企业的商务需求“推动”了网络和电子商务技术的进步，并促成电子商务概念的形成。在中国，电子商务概念先于电子商务应用与发展，网络和电子商务技术需要不断“拉动”企业的商务需求，进而推动中国电子商务的应用与发展。

电子商务的主要内容包括：

- 虚拟银行是指利用虚拟信息处理技术所创建的电子化银行。通过模拟银行大楼、银行营业大厅、银行服务大厅、银行办公业务房间和走廊通路等，使客户在网络空间中，具有亲临真实银行之感，而且服务质量较高。
- 网上购物是指通过互联网检索商品信息，并通过电子订单发出购物请求，然后凭私人账号，由厂商通过邮发或快递公司的方式送货上门。
- 网络广告是指运用专业的广告横幅、文本链接、多媒体等方法，在互联网刊登或发布广告，通过网络传递到互联网用户的一种高科技广告运作方式。

在整个电子商务处理过程中，主要有两种类型：

- B2B（Business to Business）指的是企业对企业的电子商务，即企业与企业之间通过互联网进行产品、服务及信息的交换，包括：发布供求信息，订货及确认订货，支付过程及票据的签发、传送和接收，确定配送方案并监控配送过程等。B2B的典型是阿里巴巴、中国制造网等。
- B2C（Business to Customer）指的是企业对消费者的电子商务，即企业通过互联网为消费者提供一个新型的购物环境——网上商店，消费者通过网络在网上购物、在网上支付。作为我国最早产生的电子商务模式，B2C的典型例子是天猫商城。

电子商务是一个发展潜力巨大的市场。它使企业拥有了一个商机无限的网络发展空间，提高了企业的竞争力，也为广大消费者提供了更多的消费选择。

（2）电子政务

电子政务（E-Government）是指政府机构运用计算机、网络和通信等现代信息技术手段，借助 Internet 实现组织结构和工作流程的优化和重组，超越时间、空间和部门分隔的限制，建成一个精简、高效、廉洁、公平的政府运作模式，全方位地向社会提供优质、规范、透明和符合国际水准的管理和服务。

通过电子政务可实现政府办公自动化、政府部门间的信息共建共享、政府实时信息发布、各级政府间的远程视频会议、公民网上查询政府信息、电子化民意调查和社会经济统计等。

1.3.7 计算机网络安全

随着计算机应用范围的日益扩大，计算机中存储的程序越来越多，数据量越来越大，人们对计算机的依赖程度也越来越高，计算机安全就成了人们必须高度重视的问题。

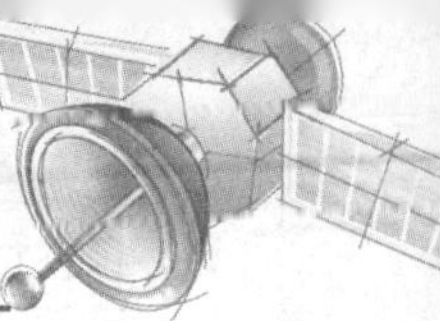

1. 网络安全的定义

网络安全是指在信息通过网络发布、传输或交换的过程中所涉及的安全问题，是指网络系统的硬件、软件及其系统中的数据受到保护，不因偶然的或者恶意的原因而遭受到破坏、更改、泄露，系统连续、可靠、正常地运行，网络服务不中断。尤其是应用基于TCP/IP协议的因特网，因TCP/IP协议本身并未考虑安全问题，所以因特网上的安全问题特别突出，必须主动考虑安全防范措施。确保在使用因特网的过程中本地计算机系统不被入侵或攻击，同时也要考虑网络通信过程中的信息安全，包括协议保护、入侵检测、防火墙技术、防黑客技术、网络隔离技术、漏洞扫描技术、身份鉴别、密码口令机制及网络病毒的防治等。

随着计算机技术的飞速发展，信息网络已经成为社会发展的重要保证。有很多是敏感信息，甚至是国家机密。所以难免会吸引来自世界各地的各种人为攻击（例如信息泄露、信息窃取、数据篡改、数据删添、计算机病毒等）。同时，网络实体还要经受诸如水灾、火灾、地震、电磁辐射等方面的考验。

2. 常见的网络攻击方法

为了实现计算机网络安全，更好地抵御网络攻击，用户应对网络攻击的方法有所了解，以下简单进行介绍。

网络攻击是指利用网络存在的漏洞和安全缺陷对网络系统的硬件、软件及其系统中的数据进行的攻击。常见的攻击方法有以下几种。

（1）口令入侵

所谓口令入侵是指使用某些合法用户的账号和口令登录到目的主机，然后再实施攻击活动。这种方法的前提是必须先得到该主机上的某个合法用户的账号，然后再进行合法用户口令的破译。获得普通用户账号的方法非常多，常见的有以下几种。

- 利用目标主机的Finger功能：当用Finger命令查询时，主机系统会将保存的用户资料（如用户名、登录时间等）显示在终端或计算机上。
- 利用目标主机的X.500服务：有些主机没有关闭X.500的目录查询服务，也给攻击者提供了获得信息的一条简易途径。
- 从电子邮件地址中收集：有些用户电子邮件地址常会透露其在目标主机上的账号。
- 查看主机是否有习惯性的账号：有经验的用户都知道，非常多系统会使用一些习惯性的账号，造成账号的泄露。

（2）特洛伊木马

放置特洛伊木马程序能直接侵入用户的计算机并进行破坏，其常被伪装成工具程序或游戏等诱使用户打开带有特洛伊木马程序的邮件附件或从网上直接下载，一旦用户打开了这些邮件的附件或执行了这些程序之后，其就会像藏满士兵的木马一样留在自己的计算机中，并在自己的计算机系统中隐藏一个能在Windows启动时悄悄执行的程序。当连接到因特网上时，这个程序就会通知攻击者，来报告你的IP地址及预先设定的端口。攻击者在收到这些信息后，再利用这个潜伏在其中的程序，就能任意地修改你的计算机的参数设定、复制文件、窥视你整个硬盘中的内容等，从而实现控制计算机的目的。

（3）WWW欺骗

在网上用户能利用IE等浏览器进行各种各样的Web站点的访问，如阅读新闻组、咨询产品价格、订阅报纸、电子商务等。然而一般的用户恐怕不会想到有这些问题存在：正在访问的网页已被黑客篡改过，网页上的信息是虚假的。例如，黑客将用户要浏览的网页的URL改写为指向黑客自己的服务器，当用户浏览目标网页的时候，实际上是向黑客服务器发出请求，那么黑客就能达到欺骗的目的了。

一般Web欺骗使用两种技术手段，即URL地址重写技术和相关信息掩盖技术。利用URL地址，使这些地址都向攻击者的Web服务器，即攻击者能将自己的Web地址加在所有URL地址的前面。这样，当用户和站点进行安全连接时，就会毫不防备地进入攻击者的服务器，于是用户的所有信息便处于攻击者的监视之中。但由于浏览器一般均设有地址栏和状态栏，当浏览器和某个站点连接时，能在地址栏和状态样中获得连接中的Web站点地址及其相关的传输信息，用户由此能发现问题，所以攻击者往往在URL地址重写的同时，利用相关技术，即一般用 JavaScript 程序来重写地址栏和状态栏，以达到其掩盖欺骗的目的。

（4）电子邮件

电子邮件是互联网上运用得十分广泛的一种通信方式。攻击者能使用一些邮件炸弹软件或 CGI 程序向目的邮箱发送大量内容重复、无用的垃圾邮件，从而使目的邮箱被装满而无法使用。当垃圾邮件的发送流量特别大时，更有可能造成邮件系统对于正常的工作反映缓慢，甚至瘫痪。相对于其他攻击手段来说，这种攻击方法具有简单、见效快等特点。

（5）结点攻击

攻击者在突破一台主机后，往往以此主机作为根据地，攻击其他主机（以隐蔽其入侵路径，避免留下蛛丝马迹）。他们能使用网络监听方法，尝试攻破同一网络内的其他主机；也能通过 IP 欺骗和主机信任关系，攻击其他主机。

这类攻击非常狡猾，但由于某些技术非常难掌控，如 TCP/IP 欺骗攻击。攻击者通过外部计算机伪装成另一台合法机器来实现。他能破坏两台机器间通信链路上的数据，其伪装的目的在于哄骗网络中的其他机器误将其作为合法机器加以接受，诱使其他机器向他发送数据或允许他修改数据。TCP/IP 欺骗能发生 TCP/IP 系统的所有层次上，包括数据链路层、网络层、运输层及应用层。如果底层受到损害，则应用层的所有协议都将处于危险之中。另外由于用户本身不直接和底层相互交流，因而对底层的攻击更具有欺骗性。

（6）网络监听

网络监听是主机的一种工作模式，在这种模式下，主机能接收到本网段在同一条物理通道上传输的所有信息，而不管这些信息的发送方和接收方是谁。因为系统在进行密码校验时，用户输入的密码需要从用户端传送到服务器端，而攻击者就能在两端之间进行数据监听。此时若两台主机进行通信的信息没有加密，只要使用某些网络监听工具就可轻而易举地截取包括口令和账号在内的信息资料。虽然网络监听获得的用户账号和口令具有一定的局限性，但监听者往往能够获得其所在网段的所有用户账号及口令。

（7）黑客软件

利用黑客软件攻击是互联网上比较多的一种攻击手法。例如，特洛伊木马能非法地取得用户计算机的终极用户级权利，能对其进行完全的控制，除了能进行文件操作外，同时也能进行对方桌面抓图、取得密码等操作。这些黑客软件分为服务器端软件和用户端软件，当黑客进行攻击时，会使用用户端程序登录上已安装好服务器端程序的计算机，这些服务器端程序都比较小，一般会随附带于某些软件上。有可能当用户下载了一个小游戏并运行时，黑客软件的服务器端就安装完成了，而且大部分黑客软件的重生能力比较强，给用户进行清除造成一定的麻烦。特别是一种 TXT 文件欺骗手法，表面看上去是个 TXT 文本文件，但实际上却是个附带黑客程序的可执行程序，另外有些程序也会伪装成图片和其他格式的文件。

（8）安全漏洞

许多系统都有这样那样的安全漏洞（Bug）。其中一些是操作系统或应用软件本身具有的。如缓冲区溢出攻击。由于很多系统在不检查程序和缓冲之间变化的情况下，就任意接收任意长度的数据输入，把溢出的数据放在堆栈里，系统还照常执行命令。这样攻击者只要发送超出缓冲区所能处理的长度的指令，系统便进入不稳定状态。若攻击者特别设置一串准备用作攻击的字符，其甚至能访问根目录，从而拥有对整个网络的绝对控制权。另一些是利用协议漏洞进行攻击。例如，攻击者利用 POP3 一定要在根目录下运行的这一漏洞发动攻击，破坏的根目录，从而获得终极用户的权限。又如，ICMP 协议也经常被用于发动拒绝服务攻击。他的具体手法就是向目的服务器发送大量的数据包，几乎占取该服务器所有的网络宽带，从而使其无法对正常的服务请求进行处理，而导致网站无法进入、网站响应速度大大降低或服务器瘫痪。常见的蠕虫病毒或和其同类的病毒都能对服务器进行拒绝服务攻击的进攻。他们的繁殖能力极强，一般通过 Microsoft 的 Outlook 软件向众多邮箱发出带有病毒的邮件，而使邮件服务器无法承担如此庞大的数据处理量而瘫痪。对于个人上网用户而言，也有可能遭到大量数据包的攻击使其无法进行正常的网络操作。

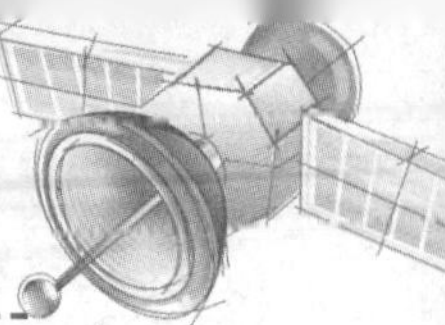

（9）端口扫描

所谓端口扫描，就是利用Socket编程和目标主机的某些端口建立TCP连接、进行传输协议的验证等，从而侦知目标主机的扫描端口是否是处于激活状态、主机提供了哪些服务、提供的服务中是否含有某些缺陷等等。常用的扫描方式有Connect()扫描、Fragmentation扫描。

3. 网络安全技术

（1）防火墙

防火墙是一种位于内部网络与外部网络之间的网络安全系统。一项信息安全的防护系统，依照特定的规则，允许或是限制传输的数据通过。它是由软件和硬件设备组合而成的，处在内部网和外部网之间，是在专用网与公共网之间的界面上构造的保护屏障，是一种获取安全性方法的形象说法，它是一种计算机硬件和软件的结合，使Internet与Intranet之间建立起一个安全网关（Security Gateway），从而保护内部网免受非法用户的侵入，防火墙主要由服务访问规则、验证工具、包过滤和应用网关4个部分组成，防火墙就是一个位于计算机和它所连接的网络之间的软件或硬件。该计算机流入流出的所有网络通信和数据包均要经过此防火墙。

（2）数据加密

数据加密，是一门历史悠久的技术，指通过加密算法和加密密钥将明文转变为密文，而解密则是通过解密算法和解密密钥将密文恢复为明文。它的核心是密码学。数据加密目前仍是计算机系统对信息进行保护的一种最可靠的办法。它利用密码技术对信息进行加密，实现信息隐蔽，从而起到保护信息的安全的作用。和防火墙配合使用的数据加密技术，是为提高信息系统和数据的安全性和保密性，防止秘密数据被外部破译而采用的主要技术手段之一。在技术上分别从软件和硬件两方面采取措施。按照作用的不同，数据加密技术可分为数据传输加密技术、数据存储加密技术、数据完整性的鉴别技术和密钥管理技术。

（3）身份认证

身份认证也称为“身份验证”或“身份鉴别”，是指在计算机及计算机网络系统中确认操作者身份的过程，从而确定该用户是否具有对某种资源的访问和使用权限，进而使计算机和网络系统的访问策略能够可靠、有效地执行，防止攻击者假冒合法用户获得资源的访问权限，保证系统和数据的安全，以及授权访问者的合法利益。身份认证主要包括密码认证、令牌认证、数字签名和数字证书、生物特征等。

（4）防病毒技术

在网络环境下，防范病毒问题显得尤其重要。这有两方面的原因：首先是网络病毒具有更大破坏力。其次是遭到病毒破坏的网络要进行恢复非常麻烦，而且有时恢复几乎不可能。因此采用高效的网络防病毒方法和技术是一件非常重要的事情。网络大都采用“Client-Server”的工作模式，需要从服务器和工作站两个结合方面解决防范病毒的问题。从反病毒产品对计算机病毒的作用来讲，防毒技术可以直观地分为病毒预防技术、病毒检测技术及病毒清除技术。

（5）入侵检测技术

入侵检测系统是新型网络安全技术，目的是提供实时的入侵检测及采取相应的防护手段，如记录证据用于跟踪和恢复、断开网络连接等。实时入侵检测能力之所以重要，首先它能够对付来自内部网络的攻击，其次它能够缩短Hacker入侵的时间。

（6）安全扫描技术

网络安全技术中，另一类重要技术为安全扫描技术。安全扫描技术与防火墙、安全监控系统互相配合能够提供很高安全性的网络。安全扫描工具源于Hacker在入侵网络系统时采用的工具。安全扫描工具通常也分为基于服务器和基于网络的扫描器。基于服务器的扫描器主要扫描服务器相关的安全漏洞，如password文件、目录和文件权限、共享文件系统、敏感服务、软件、系统漏洞等，并给出相应的解决办法建议。基于网络的安全扫描主要扫描设定网络内的服务器、路由器、网桥、变换机、访问服务器、防火墙等设备的安全漏洞，并可设定模拟攻击，以测试系统的防御能力。

4. 计算机系统与网络的安全立法

为从法律上约束和规范个人或组织在计算机系统安全方面的行为，各国和国际组织纷纷颁布计算机安全法规或发表相应报告。

1986 年，国际经合组织发表了题为“与计算机犯罪相关的法律政策分析”的报告。

1984 年开始，美国联邦政府先后颁布了《非法使用计算机设备、计算机诈骗与滥用法》《联邦计算机安全处罚条例》等相关法律。

1990 年，英国通过了《计算机滥用条例》。

《中华人民共和国刑法》的第 285 ～ 287 条，明确规定了对各种计算机犯罪的量刑原则。1994 年，国务院颁布了《中华人民共和国计算机信息系统安全保护条例》，共 5 章 31 条。1996 年，国务院颁布了《中华人民共和国计算机信息网络国际联网管理暂行规定》，共 17 条。1997 年，公安部发布了《计算机信息网络国际联网安全保护管理办法》，共 5 章 25 条。1998 年，国家保密局发布了《计算机信息系统保密管理暂行规定》，共 8 章 31 条。2000 年，全国人大常委会颁布了《关于维护因特网安全的决定》等。

1.4 前 沿 技 术

近年来，随着社会和 Internet 的迅速普及与发展，产生了一些在高技术领域中具有前瞻性、先导性和探索性的重大技术，它们是未来高技术更新换代和新兴产业发展的重要基础，是国家高技术创新能力的综合体现。

1.4.1 云计算

云计算（Cloud Computing）是互联网发展带来的一种新型计算和服务模式，它是通过分布式计算和虚拟化技术建设数据中心或超级计算机，以租赁或免费方式向技术开发者或企业客户提供数据存储、分析以及科学计算等服务。广义上讲，云计算是指厂商通过建立网络服务集群，向多种客户提供硬件租赁、数据存储、计算分析和在线服务等不同类型的服务。它的目的是将资源集中于互联网上的数据中心，由这种云中心提供应用层、平台层和基础设施层的集中服务，以解决传统 IT 系统零散性带来的低效率问题。云计算是信息化发展进程中的一个阶段，强调信息资源的聚集、优化、动态分配和回收，旨在节约信息化成本、降低能耗、减轻用户信息化的负担，提高数据中心的效率。

云计算不是一种全新的网络技术，而是一种全新的网络应用概念。云计算的核心概念就是以互联网为中心，在网站上提供快速且安全的云计算服务与数据存储，让每一个使用互联网的人都可以使用网络上的庞大计算资源与数据中心。云计算是继互联网、计算机后在信息时代的一种新的革新，是信息时代的一个大飞跃。

1. 云计算的背景

云计算是继 20 世纪 80 年代大型计算机到客户端—服务器的大转变之后的又一种巨变。它是分布式计算（Distributed Computing）、并行计算（Parallel Computing）、效用计算（Utility Computing）、网络存储（Network Storage Technologies）、虚拟化（Virtualization）、负载均衡（Load Balance）、热备份冗余（High Available）等传统计算机和网络技术发展融合的产物。

互联网自 1960 年开始兴起，主要用于军方、大型企业等之间的纯文字电子邮件或新闻集群组服务。直到 1990 年才开始进入普通家庭，随着 Web 网站与电子商务的发展，网络已经成为人们离不开的生活必需品之一。云计算这个概念首次在 2006 年 8 月的搜索引擎会议上提出，成为互联网的第三次革命。

近几年来，云计算也正在成为信息技术产业发展的战略重点，全球的信息技术企业都在纷纷向云计算转型。举例来说，每家公司都需要做数据信息化，存储相关的运营数据，进行产品管理、人员管理、财务管理等，而进行这些数据管理的基本设备就是计算机。对于一家企业来说，一台计算机的运算能力是远远无法满足数据运算需求的，那么公司就要购置一台运算能力更强的计算机，也就是服务器。而对于规模比较大的企业来说，

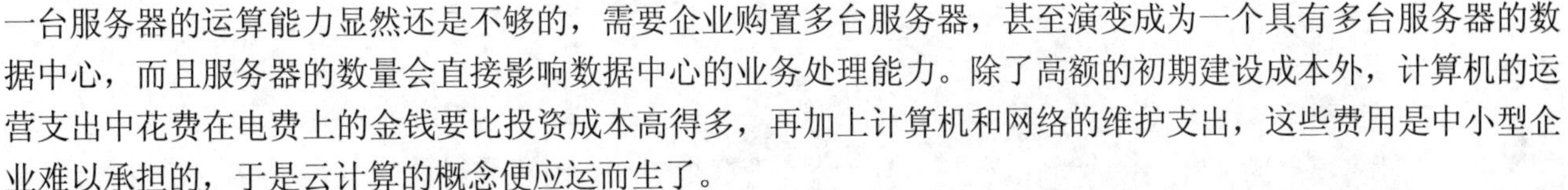

一台服务器的运算能力显然还是不够的，需要企业购置多台服务器，甚至演变成为一个具有多台服务器的数据中心，而且服务器的数量会直接影响数据中心的业务处理能力。除了高额的初期建设成本外，计算机的运营支出中花费在电费上的金钱要比投资成本高得多，再加上计算机和网络的维护支出，这些费用是中小型企业难以承担的，于是云计算的概念便应运而生了。

追溯云计算的根源，它的产生和发展与并行计算、分布式计算等计算机技术密切相关。但追溯云计算的历史，可以追溯到1956年，Christopher Strachey发表了一篇有关于虚拟化的论文，正式提出虚拟化。虚拟化是今天云计算基础架构的核心，是云计算发展的基础。而后随着网络技术的发展，逐渐孕育了云计算的萌芽。

在20世纪90年代，计算机网络出现了大爆炸，出现了以思科为代表以一系列公司，随即网络出现泡沫时代。2004年，Web 2.0会议举行，使Web 2.0成为当时的热点，这也标志着互联网泡沫破灭，计算机网络发展进入了一个新的阶段。在这一阶段，让更多的用户方便快捷地使用网络服务成为会联网发展亟待解决的问题，与此同时，一些大型公司也开始致力于开发大型计算能力的技术，为用户提供更加强大的计算处理服务。

在2006年8月9日，Google首席执行官埃里克•施密特（Eric Schmidt）在搜索引擎大会（SESSanJose 2006）首次提出“云计算”的概念。这是云计算发展史上第一次正式地提出这一概念，有着巨大的历史意义。

2007年以来，“云计算”成为计算机领域最令人关注的话题之一，同样也是大型企业、互联网建设着力研究的重要方向。因为云计算的提出，互联网技术和IT服务出现了新的模式，引发了一场变革。

在2008年，微软发布其公共云计算平台（Windows Azure Platform），由此拉开了微软的云计算大幕。同样，云计算在国内也掀起一场风波，许多大型网络公司纷纷加入云计算的阵列。

2009年1月，阿里软件在江苏南京建立首个“电子商务云计算中心”。同年11月，中国移动云计算平台“大云”计划启动。到现阶段，云计算已经发展到较为成熟的阶段。

2. 云计算的特点

云计算的产生，使得计算能力也可以作为一种商品进行流通，就像煤气、水电一样，取用方便，费用低廉，最大的不同在于，它是通过互联网进行传输的。云计算企业数据中心的运行与互联网相似，它的计算并非在本地计算机或远程服务器中，而是把计算分布在大量的分布式计算机上，企业根据需求访问计算机和存储系统。

云计算的可贵之处在于高灵活性、可扩展性和高性比等，与传统的网络应用模式相比，其具有如下优势与特点：

① 超大规模：“云”表示具有相当的规模，例如：Google云计算已经拥有100多万台服务器，Amazon、IBM、微软、Yahoo等的“云”均拥有几十万台服务器。

② 虚拟化：云计算支持用户在任意位置、使用各种终端获取应用服务。用户无须了解也不用担心应用运行的具体位置，它在“云”中某处运行。

③ 高可靠性：使用云计算比使用本地计算机可靠，因为“云”使用了数据多副本容错、计算节点同构可互换等措施来保障服务的高可靠性。

④ 通用性：云计算不针对特定的应用，在“云”的支撑下可以构造出千变万化的应用，同一个“云”可以同时支撑不同的应用运行。

⑤ 按需服务：“云”是一个庞大的资源池，可以像自来水、电那样按需购买。

⑥ 高可扩展性：“云”的规模可以动态伸缩，满足应用和用户规模增长的需要。

⑦ 极其廉价：由于“云”的特殊容错措施可以采用极其廉价的节点来构成云，“云”的自动化集中式管理使大量企业无须负担日益高昂的数据中心管理成本。

3. 云计算的体系架构

云计算体系架构如图1-12所示，主要包含以下几个部分：

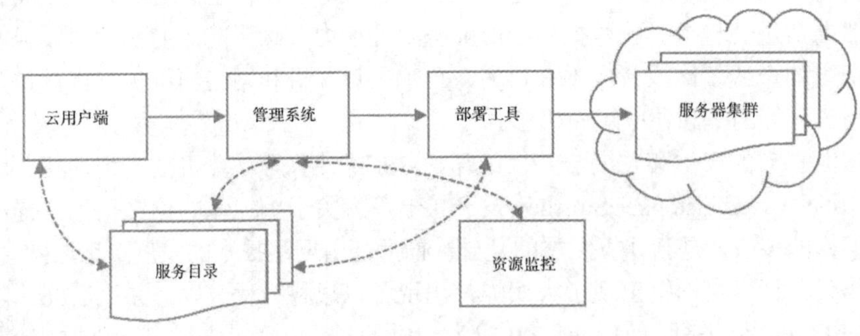

图1-12　云计算体系架构

（1）云用户端

云用户端提供云用户请求服务的交互界面，也是用户使用云的入口，用户通过 Web 浏览器可以注册、登录及定制服务、配置和管理。打开应用实例与本地操作桌面系统一样。

（2）服务目录

云用户在取得相应权限后可以选择或定制的服务列表，也可以对已有服务进行退订的操作，在云用户端界面生成相应的图标或列表的形式展示相关的服务。

（3）管理系统和部署工具

管理系统和部署工具提供管理和服务、能管理云用户，能对用户授权认证、登录进行管理，并可以管理可用计算资源和服务，接收用户发送的请求，根据用户请求并转发到相应程序，调度资源智能的部署资源和应用，动态的部署、配置和回收资源。

（4）资源监控

监控和计量云系统资源的使用情况，以便做出迅速反应，完成节点同步配置、负载均衡配置和资源监控，确保资源能顺利分配给合适的用户。

（5）服务器集群

虚拟或物理的服务器，由管理系统管理，负责高并发量的用户请求处理、大运算量计算处理、用户 Web 应用服务，云数据存储时采用相应数据切割算法以并行方式上传和下载大容量数据。

用户可通过云用户端从服务目录列表中选择所需的服务，其请求通过管理系统调度相应的资源，并通过部署工具分发请求、配置 Web 应用。

4. 云计算的服务

通常，云计算的服务类型分为 3 种，即基础设施即服务（Infrastructure as a Service，IaaS）、平台即服务（Platform as a Service，PaaS）和软件即服务（Software as a Service，SaaS），如图 1-13 所示。这 3 种云计算服务有时称为云计算堆栈，因为它们构建堆栈，位于彼此之上。

图1-13　云计算的3种服务类型

（1）基础设施即服务（IaaS）

基础设施即服务是主要的服务类别之一，它向云计算提供商的个人或组织提供虚拟化计算资源，如虚拟机、存储、网络和操作系统。

（2）平台即服务（PaaS）

平台即服务是一种服务类别，为开发人员提供通过全球互联网构建应用程序和服务的平台。Paas 为开发、测试和管理软件应用程序提供按需开发环境。

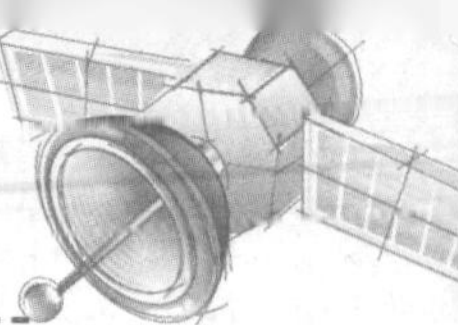

（3）软件即服务（SaaS）

软件即服务也是其服务的一类，通过互联网提供按需软件付费应用程序，云计算提供商托管和管理软件应用程序，并允许其用户连接到应用程序并通过全球互联网访问应用程序。

5. 云计算的应用

较为简单的云计算技术已经普遍服务于现如今的互联网服务中，最为常见的就是网络搜索引擎和网络邮箱。搜索引擎大家最为熟悉的莫过于百度了，在任何时刻，只要用移动终端就可以在搜索引擎上搜索任何自己想要的资源，通过云端共享数据资源。而网络邮箱也是如此，在过去，寄写一封邮件是一件比较麻烦的事情，同时也是很慢的过程，而在云计算技术和网络技术的推动下，电子邮箱成为社会生活中的一部分，只要在网络环境下，就可以实现实时的邮件寄发。其实，云计算技术已经融入现今的社会生活。

（1）云存储

云存储是在云计算概念上延伸和发展出来的一个新的概念，是一个以数据存储和管理为核心的云计算系统。用户可以将本地的资源上传至云端，可以在任何地方连入互联网来获取云上的资源。大家所熟知的谷歌、微软等大型网络公司均有云存储的服务，在国内，百度云和微云则是市场占有量最大的存储云。存储云向用户提供了存储容器服务、备份服务、归档服务和记录管理服务等，大大方便了使用者对资源的管理。

（2）云物联

云计算在物联网中也得到了广泛的应用。在物联网的初级阶段，从计算中心到数据中心，云 POP 即可满足需求。在物联网高级阶段，可能出现 MVNO/MMO 营运商（国外已存在多年），则需要虚拟化云计算技术、SOA 等技术的结合来实现互联网的泛在服务：TaaS（EveryThing as a Service）。

（3）医疗云

医疗云是指在云计算、移动技术、多媒体、4G 通信、大数据以及物联网等新技术基础上，结合医疗技术，使用“云计算”来创建医疗健康服务云平台，实现医疗资源的共享和医疗范围的扩大。因为将云计算技术运用于结合，医疗云提高了医疗机构的效率，方便居民就医。像现在医院的预约挂号、电子病历、医保等都是云计算与医疗领域结合的产物。医疗云还具有数据安全、信息共享、动态扩展、布局全国的优势。

（4）金融云

金融云是指利用云计算的模型，将信息、金融和服务等功能分散到庞大分支机构构成的互联网“云”中，旨在为银行、保险和基金等金融机构提供互联网处理和运行服务，同时共享互联网资源，从而解决现有问题并且达到高效、低成本的目标。在 2013 年 11 月 27 日，阿里云整合阿里巴巴旗下资源并推出阿里金融云服务，就是现在基本普及了的快捷支付，因为金融与云计算的结合，现在只需要在手机上简单操作，就可以完成银行存款、购买保险和基金买卖。现在，不仅阿里巴巴推出了金融云服务，像苏宁金融、腾讯等企业均推出了自己的金融云服务。

（5）教育云

教育云，实质上是指教育信息化的一种发展。具体的，教育云可以将所需要的任何教育硬件资源虚拟化，然后将其传入互联网中，以向教育机构和师生提供一个方便快捷的平台。现在流行的慕课就是教育云的一种应用。

（6）云游戏

云游戏是以云计算为基础的游戏方式，在云游戏的运行模式下，所有游戏都在服务器端运行，并将渲染完毕后的游戏画面压缩后通过网络传送给用户。

1.4.2　大数据

大数据（Big Data），是指无法在一定时间范围内用常规软件工具进行捕捉、管理和处理的数据集合，是需要新处理模式才能具有更强的决策力、洞察发现力和流程优化能力的海量、高增长率和多样化的信息资产，具有海量的数据规模、快速的数据流转、多样的数据类型和价值密度低四大特征。

大数据技术的战略意义不在于掌握庞大的数据信息，而在于对这些含有意义的数据进行专业化处理。换而言之，如果把大数据比作一种产业，那么这种产业实现盈利的关键，在于提高对数据的“加工能力”，通过“加工”实现数据的“增值”。例如，洛杉矶警察局和加利福尼亚大学合作利用大数据预测犯罪的发生；Google流感趋势（Google Flu Trends）利用搜索关键词预测禽流感的散布；统计学家内特•西尔弗（Nate Silver）利用大数据预测 2012 美国选举结果等。

大数据离不开云处理，云处理为大数据提供了弹性可拓展的基础设备，是产生大数据的平台之一。自2013 年开始，大数据技术已开始和云计算技术紧密结合，预计未来两者关系将更为密切。从技术上看，大数据与云计算的关系就像一枚硬币的正反面一样密不可分。大数据必然无法用单台的计算机进行处理，必须采用分布式架构。它的特色在于对海量数据进行分布式数据挖掘。但它必须依托云计算的分布式处理、分布式数据库和云存储、虚拟化技术。适用于大数据的技术，包括大规模并行处理（Massively Parallel Processing，MPP）数据库、数据挖掘、分布式文件系统、分布式数据库、云计算平台、互联网和可扩展的存储系统。

除此之外，物联网、移动互联网等新兴计算形态，也将一齐助力大数据革命，让大数据营销发挥出更大的影响力。

1．大数据的特征

① 数据量大（Volume）。第一个特征是数据量大，包括采集、存储和计算的量都非常大。大数据的起始计量单位至少是 P（1000 个 T）、E（100 万个 T）或 Z（10 亿个 T）。

② 类型繁多（Variety）。第二个特征是种类和来源多样化，包括结构化、半结构化和非结构化数据，具体表现为网络日志、音频、视频、图片、地理位置信息等，多类型的数据对数据的处理能力提出了更高的要求。

③ 价值密度低（Value）。第三个特征是数据价值密度相对较低，或者说是浪里淘沙却又弥足珍贵。随着互联网以及物联网的广泛应用，信息感知无处不在，信息海量，但价值密度较低，如何结合业务逻辑并通过强大的机器算法来挖掘数据价值，是大数据时代最需要解决的问题。

④ 速度快时效高（Velocity）。第四个特征数据增长速度快，处理速度也快，时效性要求高。比如搜索引擎要求几分钟前的新闻能够被用户查询到，个性化推荐算法尽可能要求实时完成推荐。这是大数据区别于传统数据挖掘的显著特征。

⑤ 数据是在线的（Online）。数据是永远在线的，是随时能调用和计算的，这是大数据区别于传统数据最大的特征。现在我们所谈到的大数据不仅仅是大，更重要的是数据在线了，这是互联网高速发展背景下的特点。比如，对于打车工具，客户的数据和出租司机数据都是实时在线的，这样的数据才有意义。如果是放在磁盘中，而且是离线的，这些数据远远不如在线的商业价值大。

2．大数据的影响

现在的社会是一个高速发展的社会，科技发达，信息流通，人们之间的交流越来越密切，生活也越来越方便，大数据就是这个高科技时代的产物。阿里巴巴创办人马云的演讲中就提到，未来的时代将不是 IT 时代，而是 DT 的时代。DT 就是 Data Technology，数据科技，显示大数据对于阿里巴巴集团来说是举足轻重的。

有人把数据比喻为蕴藏能量的煤矿。煤炭按照性质有焦煤、无烟煤、肥煤、贫煤等分类，而露天煤矿、深山煤矿的挖掘成本又不一样。与此类似，大数据并不在“大”，而在于“有用”。价值含量、挖掘成本比数量更为重要。对于很多行业而言，如何利用这些大规模数据是赢得竞争的关键。

大数据的价值体现在以下几个方面：

① 为大量消费者提供产品或服务的企业可以利用大数据进行精准营销。

② 做小而美模式的中小微企业可以利用大数据做服务转型。

③ 面临互联网压力之下必须转型的传统企业需要与时俱进充分利用大数据的价值。

不过，“大数据”在经济发展中的巨大意义并不代表其能取代一切对于社会问题的理性思考，科学发展的逻辑不能被湮没在海量数据中。著名经济学家路德维希•冯•米塞斯曾提醒过：“就今日言，有很多人忙碌于资料之无益累积，以致对问题之说明与解决，丧失了其对特殊的经济意义的了解。”这确实是需要警惕的。

在这个快速发展的智能硬件时代，困扰应用开发者的一个重要问题就是如何在功率、覆盖范围、传输速率和成本之间找到那个微妙的平衡点。企业组织利用相关数据和分析可以帮助它们降低成本、提高效率、开发新产品、做出更明智的业务决策等。

3. 数据中心

数据中心是一整套复杂的设施，不仅包括计算机系统和其他与之配套的设备，还包含数据通信连接、环境控制设备、监控设备以及各种安全装置等。

亚太地区已经成为全球数据中心市场增速最快的地区，尤其以中国和印度市场最为突出。众多国际巨头，如 Google、Apple、Facebook 纷纷计划在亚太地区筹建新的数据中心。2012 年全球数据中心规模达到 255.2 亿美元，增速为 14.6%，整体态势已趋于放缓。我国数据中心规模增速比较明显，但能耗问题也日益突出。截止 2014 年初，全国规划建设大型数据中心超过 200 个，服务器总数超过 700 万台。图 1-14 所示是 Google 比利时数据中心。

图1-14　Google比利时数据中心

1.4.3　人工智能

人工智能（Artificial Intelligence，AI），是研究、开发用于模拟、延伸和扩展人的智能的理论、方法、技术及应用系统的一门新的技术科学。人工智能是计算机科学的一个分支，它企图了解智能的实质，并生产出一种新的能以人类智能相似的方式做出反应的智能机器。该领域的研究包括机器人、语言识别、图像识别、自然语言处理和专家系统等。

1. 人工智能的定义

美国斯坦福大学人工智能研究中心尼尔逊教授对人工智能下了这样一个定义："人工智能是关于知识的学科——怎样表示知识以及怎样获得知识并使用知识的科学。"而美国麻省理工学院的温斯顿教授认为："人工智能就是研究如何使计算机去做过去只有人才能做的智能工作。"这些说法反映了人工智能学科的基本思想和基本内容，即人工智能是研究人类智能活动的规律，构造具有一定智能的人工系统，研究如何让计算机去完成以往需要人的智力才能胜任的工作，也就是研究如何应用计算机的软硬件来模拟人类某些智能行为的基本理论、方法和技术。

人工智能是计算机学科的一个分支，20 世纪 70 年代以来被称为世界三大尖端技术（空间技术、能源技术、人工智能）之一，也被认为是 21 世纪三大尖端技术（基因工程、纳米科学、人工智能）之一。这是因为近几十年来它获得了迅速的发展，在很多学科领域都获得了广泛应用，并取得了丰硕的成果，人工智能已逐步成为一个独立的分支，无论在理论和实践上都已自成一个系统。

人工智能是研究使计算机来模拟人的某些思维过程和智能行为（如学习、推理、思考、规划等）的学科，主要包括计算机实现智能的原理、制造类似于人脑智能的计算机，使计算机能实现更高层次的应用。人工智能将涉及计算机科学、心理学、哲学和语言学等学科。可以说几乎是自然科学和社会科学的所有学科，其范围已远远超出了计算机科学的范畴，人工智能与思维科学的关系是实践和理论的关系，人工智能是处于思维科学的技术应用层次，是它的一个应用分支。从思维观点看，人工智能不仅限于逻辑思维，还要考虑形象思维、灵感思维才能促进人工智能的突破性的发展。

2. 人工智能的发展历程

虽然计算机为AI提供了必要的技术基础，但直到20世纪50年代早期人们才注意到人类智能与机器之间的联系。诺伯特 · 维纳是最早研究反馈理论的美国人之一，最熟悉的反馈控制的例子是自动调温器，它将收集到的房间温度与希望的温度比较，并做出反应将加热器开大或关小，从而控制环境温度。这项研究从理论上指出，所有的智能活动都是反馈机制的结果，而反馈机制是有可能用机器模拟的，这项发现对早期AI的发展影响很大。

1955年末，艾伦 • 纽厄尔和赫伯特 • 西蒙编写了一个名为“逻辑专家”（Logic Theorist）的程序。这个程序被许多人认为是第一个AI程序，它将每个问题都表示成一个树形模型，然后选择最可能得到正确结论的那一枝来求解问题。“逻辑专家”对公众和AI研究领域产生的影响使它成为AI发展中一个重要的里程碑。这两位教授共同获得了1975年度的图灵奖。

1956年夏季，“人工智能之父”约翰 • 麦卡锡与一批有远见卓识的年轻科学家在一起举办了“DARTMOUTH人工智能夏季研究会”，共同研究和探讨用机器模拟智能的一系列有关问题，并首次提出了“人工智能”这一术语，它标志着“人工智能”这门新兴学科的正式诞生。会议之后，AI研究开始快速发展。卡内基梅隆大学和麻省理工学院开始组建AI研究中心，IBM成立了一个AI研究组，1958年约翰 • 麦卡锡宣布了他的新成果LISP（List Processing，表处理）语言，并很快被大多数AI开发者采纳。1959年，计算机游戏先驱亚瑟塞缪尔在IBM的首台商用计算机IBM 701上编写了西洋跳棋程序，并顺利战胜了当时的西洋棋大师罗伯特尼赖。1964到1966年期间麻省理工学院的人工智能学院编写了世界上第一个聊天程序ELIZA，能够根据设定的规则，根据用户的提问进行模式匹配，然后从预先编写好的答案库中选择合适的回答。

20世纪70年代许多新方法被用于AI开发，如马文 • 明斯基的构造理论，大卫 • 马尔的机器视觉理论。但到了1973年，著名数学拉特希尔家向英国政府提交了一份关于人工智能的研究报告，对当时的机器人技术、语言处理技术和图像识别技术进行了严厉的批评，尖锐地指出因为当时的计算力不足，人工智能那些看上去宏伟的目标根本无法实现。此后，科学界对人工智能进行了一轮深入的拷问，AI遭受到了严厉的批评和对其实际价值的质疑。随后，各国政府和机构也停止或减少了资金投入，人工智能在20世纪70年代陷入了第一次寒冬。寒冬并没有让所有研究者止步，只是更努力地寻找如何让人工智能创造实用价值的方法。20世纪70年代末80年代初，专注小范围知识领域的专家系统开始崛起并创造了巨大价值，这引发了工业自动化信息化技术革命。1978年，卡耐基梅隆大学开始开发一款能够帮助顾客自动选配计算机配件的软件程序XCON，并且在1980年真实投入工厂使用。这个完善的专家系统包含设定好的超过2 500条规则，在后续几年处理了超过80 000条订单，准确度超过95%，每年节省超过2 500万美元。

20世纪80年代期间，AI前进更为迅速，并更多地进入商业领域。1986年，美国AI相关软硬件销售高达4.25亿美元，专家系统因其效用好而被广泛需求。机器视觉也在20世纪80年代进入市场。但好景不长，人工智能领域的疯狂投入让这个行业产生了冒进，尤其是人工智能专用硬件LISP机器的发展显得混乱且缓慢。IBM、苹果企业在这个时机发起了个人计算机革命，笨重的LISP机器在短短几年内就被完全击溃，整个行业又重新进入低潮。通用计算机设备的胜利，让传统的人工智能程序技术逐渐被埋葬，但也让人工智能真正开始与现代计算机技术进行深入融合。模糊逻辑和神经网络开始发展。AI技术被用于导弹系统和预警显示以及其他先进武器；AI技术也进入了民用，智能语音、文字识别、视觉技术都开始蓬勃发展。

在世纪相交的二十年内，人工智能技术似乎沉睡隐身了，除了1997年IMB的计算机深蓝战胜了人类世界象棋冠军卡斯帕罗夫之外，几乎很少听到AI的声音。然而这也正是人工智能韬光养晦低调发展的时代，它利用计算机和互联网的发展机遇，变身商业智能、数据分析、信息化、自动化、知识工程等名称，渗透到社会生产和生活的每个角落。计算机和互联网一方面为人工智能提供了创造商业价值的载体，让AI技术研

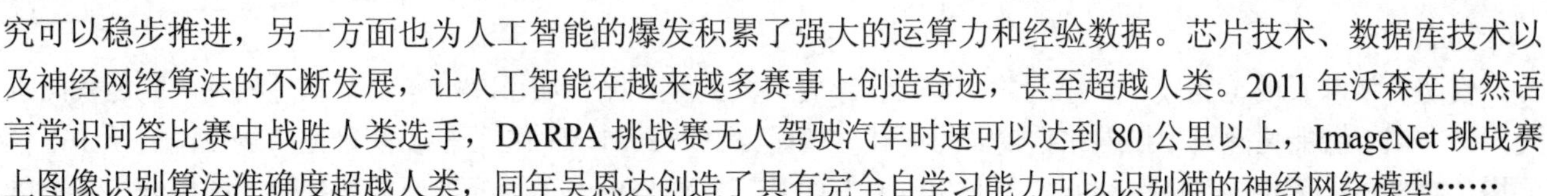

究可以稳步推进，另一方面也为人工智能的爆发积累了强大的运算力和经验数据。芯片技术、数据库技术以及神经网络算法的不断发展，让人工智能在越来越多赛事上创造奇迹，甚至超越人类。2011 年沃森在自然语言常识问答比赛中战胜人类选手，DARPA 挑战赛无人驾驶汽车时速可以达到 80 公里以上，ImageNet 挑战赛上图像识别算法准确度超越人类，同年吴恩达创造了具有完全自学习能力可以识别猫的神经网络模型……

21 世纪第二个十年，随着移动互联、大数据、云计算、物联网技术的迸发，人工智能技术也迈入了新的融合时代，从 AlphaGo 战胜李世石，到微软语音识别技术超越人类，到谷歌自动驾驶、波士顿动力学机器人，到满布市场的智能音箱，到每个人手机中的神经网络芯片和智能程序，人工智能从无形发展到有形地陪伴每个人的生产生活。半个多世纪前科学家曾经描绘地美好图景正在一步一步被人工智能技术所实现。

3. 人工智能的应用领域

经历了技术驱动和数据驱动阶段，人工智能现在已经进入场景驱动阶段，深入落地到各个行业之中去解决不同场景的问题。此类行业实践应用也反过来持续优化人工智能的核心算法，形成正向发展的态势。目前，人工智能主要在制造、家居、金融、零售、交通、安防、医疗、物流、教育等行业中有广泛的应用。

（1）制造

随着工业制造 4.0 时代的推进，传统制造业对人工智能的需求开始爆发，众多提供智能工业解决方案的企业应势而生，例如智航无人机、祈飞科技等。人工智能在制造业的应用主要有三个方面。首先是智能装备，包括自动识别设备、人机交互系统、工业机器人以及数控机床等具体设备。其次是智能工厂，包括智能设计、智能生产、智能管理以及集成优化等具体内容。最后是智能服务，包括大规模个性化定制、远程运维以及预测性维护等具体服务模式。虽然目前人工智能的解决方案尚不能完全满足制造业的要求，但作为一项通用性技术，人工智能与制造业融合是大势所趋。

（2）家居

智能家居主要是基于物联网技术，通过智能硬件、软件系统、云计算平台构成一套完整的家居生态圈。用户可以进行远程控制设备，设备间可以互联互通，并进行自我学习等，来整体优化家居环境的安全性、节能性、便捷性等。值得一提的是，近两年随着智能语音技术的发展，智能音箱成为一个爆发点。小米、天猫、Rokid 等企业纷纷推出自身的智能音箱，不仅成功打开家居市场，也为未来更多的智能家居用品培养了用户习惯。

（3）金融

人工智能在金融领域的应用主要包括身份识别、大数据风控、智能投资顾问、智能客服、金融云等。金融行业也是人工智能渗透最早、最全面的行业。未来人工智能也将持续带动金融行业的智能应用升级和效率提升。例如第四范式开发的一套 AI 系统，不仅可以精确判断一个客户的资产配置，做清晰的风险评估，以及智能推荐产品给客户；云从科技深耕金融、安防领域，目前是中国银行业第一大 AI 供应商。

（4）零售

人工智能在零售领域的应用已经十分广泛，无人便利店、智慧供应链、客流统计、无人仓 / 无人车等都是人工智能的热门方向。京东自主研发的无人仓采用大量智能物流机器人进行协同与配合，通过人工智能、深度学习、图像智能识别、大数据应用等技术，让工业机器人可以进行自主的判断和行为，完成各种复杂的任务，在商品分拣、运输、出库等环节实现自动化。图普科技则将人工智能技术应用于客流统计，通过人脸识别客流统计功能，门店可以从性别、年龄、表情、新老顾客、滞留时长等维度建立到店客流用户画像，为调整运营策略提供数据基础，帮助门店运营从匹配真实到店客流的角度提升转换率。

（5）交通

智能交通系统（Intelligent Traffic System，ITS）是通信、信息和控制技术在交通系统中集成应用的产物。ITS 应用最广泛的地区是日本，其次是美国、欧洲等地区。目前，我国在 ITS 方面的应用主要是通过对交通中的车辆流量、行车速度进行采集和分析，可以对交通进行实施监控和调度，有效提高通行能力、简化交通管理、降低环境污染等。

（6）安防

安防领域涉及的范围较广，小到关系个人、家庭，大到跟社区、城市、国家安全息息相关。智能安防也是国家在城市智能化建设中投入比重较大的项目，预计2017—2021年国内智能安防产品市场空间将从166亿元增长至2 094亿元。目前智能安防类产品主要有四类：人体分析、车辆分析、行为分析、图像分析。智能安防行业现在主要还是受到硬件计算资源限制，只能运行相对简单的、对实时性要求很高的算法，随着后端智能分析根据需求匹配足够强大的硬件资源，也能运行更复杂的、允许有一定延时的算法。这两种方式还将长期同时存在。

（7）医疗

目前，在垂直领域的图像算法和自然语言处理技术已可基本满足医疗行业的需求，市场上出现了众多技术服务商，例如提供智能医学影像技术的德尚韵兴（浙江德尚韵兴医疗科技有限公司），研发人工智能细胞识别医学诊断系统的智微信科（杭州智微信息科技有限公司），提供智能辅助诊断服务平台的若水医疗，统计及处理医疗数据的易通天下（北京易通天下科技有限公司）等。尽管智能医疗在辅助诊疗、疾病预测、医疗影像辅助诊断、药物开发等方面发挥着重要作用，但由于各医院之间医学影像数据、电子病历等不流通，导致企业与医院之间合作不透明等问题，使得技术发展与数据供给之间存在矛盾。

（8）教育资讯

科大讯飞、乂学教育（Yixue Eudcation）等企业早已开始探索人工智能在教育领域的应用。通过图像识别，可以进行机器批改试卷、识题答题等；通过语音识别可以纠正、改进发音；而人机交互可以进行在线答疑解惑等。AI和教育的结合一定程度上可以改善教育行业师资分布不均衡、费用高昂等问题，从工具层面给师生提供更有效率的学习方式。

自然语言处理已经有许多相关的成熟技术应用产品。如美国的亚马逊、Facebook以及中国的字节跳动等公司利用自然语言技术实现旗下购物网站、社交平台或新闻平台的产品评论、社区评论和新闻文章主题分类与情感分析等功能。谷歌、百度、有道等公司应用纯熟且还在不断智能升级的在线翻译服务；中国的科大讯飞与搜狗等企业的随身多语言翻译机等。

（9）物流

物流行业通过利用智能搜索、推理规划、计算机视觉以及智能机器人等技术在运输、仓储、配送装卸等流程上已经进行了自动化改造，能够基本实现无人操作。比如利用大数据对商品进行智能配送规划，优化配置物流供给、需求匹配、物流资源等。目前，物流行业大部分人力分布在"最后一公里"的配送环节，京东、苏宁、菜鸟争先研发无人车、无人机，力求抢占市场机会。

作为新一轮科技革命和产业变革的核心驱动力，人工智能正在对全球经济、社会进步和人类生活产生深刻的影响。

4. 人工智能与物联网

目前，快速发展的人工智能对于物联网而言，是解锁其巨大潜力的钥匙。人工智能与物联网结合后，发展不可限量。

（1）人工智能为物联网提供强有力的数据扩展

物联网可以说成是互联设备间数据的收集及共享，而人工智能将是将数据提取出来后做出分析和总结，促使互联设备间更好的携同工作，物联网与人工智能的结合将会使其收集来的数据更加有意义。

（2）人工智能让物联网更加智能化

在物联网应用中，人工智能技术在某种程度上可以帮助互联设备应对突发情况。当设备检测到异常情况时，人工智能技术会为它做出如何采取措施的进一步选择，这样大大提高了处理突发事件的准确度，真正发挥互联网时代的智能优势。

（3）人工智能有助于物联网提高运营效率

人工智能通过分析、总结数据信息，解读企业服务生产的发展趋势，并对未来事件作出预测。例如，利用人工智能监测工厂设备零件的使用情况，从数据分析中发现可能出现问题的几率，并做出预警提醒，这样一来，会从很大程度上减少故障影响，提高运营效率。

当然，现在的人工智能技术想要更好地服务于物联网，还需要进一步解决安全风险、意外宕机和信息延迟等问题。目前，已经有越来越多的厂商进入了人工智能研发领域，比如华为公司设计的麒麟980芯片的能效已经处于世界领先水平。今后，还会有大量为推动人工智能的解决方案被研发出来，物联网的整体发展会因此有一个更好的未来。相信人工智能与物联网的结合能够很好地改善当前的技术生态环境。物联网的未来就是人工智能，物联网及人工智能的强大结合将带给社会巨大的改变。

1.4.4　物联网

物联网（Internet of things，IoT）即“万物相连的互联网”，是互联网基础上的延伸和扩展的网络，将各种信息传感设备与互联网结合起来而形成的一个巨大网络，实现在任何时间、任何地点，人、机、物的互联互通。

物联网是新一代信息技术的重要组成部分，IT行业又称为：泛互联，意指物物相连，万物互联。有人说，“物联网就是万物相连的互联网”。这有两层意思：第一，物联网的核心和基础仍然是互联网，是在互联网基础上的延伸和扩展的网络；第二，其用户端延伸和扩展到了任何物品与物品之间，进行信息交换和通信。因此，物联网的定义是通过射频识别、红外感应器、全球定位系统、激光扫描器等信息传感设备，按约定的协议，把任何物品与互联网相连接，进行信息交换和通信，以实现对物品的智能化识别、定位、跟踪、监控和管理的一种网络。

物联网是指具有感知和智能处理能力的可标识的物体，基于标准的可相互操作的通信协议，在宽带移动通信、下一代网络和云计算平台等技术的支撑下，获取和处理物体自身或周围环境的状态信息，对事件及其发展及时做出判断，提供对物体进行管理和控制的决策依据，从而形成信息获取、物体管理和控制的全球性信息系统。也就是说，物联网是一个基于互联网、传统电信网等信息承载体，让所有能够被独立寻址的普通物理对象实现互联互通的网络。其具有：智能、先进、互联的三个重要特征。

物联网的智能处理依靠先进的信息处理技术，如云计算、模式识别等技术。云计算可以从两个方面促进物联网和智慧地球的实现：首先，云计算是实现物联网的核心；其次，云计算促进物联网和互联网的智能融合。

物联网用途广泛，遍及社会生活的各个方面，例如智能交通、环境保护、政府工作、公共安全、平安家居、智能消防、工业监测、环境监测、路灯照明管控、老人护理、个人健康、花卉栽培、水系监测、食品溯源、敌情侦查和情报搜集等多个领域。物联网分为感知、网络、应用三个层次。它把新一代IT技术充分运用在各行各业之中，具体地说，就是把感应器嵌入和装备到电网、铁路、桥梁、隧道、公路、建筑、供水系统、大坝、油气管道等各种物体中，然后将“物联网”与现有的互联网整合起来，实现人类社会与物理系统的整合。在这个整合的网络当中，存在能力超级强大的中心计算机群，能够对整合网络内的人员、机器、设备和基础设施实施实时的管理和控制。

1. 物联网的起源

物联网的概念最早出现于比尔•盖茨在1995年编写的《未来之路》一书中。在该书中，比尔•盖茨提及物联网概念，只是当时受限于无线网络、硬件及传感设备的发展，并未引起世人的重视。

1998年，美国麻省理工学院创造性地提出了当时被称作EPC系统的“物联网”的构想。

1999年，美国Auto-ID首先提出“物联网”的概念，主要是建立在物品编码、RFID技术和互联网的基础上。过去在中国，物联网被称之为传感网。中国科学院早在1999年就启动了传感网的研究，并已取得了一些科研成果，建立了一些适用的传感网。同年，在美国召开的移动计算和网络国际会议提出：“传感网是下一个世纪人类面临的又一个发展机遇”。

2003年，美国的《技术评论》中提出传感网络技术将是未来改变人们生活的十大技术之首。

2005年11月17日，在突尼斯举行的信息社会世界峰会（The World Summit on the Information Society，WSIS）上，国际电信联盟（International Telecommunication Union，ITU）发布了《ITU互联网报告2005：物联网》，

正式提出了“物联网”的概念。报告指出，无所不在的“物联网”通信时代即将来临，世界上所有的物体从轮胎到牙刷、从房屋到纸巾都可以通过因特网主动进行交换。射频识别（Radio Frequency Identification，RFID）技术、传感器技术、纳米技术、智能嵌入技术将到更加广泛的应用。

2. 物联网的主要特征

物联网的基本特征从通信对象和过程来看，物与物、人与物之间的信息交互是物联网的核心。物联网的基本特征可概括为整体感知、可靠传输和智能处理。

① 整体感知。可以利用射频识别、二维码、智能传感器等感知设备感知获取物体的各类信息。

② 可靠传输。通过对互联网、无线网络的融合，将物体的信息实时、准确地传送，以便信息交流、分享。

③ 智能处理。使用各种智能技术，对感知和传送到的数据、信息进行分析处理，实现监测与控制的智能化。根据物联网的以上特征，结合信息科学的观点，围绕信息的流动过程，可以归纳出物联网处理信息的功能。

3. 物联网的关键技术

（1）射频识别技术

射频识别（Radio Frequency Identification，RFID）技术，是一种简单的无线系统，由一个询问器（或阅读器）和很多应答器（或标签）组成。标签由耦合元件及芯片组成。每个标签具有扩展词条唯一的电子编码，附着在物体上标识目标对象，它通过天线将射频信息传递给阅读器。阅读器就是读取信息的设备。RFID技术让物品能够“开口说话”。这就赋予了物联网一个特性，即可跟踪性。就是说人们可以随时掌握物品的准确位置及其周边环境。据Sanford C. Bernstein公司的零售业分析师估计，关于物联网RFID技术带来的这一特性，可使沃尔玛每年节省83.5亿美元，其中大部分是因为不需要人工查看进货的条码而节省的劳动力成本，RFID帮助零售业解决了商品断货和损耗。

（2）传感网

MEMS是微机电系统（Micro-Electro-Mechanical Systems）的英文缩写。它是由微传感器、微执行器、信号处理和控制电路、通讯接口和电源等部件组成的一体化的微型器件系统。其目标是把信息的获取、处理和执行集成在一起，组成具有多功能的微型系统，集成于大尺寸系统中，从而大幅度地提高系统的自动化、智能化和可靠性水平。它是比较通用的传感器。MEMS赋予了普通物体新的生命，它们有了属于自己的数据传输通路，有了存储功能、操作系统和专门的应用程序，从而形成一个庞大的传感网。未来衣服可以“告诉”洗衣机放多少水和洗衣粉最经济；文件夹会“检查”我们忘带了什么重要文件；食品蔬菜的标签会向顾客的手机介绍“自己”是否真正“绿色安全”。这就是物联网世界中被“物”化的结果。

（3）M2M系统框架

M2M是机器对机器（Machine-to-Machine/Man）的英文缩写，是一种以机器终端智能交互为核心的、网络化的应用与服务。它将使对象实现智能化的控制。M2M技术涉及5个重要的技术部分：机器、M2M硬件、通信网络、中间件、应用。基于云计算平台和智能网络，可以依据传感器网络获取的数据进行决策，改变对象的行为进行控制和反馈。家中老人戴上嵌入智能传感器的手表，在外地的子女可以随时通过手机查询父母的血压、心跳是否稳定；智能化的住宅在主人上班时，传感器自动关闭水电气和门窗，定时向主人的手机发送消息，汇报安全情况。

4. 物联网的应用

物联网的应用领域涉及方方面面，它在工业、农业、环境、交通、物流、安保等基础设施领域的应用，有效地推动了这些方面的智能化发展，使有限的资源更加得到合理的使用分配，从而提高了行业效率、效益。在家居、医疗健康、教育、金融与服务业、旅游业等与生活息息相关的领域的应用，从服务范围、服务方式到服务的质量等方面都有了极大的改进，大大地提高了人们的生活质量。

（1）智能家居

智能家居就是物联网在家庭中的基础应用，随着宽带业务的普及，智能家居产品涉及方方面面。家中无人，可利用手机等产品客户端远程操作智能空调，调节室温，甚至还可以学习用户的使用习惯，从而实现全自动的温控操作；插座内置 Wifi，可实现遥控插座定时通断电流，甚至可以监测设备用电情况，生成用电图表让人们对用电情况一目了然，安排资源使用及开支预算；智能体重秤，监测运动效果，内置可以监测血压、脂肪量的先进传感器，内定程序根据身体状态提出健康建议；智能摄像头、窗户传感器、智能门铃、烟雾探测器、智能报警器等都是家庭不可少的安全监控设备，即使出门在外也可以在任意时间、任意地方查看家中任何一角的实时状况，避免任何安全隐患。看似繁琐的种种家居生活因为物联网变得更加轻松、美好。

（2）智能交通

物联网技术在道路交通方面的应用比较成熟。随着社会车辆越来越普及，交通拥堵甚至瘫痪已成为城市的一大问题。物联网技术对道路交通状况实时监控并将信息及时传递给驾驶人，让驾驶人及时做出出行调整，可以有效缓解交通压力；高速路口设置的道路自动收费系统（Electronic Toll Collection，ETC），免去了进出口取卡、还卡的时间，提升了车辆的通行效率；公交车上安装的定位系统，能及时了解公交车行驶路线及到站时间，乘客可以根据搭乘路线确定出行，免去不必要的时间浪费。社会车辆增多，除了会带来交通压力外，停车难也日益成为一个突出问题，不少城市推出了智慧路边停车管理系统共享车位资源，提高车位利用率和用户的方便程度。

（3）公共安全

近年来全球气候异常情况频发，灾害的突发性和危害性进一步加大，互联网可以实时监测环境的不安全性情况，提前预防、实时预警、及时采取应对措施，降低灾害对人类生命财产的威胁。美国布法罗大学早在 2013 年就提出研究深海互联网项目，通过特殊处理的感应装置置于深海处，分析水下相关情况，海洋污染的防治、海底资源的探测、甚至对海啸也可以提供更加可靠的预警。利用物联网技术可以智能感知大气、土壤、森林、水资源等方面各指标数据，对于改善人类生活环境发挥巨大作用。

第 2 章

计算思维导论

计算与计算思维	计算的含义 思维概述 计算思维概述 计算思维的方法
计算理论	可计算性问题 计算复杂性 计算模型
典型问题的思维与算法	求解问题过程 数据有序排列——排序算法 汉诺塔求解——递归思想 国王婚姻问题——并行计算 旅行商问题——最优化思想
计算思维的应用	计算思维在各领域的的应用

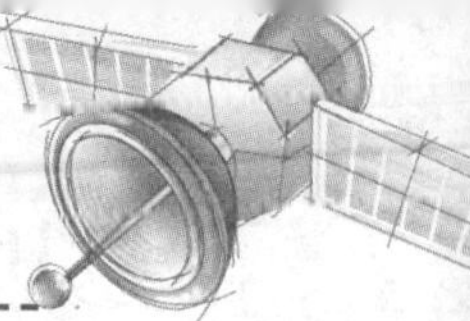

Computer 一词于 1640 年最早出现，用来代表被雇来进行算术计算的人，即计算员；从 1897 年开始表示“机械的计算设备”；1945 年以后终于成了我们今天意义上的“数字电子计算机”。当把 Computer 去掉一个 r，我们得到了 Compute——计算，这是一个来源于拉丁语的古老词汇，计算的出现当然远远早于计算机。先有计算，再有计算机。计算，这是个千百年来人们已经熟知的概念。然而，以计算机为中心的计算概念正在拓展，计算从我们熟知的算术运算到机器工作下的算法处理，正被不断赋予新的含义。计算影响着我们看待世界和解决问题的观念和行为方式，计算成为自然、人工、社会三大系统中各个领域的基本处理过程，“计算不再与计算机有关，它决定着我们的生存。”

商店在歇业后盘点一天的盈亏，警察在分析车辆车牌、路线信息查找肇事、套牌车辆，气象专家在分析最新台风路径、风速以判断需要挂上几级警报，人们拿起手机关注着朋友圈里分析着朋友的生活变化……处处皆计算的时代已经不知不觉来临了。当有不确定的事情时，你不是询问他人而是先打开百度，在 APP 的帮助下选择各种交通工具换乘以得到最优路线，懂得在有限的资源下为自己规划着暑假最佳旅游线路，购买配搭不同理财产品以得到最稳妥的投资回报，你的思维方式和思维习惯已经被你所使用的工具改变，这一切正深深地影响着你的思维能力。

在这个信息爆炸的时代，计算机科学在求解问题方面已体现出巨大的优越性，深刻地改变着人们的生活、学习与工作。了解计算需求和计算方式的演变，接触计算方法和计算思维，这对我们的发展大有裨益。计算思维和阅读、写作一样，是适合于每个人的“一种普遍的认识和一类普适的技能”，计算思维旨在教会我们每个人像计算机科学家一样思考，计算思维的训练、计算能力的提升会让我们更游刃有余的生活、学习和工作。

本章从计算机科学的角度出发介绍计算、思维和计算思维，以及计算工具和计算机的理论基础、计算理论与模型、可计算的典型问题、信息社会与知识社会等问题。

2.1　计算与计算思维

在科学研究中，总会伴随着大量的计算问题，有些计算任务从数学上证明是费时或难解的，有了计算机问题便可解决。在没有计算机的条件下，很多想到的事也做不成，不但是缺少工具，而且也限制了思维方式。因此，有了计算机，计算的本意也在发生变化。计算机是人类 20 世纪最伟大的发明之一。从电子计算机诞生之日起，还没有哪一项技术能和计算机技术一样发展迅速，今天计算机技术已经渗透到人类工作和生活的方方面面。历史上，每一项巨大的技术发明对人类的影响都不会局限在技术本身，它还会影响人们的道德价值观和思维方式，计算机技术也不例外。计算机技术的发展和应用，也推动了人们对计算和计算思维的认识和研究。

目前，计算机科学已发展成为一门研究计算与相关理论、计算机硬件、软件及相关应用的学科。作为一个学科，它有 4 个主要领域：计算理论、算法与数据结构、编程方法与编程语言，以及计算机元素与架构。涉及软件工程、人工智能、计算机体系结构、计算机网络与通信、数据库系统、并行计算、分布式计算、人机交互、机器翻译、计算机图形学、操作系统、数值和符号计算，以及不同层面的各类计算机应用。如今计算机科学已成为一门重要的学科，其他学科也越来越多地融合了各类计算机相关学科的思想。计算机科学研究也经常与其他学科交叉，比如心理学、认知科学、语言学、数学、物理学、统计学和经济学。

计算科学也成为一种新的科学方法，它更注重构建数学模型和量化分析技术，同时通过计算机算法和程序来分析并解决科学、社会、经济问题。天文学家发现海王星就是一个典型的计算方法应用实例，海王星不是直接通过观测发现的，而是数学计算的结果。1845 年，英国剑桥大学的约翰·柯西·亚当斯和法国天文学家勒威耶分别独立在理论上计算出这颗海王星的轨道。勒威耶在得到结果后就立即联系当时的柏林天文台副台长、天文学家 J.G. 伽勒。伽勒在收到信的当晚向预定位置观看，就看到了这颗较暗的太阳系第 8 颗行星。

因此，各国一直将计算机科学视为关系国家命脉的国家战略给予高度重视，把计算机学科中的重要思想与方法提炼成“计算思维”来进行通识教育。

2.1.1 计算的含义

从汉语词语中理解计算，有“核算数目，根据已知量算出未知量，即运算”和“考虑，即谋划或谋虑”，两种含义。从数学名词中理解计算，是一种将单一或复数之输入值转换为单一或复数之结果的一种思考过程。

计算的定义有许多种表述方式，有相当精确的定义，例如使用各种算法进行的“算术”，也有较为抽象的定义，例如在一场竞争中“策略的计算”或是“计算”两人之间关系的成功概率。因此，计算就是一种思考过程或执行过程。

可见计算有以下特点：①计算要有可用的数据；②在一定的时间内完成计算，故要有速度；③计算是个过程；④要有适合和科学的方法（算术、规则、变换、算法、策略等）；⑤计算过程和结果要有精度；⑥计算对错都要有结果。

计算中存在的关系包括：数据与数据的关系（是其内在性质和物理位置决定的），数据与计算符的关系，计算符与计算符的关系。

下面从不同视角理解计算，如计数、逻辑、算法等。

1. 计数与计算

在远古时代人类祖先就利用身边的物品计数，如石头、手指，在中国我们的祖先大约在新石器时代早期开始用绳子打结计数，石头、手指和绳结就是人类的计数和计算最简单的工具。

古人曰：“运筹策帷幄中，决胜千里外。”筹策又称算筹，它是中国古代普遍采用的一种计算工具，也是世界上最古老的计算工具，如图 2-1 所示。算筹不但可以代替手指帮助计数，而且还能进行加、减、乘、除等算术运算。据古书记载和考古发现，算筹大多数是用竹子制作的小棍，放在布袋里随身携带。通过随时随地反复摆弄这些小棍，移动进行计算，从而出现了“运筹”一词，运筹就是计算。大约六七百年前，中国人发明了算盘。总之，算筹和算盘都属于硬件，而摆法和算盘的使用规则就是它们的软件，它们的计算功能是加、减、乘、除、开方等运算，这就是计数与计算。

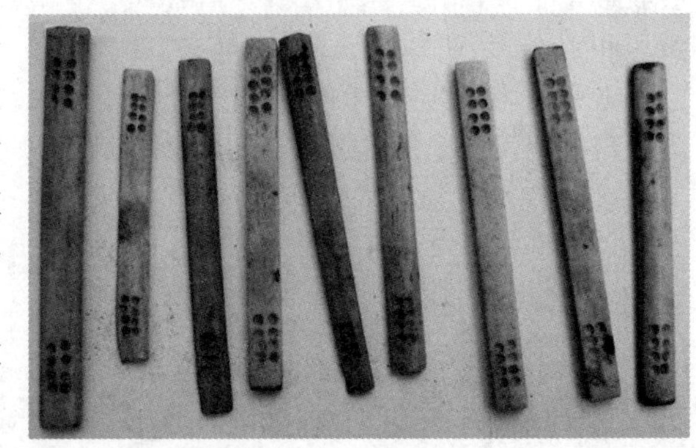

图2-1　算筹工具

我国南北朝时期的杰出数学家祖冲之（429—500），借助算筹将圆周率 π 值计算到小数点后 7 位，成为当时世界上最精确的 π 值。特别值得惊叹的是，计算圆周率时，需要对很多位进行包括开方在内的各种运算达 130 次以上，而这样的过程就是现在的人利用纸和笔进行计算也比较困难。

2. 逻辑与计算

逻辑是人的抽象思维，是人通过概念、判断、论证来理解和区分客观世界的思维过程。逻辑（Logic）一词的含义主要包括：客观事物的规律、某种理论或观点、思维规律或逻辑规则、逻辑学或逻辑知识等。英国著名机械唯物主义哲学家霍布斯（Thomas Hobbes，1588—1679）认为：“正如算术学者教人数字的加与减；几何学家教人在线、形、角、比例、快速程度、力等方面进行加与减；逻辑学家则教人在字（词）的推论方面进行加与减……一切思维不过是加与减的计算。”逻辑的本质是寻找事物的相对关系，并用已知推断未知。

推理和计算是相通的：数理逻辑在计算机科学发展过程中不但提供了重要思想方法，也已成为了计算机科学重要的研究工具。逻辑是探索、阐述和确立有效推理原则的学科，最早由古希腊学者亚里士多德创建的。德国人莱布尼茨对其进行改造和发展，使之更为精确和便于演算。沿着莱布尼茨的思想，爱尔兰的数学教授布尔提出了逻辑代数。所以，用数学的方法研究关于推理、证明等问题的学科就叫作数理逻辑，也叫作符号逻辑。

德国人莱布尼茨（G.W.Leibniz，1646—1716）是一位知识广博的数学家与物理学家，他也是最早主张东西方文化交流的著名学者。莱布尼茨高度评价中国的《易经》与“八卦”中所蕴含的二进制思想，主张在有逻辑机器中采用与“八卦”一致的二进制的思想，这对数字计算机的发展产生了深远影响。莱布尼茨认为，基于符号化方法可以建立“普遍逻辑”和“逻辑演算”，建立一个普遍符号系统，制造一种“自动概念发生器”“推理演算器”，用机械装置自动推理或理解过程解决问题。

1847年，英国数理逻辑学家布尔（1815—1864）出版了《逻辑的数学分析》，提出了逻辑代数。布尔认为，符号语言与运算可用来表示任何事物，他使逻辑学由哲学变成了数学。布尔建立了一系列的运算法则，利用代数的方法研究逻辑问题，初步奠定了数理逻辑的基础。为什么要研究数理逻辑？我们知道，要使用计算机就首先要编制程序。通常，程序 = 算法 + 数据结构，而算法 = 逻辑 + 控制。为了更好地使用计算机，就必须学习逻辑。数理逻辑研究形式体系，作为其组成部分的命题演算与谓词演算在计算机科学中有着巨大的作用和深远的影响。

数理逻辑的许多研究成果都可应用于计算机科学，计算机科学的深入研究又推动了数理逻辑的发展。目前，数理逻辑的形象化方法已广泛渗透到了计算机科学的多个领域，例如软件规格说明、形式语义、程序交换、程序的正确性证明、计算机硬件的综合和验证等。

3. 算法与计算

一般来说，算法是对特定问题求解步骤和方案的一种描述。

《周髀算经》是中国最古老的天文学和数学著作，约成书于公元前1世纪，在数学上的主要成就是介绍了勾股定理及其在测量上的应用以及怎样引用到天文计算。《九章算术》（见图2-2）是中国古代第一部数学专著，给出了四则运算、最大公约数、最小公倍数、开平方、开立方、求素数等各种算法。在世界上最早系统叙述了分数运算的著作，在世界数学史上首次阐述了负数及其加减运算法则。它们都有一个共同的特点，阐述问题求解的步骤，这就是算法，而不是简单的四则运算。算法的英文Algorithm来源于公元9世纪的“波斯教科书”（Persian Textbook），后来被赋予了更一般的定义：算法是一组确定的、有效的、有限的解决问题的步骤。

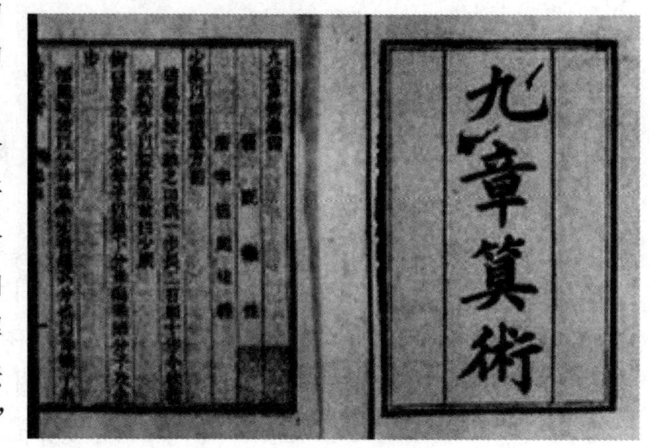

图2-2 九章算术

例如：6–5=1和6+(–1)=1有什么区别？前者为算术，后者为算法，它有了负数的概念。

算法可分为数值计算类、非数值计算类。如科学计算中的数值积分、线性方程求解等就是进行数值计算的算法，而信息管理、文字处理、图像分类、检索等算法就是进行非数值计算的算法。

从计算机实现算法的角度来看，算法中的基本操作步骤对应计算机的操作指令，指令描述的是一个计算。当其运行时，能从一个初始状态和初始输入开始，经过一系列有限而清晰定义的状态，最终产生输出，并停止于一个终止状态。所以算法的过程正好就是可以在计算机上执行的过程。

从现代角度来看算法，算法有三个基本要素：一是数据对象；二是基本运算和操作，主要有算术运算、逻辑运算、关系运算和数据传输；三是控制结构，主要有顺序、分支、循环三种结构。一个算法的功能结构不仅取决于所选用的操作，而且还与各操作之间的执行结构顺序有关。算法并不给出问题的具体解，只是说明按什么样的操作才能得到问题的解。

从现代角度来看计算，计算包括数学计算，逻辑推理，文法的产生式，集合论的函数，组合数学的置换，变量代换，图形图像的变换，数理统计等；人工智能解空间的遍历，问题求解，图论的路径问题，网络安全，代数系统理论，上下文表示感知与推理，智能空间等；甚至包括数字系统设计（如逻辑代数），软件程序设计（文法），机器人设计，建筑设计等设计问题。

总之，问题的求解就是计算，求解算法中的每一步骤也是计算。计算的过程就是执行算法的过程，算法又由计算步骤构成，计算的目的由算法实现，算法的被执行由计算完成。从这个意义上说，计算机科学本质上就是算法科学。

4. 新的计算模式

（1）普适计算

随着计算机及相关技术的发展，通信能力和计算能力的获得正变得越来越容易，其相应的设备所占用的体积也越来越小，各种新形态的传感器、计算 / 联网设备蓬勃发展；同时由于对生产效率、生活质量的不懈追求，人们希望能随时、随地、无困难地享用计算能力和信息服务，由此引发了计算模式的新变革，这就是计算模式的第 3 个时代——普适计算时代。

普适计算的思想是由 Mark Weiser 在 1991 年提出的。他根据所从事的研究工作，预测计算模式将来会发展为普适计算模式。在这种模式中，人们能够在任何时间（Anytime）、任何地点（Anywhere），以任何方式（Anyway）访问到所需要的信息。

普适计算是信息空间与物理空间的融合。在这个融合的空间中人们可以随时随地、透明地获得数字化服务。

"随时随地"是指人们可以在工作和生活的现场就可以获得服务，而不需离开现场去端坐在一台专门的计算机面前，即像空气一样无所不在。

"透明"是指获得这种服务时不需要花费很多注意力，即这种服务的访问方式是十分自然的，甚至是用户本身注意不到的。

普适计算将计算机融入人们的生活，形成一个"无时不在、无处不在、不可见"的计算环境。在这种环境下，所有具备计算能力的设备都可以联网，通过标准的接口提供公开的服务，设备之间可以在没有人的干预下自动交换信息，协同工作，为终端用户提供一项服务。

（2）网格计算

网格计算是伴随着互联网技术而迅速发展起来的，是专门针对复杂科学计算的新型计算模式。这种计算模式是利用互联网把分散在不同地理位置的计算机组织成一个"虚拟的超级计算机"，其中每一台参与计算的计算机就是一个"结点"，而整个计算是由成千上万个"结点"组成的"一张网格"，所以这种计算方式称为网格计算。这样组织起来的"虚拟的超级计算机"有两个优势：一是数据处理能力超强；二是能充分利用网上的闲置处理能力。简单地讲，网格是把整个网络整合成一台巨大的超级计算机，实现计算资源、存储资源、数据资源、信息资源、知识资源、专家资源的全面共享。

网格计算研究如何把一个需要非常巨大的计算能力才能解决的问题分成许多小的部分，然后把这些部分分配给许多低性能的计算机来处理，最后把这些计算结果综合起来从而攻克了难题。

（3）云计算

计算模式大约每 15 年就会发生一次变革。至今，计算模式经历了主机计算、个人计算、网格计算，现在云计算也被普遍认为是计算模式的一个新阶段。20 世纪 60 年代中期是大型计算机的成熟时期，这时的主机－终端模式是集中计算，一切计算资源都集中在主机上；1981 年 IBM 推出个人计算机（Personal Computer，PC）用于家庭、办公室和学校，推进信息技术发展进入 PC 时代，此时变成了分散计算，主要计算资源分散在各个 PC 上；1995 年随着浏览器的成熟，以及互联网时代的来临，使分散的 PC 连接在一起，部分计算资源虽然还分布在 PC 上，但已经越来越多地集中到互联网；直到 2010 年，云计算概念的兴起实现了更高程度的集中，它可将分布在世界范围内的计算资源整合为一个虚拟的统一资源，实现按需服务、按量计费，使计算资源的利用犹如电力和自来水般快捷和方便。

云计算的核心思想是将大量用网络连接的计算资源进行统一管理和调度，从而构成一个计算资源池向用户按需服务。提供资源的网络被称为"云"。"云"中的资源在使用者看来是可以无限扩展的，并且可以随时获取，随时扩展，按需使用，按需付费。继个人计算机变革、互联网变革之后，云计算被看作第三次 IT 浪潮，它意味着计算能力也可作为一种商品通过互联网进行流通。

2.1.2 思维概述

人是一种高级动物，除了可以通过眼、耳、鼻、舌、皮肤等感觉器官与外界环境发生联系，对周围事

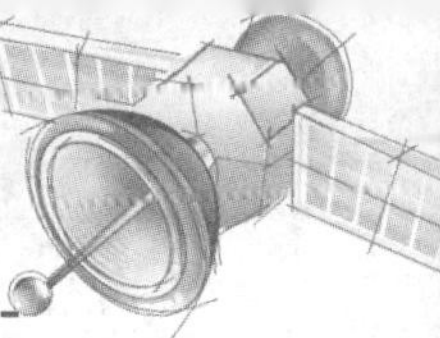

物的变化进行感知外，还可以通过大脑的思维对外部事件发生间接的反映。感觉通常是人类感官对客观世界的一种直接反映，反映的是事物的个别属性或者外部特征，属于感性认识。思维（Thinking）是人类的高级心理活动，是人的大脑利用已有知识和经验对具体事物进行分析、综合、判断、推理等认识活动的过程，是人脑对客观现实概括的间接反映，它反映的是事物的本质和事物间规律性的联系，属于理性认识。在认识过程中，思维实现了从现象到本质、从感性到理性的变化，使人达到对客观事物的理性认识，从而构成人类认识的高级阶段。

思维有多种类型。根据思维的主体和客体的不同特点，人类的思维活动通常分为形象思维、逻辑思维和灵感三种类型，其中，形象思维是通过各种感觉器官在大脑中形成的关于某种事物的整体形象的认识世界的过程，与人的主观认识和情感有关；逻辑思维是在表象、概念基础上进行分析、综合、判断、推理等认识活动的过程；灵感是突发的，不知不觉中迅速发生的认识过程，与人的潜意识有关。

形象思维和逻辑思维是人类思维的两种基本形态。如果按照思维的形成和应用领域，思维又可分为科学思维和日常思维。在这里主要结合计算机科学讨论科学思维。从计算角度来看，思维又是一种心理活动中的信息处理过程，是一种广义的计算。

1. 科学思维

科学思维（Scientific Thinking）通常是指人脑对科学信息的加工活动，它是主体对客体理性的、逻辑的、系统的认识过程。科学思维必须遵守三个基本原则：在逻辑上要求严密的逻辑性，达到归纳和演绎的统一；在方法上要求辩证的分析和综合两种思维方法；在体系上要求实现逻辑与历史的一致，达到理论与实践的具体的历史的统一。

总之，科学思维是关于人们在科学探索活动中形成的、符合科学探索活动规律与需要的思维方法及其合理性原则的理论体系。科学思维的方式包括归纳分类、正反比较、联想推测、由此及彼，删繁就简和启发借用等，而科学思维能力应包括审视能力、判误能力、浮想能力、综合能力和归纳能力等。

2. 科学思维的分类

从人类认识世界和改造世界的思维方式出发，科学思维包括理论思维、实践思维和计算思维三种，可分别对应于理论科学、实践科学和计算机科学。

理论思维（Theoretical Thinking）又称逻辑思维，是指通过抽象和建立描述事物本质的概念，应用科学的方法探寻概念之间联系的一种思维方法。理论思维以抽象、推理和演绎为主要特征，以数学学科为代表，是作为对认识者的思维、结构以及作用的规律的分析而产生和发展起来的。理论源于数学，理论思维支撑着所有的学科领域。正如数学一样，定义是理论思维的灵魂，定理和证明是它的精髓，公理化方法是最重要的理论思维方法。只有经过逻辑思维，人们才能达到对具体对象本质的把握，进而认识客观世界。

实践思维（Experimental Thinking）又称实证思维，是通过观察和实验获取自然规律法则的一种思维方法。它以观察、归纳和验证自然规律为特征，以物理学科为代表。实验思维的先驱是意大利科学家伽利略，他被人们誉为“近代科学之父”。与理论思维不同，实验思维往往需要借助某种特定的设备，使用它们来获取数据以便进行分析。

计算思维（Computational Thinking）是指从具体的算法设计规范入手，通过算法过程的构造与实施来解决给定问题的一种思维方法。它以可行或可操作、设计和构造为特征，以计算机学科为代表。提供思维过程或功能的计算模拟方法论，使人们能借助计算机解决各种问题，逐步实现人工智能的较高目标。诸如模式识别、决策、优化和自控等算法都属于计算思维范畴。

计算机不仅为不同专业提供了解决专业问题的有效方法和手段，而且提供了一种处理问题的构造思维方式。熟悉使用计算机及互联网，为人们终身学习提供了广阔的空间以及良好的学习工具与环境。这正是信息时代大学生必须掌握的信息素质，了解计算机的思维：学习计算机工作原理，理解计算机系统的功能如何能够越来越强大；利用计算机系统的思维理解计算系统如何控制和处理，满足数字化生存与发展的需求。

2.1.3　计算思维概述

计算思维在人类思维的早期就已经萌芽，到了 20 世纪，计算思维作为一种科学概念提出。但是对于计算思维的研究却是进展缓慢。其主要原因是在考虑计算思维的可构造性和可实现性时，相应的手段和工具的进展一直是缓慢的。尽管人们提出了很多对于各种自然现象的模拟和重现方法，设计了复杂系统的构造，但都因缺乏相应的实现手段而束之高阁。由此对于计算思维本身的研究也就缺乏动力和目标。

在科学的发展中，学科总是在不断分化和融合。进入21世纪，计算机技术已经越来越深入各个学科，不仅为其他学科的研究提供了新的手段和工具，其方法论特性也直接渗透和影响到其他学科，并延伸到各个基础研究领域，形成新的交叉学科。计算思维虽然具有计算机的许多特征，但是计算思维本身并不是计算机的专属。实际上，即使没有计算机，计算思维也会逐步发展，甚至有些内容与计算机没有关联。但是，正是由于计算机的出现，给计算思维的研究和发展带来了根本性的变化，计算思维的精髓是运用计算机科学的思想与方法分析问题、行为理解、系统建模与设计实现，计算机的出现强化了计算思维的意义和作用，所以计算机科学成为计算思维的基础。在此，行为理解是指描述、识别和理解个人行为、个人与外界环境之间的交互行为以及群体中人与人的交互行为。

计算思维本身并不是新的东西，长期以来都在被不同领域的人们自觉或不自觉地采用。为什么现在需要特别强调？这与人类社会的发展直接相关。我们现在所处的时代，称为“大数据”时代，人类社会方方面面的活动从来没有像现在这样被充分的数字化和网络化。人们在商场的消费信息，就会实时地在国家信用中心的计算机系统中反映出来。移动通信运营商原则上可以随时知道每个人的地理位置。呼啸在京广线上的高铁列车的状态，随时被传给指挥控制中心。也就是说，对于任何现实的活动，都伴随着相应数据的产生。数据成为现实活动所留下的“痕迹”。现实活动难以重演，但数据分析可以反复进行。对数据的分析研究实质上就是计算，这就是计算思维的用武之地。

1. 计算思维产生的背景

2005年6月，美国总统信息技术咨询委员会给美国总统提交了报告《计算科学：确保美国竞争力》。该报告认为虽然计算本身也是一门学科，但是它具有促进其他学科发展的作用。21世纪科学上最重要的、经济上最有前途的前沿研究都有可能通过先进的计算技术和运用计算科学来解决。该报告建议将计算科学长期置于美国国家科学与技术领域中心的领导地位。

2006年3月，美国卡内基·梅隆大学计算机科学系系主任周以真（Jeannette M. Wing）教授在美国计算机权威期刊“Communications of the ACM”杂志上首次提出了计算思维（Computational Thinking）的概念。周教授认为：计算思维是运用计算机科学的基础概念进行问题求解、系统设计，以及人类行为理解等涵盖计算机科学之广度的一系列思维活动。

2007年，美国国家科学基金会制定了“振兴大学本科计算教育的途径（CPATH）”计划。该计划将计算思维的学习融入计算机、信息科学、工程技术和其他领域的本科教育中，以增强学生的计算思维能力，促成造就具有基本计算思维能力的、在全球有竞争力的美国劳动大军，确保美国在全球创新企业的领导地位。

2011年，美国国家科学基金会又启动了“21世纪计算教育”计划，计划建立在CPATH项目成功的基础上，其目的是提高中小学和大学一、二年级教师与学生的计算思维能力。

我国中科院自动化所王飞跃教授率先将国际同行倡导的“计算思维”引入国内，并翻译了周以真教授的《计算思维》一文，撰写了相关的论文《计算思维与计算文化》。他认为：在中文里，计算思维不是一个新的名词。在中国，从小学到大学教育，计算思维经常被朦朦胧胧地使用，却一直没有提高到周以真教授所描述的高度和广度，以及那样的新颖、明确和系统。

教育部高等学校计算机基础课程教学指导委员会对计算思维的培育非常重视。2010年7月，在西安会议上，发布了《九校联盟（C9）计算机基础教学发展战略联合声明》，确定了以计算思维为核心的计算机基础课程的教学改革。2012年7月，教育部高等学校计算机基础课程教学指导委员会再次召开“计算思维与大学计算机课程教学改革研讨会”，来自全国120多所高校的代表参加了本次会议。国家自然科学基金委员会信息科学部刘克教授特别强调大学推进计算思维这一基本理念的必要性。中国科学院计算技术研究所研究员徐志伟认为：计算思维是一种本质的、所有人都必须具备的思维方式，就像识字、做算术一样；在2050年以前，地球上每一个公民都应具备计算思维的能力。

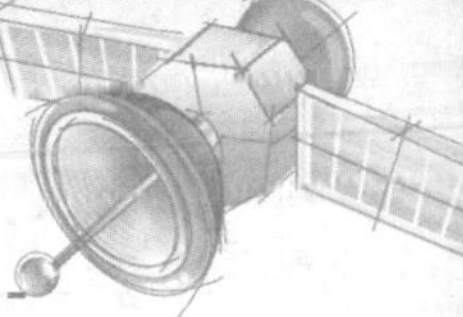

2. 计算思维定义、本质和特征

目前广泛使用的计算机思维的概念是由美国学者周以真（Jeannette M Wing）教授2006年提出的：计算思维是运用计算机科学的基础概念进行问题求解、系统设计以及人类行为的理解等涵盖计算机科学之广度的一系列思维活动。

此定义给出了计算思维的三大部分，即问题求解、系统设计和工程组织（人类行为理解）。计算思维最根本的内容，即其本质是抽象（Abstract）和自动化（Automation）；其特征为能行性，构造性和确定性。

周以真教授给出的定义涉及的三部分内容如下：

① 求解问题中的计算思维，采用的一般数学思维方法。首先将实际的应用问题转换为数学问题，建立模型、设计算法和编程实现，最后在计算机中运行并求解。前两步为计算思维中的抽象，后一步为自动化。

计算思维是概念化思维，不是程序化思维。计算机科学不等于计算机编程，计算思维更不是计算机编写程序，它要求能够在抽象的多个层面上思考问题。同样计算机科学不只是关于计算机，就像通信科学不只是关于手机，音乐产业不只是关于麦克风一样。

② 设计系统中的计算思维，使用了现实世界中复杂系统设计与评估的一般工程思维方法。计算思维的核心方法是"构造"，就是工程思维方法中的解决方案的组织、设计和实施。如在计算机科学中的系统结构设计、功能设计、算法设计、流程设计、界面设计、对象设计等，以及对它们的实施和验证。这里面包括了三种构造形态：对象构造、过程构造和验证构造。

由上两点可以看出，计算思维中包括了数学思维和工程思维。采用数学思维实现问题的抽象形式化表述和解释；利用工程思维构造能够与实际世界互动的系统。

③ 理解人类行为中的计算思维，面对复杂性、智能、心理、人类行为理解等的一般科学思维方法。计算思维是基于可计算的手段，以定量化方式进行的思维过程，能满足信息时代新的社会动力学和人类动力学要求。利用计算手段进行人类行为研究，即通过各种信息技术手段，设计、实施和评估人与人、人与环境之间的交互和作用，也有学者称为社会计算。研究生命的起源与繁衍、理解人类的认识能力、了解人类与环境的交互以及国家的福利与安全等，都属于该范畴，都与计算思维密切相关。在人类的物理世界、精神世界和人工世界这三个世界中，计算思维是建设人工世界（工程组织）所需要的主要思维方式。这方面的研究和应用，将会是大有作为。

为了让人们更易于理解，周以真又将"计算思维"从方法上做了进一步定义：通过约简、嵌入、转化和仿真等方法，把一个看来困难的问题重新阐释成一个我们知道问题怎样解决的方法；是一种递归思维，是一种并行处理，是一种把代码译成数据又能把数据译成代码方法，是一种多维分析推广的类型检查方法；是一种采用抽象和分解来控制庞杂的任务或进行巨大复杂系统设计的方法，是基于关注分离的方法（SoC方法）；是按照预防、保护及通过冗余、容错、纠错的方式，并从最坏情况进行系统恢复的一种思维方法；是利用启发式推理寻求解答，也即在不确定情况下的规则、学习和调度的思维方法；是利用海量数据来加快计算，在时间和空间之间，在处理能力和存储容量之间进行折中的思维方法。

在这里提到的计算思维的方法或属性或者"部件"，如约简、嵌入、转化、仿真、递归、并行、多维分析、类型、抽象、分解、保护、冗余、容错、纠错、系统恢复、启发式、规划、学习、调度、折中等术语，都是计算思维的一些方法和技术特点或技巧，也是计算思维区别于逻辑思维和实证思维的关键点。

3. 思维技能和求解途径

计算思维是人类本身的一种根本的思维技能。因此，它是人的思维，不是计算机思维，是人类解决各种问题的方法和途径，是人类借助于计算机的强大计算和存储能力，更好地解决各类需要进行大量计算的问题。由于计算机能够对信息与符号进行快速的处理，大大拓展了人类认知世界和解决问题的能力，因此，许多原本仅仅是理论上可行的处理过程变成了可以实现的过程，海量数据处理、复杂系统模拟、大型工程组织等许多方面的问题都可以借助于计算机实现从最初的想法到最终实现过程中的自动化、精确化和过程的可控制。计算思维也是基础技能，每个人为了在现代社会中发挥应有的职能都需要掌握。

4. 重要手段和有效工具

计算思维的提出还不算是一种新的思维形态，但是，计算思维比其他学科的思维具有更强的普适性，它是从概念到逻辑，从逻辑到物理实现的重要手段。从自然科学中的计算机模拟、仿真和计算机辅助，到社会科学中的大数据收集、处理和分析，社会问题的风险评估、预测和控制，无不与计算机技术有关，都涉及计算机思维。当计算思维真正融入人类活动的整体时，它作为一个问题解决的有效工具，人人都应当掌握，因其处处都可能被使用。

总之，在问题求解中，借助于计算机强大的能力进行问题求解的思维和意识就是计算思维的方法。计算思维通常表现为人们在问题求解时对计算、算法、数据及其组织、程序、自动化等概念的潜意识应用。

计算思维正在影响人们传统的思考方式。例如，计算生物学正在改变着生物学家的思考方式，计算博弈理论正在改变着经济学家的思考方式，纳米计算正在改变着化学家的思考方式，量子计算正在改变着物理学家的思考方式，计算机网络正在改变着社会学家和政治家的思维广度，等等。因此，开展计算思维的训练对于学科的发展、知识创新及解决各类自然和社会问题都具有重要的作用。

5. 计算思维的特性

计算思维虽然具有计算机的许多特征，但是计算思维本身并不是计算机的专属。实际上，即使没有计算机，计算思维也会逐步发展，甚至有些内容与计算机没有关系。但是，正是由于计算机的出现，给计算思维的发展带来了根本性的变化。计算思维有如下特征：

（1）计算思维是概念化，不是程序化

计算思维不是计算机编程，而是要求能够在抽象的层次上进行思维活动，用计算思维的概念去思考、解决问题。计算机科学不只是关注计算机，就像音乐产业不只是关注麦克风一样。

（2）计算思维是根本的，不是刻板的技能

计算思维是一种根本技能，是每一个人在现代社会中所必须掌握的。刻板的技能意味着简单的机械重复，计算思维是灵活的、具有创造性的思维。

（3）计算思维是人类的，不是计算机的思维

计算思维是指导人类求解问题的一条途径，但决非要使人类像计算机那样思考。计算机枯燥且沉闷，只能机械地执行预先存储的指令。人类聪颖且富有想象力，其思维千变万化。

（4）计算思维是思想，不是人造物

计算思维是一种思想，不是工厂的产品，重要的是用计算的概念进行问题求解、对日常生活进行管理，以及与他人进行交流和互动。

（5）计算思维是数学和工程思维的互补与融合

计算机科学在本质上源自数学思维，它的形式化基础建于数学之上。计算机科学又从本质上源自工程思维，因为我们建造的是能够与实际世界互动的系统。所以计算思维是数学和工程思维的互补与融合。

（6）计算思维面向所有的人、所有地方

当计算思维真正融入人类活动的整体时，它作为一个解决问题的有效方法，人人都应当掌握，因其处处都可能使用到。

6. 计算思维的本质

抽象和自动化是计算思维的本质。计算思维中的抽象完全超越物理的时空观，并完全用符号来表示。与数学和物理科学相比，计算思维中的抽象显得更为丰富，也更为复杂。

计算思维通过约简、嵌入、转化和仿真等方法，把一个困难的问题表示为求解它的算法，可以通过计算机自动执行，所以具有自动化的本质。

2.1.4 计算思维的方法

计算思维是每个人的基本技能，不仅属于计算机科学家。因此每个学生在培养解析能力时不仅应掌握阅读、写作和算术（Reading，wRiting and aRithmetic，3R），还要学会计算思维，用计算思维方法对问题进行求解。

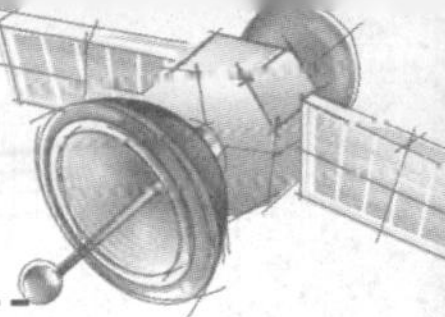

计算思维方法很多，周以真教授将其阐述成以下几大类：

① 计算思维通过约简、嵌入、转化和仿真等方法，把一个困难的问题重新阐释成一个如何求解它的问题。

② 计算思维是一种递归思维，是一种并行处理，是一种把代码译成数据又能把数据译成代码的方法。

③ 计算思维采用抽象和分解的方法来控制复杂的任务或进行巨型复杂系统的设计，基于关注点分离的方法（SoC 方法）。由于关注点混杂在一起会导致复杂性大大增加，把不同的关注点分离开来分别处理是处理复杂性任务的一个原则。

④ 计算思维选择合适的方式对一个问题的相关方面进行建模，使其易于处理，在不必理解每一个细节的情况下就能够安全地使用、调整和影响一个大型复杂系统。

⑤ 计算思维采用预防、保护及通过冗余、容错、纠错的方法，从最坏情形进行系统恢复。

⑥ 计算思维是一种利用启发式推理来寻求解答的方法，即在不确定情况下进行规划、学习和调度。

⑦ 计算思维是一种利用海量数据来加快计算，在时间和空间之间，在处理能力和存储容量之间进行折中处理的方法。

2.2 计 算 理 论

计算的概念中应包括计数、运算、演算、推理、变换和操作等含义，如果从计算机角度理解，它们都是一个执行过程。计算理论是计算机科学理论基础之一，是关于计算和计算机械的数学理论，它研究计算的计算过程与功效，也就是在讨论计算思维时，必须了解如何计算和过程（计算模型），并知道可计算性与计算复杂性，从而评价算法或估算计算实现后的运行效果。本节计算理论主要讨论可计算性问题、计算复杂性、计算模型和求解问题过程。计算理论的基本思想、概念与方法已被广泛应用于计算科学的各个领域之中。

2.2.1 可计算性问题

可计算性理论是研究计算一般性质的，又称算法理论和能行性理论。通过建立计算的数学模型（如抽象计算机，即“自动机”），精确区分哪些问题是可计算的，哪些是不可计算的。对问题的可计算性分析可使得人们不必浪费时间在不可能解决的问题上（或转而使用其他有效手段），并集中资源在可以解决的那些问题上。也就是说，事实上不是什么问题计算机都能计算的。换句话说，有些问题计算机能计算；有些问题虽然能计算，但算起来很“困难”；有些问题也许根本就没有办法计算。甚至有些问题，理论上可以计算，实际上并不一定能行（时间太长、空间占用太多等），这时就需要考虑计算复杂性方面的问题了，计算复杂性将在下一节中讨论。

可计算性定义：对于某问题，如果存在一个机械的过程，对于给定的一个输入，能在有限步骤内给出问题答案，那么该问题就是可计算的。在函数算法的理论中，可计算性是函数的一个特性。设函数f的定义域是D，值域是R，如果存在一种算法，对D中任意给定的x，都能计算出$f(x)$的值，则称函数f是可计算的。

可计算性具有如下几个特征：

① 确定性。在初始情况相同时，任何一次计算过程得到的计算结果都是相同的。

② 有限性。计算过程能在有限的时间内、在有限的设备上执行。

③ 设备无关性。每一个计算过程的执行都是“机械的”或“构造性的”，在不同设备上，只要能够接受这种描述，并实施该计算过程，将得到同样的结果。

④ 可用数学术语对计算过程进行精确描述，将计算过程中的运算最终解释为算术运算。计算过程中的语句是有限的，对语句的编码能用数值表示。

1936 年图灵（Alan Mathison Turing，1912—1954）发表了著名论文《论可计算数及其在判定问题中的应用》，第一次从一个全新的角度定义可计算函数，他全面分析了人的计算过程，把计算归结为最简单、最基础、最确定的操作动作，从而用一种简单的方法来描述那种直观上具有机械性的基本计算程序，使任何机械（能行）的程序都可以归约为这种行动。

这种简单的方法是一个抽象自动机概念为基础的，其结果是，算法可计算函数就是这种自动机能计算的函数。这不仅给计算下了一个完全确定的定义，而且第一次把计算和自动机联系起来，对后世产生了巨大的影响，这种“自动机”后来被人们称为“图灵机”。自动机作为一种基本工具被广泛应用在程序设计的编译过程中。

因此，图灵把可计算函数定义为图灵机可计算函数，拓展了美国数学家丘奇（Alonzo Church，1903—1995 年）论点（1935 年提出著名的“算法可计算函数都是递归函数”论题），形成“丘奇－图灵论点”，相当完善地解决了可计算函数的精确定义问题，即能够在图灵机上编出程序计算其值的函数，为数理逻辑的发展起到巨大的推动作用，对计算理论的严格化、为计算机科学的形成和发展都具有奠基性的意义。

可计算性理论中的基本思想、概念和方法，被广泛应用于计算机科学的各个领域。建立数学模型的方法在计算机科学中被广泛采用。递归的思想被用于程序设计，产生了递归过程和递归数据结构，也影响了计算机的体系结构。

2.2.2 计算复杂性

计算复杂性使用数学方法研究各类问题的计算复杂性的学科。它研究各种可计算问题在计算过程中资源（如时间、空间等）的耗费情况，以及在不同计算模型下，使用不同类型资源和不同数量的资源时，各类问题复杂性的本质特征和相互关系。

1. 计算复杂性概述

用计算机解决问题时，计算复杂性是指利用计算机求解问题的难易程度，反映的是问题的固有难度。而算法复杂性是针对特定算法而言的，同样一个问题，不同的算法，在机器上运行时所需要的时间和空间资源的数量常常相差很大。一个算法复杂性的高低体现在运行该算法时所需的资源，所需资源越多，算法复杂性越高。对于任意给定的问题，设计复杂性尽可能低的算法是人们在设计算法时追求的一个重要目标。如果有多种算法时，原则是选择复杂性最低者。因此，分析和计算算法的复杂性对算法的设计和选用有着重要的指导意义和实用价值。怎样才能准确刻画算法的计算复杂性呢？

由此需要定义算法的复杂度来作为度量算法优劣的一个重要指标。计算复杂性的度量标准一是计算所需的步数和指令条数（称为时间复杂度），二是计算所需的存储单元数量（称为空间复杂度）。而时间和空间的复杂度与问题的规模直接相关，合理确定问题的规模参数 n，时间和空间的复杂度都可以设定是规模 n 的函数。在很多情况下精确计算时间和空间的复杂度是很困难的，因此在计算时间和空间的复杂度是一个估计值，如 $O(n)$，其中 O 表示复杂度函数，简称时间复杂度和空间复杂度。一般情况问题的规模 n 越大导致算法消耗的时间和空间也越大，但是当 n 趋于无穷大时，$O(n)$ 函数的增长的阶是什么？这就是计算复杂度理论所要研究的主要问题。例如函数不超过多项式函数，就说算法具有多项式复杂度；函数不超过指数函数，就说算法具有指数复杂度。

常见的时间复杂度有：常数 $O(1)$、对数阶 $O(\log_2 n)$、线性阶 $O(n)$、线性对数阶 $O(n\log_2 n)$、平方阶 $O(n^2)$、立方阶 $O(n^3)$、k 次方阶 $O(n^k)$、指数阶 $O(2^n)$ 等类型。

当 n 充分大时，上述不同类型的复杂度递增排列的次序为：

$$O(1) < O(\log_2 n) < O(n) < O(n\log_2 n) < O(n^2) < O(n^3) < \cdots < O(n^k) < O(2^n)$$

显然，时间复杂度为指数阶 $O(2^n)$ 的相对大，算法效率极低，当 n 稍大时，算法短时间内导致时间复杂度过大而无法实际应用该算法。

类似于时间复杂度的讨论，一个算法的空间复杂度定义为该算法所耗费的存储空间，也是问题规模 n 的函数。在计算上，算法的时间复杂度和空间复杂度的合称为算法的复杂度。

分析一个算法的空间复杂度，除了考察数据所占用的空间外，应该分析可能用到的额外空间。随着计算机存储容量的增加，人们对算法空间复杂度的分析的重视程度要小于时间复杂度的分析。

随着计算机技术的快速发展，计算机的运算速度和存储容量已经提高了若干个数量级，时间复杂性和空间复杂性的问题在有些情况下显得不再那么重要。相反，基于互联网的应用，由于需要经过网络传输大量的

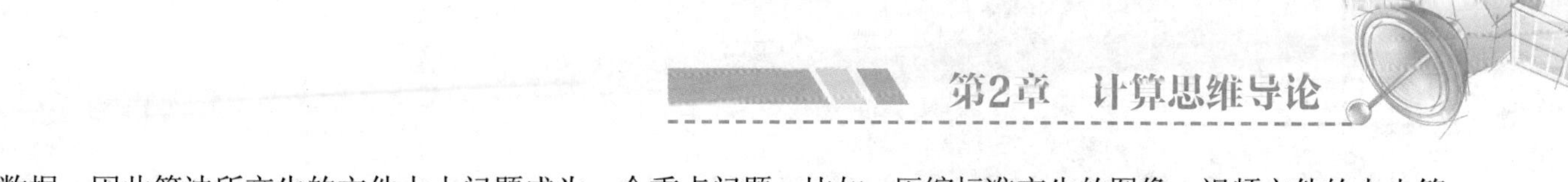

数据，因此算法所产生的文件大小问题成为一个重点问题，比如：压缩标准产生的图像、视频文件的大小等。

2. P 问题与 NP 问题

在计算科学里面，一般可以将问题分为可求解问题和不可求解问题。不可求解问题也可进一步分为两类：一类如停机问题，的确不可求解；另一类虽然有解，但时间复杂度很高。假如一个算法需要数月甚至数年才能求解一个问题，那肯定不能被认为是有效的算法。例如“汉诺塔求解”问题，其求解算法的时间复杂度为 $O(2^n)$ 问题。当盘片 n=50 时，使用运算速度为每秒 100 万次的计算机来求解，大约需要 36 年；盘片 n=60 时，则需要 366 个世纪的时间才能求出结果。显然，耗时是非常恐怖的。理论上这类是有解的问题，但事实上它是时间复杂度巨大的问题，人们称之为难解型（Intractable）问题，对于计算机来说，这类问题本质上是不可计算的。

通常根据问题求解算法的时间复杂度对问题进行分类。如果问题求解算法的时间复杂度是该问题实例规模 n 的多项式函数，则这种可以在多项式时间内解决的问题属于多项式问题（Polynomial，简称 P 问题），通俗地称所有复杂度为多项式时间的问题为易解问题，否则称为非确定性多项式问题（Nondeterministic Polynomial，简称 NP 问题），即算法的时间复杂度是多项式函数，但是在多项式时间内不能解决。

（1）P 问题

P 问题是指问题在 $O(n^2)$ 内的多项式时间内解决，或者说，这个问题有多项式的时间解。确定一个问题是否是多项式问题，在计算科学中显得非常重要。已经证明，多项式问题是可计算的问题。因为除了 P 问题之外的问题，其时间复杂度都很高，也就是求解问题时需要的时间太多。

因此，P 问题成了区分问题是否可以被计算机求解的一个重要标志。从这个角度来说，了解 P 问题是学习、理解计算思维的本质需要。

（2）NP 问题

NP 问题是指算法时间复杂度不能使用确定的多项式来表示，或者说，很难找到用多项式表示的时间复杂度，通常它们的时间复杂度都是指数形式，如 $O(2^n)$、$O(n!)$ 等问题，以及汉诺塔问题、旅行商问题等，就是这类 NP 问题。

如果算法不存在多项式的时间复杂度内的解，但理论上有解决方案，只是时间复杂性太大，甚至无实用价值，如汉诺塔问题，称为 NP 难度问题。NP 难度问题计算的时间随问题的复杂度成指数的增长，很快便变得不可计算了。

若目前尚未找到多项式的时间复杂度内的解，但是也未证明不存在，如旅行商问题，称为 NP 完全问题。NP 完全问题所有可能的答案都可以在多项式时间内进行正确与否的验算。

麻烦的是现实中确实有很多 NP 问题需要找到有效算法，怎么办？一种思路是尽量减少时间复杂度中指数的值，可以节省大量的时间；另一种思路就是寻求问题的近似解，以期得到一个可接受的，明显是多项式时间的算法。

可计算与计算复杂性理论告诉我们，一个问题理论上是否能行，取决于其可算性，而现实是否能行，则取决于其计算复杂性。

2.2.3　计算模型

计算模型是指用于刻画计算概念的抽象形式系统和数学系统。计算模型为各种计算提供了硬件和软件界面，在模型的界面约定下，设计者可以开发整个计算机系统的硬件和软件支持，从而提高整个计算系统的性能。

1936 年，图灵在可计算性理论的研究中，提出了一个通用的抽象计算模型，即图灵机。图灵的基本思想是用机器来模拟人们用纸和笔进行数学运算的过程，他把这样的过程归结为两种简单的动作：①在纸上写上或擦除某个符号；②把注意力从纸上的一个位置移动到另一个位置。这两种动作重复进行。这是一种状态的演化过程，从一种状态到下一种状态，由当前状态和人的思维来决定，这与人下棋的思考类似，其实这是一种普适思维。为了模拟人的这种运算过程，图灵构造了一台抽象的机器，即图灵机（Turing Machine）。图灵机是一种自动机的数学模型，这种模型有多种不同的画法，根据图灵的设计思想，可以将图灵机概念模型表示为图 2-3 所示的形式。

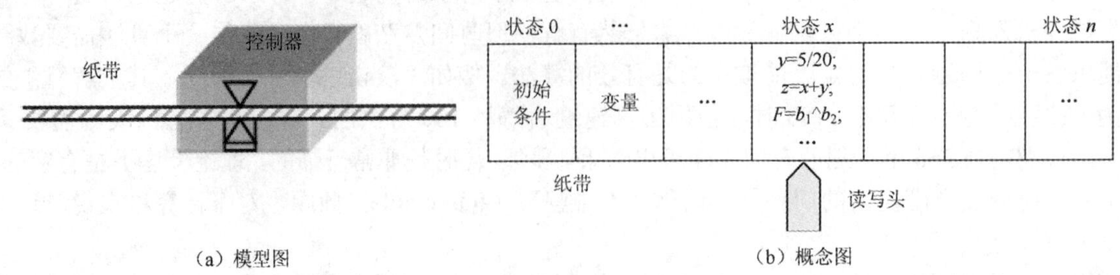

图2-3　图灵机模型和概念示意图

该机器由以下几个部分组成。

①一条无限长的纸带。纸带被划分为一个连一个的方格，每个格子可用于书写符号和运算。纸带上的格子从左到右依次被编号为 0，1，2，…纸带的右端可以无限伸展。

②一个读写头。读写头可以读取格子上的信息，并能够在当前格子上书写、修改或擦除数据。

③一个状态寄存器（控制器）。它用来保存当前所处的状态。图灵机的所有可能状态的数目是有限的，并且有一个特殊的状态，称为停机状态。

④一套控制规则。根据当前读写头所指的格子上的符号和机器的当前状态来确定读写头下一步的动作，从而进入一个新的状态。

显然，图灵机可以模拟人类所能进行的任何计算过程。计算模型的目标是要建立一台可以计算的机器，也就是说将计算自动化。图灵机的结构看上去是朴素的，看不出和计算自动化有什么联系。但是，如果把上述过程形式化，计算过程的状态演化就变成了数学的符号演算过程，通过改变这些符号的值即可完成演算。而每一个时刻所有符号的值及其组合，则构成了一个特定的状态，只要能用机器来表达这些状态并且控制状态的改变，计算的自动化就实现了。与输入字和输出字一样存储在机器里，那就构成电子计算器了。这开创了“自动机”这一学科分支，促进了电子计算机的研制工作。在给出通用图灵机的同时，图灵就指出，通用图灵机在计算时，其“机械性的复杂性”是有临界限度的，超过这一限度就要增加程序的长度和存储量。这种思想开启了后来计算机科学中计算复杂性理论的先河。

1936 年，图灵在论文《论可计算数及在密码上的应用》中，严格地描述了计算机的逻辑结构和原理，从理论上证明了现代通用计算机存在的可能性，图灵把人在计算时所做的工作分解成简单的动作，由此机器需要：①存储器，用于存储计算结果；②一种语言，表示运算和数字；③扫描；④计算意向，即在计算过程中下一步打算做什么；⑤执行下一步计算等部件和步骤。

具体到每一步计算，则分成：①改变数字和符号；②扫描区改变，如往左进位和往右添位等；③改变计算意向等。这就是通用图灵机的思想。

2.3　典型问题的思维与算法

2.3.1　求解问题过程

人们在研究、工作和生活中会遇到各种各样的问题。尤其是从自然科学到社会科学，从科学研究到生产生活实践，都存在着问题。可以说，人们的一切活动都是一个不断提出问题、发现问题和解决问题的过程。问题求解就是要找出解决问题的方法，并借助一定的工具得到问题的答案和达到最终目标。能够发现问题和提出问题是一个人素质和能力的重要表现，如果能够通过基础学习和专业学习具备找到解决问题方

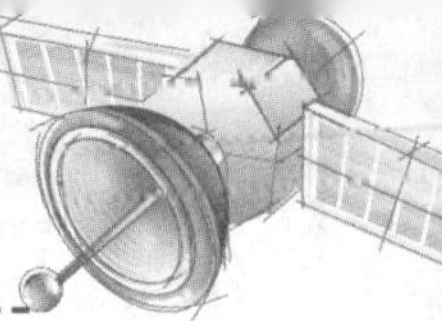

法，借助于计算机解决问题是更重要的技能和方式方法。

目前用计算机求解问题的领域包括求解数值处理、数值分析类问题，求解物理学、化学、生物学、医学以及艺术领域、历史文化、心理学、经济学、金融、交通和社会学等学科中所提出的问题。利用计算机求解问题的过程一般包括：问题的抽象、问题的影射、设计问题求解算法、问题求解的实现等过程。

1．问题抽象的思维过程

随着科学技术为研究对象的日益精确化、定量化和数学化，数学模型已成为处理各种实际问题的重要工具。数学模型是连接数学与实际问题的桥梁，建模过程是从需要解决的实际问题出发，引出求解问题的数学方法，最后再回到问题的具体求解中去。所以数学模型是一种高层次的抽象，其目的是形式化。

在人类的思维中，抽象是一种重要的思维方法。在哲学、思维和数学中，抽象就是从众多的事务中抽取出共同的、本质性的特征，而舍弃其非本质的特征。共同特征是指那些能把一类事物与他类事物区分开来的特点，又称为本质特征。例如：对苹果、梨、橘子、葡萄做比较，它们共同的特性就是水果，从而抽象出水果这一概念。建立数学模型的一般步骤如下：

（1）模型准备阶段

观察问题，了解问题本身所反映的规律，初步确定问题中的变量及其相互关系。

（2）模型假设阶段

确定问题所属于的系统、模型类型以及描述系统所用的数学工具，对问题进行必要的、合理的简化，用精确的语言做出假设，完成数学模型的抽象过程。

（3）模型构成阶段

对所提出的假说进行扩充和形式化。选择具有关键作用的变量及其相互关系，进行简化和抽象，将问题所反映的规律用数字、图表、公式、符号等进行表示，然后经过数学的推导和分析，得到定量的和定性的关系，初步形成数学模型。

（4）模型确定阶段

首先根据实验和对实验数据的统计分析，对初始模型中的参数进行估计，然后还需要对模型进行检验和修改，当所有建立的模型被检验、评价、确认其符合要求后，模型才能被最终确定接受，否则需要对模型进行修改。

建立模型过程中的思维方法就是对实际问题的观察、归纳、假设，然后进行抽象，其中专业知识是必不可少的，最终将其转化为数学问题。对某个问题进行数学建模的过程中，可能会涉及许多数学知识，模型的表达形式不尽相同，有的问题的数据模型可能是一种方程形式，有的可能是一种图形形式，也可能是一种文字叙述的方案，有步骤和流程，总之，是用文字、字母、数字及其他数学符号建立起来的等式或不等式以及图表、图像、框图、数学结构表达式对实际问题本质属性的抽象而又简洁的刻画。

例如：18 世纪初，在普鲁士的哥尼斯堡（今俄罗斯加里宁格勒）七桥问题是数学家欧拉（L.Euler）用抽象的方法探究并解决实际问题的一个典型实例

在哥尼斯堡城的一个公园里，普雷格尔河从中穿过，河中两个小岛，有七座桥把两个小岛与河岸连接起来，其中岛与河岸之间架有六座桥，另一座桥则连接着两个岛，城中的居民和大学生们经常沿河过桥散步，如图 2-4（a）所示。有人提出一个问题，一个步行者怎样才能不重复、不遗漏的一次走完七座桥，再回到起点。这就是著名的哥尼斯堡七桥问题（Seven Bridges Problem）。

1736 年，29 岁的欧拉在解答问题时，从千百人次的失败中，已洞察到也许根本不可能不重复的一次走遍这七座桥。最终他向圣彼得堡科学院递交了关于哥尼斯堡的七桥问题的论文：“与位置相关的一个问题的解”。在论文中，欧拉将七桥问题抽象出来，把每一块陆地假设为一个点，连接两块陆地的桥用线表示，并由此得到了如图一样的几何图形，如图 2-4（b）所示。他把问题归结为图 2-4（b）所示的“一笔画”的数学问题，用数学方法证明了这样的回路不存在，即从任意一点出发不重复地走遍每一座桥，最后再回到原点是不可能的。由此，欧拉开创了数学的一个新的分支：图论（Graph Theory）。图论的创立为问题求

解提供了一种新的数学理论和一种问题建模的重要工具，越来越受到数学界和工程界的重视。

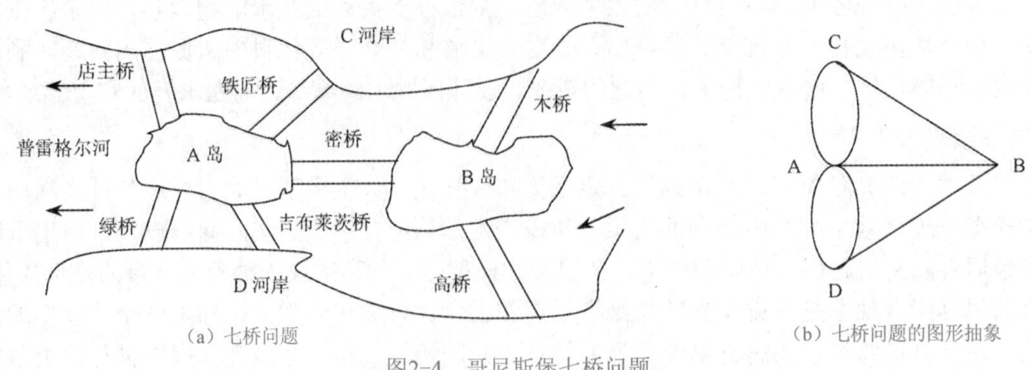

（a）七桥问题　　（b）七桥问题的图形抽象

图2-4　哥尼斯堡七桥问题

2. 问题的映射过程

以上问题抽象思维过程是由人对客观事物的分析和理解过程，并且用模型和形式化表达出来。如果用计算机来解决问题，这种人的表达方式如何能让计算机理解，并执行处理呢？这就是问题的映射，即把实际问题转化为计算机求解问题。

问题的映射是将客观世界的问题求解映射到计算机中求解。也就是将人对问题求解中进行的模型化或形式化转化为能够在计算机（CPU 和内存）中处理的算法和问题求解。世界上各种事物都可以理解为事物对象，事物对象映射到计算机中求解问题就是问题对象，实际上，当问题对象在计算机内部的内存空间存储和在 CPU 中调用操作执行可称为（进程）实体或运行中的实体。因此，客观世界中的事物对象，借助于计算机求解问题，最终都将映射到计算机中由实体及实体之间的关系构成。

在具体的问题的映射过程中，是利用计算机求解问题的某种计算机语言和算法将事物对象构造为问题对象以及关系和结构，确定求解算法、流程或步骤，这些问题对象能够在计算机中形成实体和某些操作的过程。计算机中实体的解空间，就是问题的解空间。因此，开发软件进行问题求解的过程就是人们使用计算机语言将现实世界映射到计算机世界的过程，即实现问题域→建立模型→编程实现→到计算机世界执行求解的过程。

3. 设计问题求解算法

计算机求解问题的具体过程可由算法进行精确描述，算法包含一系列求解问题的特定操作，具有如下性质。

① 将算法作用于特定的输入集或问题描述时，可导致有限步动作构成的动作序列。

② 该动作序列具有唯一的初始动作。

③ 序列中的每一动作具有一个或多个后继动作。

④ 序列或者终止于某一个动作，或者终止于某一个陈述。

算法代表了对问题的求解，是计算机程序的灵魂，程序是算法在计算机上的具体实现。

4. 问题求解的实现

问题求解的实现是利用某种计算机语言编写求解算法的程序，将程序输入计算机后，计算机将按照程序指令的要求自动进行处理并输出计算结果。

使得程序能够在计算机中顺利执行下去，还需要进行以下两项工作。

① 排除程序中的错误，程序能够顺利通过。

② 测试程序，使程序在各种可能情况下均能正确执行。

这两项工作被称为程序调试或测试，它所花费的时间远比程序编写时间多。最后还需要完成帮助文件给用户使用，以及完成程序设计、维护和使用说明书，以便存档和备查。

本节通过几个典型问题说明计算学科中的可计算问题的思维与算法，以及问题求解。但不论最终的算法如何复杂，它们通常都可以由一些求解基本问题的算法组合而成。这些典型问题的代表性求解技术在计算机科学中占有重要的地位。

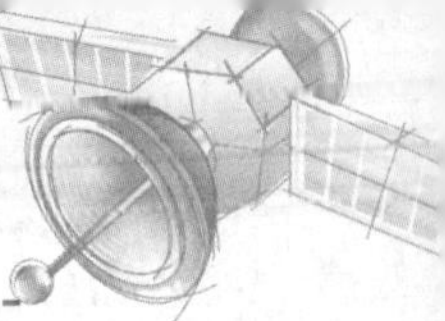

2.3.2　数据有序排列——排序算法

在计算中常有大量数据的排序问题，因为只有数据排序，后续使用才更方便。排序是给定的数据集合中的元素按照一定的标准来安排先后次序的过程。具体来说是将一种“无序”的记录序列调整为“有序”的记录序列的过程。由于次序是人们在日常生活中平凡遇到的问题，排序问题在计算学科中占有重要的地位。计算机科学家对排序算法的研究经久不衰，目前已经提出了十几种排序算法，如插入排序、冒泡排序、选择排序、快速排序、归并排序、基数排序和希尔排序等。每种排序算法对空间的要求及其时间效率也不尽相同。前面所列的几种排序算法中，插入排序和冒泡排序被称为简单排序，它们对空间的要求不高，但是时间效率却不稳定；而其后的三种排序相对于简单排序而言对空间的要求稍高一点，但是对时间效率却能稳定在很高的水平。在实际应用中，通常需要结合具体的问题选择合适的排序算法。

冒泡排序（Bubble Sort）是一种最简单的排序算法，如图 2-5 所示，有 n=5 个数升序排序。它的基本思想是反复扫描待排序数据序列（数据表），在扫描过程中相邻两两顺次比较大小，若逆序（第一个比第二个大）就交换这两个数据的位置。[56,34] 的第 i=1 轮第 j=1 次扫描，后者大于前者交换，则 [56,34] → [34,56]。所以，冒泡排序是相邻比较，逆序交换，这个算法的名字由来是因为越大的数会经由交换慢慢“浮出”，出现在数据表的后面，形成由小到大的递增顺序。

轮循环（行）i		n = 5 个数	两两比较循环（列）j					比较次数（$n-i$）	
	第 1 轮	初始排序数据表	[56	34	78	21	9]	j=1 到 4	4 次
	第 2 轮	第 1 轮两两比较 4 次后结果	[34	56	21	9]	78	j=1 到 3	3 次
i：由 1 到 4（$n-1$）	第 3 轮	第 2 轮两两比较 3 次后结果	[34	21	9]	56	78	j=1 到 2	2 次
	第 4 轮	第 3 轮两两比较 2 次后结果	[21	9]	34	56	78	j=1	1 次
		第 4 轮两两比较 1 次后结果	[9]	21	34	56	78		
		最后排序结果表	[9	21	34	56	78]		

图2-5　冒泡排序算法过程

计算机中进行数据处理时，经常需要进行查找数据的操作，数据查找的快慢和数据的组织方式关系密切，排序是一种有效的数据组织方式，为进一步快速查找数据提供了基础。不同的排序算法在时间复杂度和空间复杂度方面不尽相同，计算机所要处理的往往是海量数据，因此在实际应用时需要结合实际情况合理选择采用适合问题的排序方法并加以必要的改进。

冒泡排序算法由一个双层循环控制，算法的时间复杂度由输入的规模（排序数据个数 n）决定，即对于 n 个待排序数最多需要 $n-1$ 轮，每一轮最大需要 $n-1$ 次比较，共需要 $f(n)=(n-1)(n-1)/2$ 次的比较，时间复杂度是 $O(n^2)$。

2.3.3　汉诺塔求解——递归思想

汉诺塔（也称为梵塔）问题是印度的一个古老传说。在世界中心贝拿勒斯（位于印度北部）的圣庙里，一块黄铜板上插着三根宝石针（柱子）。印度教的主神梵天在创造世界的时候，在其中一根针上从下到上地穿好了由大到小的 64 金片，不论白天黑夜，总有一个僧侣在按照下面的法则移动这些金片：

① 一次只移动一片，且只能在宝石针上来回移动。

② 不管在哪根针上，小片必须在大片上面。

僧侣们预言，当所有的金片都从梵天穿好的那根针上移到另外一根针上时，世界就将在一声霹雳中消灭，而汉诺塔、庙宇和众生也都同归于尽。

计算机科学中的递归算法是把问题转化为规模缩小了的同类问题的子问题的求解。例如，一个过程直接或间接调用自己本身，这种过程为递归过程，如果是函数为递归函数。汉诺塔问题是一个典型的递归求解问题。根据递归方法，可以将 64 个金片搬移转化为求解 63 个金片搬移，如果 63 个金片搬移能被解决，则可以先将前 63 个金片移动到第二根宝石针上，再将最后一个金片移动到第三根宝石针上，最后再一次将前 63 个金片从第二根宝石针上移动到第三根宝石针上。依此类推，63 个金片的汉诺塔问题可转化为 62 个金片搬移，62 个金片搬移可转化为 61 个金片的汉诺塔问题，直到转换到了 1 个金片前，此时可直接求解。

解决方法如下：假设 3 个柱子为 A、B、C。

① 当 n=1 时为 1 个圆盘，将编号为 1 的圆盘从 A 柱子移到 C 柱子上即可。

② 当 n>1 时为 n 个圆盘，需要利用柱子 B 作为辅助，设法将 n–1 个较小的盘子按规则移到柱子 B 上，然后将编号为 n 的盘子从 A 柱子移到 C 柱子上，最后将 n–1 个较小的盘子移到 C 柱子上。

如图 2-6 所示，有 3 个盘子（即 n=3），通过递归共需要 7 次完成 3 个圆盘从 A 柱移动至 C 柱。

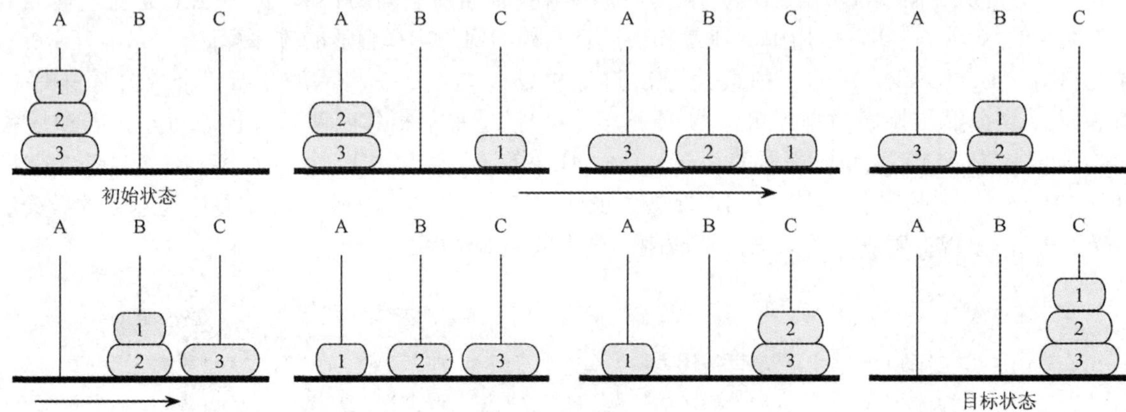

图2-6　汉诺塔算法过程（n=3）

按照这样的计算过程，64 盘子，移动次数是 $f(n)$，显然 $f(1)=1$，$f(2)=3$，$f(3)=7$，且 $f(k+1)=2\times f(k)+1$（此就是递归函数，自己调用自己）。此后不难证明 $f(n)=2^n-1$，时间复杂度是 $O(2^n)$。

当 n=64 时，$f(64)=2^{64}-1=18\,446\,744\,073\,709\,551\,615$。

假如每秒移动一次，共需要多长时间呢？一年平均为 365 天，即 31 536 000 秒，则

18 446 744 073 709 551 615/31 536 000=584 942 417 355（年）

这表明，完成这些金片的移动需要 5 849 亿年以上，而地球存在至今不过 45 亿年，太阳系的预期寿命据说也就是数百亿年。因此，这个实例的求解计算在理论上是可行的，但是由于时间复杂度问题，实际求解 64 个盘片的汉诺塔问题则并不一定可行。从时间复杂度来看，该问题为 NP 中的 $O(2^n)$ 问题。

2.3.4　国王婚姻问题——并行计算

很久以前，又一个酷爱数学的年轻国王名叫艾述。他聘请了当时最有名的数学家孔唤石当宰相。邻国有一位聪明美丽的公主，名字叫秋碧贞楠。艾述国王爱上了这位邻国公主，便亲自登门求婚。公主说：“你如果向我求婚，请你先求出 n=48 770 428 433 377 171 的一个真因子，一天之内交卷。”艾述听罢，心中暗喜，心想：我从 2 开始，一个一个地试，看看能不能除尽这个数，还怕找不到这个真因子吗？（真因子是除了它本身和 1 以外的其他约数）。

艾述国王十分精于计算，他一秒钟就算完一个数。可是，他从早到晚，共算了几万个数，最终还是没有结果。国王向公主求情，公主将答案相告：223 092 827 是它的一个真因子。国王很快就验证了这个数确能除尽 n。

公主说：“我再给你一次机会，如果还求不出，将来你只好做我的证婚人了。”国王立即回国，召见宰相孔唤石，大数学家在仔细思考后认为这个数为 17 位，如果这个数可以分成两个真因子的乘积，则最小的一个真因子不会超过有 9 位。于是他给国王出了一个主意：按自然数的顺序给全国的老百姓每人编一个号，等公主给出数目后，立即将他们通报全国，让每个老百姓用自己的编号去除这个数，除尽了立即上报，赏黄金万两。于是，国王发动全国上下的民众，再度求婚，终于取得成功。

在该故事中，国王采用了顺序求解的计算方式（一人计算），所耗费的计算资源少，但需要更多的计算

时间，而宰相孔唤石的方法则采用了并行计算方式（多人计算），耗费的计算资源多，效率大大提高。

并行计算是提高计算机系统数据处理速度和处理能力的一种有效手段，并行计算基本思想是：用多个处理器来协同求解同一问题，既将被求解的问题分解成若干个部分，各部分均由一个独立的处理器来计算，整体形成并行计算。并行计算将任务分离成离散部分是关键，这样才能有助于同时解决，从时间耗费上优于普通的串行计算方式，但这也是以增加了计算资源耗费所换得的。可见，串行计算算法的复杂度表现在时间方面，并行计算算法的复杂度表现在空间资源方面。

并行处理技术分为三种形式：① 时间并行，指时间重叠；② 空间并行，指资源重复；③ 时间并行和空间并行，指时间重叠和资源重复的综合应用。

2.3.5 旅行商问题——最优化思想

旅行商问题又称为旅行推销员问题、货郎担问题。通常描述是：一位商人去 n 个城市推销货物，所有城市走一遍后，再回到起点，问如何事先确定好一条最短的路线，使其旅行的费用也最少，这就是最优化思想。该问题规则虽然简单，但在地点数增多后求解却极为复杂。

人们在解决这类问题时，一般首先想到的最原始的方法是：列出每一条可供选择的路线，计算出每条路线的总里程，最后从中选出一条最短的路线。如图 2-7 所示，假设给定四个城市为 A、B、C、D 相互连接，间距已知。有以下路径的总距离可以求出来：

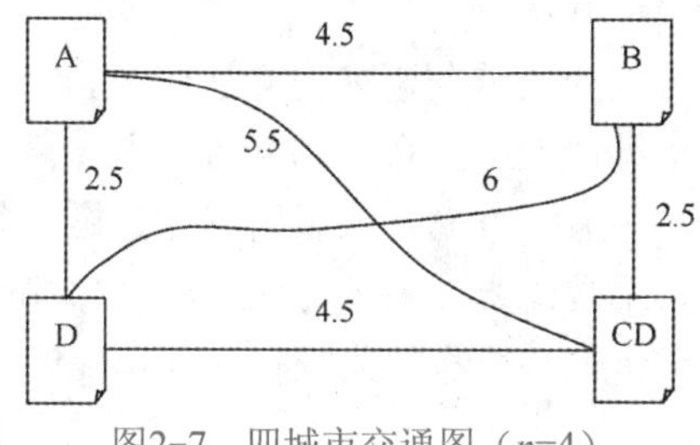

图2-7 四城市交通图（n=4）

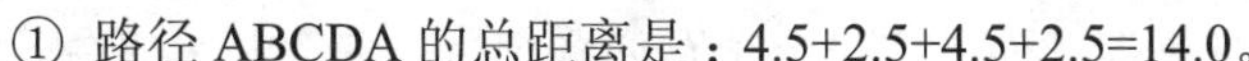

① 路径 ABCDA 的总距离是：4.5+2.5+4.5+2.5=14.0。

② 路径 ABDCA 的总距离是：4.5+6.0+4.5+5.5=20.5。

③ 路径 ACBDA 的总距离是：5.5+2.5+6.0+2.5=16.5。

④ 路径 ACDBA 的总距离是：5.5+4.5+6.0+4.5=20.5。

⑤ 路径 ADBCA 的总距离是：2.5+6.0+2.5+5.5=16.5。

⑥ 路径 ADCBA 的总距离是：2.5+4.5+2.5+4.5=14.0。

不难看出，可供选择的路线共有 6 条，从中很快可以选出一条总距离最短的路线为①或⑥，总里程为 14。

由此推算，当城市数目为 n，每个城市都有道路连接时，那么组合路径数则为 $(n-1)$！。显然当 n 较小时，$(n-1)$！并不大，但随着城市数目的不断增加，组合路径数呈指数级数规律急剧增长。以 20 个城市为例，组合路径数则为 $(20-1)!\approx 1.216\times 10^{17}$，路径数量之大，几乎难以计算出来，时间复杂度属于 $O(n!)$。若计算机每秒检索 1 000 万条路线的速度计算，也需要花上 386 年的时间，这就是所谓“组合爆炸”问题。目前计算机还没有确定的高效算法来求解它。

2010 年 10 月 25 日，英国伦敦大学皇家霍洛韦学院等机构研究人员的最新研究认为，在花丛中飞来飞去的小蜜蜂显示出了轻易破解“旅行商问题”的能力。即小蜜蜂在新的环境下，很快能找到采蜜的最优路径。如果能理解蜜蜂怎样做到这一点，将有助于人们改善交通规划和物流等领域的工作，对人类的生产、生活将有很大帮助。

最优化方法用于研究各种有组织系统的管理问题及其生产经营活动，对所研究的系统，求得一个合理运用人力、物力和财力的最佳方案，发挥和提高系统的效能及效益，最终达到系统的最优目标。旅行商问题是最优化中的线性规划问题中的运输问题，也可以采用最优化中的动态规划算法。最优化理论与方法也已成为了现代管理科学中的重要理论基础和不可缺少的方法，例如：如何规划最合理高效的道路交通，以减少拥堵；如何更好地规划物流，以减少运营成本；如何在互联网环境中更好地设置节点，以更好地让信息流动等。

2.4 计算思维的应用

计算思维是每个人都应具备的基本技能，同时也是创新人才的基本要求和专业素质，代表着一种普遍的认识和一类普适性的技能。计算思维并不仅仅限于计算机科学家，基于计算思维所产生的新思想、新方法都会对自然科学、工程技术以及社会经济等广大领域产生深刻影响。计算思维正在或已经渗透到各个学科、各个领域，并正在潜移默化地影响和推动着各领域的发展，成为一种发展趋势。以下介绍的是其中的某些方面。

1. 生物学

在生物学中，生物计算机（Biological Computer）是人类期望在21世纪完成的伟大工程，它是计算机学科中最年轻的一个分支。目前的研究方向大致有以下几方面。

一是研究分子计算机或生物计算机，也称仿生计算机，它是制造有机分子元件去代替目前的半导体逻辑元件和存储元件。即以生物工程技术产生的蛋白质分子作为生物芯片来替代晶体管，利用有机化合物存储数据所制成的计算机。信息将以分子代码的形式排列于DNA上，特定的酶可充当“软件”完成所需的各种信息处理工作。生物计算机芯片本身具有并行处理的功能，功能可与超级计算机媲美，其运算速度要比当今最新一代的计算机快10万倍，并且能量消耗仅相当于普通计算机的十亿分之一，存储信息的空间仅占百亿亿分之一。

二是研究人脑结构和思维规律，再构想生物计算机的结构。大脑是最复杂的生物器官，也是最神秘的“计算机”。即使今天最快的超级计算机，在重要的智能方面也不及人脑。了解大脑的生物学原理，包括从遗传基础到神经网络机制研究，是21世纪最主要的科学挑战之一。生物计算机又称第六代计算机，是模仿人的大脑判断能力和适应能力，并具有可并行处理多种数据功能的神经网络计算机。第六代电子计算机将类似人脑的智慧和灵活性。

另一方面，人脑研究是试图去解析人类大脑是如何工作的，并将它应用在新一代的电脑和计算机中的人工智能方面。如有人提出，“大脑皮层并不像是处理器，而更像是一个存储系统用以储存和回放经验，并对未来预测”，认为模仿这一功能的“分层时空记忆”计算机平台可以有新的突破，并且可以延长人类的智慧。

在人类基因组测序中，用霰弹枪算法（Shotgun Algorithm）大大提高了测序的速度。它不仅具有能从海量的序列数据中搜索模式规律的本领。而且还能用体现数据结构和算法（指计算抽象和算法）自身的功能方式来表达蛋白质的结构。没有计算机的帮助，人类是无法完成基因组测序的。

2. 物理学

在物理学中，量子计算机的研究。物理学家和工程师们仿照经典计算机处理信息的原理，对量子比特（Qubit）中包含的信息进行控制，比如说控制一个电子或原子核自旋的上下取向。与现在的计算机进行比对，量子比特能同时处理两个状态，这就意味着它能同时进行两个计算过程，这将赋予量子计算机超凡的能力，远远超过今天的计算机。

3. 化学

在化学中，理论化学泛指采用数学方法来表述化学问题，而计算化学作为理论化学的一个分支，架起了理论化学和实验化学之间的桥梁，它主要以分子模拟为工具实现各种核心化学的计算问题。如用原子计算探索化学现象；用优化和搜索寻找优化化学反应条件和提高产量的物质。计算化学是化学、计算方法、统计学和程序设计等多学科交叉融合的一门新兴学科，它利用数学、统计学和程序设计等方法，进行化学与化工的理论计算、实验设计、数据与信息处理、分析和预测等。

计算化学的主要研究领域有：化学中的数值计算，化学数值模拟、建模模型和预测，化学中的模式识别，化学数据库及检索，化学专家系统。

随着计算机技术的不断进步和发展，将更加促进化学的变革和发展，推进化学科学技术的深入开展。同时，计算机技术在化学领域也将有更加广泛的发展前景

4. 数学

在数学上，发现了李群E8（Lie group E8），困扰数学界长达120年，曾经一度被视为“一项不可能完成的任务”的数学难题。18名世界顶级数学家凭借他们不懈的努力，借助超级计算机，历时4年77小时，处理了2 000亿个数据，完成了世界上最复杂的数学结构之一的李群E8的计算过程。如果在纸上列出整个计算过程所产生的数据，其所需用纸面积可以覆盖整个曼哈顿。

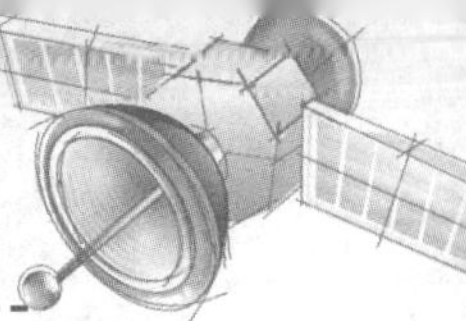

此外，借助计算机辅助证明了四色定理。四色定理是世界三大数学猜想之一，是一个著名的数学定理，它是由英国伦敦大学的学生古德里（Francis Guthrie）做地图着色工作时提出来的，通俗的说法是：每个平面地图都可以只用四种颜色来染色，而且没有两个邻接的区域颜色相同。1976 年 6 月，在美国伊利诺斯大学哈肯与阿佩尔合作编制的程序，在两台不同的电子计算机上，用了 1 200 小时，作了 100 亿判断，结果没有一张地图是需要五色的，最终完成了四色定理的证明，使这一百多年来吸引许多数学家与数学爱好者的问题得以解决轰动了世界。

5．工程领域

在电子、土木、机械等工程领域，计算高阶项可以提高精度，进而降低重量、减少浪费并节省制造成本。波音 777 飞机完全采用计算机模拟测试，没有经过风洞测试。

6．经济学

在经济学中，自动设计机制是把机制设计作为优化问题并且通过线性规划来解决。它在电子商务中广泛采用（广告投放、在线拍卖等）。另一个实例就是麻省理工学院的计算机科学博士在华尔街作金融分析师。

7．社会科学

在社会科学中，像 MySpace 和 YouTube 网站，以及微信平台等的发展壮大原因之一就是因为它们应用网络提供了社交平台，记录人们社交信息，了解社会趋势和问题；统计机器学习被用于推荐和声誉排名系统，如 Netflix 和联名信用卡等。

8．法学

斯坦福大学的 CL 方法应用了人工智能、时序逻辑、状态机、进程代数、Petri 网等方面的知识；欺诈调查方面的 POIROT 项目为欧洲的法律系统建立了一个详细的本体论结构等。

9．医疗

利用机器人手术、机器人医生能更好地治疗自闭症；电子病历系统需要隐私保护技术；可视化技术使虚拟结肠镜检查成为可能等。

10．环境、天文科学

大气科学家用计算机模拟暴风云的形成来预报飓风及其强度。最近计算机仿真模型表明空气中的污染物颗粒有利于减缓热带气旋。因此，与污染物颗粒相似但不影响环境的气体溶胶被研发并将成为阻止和减缓这种大风暴的有力手段。

在天文学中，天上恒星的年龄问题上很难给出定论，因为恒星的年龄关系到它所能支持的生命形式。办法是依据恒星旋转速度的变慢来推算恒星的年龄。目前先算出已有不同年龄层次的恒星年龄和旋转速度间的关系，再进行推理、建模。相信不久之后，恒星的年龄之谜就会揭开了。

11．娱乐

梦工厂用惠普的数据中心进行电影“怪物史莱克”和“马达加斯加”的渲染工作；卢卡斯电影公司用一个包含 200 个结点的数据中心制作电影“加勒比海盗”。在艺术中，戏剧、音乐、摄影等各个方面都有计算机的合成作品，很多都可以以假乱真，甚至比真的还动人。

12．历史文化

物质文化遗产数字化，利用数字技术对文化遗产进行数字化记录和传播。主要采用虚拟现实技术和三维图形技术，通过计算机对古代建筑、遗址、文物等进行复原、展示仿真和体验，具有多感知性、沉浸感、交互性、构想性等特点。对挖掘古建筑价值、传承物质文化有着重要的作用。

此外，当实验和理论思维无法解决问题的时候，我们在对各种问题的求解过程中可以使用模拟技术。大量复杂问题的求解、宏大系统的建立，大型工程的组织都可通过计算机来模拟。包括计算流体力学、物理、电气、电子系统和电路，甚至同人类居住地联系在一起的社会和社会形态，当然还有核爆炸、蛋白质生成、大型飞机、舰艇设计等，都可以应用计算思维借助现代计算机进行模拟。

第 3 章

Windows 7 应用

Windows 7 基本操作	🕮 Windows 7 的启动与关闭 🕮 Windows 7 的桌面 🕮 窗口和对话框 🕮 菜单和工具栏 🕮 鼠标和键盘 🕮 中文输入法
文件和程序管理	🕮 文件和文件夹 🕮 资源管理器 🕮 文件和文件夹操作 🕮 安装和卸载程序
控制面板	🕮 外观和个性化设置 🕮 设置日期和时钟 🕮 系统和安全 🕮 账户管理

3.1　Windows 7 基本操作

操作系统是计算机系统的关键组成部分，是用于管理和控制计算机硬件和软件资源的一组程序。操作系统的种类很多，例如 Windows、Android、Linux、UNIX 等。其中，微软公司的 Windows 系列操作系统因其界面友好、使用方便在世界范围内的普遍流行。Windows 7 系列操作系统是目前运用较广的操作系统之一。熟悉了 Windows 7 操作系统的环境，掌握了 Windows 7 的基本操作，就能更好地管理和控制计算机的硬件和软件资源，使计算机系统所有资源最大限度地发挥作用，提高计算机系统的整体性能。在使用计算机的过程中，用户需要熟练掌握鼠标和键盘的用法，还要使用多种输入法录入不同内容，当用户需要录入汉字或中文标点符号时，必须切换到中文输入法。

3.1.1　Windows 7的启动与关闭

1. Windows 7 的启动

在计算机上成功安装 Windows 7 操作系统以后，打开计算机电源即可自动启动，操作过程如下：

① 打开计算机电源开关，计算机进行设备自检，通过后即开始系统引导，启动 Windows 7。

② Windows 7 启动后进入等待用户登录的提示画面。

③ 单击一个用户图标，如果没有设置系统管理员密码，可以直接登录系统；如果设置了系统管理员密码，输入密码并按【Enter】键，即可登录系统。

2. 注销和关闭计算机

（1）注销用户

Windows 7 是一个支持多用户的操作系统，它允许多个用户登录到计算机系统中，而且各个用户除了公共系统资源外还拥有个性化的设置，每个用户互不影响。

为了使用户快速方便地进行系统登录或切换用户账户，Windows 7 提供了注销功能，通过这种功能，用户可以在不必重新启动计算机的情况下登录系统，系统只恢复用户的一些个人环境设置。要注销当前用户，单击“开始”按钮，打开“开始”菜单，鼠标移到“关机”按钮旁边的 ▶ 按钮，选择“注销”命令，如图 3-1 所示，则关闭当前登录的用户，系统处于等待登录状态，用户可以以新的用户身份重新登录。

图3-1　选择“注销”命令

（2）关闭计算机

退出操作系统之前，通常要关闭所有打开或正在运行的程序。退出系统的操作步骤是：单击“开始”按钮，选择“关机”命令。系统将自动并安全地关闭电源。

在如图 3-1 所示的“关机”子菜单中，用户还可以选择进行以下操作：

- 切换用户：在不注销当前用户的情况下切换到其他用户账户环境下。
- 锁定：如果用户只是短时间不使用计算机，又不希望别人以自己的身份使用计算机，应该选择“锁定”选项。系统将保持当前的一切任务，数据仍然保存在内存中，只是计算机进入低耗电状态运行。当用户需要使用计算机时，只需移动鼠标即可使系统停止待机状态，打开“输入密码”对话框，在此输入用户密码即可快速恢复待机前的任务状态。
- 重新启动：单击“重新启动”按钮，系统将结束当前的所有任务，关闭Windows，然后自动重新启动系统。
- 睡眠：当较长时间不使用计算机，同时又希望系统保持当前的任务状态时，则应该选择“睡眠”选项。系统将内存中的所有内容保存到硬盘，关闭监视器和硬盘，然后关闭Windows和电源。重新启动计算机时，计算机将从硬盘上恢复“睡眠”前的任务内容。使计算机从睡眠状态恢复要比从待机状态恢复所花的时间长。

3.1.2 Windows 7的桌面

启动计算机，进入 Windows 7 系统后，屏幕上首先出现 Windows 7 桌面。桌面是一切工作的平台。Windows 7 桌面将明亮鲜艳的外观和简单易用的设计结合在一起，可以把桌面看作个性化的工作台。

Windows 7 的桌面主要是由桌面背景、“开始”按钮、任务栏、桌面图标等部分组成，如图 3-2 所示。

图3-2 Windows 7桌面

1. 桌面图标

在 Windows 7 中用一个小图形的形式即图标来代表 Windows 中不同的程序、文件或文件夹、设备，也可以表示磁盘驱动器、打印机以及网络中的计算机等。图标由图形符号和名字两部分组成。

在默认的状态下，Windows 7 安装之后桌面上之保留了回收站的图标。如果要在桌面上显示其他图标，其操作为：在桌面空白处右击，在快捷菜单中选择“个性化”命令，如图 3-3 所示。在打开的设置窗口中单击左侧的“更改桌面图标”命令，打开“桌面图标设置”对话框，如图 3-4 所示，在该对话框中勾选要在桌面上显示的图标。单击“确定”按钮，桌面便会出现勾选的图标了。

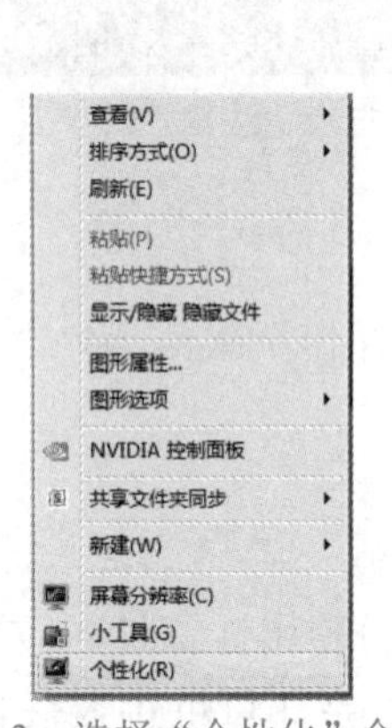

图3-3 选择“个性化”命令

图3-4 桌面图标设置

如果要用大图标显示桌面上的图标，只需在桌面空白处右击，在弹出的快捷菜单中依次选择“查看”|“大图标”命令。

2. 任务栏

Windows 7 任务栏位于屏幕的底部，是一个长方条。任务栏既是状态栏，也可实现任务之间的切换。在布局上，从左到右分别为“开始”按钮、活动任务以及通知区域（系统托盘）。Windows 7 是一个多任务

操作系统，它允许系统同时运行多个应用程序。通过使用任务栏用户可以在多个正在运行的应用程序之间自由切换。

将鼠标移动到任务栏上的任务按钮上稍微停留，会在任务栏上方预览各个窗口内容，如图 3-5 所示，鼠标单击预览窗口可以进行窗口切换。

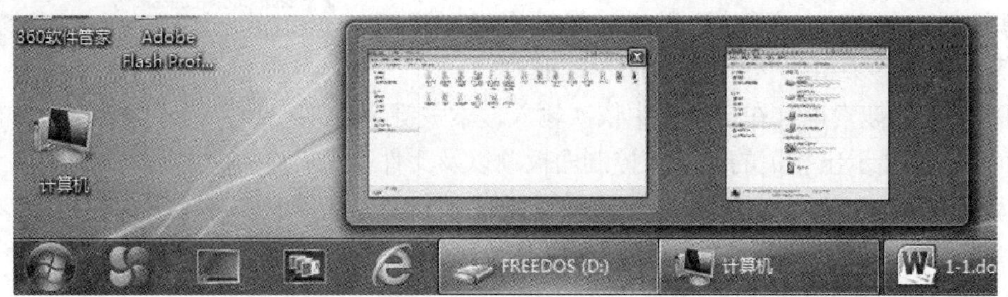

图3-5 预览效果

Windows 7 为任务栏上任务按钮提供了一个程序的快捷打开功能，该功能类似于“我最近打开的文档”的功能，右击任务栏上任务按钮即可使用这个功能。例如，右击任务栏上的“FREEDOS（D:)”任务按钮，如图 3-6 所示，在快捷菜单中选择“系里通知”命令，则直接打开“系里通知”文件夹。

图3-6 任务按钮快捷菜单

Windows 7 任务栏的右侧是通知区域（即系统托盘区域），如图 3-7 所示，通知区域中显示了一些正在运行的程序项目，如防病毒实时监控程序、音量调节、系统时间显示等。最右侧的那一小块矩形为“显示桌面”按钮。鼠标指针停留在“显示桌面”按钮上时，所有打开的窗口都会透明化，可以快捷地浏览桌面，单击图标则会切换到桌面。

图3-7 Windows 7的通知区域

3. “开始”菜单

任务栏的最左端就是“开始”按钮，单击此按钮可打开“开始”菜单。“开始”菜单是使用和管理计算机的起点，它可运行程序、打开文档及执行其他常规任务，是 Windows 7 中最重要的操作菜单。通过它，几乎可以完成任何系统使用、管理和维护等工作。“开始”菜单的便捷性简化了频繁访问程序、文档和系统功能的常规操作方式。

在“开始”菜单中，菜单项有两种类型，一种是在选项的右边有一个向右的箭头 ▸，鼠标移到该选项，将会显示该程序最近打开的文档；另一种选项则不带向右的箭头，单击该选项将启动相应的应用程序。

在“开始”菜单中，单击“所有程序”命令，将显示系统安装的所有程序信息，单击某个程序项将显示安装的程序，例如单击“Microsoft Office”，如图 3-8 所示，此时如果单击“Microsoft Excel 2010”，将会启动“Microsoft Excel 2010”程序。

在“开始”菜单的右侧，显示的是用于计算机常规管理的一组命令，包括“文档”“图片”“音乐”“游戏”“计算机”“控制面板”等。例如，单击“文档”，直接打开“文档库”文件夹。

“开始”菜单右侧下方为“关机”按钮，鼠标移到“关机”按钮旁边的 ▶ 按钮出现菜单，可以选择让计算机重启、注销、进入睡眠状态等，单击“关机”按钮则关闭计算机。

“开始”菜单下方的搜索框，在搜索框中依次输入搜索关键字时，会在开始面板中会显示出相关的程序、控制面板项以及文件。

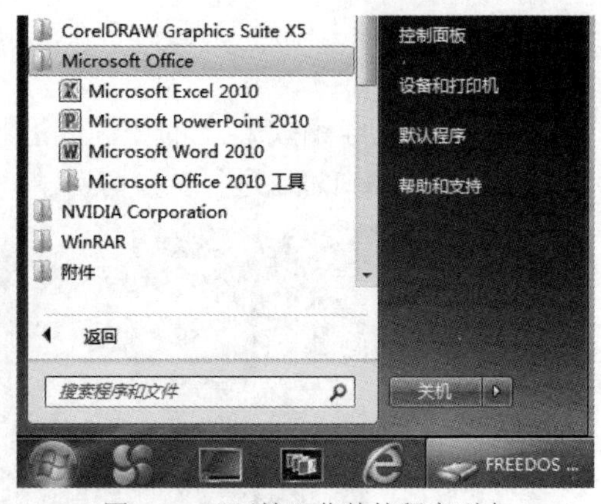

图3-8 “开始”菜单的程序列表

Windows 7 的“开始”菜单也可以进行一些自定义的设置。其操作为：在“开始”按钮或任务栏空白处右击，从快捷菜单中选择“属性”命令，打开“任务栏和「开始」菜单属性”对话框，选择“「开始」菜单”选项卡，如图 3-9 所示。单击“自定义”按钮，打开“自定义「开始」菜单”对话框，如图 3-10 所示，用户可进一步对“开始”菜单显示的图标样式、程序数目以及程序项目等进行设置。

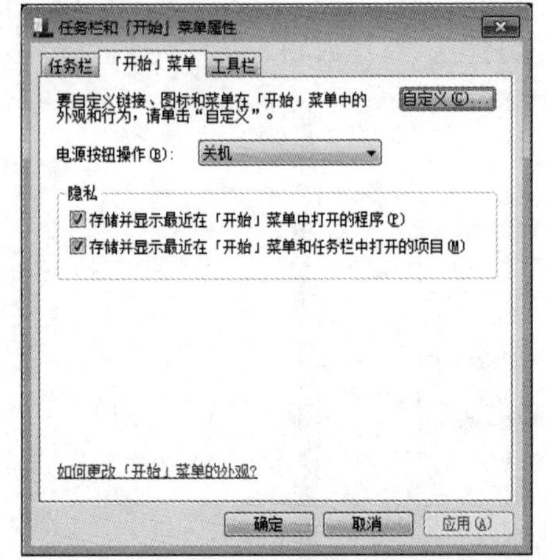

图3-9 “任务栏和「开始」菜单属性”对话框

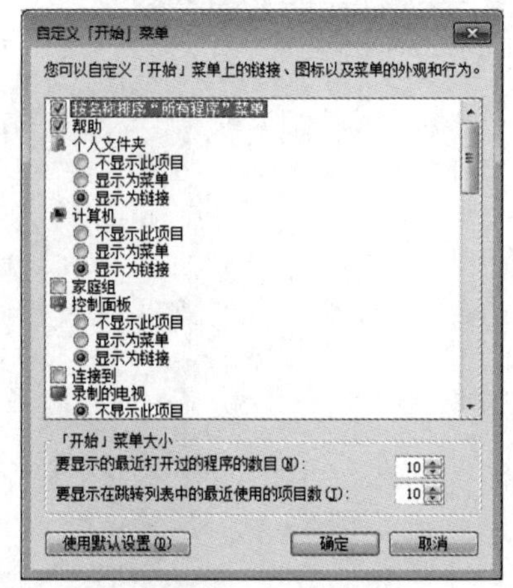

图3-10 “自定义「开始」菜单”对话框

4. 桌面背景

屏幕上主体部分显示的图像称为桌面背景。它的作用是美化屏幕。用户可以根据自己的喜好来选择不同图案和不同色彩的背景来进行个性化的桌面修饰。

3.1.3 窗口和对话框

1. 窗口

窗口是 Windows 系统为完成用户指定的任务而在桌面上打开的矩形区域。当用户双击一个应用程序、文件夹或文档时，都会显示一个窗口，向用户提供一个操作的空间。

Windows 是多任务的操作系统，因而可以同时打开多个窗口。在同时打开的多个窗口中，用户当前操作的窗口，称为当前窗口或活动窗口，其他窗口称为非活动窗口。活动窗口的标题栏颜色和亮度非常醒目，而非活动窗口的标题栏呈浅色显示。

（1）窗口的组成

Windows 7 中的窗口一般包括标题栏、地址栏、窗口按钮、搜索栏、菜单栏、工具栏、滚动条、状态栏、左窗格等，如图 3-11 所示。

（2）窗口的操作

窗口操作主要包含以下五个方面内容：窗口的打开、窗口的关闭、窗口大小的改变、位置的改变、窗口切换。

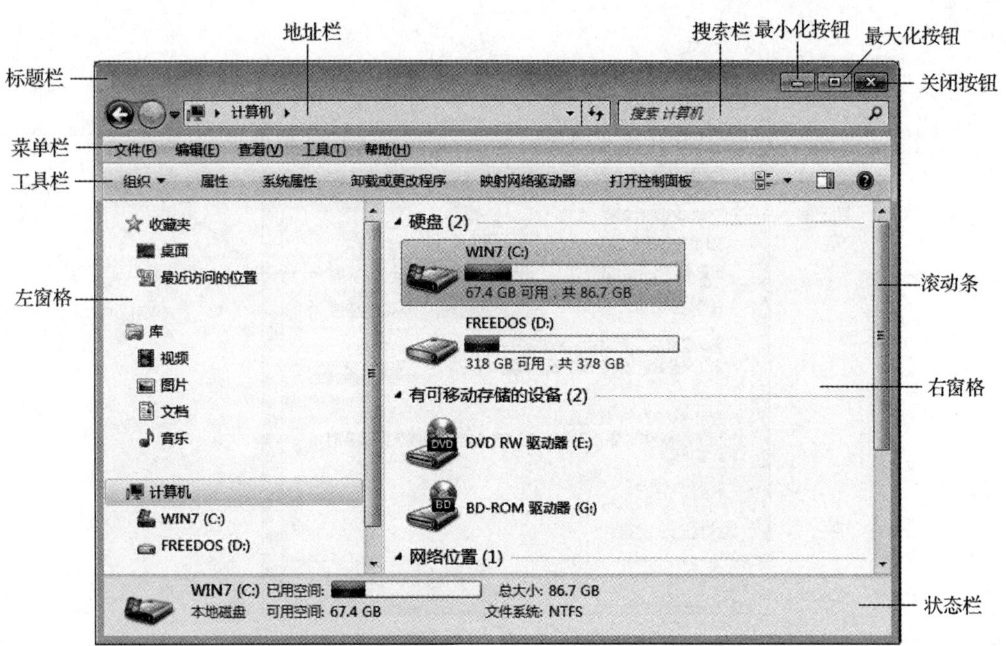

图3-11 窗口示例

① 打开和关闭窗口。

打开窗口：双击应用程序图标、文件夹图标或文档图标，即可打开相应的窗口。也可以右击准备打开的窗口图标，从弹出的快捷菜单选择“打开”命令。打开窗口后，在任务栏上会增加一个相应窗口图标。

关闭窗口：窗口关闭后，窗口在屏幕上消失，其图标也从任务栏中消失。关闭窗口的具体方法有如下几种：

- 单击窗口标题栏右边的“关闭”按钮。
- 双击窗口的控制菜单按钮。
- 单击窗口的控制菜单按钮，从控制菜单中选择“关闭”命令。
- 按【Alt+F4】组合键。
- 在任务栏上，右击窗口图标按钮，从弹出的快捷菜单中选择“关闭”命令。

② 改变窗口大小。首先需要说明一点，不是所有的窗口都允许改变大小的，比如 Windows 系统附件中的计算器就不允许改变大小。移动鼠标指针到窗口边框或窗口角，鼠标指针自动变成双向箭头，这时按下左键拖动鼠标，就可以改变窗口的大小了。

除了用鼠标拖动的方法改变窗口的大小外，窗口右上角的“最大化”“最小化”按钮也能改变窗口的大小。

③ 改变窗口位置。将鼠标指针指向窗口最上方的标题栏，按住鼠标左键不放，拖动鼠标到所需要的地方，释放鼠标按钮，就可改变窗口的位置。

按【Win+ ←】组合键把当前窗口停靠在屏幕的左侧，按【Win+ →】组合键把当前窗口停靠在屏幕的右侧。

④ 切换窗口。要在多个窗口之间进行切换，选择某个窗口为当前活动窗口，最常用的方法有如下几种：

- 单击“任务栏”上的窗口图标按钮。
- 单击该窗口的可见部分。
- 按【Alt+Esc】组合键或【Alt+Tab】组合键切换应用程序窗口。

2. 对话框

对话框也是一种窗口，是用户与计算机系统之间进行信息交流的窗口，它给用户提供了选择和输入信息的机会，同时将系统信息显示出来。

对话框的组成和常见的窗口有相似之处，但对话框没有“最大化”“最小化”按钮，对话框和窗口一样可以移动、关闭，但窗口的大小可以改变，而对话框的大小是固定的。对话框一般包含有标题栏、选项卡、文本框、列表框、命令按钮、单选按钮和复选框等几部分。“任务栏和「开始」菜单属性”对话框如图 3-12 所示。

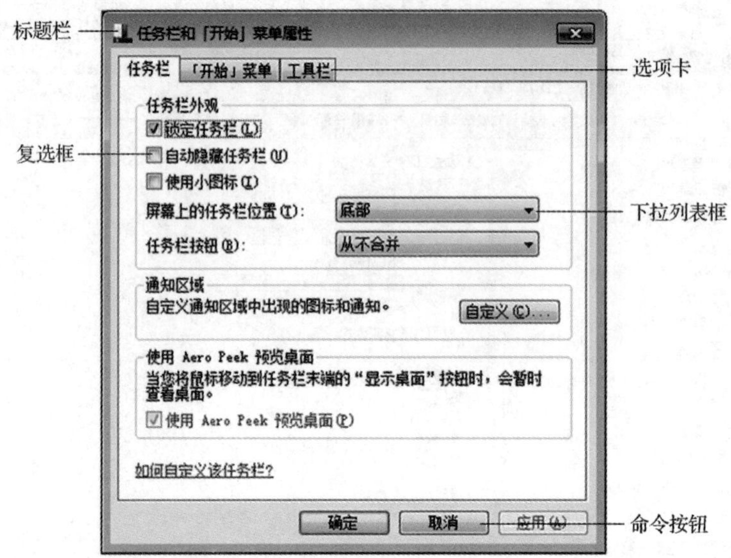

图3-12　对话框示例

在打开对话框后，可以选择或输入信息，然后单击“确定”按钮，关闭对话框；若不需要对其进行操作，可单击“取消”或“关闭”按钮，关闭对话框。

3.1.4　菜单和工具栏

1. 菜单

在 Windows 中，用户与应用程序的交互有时候是通过菜单实现的。用户可以从菜单中选择所需要的命令来指示应用程序执行相应的操作。Windows 中的菜单分为：“开始”菜单、下拉式菜单、快捷菜单等。

（1）下拉式菜单

一般应用程序或文件夹窗口中均采用下拉式菜单。下拉式菜单位于窗口标题栏下方，单击一个菜单项，可打开其下拉菜单，其中包含一系列命令项。

（2）快捷菜单

当用户将鼠标指向某个选中的对象或鼠标在屏幕的某个位置时，右击即可弹出一个快捷菜单，该菜单列出了与用户正在执行的操作直接相关的命令。选定对象不同时，打开的快捷菜单中的命令项也不同。

（3）菜单中的命令项

无论哪一种菜单，其操作方式均基本相同，都是打开菜单后，从若干命令项中选择一个所需的命令，就可以完成相应的操作。有些菜单的命令项还有附带的符号，这些符号都有特定的含义，以下是这些含义的说明。

- 命令项显示暗淡：表示该命令项当前不可选。
- 带省略号“…”：表示选择该命令项后会弹出对话框。
- 前有符号“√”：表示该项命令正在起作用。
- 前有符号“●”：表示该命令项所在的一组命令中，只能任选一个，有“●”的表示被选中。
- 带实心三角符号“▸”：表示该项命令有级联子菜单，选定该命令时，会弹出子菜单。
- 带有一键盘符号或组合键：表示菜单命令的快捷键。按下相应组合键，可以直接执行相应命令，而不必通过菜单操作。

2. 工具栏

打开不同的窗口或程序时，显示的工具栏可能会不一样。例如，浏览回收站时，工具栏会出现“清空回收站”“还原所有项目”的选项，如图 3-13 所示。

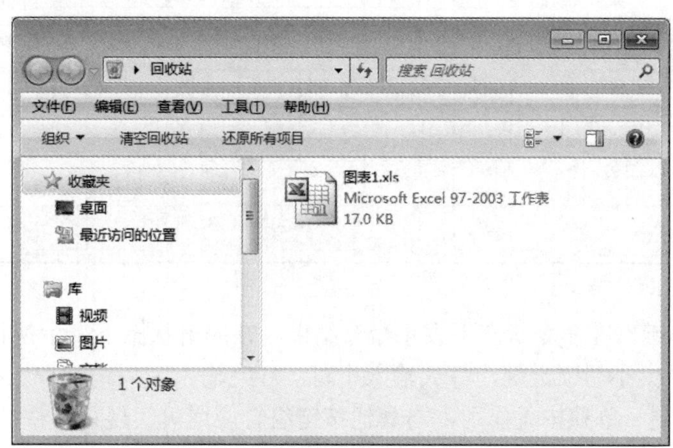

图3-13 “回收站”窗口

3.1.5 鼠标和键盘

鼠标和键盘都是计算机的输入设备，是用户与计算机进行人机交互的主要工具，因此熟悉鼠标和键盘并掌握它们的运用方法是非常重要的。

1. 鼠标操作

对于具有双键的鼠标，一般来说主要有以下六种基本操作：

① 指向：在不按鼠标按钮的情况下移动鼠标，将鼠标指针放在某一对象上。“指向”操作通常有两种用途：一是打开下级子菜单，如当用鼠标指针指向“开始”菜单中的“程序”时，就会打开“程序”子菜单。二是突出显示某些文字说明，例如，当指针指向某些工具按钮时，会突出显示有关该按钮功能的文字说明。

② 单击（单击左键）：鼠标指向某个对象后，按下鼠标左键并立即释放。单击用来选择某一个对象或执行菜单命令。

③ 双击：鼠标指向某个对象后，快速并连续按两下鼠标左键，通常用来打开某个对象。如打开文件、启动程序等。

④ 拖动（左键拖动）：鼠标指向一个对象后，按住鼠标左键的同时移动鼠标到目的地。利用拖动操作可移动、复制所选对象。

⑤ 右击（单击右键）：鼠标指向某个对象后，快速地按下右键并立即释放，通过右击可打开某对象的快捷菜单。

⑥ 右键拖动：鼠标指向某对象后，按住鼠标右键的同时移动鼠标，右键拖动的结果会弹出一个菜单，供用户选择。

当用户握住鼠标并移动时，桌面上的鼠标指针就会随之移动。通常情况下，鼠标指针的形状是一个小箭头。鼠标的形状还取决于它所在的位置以及和其他屏幕元素的相互关系。图 3-14 列出了“Windows Aero（系统方案）”下最常见的几种鼠标指针形状及其含义。

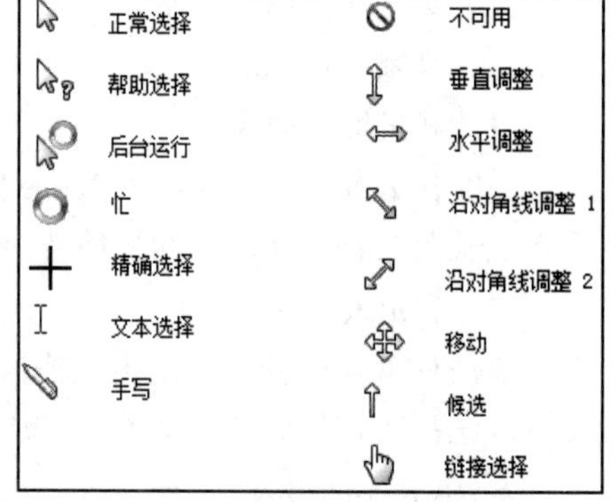

图3-14 鼠标指针的形状及其含义

2. 键盘

键盘（见图 3-15）部分常用功能键的主要功能如下：

①【Esc】键：退出。

②【F1】键：帮助。

③【Shift】键：上挡键，主要功能为上挡切换和大小写转换（按住此键再按字母键可以使字母大小写转换）。

④【←】键（Backspace）：退格键。

⑤【Tab】键，相当于按若干个【Space】键，主要功能用于表格的制作。

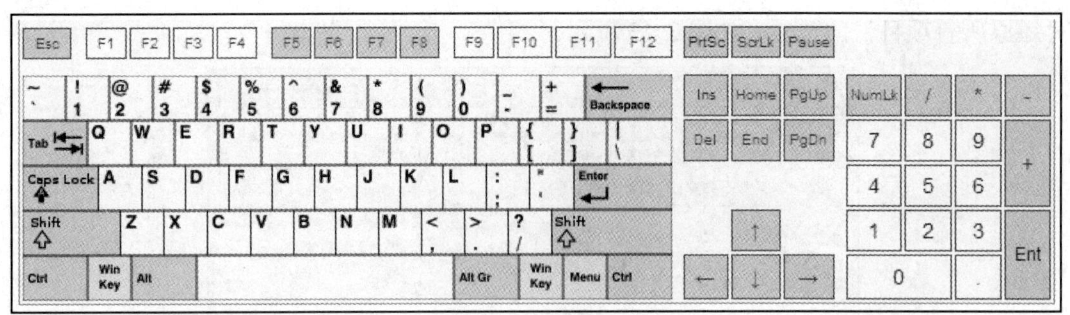

图3-15　键盘示例图

⑥【Enter】键：回车键，在命令状态下表示命令结束，在编辑状态下表示换行操作。

⑦【Caps Lock】键：大小写锁定键，灯灭输入小写，灯亮输入大写。

⑧【Ctrl】和【Alt】键：单独按无作用，与其他按键组合应用可实现很多快捷功能。

⑨窗口键（【Win】键）：可以调出“开始”菜单。

⑩【Home】键：使光标跳到本行行首。

⑪【End】键：使光标跳到本行行尾。

⑫【Page Up】键：向上翻页。

⑬【Page Down】键：向下翻页。

⑭【Delete】键：删除键，可删除光标后面一个字符及全部选中的内容。

⑮【Insert】键：插入 / 改写状态的转换。

⑯【←】【↑】【↓】【→】键：光标方向键，使光标移动。

⑰【Print Screen】键：屏幕复制键，当按下此键后，屏幕上所有的信息将被复制下来。

⑱【Space】键：空格键。

3.1.6　中文输入法

中文 Windows 7 中本身提供了多种中文输入法。如果用户需要，可以安装其他的输入法，也可以删除不需要的输入法程序。输入中文时键盘应处于小写状态，可用【Caps Lock】键进行切换。

1. 中英文输入法切换

在安装了中文输入法后，用户在使用过程中可随时利用键盘或鼠标选用其中任何一种中文输入法，或切换到英文输入法状态。

（1）利用键盘切换

在默认方式下，按【Ctrl+Space】组合键切换中文 / 英文输入方式；按【Ctrl+Shift】组合键在各种中文输入法及英文输入状态之间循环切换。

（2）利用鼠标切换

单击任务栏中的输入法指示器，其中列出了当前系统已安装的所有中文输入法。单击某种要使用的中文输入法，可切换到该中文输入法状态下；单击其中的“中文”选项，则关闭中文输入法。

2. 输入法的设置

单击“开始”按钮，在“开始”菜单中，单击“控制面板”，在打开的“控制面板”窗口中，单击“区域和语言”，在打开的对话框中选择“键盘和语言”选项卡，如图 3-16 所示，单击“更改键盘”按钮，打开如图 3-17 所示的“文本服务和输入语言”对话框，在“常规”选项卡中，显示了系统当前的默认输入语言，并列出了当前 Windows 可选的输入法。

在图 3-17 所示的“文本服务和输入语言”对话框中，单击“添加”或“删除”按钮可以对已安装到硬盘的输入法进行添加或删除。每个输入法都有自己的“属性”窗口，选择一个输入法，单击“属性”按钮，即可对输入法进行针对性设置。

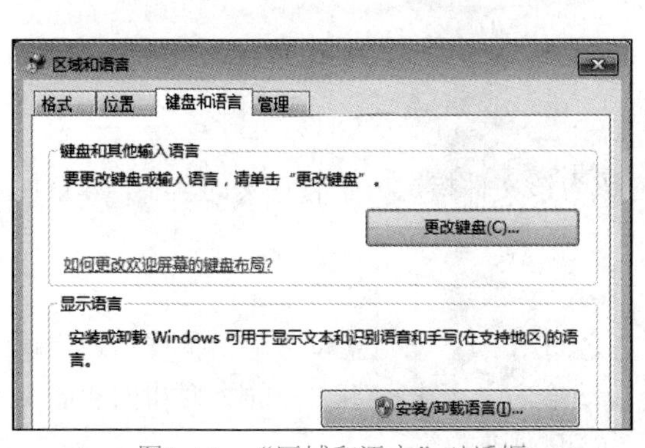

图3-16　“区域和语言”对话框

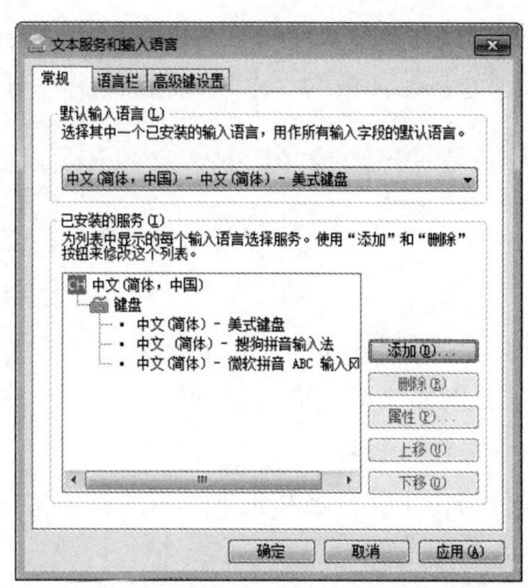

图3-17　“文本服务和输入语言”对话框

在的“文本服务和输入语言”对话框中，单击“高级键设置”选项卡，Windows 已定义了一些默认的热键，用户可以选中列表中还没定义快捷键的热键操作，定义自己的快捷键。

3. 中英文标点符号与全角、半角符号

启动汉字输入法后，屏幕上弹出汉字输入状态栏，例如搜狗拼音输入法的输入状态栏如图 3-18 所示。

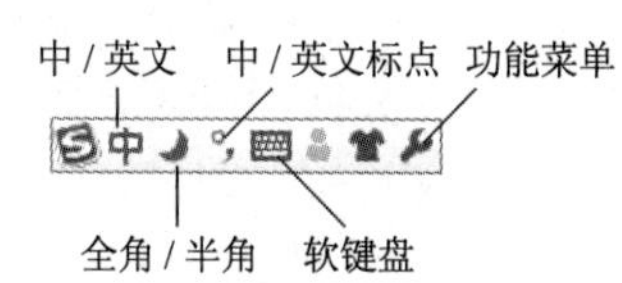

图3-18　搜狗拼音输入法状态栏

在汉字输入状态栏处于“英文标点”时，直接按键盘上相应的标点符号键即可输入英文标点。单击状态栏上的“中 / 英文标点”按钮，切换成“中文标点”状态，此时可以输入中文标点。中文标点及其对应的按键如表 3-1 所示。

表 3-1　中文标点及其对应的按键

中文标点	对应的按键	中文标点	对应的按键
、（顿号）	\	……（省略号）	^
。（句号）	.	￥（人民币符号）	$
•（实心点）	@	《（左书名号）	<
——（破折号）	-	》（右书名号）	>

英文字符、数字和某些其他字符有半角和全角之分，单击输入法状态栏上的“全角 / 半角”按钮，然后即可按照状态栏显示的状态输入半角或全角字符。

3.2　文件和程序管理

在计算机系统中，所有的程序和数据都是以文件的形式存放在计算机的外部存储器（如磁盘、光盘等）上。一个计算机系统中所存储的文件数量十分庞大，为了提高应用与操作的效率，必须对这些文件和文件夹进行适当的管理。

利用“Windows 资源管理器”管理 Windows 系统的用文件和文件夹，它不但可以显示文件夹的结构和文件的详细信息、打开文件、查找文件、复制文件，还可以访问库文件等，也可以对硬盘上的文件或文件夹进行操作。

在 Windows 中，通常需要安装一些应用程序，例如 Office 2010 等，可以通过运行该程序自带的安装程序（SETUP.EXE 或 INSTALL.EXE）从光盘或磁盘中安装。当不再需要某个应用程序，要删除这个应用

程序时，可以使用该程序自带的卸载程序（Remove.exe 或 Uninstall.exe）来完成，如果该程序没有卸载程序，则可以通过控制面板的“添加或删除程序”组件来完成程序的卸载。

3.2.1 文件和文件夹

文件是有名称的一组相关信息的集合，是计算机系统中数据组织的基本存储单位。

1. 文件

文件是“按名存取”的，每当新创建一个文件时，应该为该文件指定一个有意义的名字，尽量做到“见名知义”。例如“毕业论文 .doc”。

（1）文件的命名

文件名由主文件名和扩展名组成，主文件名和扩展名之间用一个“.”字符分隔。扩展名通常由 3 个字符组成，也可省略或包含多个字符。扩展名一般由系统自动给出，用来标明文件的类型和创建此文件的应用软件。系统给定的扩展名不能随意改动，否则系统将不能识别该文件。

文件的命名遵循以下规则：

- 文件名总长度多可达255个字符，其中可以包含空格。
- 文件名可以使用汉字、英语字母、数字，以及一些标点符号和特殊符号，但不能包含以下符号：?\ / *<>| : "
- 同一文件夹中的文件不能重名。
- 可以使用多个分隔符“· ”，以最后一个分隔符后面部分作为扩展名。

（2）文件的类型

文件分成若干类型，每种类型有不同的扩展名与之对应。文件类型可以是应用程序、文本、声音、图像等。常见文件类型有：程序文件（其扩展名为 com、exe 或 bat 等）、文本文件（其扩展名为 txt）、声音文件（其扩展名为 wav、mp3 等）、图像文件（其扩展名为 bmp、jpeg 等）。

（3）文件的属性

每一个文件（夹）都有一定的属性，不同文件类型的“属性”对话框中的信息也各不相同。文件的“属性”对话框一般包括：文件的类型、文件路径、占用的磁盘、修改和创建时间等，如图 3-19 所示。一个文件（夹）通常可以是只读、隐藏、存档等几种属性。

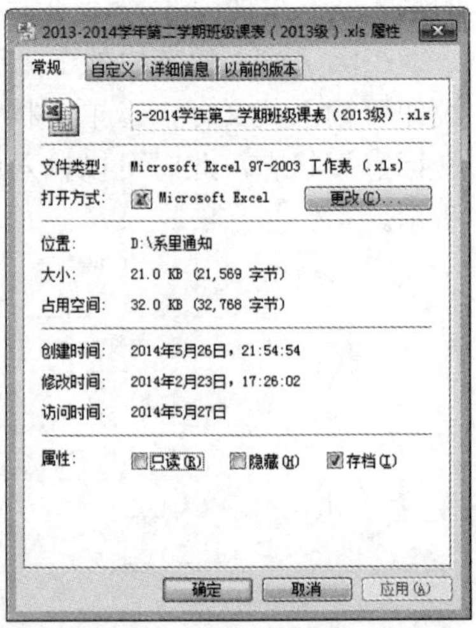

图3-19 文件属性对话框示例

2. 文件夹与文件库

为了便于对文件进行管理，将文件进行分类组织，并把有着某种联系的一组文件存放在磁盘中的一个文件项目下，这个项目称为文件夹或目录。

“库”是 Windows 7 系统中引入的一个新概念，就是把各种资源归类并显示在所属的库文件中，使管理和使用变得更轻松。Windows 7 文件库可以将需要的文件和文件夹统统集中到一起，就如同网页收藏夹一样，只要单击库中的链接，就能快速打开添加到库中的文件夹，而不管它们原来深藏在本地计算机或局域网当中的任何位置。另外，它们都会随着原始文件夹的变化而自动更新，并且可以以同名的形式存在于文件库中。

3. 路径

文件可以存放在不同的磁盘（或光盘）的不同的文件夹中。因此，用户要访问某个文件时，除了知道文件名外，一般还需要知道该文件所在的位置，即文件放在什么磁盘的什么文件夹下。所谓路径是指从此文件夹到彼文件夹之间所经过的各个文件夹的名称，两个文件夹名之间用分隔符“\”分开。

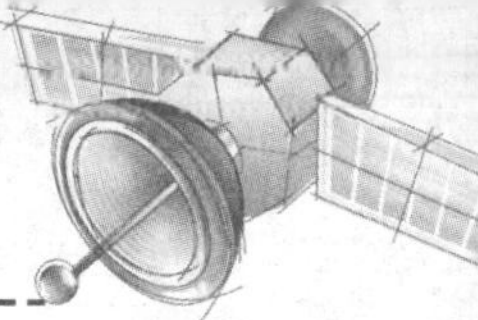

路径的表达格式为：<盘符>\<文件夹名>\……\<文件夹名>\<文件名>

如果在“资源管理器”中的地址栏输入要查询文件（夹）或对象所在的地址，例如输入 D:\Win-TC\projects，按【Enter】键后，系统即可显示该文件夹的内容。

3.2.2 资源管理器

“资源管理器”是 Windows 系统提供的用于管理文件和文件夹的工具，通过资源管理器可以查看计算机上的所有资源，能够清晰、直观地对计算机上形形色色的文件和文件夹进行管理。

在 Windows 7 中可以通过很多途径启动资源管理器，如打开文件夹，或者在“开始”按钮上右击并选择“打开 Windows 资源管理器”命令。例如，双击桌面的“计算机”图标，打开图 3-20 所示的资源管理器。

图3-20 资源管理器

资源管理器包含了左侧的列表区、地址栏、搜索栏、工具栏、文件预览面板等。这样，用户对文件和文件夹的管理变得更加方便，免去了多个文件夹窗口之间的来回切换。

（1）左窗格

在资源管理器左边的那一块列表区中，整个计算机的资源被划分为几大类：收藏夹、库、计算机等。在 Windows 7 中用一个小图形的形式即图标来代表 Windows 中不同的程序、文件或文件夹、设备，也可以表示磁盘驱动器、打印机以及网络中的计算机等。图标由图形符号和名字两部分组成。单击该列表区的图标，查看对应的资源。图 3-21 所示为查看“最近访问的位置”。

若驱动器或文件夹前面有“▷”号，表明该驱动器或文件夹有下一级子文件夹，单击“▷”号可展开所包含的子文件夹，展开驱动器或文件夹后，“▷”号会变成“▶”号，表明该驱动器或文件夹已展开，单击“▶”号，可折叠已展开的内容。

（2）地址栏

地址栏上显示当前打开的文件夹的路径，如果在地址栏文本框中输入一个新的路径，然后按【Enter】键，资源管理器即按输入的路径定位当前文件夹。地址栏采用了名为“面包屑”的导航功能，用户单击地址栏上路径的某个文件夹名（或盘符），则定位到该文件夹（或磁盘）中；单击地址栏右边的下拉按钮，可以从下拉列表中选择一个新的位置，如图 3-22 所示。

（3）搜索栏

在地址栏的右侧，可以看到 Windows 7 无处不在的搜索。在搜索框中输入搜索关键词后按【Enter】键，立刻就可以在资源管理器中得到搜索结果，不仅搜索速度令人满意，且搜索过程的界面表现也很清晰明白，包括搜索进度条、搜索结果条目显示等。

图3-21 最近访问的位置

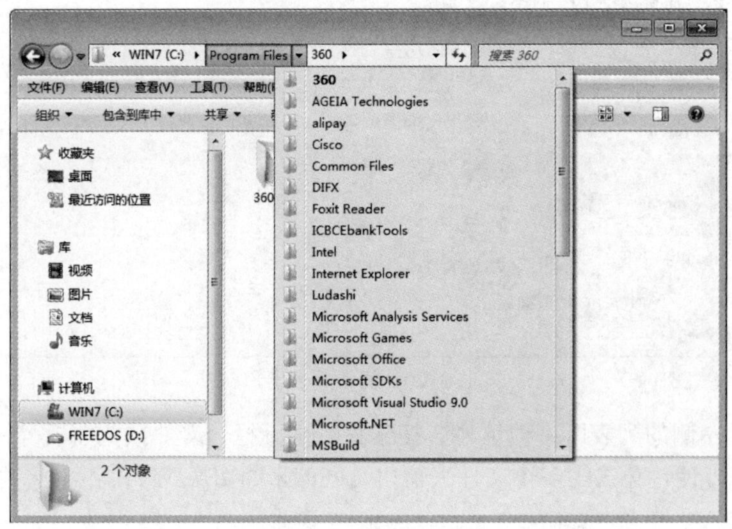

图3-22 地址栏示例

（4）菜单栏

在菜单栏方面，Windows 7 进行了简化，需要选取才能显示。

（5）工具栏

Windows 7 工具栏上的图标并非是一成不变的，会根据当前窗口的状态而有所不同。如图 3-23 所示的窗口，工具栏中包含了组织、打开、包含到库中、共享、新建文件夹，以及工具栏右边的三个图标。例如，单击工具栏右边图标的黑色三角形按钮 ，打开调节菜单可以在多种显示模式中选择需要的显示模式。

（6）文件预览面板

Windows 7 系统中添加了很多预览效果，不仅仅是预览图片，还可以预览文本、Word 文件、字体文件等等，这些预览效果可以方便用户快速了解其内容。按【Alt+P】组合键，或者单击工具栏右边的图标按钮 ，即可隐藏或显示预览窗口。例如，预览文本文件，如图 3-24 所示。

（7）文件和文件夹浏览方式设置

- 设置显示方式：用户可以单击工具栏中的“更多选项”按钮；或在右边窗格的空白区右击，在“查看”子菜单中选择显示方式，如图3-25所示。
- 设置排序方式：在右边窗格的空白区右击，在“排序方式”子菜单中选择排序方式，如图3-26所示。

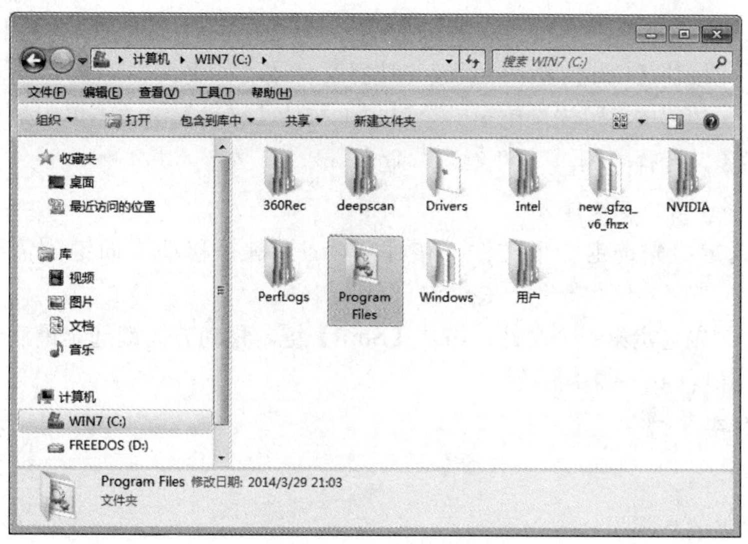

图3-23　工具栏示例

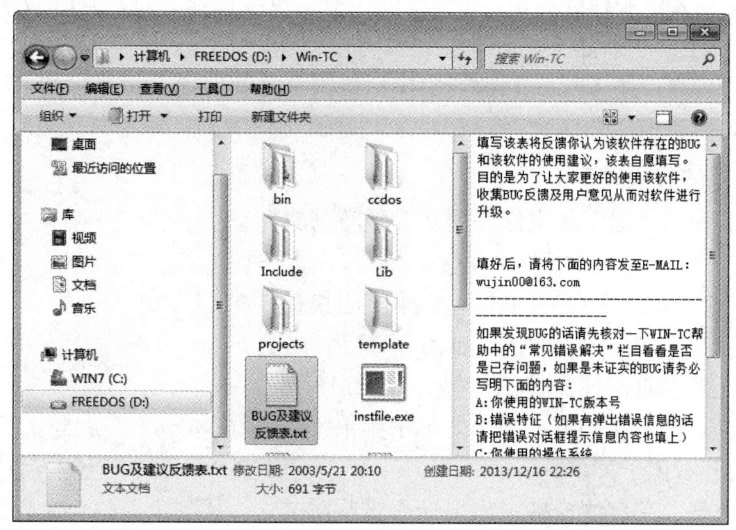

图3-24　预览文本文件

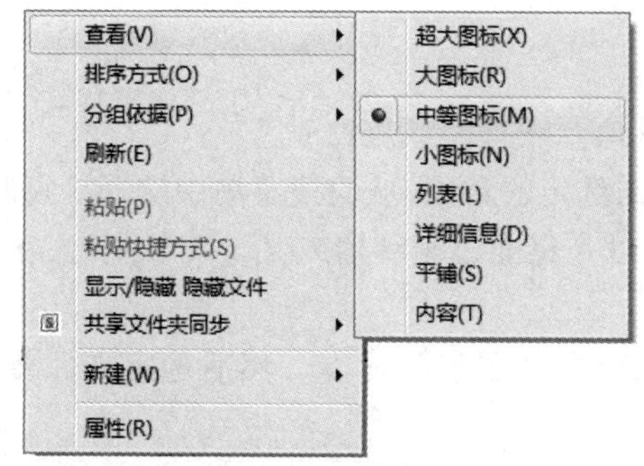

图3-25　“查看”子菜单

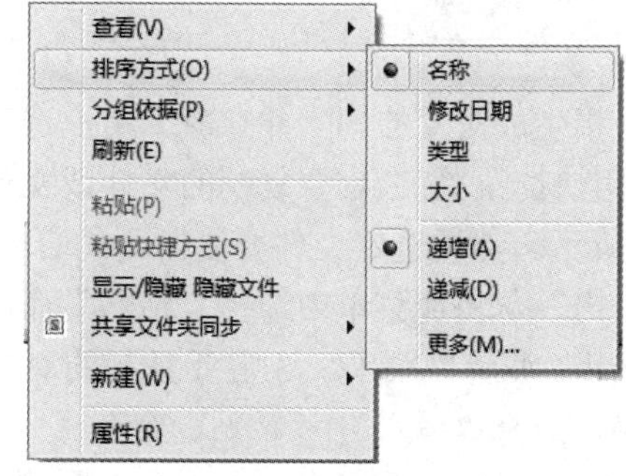

图3-26　“排序方式”子菜单

3.2.3　文件和文件夹操作

1. 选定文件或文件夹

若要选定单个文件或文件夹，只需用鼠标单击该文件或者文件夹。如要选定多个文件或文件夹，可以使用以下方法：

(1) 使用鼠标选定多个文件或文件夹

- 在选定对象时，先按住【Ctrl】键，然后逐一选择文件或文件夹。
- 如要选定的对象是相邻的，可先选中第一个对象，按住【Shift】键，再单击最后一个对象。
- 如要选定所有对象，选择“编辑”|“全选”命令。

(2) 使用键盘选定多个文件或文件夹

- 不相邻文件的选定：先选定一个文件，按住【Ctrl】键，移动方向键到需要选定的对象上，按【Space】键。
- 相邻文件的选定：先选定第一个文件，按住【Shift】键，移动方向键选定最后一个文件。
- 选定所有文件：按【Ctrl+A】组合键。

2. 创建文件或文件夹

(1) 创建文件夹

创建一个新的文件夹的步骤为：

① 打开资源管理器窗口，选定新文件夹所在的位置（桌面、驱动器或某个文件夹）

② 在右边窗格内容列表的空白处右击，在弹出的快捷菜单中选择“新建”|“文件夹”命令，如图 3-27 所示。或者，单击工具栏上的“新建文件夹”按钮就可以创建一个新文件夹。

③ 输入新文件夹的名称，按【Enter】键或用鼠标单击屏幕其他地方。

(2) 创建新的空文件

创建一个新的空文件的步骤如下：

① 打开资源管理器窗口，选定新文件夹所在的位置（桌面、驱动器或某个文件夹）。

② 在右边窗格内容列表的空白处右击，在弹出的快捷菜单中选择“新建”命令，在子菜单中，如图 3-27 所示，横线的下方列出了可以新建的各种文件的类型，如 BMP 图像、Microsoft Word 文档、文本文档等。或者，单击菜单“文件”|“新建”命令，展开右侧子菜单。

③ 单击一个文件类型，在右侧窗格中出现一个带临时文件名的文件，输入新文件夹的名称，按【Enter】键或用鼠标单击屏幕其他地方，即创建了一个该类型的空白文档。

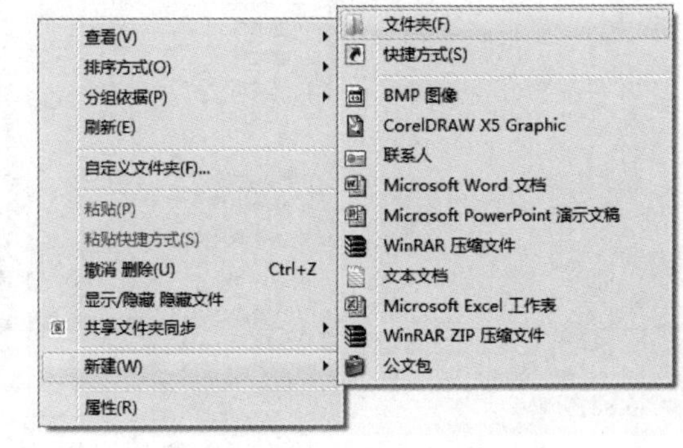

图3-27 “新建”子菜单

3. 复制文件或文件夹

复制是指生成对象的副本并存放于用户选择的位置。具体方法有以下几种：

① 利用快捷菜单：选定要复制的文件或文件夹，鼠标右击选定的对象，从快捷菜单中选择“复制”命令，如图 3-28 所示。然后选定文件要复制到的目标文件夹（可以是桌面、驱动器或某一文件夹），在目标位置的空白处右击，从快捷菜单中选择“粘贴”命令。

② 利用“编辑”菜单：选定要复制的对象，选择“编辑”|“复制”命令，然后选定文件要复制到的目标文件夹，选择“编辑”|“粘贴”命令。

③ 利用快捷键：选定要复制的对象，按【Ctrl+C】组合键执行复制，选定文件要复制到的目标文件夹，按【Ctrl+V】组合键执行粘贴。

④ 利用鼠标拖动：选定要复制的对象，在按住【Ctrl】键的同时用鼠标拖动对象到目标文件夹的图标上，释放鼠标即可。

⑤ 发送对象到指定位置：如果要复制文件或文件夹到软盘或可移动磁盘，可以右击选定的对象，从弹出的快捷菜单中选择“发送到”命令，如图 3-29 所示，再从其子菜单中选择目标位置即可完成复制操作。

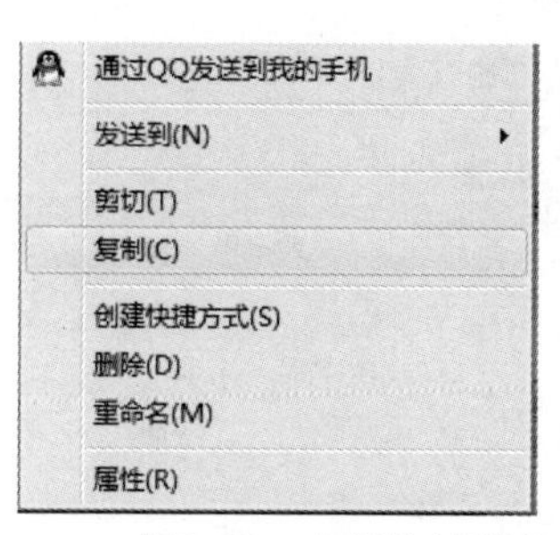

图3-28 右键快捷菜单

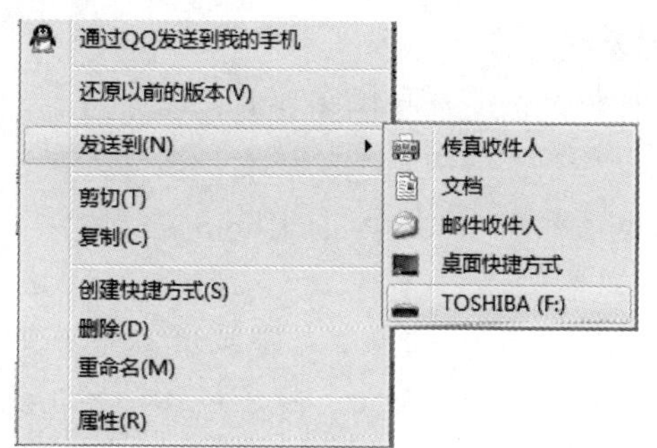

图3-29 “发送到”子菜单

4. 移动文件或文件夹

移动是指将对象从原来的位置删除，并放到一个新的位置。具体方法有以下几种：

① 利用快捷菜单：选定要复制的文件或文件夹，右击选定的对象，从快捷菜单中选择“剪切”命令（执行剪切命令后，图标将变得暗淡）。然后选定目标文件夹（可以是桌面、驱动器或某一文件夹），在目标位置的空白处右击，从快捷菜单中选择“粘贴”命令。

② 利用“编辑”菜单：选定要复制的对象，选择“编辑”|“剪切”命令，然后选定目标文件夹，选择“编辑”|“粘贴”命令。

③ 利用快捷键：选定要复制的对象，按【Ctrl+X】组合键执行复制，选定目标文件夹，按【Ctrl+V】组合键执行粘贴。

④ 利用鼠标拖动：选定要复制的对象，在按住【Shift】键的同时用鼠标拖动对象到目标文件夹的图标上，释放鼠标即可。如果在同一驱动器内移动文件或文件夹，则直接拖动选定的对象到目标文件夹的图标上，释放鼠标即可。

5. 重命名文件或文件夹

重新命名文件或文件夹的操作步骤如下：

① 选择要重新命名的文件或文件夹。

② 选择菜单“文件”|“重命名”命令；或鼠标右击选择的文件，在弹出的快捷菜单中选择“重命名”命令；或按【F2】键使文件名成为编辑状态。

③ 输入新的名称，按【Enter】键确认。

说明：如果文件正在被使用，则系统不允许更改文件的名称。同理，如果要对某个文件夹重命名，该文件夹中的任何文件都应该处于关闭状态。

如果对文件重命名时输入新名称的扩展名与文件原来的扩展名不同，系统会弹出图3-30所示的警告框，单击“是”按钮则强制改成所输入的扩展名，单击“否”按钮则输入的新文件名无效。

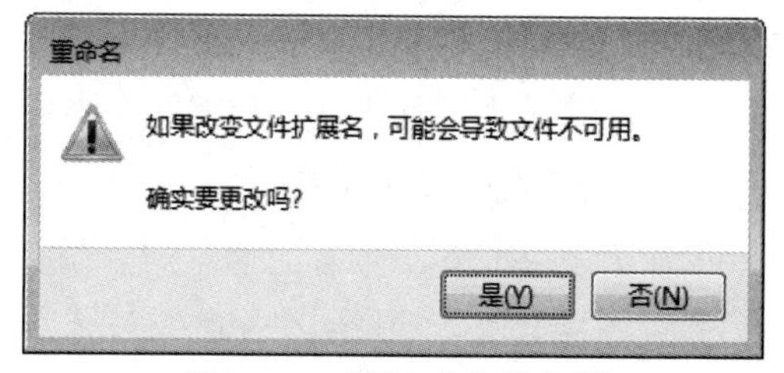

图3-30 “重命名”警告框

6. 删除文件或文件夹

删除文件或文件夹的操作步骤如下：

① 选定需要删除的文件或文件夹。

② 选择菜单“文件”|“删除”命令，或者按【Delete】键，出现确认文件删除对话框，单击“是”按钮，则删除文件，单击“否”按钮，则不删除文件。

说明：这里的删除并没有把该文件真正删除掉，它只是将文件移到了“回收站”中，这种删除是可恢复的。如果在执行上述删除操作的同时按住【Shift】键，则对象被永久删除，无法再从“回收站”中恢复。

若将某个文件夹删除，则该文件夹下的所有文件和子文件夹将同时被删除。

7. 回收站及其操作

在进行文件操作时，如果因为误操作而将有用的文件删除，这时可利用“回收站”来进行恢复。默认情况下，删除操作只是逻辑上删除了文件或文件夹，物理上这些文件或文件夹仍然保留在磁盘上，只是被临时存放到“回收站”中。在桌面上双击“回收站”图标，可打开“回收站”窗口，其中显示出被删除的文件和文件夹。

在“回收站”窗口中，如果要还原某个文件（或文件夹），其操作为：右击需要还原的文件（或文件夹），在快捷菜单中选择“还原”命令，如图 3-31 所示，被还原的文件（或文件夹）就会出现在原来所在的位置。如果在快捷菜单中选择“删除”命令，则永久删除文件（或文件夹）。

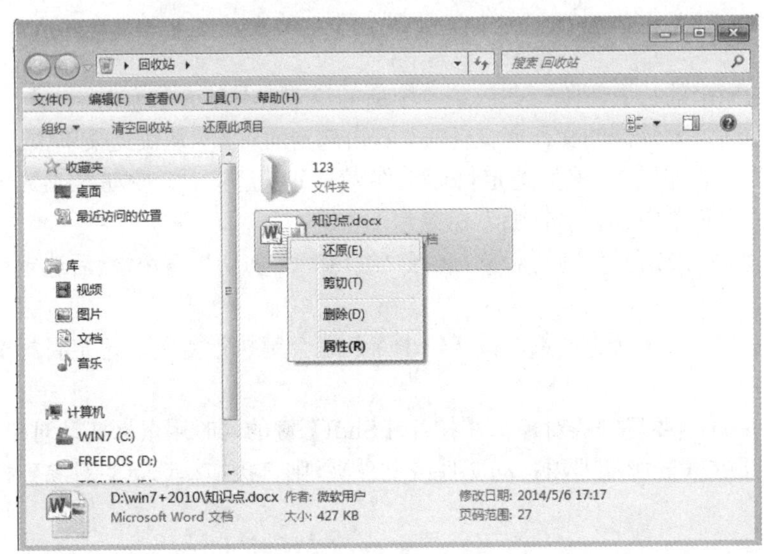

图3-31　回收站快捷菜单

存放在“回收站”中的文件和文件夹仍然占用磁盘空间。只有清空“回收站”，才可以真正从磁盘上删除文件或文件夹，释放“回收站”中的内容所占的磁盘空间。如果需要一次性地永久删除“回收站”中所有的文件和文件夹，可单击“回收站”工具栏的“清空回收站”命令。

“回收站”是 Windows 系统在硬盘上预留的一块存储空间，用于临时存放被删除的对象。这块空间的大小是系统事先指定的，一般是驱动器总容量的 10%。要改变“回收站”存储空间的大小，可以在桌面上右击“回收站”图标，在快捷菜单中选择“属性”命令，打开“回收站属性”对话框。用户可以根据需要设置“回收站”空间大小，设置完毕后，单击“确定”按钮。

8. 搜索文件或文件夹

如果文件忘记了保存时名称或者位置，可以使用搜索功能搜索文件。需要搜索文件或者文件夹时，在资源管理器右上方的搜索栏中，直接输入要查找的文件或者文件夹的名称，获得搜索结果。

例如，要在 C: 盘根目录下查找 BMP 文件，其操作步骤如下：

① 打开 C: 盘。

② 在搜索框中输入“BMP”三个字母，由于 Windows 7 的搜索功能是输入完马上自动开始搜索的，输入搜索关键字后窗口内容很快显示搜索结果，如图 3-32 所示。右窗格即是搜索结果。

③ 再单击搜索框，下面弹出设置搜索修改日期和文件大小的选项，图 3-32 右上所示。单击“大小”按钮，弹出“大小”选择列表，选择“小（10-100 KB）”，如图 3-33 所示。

稍候片刻即可看到搜索结果，如图 3-34 所示。

④ 如果在图 3-35 所示的搜索框中单击“修改日期”按钮，弹出“选择日期或日期范围”框，单击其中左右的两个黑色三角形按钮可以调整年、月范围。调整日期显示为 2014 年 5 月 1 日至 28 日，然后先单击 5 月 1 日，按住【Shift】键的同时再单击 5 月 28 日，即确定了日期范围。

图3-32　输入搜索关键字“BMP”后的窗口

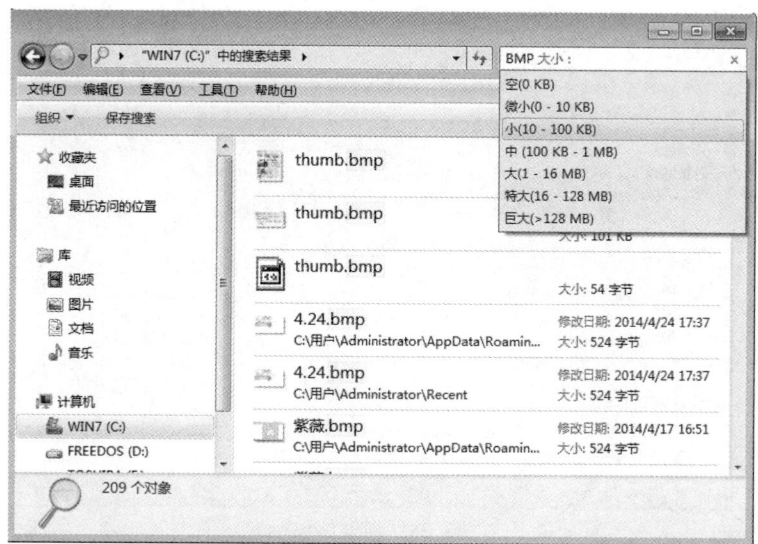

图3-33　选择搜索文件的大小

图3-34　搜索结果

稍候片刻即可看到搜索结果，如图 3-36 所示。

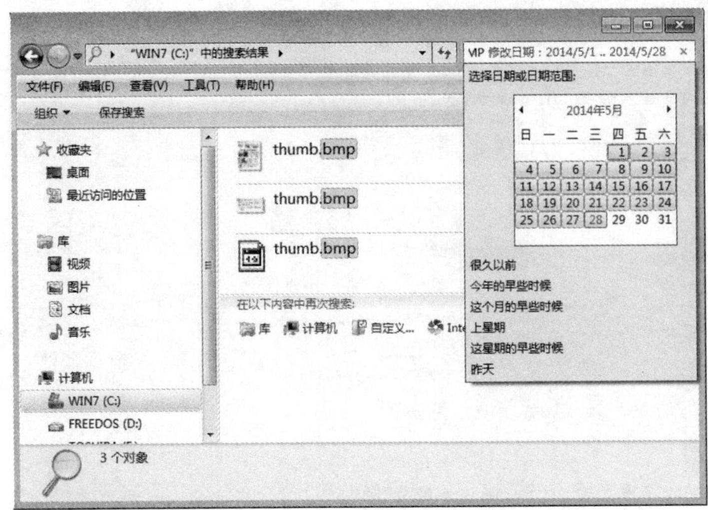

图3-35　选择搜索的修改日期范围

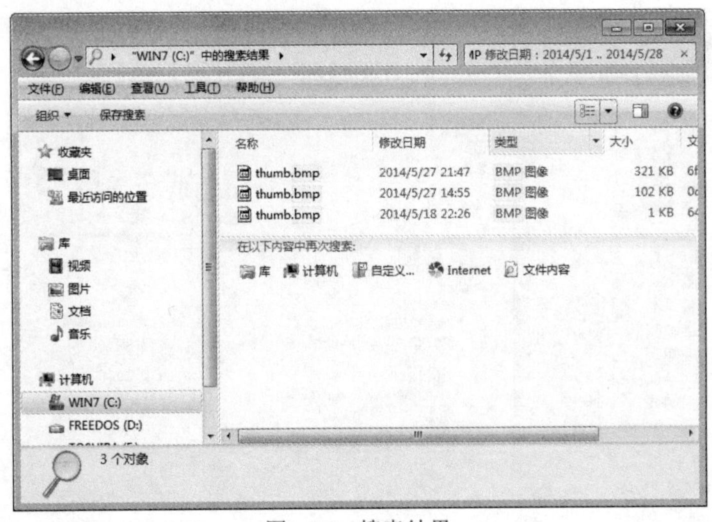

图3-36　搜索结果

如果想知道找到的文件所在的位置，可以右击该文件，在快捷菜单中选择“打开文件位置”命令，然后窗口立即切换到该文件所在的文件夹。

9. 文件或文件夹的属性

通过查看文件（或文件夹）属性，可以了解文件（或文件夹）的大小、位置、创建时间等信息。在 Windows 系统中文件（或文件夹）的属性还包括了只读、隐藏和存档。设置这些属性的用途如下：

① 只读：表示只能查看内容，不能修改、保存，以防文件或文件夹被改动。

② 存档：表示文件或文件夹是否已备份。某些程序用此选项来确定哪些文件需做备份。

③ 隐藏：表示文件或文件夹不可见。通常为了保护某些文件或文件夹不被轻易修改或复制才将其设为“隐藏”。

查看和修改某文件（或文件夹）的属性的操作为：选定该文件（或文件夹），选择“文件”菜单中的“属性”命令或快捷菜单中的“属性”命令，打开“属性”对话框，选中相应的属性复选框即可。如果“属性”对话框的“常规”选项卡中显示“高级”按钮，可以单击“高级”按钮进行其他属性的设置。

10. 创建快捷方式

为便于访问经常使用的文件或对象，可创建指向该文件或对象的快捷方式。创建快捷方式的办法如下：

① 右击要创建快捷方式的源对象，在弹出的快捷菜单中选择“创建快捷方式”命令。如果在文件夹中创建快捷方式，那么快捷方式的图标将放在同一个文件夹中，可通过文件移动把快捷方式放到其他位置；如果是对控制面板中的图标建立快捷方式，则新建的快捷方式直接放到桌面上。

② 右击要创建快捷方式的源对象，在弹出的快捷菜单中选择“发送到”|“桌面快捷方式”命令，则直接在桌面上建立一个快捷方式。

③ 打开快捷方式准备放置的文件夹（或者桌面），在空白处右击，在弹出的快捷菜单中选择“新建”|“快捷方式”命令，按向导提示操作创建快捷方式。

说明：快捷方式是对文件或文件夹引用的一种链接，删除文件或文件夹的快捷方式，并不会删除其对应的文件或文件夹。

3.2.4 安装和卸载程序

在 Windows 中，要添加某个应用程序，可以通过运行该程序自带的安装程序（SETUP.EXE 或 INSTALL.EXE）从光盘或磁盘中安装；要删除某个程序，可以使用该程序自带的卸载程序（Remove.exe 或 Uninstall.exe）来完成。另外，要安装或删除应用程序，也可以通过控制面板的“添加或删除程序”组件来完成。

1. 添加新程序

当用户需要安装新的应用程序时，首先将安装盘放入光驱，或者把安装文件复制到硬盘（或 U 盘）中，接着，运行该程序自带的安装程序（SETUP.EXE 或 INSTALL.EXE），然后，用户只需按照提示的步骤进行，即可完成程序的安装。将安装盘放入光驱后，有些应用程序会自动启动安装程序。

2. 更改或删除程序

有些应用程序自己具有卸载功能，单击“开始”按钮，打开“开始”菜单，选择“所有程序”，再选择应用程序的名称，就会在它的子菜单中看到“卸载 ***”的命令。单击该命令，然后按照提示逐步进行，就可以进行程序的卸载。

有些程序却没有在对应的菜单中提供卸载功能，此时用户可使用 Windows 7 提供的删除程序的功能进行正确的卸载，操作步骤如下：

① 单击“开始”按钮，打开“开始”菜单，选择“控制面板”，打开“控制面板”窗口，单击“程序和功能”图标，打开图 3-37 所示的“卸载或更改程序”窗口，在“当前安装的程序”列表中选中要删除或更改的程序，系统将以蓝底白字方式突出显示该程序，然后单击“卸载 / 更改”按钮。

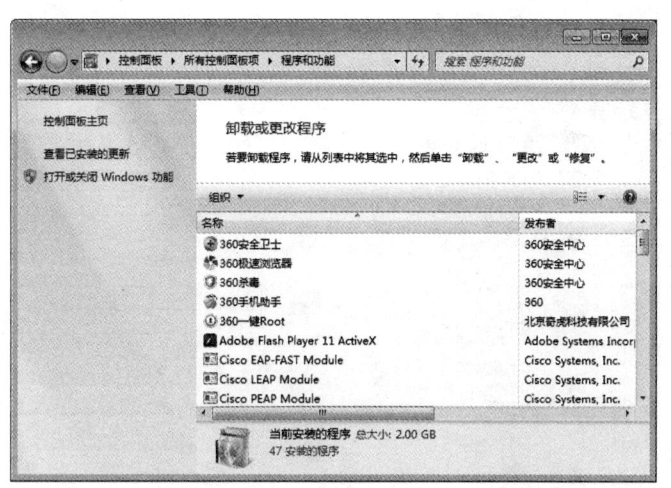

图3-37 “卸载或更改程序”窗口

② 系统会弹出确认对话框，询问用户是否卸载该程序，单击“是”按钮，系统便启动应用程序删除过程，

然后按照所要删除的程序的提示进行，就可以将该程序正确卸载。

3. 添加和删除 Windows 组件

默认安装 Windows 7 时，系统只安装了一些最常用的 Windows 组件，而不是安装所有组件，用户可以根据需要添加或删除组件。添加和删除 Windows 组件的操作方法如下：

① 单击“控制面板”中的“程序和功能”图标，打开图 3-37 所示的窗口，在窗口左侧中找到并单击“打开或关闭 Windows 功能”链接，打开“Windows 功能”窗口，如图 3-38 所示。

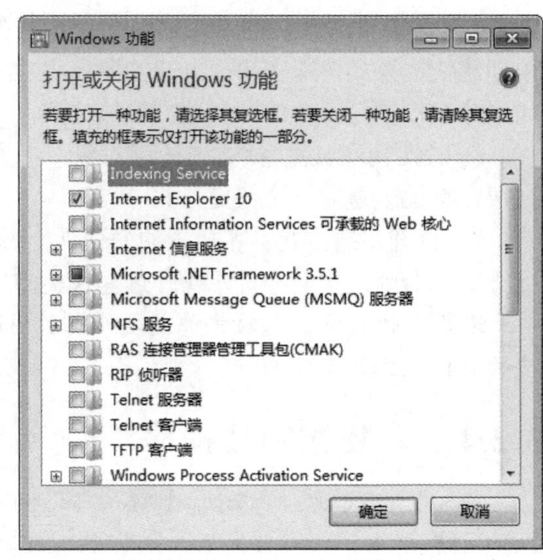

图3-38 “Windows功能”窗口

② 在“Windows 功能”列表框中列出了可以添加或删除的组件。如果某个 Windows 功能前有加号图标 ⊞，表示该功能包含一个以上的子组件，单击该组件的加号图标 ⊞，会显示子组件。如果要添加某组件，就选中该组件的复选框，再单击“确定”按钮。如果要删除某组件，就取消该组件的复选框，再单击“确定”按钮。

3.3 控 制 面 板

用户可以使用控制面板调整计算机的设置，例如更改桌面背景、更改主题、设置系统时间、添加新用户账户、为账户创建和修改密码等。Windows 中的附件包含了一些有用的小工具，以供用户随时使用。例如，当用户需要进行一些数据计算时，可以使用附件中的计算器。

控制面板是用来对系统进行设置的一个工具集。用户可以根据自己的爱好对桌面、鼠标、键盘、输入法、系统时间等众多组件和选项进行设置。中文版 Windows 7 的“附件”程序为用户提供了许多使用方便而且功能强大的工具，当用户要处理一些要求不是很高的工作时，可以利用附件中的工具来完成。

3.3.1 外观和个性化设置

单击“开始”按钮，在“开始”菜单中选择“控制面板”命令，打开“控制面板”窗口；或者在“资源管理器”窗口中，单击地址栏左侧的 ▾ 按钮，在打开的快捷菜单中选择“控制面板”命令，打开“控制面板”窗口，如图 3-39 所示。

图3-39 按类别查看的控制面板

“控制面板”窗口有三种查看方式:类别、大图标、小图标。用户可以通过单击控制面板窗口右侧的“查看方式”按钮打开子菜单，选择控制面板的查看方式。

在图 3-39 所示的“控制面板”窗口中单击“外观和个性化”链接，打开图 3-40 所示的窗口，可以看到详细的“外观和个性化”设置项目，如设置主题、桌面背景、任务栏和“开始”菜单等。

1. 个性化设置

Windows 7 的个性化设置最受人瞩目，用户可以在这里完成主题、桌面图标、更改鼠标指针、更改账户图片等个性化设置。

(1) 设置主题

主题设置包含桌面背景、窗口颜色、声音以及屏幕保护程序。在图 3-40 所示的“外观和个性化”窗口中单击“更改主题”链接，打开图 3-41 所示的窗口，在列表中选择新主题。

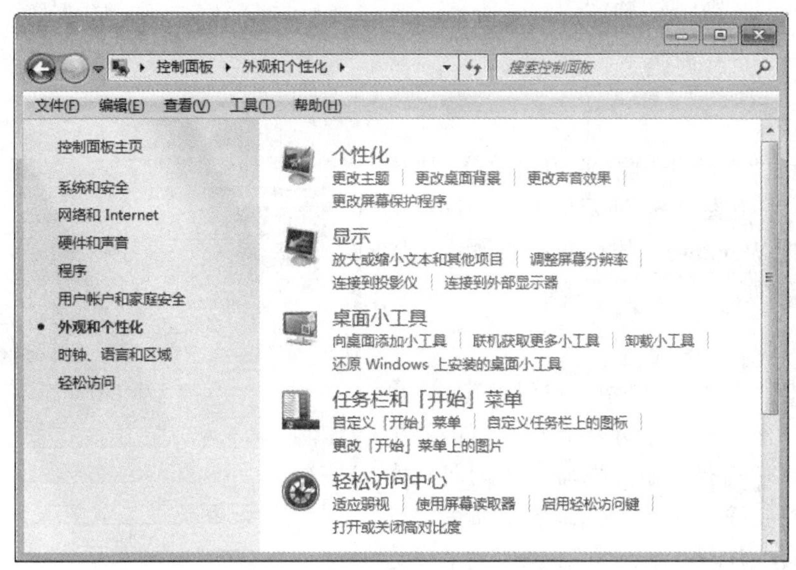

图3-40 “外观和个性化”窗口

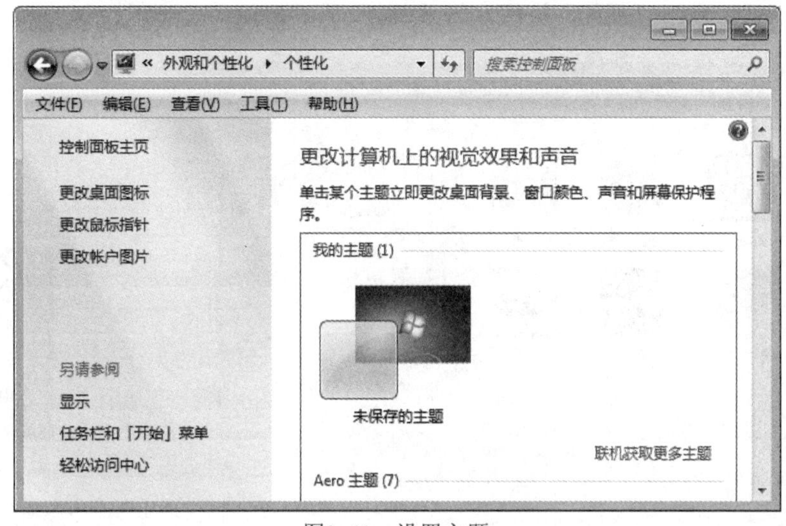

图3-41 设置主题

在图 3-41 所示的窗口左窗格中单击“更改桌面图标”，打开图 3-42 所示的“桌面图标设置”对话框，进行桌面图标设置;单击“更改鼠标指针”,打开图 3-43 所示的“鼠标属性”对话框,进行鼠标设置;单击“更改账户图片”，为账户选择一个新图片。

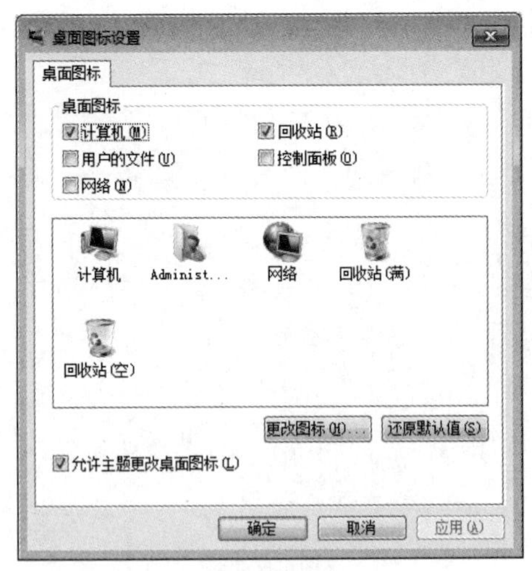

图3-42 “桌面图标设置”对话框

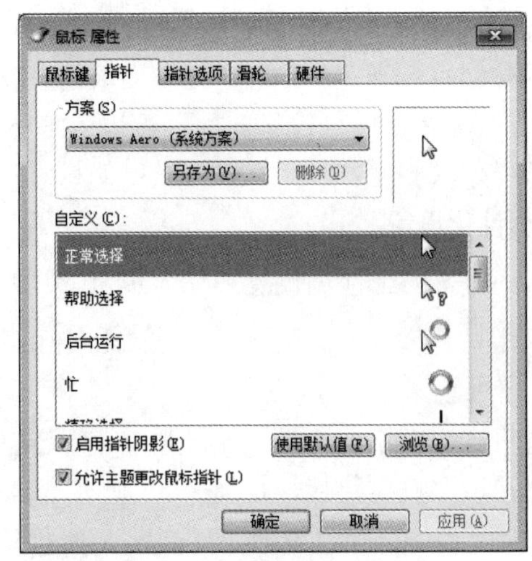

图3-43 “鼠标属性”对话框

（2）设置桌面背景

在图 3-40 所示的“外观和个性化”窗口中单击“更改桌面背景”链接，打开图 3-44 所示的窗口，进行桌面背景设置。可以把 Windows 7 的桌面背景设置为以幻灯片方式自动更换图片。

图3-44 设置桌面背景

2. 桌面小工具设置

在图 3-40 所示的“外观和个性化”窗口中单击“桌面小工具”链接，打开图 3-45 所示的窗口，右击某个小工具，在快捷菜单中选择“添加”命令，则向桌面添加该小工具；在快捷菜单中选择“卸载”命令，则卸载该小工具。例如，右击“日历”，在快捷菜单中选择“添加”命令，其结果是在桌面右上角显示日历；如果不想在桌面上显示日历，则将鼠标移动到“日历”窗口上，如图 3-46 所示，单击“关闭”按钮，将其关闭。

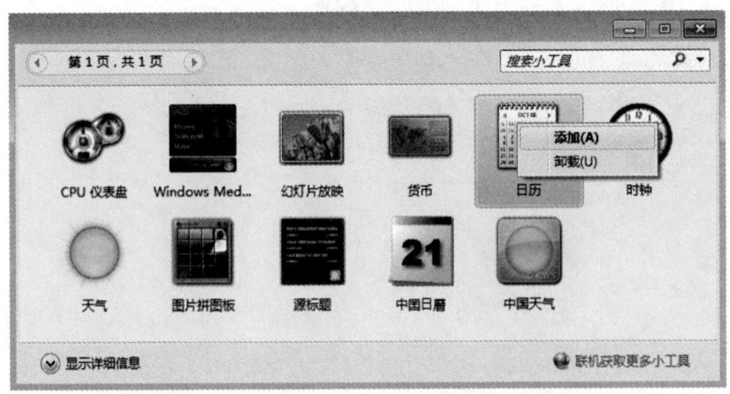

图3-45 向桌面添加日历

图3-46 “关闭日历”窗口

3. 任务栏和「开始」菜单设置

在图 3-40 所示的“外观和个性化”窗口中单击“任务栏和「开始」菜单”链接（或是单击“自定义「开始」菜单”链接），打开“任务栏和「开始」菜单属性”对话框，选择“「开始」菜单”选项卡，单击“自定义”按钮，打开“自定义「开始」菜单”对话框，用户可以自定义「开始」菜单上的链接、图标以及菜单的外观和行为。

3.3.2 设置日期和时钟

设置系统日期和时间的操作如下：

① 在按类别显示的“控制面板”窗口中单击“时钟、语言和区域”链接，打开窗口，单击“日期和时间”链接，打开“日期和时间”对话框。也可以单击任务栏最右边的系统时钟，弹出图 3-47 所示的月历和时钟，选择下面的“更改日期和时间设置”命令，打开“日期和时间”对话框，如图 3-48 所示。

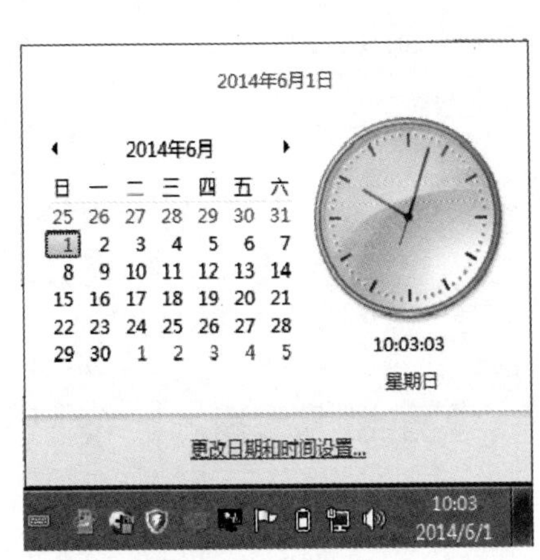

图3-47 月历和时钟

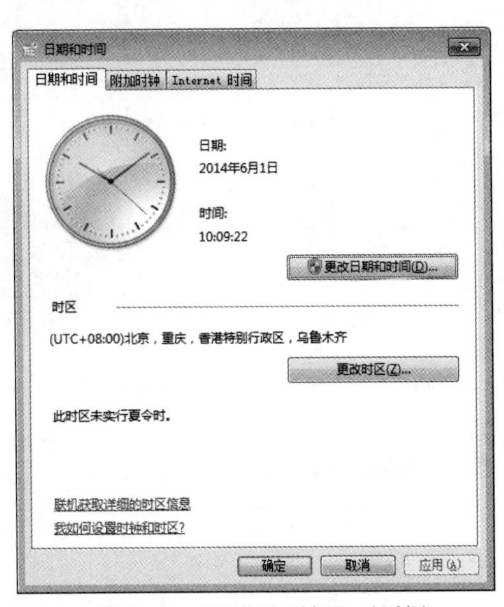

图3-48 “日期和时间”对话框

② 在“日期和时间”对话框中：

- 选择“日期和时间”选项卡，可以更改时区、日期和时间。
- 选择“附加时钟”选项卡，可以附加显示其他时区时间的时钟。
- 选择“Internet时间”选项卡，可以将计算机时间设置为与Internet时间同步。

3.3.3 系统和安全

在图 3-39 所示按类别显示的“控制面板”窗口中单击“系统和安全”链接，打开图 3-49 所示的窗口，这里主要提供了计算机硬件、软件信息以及相应安全方面的很多设置。

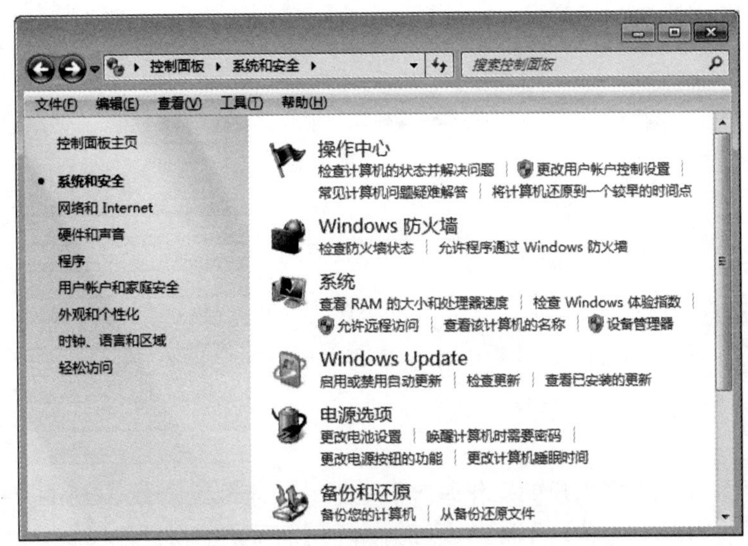

图3-49 “系统和安全”窗口

1. 了解系统硬件基本情况

在图 3-49 所示的“系统和安全”窗口中单击“系统”链接，打开如图 3-50 所示的“系统”窗口，可以查看本计算机的操作系统版本、处理器类型、内存容量等信息。

在“系统”窗口中单击“设备管理器”链接，打开如图 3-51 所示的“设备管理器”窗口。在窗口中单击每个项目左边的三角图标 ▷，即可查看本计算机处理器、网卡、显卡等设备型号的基本情况。

图3-50 “系统”窗口

图3-51 “设备管理器”窗口

2. 关于“自动更新”

Windows 自动更新是 Windows 操作系统的一项重要功能，也是微软为用户提供售后服务的重要手段之一。

在“系统和安全”窗口中单击“启用或禁止自动更新”链接，打开图 3-52 所示的窗口，用户可以根据需要在“重要更新”下拉列表框中选择安装更新的方法是自动安装更新、询问后决定是否更新或者是从不更新。

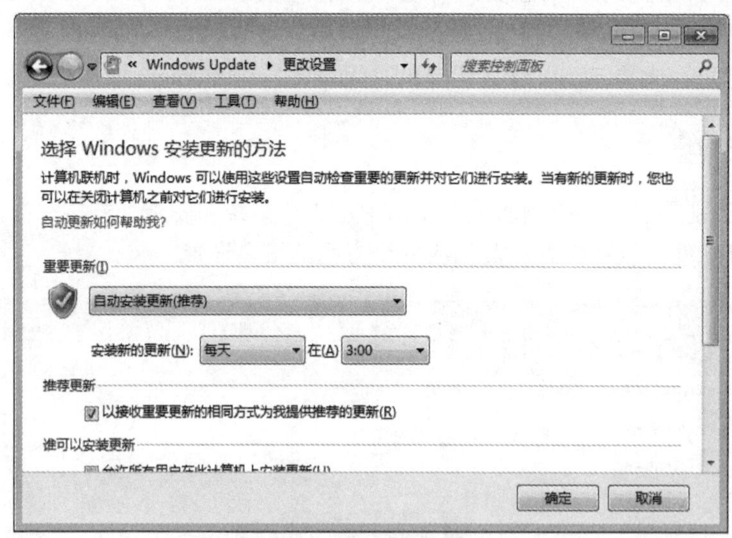

图3-52 选择Windows安装更新的方法

用户启用 Windows 自动更新选项后，计算机会自动从微软公司的网站上下载最新的修补系统漏洞的“补丁”程序，安装更新后，提升 Windows 的效能，使其变得更加安全。

3.3.4 账户管理

Windows 7 是一个多任务和多用户的操作系统，但在某一时刻只能有一个用户使用计算机，即计算机可以在不同的时刻供多人使用，因此，不同的人可创建不同的用户账户及密码。

在安装 Windows 时，系统首先自动创建一个名为“Administration”的账户，这是本机的管理员，是身份和权限最高的账户。Windows 7 中的用户账户有 3 种类型：系统管理员账户、标准账户、来宾账户。不同类型的用户账户，具有不同的权限。系统管理员账户可以看到所有用户的文件，标准账户和来宾账户则只能看到和修改自己创建的文件。

（1）系统管理员账户

系统管理员账户对计算机上的所有账户拥有完全访问权，可以安装程序并访问计算机上所有文件，对计算机进行系统范围内的更改。

（2）标准账户

标准账户不能安装程序或更改系统文件及设置，只能查看和修改自己创建的文件，更改或删除自己的密码，更改属于自己的图片、主题及“桌面”设置，查看共享文件夹中的文件。

（3）来宾账户

来宾账户专为那些没有用户账户的临时用户所设置，如果没有启用来宾账户，则不能使用来宾账户。

1. 创建用户账户

以管理员或者管理员组成员身份登录到计算机后，可以创建、更改和删除用户账户。其操作步骤如下：

① 在“控制面板”窗口中单击“用户账户和家庭安全”链接，打开图 3-53 所示的窗口，其中提供了用户账户、家长控制等方面的设置。

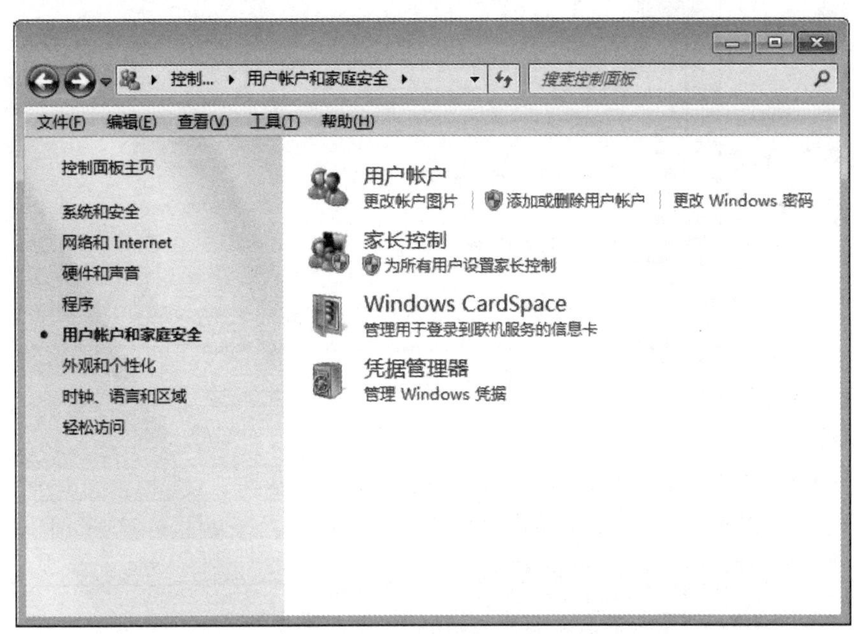

图3-53　“用户账户和家庭安全”窗口

② 在“用户账户和家庭安全”窗口中单击“添加或删除用户账户”链接，打开“管理账户”窗口，在窗口中单击“创建一个新账户”链接，打开“创建新账户”窗口。

③ 在“创建新账户”窗口中，输入新账户的名称，并且选择新账户的类型。例如，新建一个名为“rainbow”的标准用户，如图 3-54 所示。

④ 单击“创建账户”按钮，返回“管理账户”窗口，看到创建的新账户。

⑤ 单击“rainbow”标准用户，打开图 3-55 所示的“更改账户”窗口。

⑥ 单击“创建密码”，打开“创建密码”窗口，输入密码，如图 3-56 所示。单击“创建密码”按钮，即为该用户账户设置了密码。

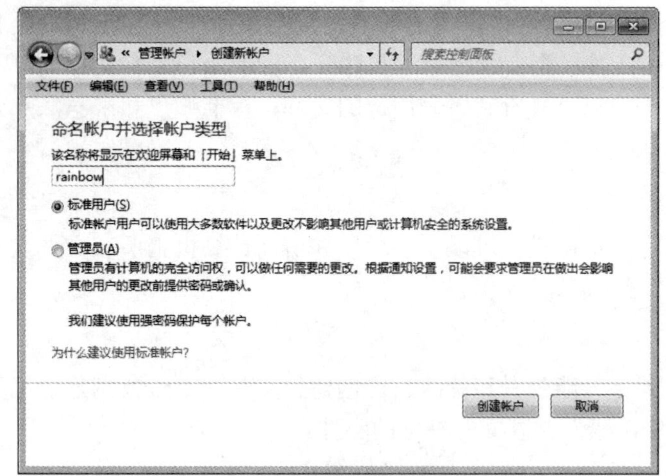

图3-54　创建新账户

图3-55　“更改账户”窗口

图3-56　“创建密码”窗口

2. 管理用户账户

管理员可以对计算机中的所有账户进行管理，其操作方法如下：

① 在“用户账户和家庭安全”窗口中单击“用户账户”链接，打开图 3-57 所示的“用户账户”窗口。

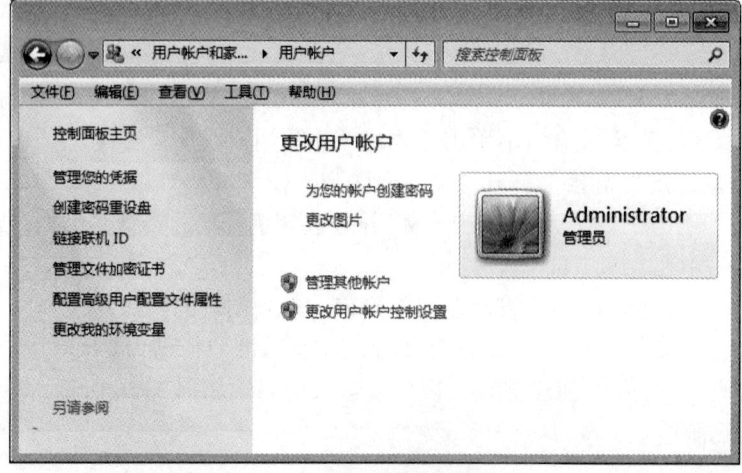

图3-57　“用户账户”窗口

② 在窗口中单击“为您的账户创建密码”链接，将打开“创建密码”窗口，为当前账户设置密码。单击“管理其他账户”链接，将打开“管理账户”窗口。

③ 选择要更改的账户，打开账户窗口。在该窗口中可以对账户进行更改账户名称、更改密码、删除密码、更改账户类型、删除账户等操作。

默认情况下，Guest 来宾账户是没有启用的，如果要启用来宾账户，则在“管理账户”窗口中单击“Guest”来宾账户，打开如图 3-58 所示的窗口，单击“启用”按钮即可。以后开机或者切换账户的时候，会出现可供 Guest 来宾账户登录的界面。

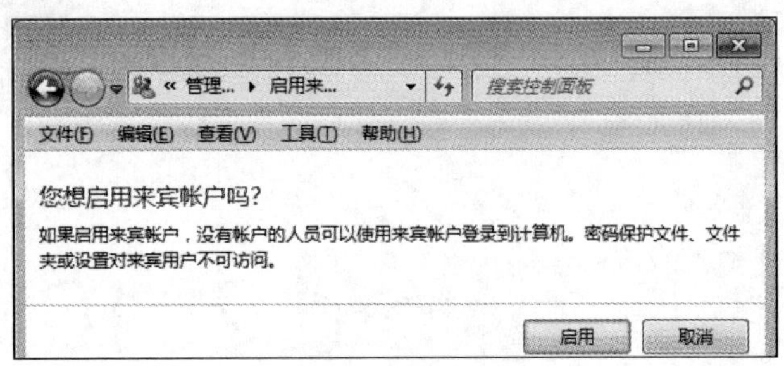

图3-58 启用来宾账户

在 Windows 7 中，所有用户账户可以在不关机的状态下随时登录。用户也可以同时在一台计算机上打开多个账户，并在打开的账户之间进行快速切换。

第 4 章

Word 2010 基础应用

文档基本操作 ——国旅公司简介	📖 新建和保存文档 📖 文本编辑 📖 字体和段落格式化 📖 项目符号、编号和多级列表 ★ 📖 首字下沉 📖 页面背景
表格基本操作 ——国旅公司招聘表	📖 文本转换成表格 📖 表格布局和表格设计 📖 插入控件 ★ 📖 计算数据 ★ 📖 表格排序 📖 图表制作及设置 📖 插入页码
图形图像基本操作 ——巴厘岛宣传册	📖 页面设置 📖 艺术字插入及设置 📖 图片插入及设置 ★ 📖 自选图形插入及设置 ★ 📖 文本框插入及设置 📖 文字简繁转换

注：各章首页知识点列表中带星号部分表示该章难点知识点，在学习和实践中需要特别注意。

4.1　文档基本操作——国旅公司简介

4.1.1　任务引导

引导任务卡见表 4-1。

表 4-1　引导任务卡

任务编号	4.1		
任务名称	国旅公司简介	计划课时	2 课时
任务目的	通过制作国旅公司简介文档，让学生了解 Word 文档编辑流程，使学生掌握 Word 文档的新建和保存，字体和段落的设置，项目符号和多级列表的使用，首字下沉及页面背景的设置		
任务实现流程	教师引导→讲解任务知识点→制作国旅公司简介→教师讲评→学生完成公司简介制作→难点解析→总结与提高		
配套素材导引	原始文件位置：大学计算机基础 \ 素材 \ 第 4 章 \ 任务 4.1 最终文件位置：大学计算机基础 \ 效果 \ 第 4 章 \ 任务 4.1		

任务分析：

由 Word 建立生成的文件称为 Word 文档，简称文档。文档是我们在日常生活中最常使用的文件。文档的操作流程一般是：首先，将文档的内容输入计算机中，即将一份书面文字转换成电子文档。其次，为了使文档的内容清晰、层次分明、重点突出，要对输入的内容进行格式编排。最后，要将编排完成后的文档保存在计算机中，以便今后查看。

本任务要求学生首先复制文本到 Word 文档中，然后完成字符、段落格式化，项目符号和编号的添加以及一些文档的特殊格式的设置，最后设置一些页面效果，使文档看起来美观大方。完成效果如图 4-1 所示。

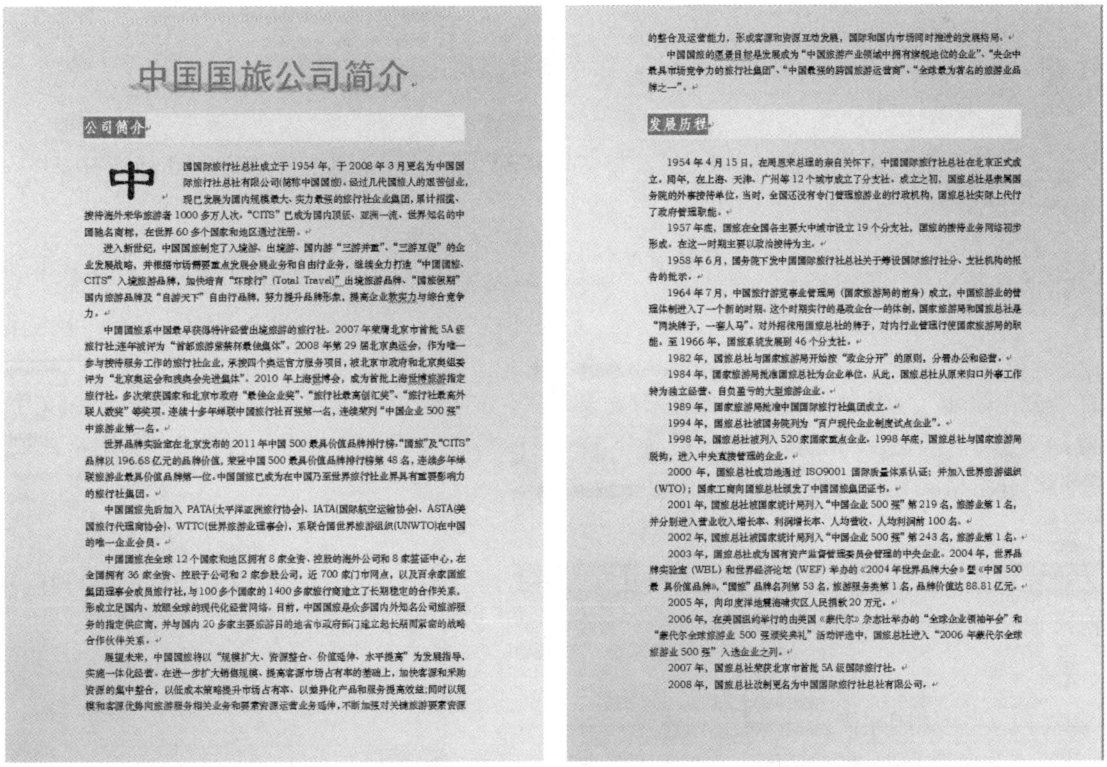
中国国旅公司简介

公司简介

中国国际旅行社总社成立于 1954 年，于 2008 年 3 月更名为中国国际旅行社总社有限公司(简称中国国旅)。经过几代国旅人的艰苦创业，现已发展为国内规模最大、实力最强的旅行社企业集团，累计招揽、接待海外来华旅游者 1000 多万人次。“CITS”已成为国内顶级、亚洲一流、世界知名的中国驰名商标，在世界 60 多个国家和地区通过注册。

进入新世纪，中国国旅制定了入境游、出境游、国内游“三游并重”、“三游互促”的企业发展战略，并根据市场需要重点发展会展业务和自由行业务，继续全力打造“中国国旅·CITS”入境旅游品牌，加快培育“环球行”(Total Travel)”出境旅游品牌、“国旅假期”国内旅游品牌及“自游天下”自由行品牌，努力提升品牌形象，提高企业软实力与综合竞争力。

中国国旅系中国最早获得特许经营出境旅游的旅行社。2007 年荣膺北京市首批 5A 级旅行社连年被评为“首都旅游紫禁杯最佳集体”。2008 年第 29 届北京奥运会，作为唯一参与接待服务工作的旅行社企业，承担四个奥运官方服务项目，被北京市政府和北京奥组委评为“北京奥运会和残奥会先进集体”。2010 年上海世博会，成为首批上海世博旅游指定旅行社。多次荣获国家和北京市政府“最佳企业奖”、“旅行社最高创汇奖”、“旅行社最高外联人数奖”等奖项。连续十多年蝉联中国旅行社百强第一名，连续荣列“中国企业 500 强”中旅游业第一名。

世界品牌实验室在北京发布的 2011 年中国 500 最具价值品牌排行榜，“国旅”及“CITS”品牌以 196.68 亿元的品牌价值，荣登中国 500 最具价值品牌排行榜第 48 名，连续多年蝉联旅游业最具价值品牌第一位。中国国旅已成为在中国乃至世界旅行社业界具有重要影响力的旅行社集团。

中国国旅先后加入 PATA(太平洋亚洲旅行协会)、IATA(国际航空运输协会)、ASTA(美国旅行代理商协会)、WTTC(世界旅游业理事会)，系联合国世界旅游组织(UNWTO)在中国的唯一企业会员。

中国国旅在全球 12 个国家和地区拥有 8 家全资、控股的海外公司和 8 家签证中心，在全国拥有 36 家全资、控股子公司和 2 家参股公司，近 700 家门市网点，以及百余家国旅集团理事会成员旅行社，与 100 多个国家的 1400 多家旅行商建立了长期稳定的合作关系，形成立足国内、放眼全球的现代化经营网络。目前，中国国旅是众多国内外知名公司旅游服务的指定供应商，并与国内 20 多家主要旅游目的地省市政府部门建立起长期而紧密的战略合作伙伴关系。

展望未来，中国国旅将以“规模扩大、资源整合、价值延伸、水平提高”为发展指导，实施一体化经营。在进一步扩大销售规模、提高客源市场占有率的基础上，加快客源和采购资源的集中整合，以低成本策略提升市场占有率、以差异化产品和服务提高效益;同时以规模和客源优势向旅游服务相关业务和要素资源运营业务延伸，不断加强对关键旅游要素资源的整合及运营能力，形成客源和资源互动发展，国际和国内市场同时推进的发展格局。

中国国旅的愿景目标是发展成为“中国旅游产业领域中拥有媒舰地位的企业”、“央企中最具市场竞争力的旅行社集团”、“中国最强的跨国旅游运营商”、“全球最为著名的旅游业品牌之一”。

发展历程

1954 年 4 月 15 日，在周恩来总理的亲自关怀下，中国国际旅行社总社在北京正式成立。同年，在上海、天津、广州等 12 个城市成立了分支社。成立之初，国旅总社是隶属国务院的外事接待单位。当时，全国还没有专门管理旅游业的行政机构，国旅总社实际上代行了政府管理职能。

1957 年底，国旅在全国各主要大中城市设立 19 个分支社，国旅的接待业务网络初步形成。在这一时期主要以政治接待为主。

1958 年 6 月，国务院下发中国国际旅行社总社关于筹设国际旅行社分、支社机构的报告的批示。

1964 年 7 月，中国旅行游览事业管理局（国家旅游局的前身）成立，中国旅游业的管理体制进入了一个新的时期。这个时期实行的是政企合一的体制，国家旅游局和国旅总社是“两块牌子，一套人马”。对外招徕用国旅总社的牌子，对内行业管理行使国家旅游局的职能。至 1966 年，国旅系统发展到 46 个分支社。

1982 年，国旅总社与国家旅游局开始按“政企分开”的原则，分署办公和经营。

1984 年，国家旅游局批准国旅总社为企业单位。从此，国旅总社从原来归口外事工作转为独立经营、自负盈亏的大型旅游企业。

1989 年，国家旅游局批准中国国际旅行社集团成立。

1994 年，国旅总社被国务院列为“百户现代企业制度试点企业”。

1998 年，国旅总社被列入 520 家国家重点企业。1998 年底，国旅总社与国家旅游局脱钩，进入中央直接管理的企业。

2000 年，国旅总社成功地通过 ISO9001 国际质量体系认证；并加入世界旅游组织（WTO）；国家工商向国旅总社颁发了中国国旅集团证书。

2001 年，国旅总社被国家统计局列入“中国企业 500 强”第 219 名，旅游业第 1 名，并分别进入营业收入增长率、利润增长率、人均营收、人均利润前 100 名。

2002 年，国旅总社被国家统计局列入“中国企业 500 强”第 243 名，旅游业第 1 名。

2003 年，国旅总社成为国有资产监督管理委员会管理的中央企业。2004 年，世界品牌实验室（WBL）和世界经济论坛（WEF）举办的《2004 年世界品牌大会》暨《中国 500 最具价值品牌》，“国旅”品牌名列第 53 名，旅游服务类第 1 名，品牌价值达 88.81 亿元。

2005 年，向印度洋地震海啸灾区人民捐款 20 万元。

2006 年，在美国纽约举行的由美国《财富》杂志社举办的“全球企业领袖年会”和“财富全球旅游业 500 强颁奖典礼”活动评选中，国旅总社进入“2006 年财富全球旅游业 500 强”入选企业之列。

2007 年，国旅总社荣获北京市首批 5A 级国际旅行社。

2008 年，国旅总社改制更名为中国国际旅行社总社有限公司。

图4-1　国旅简介效果图

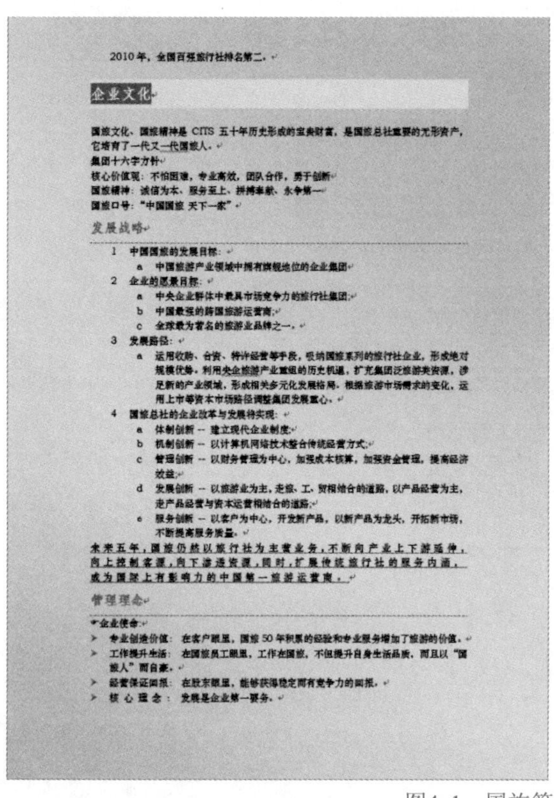

2010年，全国百强旅行社排名第二。

企业文化

国旅文化、国旅精神是 CITS 五十年历史形成的宝贵财富，是国旅总社重要的无形资产，它培育了一代又一代国旅人。

集团十六字方针

核心价值观：不怕困难，专业高效，团队合作，勇于创新

国旅精神：诚信为本、服务至上、拼搏奉献、永争第一

国旅口号："中国国旅 天下一家"

发展战略

1 中国国旅的发展目标：
 a 中国旅游产业领域中拥有旗舰地位的企业集团
2 企业的愿景目标：
 a 中央企业群体中最具市场竞争力的旅行社集团；
 b 中国最强的跨国旅游运营商；
 c 全球最为著名的旅游业品牌之一。
3 发展路径：
 a 运用收购、合资、特许经营等手段，吸纳国旅系列的旅行社企业，形成绝对规模优势，利用央企旅游产业重组的历史机遇，扩充集团泛旅游类资源，涉足新的产业领域，形成相关多元化发展格局。根据旅游市场需求的变化，运用上市等资本市场路径调整集团发展重心。
4 国旅总社的企业改革与发展将实现：
 a 体制创新 -- 建立现代企业制度；
 b 机制创新 -- 以计算机网络技术整合传统经营方式；
 c 管理创新 -- 以财务管理为中心，加强成本核算，加强资金管理，提高经济效益；
 d 发展创新 -- 以旅游业为主，走旅、工、贸相结合的道路，以产品经营为主，走产品经营与资本运营相结合的道路；
 e 服务创新 -- 以客户为中心，开发新产品，以新产品为龙头，开拓新市场，不断提高服务质量。

未来五年，国旅仍然以旅行社为主营业务，不断向产业上下游延伸，向上控制客源，向下渗透资源，同时，扩展传统旅行社的服务内涵，成为国际上有影响力的中国第一旅游运营商。

管理理念

企业使命：

- 专业创造价值：在客户眼里，国旅 50 年积累的经验和专业服务增加了旅游的价值。
- 工作提升生活：在国旅员工眼里，工作在国旅，不但提升自身生活品质，而且以"国旅人"而自豪。
- 经营保证回报：在股东眼里，能够获得稳定而有竞争力的回报。
- 核心理念：发展是企业第一要务。

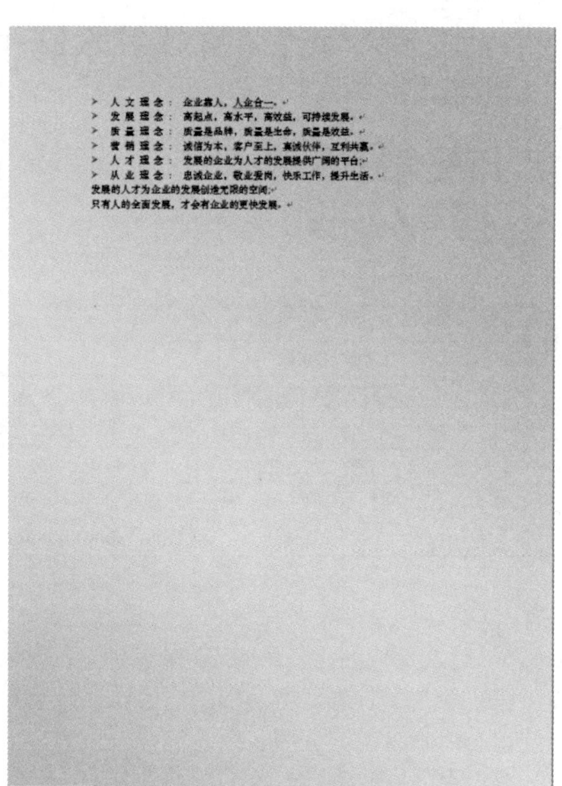

- 人文理念：企业靠人，人企合一。
- 发展理念：高起点，高水平，高效益，可持续发展。
- 质量理念：质量是品牌，质量是生命，质量是效益。
- 营销理念：诚信为本，客户至上，真诚伙伴，互利共赢。
- 人才理念：发展的企业为人才的发展提供广阔的平台；
- 从业理念：忠诚企业，敬业爱岗，快乐工作，提升生活。

发展的人才为企业的发展创造无限的空间；

只有人的全面发展，才会有企业的更快发展。

图4-1　国旅简介效果图（续）

4.1.2　任务步骤

1. 新建文档

新建文档，命名为"国旅公司简介 .docx"，保存到 D 盘所建立的文件夹中。

2. 打开并复制素材

在记事本中打开素材文件"素材 4-1.txt"，将文件复制到新建的"国旅公司简介 .docx"中。

3. 标题字体设置

设置标题"中国国旅公司简介"字体格式为"黑体"，小初号字，加粗，文本颜色：深蓝，文字 2，淡色 40%，阴影左上对角透视。

4. 突出显示字体设置

设置"公司简介"字体格式为"华文仿宋"，三号字，加粗，字体颜色：白色背景 1，添加文字底纹颜色为深蓝，文字 2，淡色 40%。设置"公司简介"所在段落底纹颜色为茶色，背景 2。利用格式刷复制第一段"公司简介"格式到文字"发展历程"，"企业文化"。

5. 其他字体设置

将未设置字体格式的其他文字设置为华文中宋，五号字。为"未来五年，国旅仍然以旅行社……"所在的段落添加红色的单下划线，字体间距加宽 2 磅。

6. 段落设置

① 第 1 段（"中国国旅简介"）居中对齐。

② 设置"公司简介"，"发展历程"，"公司理念"三段文字段前段后各 1 行。

③ 设置第 3 ～ 10 段（文字内容为"中国国际旅行社总社成立于 1954 年，……"至"全球最为著名的旅游业品牌之一"。）以及第 12 ～ 29 段（文字内容为"1954 年 4 月 15 日，……"至"2010 年，全国百强

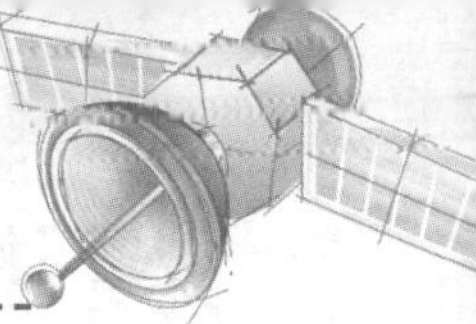

旅行社排名第二。”），首行缩进 0.74 厘米，1.1 倍行距。

7. 段落移动

将文档的最后一行文本移动到“发展的人才为企业的发展创造无限的空间；”段落前。

8. 添加下框线

设置文字“发展战略”和“管理理念”字体格式“华文仿宋”，四号字，加粗，颜色为深蓝，文字 2，淡色 40%。并给这两处文字所在段落添加下框线，样式为虚线（第三种样式）；颜色为“深蓝，文字 2，淡色 40%”；1 磅。

9. 多级符号设置

为“发展战略”下的文字“中国国旅的发展目标：……不断提高服务质量。”添加多级符号。要求 1 级符号编号样式为“1,2,3,…”；编号对齐方式：左对齐；对齐位置：0.8 厘米；文本缩进位置：1.5 厘米；2 级符号编号样式为“a,b,c,…”；编号对齐方式：左对齐；对齐位置：1.8 厘米；文本缩进位置：2.5 厘米。

10. 插入符号和项目符号

在文字“企业使命”前插入符号，字体为 Wingdings，字符代码 70。为段落“专业创造价值：……从业理念：忠诚企业，敬业爱岗，快乐工作，提升生活。”添加项目符号，字体为 Wingdings，字符代码为 216，颜色为红色，强调文字颜色 2。

11. 首字下沉

设置第三段（“中国国际旅行社总社成立于 1954 年，……”）首字下沉 3 行，字体隶书，距离正文 0.8 厘米。

12. 文档背景设置

设置文档背景为双色填充。颜色 1：深蓝，文字 2，淡色 80%；颜色 2：茶色，背景 2；底纹样式：斜下。

4.1.3 任务实施

1. 新建文档

新建文档，命名为“国旅公司简介 .docx”，保存到 D 盘所建立的文件夹中。

① 启动 Word：单击“开始”|“所有程序”|“Microsoft Office”|“Microsoft Word 2010”命令，启动 Microsoft Word 2010。

② 单击快速访问工具栏中的“保存”按钮，弹出“另存为”对话框。

③ 在左边导航窗格选择需要保存的文件夹，并输入文件名为“国旅公司简介”，单击“保存”按钮，将当前文档保存为“国旅公司简介 .docx”。

2. 打开并复制素材

在记事本中打开素材文件“素材 4-1.txt”，将文件内容复制到新建的“国旅招聘简介 .docx”中。

① 双击打开“素材 4-1.txt”，用鼠标拖动选择全部文字内容或按【Ctrl+A】组合键全选文档，右击，在快捷菜单中选中“复制”命令。

② 在“国旅公司简介”文档中右击，选中“粘贴”命令。关闭打开的“素材 4-1.txt”，完成文档内容的复制。

3. 标题字体设置

设置标题“中国国旅公司简介”字体格式为“黑体”，小初号字，加粗，文本颜色：深蓝，文字 2，淡色 40%，阴影左上对角透视。

① 选择文字“中国国旅公司简介”，单击“开始”选项卡“字体”组“字体”下拉列表中的“黑体”；在“字

号”下拉列表框中选择“小初”；在“字体”组中单击“加粗”按钮。在“字体颜色”下拉列表中选择“深蓝，文字 2，淡色 40%”，如图 4-2 所示。

② 在“字体”组“文本效果”下拉列表中选择“阴影”命令中的“左上对角透视”，如图 4-3 所示。

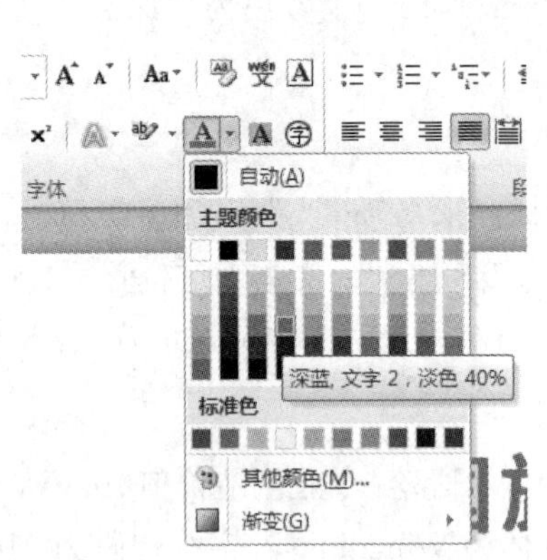

图4-2　在“字体”组中设置字体格式

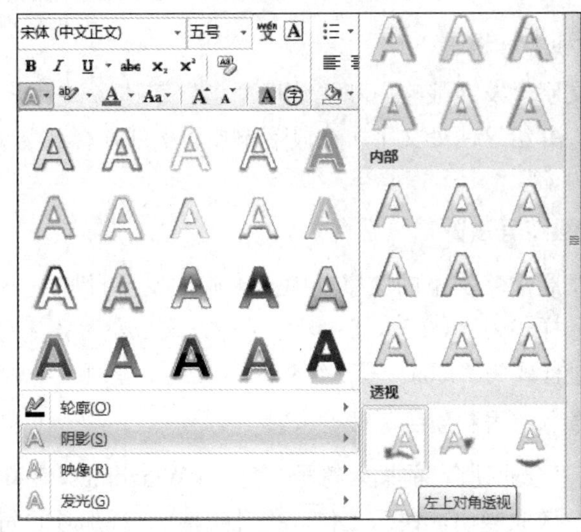

图4-3　字体效果设置

4．突出显示字体设置

设置“公司简介”字体格式为“华文仿宋”，三号字，加粗，字体颜色：白色，背景 1，添加文字底纹颜色为深蓝，文字 2，淡色 40%。设置“公司简介”所在段落底纹颜色为茶色，背景 2。利用格式刷复制第一段“公司简介”格式到文字“发展历程”和“企业文化”。

① 选中文字“公司简介”，单击“开始”选项卡“字体”组的“字体”下三角按钮，选择“华文仿宋”；在“字号”下拉列表框中选择“三号”，同时在“字体”组中单击“加粗”按钮，或者右击，在快捷菜单中的“字体”命令中设置。（设置方法也可参照第 3 题中的步骤①）

② 单击“段落”组的“下框线”下三角按钮，选择“边框和底纹”命令，打开“边框和底纹”对话框，单击“底纹”选项卡，在“应用于”下拉列表框中选择“文字”选项，填充颜色选择“深蓝，文字 2，淡色 40%”，单击“确定”按钮，完成字体设置，如图 4-4 所示。

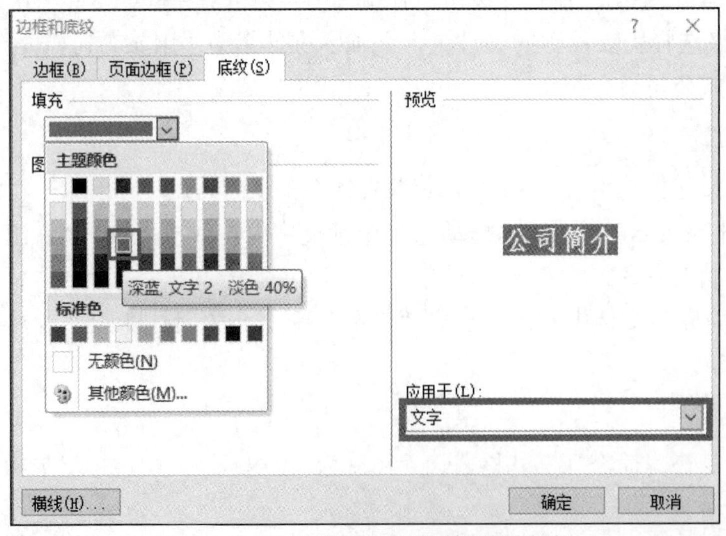

图4-4　“边框和底纹”对话框设置文字

③ 重复第②步操作，再打开“边框和底纹”对话框，在“应用于”下拉列表框中选择“段落”，填充颜色选择“茶色，背景 2”，单击“确定”按钮，完成段落底纹设置，如图 4-5 所示。

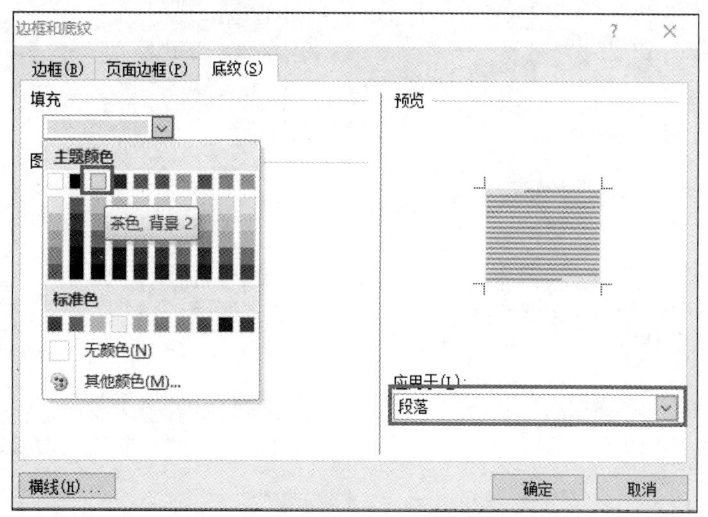

图4-5 “边框和底纹”对话框设置段落

④ 选中“公司简介”所在的段落，双击“开始”选项卡“剪贴板”组的“格式刷”按钮 格式刷，鼠标变成刷子形态后，拖动鼠标分别选择文字“发展历程”和“企业文化”，将格式复制到文字上。

5. 其他字体设置

将未设置字体格式的其他字体设置为华文中宋，五号字。为“未来五年，……”所在的段落添加红色的单下划线，字体间距加宽 2 磅。操作步骤如下：

① 选中没有设置过的其他字体后，单击“开始”选项卡“字体”组的“字体”下三角按钮，选择“华文中宋”，单击“字号”下三角按钮，选择“五号”。

② 利用查找命令，找到文字“未来五年”所在的段落。单击“开始”选项卡“编辑”组的“查找”按钮，文档左侧弹出“导航”窗格。在导航窗格的文本框内输入“未来五年”，窗格内显示查找到 1 个结果，同时在文档中系统会用黄色突出显示查找到的 1 个结果，如图 4-6 所示。

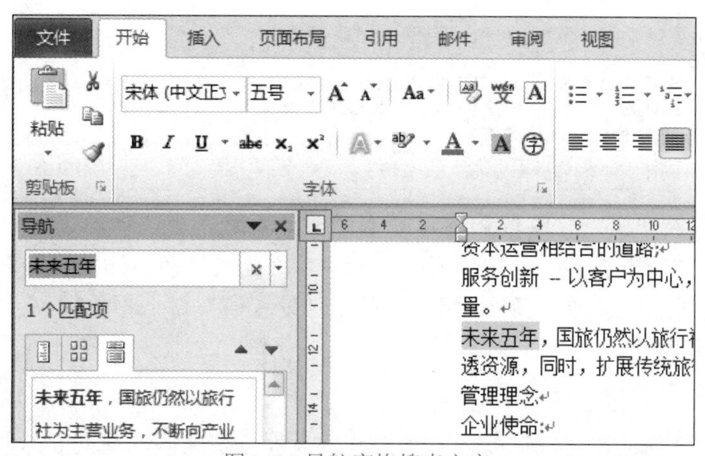

图4-6 导航窗格搜索文字

③ 选中“未来五年”所在的段落，单击“开始”选项卡“字体”组的对话框启动器按钮，打开“字体”对话框。或右击，在快捷菜单中选择“字体”命令，打开“字体”对话框。在对话框中设置：单下划线，下划线颜色为：标准色红色，如图 4-7 所示。单击“高级”选项卡，设置间距：加宽，磅值：2 磅，单击“确定”按钮完成字体设置，如图 4-8 所示。完成后的效果如图 4-9 所示。

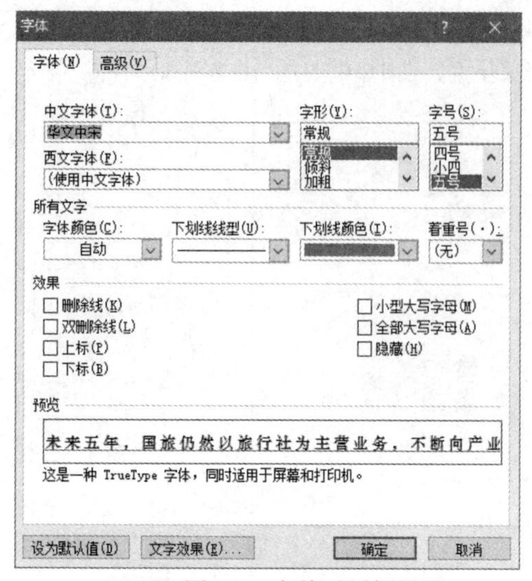

图4-7　字体对话框设置

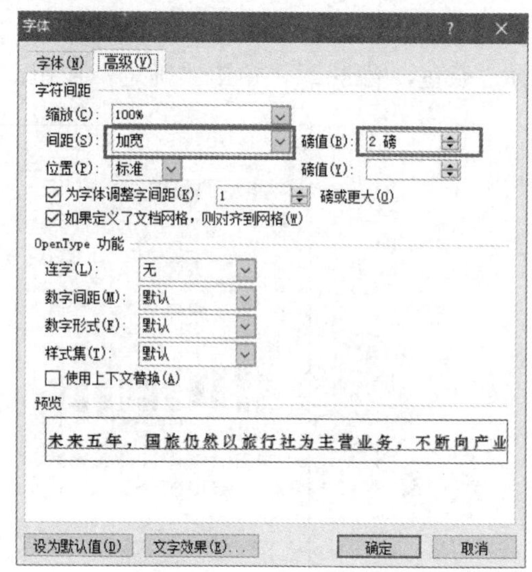

图4-8　字体高级设置

6. 段落设置

① 第 1 段（“中国国旅简介”）居中对齐。

② 设置“公司简介”“发展历程”“公司理念”三段文字段前段后各 1 行。

③ 设置第 3 ～ 10 段（文字内容为“中国国际旅行社总社成立于 1954 年”至“全球最为著名的旅游业品牌之一”。）以及第 12 ～ 29 段（文字内容为“1954 年 4 月 15 日”至“2010 年，全国百强旅行社排名第二。”），首行缩进 0.74 厘米，1.1 倍行距。

具体操作步骤如下：

① 选中第 1 段（“中国国旅简介”），单击“开始”选项卡的“段落”组中的“居中”按钮，完成居中操作，如图 4-10 所示。

② 选中“公司简介”后按住【Ctrl】键不放，再选中“公司历程”和“企业文化”，单击“开始”选项卡“段落”组的对话框启动器按钮，打开“段落”对话框。在“段落”对话框中设置间距：段前 1 行，段后 1 行。如图 4-11 所示。

服务创新 — 以客户为中心，开发新产品，以新产品为龙头，开拓新市场，不断提高服务质量。
未来五年，国旅仍然以旅行社为主营业务，不断向产业上下游延伸，向上控制客源，向下渗透资源，同时，扩展传统旅行社的服务内涵，成为国际上有影响力的中国第一旅游运营商。

图4-9　下划线设置后效果图

图4-10　段落居中设置

③ 选中第 3 ～ 10 段及第 12 ～ 29 段内容，单击“开始”选项卡“段落”组中的对话框启动器按钮，打开“段落”对话框。在“特殊格式”下拉列表中选择“首行缩进”，在右侧的“磅值”微调框中输入“0.74 厘米”；在“行距”下拉列表中选择“多倍行距”，右侧“设置值”微调框中输入“1.1”，按“确定”按钮完成设置，如图 4-12 所示。

7. 段落移动

将文档的最后一行文本移动到“发展的人才为企业的发展创造无限的空间；”段落前。

① 将光标定位到“从业理念……”段落中的任意位置，三击鼠标左键，选定整段。或将鼠标指针移动到该段落的左侧空白区域，鼠标指针变成右倾斜的空心箭头，双击左键，也可选定段落。

② 按【Ctrl+X】组合键剪切文本，将光标定位到“发展的人才为……”段落前面，再按【Ctrl+V】组合键，粘贴文本段落。

也可以直接选择段落拖动到目标段落前完成段落的移动。

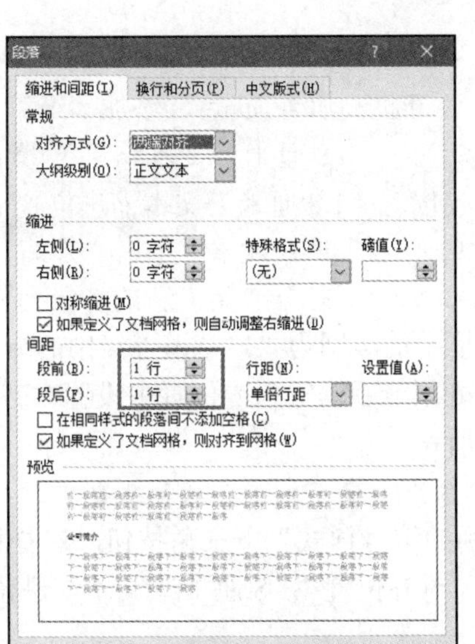

图4-11 段落格式化1

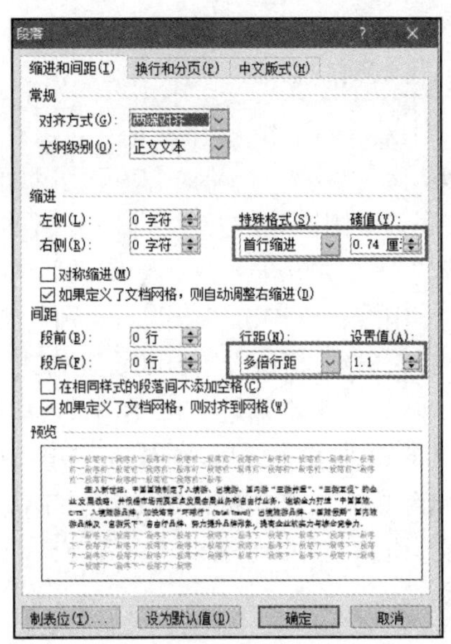

图4-12 段落格式化2

8. 添加下框线

设置文字“发展战略”和“管理理念”字体格式为“华文仿宋”，四号字，加粗，颜色为深蓝，文字 2，淡色 40%；并给这两处文字所在段落添加下框线，样式为虚线（第三种样式），颜色为“深蓝，文字 2，淡色 40%”；1 磅。

① 选中“发展战略”，在按【Ctrl】键的同时选中“管理理念”，单击“开始”选项卡“字体”组的“字体”下三角按钮，选择“华文仿宋”；单击“字号”下三角按钮，选择“四号”；单击“加粗”按钮；再单击“字体颜色”下三角按钮，选择“深蓝，文字 2，淡色 40%”。

② 单击“段落”组中的“下框线”下三角按钮的“边框和底纹”命令，打开“边框和底纹”对话框，单击“边框”选项卡，在“应用于”下拉列表框中选择“段落”；“样式”列表框中选择“虚线”（第三种样式）；颜色选择“深蓝，文字 2，淡色 40%”，“宽度”选择“1.0 磅”；在“预览”组中单击上、左、右边框，取消这些边框设置，只保留下边框，效果如图 4-13 所示，单击“确定”按钮，完成字体设置。效果如图 4-14 所示。

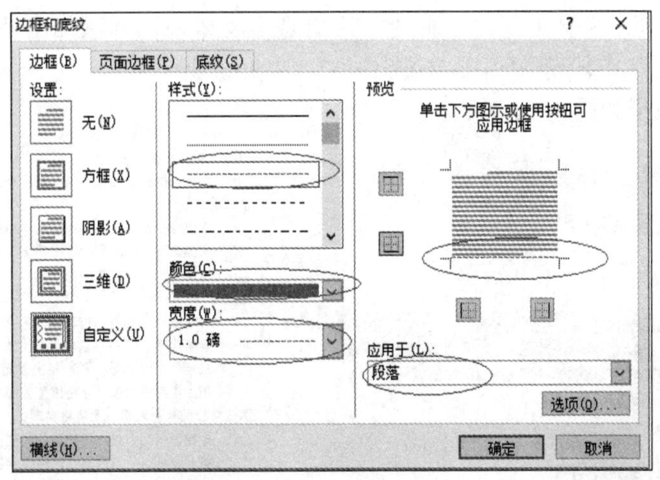

图4-13 设置段落下边框

发展战略

中国国旅的发展目：

图4-14 设置段落下边框效果

9. 多级符号设置

为“发展战略”下的文字“中国国旅的发展目标……不断提高服务质量。”添加多级符号。要求1级符号编号样式为“1,2,3,…”；编号对齐方式：左对齐；对齐位置：0.8厘米；文本缩进位置：1.5厘米；2级符号编号样式为“a,b,c,…”；编号对齐方式：左对齐；对齐位置：1.8厘米；文本缩进位置：2.5厘米。

① 选择文字“中国国旅的发展目标……不断提高服务质量。”所在段落，单击“开始”选项卡“段落”组的“多级列表”下三角按钮，选择“定义新的多级列表”命令，打开“定义新的多级列表”对话框。

② 在对话框中选择“单击要修改的级别”文本列表框中的级别为“1”，设置级别的编号样式是“1,2,3…”,此时在“输入编号的格式”中自动设置格式“1”（此处不能手动输入）,位置中设置对齐方式“左对齐”，对齐位置“0.8厘米”，文本缩进“1.5厘米”，如图4-15所示。

③ 1级编号格式设置完成后，继续在“单击要修改的级别”文本列表中选择级别“2”。在“编号格式”选项组中，先删除原来的文本框内容；然后单击“此级别的编号样式”下三角按钮，选择样式“a,b,c…”；最后，在“位置”选项组中，分别设置对齐方式“左对齐”，对齐位置“1.8厘米”，文本缩进位置“2.5厘米”，如图4-16所示。

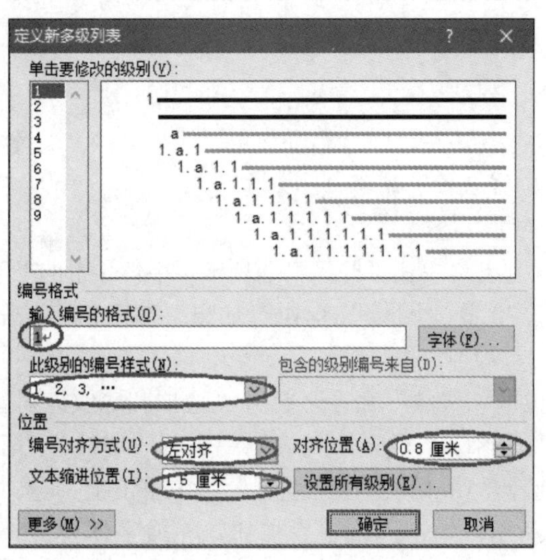

图4-15　设置1级编号格式

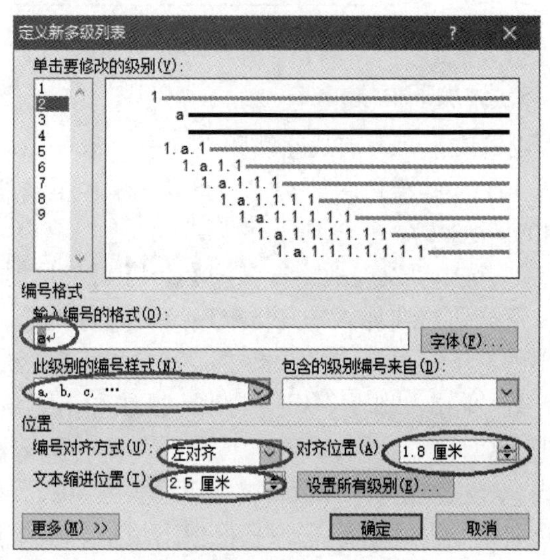

图4-16　设置2级编号格式

④ 单击“确定”按钮，关闭对话框。此时，所有选定文本前面都添加了罗马数字编号。利用【Ctrl】键选中需要添加2级编号所有段落（“中国旅游……”“中央企业……”），如图4-17所示。再按【Tab】键设置2级编号，完成后效果如图4-18所示。

2 中国旅游产业领域中拥有旗舰地位的企业集团
3 企业的愿景目标：
4 中央企业群体中最具市场竞争力的旅行社集团;
5 中国最强的跨国旅游运营商;
6 全球最为著名的旅游业品牌之一。
7 发展路径：
8 运用收购、合资、特许经营等手段，吸纳国旅系列的旅行社企业，形成绝对规模优势。利用央企旅游产业重组的历史机遇，扩充集团泛旅游类资源，涉足新的产业领域，形成相关多元化发展格局。根据旅游市场需求的变化，运用上市等资本市场路径调整集团发展重心。
9 国旅总社的企业改革与发展将实现：
10 体制创新 — 建立现代企业制度;
11 机制创新 — 以计算机网络技术整合传统经营方式;
12 管理创新 — 以财务管理为中心，加强成本核算，加强资金管理，提高经济效益;
13 发展创新 — 以旅游业为主，走旅、工、贸相结合的道路，以产品经营为主，走产品经营与资本运营相结合的道路;
14 服务创新 — 以客户为中心，开发新产品，以新产品为龙头，开拓新市场，不断提高服务质量。

图4-17　选择2级编号文本

1 中国国旅的发展目标：
  a 中国旅游产业领域中拥有旗舰地位的企业集团
2 企业的愿景目标：
  a 中央企业群体中最具市场竞争力的旅行社集团;
  b 中国最强的跨国旅游运营商;
  c 全球最为著名的旅游业品牌之一。
3 发展路径：
  a 运用收购、合资、特许经营等手段，吸纳国旅系列的旅行社企业，形成绝对规模优势。利用央企旅游产业重组的历史机遇，扩充集团泛旅游类资源，涉足新的产业领域，形成相关多元化发展格局。根据旅游市场需求的变化，运用上市等资本市场路径调整集团发展重心。
4 国旅总社的企业改革与发展将实现：
  a 体制创新 — 建立现代企业制度;
  b 机制创新 — 以计算机网络技术整合传统经营方式;
  c 管理创新 — 以财务管理为中心，加强成本核算，加强资金管理，提高经济效益;
  d 发展创新 — 以旅游业为主，走旅、工、贸相结合的道路，以产品经营为主，走产品经营与资本运营相结合的道路;
  e 服务创新 — 以客户为中心，开发新产品，以新产品为龙头，开拓新市场，不断提高服务质量。

图4-18　多级符号设置效果

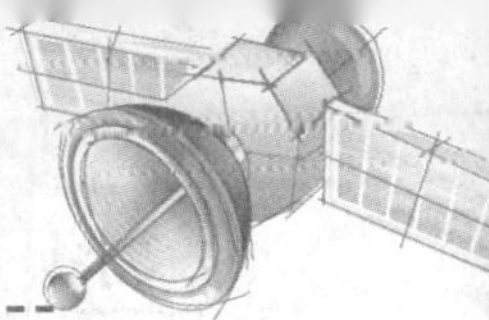

10. 插入符号和项目符号

在文字“企业使命”前插入符号，字体为 Wingdings，字符代码 70；为段落“专业创造价值……从业理念：忠诚企业，敬业爱岗，快乐工作，提升生活。”添加项目符号，字体为 Wingdings，字符代码为 216，颜色为红色，强调文字颜色 2。

① 将光标定位在文字“企业使命前”，单击“插入”选项卡“符号”组的“符号”下三角按钮，在弹出的菜单中选择“其他符号”命令，如图 4-19 所示，打开“符号”对话框。

② 在“符号”对话框中，选择“符号”选项卡，单击“字体”右侧的下三角按钮，在下拉列表框中选择“Wingdings”，在“字符代码（C）”中输入“70”，如图 4-20 所示，单击“插入”按钮完成符号的插入。效果如图 4-21 所示。

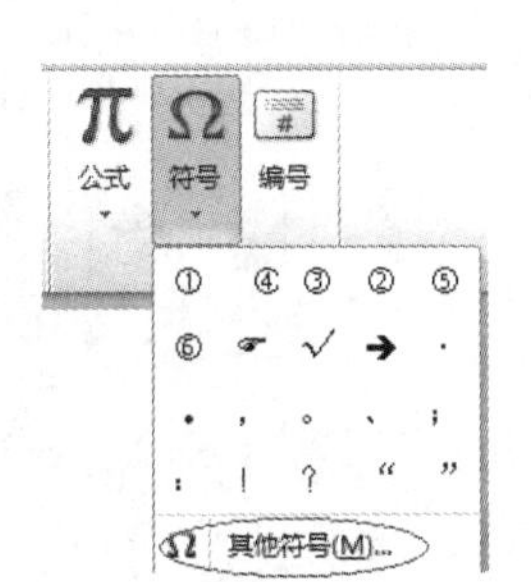

图4-19 插入符号下拉列表

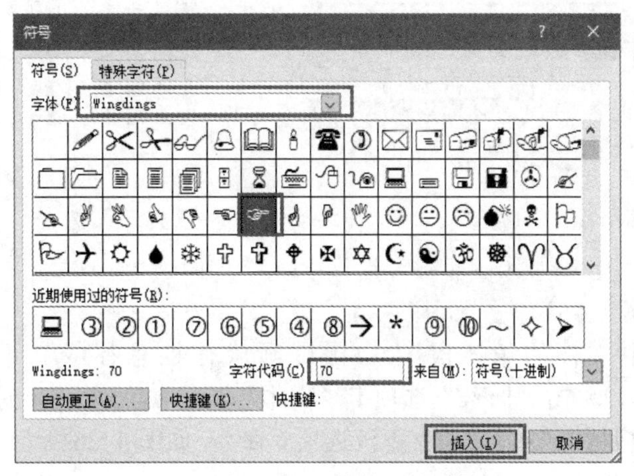

图4-20 “符号”对话框

☞企业使命:

专业创造价值：　在客户眼里，国旅 50 年积累的经验和专业服务增加了旅游的价值。

图4-21 插入符号效果

③ 选中文字“专业创造价值……从业理念：忠诚企业，敬业爱岗，快乐工作，提升生活。”的段落内容。单击“开始”选项卡“段落”组“项目符号”右侧的下三角按钮，选择“定义新项目符号”命令，如图 4-22 所示。打开“定义新符号”对话框，如图 4-23 所示。

图4-22 项目符号下拉列表

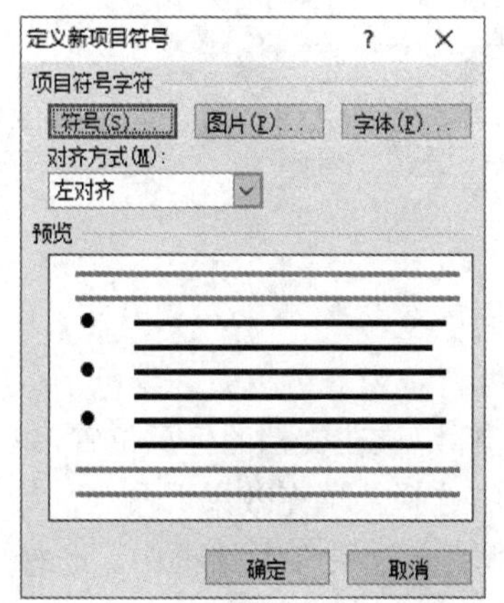

图4-23 “定义新项目符号”对话框

④ 在“定义新项目符号”对话框中，单击“符号”按钮，打开“符号”对话框。选择字体“Wingdings”，在“字符代码”文本框中输入“216”，如图 4-24 所示，按“确定”按钮回到“定义新符号”对话框处。

⑤ 在“定义新项目符号”对话框中，单击“字体”按钮，在“字体”对话框中设置字体颜色为红色，强调颜色 2。

⑥ 单击“确定”按钮，关闭“定义新项目符号”对话框，完成效果如图 4-25 所示。

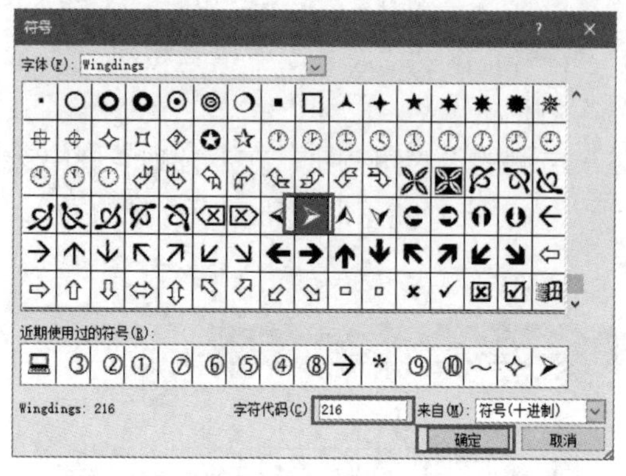

图4-24 “符号”对话框设置

管理理念

☞企业使命:

➢ 专业创造价值： 在客户眼里，国旅 50 年积累的经验和专业服务增加了旅游的价值。
➢ 工作提升生活： 在国旅员工眼里，工作在国旅，不但提升自身生活品质，而且以“国旅人”而自豪。
➢ 经营保证回报： 在股东眼里，能够获得稳定而有竞争力的回报。
➢ 核 心 理 念： 发展是企业第一要务。
➢ 人 文 理 念： 企业靠人，人企合一。
➢ 发 展 理 念： 高起点，高水平，高效益，可持续发展。
➢ 质 量 理 念： 质量是品牌，质量是生命，质量是效益。
➢ 营 销 理 念： 诚信为本，客户至上，真诚伙伴，互利共赢。
➢ 人 才 理 念： 发展的企业为人才的发展提供广阔的平台;
➢ 从 业 理 念： 忠诚企业，敬业爱岗，快乐工作，提升生活。

图4-25 项目符号设置效果图

11. 首字下沉

设置第三段（“中国国际旅行社总社成立于 1954 年……”）首字下沉 3 行，字体隶书，距离正文 0.8 厘米。

① 选中文档的第三段（“中国国际旅行社总社成立于 1954 年，……”）文本，单击“插入”选项卡“文本”组中的“首字下沉”下三角按钮，在下拉列表中选择“首字下沉选项”命令，如图 4-26 所示，打开“首字下沉”对话框。

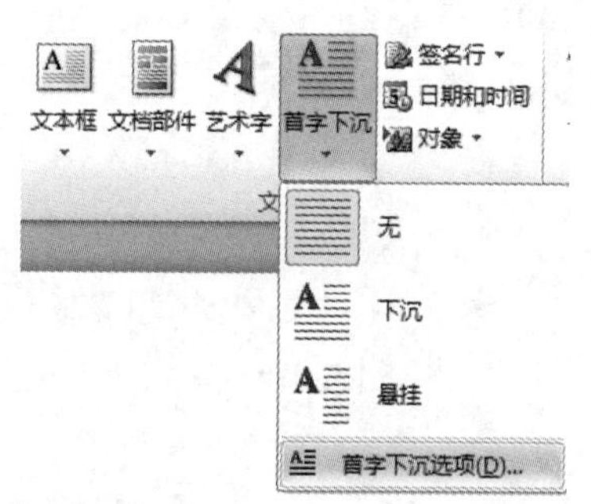

图4-26 “首字下沉”下拉列表

② 在“首字下沉”对话框的“位置”选项组中选择“下沉”，在“选项”组中，设置字体“隶书”、下沉行数“3”，距正文“0.8 厘米”，如图 4-27 所示。按“确定”按钮完成设置，效果如图 4-28 所示。

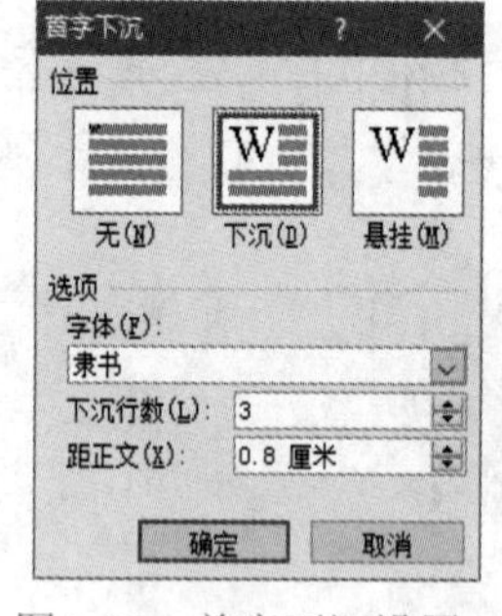

图4-27 首字下沉设置

中 国国际旅行社总社成立于 1954 年，于 2008 年 3 月更名为中国国际旅行社总社有限公司(简称中国国旅)。经过几代国旅人的艰苦创业，现已发展为国内规模最大、实力最强的旅行社企业集团，累计招揽、接待海外来华旅游者 1000 多万人次。“CITS”已成为国内顶级、亚洲一流、世界知名的中国驰名商标，在世界 60 多个国家和地区通过注册。

图4-28 首字下沉完成效果图

12. 文档背景设置

设置文档背景为双色填充。颜色 1：深蓝，文字 2，淡色 80%；颜色 2：茶色，背景 2；底纹样式：斜下。

① 将光标定位在文档的任意位置，单击“页面布局”选项卡“页面背景”组的“页面颜色”下三角按钮，在下拉列表中选择“填充效果”命令，如图 4-29 所示，打开“填充效果”对话框，如图 4-30 所示。

② 在“填充效果”对话框中，选择“渐变”选项卡，在“颜色”组中选择“双色”，单击“颜色 1”下三角按钮设置颜色“深蓝，文字 2，淡色 80%”；单击“颜色 2”下三角按钮，设置颜色为“茶色，背景 2”。在“底纹样式”选项组中选择“斜下”单选按钮，如图 4-30 所示。单击“确定”按钮，关闭对话框。

③ 单击“保存”按钮，保存文档。或者按【Ctrl+S】组合键保存文档。

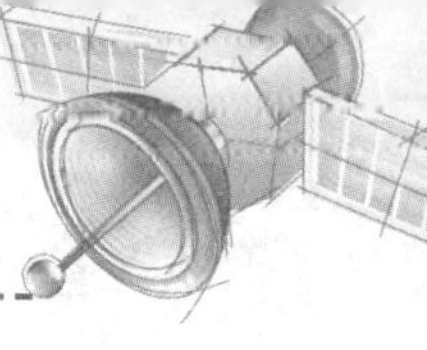

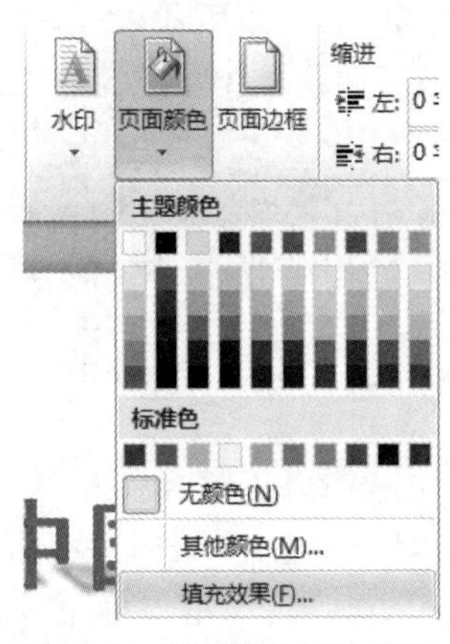

图4-29 页面颜色下拉列表

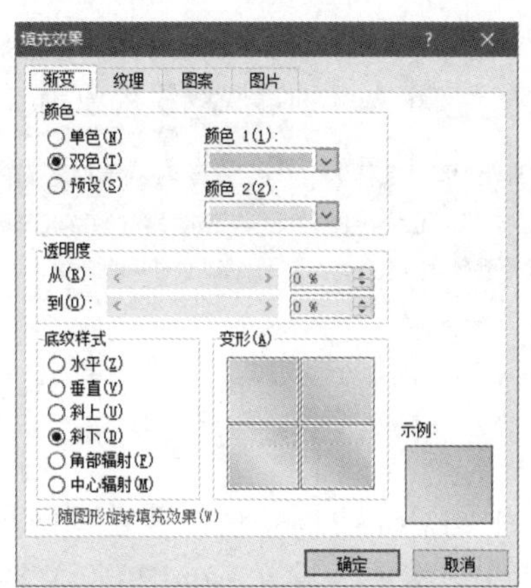

图4-30 “填充效果”对话框

4.1.4 难点解析

通过本节课程的学习，学生掌握了 Word 文档的新建和保存，字体和段落的格式化，项目符号、编号和多级列表的使用，首字下沉及页面背景的设置。其中，边框和底纹、项目符号、编号及多级列表是本节的难点内容，这里将针对这些操作进行讲解。

1. 边框和底纹

在 Word 文档中，可以通过添加边框来将文本与文档中的其他部分区分开来，也可以通过应用底纹来突出显示文本。用户为选定文本添加边框和底纹，可起到强调和突出的作用。不仅可以为文字、一段或整篇文档添加边框和底纹，还可以为表格或一个单元格添加边框和底纹。另外边框和底纹在“页面视图”“打印预览视图”以及打印出来的页上均可见。

其设置方法为：单击“开始”选项卡“段落”组的“下框线”下拉按钮，选择“边框和底纹”对话框（见图 4-31）。按用户需要可以分别在“边框”“页面边框”“底纹”等选项组中进行设置。

（1）文本的边框和底纹

文本的边框和底纹可以很好地凸显效果，但由于应用于文字和应用于段落的效果不同，如果我们在设置中选择应用于文字，则边框和底纹的效果应用到选中段落中各个字符行的周围，而不是应用到整个段落周围。相反如果我们选择应用于段落，则边框和底纹的效果应用到整个段落中。如果要取消边框和底纹，只需要选择对应样式的“无”命令。

① 如果选择“文字”选项，那么 Word 将会把边框应用到选中段落中各个字符行的周围，而不是应用到整个段落周围。如图 4-32 所示。

② 如果选择“段落”选项，选中该项后 Word 就会把边框应用到整个段落中。效果如图 4-33 所示。

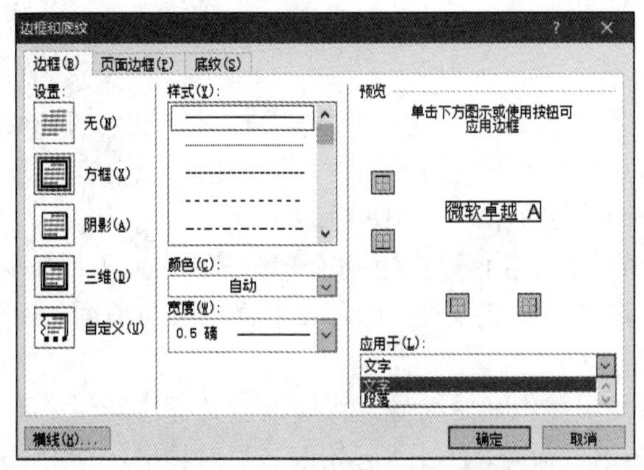

图4-31 “边框和底纹”对话框

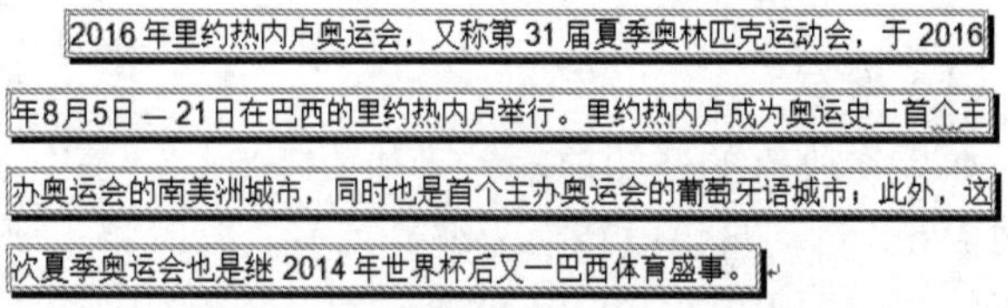

2016 年里约热内卢奥运会，又称第 31 届夏季奥林匹克运动会，于 2016
年8月5日—21日在巴西的里约热内卢举行。里约热内卢成为奥运史上首个主
办奥运会的南美洲城市，同时也是首个主办奥运会的葡萄牙语城市；此外，这
次夏季奥运会也是继 2014 年世界杯后又一巴西体育盛事。

图4-32 应用于“文字”边框效果

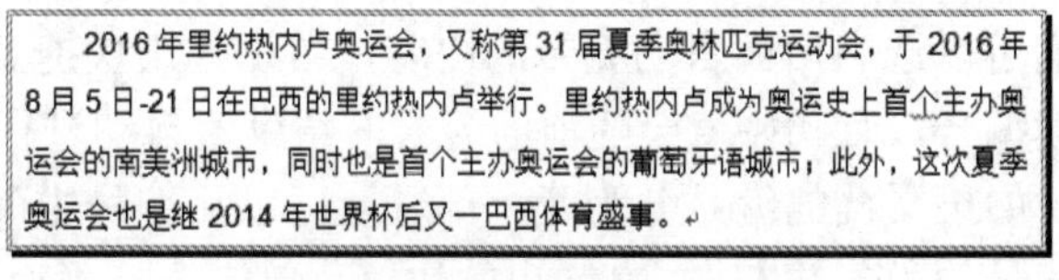

2016 年里约热内卢奥运会，又称第 31 届夏季奥林匹克运动会，于 2016 年 8 月 5 日-21 日在巴西的里约热内卢举行。里约热内卢成为奥运史上首个主办奥运会的南美洲城市，同时也是首个主办奥运会的葡萄牙语城市；此外，这次夏季奥运会也是继 2014 年世界杯后又一巴西体育盛事。

图4-33 应用于“段落”边框效果

③ 如果选择“段落”选项，则底纹应用于整个段落，设置后效果如图 4-34 所示。

④ 如果选择“文字”选项，底纹仅仅应用于选取字符，设置后效果如图 4-35 所示。

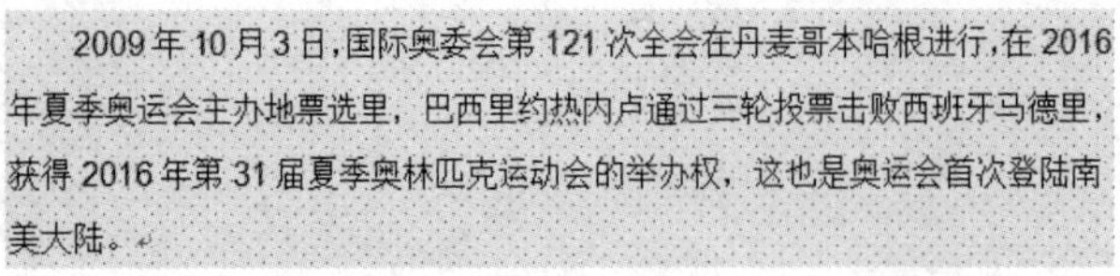

2009 年 10 月 3 日，国际奥委会第 121 次全会在丹麦哥本哈根进行，在 2016 年夏季奥运会主办地票选里，巴西里约热内卢通过三轮投票击败西班牙马德里，获得 2016 年第 31 届夏季奥林匹克运动会的举办权，这也是奥运会首次登陆南美大陆。

图4-34　应用于“段落”底纹效果

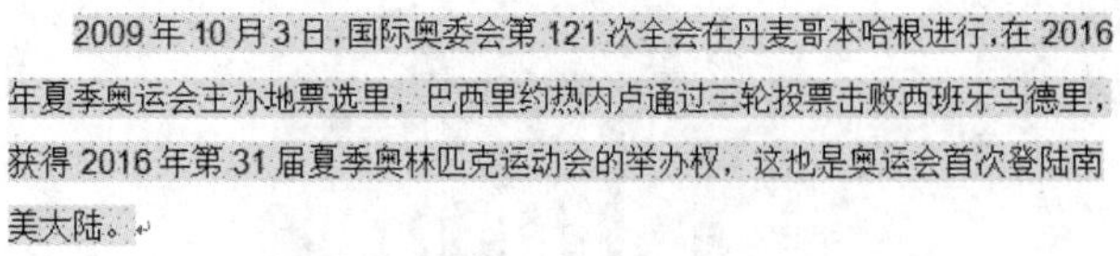

2009 年 10 月 3 日，国际奥委会第 121 次全会在丹麦哥本哈根进行，在 2016 年夏季奥运会主办地票选里，巴西里约热内卢通过三轮投票击败西班牙马德里，获得 2016 年第 31 届夏季奥林匹克运动会的举办权，这也是奥运会首次登陆南美大陆。

图4-35　应用于“文字”底纹效果

（2）页面边框

Word 2010 中的页面边框是指出现在页面周围的一条线、一组线或装饰性图形。页面边框在标题页、传单和小册子上十分多见。设置 Word 2010 文档的页面边框，其设置方法为：单击“页面布局”选项卡“页面背景”组的“页面边框”按钮，打开“边框和底纹”对话框，如图 4-36 所示，此对话框提供了很多种艺术型选项用于创建装饰性边框。在左侧的“设置”选择边框的位置及效果，如需自定义的话，请单击“自定义”对话框，然后在“样式”里选择边框线条的样式和颜色等，还需要单击“预览”组的上、下、左、右样式。

页面的应用于选项有较多选择，例如要在标题页周围放置边框，可以将“应用于”设置为“本节－仅首页”，还有“整篇文档”“本节”和“本节－除首页”可选。如果要控制 Word 2010 页面边框相对于文字或纸张边缘的位置，请单击“选项”得到“边框和底纹选项”对话框。注意：在设置页面边框时，与段落相关的选项会变成灰色。使用“测量基准”框，可以设置页面边框与文字或页边的距离。

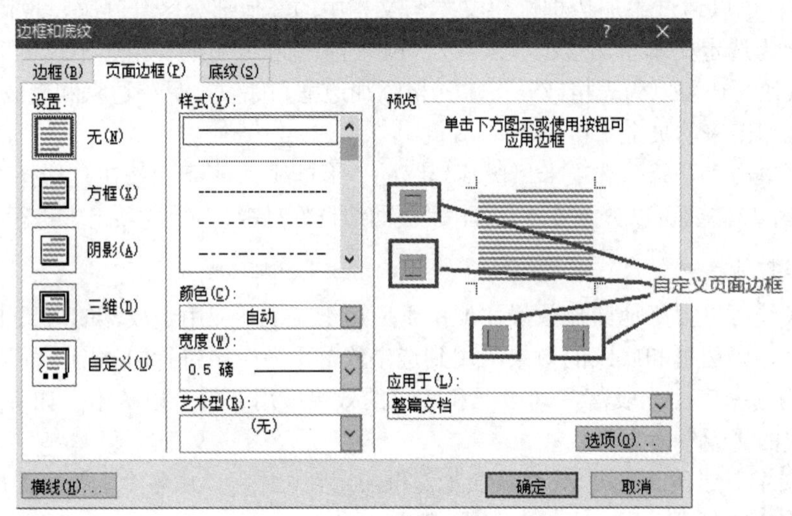

图4-36　“页面边框”选项卡

2．编号与多级列表

（1）编号

如果在段落的开始前输入诸如“1”“·”“a)”“一、”等格式的起始编号，再输入文本，当按【Enter】键时 Word 自动将该段转换为编号列表，同时将下一个编号加入下一段的开始处。用户也可以自行选择各种“编号库”中的编号，还可通过“定义新编号格式”设置需要的样式，如图 4-37 所示。

如果自动编号的内容被一句话或几段隔开了，这时自动编号就连不上了，且每个部分都是从 1 开始编号，我们可以选中后面自动编号的内容，右击弹出快捷菜单，选择“继续编号”即可使后面的接着前面的数值继续编号，且初始值会随前面编号的结束值自动进行调整。

如果文档的编号分为几个部分，可以从编号中间任意位置重新开始编号。将插入点光标移动到需要重新编号的段落并右击，在弹出的快捷菜单中选择“设置编号值”命令，打开“起始编号”对话框。选中“开始新列表”单选按钮，并设置其值，单击“确定”按钮，如图 4-38 所示。

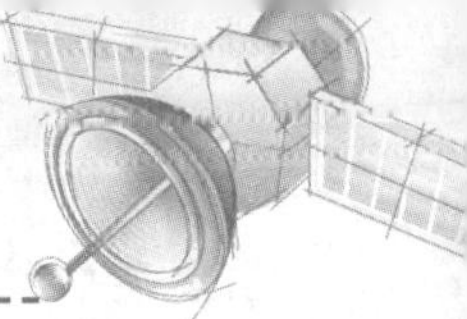

（2）多级列表

为使文档条理清晰，有些文档需要设置多级列表符号。来区分不同等级的文本。单击“多级列表”按钮，可设置多级列表编号。用户若对 Word 提供的项目符号不满意，也可选择“定义新的多级列表”选项，在“定义新多级列表”对话框中设置多级列表。

多级列表层次一共可以设置 9 级，默认的级别为 1 级为“1”，2 级为“1.1”，3 级为“1.1.1”……“编号格式”中“输入编号的格式”显示的数字应该是灰色底色才能根据当前章节显示相应的多级列表序号，编号的样式不能手工输入只能从“此级别的编号样式”下拉列表框中选择。默认的级别样式会自动包含上一级的级别编号样式，这样逐级包含下去。

例如，要制作成图 4-39 所示的多级列表样式，我们就需要逐级修改样式，并设置编号和文本的位置。具体步骤如下所述。

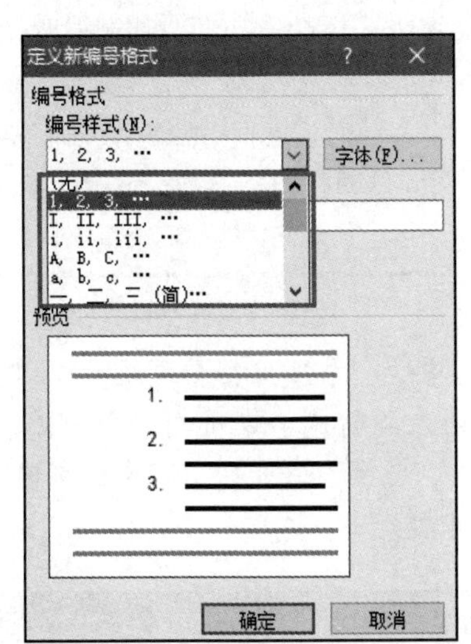

图4-37 “定义新编号格式”对话框

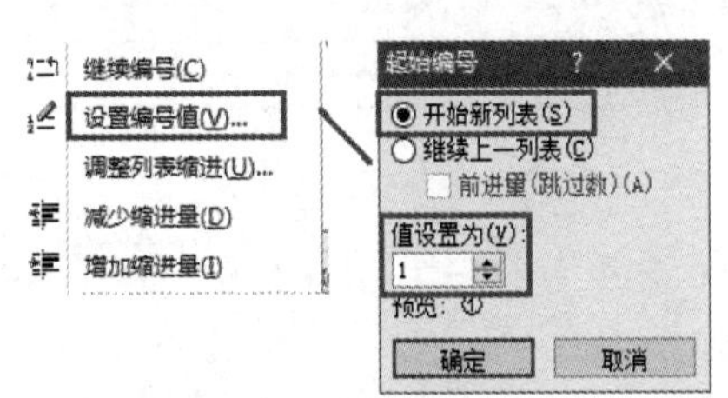

图4-38 设置编号值

重点实验室管理条例

第一条 总则

绿色化工过程省部共建教育部重点实验室主要进行石油化学品绿色加工技术、矿物资源的绿色加工工艺、新型反应器开发与绿色化工过程的应用等方面的研究，贯彻基础理论与应用研究相结合、开创性研究与开发性研究相结合的方针，逐步发展成为在该领域能够达到国家学术水平和管理水平的科研基地和高层次人才培养基地。

第二条 管理体制

1. 学术委员会：它是实验室的学术决策机构和评审机构。学术委员会由国内外化学工程和相关学科造诣深、水平高的科学家组成。同时也吸收学术上有创新的年轻学者参加。学术委员会设主任委员 1 人，副主任委员与委员若干人。本校学者不超过三分之一。学术委员会主任由教育部聘任，委员由学校聘任。设副主任 2 名，秘书 1 名。
2. 实验室主任：实验室主任全权负责实验室的日常学术活动和行政管理工作，并负责创造良好的研究环境和实验条件，全面完成各类科研项目及人才培养计划，实验室另设副主任三人，协助主任管理实验室的日常事务。实验室主任由湖北省教育厅与教育部聘任，并决定其任期。副主任由实验室主任任命。实验室主任应每年向学术委员会和上级主管部门提交年度工作报告。
3. 实验室下设专业研究室，其设置由实验室主任确定。研究室是实验室的基层研究单位，其主要职责是编制年度研究工作具体实施方案，组织专职研究人员、客座研究人员按项目计划开展实验研究及其他学术活动，管理并维持实验工作的正常运行，报告研究工作的进展和结果。研究室设正、副主任各一人，由实验室主任任命。
4. 实验室设办公室，其主要职责是处理日常行政事务和科研项目管理，并负责实验室的科技档案和财产管理、安全保卫等事项。办公室设主任一人，由实验室主任任命。

第三条 经费管理

1. 实验室的经费来源由以下几部分构成：
   （1）国家下拨的科研事业费和实验室运行费；
   （2）实验室向国家申请的科研项目经费；
   （3）实验室的专职研究人员由其它渠道申请的专项研究经费；
   （4）非资助课题采用本实验室的实验研究条件应收取的有关费用；
   （5）实验室的实用型研究成果技术转让费；
   （6）国际合作研究中对方提供的研究经费；
2. 国内外团体或个人的资助。
   （1）实验室实行课题经费独立核算，课题组长负责制。

图4-39 多级列表完成后效果

① 选中需要完成多级列表的文档，选择“开始”选项卡“段落”组“多级列表”下拉列表中的“定义新的多级列表”命令。打开“定义新多级列表”对话框。

② 在对话框框中，设置 1 级列表。在“此级别的编号样式”下拉列表中选择“一，二，三（简）...”；在“输入编号的格式”文本框中“一”的前后分别输入“第”和“条”。最后编号和文本的位置如图 4-40 所示。

③ 单击第 2 级别，在“此级别的编号样式”下拉列表中选择“1，2，3，…”；此时会发现在“输入编号的格式”文本框中，继承了第 1 级别样式（见图 4-41），这里我们直接删除前面 1 级样式“一、”，在灰色“1”后面加一个“、”。设置“位置”如图 4-42 所示。

④ 单击第 3 级别，按照修改第 2 级别的方法进行设置，如图 4-43 所示。

⑤ 设置完后，可以发现所有的段落均为一级编号。将光标定位在“绿色化工过程省部共建教育部重点实验室……”所在段落任意位置，单击“段落”组中“编号”下拉按钮，在列表库中选择“无”样式，取消该段的编号。

⑥ 选中需要设置 2 级编号的段落，单击“段落”组中的“减少缩进量” 按钮。再选中需要设置 3 级编号的段落，单击 2 次“段落”组中的“减少缩进量” 按钮，完成设置。

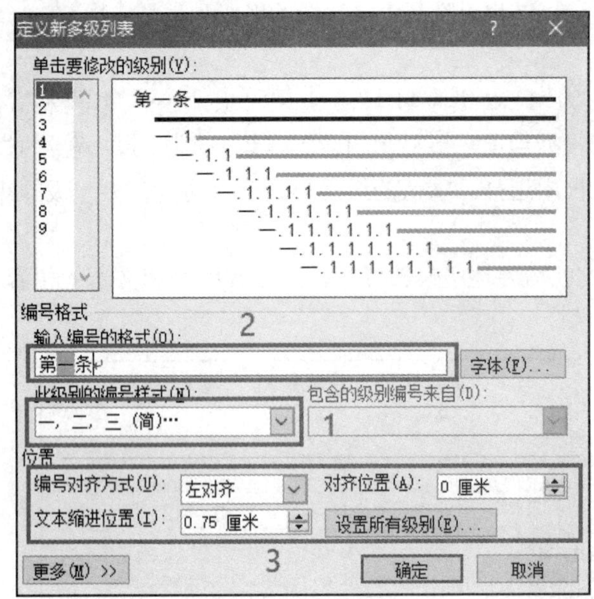

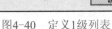

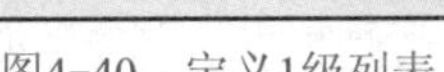
图4-40 定义1级列表

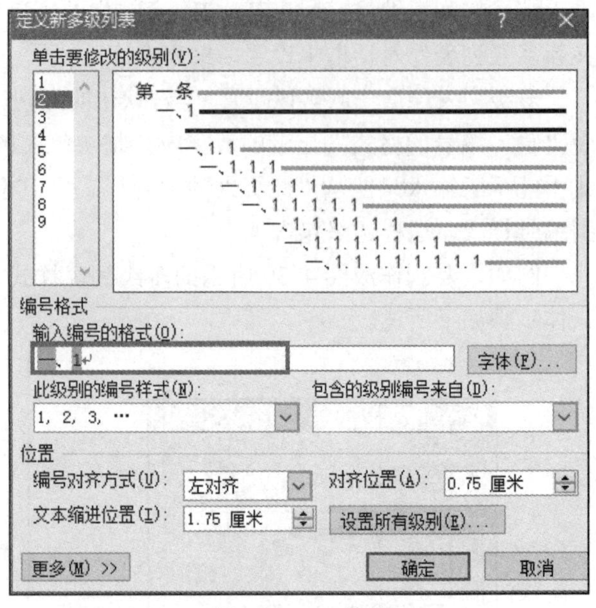

图4-41 2级编号格式

注意：要查看处于某个特定列表级别的所有项，请单击该级别中的一个项目符号或编号，以突出显示该级别上的所有项。通过输入或使用功能区上的命令创建多级列表与创建单级列表完全一样。因此，请从项目符号或编号开始，输入第一个列表项，然后按【Enter】键。当准备好开始下一个级别时，请按“增加缩进量”按钮，输入该级别的第一个列表项，然后按【Enter】键。

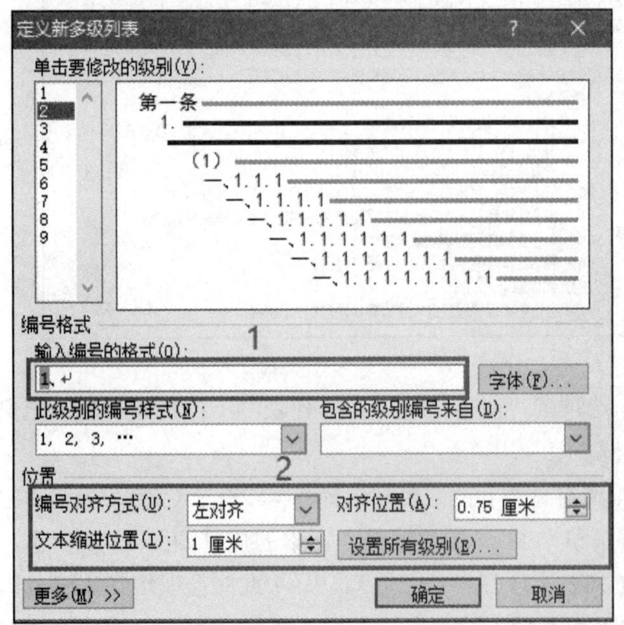

图 4-42 修改后 2 级编号格式

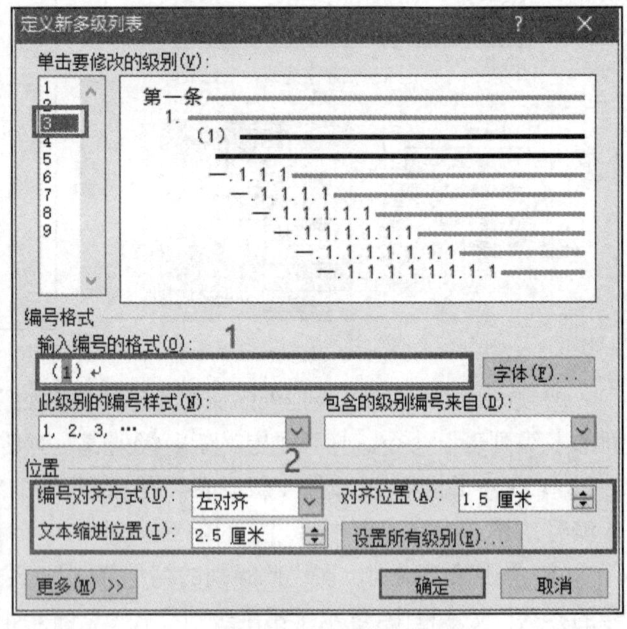

图 4-43 修改后 3 级编号格式

处理不同列表级别时，可以使用“段落”组中的“增加缩进量”按钮和“减少缩进量” 按钮在各级别之间移动。还可以单击鼠标键增加和减少缩进量：按【Tab】键增加缩进量，按【Shift+Tab】组合键减少缩进量。

4.2 表格基本操作——国旅公司招聘表

4.2.1 任务引导

引导任务卡见表 4-2。

表 4-2 引导任务卡

任务编号	4.2		
任务名称	国旅公司招聘表	计划课时	2 课时
任务目的	通过制作国旅公司招聘表，让学生了解表格的作用，使学生熟练掌握创建并编辑表格的方法，掌握设置表格格式的方法，掌握在 Word 中插入图表及格式化的方法		
任务实现流程	教师引导→讲解任务知识点→制作国旅公司招聘表→教师讲评→学生完成公司招聘表→难点解析→总结与提高		
配套素材导引	原始文件位置：大学计算机基础 \ 素材 \ 第 4 章 \ 任务 4.2 最终文件位置：大学计算机基础 \ 效果 \ 第 4 章 \ 任务 4.2		

任务分析：

在我们日常工作学习生活中，表格的运用是必不可少的，学习时用的课程表、学籍表，找工作时用的个人简历表，工作时需要制作报表、工作总结等，以清晰表现各类数据。可见，表格的运用与我们的学习生活已密不可分。Word 中创建表格有两种方式：一种是直接插入几行几列的表格；另一种是手动绘制表格。在绘制不规则的表格时，通常会将两种方式结合使用。在编辑表格的文档中，经常要用到排序功能，Word 提供较强的对表格进行处理的各种功能，包括表格的计算、排序、由表格中的数据生成各类图表等。

本任务要求学生在文档中插入表格，设置表格行高列宽，为表格添加边框和底纹，利用公式对表格数据进行计算，对表格进行排序。最后，利用表格中的数据制作精美的图表。完成效果如图 4-44 所示。

应聘人员基本情况登记表

工作地点：

申请职位名称						
姓名		性别		出生年月		贴照片处
民族		婚姻状态		最高学历		
身份证号				户籍所在地		
现住址				联系电话		
通信地址					邮编	
教育经历	学校名称	自何年何月至何年何月	专业	所获学历、学位等		
工作经历	单位名称	自何年何月至何年何月	职务	主要成绩和职责		
个人特长						
从何处了解我公司	☑广告 □报刊 □网站 □业务 □接触朋友 □招聘会 ☑其他					
是否在我公司应聘过	○是 ◉否					
备注						

填表日期： 年 月 日

填表说明：

1、此表由应聘员工自行填写，填写时要如实填写，填写人对真实性自行负责。
2、学历一栏只填写学校教育经历，不包括各类培训经历。
3、如果纸张不够用，可另附纸张填写。此表在人力资源部存档。

（a）应聘人员基本情况表

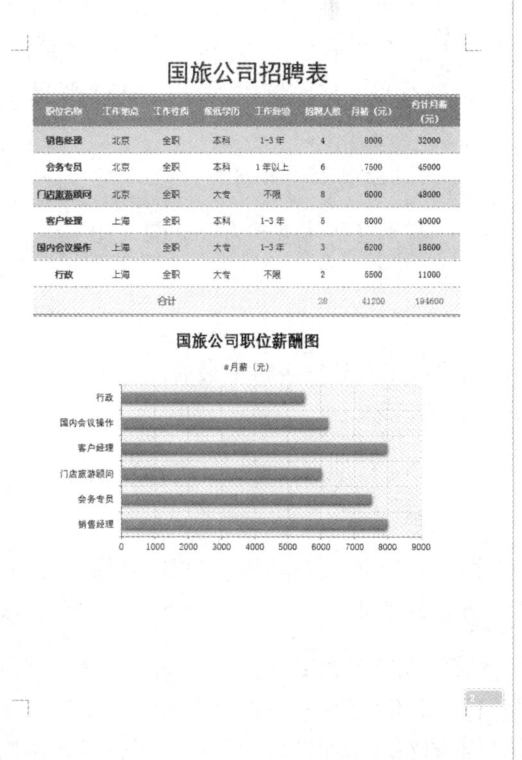

国旅公司招聘表

职位名称	工作地点	工作性质	最低学历	工作经验	招聘人数	月薪（元）	合计月薪（元）
销售经理	北京	全职	本科	1-3 年	4	8000	32000
会务专员	北京	全职	本科	1 年以上	6	7500	45000
门店旅游顾问	北京	全职	大专	不限	8	6000	48000
客户经理	上海	全职	本科	1-3 年	5	8000	40000
国内会议操作	上海	全职	大专	1-3 年	3	6200	18600
行政	上海	全职	大专	不限	2	5500	11000
合计					28	41200	194600

（b）效果图

图4-44 任务4.2效果图

4.2.2 任务步骤

1. 制表符分隔的文本转换为表格

打开文档“国旅公司招聘表 .docx”，在第一页选中从“申请职位名称”到“备注”所有段落，将文本转换为表格。

2. 表格手动调整

按照效果图合并相应单元格，并调整各列宽度，设置表格内文字水平、垂直居中对齐。

3. 插入控件

为“从何处了解我公司”后的各选项添加复选框，修改控件的选中状态符号为字体 Wingdings，字符代码 254。在“是否在我公司应聘过”后添加单选按钮，选项内容为“是”和“否”，修改字体为微软雅黑，五号。

4. 特殊符号分隔的文本转换为表格

选中第二页第二段至末尾，将文本转换为表格。删除表格中多余的空行，在表格下方插入行，最后一行第一列输入文字“合计”。

5. 设置行高、列宽

表格行高为 1 厘米，第 1 列宽度为 2.4 厘米，第 2~7 列的宽度为 2 厘米，最后一列的宽度为 2.5 厘米。合并最后一行前 5 列的单元格。

6. 套用表格样式

将表格套用“中等深浅底纹 1- 强调文字颜色 2”样式，设置表格单元格边距上下左右均为 0。设置表格内文字水平、垂直居中对齐。整张表格在页面居中对齐。

7. 设置表格边框和底纹

① 设置表格外边框的样式为：双实线（第九种样式），颜色：橙色，强调文字颜色 2；宽度：1.5 磅，无左右边框；内部横线样式为：虚线（第 3 种样式）；颜色：橙色，强调文字颜色 2；宽度：0.5 磅。

② 最后一行单元格底纹颜色为：白色，背景 1，底纹图案样式为：浅色上斜线，图案颜色为：橙色，强调文字颜色 2，淡色 80%。

8. 设置表格字体格式及对齐方式

第 1~7 行单元格字体格式为：幼圆、10 磅；最后一行单元格字体格式为：幼圆、五号，颜色为橙色，强调文字颜色 2，深色 25%。

9. 公式与函数的计算

使用公式或函数计算表格中最后一行中的合计数据。

10. 表格排序

将表格按“工作地点”按拼音进行升序排序，工作地点相同的按“月薪（元）”进行降序排序。

11. 图表制作

在表格下方的空白段落处利用职位名称、月薪（元）数据制作一个簇状条形图。

12. 图表格式化

① 设置图表样式为：样式 28，图表标题为“国旅公司职位薪酬图”；图表区无边框线条。绘图区填充图案为“浅色下对角线”，前景色为“灰色，-25%，背景 2”，背景色为“白色，背景 1”。

② 设置图例显示在图表的顶部。图表主要网格线线型为虚线（第 4 种短划线），线条透时度为 80%，整张图表在页面居中对齐。

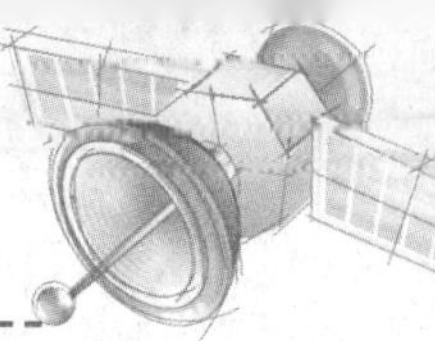

13．插入页码

在页面底端插入页码，页码样式为“圆角矩形 3”。

4.2.3 任务实施

1．制表符分隔的文本转换为表格

打开文档“国旅公司招聘表 .docx”，在第一页选中从“申请职位名称”到“备注”所有段落，将文本转换为表格。

① 打开“国旅公司招聘表 .docx”，选择第 3~17 行文本，单击“插入”选项卡“表格”组中“表格”下拉列表框中的“文本转换成表格”按钮，如图 4-45 所示。

② 弹出“将文字转换成表格”对话框，在“文字分隔位置”区域，选择“制表符”单选按钮，如图 4-46 所示，单击“确定”按钮，最终转换的效果如图 4-47 所示。

图4-45 “表格”下拉列表

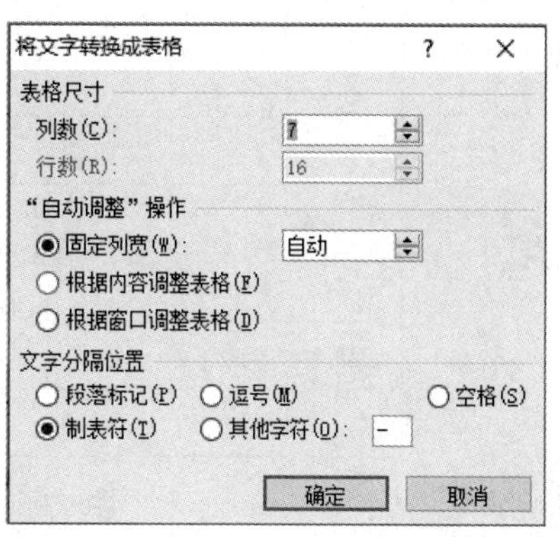

图4-46 “将文字转换成表格”对话框

应聘人员基本情况登记表

工作地点：　　　　填表日期：　年　月　日

申请职位名称						
姓名		性别		出生年月		贴照片处
民族		婚姻状态		最高学历		
身份证号		户籍所在地				
现住址		联系电话				
通信地址		邮编				
教育经历	学校名称	自何年何月至何年何月	专业	所获学历、学位等		
工作经历	单位名称	自何年何月至何年何月	职务	主要成绩和职责		
个人特长						
从何处了解我公司						
是否在我公司应聘过						
备注						

图4-47 文本转换成表格效果图

2. 表格手动调整

按照效果图合并相应单元格，并调整各列宽度，设置表格内文字水平、垂直居中对齐。

①效果如图 4-48 所示，选择需要合并的单元格区域，右击弹出快捷菜单，选择“合并单元格”命令，将多个单元格合并成一个单元格，如图 4-49 所示。

<table>
<tr><td colspan="2">申请职位名称</td><td colspan="7"></td></tr>
<tr><td>姓名</td><td></td><td colspan="2">性别</td><td></td><td>出生年月</td><td colspan="2"></td><td rowspan="3">贴照片处</td></tr>
<tr><td>民族</td><td></td><td colspan="2">婚姻状态</td><td></td><td>最高学历</td><td colspan="2"></td></tr>
<tr><td>身份证号</td><td colspan="4"></td><td>户籍所在地</td><td colspan="2"></td></tr>
<tr><td>现住址</td><td colspan="4"></td><td>联系电话</td><td colspan="3"></td></tr>
<tr><td>通信地址</td><td colspan="6"></td><td>邮编</td><td></td></tr>
<tr><td rowspan="3">教育经历</td><td colspan="2">学校名称</td><td colspan="3">自何年何月至何年何月</td><td>专业</td><td colspan="2">所获学历、学位等</td></tr>
<tr><td colspan="2"></td><td colspan="3"></td><td></td><td colspan="2"></td></tr>
<tr><td colspan="2"></td><td colspan="3"></td><td></td><td colspan="2"></td></tr>
<tr><td rowspan="3">工作经历</td><td colspan="2">单位名称</td><td colspan="3">自何年何月至何年何月</td><td>职务</td><td colspan="2">主要成绩和职责</td></tr>
<tr><td colspan="2"></td><td colspan="3"></td><td></td><td colspan="2"></td></tr>
<tr><td colspan="2"></td><td colspan="3"></td><td></td><td colspan="2"></td></tr>
<tr><td>个人特长</td><td colspan="8"></td></tr>
<tr><td colspan="2">从何处了解我公司</td><td colspan="7"></td></tr>
<tr><td colspan="2">是否在我公司应聘过</td><td colspan="7"></td></tr>
<tr><td colspan="2">备注</td><td colspan="7"></td></tr>
</table>

图4-48　合并/拆分单元格效果

②选择需要拆分的单元格区域，单击“表格工具 | 布局”选项卡“合并”组中“拆分单元格”命令按钮，如图 4-50 所示，拆分单元格。

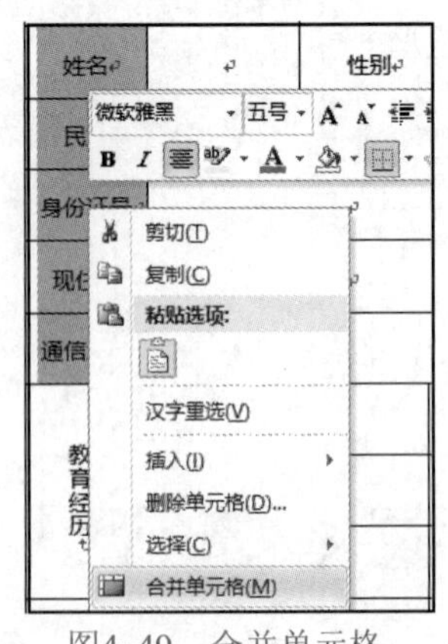

图4-49　合并单元格

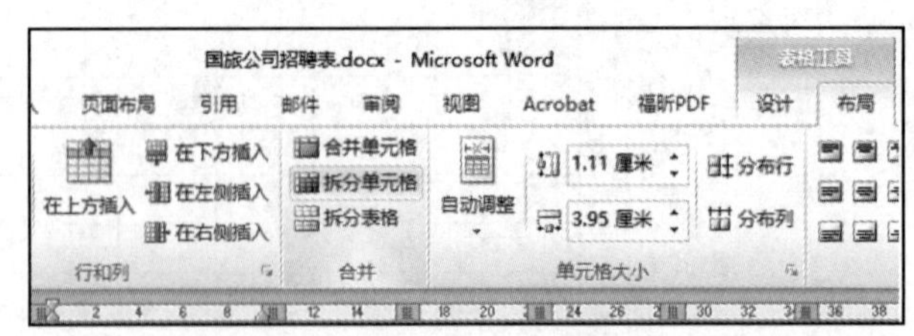

图4-50　“拆分单元格”命令

③移动表格中文本的位置，设置表格最终效果如图 4-48 所示。

④全选表格，在“表格工具 | 布局”选项卡的“对齐方式”组中，单击“水平居中”按钮。设置表格文字水平居中，垂直居中对齐，如图 4-51 所示。

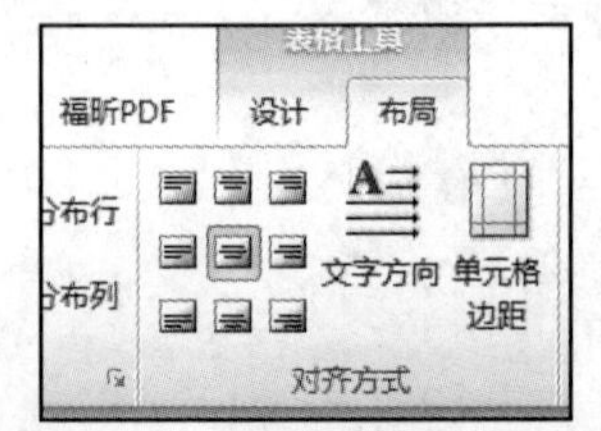

图4-51　设置单元格对齐方式

3. 插入控件

为“从何处了解我公司”后的各选项添加复选框，修改控件的选中状态符号

为字体 Wingdings，字符代码 254。为“是否在我公司应聘过”后添加单选按钮，选项内容为“是”和“否”，修改字体为微软雅黑，五号。

①单击“文件”选项卡，选择“选项”命令，打开“Word 选项”对话框。在“Word 选项”对话框右侧，选择“自定义功能区”，在右侧的“自定义功能区”列表框内，选择“开发工具”复选框，如图 4-52 所示。

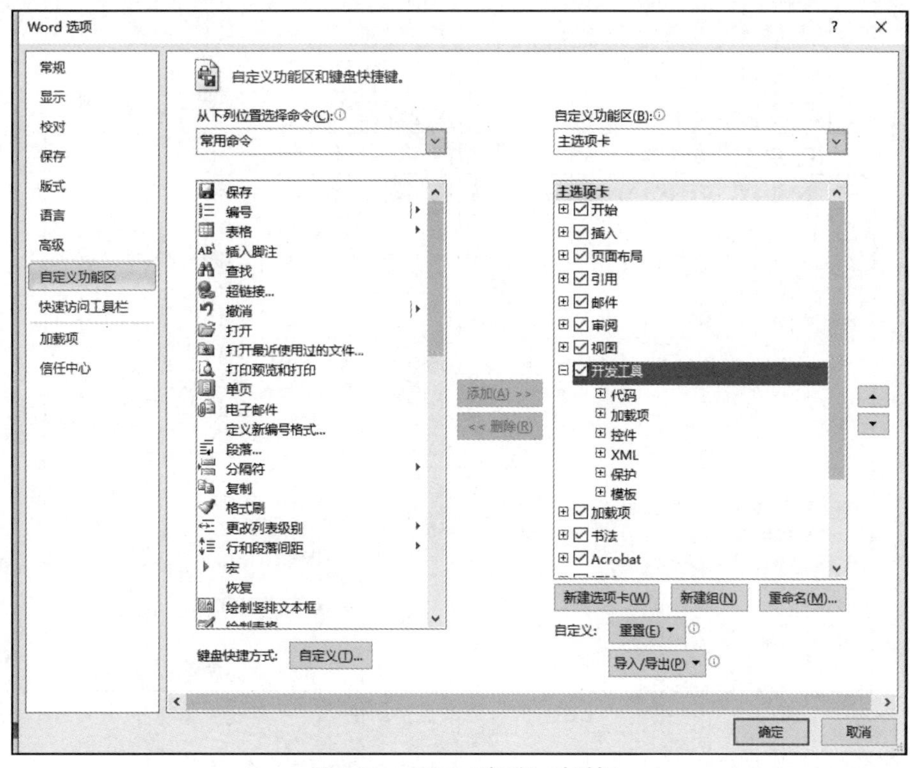

图4-52 “Word选项”对话框

②在“从何处了解我公司”后面的空格里输入内容“广告报刊网站业务接触朋友招聘会其他”，设置单元格对齐方式为“水平居中”。

③将光标定位到“广告”前面，单击“开发工具”选项卡“控件”组中“复选框内容控件”命令按钮，将复选框内容控件插入到“广告”前面，如图 4-53 所示。

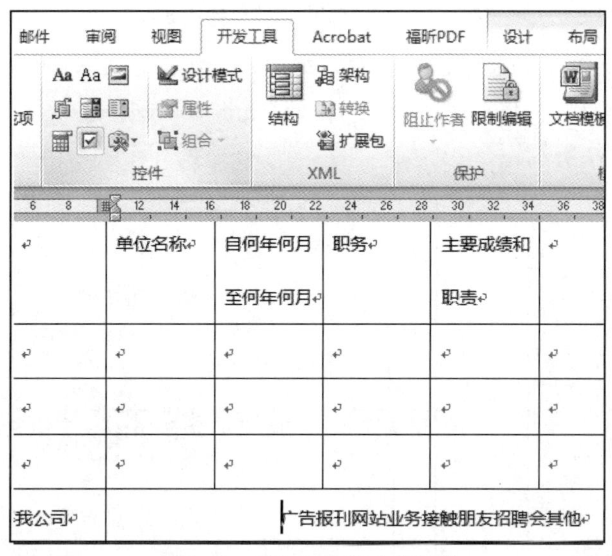

图4-53 插入复选框内容控件

④选择插入的控件，单击“开发工具”选项卡“控件”组中“属性”命令按钮，打开“内容控件属性”对话框。

在“内容控件属性”对话框中，单击“选中标记”后面的“更改”按钮，设置符号为字体 Wingdings，字符代码 254，如图 4-54 所示。

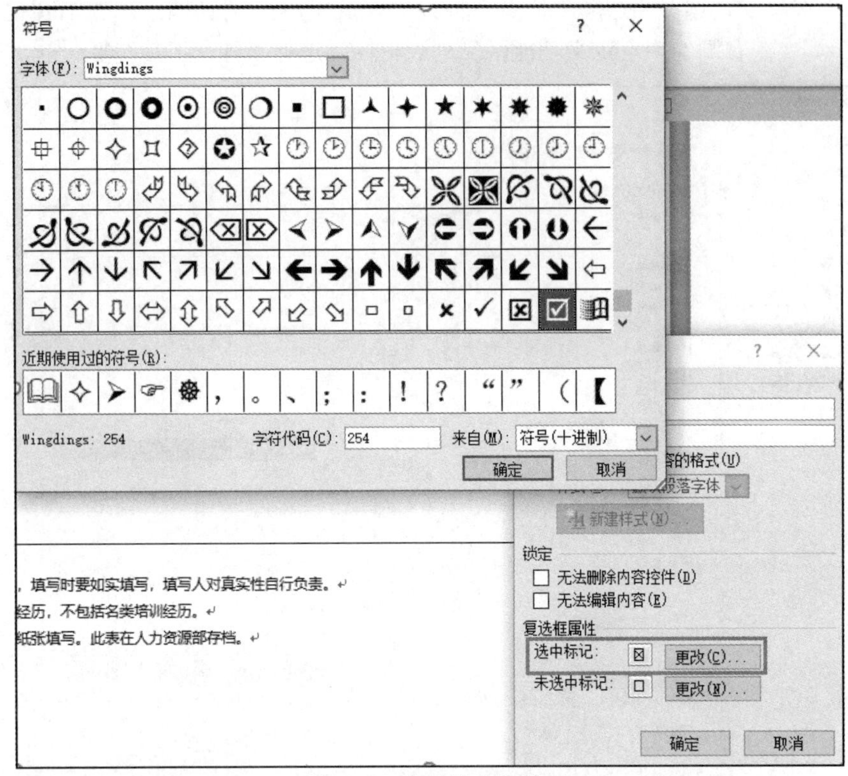

图4-54　修改控件属性

⑤将设置好的复选框内容控件，复制到其他选项前。最终效果如图 4-55 所示。

从何处了解我公司	☑广告 ☐报刊 ☐网站业务☐接触朋友☐招聘会☑其他
是否在我公司应聘过	
备注	

图4-55　复选框内容控件完成效果

⑥将光标定位到“是否在我公司应聘过”后面的空格中，单击“开发工具”选项卡“控件”组中“旧式工具”命令按钮，在下拉菜单中，选择“选项按钮”控件，如图 4-56 所示。将选项按钮控件插入到单元格中，并进入了设计模式。如图 4-57 所示。

图4-56　单选项控件命令按钮

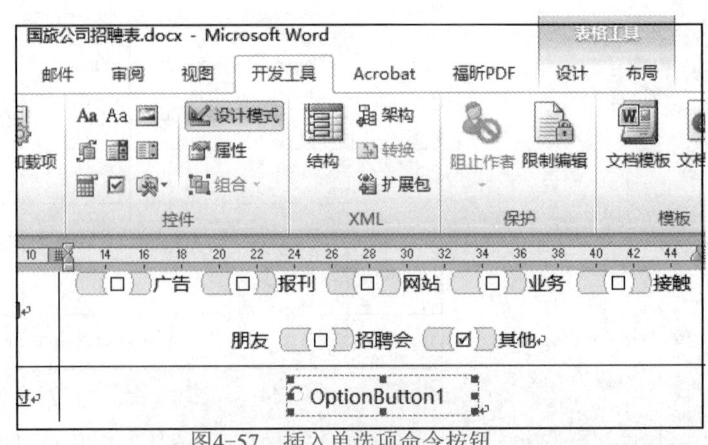

图4-57　插入单选项命令按钮

⑦ 选择插入的控件，右击，在弹出的快捷菜单中单击"'选项按钮'对象"|"编辑"命令按钮，如图 4-58 所示。进入控件编辑状态，如图 4-59 所示。

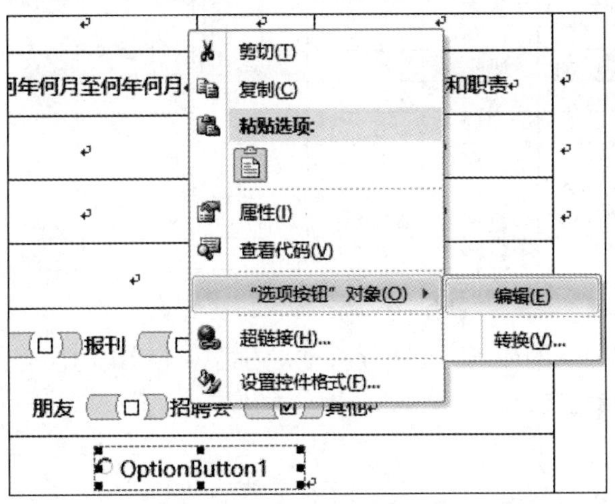

图4-58 选择"编辑"命令

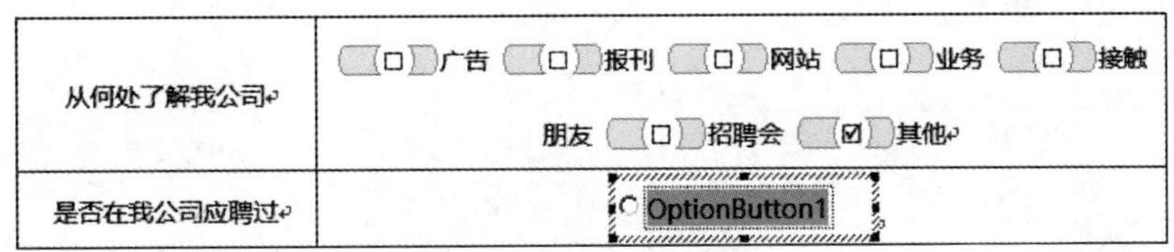

图4-59 进入控件编辑状态

⑧将文本内容"OptionButton1"修改为"是"。适当调整对象的大小，如图 4-60 所示。同样的方法，插入选项按钮"否"，最终效果如图 4-61 所示。

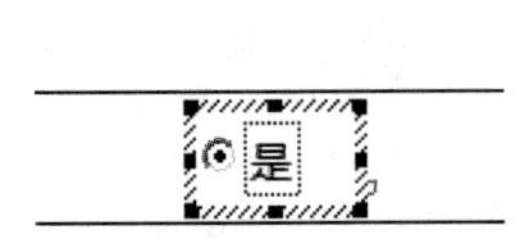

图4-60 修改控件大小

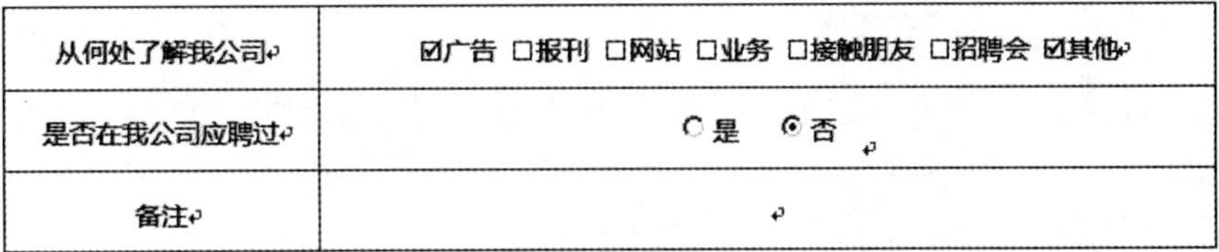

从何处了解我公司	☑广告 □报刊 □网站 □业务 □接触朋友 □招聘会 ☑其他
是否在我公司应聘过	○是 ◉否
备注	

图4-61 单选项控件完成效果

4．特殊符号分隔的文本转换为表格

选中第 2 页第 2 段至末尾，将文本转换为表格。删除表格中多余的空行，在表格下方插入行，最后一行第 1 列输入文字"合计"。

① 选择"国旅公司招聘表 .docx"第 2 页第 2~8 段文本，单击"插入"选项卡"表格"组"表格"下拉列表框中的"文本转换成表格"按钮，弹出"将文字转换成表格"对话框。

②在"将文字转换成表格"对话框中，选择"文字分隔位置"组中的"其他字符"单选按钮，在"其他字符"文本框内输入符号"#"（按【Shift+3】组合键），如图 4-62 所示，单击"确定"按钮。转换的效果如图 4-63 所示。

③选择表格中的空行，右击，在弹出的快捷菜单中选择"删除单元格"命令，弹出"删除单元格"对话框。在"删除单元格"对话框中，选中"删除整行"单选按钮，如图 4-64 所示，单击"确定"按钮，删除表格空行。

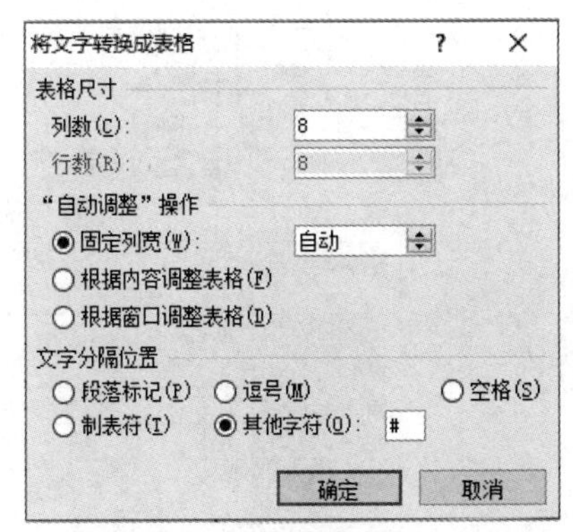

图4-62 "将文字转换成表格"对话框

职位名称	工作地点	工作性质	最低学历	工作经验	招聘人数	月薪（元）	合计月薪（元）
门店旅游顾问	北京	全职	大专	不限	8	6000	48000
销售经理	北京	全职	本科	1-3 年	4	8000	32000
客户经理	上海	全职	本科	1-3 年	5	8000	40000
国内会议操作	上海	全职	大专	1-3 年	3	6200	18600
会务专员	北京	全职	本科	1 年以上	6	7500	45000
行政	上海	全职	大专	不限	2	5500	11000

图4-63　文本转换成表格效果

④将光标定位到表格最后一行的任意一个单元格中，右击，在弹出的快捷菜单中选择“插入” | “在下方插入行”命令，如图 4-65 所示。在表格下方插入一行。并在第一列输入文字“合计”。

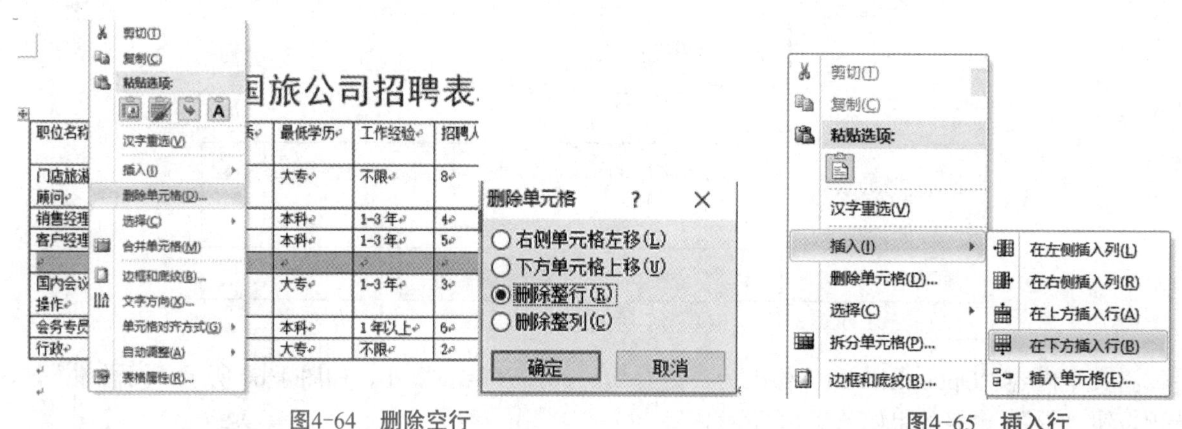

图4-64　删除空行　　图4-65　插入行

5．设置行高、列宽

表格行高为 1 厘米，第 1 列宽度为 2.4 厘米，第 2~7 列的宽度为 2 厘米，最后一列的宽度为 2.5 厘米。合并最后一行前 5 列的单元格。

① 选择表格的第 1 列，单击“表格工具 | 布局”选项卡，在“单元格大小”组中设置表格“宽度”为“2.4 厘米”，如图 4-66 所示。同样的方法，设置表格其他列的列宽。

②全选表格，单击“表格工具 | 布局”选项卡，在“单元格大小”组中设置表格“高度”为“1 厘米”，如图 4-67 所示。

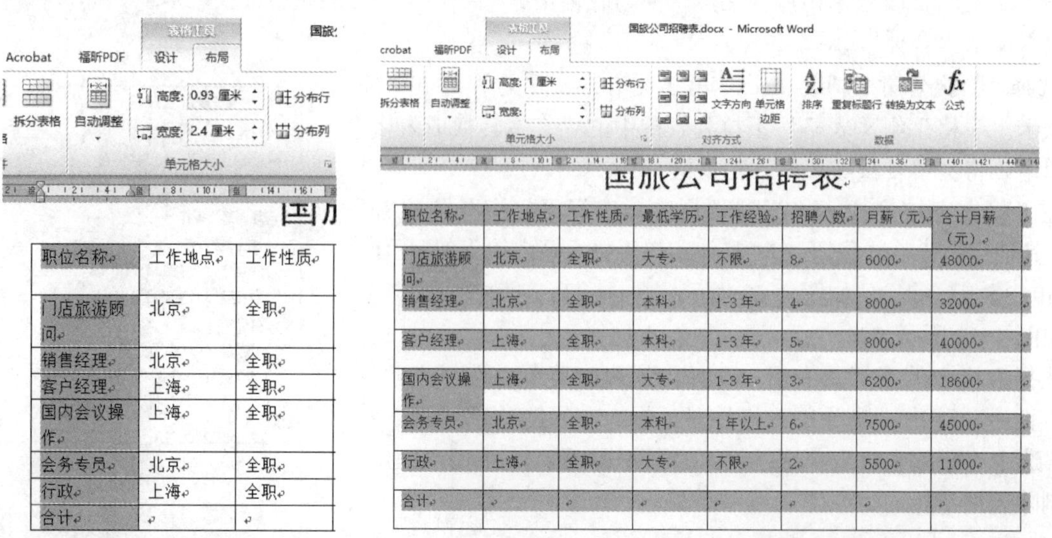

图4-66　设置表格列宽　　图4-67　设置表格行高

③选择最后一行前 5 列的单元格，右击弹出快捷菜单，选择“合并单元格”命令，如图 4-68 所示。

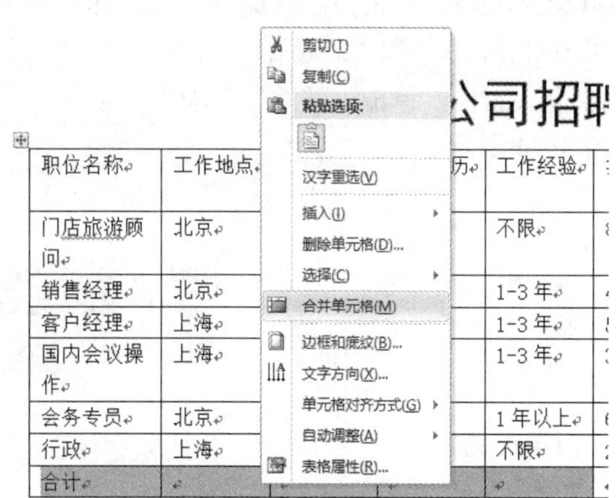

图4-68 合并单元格

6. 套用表格样式

将表格套用“中等深浅底纹 1- 强调文字颜色 2”样式，设置表格单元格边距上下左右均为 0。设置表格内文字水平、垂直居中对齐。整张表格在页面居中对齐。

① 全选表格，单击“表格工具 | 设计”选项卡，在“表格样式”列表框右下角选择“其他”命令，弹出“表格样式”列表框。选择表格样式“中等深浅底纹 1- 强调文字颜色 2”，如图 4-69 所示。效果如图 4-70 所示。

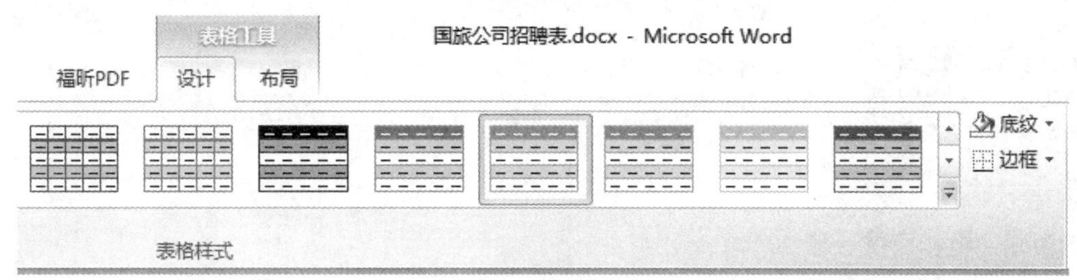

图4-69 设置表格样式

职位名称	工作地点	工作性质	最低学历	工作经验	招聘人数	月薪（元）	合计月薪（元）
门店旅游顾问	北京	全职	大专	不限	8	6000	48000
销售经理	北京	全职	本科	1-3 年	4	8000	32000
客户经理	上海	全职	本科	1-3 年	5	8000	40000
国内会议操作	上海	全职	大专	1-3 年	3	6200	18600
会务专员	北京	全职	本科	1 年以上	6	7500	45000
行政	上海	全职	大专	不限	2	5500	11000
合计							

图4-70 表格样式效果

② 全选表格，单击“表格工具 | 布局”选项卡“对齐方式”组中“单元格边距”命令，弹出“表格选项”对话框，设置默认表格边距上下左右均为“0 厘米”，取消选中“自动重调尺寸以适应内容”选项，如图 4-71 所示。单击“确定”按钮。效果如图 4-72 所示。

表格选项

默认单元格边距

上(T): 0 厘米　左(L): 0 厘米

下(B): 0 厘米　右(R): 0 厘米

默认单元格间距

☐允许调整单元格间距(S)　0 厘米

选项

☐自动重调尺寸以适应内容(Z)

确定　取消

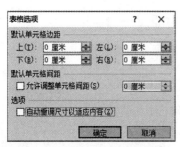

图4-71 设置表格单元格边距

职位名称	工作地点	工作性质	最低学历	工作经验	招聘人数	月薪（元）	合计月薪（元）
门店旅游顾问	北京	全职	大专	不限	8	6000	48000
销售经理	北京	全职	本科	1-3 年	4	8000	32000
客户经理	上海	全职	本科	1-3 年	5	8000	40000
国内会议操作	上海	全职	大专	1-3 年	3	6200	18600
会务专员	北京	全职	本科	1 年以上	6	7500	45000
行政	上海	全职	大专	不限	2	5500	11000
合计							

图4-72 单元格边距为0效果

③ 全选表格，右击弹出快捷菜单，选择“单元格对齐方式”|“水平居中”命令，设置单元格文字水平、垂直居中对齐，如图 4-73 所示。

④ 全选表格，单击“开始”选项卡“段落”组中“居中”命令，设置整张表格在页面居中对齐。最终效果如图 4-74 所示。

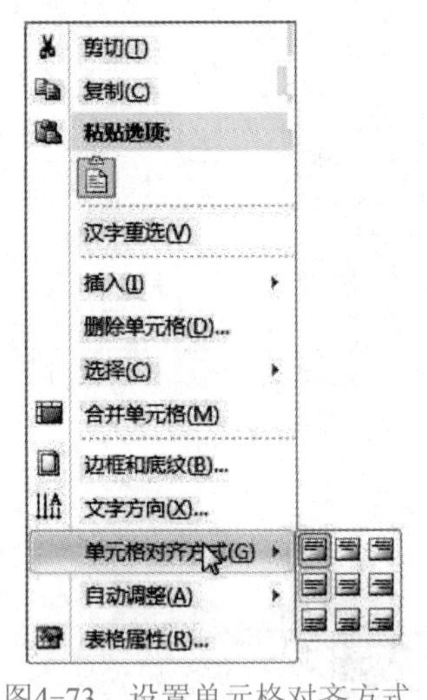

图4-73　设置单元格对齐方式

国旅公司招聘表

职位名称	工作地点	工作性质	最低学历	工作经验	招聘人数	月薪（元）	合计月薪（元）
门店旅游顾问	北京	全职	大专	不限	8	6000	48000
销售经理	北京	全职	本科	1-3 年	4	8000	32000
客户经理	上海	全职	本科	1-3 年	5	8000	40000
国内会议操作	上海	全职	大专	1-3 年	3	6200	18600
会务专员	北京	全职	本科	1 年以上	6	7500	45000
行政	上海	全职	大专	不限	2	5500	11000
合计							

图4-74　表格样式最终效果

7. 设置表格边框和底纹

① 设置表格外边框的样式为：双实线（第 9 种样式），颜色：橙色，强调文字颜色 2；宽度：1.5 磅，无左右边框；内部横线样式为：虚线（第 3 种样式）；颜色：橙色，强调文字颜色 2；宽度：0.5 磅。

② 最后一行单元格底纹颜色为：白色，背景 1，底纹图案样式为：浅色上斜线，图案颜色为：橙色，强调文字颜色 2，淡色 80%。

具体操作步骤如下：

① 全选表格。右击弹出快捷菜单，选择“边框和底纹”命令，打开“边框和底纹”对话框。在“边框”选项卡的“样式”列表框中，选择样式“双实线”（第 9 种样式）。在“颜色”对话框中设置颜色为“橙色，强调文字颜色 2”；在“宽度”列表框中选择“1.5 磅”后，在“预览”组中，只保留上下边框，取消选择其他边框。设置如图 4-75 所示。

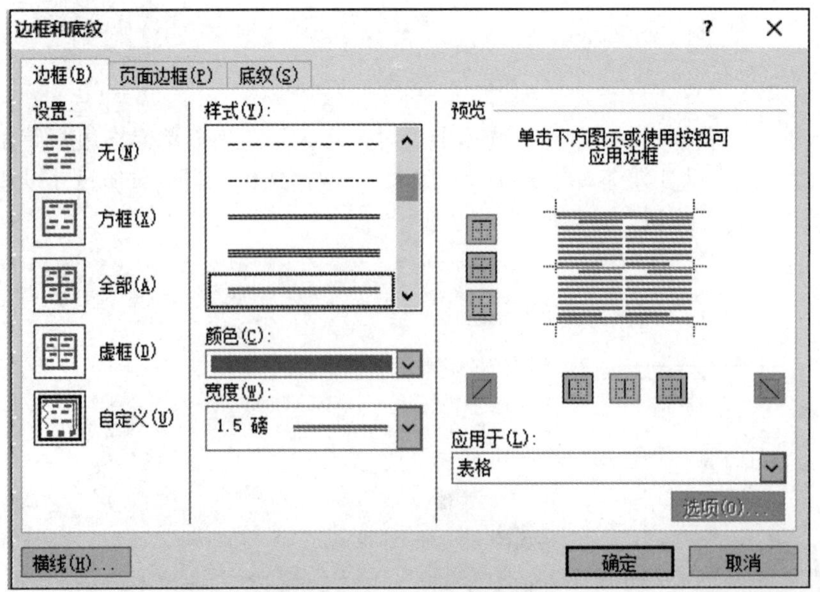

图4-75　设置表格外边框

② 继续在“样式”列表框中选择“虚线”样式（第 3 种样式），在“颜色”下拉列表框中选择“橙色，强调文字颜色 2”；在“宽度”列表框选择“0.5 磅”后，在“预览”组中，单击内部横线边框，如图 4-76 所示。单击“确定”按钮，关闭对话框，效果如图 4-77 所示。

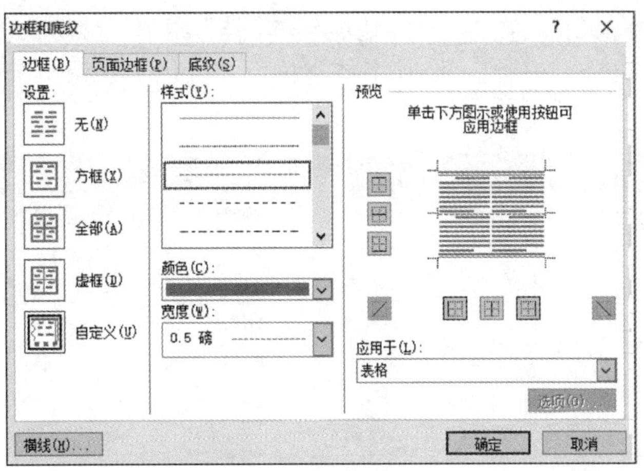

图4-76　设置表格内边框

③ 选择表格最后一行，右击弹出快捷菜单，选择“边框和底纹”命令，打开“边框和底纹”对话框。在“底纹”选项卡的“填充”下拉列表中，选择填充颜色为“白色，背景 1”，如图 4-78 所示，单击“确定”按钮。

职位名称	工作地点	工作性质	最低学历	工作经验	招聘人数	月薪（元）	合计月
门店旅游顾问	北京	全职	大专	不限	8	6000	48
销售经理	北京	全职	本科	1-3 年	4	8000	32
客户经理	上海	全职	本科	1-3 年	5	8000	40
国内会议操作	上海	全职	大专	1-3 年	3	6200	18
会务专员	北京	全职	本科	1 年以上	6	7500	45
行政	上海	全职	大专	不限	2	5500	11

图4-77　表格边框效果

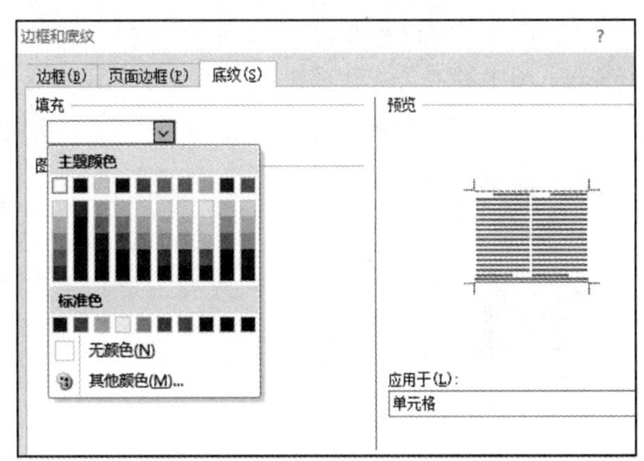

图4-78　设置表格底纹填充颜色

④在“底纹”选项卡的“样式”下拉列表中，选择底纹样式为“浅色上斜线”，如图 4-79 所示。在“颜色”下拉列表中，选择颜色为“橙色，强调文字颜色 2，淡色 80%”，如图 7-80 所示。单击“确定”按钮，最终效果如图 4-81 所示。

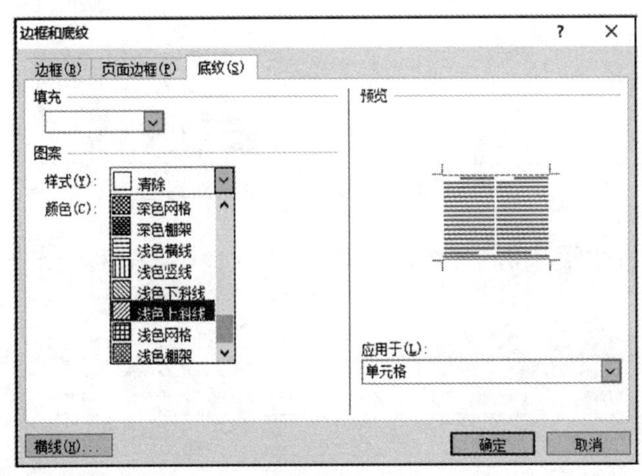

图4-79　设置表格底纹样式

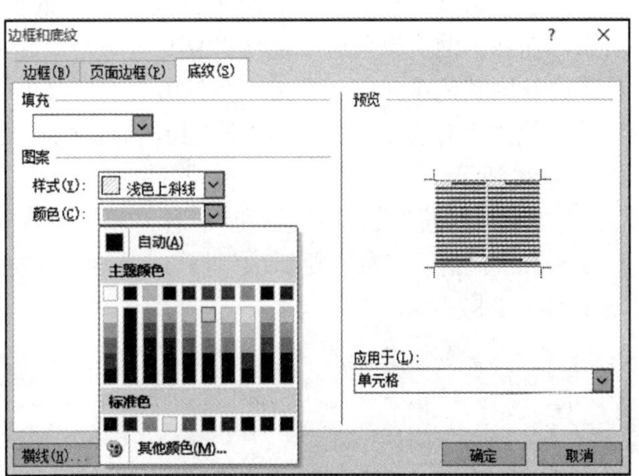

图4-80　设置样式颜色

8. 设置表格字体格式

第 1~7 行单元格字体格式为：幼圆、10 磅；最后一行单元格字体格式为：幼圆、五号，颜色为橙色，强调文字颜色 2，深色 25%。

① 选中表格的第 1~7 行单元格，在“开始”选项卡“字体”组中，设置字体为“幼圆”，“10”磅；选中最后一行，设置字体为“幼圆”，五号，设置字体颜色为“橙色，强调文字颜色 2，深色 25%”。效果如图 4-82 所示。

职位名称	工作地点	工作性质	最低学历	工作经验	招聘人数	月薪（元）	合计月薪（元）
门店旅游顾问	北京	全职	大专	不限	8	6000	48000
销售经理	北京	全职	本科	1-3 年	4	8000	32000
客户经理	上海	全职	本科	1-3 年	5	8000	40000
国内会议操作	上海	全职	大专	1-3 年	3	6200	18600
会务专员	北京	全职	本科	1 年以上	6	7500	45000
行政	上海	全职	大专	不限	2	5500	11000
合计							

图4-81　表格底纹效果

职位名称	工作地点	工作性质	最低学历	工作经验	招聘人数	月薪（元）	合计月薪（元）
门店旅游顾问	北京	全职	大专	不限	8	6000	48000
销售经理	北京	全职	本科	1-3 年	4	8000	32000
客户经理	上海	全职	本科	1-3 年	5	8000	40000
国内会议操作	上海	全职	大专	1-3 年	3	6200	18600
会务专员	北京	全职	本科	1 年以上	6	7500	45000
行政	上海	全职	大专	不限	2	5500	11000
合计							

图4-82　表格字体格式

9. 公式与函数的计算

使用公式或函数计算表格中最后一行中的合计数据，如图 4-83 所示。

① 将光标定位到最后一行“招聘人数”列单元格中，计算招聘的总人数单击“表格工具｜布局”选项卡“数据”组中的“公式”按钮，如图 4-84 所示，打开“公式”对话框。

国旅公司招聘表

职位名称	工作地点	工作性质	最低学历	工作经验	招聘人数	月薪（元）	合计月薪（元）
门店旅游顾问	北京	全职	大专	不限	8	6000	48000
销售经理	北京	全职	本科	1-3 年	4	8000	32000
客户经理	上海	全职	本科	1-3 年	5	8000	40000
国内会议操作	上海	全职	大专	1-3 年	3	6200	18600
会务专员	北京	全职	本科	1 年以上	6	7500	45000
行政	上海	全职	大专	不限	2	5500	11000
合计					28	41200	194600

图4-83　最后一行合计数据效果

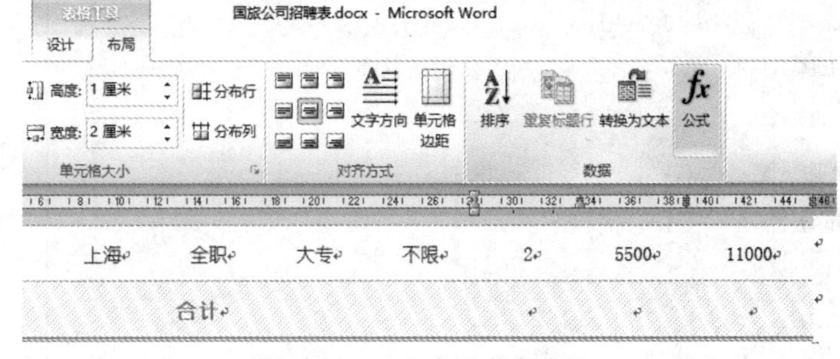

图4-84　“公式”命令按钮

② 在“公式”对话框的“公式”文本框中输入函数“=SUM（ABOVE）”，单击“确定”按钮，计算招聘总人数，如图 4-85 所示。

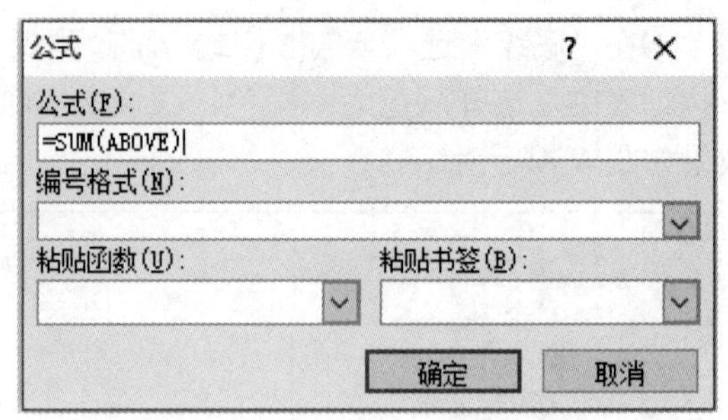

图4-85　设置“公式”对话框

③复制公式。选中已经计算好招聘总人数的单元格，右击，在弹出的快捷菜单中选择“复制”命令，选中没有计算合计的其他单元格，右击，在弹出的快捷菜单中选择“保留原格式”粘贴命令，将公式复制到其他合计单元格中，如图 4-86 所示。

④选择“月薪”合计单元格和“合计月薪”合计单元格，按【F9】快捷键，进行“更新域”操作，函数将进行重新计算，得到月薪和合计月薪的“合计”结果。最终结果如图 4-87 所示。

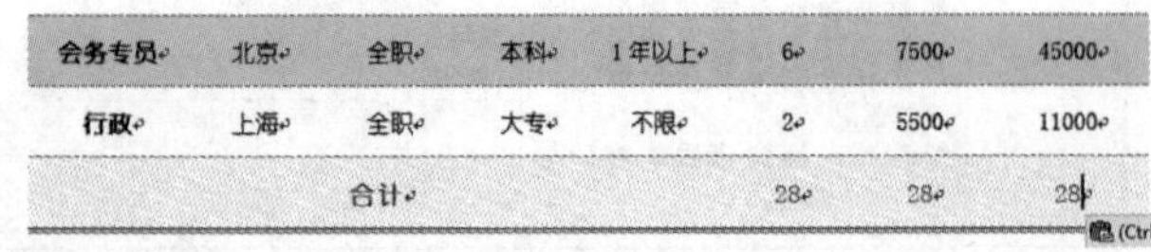

会务专员	北京	全职	本科	1 年以上	6	7500	45000
行政	上海	全职	大专	不限	2	5500	11000
合计					28	28	28

图4-86　复制公式

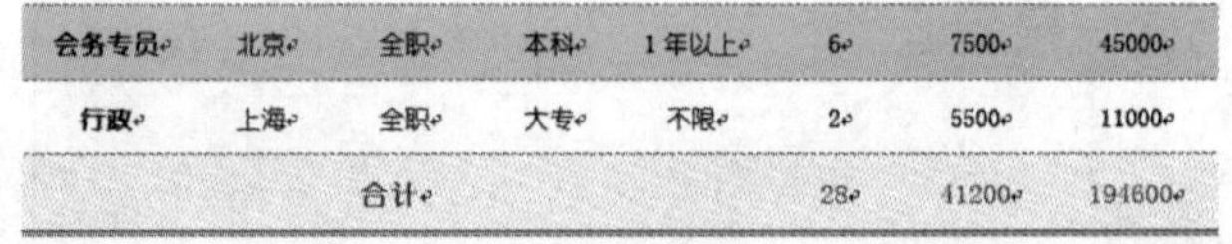

会务专员	北京	全职	本科	1 年以上	6	7500	45000
行政	上海	全职	大专	不限	2	5500	11000
合计					28	41200	194600

图4-87　更新域

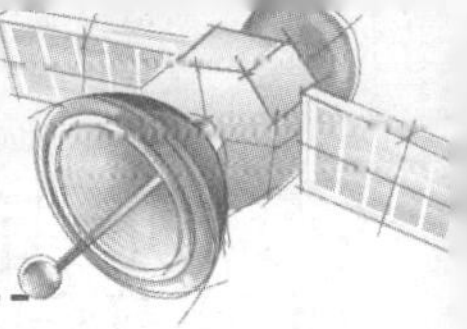

10. 表格排序

将表格按“工作地点”按拼音进行升序排序，工作地点相同的按“月薪（元）”进行降序排序。

① 选中表格 1 ～ 7 行所有单元格，单击“表格工具 | 布局”选项卡“数据”组中的“排序”按钮，如图 4-88 所示，打开“排序”对话框。

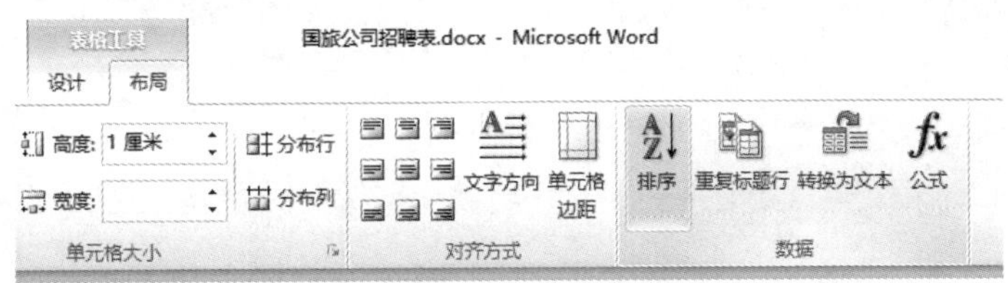

图4-88 表格“排序”命令

② 在“排序”对话框中，在主要关键字的下拉列表框中，选择“工作地点”，类型为“拼音”，选中“升序”单选按钮;在次要关键字的下拉列表框中，选择“月薪（元）”，类型为“数字”，选中“降序”单选按钮，如图 4-89 所示。单击“确定”按钮完成排序，排序后效果如图 4-90 所示。

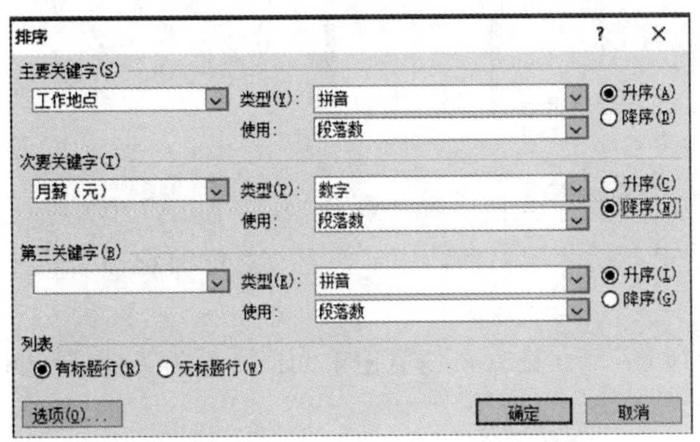

图4-89 “排序”对话框

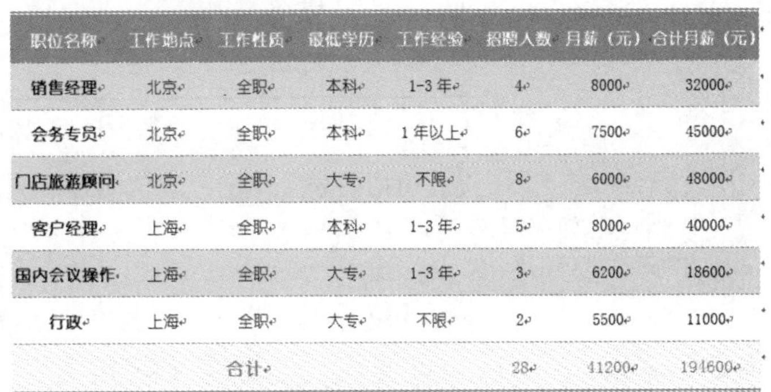

职位名称	工作地点	工作性质	最低学历	工作经验	招聘人数	月薪（元）	合计月薪（元）
销售经理	北京	全职	本科	1-3 年	4	8000	32000
会务专员	北京	全职	本科	1 年以上	6	7500	45000
门店旅游顾问	北京	全职	大专	不限	8	6000	48000
客户经理	上海	全职	本科	1-3 年	5	8000	40000
国内会议操作	上海	全职	大专	1-3 年	3	6200	18600
行政	上海	全职	大专	不限	2	5500	11000
		合计			28	41200	194600

图4-90 表格排序效果

11. 图表制作

在表格下方的空白段落处利用职位名称、月薪（元）数据制作一个簇状条形图。

①将光标定位在表格下方的空白段落处，单击“插入”选项卡“插图”组中的“图表”按钮，打开“插入图表”对话框，在左侧选项卡中，选择“条形图”，在右边“条形图”选择“簇状条形图”类型，如图 4-91 所示。单击“确定”按钮完成图表类型的设置，在文档中出现一个内置的图表及对应的 Excel 数据表，如图 4-92 所示。

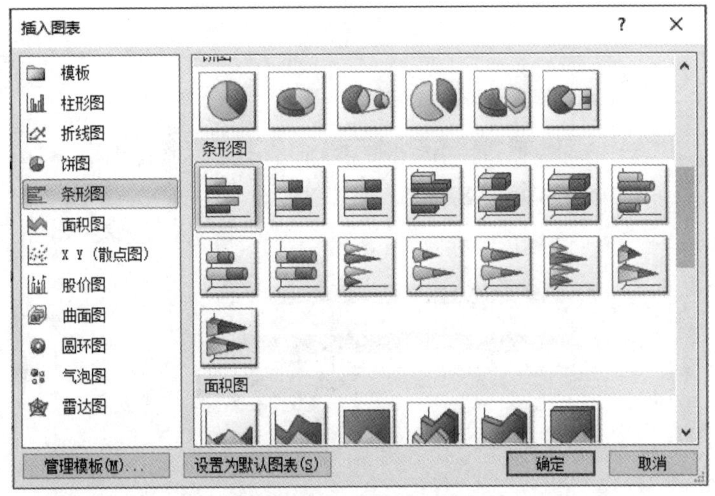

图4-91 选择图表类型

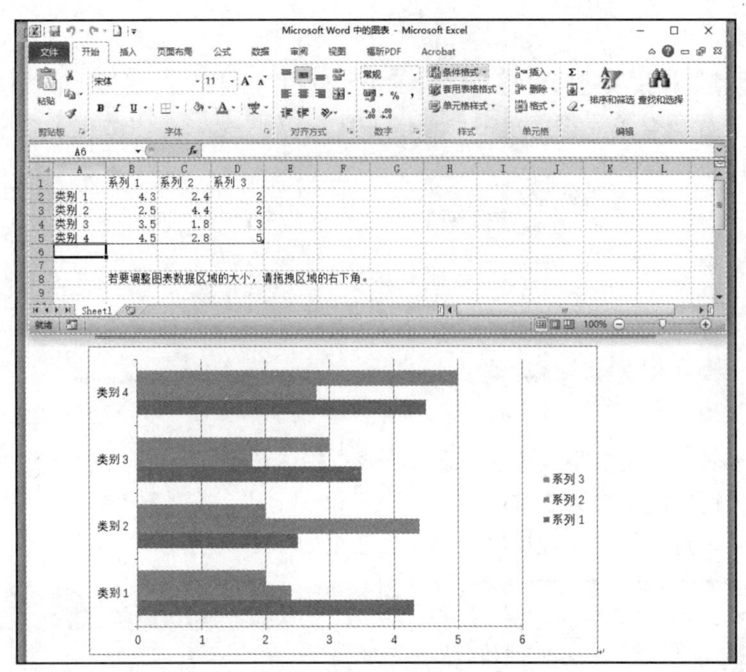

图4-92　插入图表

②复制 Word“国旅公司招聘表”中的“职位名称”列的 1~7 行单元格内容，到 Excel 中 A1:A7 单元格区域，复制表格列“月薪（元）”的 1~7 行数据到 Excel 表中的单元格区域 B1:B7 中（注意：粘贴时选择“匹配目标格式”）。效果如图 4-93 所示。

③调整 Excel 表中图表数据区域的大小，拖到蓝色边框到 B7 单元格处，使蓝色单元格区域为 A1:B7，如图 4-94 所示。关闭 Excel 数据表，效果如图 4-95 所示。

	A	B	C	D	E	F
1	职位名称	月薪（元）	系列 2	系列 3		
2	销售经理	8000	2.4	2		
3	会务专员	7500	4.4	2		
4	门店旅游顾	6000	1.8	3		
5	客户经理	8000	2.8	5		
6	国内会议操	6200				
7	行政	5500				
8		若要调整图 (Ctrl) 域的大小，请拖拽区域的右下角。				

图4-93　复制图表数据

	A	B	C	D	E	F
1	职位名称	月薪（元）	系列 2	系列 3		
2	销售经理	8000	2.4	2		
3	会务专员	7500	4.4	2		
4	门店旅游顾	6000	1.8	3		
5	客户经理	8000	2.8	5		
6	国内会议操	6200				
7	行政	5500				
8		若要调整图表数据区域的大小，请拖拽区域的右下角。				

图4-94　调整图表数据区域

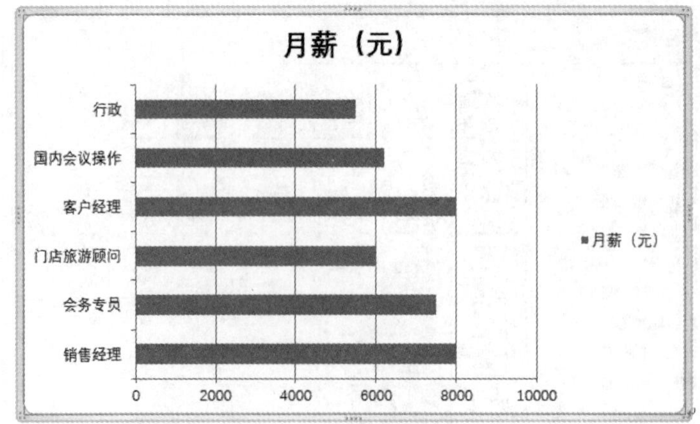

图4-95　图表效果

12. 图表格式化

① 设置图表样式为：样式 28，图表标题为“国旅公司职位薪酬图”；图表区无边框线条。绘图区填充图

案为“浅色下对角线”，前景色为“灰色，-25%，背景 2”，背景色为“白色，背景 1”。

② 设置图例显示在图表的顶部。图表主要网格线线型为虚线（第 4 种短划线），线条透明度为 80%，整张图表在页面居中对齐。

具体操作步骤如下：

① 选择图表。单击“图表工具 | 设计”选项卡，在“图表样式”列表框右下角选择“其他”命令，弹出“表格样式”列表框。选择表格样式“样式 28”，如图 4-96 所示。效果如图 4-97 所示。

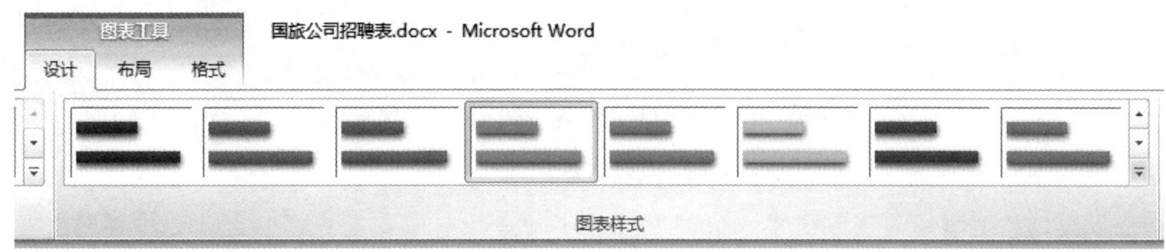

图4-96　设置图表样式

② 在图表标题文本框内，输入图表标题“国旅公司职位薪酬图”。将光标定位到图表空白区域，右击，在弹出的快捷菜单中，选择“设置图表区域格式”命令，如图 4-98 所示。在打开的“设置图表区格式”对话框左侧选择“边框颜色”选项卡，在右侧勾选“无线条”，如图 4-99 所示。单击“关闭”按钮。

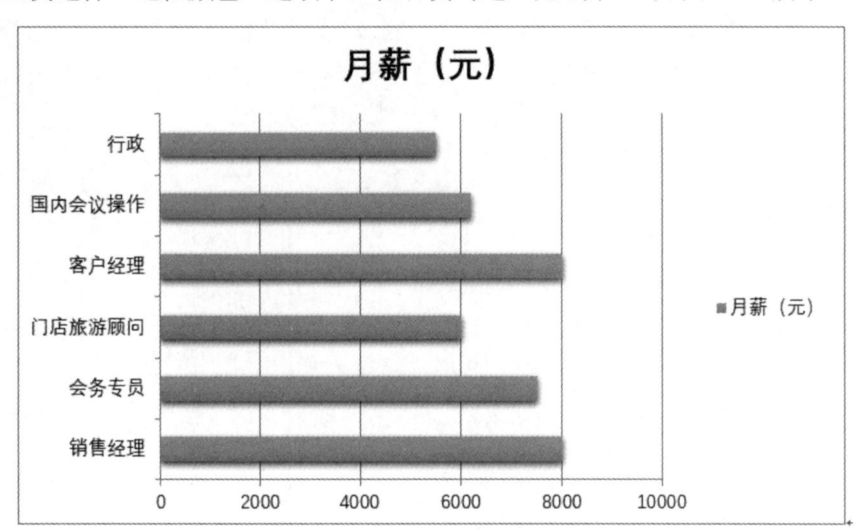

图4-97　图表样式效果

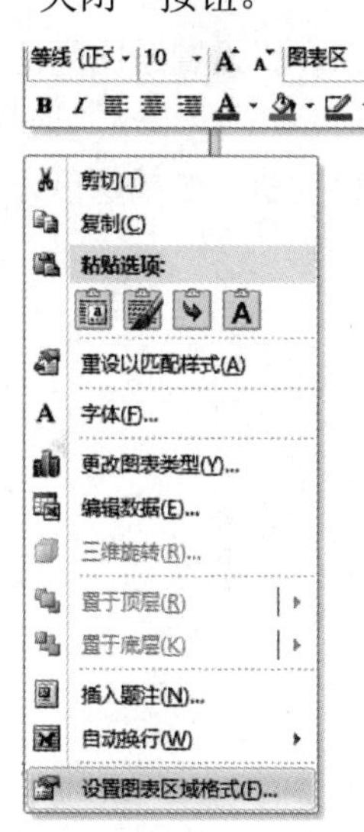

图4-98　设置图表区域格式命令

③ 选择图表。单击“图表工具 | 布局”选项卡“标签”中“图例”下拉按钮，在下拉菜单中选择“在顶部显示图例”命令，如图 4-100 所示。

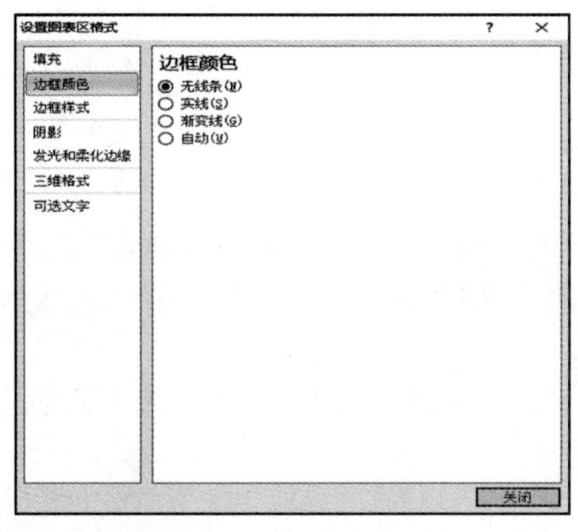

图4-99　设置图表区边框

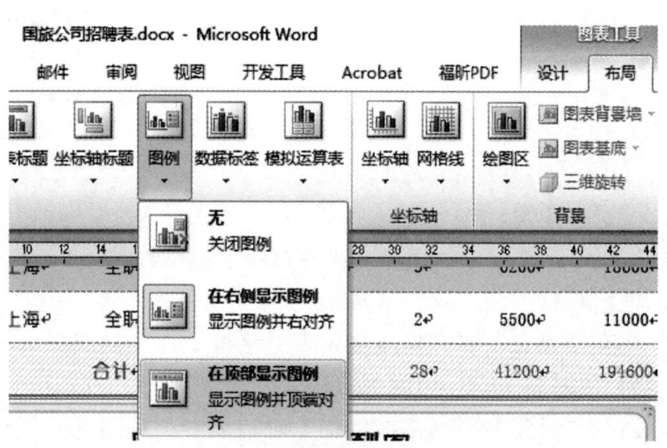

图4-100　设置图例位置

④ 将光标定位到图表绘图区，右击，在弹出的快捷菜单中，选择“设置图表区域格式”命令，如图 4-101 所示，打开“设置绘图区格式”对话框。

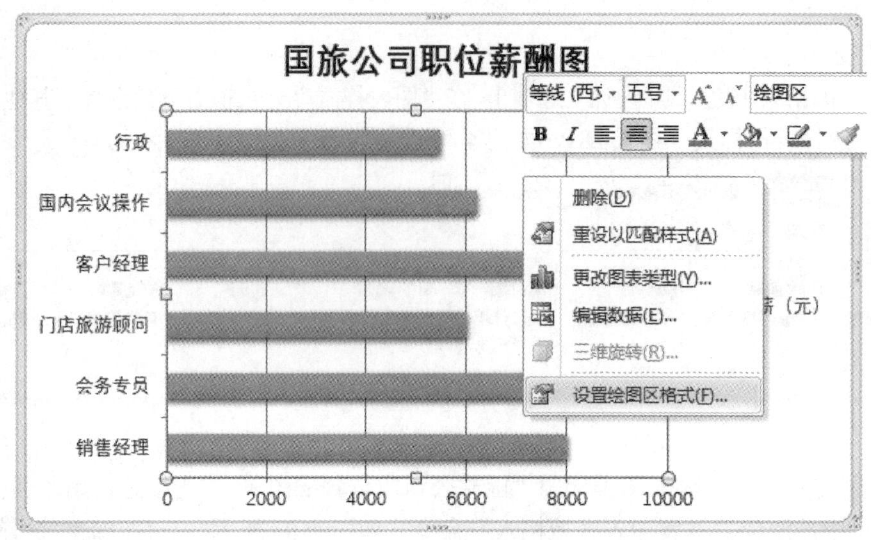

图4-101　设置绘图区格式命令

⑤在“设置绘图区格式”对话框左侧，选择“填充”选项卡，在右侧，勾选“图案填充”，图案样式选择“浅色下对角线”，单击“前景色”后面的下拉按钮，选择颜色为“灰色，-25%，背景 2”，单击“背景色”后面的下拉按钮，选择颜色为为“白色，背景 1”，如图 4-102 所示，单击“关闭”按钮。

图4-102　设置绘图区填充图案

⑥选择图表，单击“图表工具 | 布局”选项卡“坐标轴”组中“网格线”下拉按钮，在下拉菜单中选择“主要横（纵）网格线” | “其他主要横（纵）网格线选项”命令，如图 4-103 所示，打开“设置主要网格线格式”对话框。

⑦在“设置主要网格线格式”对话框中，右侧选择“线条颜色”选项卡。设置线条颜色为“实线”，透明度为“80%”，如图 4-104 所示。

⑧在“设置主要网格线格式”对话框中，右侧选择“线型”选项卡。设置短划线类型为“短划线”，如图 4-105 所示。最终效果如图 4-106 所示。

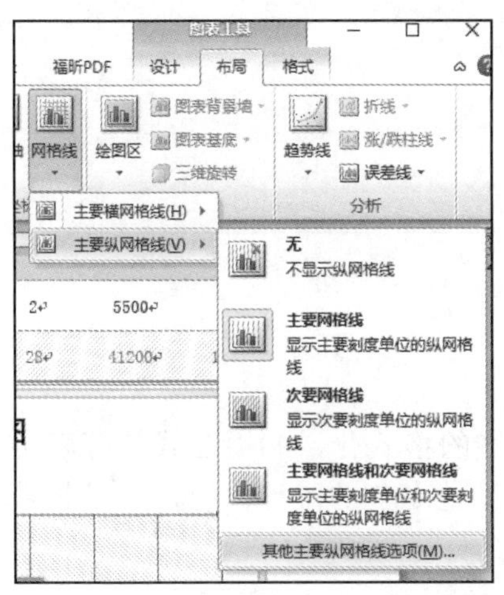

图4-103　选择主要网格线选项命令

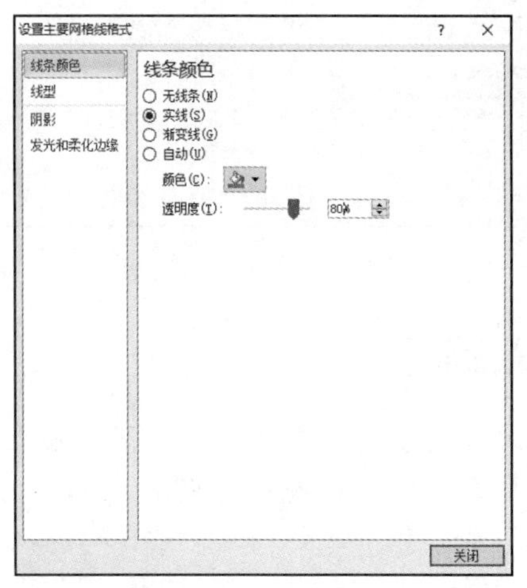

图4-104　设置主要网格线线条颜色

图4-105　设置主要网格线线型

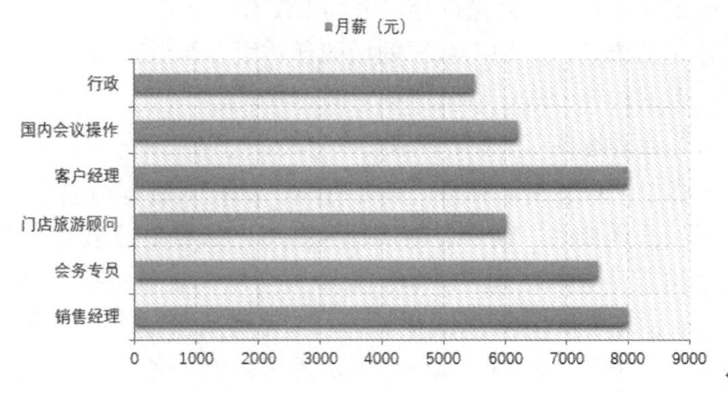

图4-106　绘图区填充效果

12. 插入页码

在页面底端插入页码，页码样式为“圆角矩形 3”。

①单击“插入”选项卡“页眉和页脚”组中“页码”下拉按钮，在下拉菜单中选择“页面底端”|“圆角矩形 3”命令，如图 4-107 所示。

②单击“页眉和页脚工具 | 设计”选项卡“关闭页眉和页脚”命令，退出页眉和页脚编辑状态，如图 4-108 所示。最终效果如图 4-109 所示。

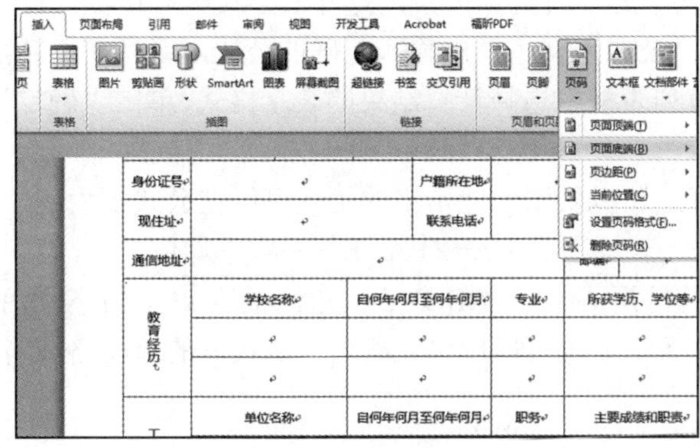

图4-107　插入页码

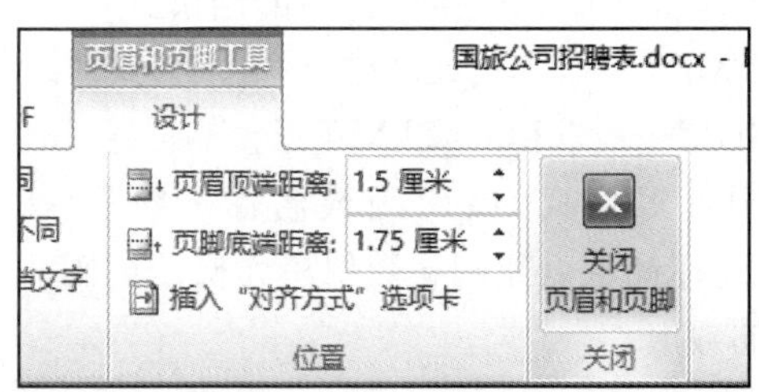

图4-108　关闭页眉和页脚

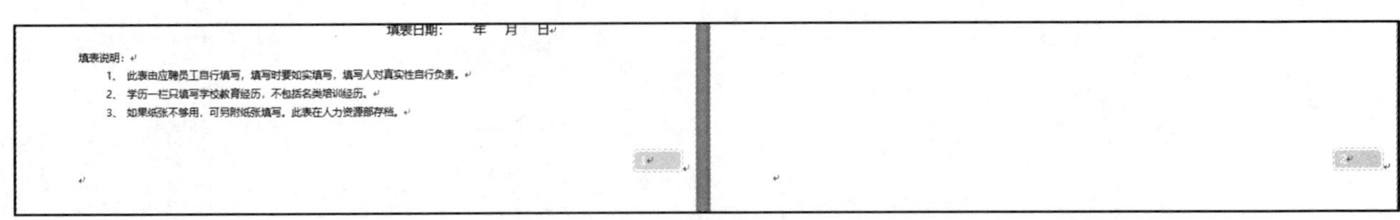

图4-109　页脚效果

4.2.4　难点解析

通过本节课程的学习，学生掌握了表格的插入，表格的格式化，利用公式计算表格中的数据，表格排序以及利用表格中的数据制作图表。其中，表格计算是本节的难点内容，这里将针对这些操作进行讲解。

1. 表格的计算

在 Word 的表格中，可以进行比较简单的四则运算和函数运算。Word 的表格计算功能在表格项的定义方式、公式的定义方法、有关函数的格式及参数、表格的运算方式等方面都与 Excel 基本是一致的，任何一个用过 Excel 的用户都可以很方便地利用“域”功能在 Word 中进行必要的表格运算。

公式是由等号、运算符号、函数以及数字、单元格地址所表示的数值、单元格地址所表示的数值范围、指代数字的书签、结果为数字的域的任意组合组成的表达式。该表达式可引用表格中的数值和函数的返回值。一般的计算公式可用引用单元格的形式，

（1）表格的单元格表示方法

表格中的单元格名称按“列号行号”的格式进行命名，是由单元格所在的列、行序号组合而成的，列号在前，行号在后。如第 2 列第 4 行的单元格名为 B4。行默认是用数字表示，列用字母（大小写均可）表示。单元格可用 A1、A2、B1 以及 B2 的形式进行引用(见图 4-110)。如果需要引用的单元格相连为一个矩形区域，则不必一一罗列单元格，此时可表示为“首单元格 : 尾单元格”。比如要表示 F 列 1 ～ 5 行的所有单元格，可以表示为“F1:F5”。

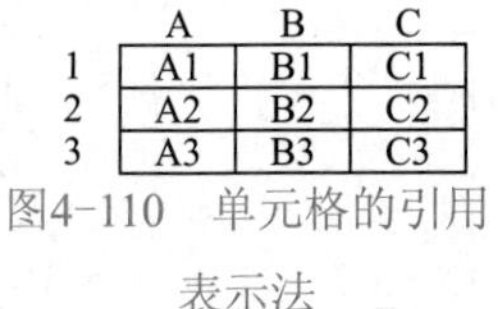

	A	B	C
1	A1	B1	C1
2	A2	B2	C2
3	A3	B3	C3

图4-110　单元格的引用表示法

（2）表格计算方式

表格的计算方式有以下几种 :

① 单击“表格工具布局”选项卡中“数据”组中的“自动求和”按钮,对选定范围内或附近一行（或一列）的单元格求累加。需要注意的是，一列数值求和时，光标要放在此列数据的最下端的单元格 ; 一行数据求和时，光标要放在此行数据的最右端的单元格，当求和单元格的左方或上方表格中都有数据时，列求和优先。

② 单击“表格工具布局”选项卡中“数据”组中的“公式”按钮，打开“公式”对话框。在“公式”对话框中可以进行复杂运算，如图 4-111 所示。在“公式”文本框中输入正确的公式，或者在“粘贴函数”下拉列表框中选择所需的函数;在“数字格式”下拉列表框中选择计算结果的表示格式,单击“确定”按钮，在选定的单元格中就可得到计算的结果。

③ Word 2010 除了可以直接输入公式进行计算，还提供了一些常用的函数可以在公式中引用，常用函数有 : SUM——求和 ; MAX——求最大值 ; MIN——求最小值 ; AVREAGE——求平均值。

函数计算格式为 : = 函数名称（参数），其中常用参数有 ABOVE : 光标插入点上方各数单元格、LEFT : 光标插入点左侧各数值单元格，如图 4-112 所示。也可以用单元格名称所代表的单元格或者单元格区域里的数值。

（3）复制公式

对于具有相同计算要求的单元格区域，我们一般输入完第一个公式后，后面的单元格的公式计算可以

通过复制公式→切换域代码→更新域完成。如果公式是简单的统计函数，参数为 ABOVE 或 LEFT，我们可以通过复制公式→更新域完成。

① 本例中计算总平均成绩的公式 = 课后成绩 *20%+ 平时成绩 *30%+ 期末成绩 *50%，E3 单元格的公式如图 4-113 所示。选中已经完成第一个公式的单元格，选择“复制”命令。

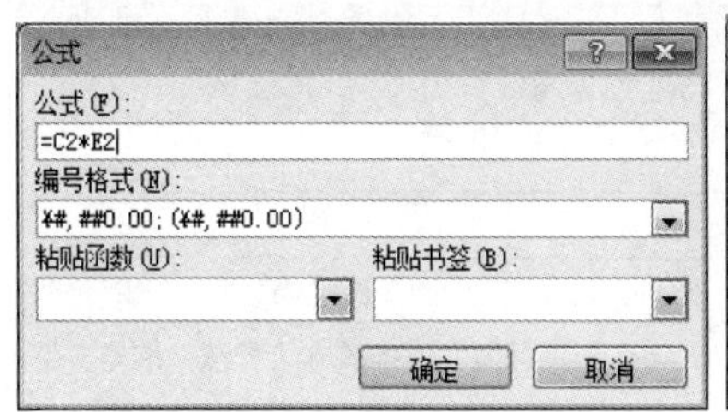

图4-111　表格公式计算

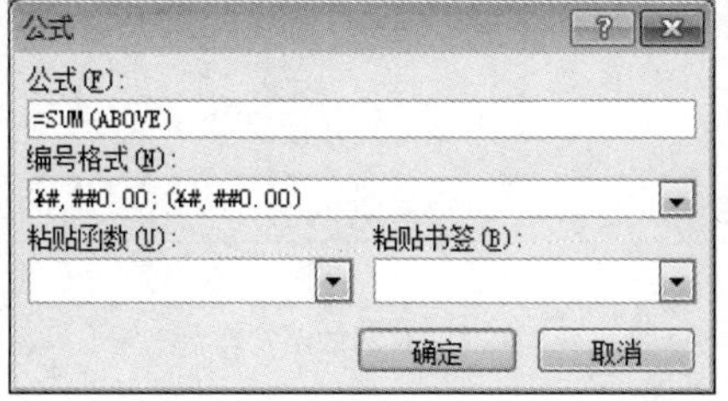

图4-112　表格函数计算

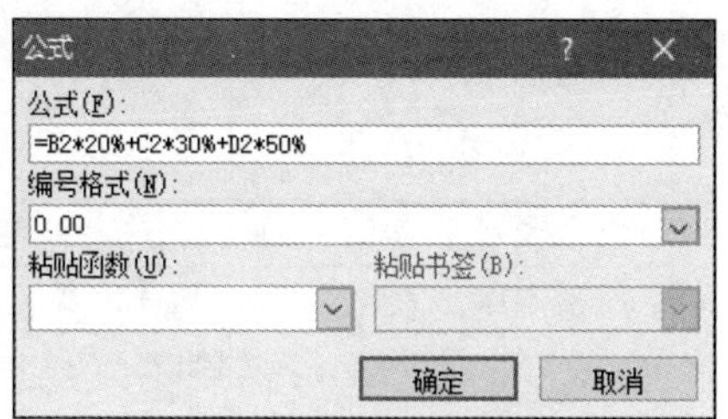

图4-113　案例单元格公式

② 选择需要复制公式的单元格区域，执行“粘贴”|“保持原格式”命令，如图 4-114 所示。

	课后作业	平时成绩	期末成绩	总评成绩
潘保文	90	92	80	85.60
曾小智	89	90	78	
江希超	90	85	89	
谢宝宜	95	90	95	
张颖	98	98	93	

图4-114　“保留源格式”粘贴

③ 复制公式后的单元格区域显示的并不会像 Excel 那样自动更新里面的值，这需要通过“切换域代码”完成。逐个单击这些单元格，右击，在弹出的快捷菜单中选择“切换域代码”命令，修改对应的单元格引用，如图 4-115 所示。

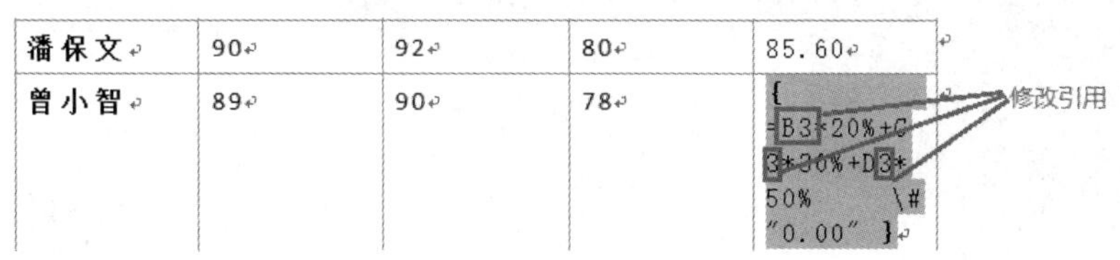

潘保文	90	92	80	85.60
曾小智	89	90	78	{ =B3*20%+C3*30%+D3*50% \# "0.00" }

图4-115　修改引用

④ 最后，右击在快捷菜单中选择“更新域”（或先选定公式所在区域后按【F9】键）可得到最新计算结果；也可先选定公式所在单元格，通过选择“表格”|“公式”进行修改。

（4）公式的修改（计算结果的更新）

① 计算结果的更新：在改动了某些单元格的数值后，域结果不能同时立即更新，此时可以选择整个表格，然后按【F9】键或右击并选择“更新域”命令，这样表格里所有的计算结果将全部更新。

② 锁定计算结果：若使用域进行了某些计算后，不再希望此计算结果在它所引用的单元格数据变化后也进行更新，那就需要对域结果进行锁定。锁定的方法有两种：一是暂时性的锁定域，可以选定该域后，按下快捷键【Ctrl+F11】进行锁定，当需要对此域解除锁定时，可以先选定该域，然后使用快捷键【Ctrl+Shift+F11】就行了；二是永久性的锁定域，选中需要永久锁定的域后，按下快捷键【Ctrl+Shift+F9】即可，这样锁定的域结果将被转换成文本而固定下来。

4.3 图形图像基本操作——巴厘岛宣传册

4.3.1 任务引导

引导任务卡见表 4-3。

表 4-3 引导任务卡

任务编号	4.3		
任务名称	巴厘岛宣传册	计划课时	2 课时
任务目的	通过制作巴厘岛宣传册，学生掌握制作宣传册的基本理念，熟练掌握在 Word 中进行图文混排的方式方法，培养学生的图文混排水平和鉴赏能力		
任务实现流程	教师引导→讲解任务知识点→制作国旅公司简介→教师讲评→学生完成公司简介制作→难点解析→总结与提高		
配套素材导引	原始文件位置：大学计算机基础 \ 素材 \ 第 4 章 \ 任务 4.3 最终文件位置：大学计算机基础 \ 效果 \ 第 4 章 \ 任务 4.3		

任务分析

随着经济的快速发展，宣传册已经成为重要的商业贸易媒体，成为企业充分展示自己的最佳渠道，更是企业最常用的产品宣传手段。宣传册一般有以下几种分类：①公司企业宣传册；②零售商宣传册；③教育文化机构宣传册；④年度报表类宣传册；⑤旅游与旅行宣传册。旅游宣传册是旅游促销中宣传性印刷品中的基础品类，是树立旅游目的地形象，使消费者注意和了解自己的产品，激发消费者购买兴趣的有效媒介。实际工作中，旅游宣传册是以形成目的地诱导性形象为目标的促销手段，其能够通过影响游客对目的地形象的构建过程，进而影响旅游者的决策过程，来发挥旅游促销的功能。同时，旅游宣传册是一种全面、权威的旅游信息传递载体，其能够对游客满意度产生重要影响。

本任务要求学生通过对巴厘岛宣传册的制作，利用 Word 为用户提供的图形绘制工具和图片工具，实现文档的图文混排效果，以增加文档的可读性，使文档更为生动有趣。完成效果如图 4-116 所示。

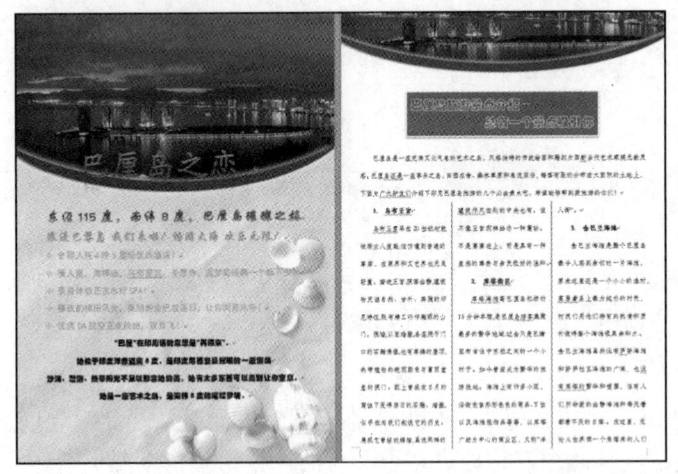

图4-116 巴厘岛宣传册效果图

4.3.2 任务步骤

1. 页面设置

打开素材文件“巴厘岛宣传册 .docx”，进行页面设置：纸张大小为 A4；页边距为上 1.1 厘米，下 1.1 厘米，左、右各 1.2 厘米。

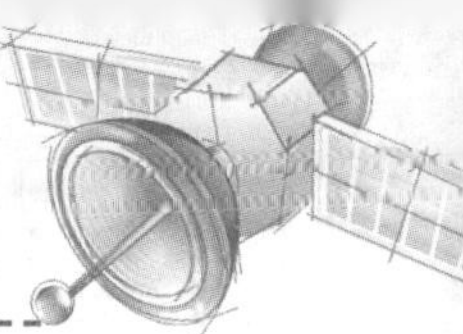

2. 宣传册分页

在文字“巴厘岛是一座充满文化气息的艺术之岛……”插入一个分页符，使得文字“巴厘岛是一座充满文化气息的艺术之岛……”所在的段落位于第二页。

3. 插入艺术字

在第一页第一段开头处插入艺术字标题“巴厘岛之恋”，文字效果为“填充－蓝色，强调文字颜色 1，金属棱台，映像”，华文楷体，字号 60 磅，上下型环绕，水平绝对位置位于页面右侧 4 厘米，垂直位于页面下侧 9 厘米。

4. 其他字体设置

① 设置“东经 115 度，南纬 8 度，巴厘岛璀璨之旅”为“方正舒体”，一号字，字体加粗，文本效果：渐变填充—蓝色，强调文字颜色 1，居中对齐。

② 设置“浪漫巴厘岛我们来啦！畅游大海欢乐无限！”字体为“华文行楷”，二号字，加粗，字体颜色：橙色，强调文字颜色 6。

③ 设置“全程入住 4 晚 5 星级优质酒店！……优选 DA 航空正点航班，双直飞！”为“黑体”，三号字，字体颜色为：橙色，强调文字颜色 6；并添加项目符合，Windings 代码为：178。

④ 设置“‘巴厘’在印尼语的意思是‘再回来’，……她是一座艺术之岛，是南纬 8 度的璀璨梦境。”字体为“华文琥珀”，四号字，居中对齐。

5. 绘制文本框

选中文字内容“东经 115 度，南纬 8 度，巴厘岛璀璨之旅……她是一座艺术之岛，是南纬 8 度的璀璨梦境。”绘制文本框，文本框无填充颜色，无轮廓颜色；水平对齐方式相对于页面居中，垂直绝对位置位于页面下侧 13.1 厘米。

6. 宣传册封面背景图片设置

插入图片素材“封面背景 .jpg”，“衬于文字下方”，并使图片铺满整个页面。

7. 设置图片

为第二页插入图片素材“内页抬头背景 .JPG”，“上下型环绕”，左右居中，设置图片宽度为 22 厘米。

8. 插入自选图形

在段落“巴厘岛是一座充满文化气息的艺术之岛……”开头处绘制一个矩形，设置高 2.8 厘米，宽 12.5 厘米，上下型环绕，居中对齐；设置形状样式为浅色 1 轮廓，彩色填充紫色，强调颜色 4。输入文字“巴厘岛旅游景点介绍　总有一个景点吸引你”，空格处文字分段，设置字体为华文彩云，二号字，第一段左对齐，第二段右对齐。

9. 段落分栏

将段落“1. 乌布王宫……游客能够尝试亲手染一块布料或一件衣服作留念。”分为等宽的三栏并加分隔线。

10. 图片样式设置

在第三页每个景点介绍的段落任意位置插入景点对应的图片。并设置图片样式“3 金巴兰海滩 .jpg”为“松散透视，白色”；“4 木雕村为木雕村 .jpg”为“棱台透视”、“5 蜡染村 .jpg”为“剪裁对角线，白色”。设置所有图片自动换行为“四周型环绕”。

11. 插入竖排文本框，文字简繁转换

① 在文档最后插入一个竖排文本框，更改形状为圆角矩形；形状样式为“彩色轮廓－蓝色，强调颜色 1”，形状填充为“蓝色，强调文字颜色 1，淡色 80%”。

② 将文档最后一段移动到文本框中，转换为繁体字，根据文本内容适当调整文本框的大小。设置文本框为上下型环绕，对齐为左右居中。

4.3.3　任务实施

1. 页面设置

打开素材文件“巴厘岛宣传册 .docx”，进行页面设置：纸张大小为 A4；页边距为上 1.1 厘米，下 1.1 厘米，左、右各 1.2 厘米。

① 打开“巴厘岛宣传册 .docx”，单击“页面布局”选项卡“页面设置”组中的对话框启动器按钮，弹出“页面设置”对话框。

② 选择“页边距”选项卡，设置上、下为 1.1 厘米，左右为 1.2 厘米，如图 4-117 所示。

③ 选择“纸张”选项卡，设置纸张大小为 A4，如图 4-118 所示。单击“确定”按钮完成设置。

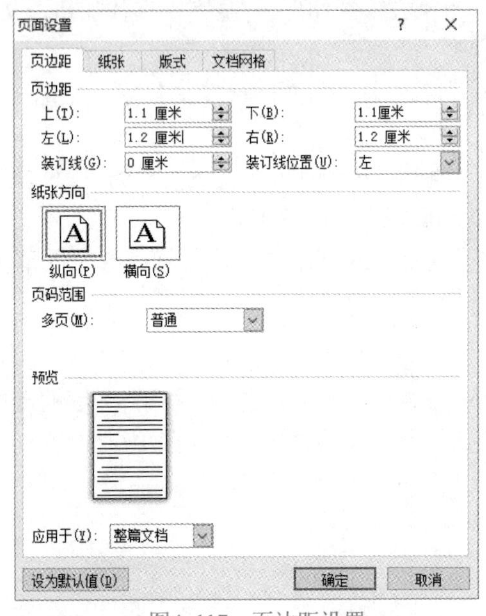

图4-117　页边距设置

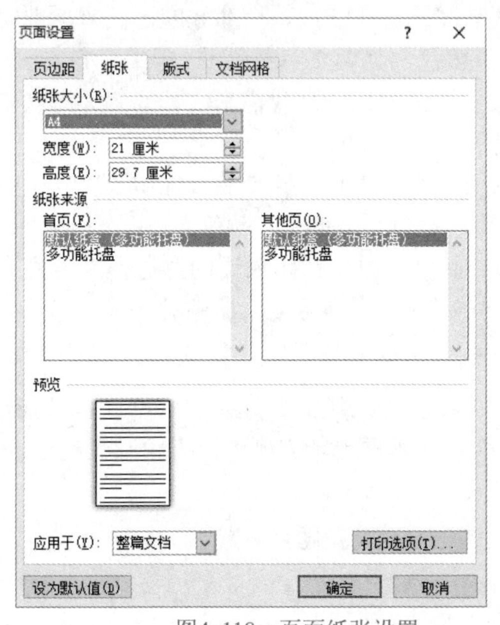

图4-118　页面纸张设置

2. 宣传册分页

在文字“巴厘岛是一座充满文化气息的艺术之岛……”插入一个分页符，使得文字“巴厘岛是一座充满文化气息的艺术之岛……”所在的段落位于第二页。

① 将光标定位在文字“巴厘岛是一座充满文化气息的艺术之岛”段落之前。

② 在“插入”选项卡“页”组中，单击“分页”命令，如图 4-119 所示，将该段落人工分到了第二页。

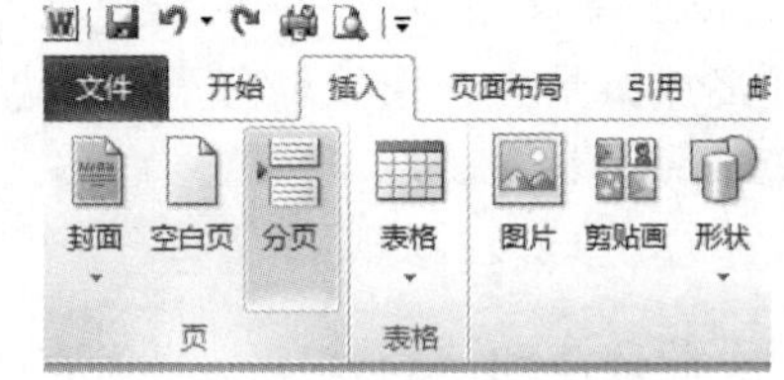

图4-119　插入分页符

3. 插入艺术字

在第一页第一段开头处插入艺术字标题“巴厘岛之恋”，文字效果为“填充 - 蓝色，强调文字颜色 1，金属棱台，映像”，华文楷体，字号 60 磅，上下型环绕，水平绝对位置位于页面右侧 4 厘米，垂直位于页面下侧 9 厘米。

① 将光标置于第一页文档开头处，单击“插入”选项卡“文本”组中的“艺术字”按钮（见图 4-120）选择第五行第五列的“填充 - 蓝色，强调文字颜色 1，金属棱台，映像”样式，输入文字“巴厘岛之恋”。

② 选中文本“巴厘岛之恋”，在“开始”选项卡“字体”组中设置字体为“华文楷体”，字号为“60”。

③ 选中艺术字，单击“绘图工具 | 格式”选项卡“排列”组中的“自动换行”下拉按钮，选择“上下型环绕”，如图 4-121 所示。

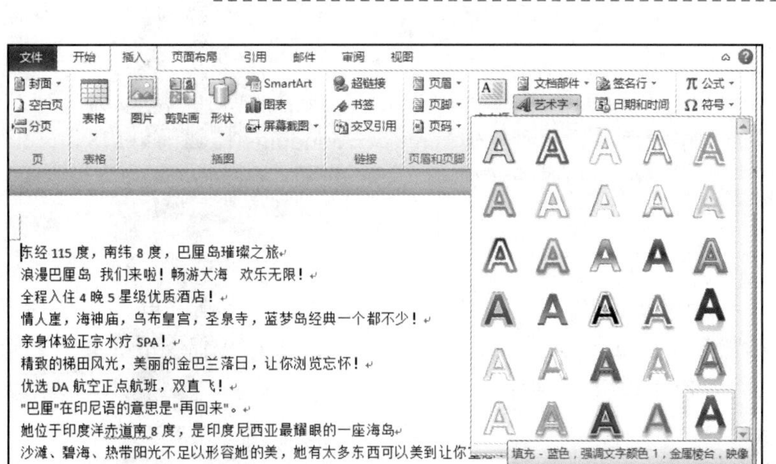

图4-120 艺术字样式设置

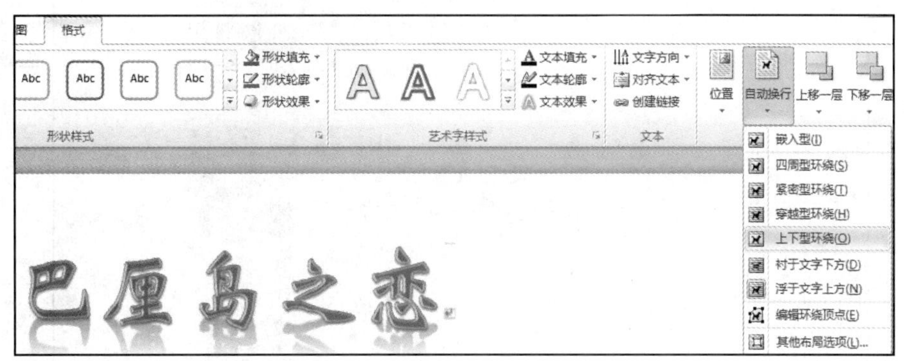

图4-121 艺术字环绕方式设置

④ 选中艺术字，单击“绘图工具”选项卡“大小”组中右下角的对话框启动器按钮，打开“布局”对话框，单击“位置”选项卡，设置水平绝对位置位于页面右侧 4 厘米，垂直位于页面下侧 9 厘米，如图 4-122 所示。单击“确定”按钮完成设置。

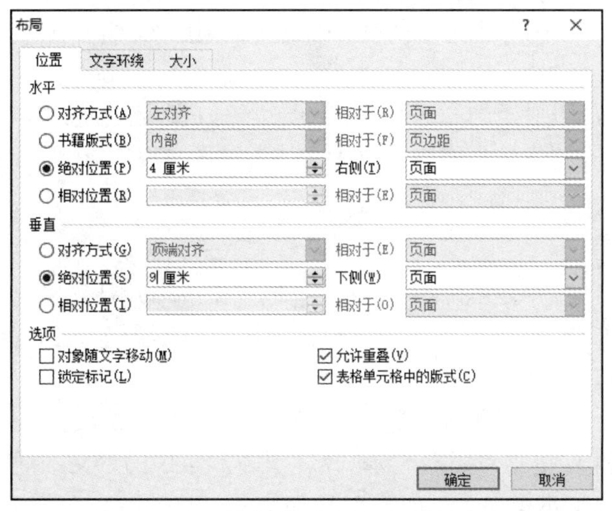

图4-122 艺术字位置设置

4. 其他字体设置

① 设置“东经 115 度，南纬 8 度，巴厘岛璀璨之旅”为“方正舒体”，一号字，字体加粗，文本效果：渐变填充蓝色，强调文字颜色 1，居中对齐。

② 设置“浪漫巴厘岛我们来啦！畅游大海欢乐无限！”字体为“华文行楷”，二号字，加粗，字体颜色：

橙色，强调文字颜色 6。

③ 设置“全程入住 4 晚 5 星级优质酒店……优选 DA 航空正点航班，双直飞！”为“黑体”，三号字，字体颜色为：橙色，强调文字颜色 6；并添加项目符合，Windings 代码为：178。

④ 设置“‘巴厘’在印尼语的意思是‘再回来’……她是一座艺术之岛，是南纬 8 度的璀璨梦境。”字体为“华文琥珀”，四号字，居中对齐。

具体操作步骤如下：

① 选中文字“东经 115 度，南纬 8 度，巴厘岛璀璨之旅”，单击“开始”选项卡，在“字体”组中，设置字体为“方正舒体”，字号为一号，字体加粗。文本效果为“渐变填充蓝色，强调文字颜色 1”，如图 4-123 所示。在“段落”组中设置居中对齐。

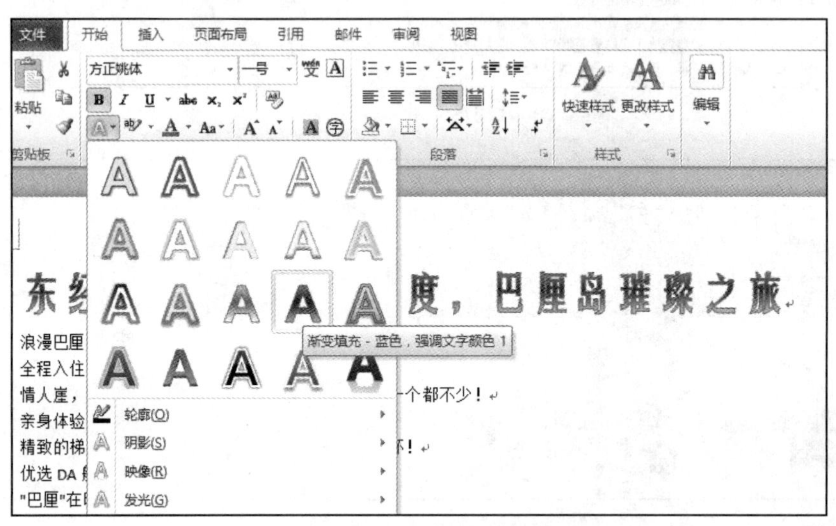

图4-123　文本效果设置

② 选中文字“浪漫巴厘岛我们来啦！畅游大海欢乐无限！”单击“开始”选项卡，在“字体”组中，设置字体为“华文行楷”，二号字，字体加粗；字体颜色为：橙色，强调文字颜色 6。

③ 选中文本“全程入住 4 晚 5 星级优质酒店！～优选 DA 航空正点航班，双直飞！”（第 3 ～ 7 段）设置字体为“黑体”，三号字；字体颜色为：橙色，强调文字颜色 6。并添加项目符号，字体 windings 代码为：178。

④ 选中文字“‘巴厘’在印尼语的意思是‘再回来’……她是一座艺术之岛，是南纬 8 度的璀璨梦境。”单击“开始”选项卡，在“字体”组中，设置字体为“华文琥珀”，四号字，段落居中对齐。效果如图 4-124 所示。

5. 绘制文本框

选中文字内容“东经 115 度，南纬 8 度，巴厘岛璀璨之旅……她是一座艺术之岛，是南纬 8 度的璀璨梦境。”（第一页中所有段落）绘制文本框，文本框无填充颜色，无轮廓颜色；水平对齐方式相对于页面居中，垂直绝对位置在页面下侧 13.1 厘米。

① 选中文字内容“东经 115 度，南纬 8 度，巴厘岛璀璨之旅……她是一座艺术之岛，是南纬 8 度的璀璨梦境。”（第一页中所有段落），单击“插入”选项卡“文本”组中的“文本框”按钮，选择“绘制文本框”命令。这样文本内容就出现在文本框中了，如图 4-125 所示。

② 设置文本框。选中文本框，单击“绘图工具 | 格式”选项卡“形状样式”组中的“形状轮廓”下拉按钮，选择“无轮廓”命令，取消文本框轮廓。

③ 单击“大小”组右下角的对话框启动器按钮，打开“布局”对话框，在“位置”选项卡中设置水平对齐“居中”，相对于“页面”。垂直的绝对位置在“页面”下侧 13.1 厘米。设置后效果如图 4-126 所示。

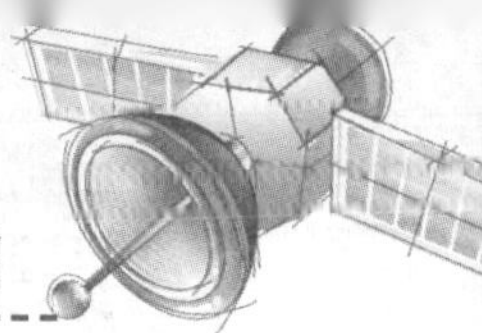

东经 115 度，南纬 8 度，巴厘岛璀璨之旅

浪漫巴厘岛 我们来啦！畅游大海 欢乐无限！

✧ 全程入住 4 晚 5 星级优质酒店！

✧ 情人崖，海神庙，乌布皇宫，圣泉寺，蓝梦岛经典一个都不少！

✧ 亲身体验正宗水疗 SPA！

✧ 精致的梯田风光，美丽的金巴兰落日，让你浏览忘怀！

✧ 优选 DA 航空正点航班，双直飞！

"巴厘"在印尼语的意思是"再回来"。

她位于印度洋赤道南 8 度，是印度尼西亚最耀眼的一座海岛

沙滩、碧海、热带阳光不足以形容她的美，她有太多东西可以美到让你窒息。

她是一座艺术之岛，是南纬 8 度的璀璨梦境。

图4-124　字体设置后效果图

东经 115 度，南纬 8 度，巴厘岛璀璨之旅

浪漫巴厘岛 我们来啦！畅游大海 欢乐无限！

✧ 全程入住 4 晚 5 星级优质酒店！

✧ 情人崖，海神庙，乌布皇宫，圣泉寺，蓝梦岛经典一个都不少！

✧ 亲身体验正宗水疗 SPA！

✧ 精致的梯田风光，美丽的金巴兰落日，让你浏览忘怀！

✧ 优选 DA 航空正点航班，双直飞！

"巴厘"在印尼语的意思是"再回来"。

巴厘岛之恋

她位于印度洋赤道南 8 度，是印度尼西亚最耀眼的一座海岛

沙滩、碧海、热带阳光不足以形容她的美，她有太多东西可以美到让你窒息。

她是一座艺术之岛，是南纬 8 度的璀璨梦境。

图4-125　插入绘制文本框效果

6．宣传册封面背景图片设置

图插入图片素材“封面背景 .jpg”，自动换行为“衬于文字下方”，并使图片铺满整个页面。

① 将光标置于文档第一页开头处，单击“插入”选项卡“插图”组中的“图片”按钮，选择“封面背景 .jpg”图片，单击“插入”按钮。

② 选中图片，单击“图片工具 | 格式”选项卡“排列”组中的“自动换行”下拉按钮，选择“衬于文字下方”，如图 4-127 所示。

巴厘岛之恋

东经 115 度，南纬 8 度，巴厘岛璀璨之旅

浪漫巴厘岛 我们来啦！畅游大海 欢乐无限！

✧ 全程入住 4 晚 5 星级优质酒店！

✧ 情人崖，海神庙，乌布皇宫，圣泉寺，蓝梦岛经典一个都不少！

✧ 亲身体验正宗水疗 SPA！

✧ 精致的梯田风光，美丽的金巴兰落日，让你浏览忘怀！

✧ 优选 DA 航空正点航班，双直飞！

"巴厘"在印尼语的意思是"再回来"。

她位于印度洋赤道南 8 度，是印度尼西亚最耀眼的一座海岛

沙滩、碧海、热带阳光不足以形容她的美，她有太多东西可以美到让你窒息。

她是一座艺术之岛，是南纬 8 度的璀璨梦境。

图4-126　设置绘制文本框后效果图

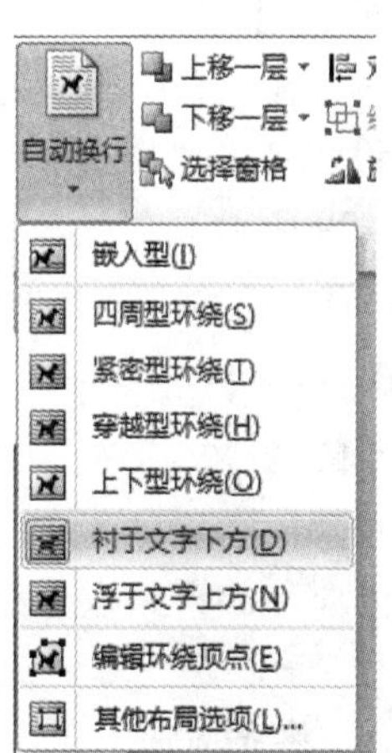

图4-127　更改图片环绕方式

③ 拖动图片周围的控制点，调整图片大小，使图片铺满整个页面。效果如图 4-128 所示。

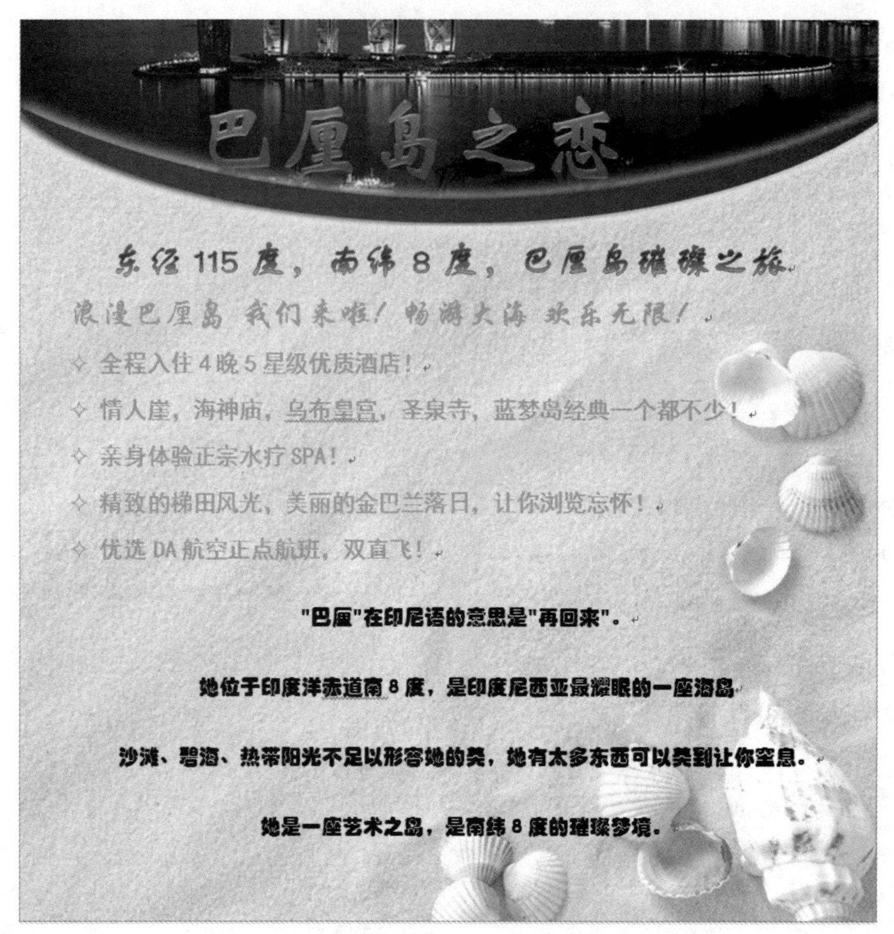

图4-128　宣传册首页背景效果图

7. 插入图片

为第二页插入图片素材“内页抬头背景.jpg”，“上下型环绕”，左右居中，取消锁定纵横比，设置图片宽度为 22 厘米。

① 将光标置于宣传册第二页开头处，单击“插入”选项卡“插图”组中的“图片”按钮，选择“内页抬头背景.jpg”图片，单击“插入”按钮。

② 单击“图片工具 | 格式”选项卡“排列”组中的“自动换行”下拉按钮，选择“上下型环绕”。

③ 单击图片，单击“大小”组右下角的对话框启动器，打开“布局”对话框，在“大小”选项卡中，设置单击“锁定纵横比”单选按钮，取消锁定纵横比，在“宽度”组中输入“22 厘米”绝对值，如图 4-129 所示。在“位置”选项卡中设置水平对齐“居中”，相对于“页面”；垂直的绝对位置于“上边距”下侧“0”厘米，如图 4-130 所示。最终效果如图 4-131 所示。

8. 插入自选图形

在段落“巴厘岛是一座充满文化气息的艺术之岛……”开头处绘制一个矩形，设置高 2.8 厘米，宽 12.5 厘米，上下型环绕，居中对齐；设置形状样式为浅色 1 轮廓，彩色填充 - 紫色，强调颜色 4。输入文字“巴厘岛旅游景点介绍　总有一个景点吸引你”，空格处文字分段，设置字体为华文彩云，二号字，第一段左对齐，第二段右对齐。

① 将光标置于文字“巴厘岛是一座充满文化气息的艺术之岛”开头处，单击“插入”选项卡“插图”组中的“形状”下拉按钮，选择“矩形”形状。如图 4-132 所示。

② 将光标移动到第二页顶部适当位置，光标变成黑色的十字按住鼠标左键拖动鼠标绘制一个矩形。在“绘图工具 | 格式”选项卡“大小”组中，设置高度为 2.8 厘米，宽度为 12.5 厘米，如图 4-133 所示。

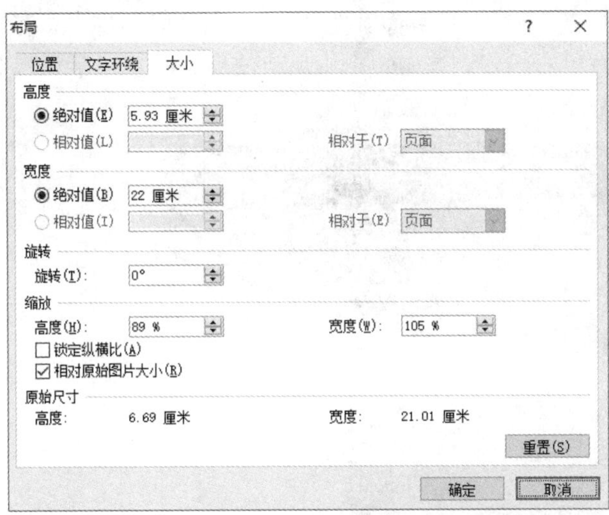

图4-129 宣传册内页抬头背景图片大小设置

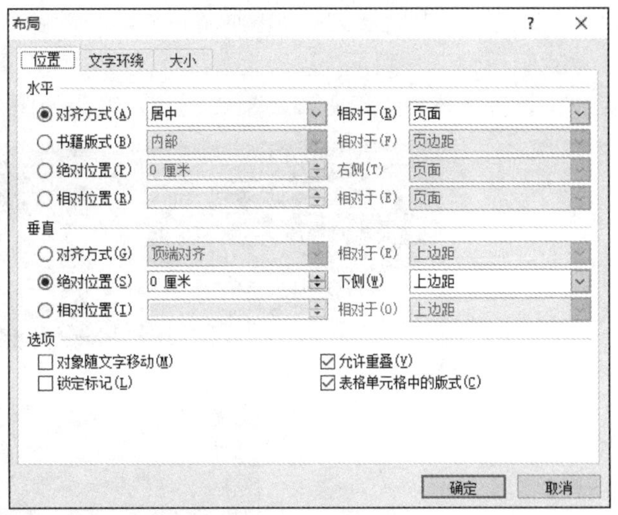

图4-130 宣传册内页抬头背景图片位置设置

巴厘岛是一座充满文化气息的艺术之岛，风格独特的传统绘画和雕刻为西新当代艺术家提无数灵感。巴厘岛还是一座享乐之岛，田园农舍、森林草原和急流深谷，错落有致的分布在大面积的土地上，下面为广大驴友们介绍下印尼巴厘岛旅游的几个必去景点吧，希望能够帮到爱旅游的你们！

图4-131 宣传册第二页图片效果

③ 单击“大小”组右下角的对话框启动器按钮，打开“布局”对话框，在“位置”选项卡中设置水平对齐“居中”，相对于“页面”。垂直的绝对位置在“页面”下侧6.25厘米。再单击“布局”对话框的“文字环绕”选项卡，选择“上下型”环绕方式，单击“确定”按钮。

④ 选中“矩形”，单击“绘图工具｜格式”选项卡“形状样式”组中右下角下拉按钮，选择“浅色1轮廓，彩色填充-紫色，强调颜色4”样式（第3行第5列），如图4-134所示。

图4-132 插入矩形形状

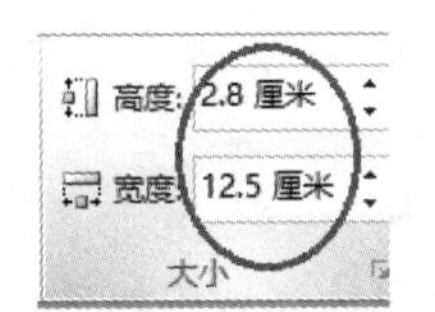

图4-133 设置矩形大小

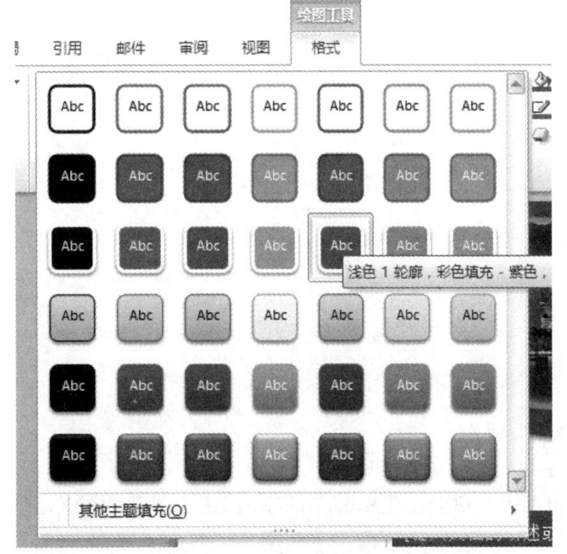

图4-134 矩形形状样式

⑤ 在矩形中输入文字“巴厘岛旅游景点介绍　总有一个景点吸引你”，空格处文字分段。将“总有一个景点吸引你”分到下一段，设置第一段左对齐，第二段右对齐。选中矩形内所有文字，打开“字体”对话框，设置字体为“华文彩云”，二号字。效果如图 4-135 所示。

图4-135　矩形设置后的效果图

9. 段落分栏

将段落“1. 乌布王宫……游客能够尝试亲手染一块布料或一件衣服作留念。”分为等宽的三栏并加分隔线。

① 选中段落“1. 乌布王宫……～游客能够尝试亲手染一块布料或一件衣服作留念。”，单击“页面布局”选项卡“页面设置”组中的“分栏”下拉按钮，在下拉列表中选中“更多分栏”命令（见图 4-136），打开“分栏”对话框。

② 在“分栏”对话框中设置预设为“三栏”，单击分隔线复选按钮，再单击“确定”按钮，完成分栏设置。设置如图 4-137 所示。

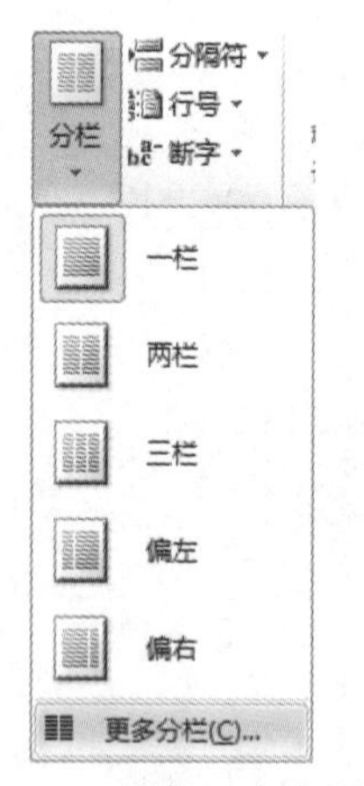

图4-136　“分栏”命令按钮

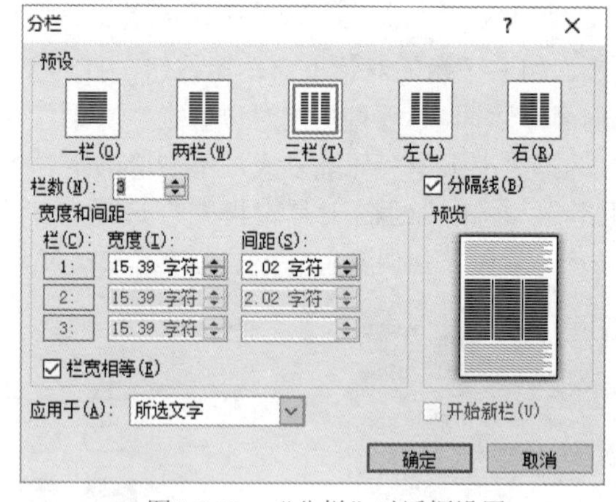

图4-137　“分栏”对话框设置

10. 图片样式设置

在第三页每个景点介绍的段落任意位置插入景点对应的图片。并设置图片样式“3 金巴兰海滩 .jpg”为“松散透视，白色”；“4 木雕村为木雕村 .jpg”为“棱台透视”；“5 蜡染村 .jpg”为“剪裁对角线，白色”。设置所有图片自动换行为“四周型环绕”。

① 将光标置于第三页“金巴兰海滩”景点介绍段落中，单击“插入”选项卡“插图”组中的“图片”按钮，选择“3 金巴兰海滩 .jpg”图片，单击“插入”按钮。

② 用同样的方法在对应景点详细介绍段落后面插入对应的图片“4 木雕村为木雕村 .jpg”、“5 蜡染村 .jpg”。

③ 选中“3 金巴兰海滩 .jpg”图片，单击“图片工具 | 格式”选项卡“图片样式”组右侧“其他”按钮，

选择“松散透视，白色”样式，如图 4-138 所示。再单击“样列”组中的“自动换行”按钮，在下拉列表中选择“四周型环绕”。

④ 用同样的方法为图片“4 木雕村为木雕村 .jpg”设置“棱台透视”样式、“5 蜡染村 .jpg”为“剪裁对角线，白色”样式。自动换行为“四周型环绕”。设置完后第三页效果如图 4-139 所示。

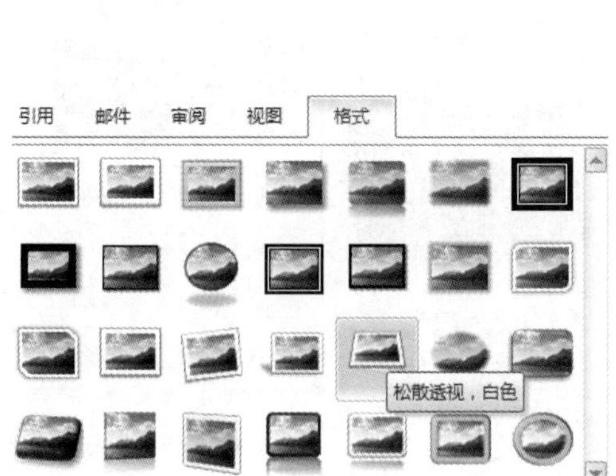

图4-138　图片样式设置

都会骤然失去互相间的生疏感。欧洲人喜欢这里做帆板运动或

短程的航海(有帆板和小船出租)，而吸收亚洲同胞的是美味的海鲜烧烤，夕阳西下的时分，大家围坐在沙滩上，边观赏海边日落的美景，边享用丰厚的海鲜烛光晚餐，能够在海浪的拍打下不断坐到月光皎洁，这样的气氛正是金巴兰海滩最吸收人的地方。

4. 木雕村

木雕村又叫"马斯村"。马斯是"金子"的意义，而马斯村却盛产木雕，传统题材多为祭奠舞蹈运用的面具、乐器和神话人物等,木质家具样式也十分典雅。

简直一切木器店的工作室都开放供游客参观，游客能够看到雕琢师现场展现手艺，妇女则在一旁做细部磨研，能够比拟各种木质的雕琢，增加一些常识,还能够参与 3-5 天的木雕课程。

5. 蜡染村

蜡染村又叫"巴土布兰"村。巴土布兰在当地言语中的意义是"月亮石",是一座以石雕著称的村庄。巴土布兰的手工蜡染布图案素雅,价钱低廉，游客能够尝试亲手染一块布料或一件衣服作留念。

巴厘岛因历史上受印度文化宗教的影响，居民大都信奉印度教，是印尼唯一信仰印度教的地方。但这里的印度教同印度本土上的印度教不大相同，是印度教的教义和巴厘岛风俗习惯的结合，称为巴厘印度教。居民主要供奉三大天神（梵天、毗湿奴、湿婆神）和佛教的释迦牟尼，还祭拜太阳神、水神、火神、风神等。

图4-139　图片样式效果

11. 插入竖排文本框，文字简繁转换

① 在文档最后插入一个竖排文本框，更改形状为圆角矩形；形状样式为“彩色轮廓 - 蓝色，强调颜色 1”，形状填充为“蓝色，强调文字颜色 1，淡色 80%”。

② 将文档最后一段移动到文本框中，转换为繁体字，根据文本内容适当调整文本框的大小。设置文本框为上下型环绕，对齐为左右居中。

具体操作步骤如下：

① 将光标置于文档最后，单击“插入”选项卡“文本”组中的“文本框”按钮，选择“绘制竖排文本框”命令，在文档最后空白处按住鼠标左键，拖动绘制一个竖排文本框。

② 单击“绘图工具 | 格式”选项卡“形状样式”组的“编辑形状”按钮，在弹出的下拉列表框中选择“更改形状”中的“圆角矩形”，如图 4-140 所示。

③ 单击“绘图工具 | 格式”选项卡“形状样式”组中的“彩色轮廓 - 蓝色，强调颜色 1”；然后单击“形状填充”按钮，设置“主题颜色”为“蓝色，强调文字颜色 1，淡色 80%”，如图 4-141 所示。

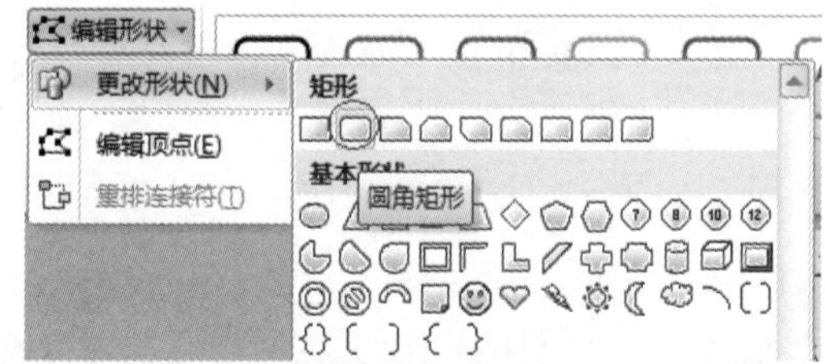

图4-140　更改文本框形状

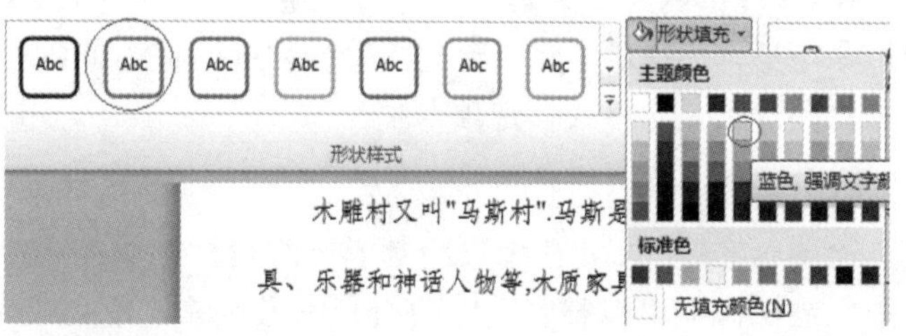

图4-141　竖排文本框设置

④ 选中最后一段（“巴厘岛因历史上受印度文化宗教的影响……”），单击“开始”选项卡“剪贴板”组中的“剪切”按钮，然后在竖排文本框内单击“粘贴”按钮，完成复制。选中竖排文本框内文字，单击“审阅”选项卡“中文简繁转换”组中“简转繁”命令按钮，完成转换。

⑤ 选中文本框，单击“绘图工具｜格式”选项卡“文本”组中的“对齐文本”命令按钮下拉列表中的“居中”命令使文字居中对齐，如图 4-142 所示。

⑥ 选中文本框，单击“绘图工具｜格式”选项卡“排列”组中的“自动换行”命令按钮下拉列表中的“上下型环绕”，再单击“对齐”下拉按钮中的“左右对齐”命令，完成设置。

⑦ 完成本步骤后第三页效果如图 4-143 所示。

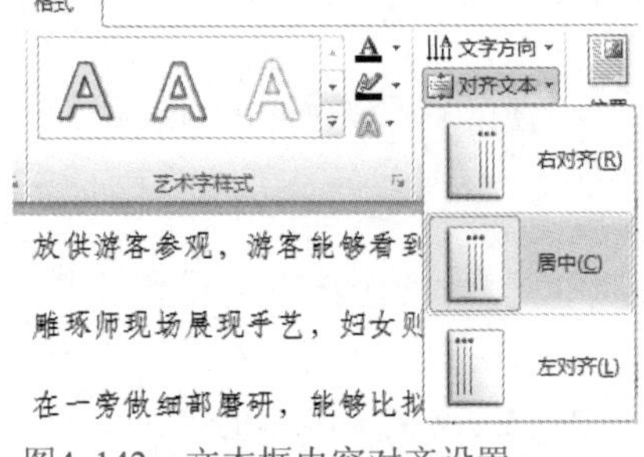

图4-142　文本框内容对齐设置

图4-143　宣传册第三页效果图

4.3.4　难点解析

通过本节课程的学习，能够熟练地掌握在 Word 中运用图形、图片、艺术字、文本框进行综合处理问题的方法（对象的位置关系、层次关系、格式设置以及对象间的组合等）。其中，图形的绘制与图形图像的环绕方式为本节的难点，这里将针对这些操作进行讲解。

1．图形的绘制与处理

Word 提供的绘图工具可以为用户绘制多种简单图形，自选图形不仅提供了一些基本形状，例如线条、圆形和矩形，还提供了包括流程图符号和标注在内的各种形状。这些工具集中在“插入”选项卡的“插图”组和“图片工具｜格式”选项卡中。

（1）绘图画布

绘图画布是 Word 在用户绘制图形时自动产生的一个矩形区域。它包容所绘图形对象，并自动嵌入文本中。绘图画布可以整合其中的所有图形对象，使之成为一个整体，以帮助用户方便地调整这些对象在文档中的位置。单击“插入”选项卡的“插图”组内的“形状”按钮，选择最后一项“新建绘图画布”，就

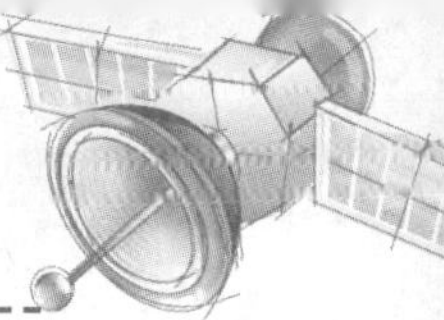

可以在页面上生成如图 4-144 所示的绘图画布。

（2）绘图图形

单击“插入”选项卡中“插图”组中的“形状”按钮，选择要绘制的形状，将鼠标指针移到绘图画布中，指针显示为十字形，在需要绘制图形的地方按住左键进行拖动，就可以绘制出图形对象了。

① 如在页面中创建一个矩形。在“插入”选项卡中，如图 4-145 所示，单击“插图”中的“形状”，单击要创建的形状。

图4-144 绘图画布

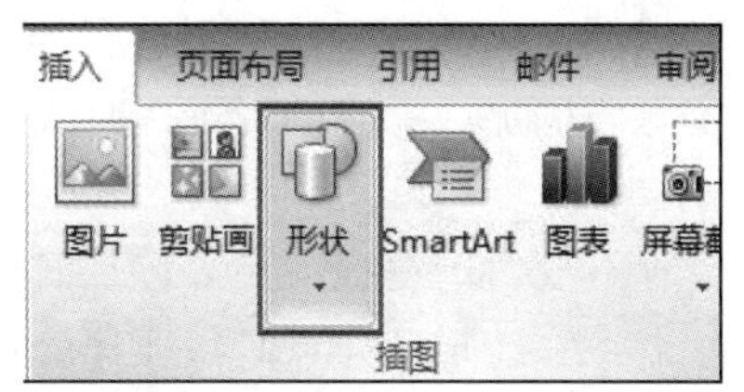

图4-145 “形状”按钮

② 鼠标指针会变为 +。确定矩形左上角的位置，然后由此位置向右下角拖动鼠标，如图 4-146 所示。如需得到正方形，可在按住【Shift】键的同时拖动光标来创建，如图 4-147 所示。还可以用相同的方法，即按住【Shift】键的同时拖动光标来创建正圆形、水平线、垂直线，以及其他规则图形。

③ 确定矩形的大小后，释放鼠标按钮。此时，矩形的大小和位置无须精确，后续还可以调整。建形状后，会显示“绘图工具 | 格式”选项卡也自动添加到功能区。在形状外单击时，“绘图工具”选项卡将会隐藏。要重新显示“绘图工具”，请单击形状。

（3）移动和叠放图形

① 移动图形。单击图形对象将其选中，当光标变为 ✢ 时，拖动图形即可移动其位置。如果要水平或垂直地移动形状，请在拖动形状的同时按住【Shift】键，如图 4-148 所示。

② 叠放图形。画布中的图形相互交叠，默认为后绘制的图形在最上方，用户也可以自由调整图形的叠放位置。右击图形对象，在弹出的快捷菜单中选择“置于底层”或“置于顶层”，在级联子菜单中选择该图形的叠放位置。

（4）旋转图形

① 手动旋转图形。单击图形对象，图形上方出现绿色按钮，拖动该按钮，鼠标指针变为圆环状，就可以自由旋转该图形了，如图 4-149 所示。

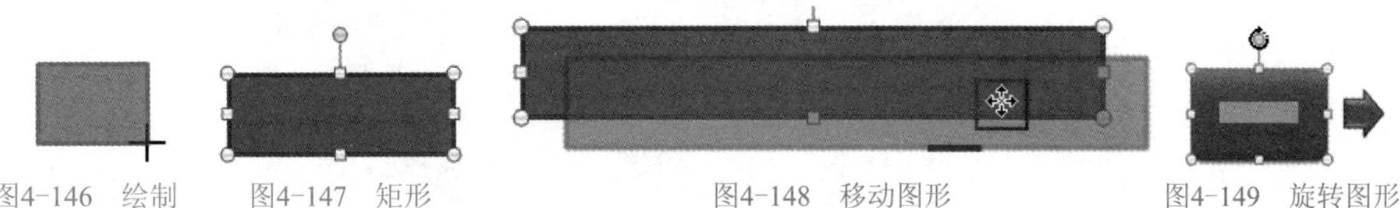

图4-146 绘制　　图4-147 矩形　　图4-148 移动图形　　图4-149 旋转图形

提示：当旋转多个形状时，这些形状不会作为一个组进行旋转，而是每个形状围绕各自的中心进行旋转。要将旋转限制为 15°、45°等角度，请在拖动旋转手柄的同时按住【Shift】键。要旋转表格或 SmartArt 图形，请复制该表格或 SmartArt 图形并将其粘贴为图片，然后旋转该图片。

② 精确旋转。在“排列”组中单击“旋转”，然后执行下列操作之一：

- 要将对象向右旋转90°，请单击“向右旋转90°”。
- 要将对象向左旋转90°，请单击“向左旋转90°”，如图4-150所示。

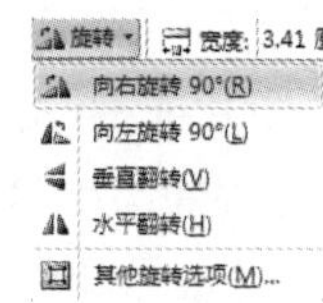

图4-150 精确旋转图形

如果希望得到图像镜像，可以通过创建对象的副本并翻转该副本来创建对象的镜像。将复制对象拖动到生成原始对象镜像的位置。在“排列”组中单击“旋转”，然后执行下列操作之一：

- 要垂直翻转对象，请单击“垂直翻转”。

- 要水平翻转对象，请单击“水平翻转”。

③ 如果要指定旋转角度，先选择要旋转的对象，请在“绘图工具”下的“格式”选项卡上的“排列”组中，依次单击“旋转”|“其他旋转选项”。在“布局”对话框中的“大小”选项卡的“旋转”框中，输入对象的旋转角度。

（5）设置图形大小

单击图形对象，其边缘周围会显示蓝色圆圈和正方形。这些称为“尺寸控点”，拖动其四周的 8 个控制点可以改变图形大小，如图 4-151 所示。如果选择的不是形状，则不会显示“尺寸控点”。

若要在一个或多个方向增加或缩小图形或图片大小，请将尺寸控点拖向或拖离中心，如图 4-152 所示，同时执行下列操作之一：

- 若要保持中心位置不变，请在拖动尺寸控点时按住【Ctrl】键。
- 若要保持比例，请在拖动尺寸控点时按住【Shift】键。
- 若要保持比例并保持中心位置不变，请在拖动尺寸控点时同时按住【Ctrl】键和【Shift】键。
- 若要调整形状或艺术字到精确高度和宽度，请在“绘图工具”下的“格式”选项卡上进行设置。如图4-153所示，在“高度”和“宽度”框中输入所需的值。要对不同对象应用相同的高度和宽度，选择多个对象，然后在“高度”和“宽度”框中输入尺寸。

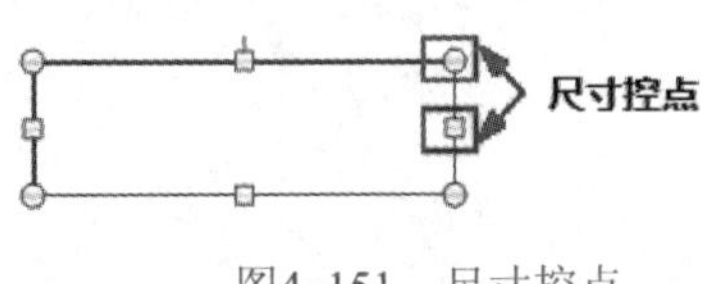

图4-151　尺寸控点

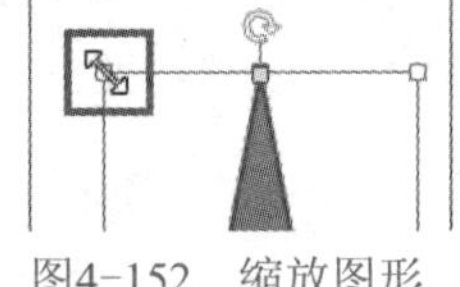
图4-152　缩放图形

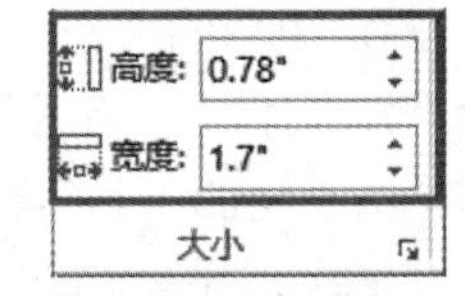

图4-153　精确调整图形大小

（6）组合图形

通过对形状进行组合，可以将多个形状视为一个单独的形状进行处理。此功能对于同时移动多个对象或设置相同格式非常有用。

① 使用【Ctrl】键选择多个形状。

② 单击“格式”选项卡“排列”组中的“组合”，然后单击“组合”按钮，如图 4-154 所示。矩形和箭头便组合为一组。组合后的图形如图 4-155 所示。

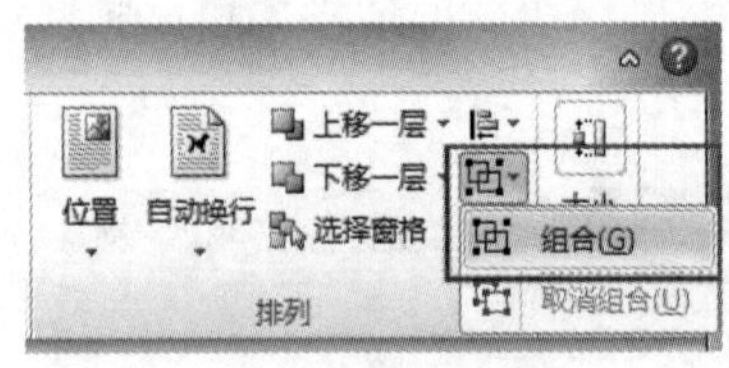

图4-154　组合按钮

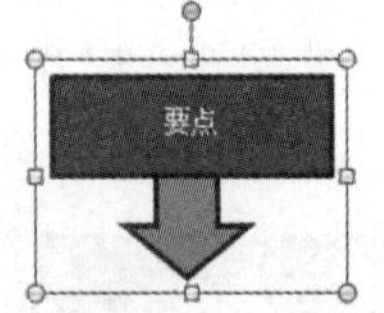

图4-155　组合后的图形

2. 图形图像的环绕方式

图文混排中的图，有两种基本形态：图形与图片，除此之外，艺术字、文本框和公式等对象的实质也是图形或图片。在 Word 中图片的环绕方式默认为“嵌入环绕”其位置随着其他字符的改变而改变，用户不能自由移动图片。通过使用“位置”和“自动换行”命令，可以自由移动图片的位置，还可以更改文档中图片或剪贴画与文本的位置关系。

Word 2010“自动换行”菜单中每种文字环绕方式的含义如下所述：

① 四周型环绕：不管图片是否为矩形图片，文字以矩形方式环绕在图片四周。

② 紧密型环绕：如果图片是矩形，则文字以矩形方式环绕在图片周围，如果图片是不规则图形，则文字将紧密环绕在图片四周。

③ 穿越型环绕：文字可以穿越不规则图片的空白区域环绕图片。

④ 上下型环绕：文字环绕在图片上方和下方。

⑤ 衬于文字下方：图片在下、文字在上分为两层，文字将覆盖图片。

⑥ 浮于文字上方：图片在上、文字在下分为两层，图片将覆盖文字。

⑦ 编辑环绕顶点：用户可以编辑文字环绕区域的顶点，实现更个性化的环绕效果。

⑧ 嵌入型图片：将图片看作一种特殊的文字，它只能出现在插入点所在位置，保持其相对于文本部分的位置。选中该图片后，四周会出现 8 个黑色小方块的控制柄。

第 5 章

Word 2010 高级应用

邮件合并 ——年会邀请函	📖 邮件合并 ★ 📖 插入形状 📖 组合图形
长文档编排 ——毕业论文排版（1）	📖 文档属性 📖 插入封面 📖 批注和修订 📖 替换 📖 拼写和语法检查 📖 SmartArt 图形 ★ 📖 脚注
长文档编辑 ——毕业论文排版（2）	📖 样式 ★ 📖 多级编号 ★ 📖 目录 📖 题注、交叉引用 📖 分节 ★ 📖 页码 ★ 📖 水印

5.1 邮件合并——年会邀请函

5.1.1 任务引导

引导任务卡见表 5-1。

表 5-1 引导任务卡

任务编号	5.1		
任务名称	年会邀请函	计划课时	2 课时
任务目的	本节任务要求学生利用 Word 来完成年会邀请函的制作。通过任务实践，主要使用的知识点有：邮件合并、插入形状和组合图形		
任务实现流程	任务引导→任务分析→制作年会邀请函→教师讲评→学生完成年会邀请函的制作→难点解析→总结与提高		
配套素材导引	原始文件位置：大学计算机基础\素材\第 5 章\任务 5.1 最终文件位置：大学计算机基础\效果\第 5 章\任务 5.1		

任务分析：

邀请函是邀请亲朋好友或知名人士、专家等参加某项活动时所发的书信。它是现实生活中常用的一种日常应用写作文种。在国际交往以及日常的各种社交活动中，这类书信使用广泛。

在应用写作中邀请函是非常重要的，邀请函主体内容的一般结构，由称谓、正文、落款组成。商务礼仪活动邀请函是邀请函的一个重要分支，它是商务礼仪活动主办方为了郑重邀请其合作伙伴（投资人、材料供应方、营销渠道商、运输服务合作者、政府部门负责人、新闻媒体朋友等）参加其举行的礼仪活动而制发的书面函件。它体现了活动主办方的礼仪愿望、友好盛情；反映了商务活动中的人际社交关系。企业可根据商务礼仪活动的目的自行撰写具有企业文化特色的邀请函。

邀请函的称谓使用“统称”，并在统称前加敬语。如“尊敬的 ××× 先生 / 女士”或“尊敬的 ××× 总经理（局长）”。邀请函的正文是指商务礼仪活动主办方正式告知被邀请方举办礼仪活动的缘由、目的、事项及要求，写明礼仪活动的日程安排、时间、地点，并对被邀请方发出得体、诚挚的邀请，正文结尾一般要写常用的邀请惯用语，如“敬请光临”“欢迎光临”。邀请函的落款要写明活动主办单位的全称和成文日期，如有需要还要加盖公章。

本任务要求学生主要利用 Word 软件的邮件合并功能来完成年会邀请函的制作。完成效果如图 5-1、图 5-2 和图 5-3 所示。（因年会邀请函页面较多，所以只截取其中一些效果图。）

图5-1 年会邀请函其中一页的效果图

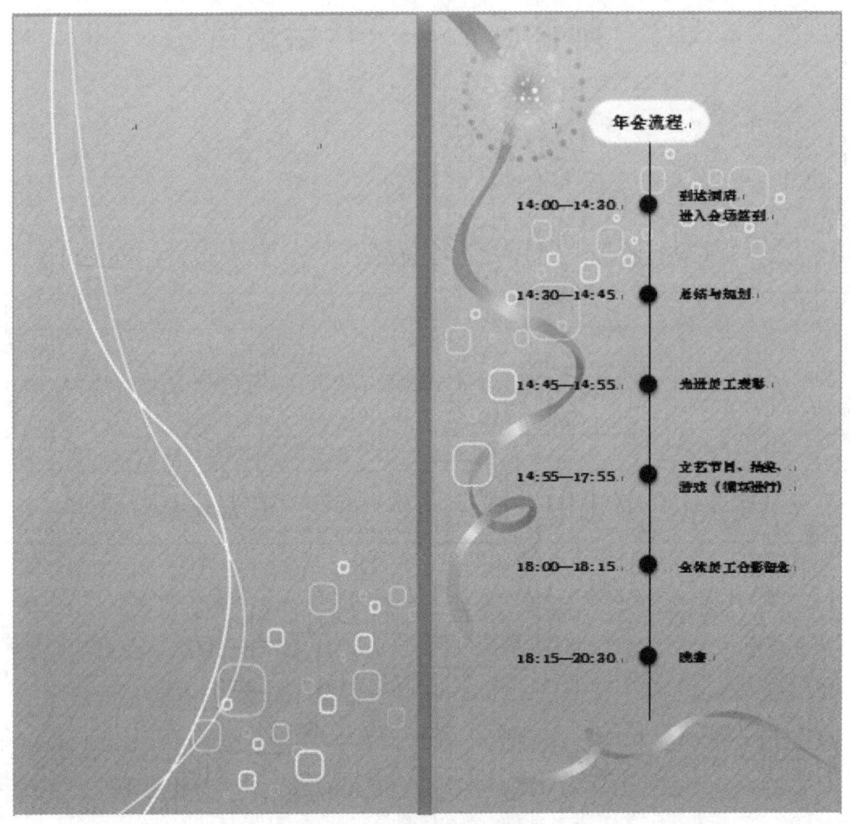

图5-2 年会流程卡片效果图

图5-3 邀请函信封标签效果图

5.1.2 任务步骤

1. 新建文件

新建文件“年会邀请函模板 .docx”，将纸张大小设置为宽度 28 厘米，高度 21 厘米。插入素材文件夹中的“邀请函背景 .jpg”图片作为页面背景。

2. 插入文本框

插入文本框，文本框无填充颜色，无轮廓。把素材文件夹中的“邀请函素材 .txt”文件的所有内容复制粘贴到文本框中。

3. 设置文本框格式

设置文本框文字字体为华文细黑，字号为 11 磅，段后间距为 0.5 行。第一段字号为四号，字形为加粗。第 2 ～ 3 段首行缩进 2 字符，行距 1.2 倍；第 4 ～ 5 段右对齐。设置文本框高度为 13 厘米，宽度为 11 厘米，摆放至页面右下方空白处。

4. 进行邮件合并

利用“年会邀请函模板 .docx”作为信函主体进行邮件合并，数据源文件为素材文件夹中的“客户资料 .xls”，在文字“尊敬的”和“女士 / 先生”中间插入合并域“客户姓名”，合并得到新文档“年会邀请函内页 .docx”。

5. 新建文件“年会流程卡片 .docx”

新建文件“年会流程卡片 .docx”，将纸张大小设置为宽度 11 厘米、高度 21 厘米。插入一页空白页。在第一页插入素材文件夹中的“年会流程卡片反面图 .jpg”图片作为页面背景，在第二页插入素材文件夹中的“年会流程卡片正面图 .jpg”图片作为页面背景。

6. 绘制年会流程图

第二页绘制图 5-4 所示的年会流程图。

7. 制作邀请函信封标签

新建文件“邀请函信封标签模板 .docx”，使用该文档创建供应商为“3M/Post-it”，产品编号为“3600-H”的贴纸标签主文档。数据源文件为素材文件夹中的“客户资料 .xls”文件，在标签第一行插入合并域“联系地址”和“工作单位”；在标签第二行插入“客户姓名”，并在其后输入一个“收”字。设置所有文字内容设置文字字号为三号，字形为加粗，行距为 1.5 倍；《客户姓名》域字号为二号，字符间距加宽 2 磅，居中对齐。合并得到新文档“邀请函信封标签 .docx”，最终可通过打印机将标签打印出来粘贴到信封上。

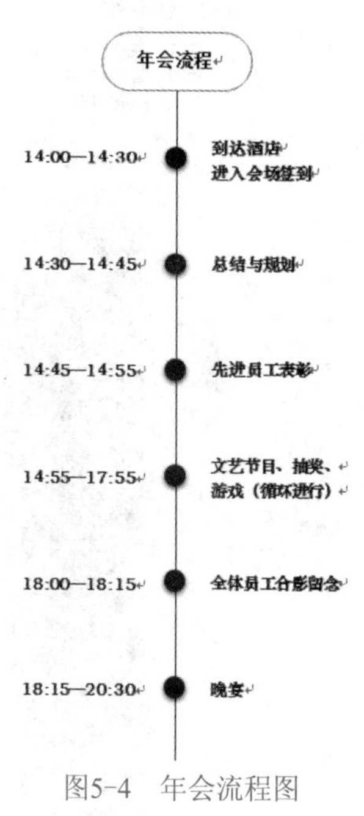

图5-4 年会流程图

5.1.3 任务实施

1. 新建文件

新建文件“年会邀请函模板 .docx”，将纸张大小设置为宽度 28 厘米，高度 21 厘米。插入素材文件夹中的“邀请函背景 .jpg”图片作为页面背景。

① 新建一个空白 Word 文档，将文件命名为“年会邀请函模板 .docx”。

② 单击“页面布局”选项卡“页面设置”组右下方的对话框启动器按钮或者单击“纸张大小”按钮，选择“其他页面大小 …”命令，修改纸张宽度为 28 厘米、高度为 21 厘米。

③ 将光标定位到文档开头处，单击“插入”选项卡“插图”组中的“图片”按钮，选择素材文件夹中的“邀请函背景 .jpg”图片，单击“插入”按钮。

④ 在“图片工具 | 格式”选项卡“大小”组中将“高度”更改为 21 厘米，在“排列”组中将“自动换行”改为“衬于文字下方”。

⑤ 单击“排列”组中的“对齐”按钮，选择“左右居中”和“上下居中”命令。

2. 插入文本框

插入文本框，文本框无填充颜色，无轮廓。把素材文件夹中的“邀请函素材 .txt”文件的所有内容复制粘贴到文本框中。

① 将光标定位到页面开始处，单击“插入”选项卡“文本”组中的“文本框”按钮，选择“简单文本框”。把素材文件夹中的“邀请函素材 .txt”文件的所有内容复制粘贴到文本框中。

② 单击“绘图工具｜格式”选项卡“形状样式”组中的“形状填充”按钮，选择“无填充颜色”。再单击“形状轮廓”按钮，选择“无轮廓”。

3. 设置文本框格式

设置文本框文字字体为华文细黑，字号为 11 磅，段后间距为 0.5 行。第一段字号为四号，字形为加粗。第 2 ～ 3 段首行缩进 2 字符，行距 1.2 倍；第 4 ～ 5 段右对齐。设置文本框高度为 13 厘米，宽度为 11 厘米，摆放至页面右下方空白处。

① 选择文本框所有内容，设置字体为华文细黑，字号为 11 磅，段后间距为 0.5 行。

② 选择第 1 段文字，设置字号为四号，字形为加粗。选择第 2、3 段文字，设置首行缩进 2 字符，行距 1.2 倍；选择第 4、5 段文字，设置对齐方式为右对齐。

③ 选择文本框，在“绘图工具｜格式”选项卡“大小”组中，设置文本框高度为 13 厘米，宽度为 11 厘米，摆放至页面右下方空白处。完成效果如图 5-5 所示。

图5-5　本题完成效果

4. 进行邮件合并

利用“年会邀请函模板 .docx”作为信函主体进行邮件合并，数据源文件为素材文件夹中的“客户资料 .xls”，在文字“尊敬的”和“女士 / 先生”中间插入合并域“客户姓名”，合并得到新文档“年会邀请函 .docx”。

① 单击“邮件”选项卡“开始邮件合并”组中的“开始邮件合并”按钮，选择“信函”，如图 5-6 所示。

② 再单击“开始邮件合并”组中的“选择收件人”按钮，如图 5-7 所示选择“使用现有列表 …”命令。在打开的“选取数据源”对话框中选择素材文件夹中的“客户资料 .xls”文件，单击“打开”按钮。再在“选择表格”对话框中单击“确定”按钮。

③ 将光标定位到文字“尊敬的”和“女士 / 先生”中间，如图 5-8 所示在“编写和插入域”组中单击“插入合并域”按钮，选择“客户姓名”。如图 5-9 所示选择域“《客户姓名》”设置下划线。将客户姓名插入文档后可以单击“预览结果”按钮来预览邮件。

④ 最后如图 5-10 所示单击“完成”组中的“完成并合并”按钮，选择“编辑单个文档 …”。如图 5-11 所示，在打开的“合并到新文档”对话框中选择“全部”，单击“确定”按钮完成合并。

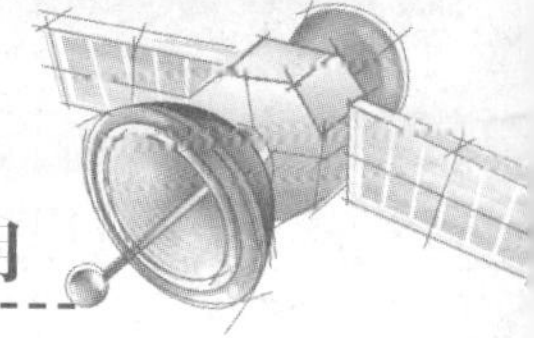

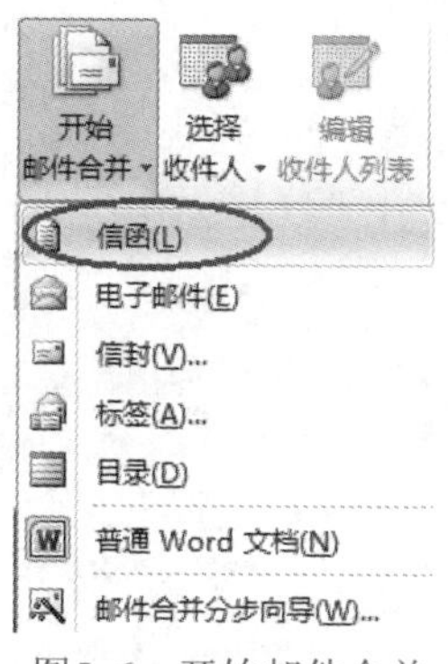

图5-6　开始邮件合并

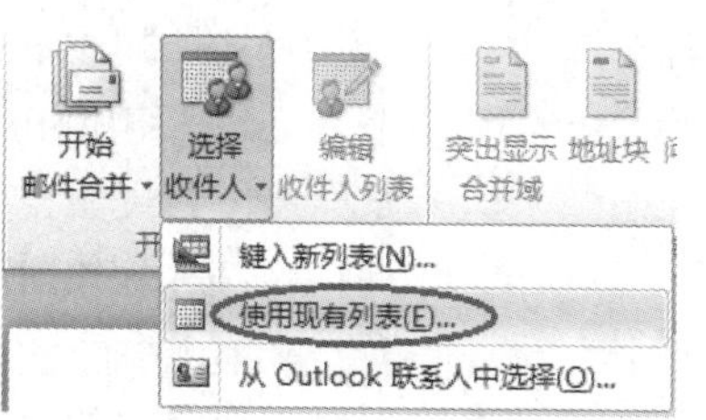

图5-7　使用现有列表

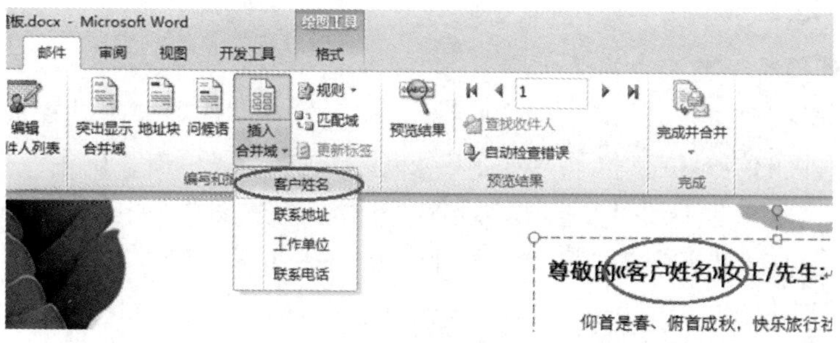

图5-8　插入合并域

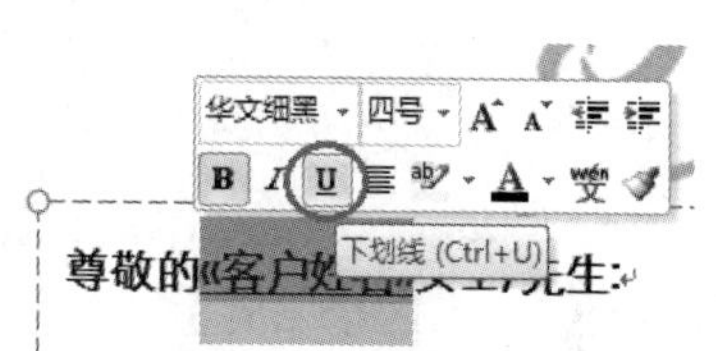

图5-9　设置下划线

图5-10　选择合并方式

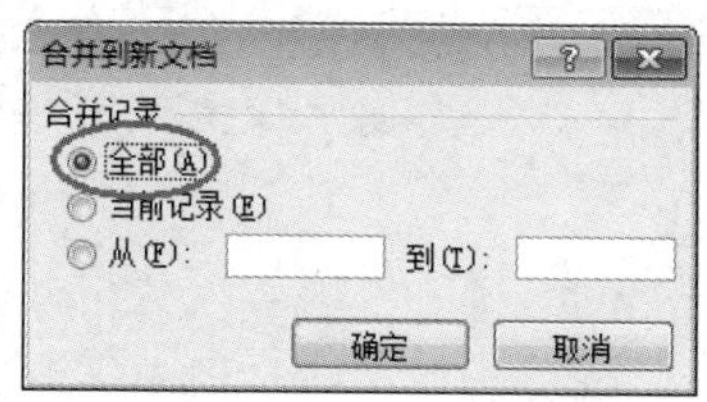

图5-11　合并全部记录

⑤ 最终得到的 30 页信函文档如图 5-12 所示，单击“保存”按钮将文件保存为“年会邀请函 .docx”。

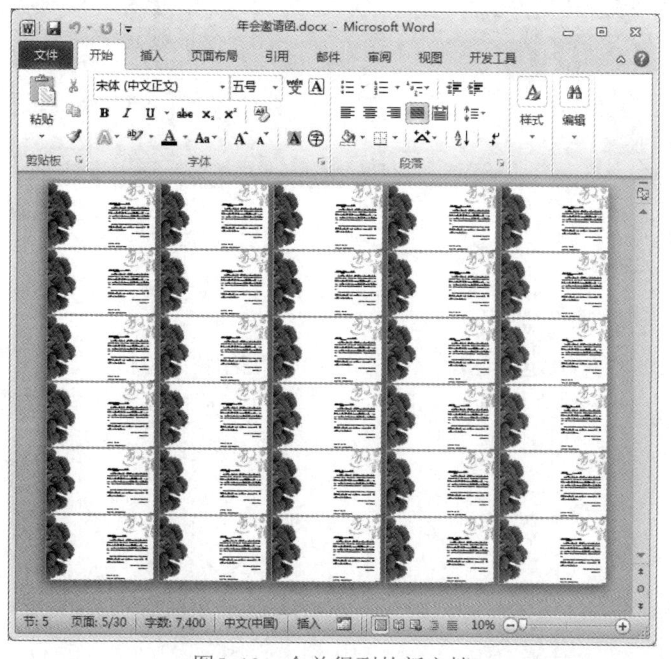

图5-12　合并得到的新文档

5. 新建文件“年会流程卡片 .docx”

新建文件“年会流程卡片 .docx”，将纸张大小设置为宽度 11 厘米，高度 21 厘米。插入一页空白页。在第一页插入素材文件夹中的“年会流程卡片反面图 .jpg”图片作为页面背景，在第二页插入素材文件夹中的“年会流程卡片正面图 .jpg”图片作为页面背景。

① 新建文件“年会流程卡片 .docx”，将纸张大小设置为宽度 11 厘米，高度 21 厘米。将光标定位到页面开始处，单击“插入”选项卡“页”组中的“空白页”按钮，如图 5-13 所示。

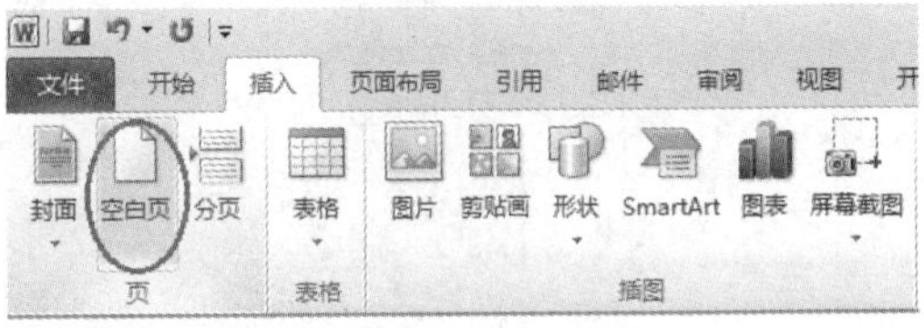

图5-13　插入空白页

② 将光标定位到第一页的开始处，单击“插入”选项卡“插图”组中的“图片”按钮，选择素材文件夹中的“年会流程卡片反面图 .jpg”图片，单击“插入”按钮。

③ 在“图片工具｜格式”选项卡“大小”组中将“高度”更改为 21 厘米，在“排列”组中将“自动换行”改为“衬于文字下方”。

④ 单击“大小”组中的对话框启动器按钮，打开“布局”对话框。在“位置”选项卡中设置水平的绝对位置位于“页面”右侧“0 厘米”，垂直的绝对位置位于“页面”下侧“0 厘米”。单击“确定”按钮。单击“图片工具 - 格式”选项卡“调整”组中“艺术效果”按钮，选择“十字图案蚀刻”，如图 5-14 所示。

⑤ 重复步骤②至④，在第二页插入素材文件夹中的“年会流程卡片正面图 .jpg”图片作为页面背景。本题完成效果如图 5-15 所示。

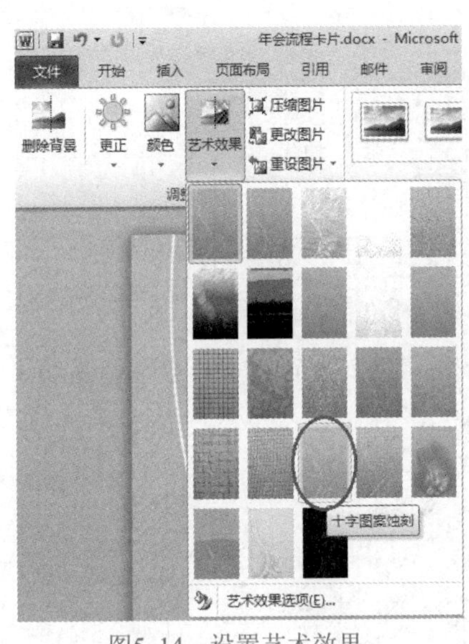

图5-14　设置艺术效果

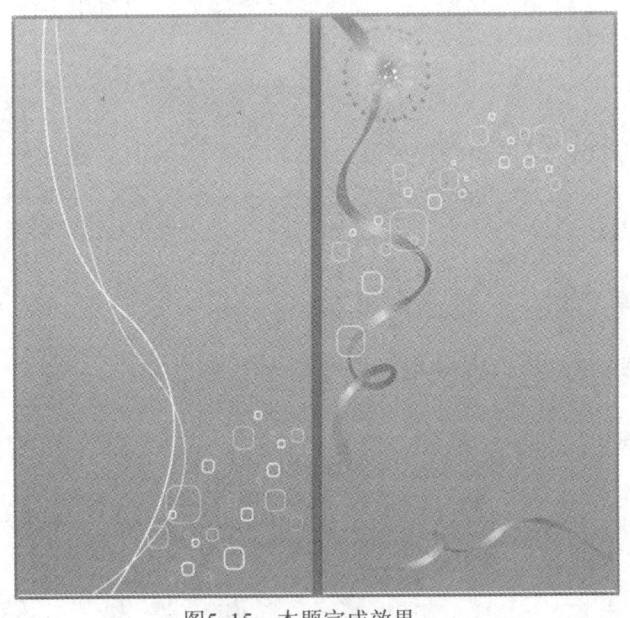

图5-15　本题完成效果

6. 绘制年会流程图

第二页绘制如图 5-16 所示的年会流程图。

① 将光标定位到第二页的开始处，单击“插入”选项卡“插图”组中的“形状”按钮，选择矩形中的“圆角矩形”，在第二页上方绘制一个圆角矩形，鼠标拖动圆角矩形的黄色控制点调整矩形的圆角弧度，如图 5-17 所示。

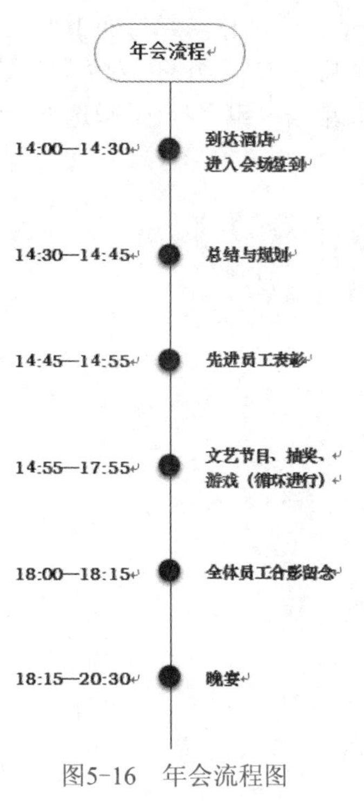

图5-16　年会流程图

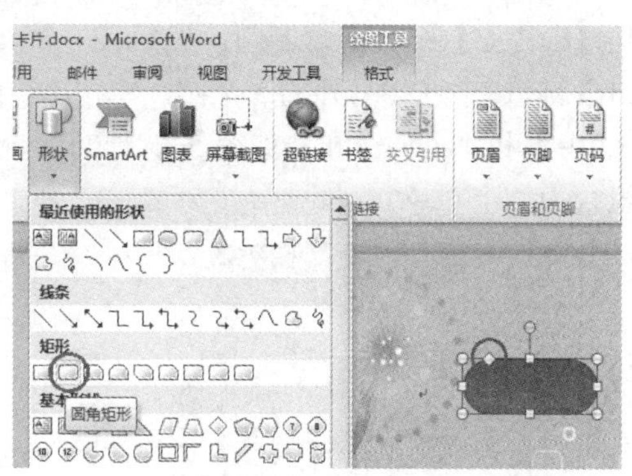

图5-17　绘制圆角矩形

② 在“绘图工具｜格式”选项卡“大小”组中将圆角矩形高度设置为“1.3 厘米”，宽度设置为“3.5 厘米”。右击圆角矩形，选择“添加文字”，如图 5-18 所示，输入文字“年会流程”。选择圆角矩形的所有文字，设置字体为宋体，小四，加粗，字体颜色为“深蓝”。

③ 单击“绘图工具｜格式”选项卡“形状样式”组中的“形状填充”按钮，选择“白色，背景 1”；单击“形状轮廓”按钮，选择“无轮廓”；单击“形状效果”按钮，选择“柔化边缘”下的“2.5 磅”，如图 5-19 所示。

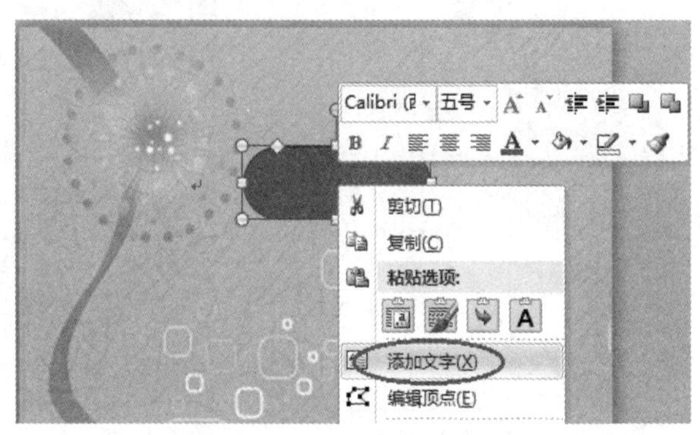

图5-18　选择“添加文字”命令

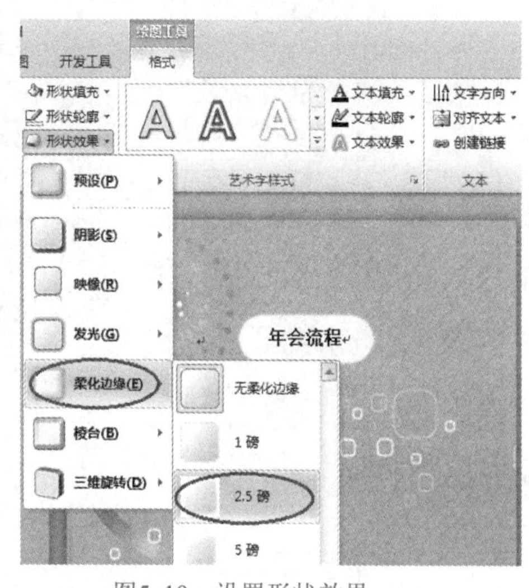

图5-19　设置形状效果

④ 在“绘图工具｜格式”选项卡“插入形状”组的列表框中选择“直线”按钮，如图 5-20 所示。按住键盘上的【Shift】键绘制一条垂直直线，如图 5-21 所示。单击“形状轮廓”按钮，选择“深蓝”；单击“绘图工具｜格式”选项卡“排列”组的“下移一层”按钮，使圆角矩形位于直线上方，如图 5-22 所示。

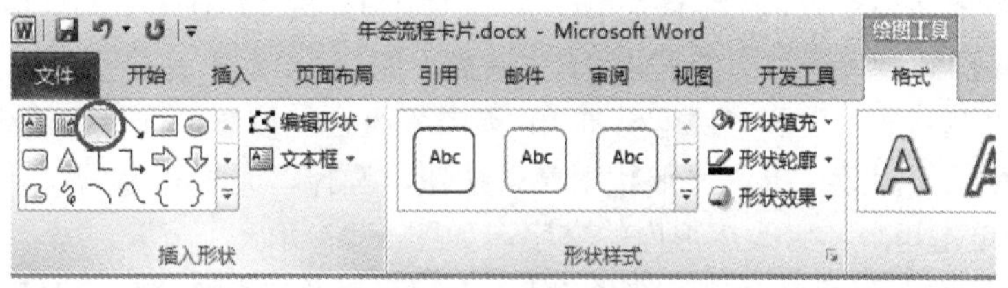

图5-20　选择直线形状

⑤ 在“绘图工具｜格式”选项卡“插入形状”组的列表框中选择“椭圆”按钮，按住键盘上的【Shift】键绘制一个正圆，在“绘图工具｜格式”选项卡“大小”组中将圆的高度和宽度均设置为“0.5 厘米”；在“形状样式”下拉列表框中选择“强烈效果 - 黑色，深色 1”，如图 5-23 所示。单击“形状填充”按钮，选择“标

准色：深蓝”。按【Ctrl+C】组合键复制圆，然后按 5 次【Ctrl+V】组合键。把一个圆移动到页面下方，按住键盘上的【Shift】键，逐个选择另外的 5 个圆。单击“绘图工具｜格式”选项卡“排列”组的“对齐”按钮，分别选择“左右居中”和“纵向分布”，如图 5-24 所示。效果如图 5-25 所示。单击“组合”按钮，选择“组合”，把 6 个圆组合为一个对象。

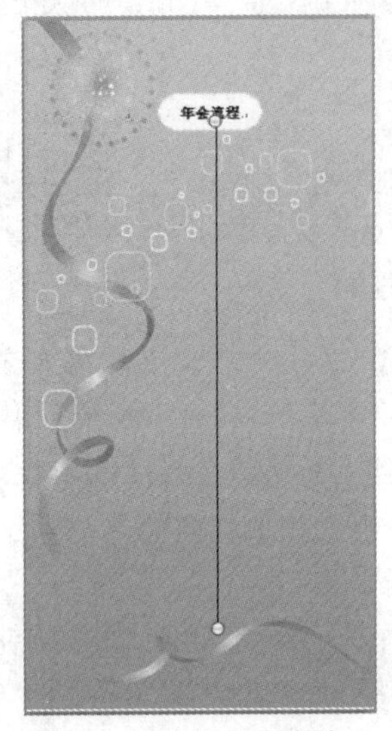

图5-21　绘制垂直直线

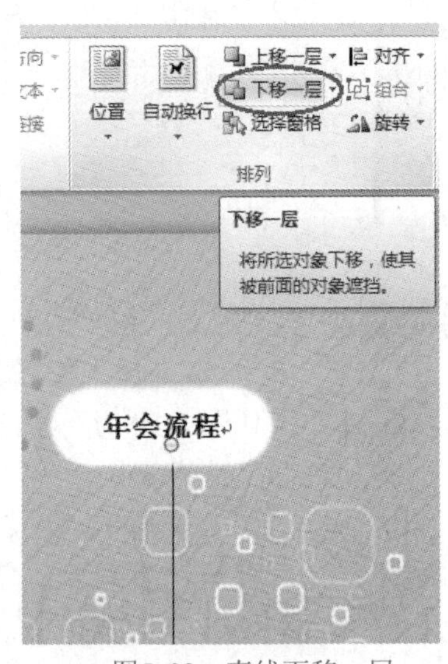

图5-22　直线下移一层

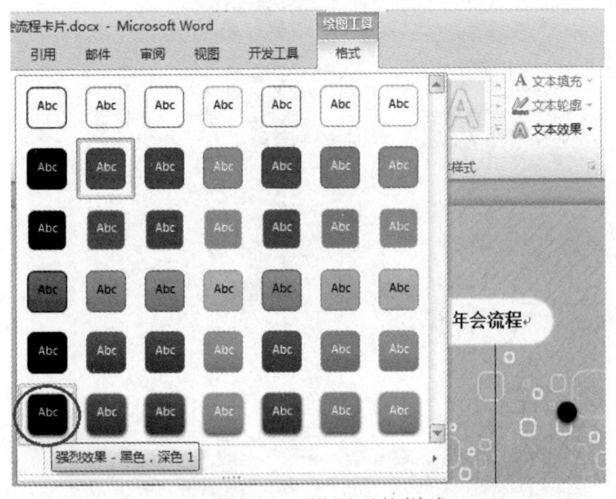

图5-23　设置形状样式

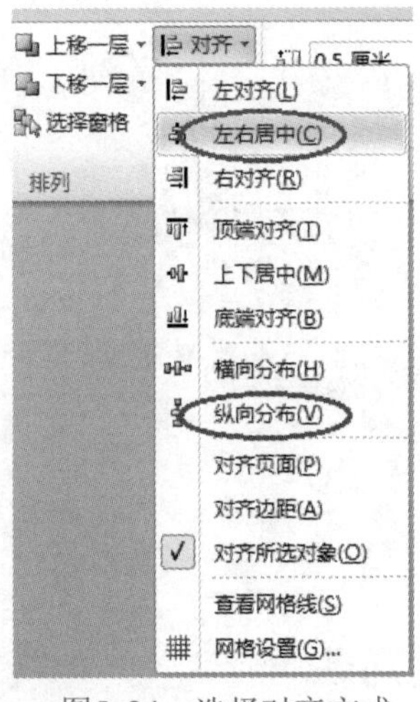

图5-24　选择对齐方式

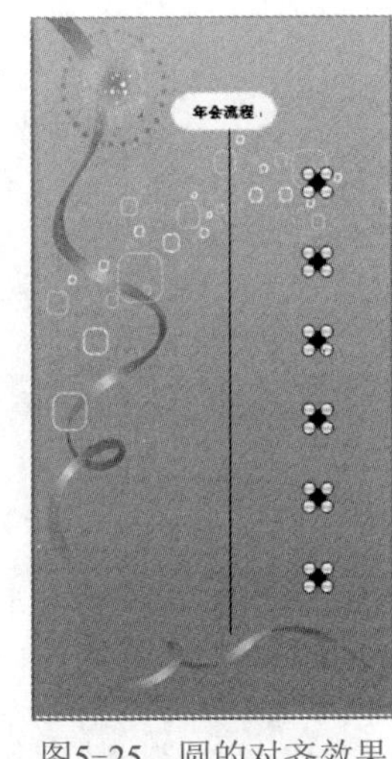

图5-25　圆的对齐效果

⑥ 按住键盘上的【Shift】键，分别选择直线和圆角矩形，单击“对齐”按钮，选择“左右居中”，再单击“组合”按钮，选择“组合”。

⑦ 在第 1 个圆的左边绘制一个矩形，矩形内添加文字“14：00—14：30”，设置文字字体为华文中宋，五号，加粗，设置对齐方式为左对齐，如图 5-26 所示。选择矩形，按【Ctrl+C】组合键，然后按 5 次【Ctrl+V】组合键。把一个矩形移动到最底下的圆的左边，按住键盘上的【Shift】键，逐个选择另外的 5 个矩形，单击“对齐”按钮，分别选择“左右居中”和“纵向分布”；单击“组合”按钮，选择“组合”，把 6 个矩形组合为一个对象。更改字体颜色为深蓝，单击“形状填充”按钮，选择“无填充颜色”，单击“形状轮廓”按钮，选择“无轮廓”，逐个单击矩形，修改矩形内的文字，如图 5-27 所示。

⑧ 选择步骤⑦完成的矩形组合对象，按【Ctrl+C】组合键复制后按【Ctrl+V】组合键粘贴。把复制的矩形对象拖动至圆的右边。如图 5-28 所示逐个单击矩形，修改矩形内的文字，适当调整矩形的高度或者宽度以便于文字都能显示出来。

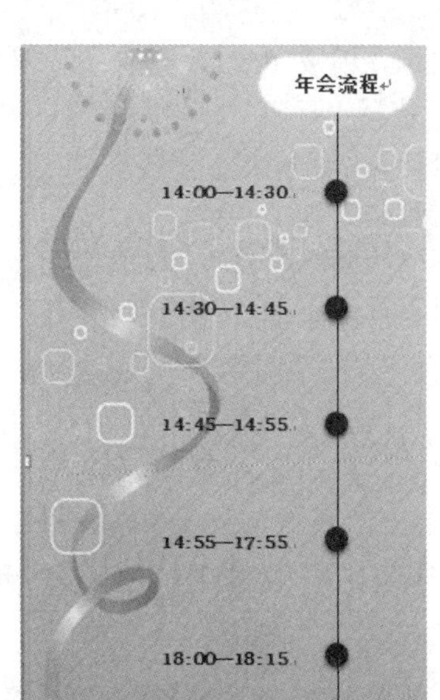

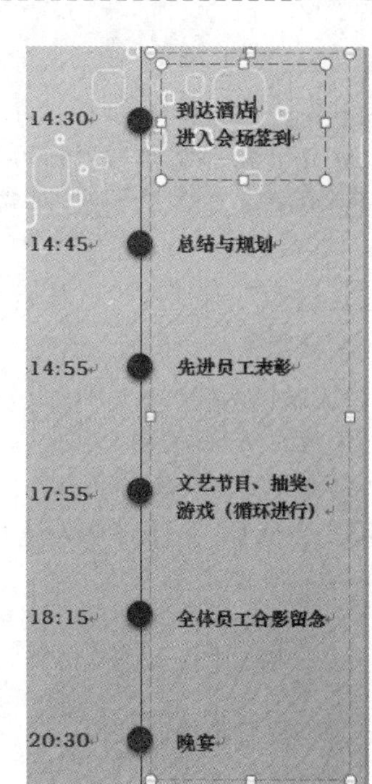

图5-26 绘制的矩形　　图5-27 修改左侧矩形内文字　　图5-28 修改右侧矩形内文字

⑨ 调整3个组合对象的位置，效果如图5-29所示。年会流程卡片的正反面最终完成，在打印机上双面打印后就能得到一张年会流程卡片，该卡片将随邀请函寄出。

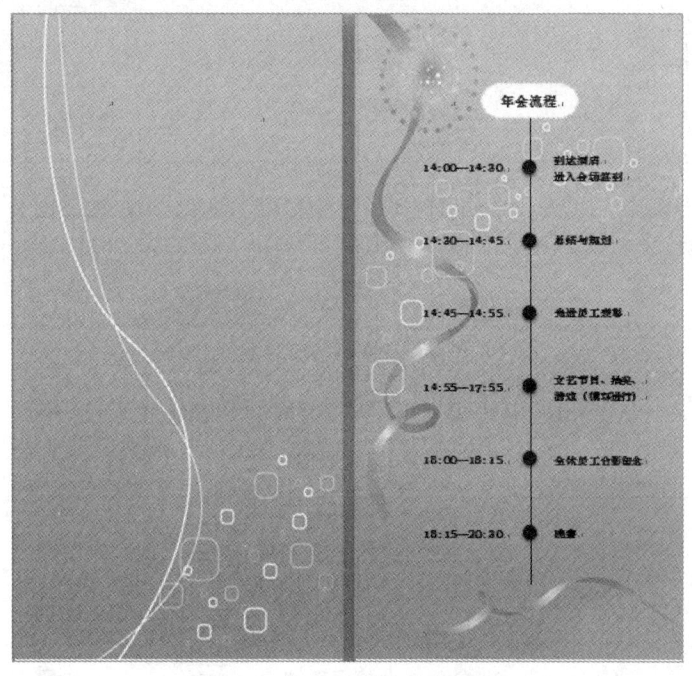

图5-29 年会流程卡片效果图

7. 制作邀请函信封标签

新建文件“邀请函信封标签模板.docx”，使用该文档创建供应商为“3M/Post-it”，产品编号为“3600-H”的贴纸标签主文档。数据源文件为素材文件夹中的“客户资料.xls”文件，在标签第一行插入合并域“联系地址”和“工作单位”；在标签第二行插入“客户姓名”，并在其后输入一个“收”字。设置所有文字内容设置文字字号为三号，字形为加粗，行距为1.5倍；《客户姓名》域字号为二号，字符间距加宽2磅，居中对齐。合并得到新文档“邀请函信封标签.docx”，最终可通过打印机将标签打印出来粘贴到信封上。

① 新建文件“邀请函信封标签模板.docx”，单击“邮件”选项卡“开始邮件合并”组中的“开始邮件合并”按钮，如图5-30所示，选择“标签…”。在弹出的“标签选项”对话框中选择标签供应商为“3M/Post-it”，产品编号为“3600-H”的贴纸标签，单击“确定”按钮，如图5-31所示。在弹出的图5-32所示对话框中再次单击“确定”按钮。

② 单击“开始邮件合并”组中的“选择收件人”按钮，选择“使用现有列表…”命令。在弹出的“选取数据源”对话框中选择素材文件夹中的“客户资料.xls”文件，单击“打开”按钮。再在“选择表格”对话框中单击“确定”按钮打开“邮件合并收件人”对话框，单击“确定”按钮。

③ 将鼠标定位在标签第一行，在“编写和插入域”组中单击“插入合并域”按钮，选择“联系地址”和“工作单位”。在标签第二行插入“客户姓名”，并在其后输入一个“收”字。

④ 选中所有文字内容，单击“开始”选项卡，在“字体”组中设置文字字号为三号，字形为加粗。再在“段落”选项卡中设置行距为1.5倍。再选中“《客户姓名》”，设置字号为二号，字符间距加宽2磅，居中对齐。

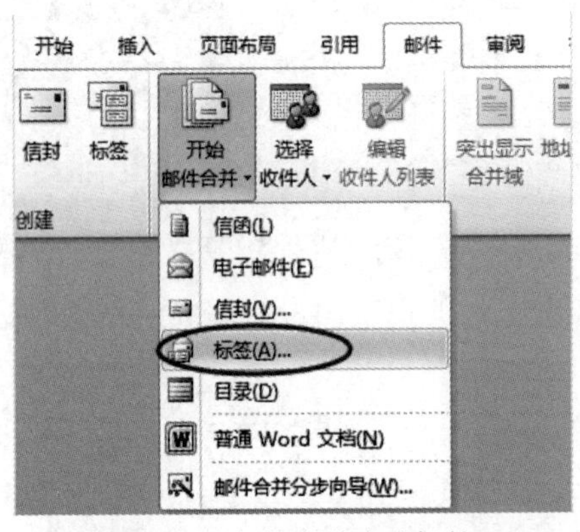

图5-30　邮件合并生成标签

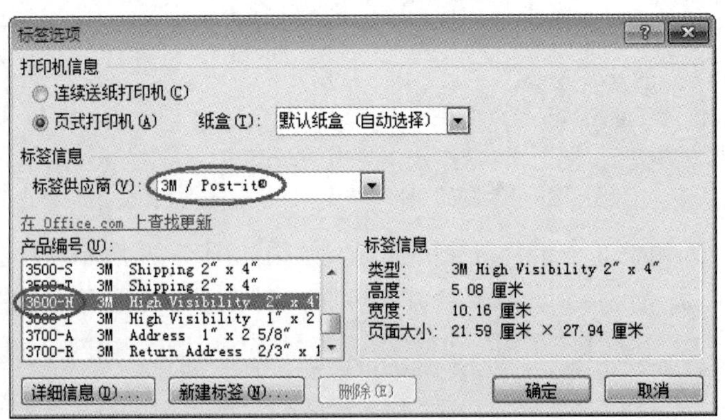

图5-31　标签选项

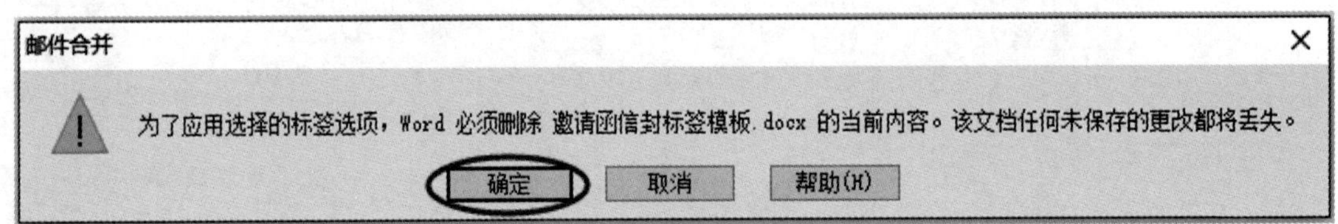

图5-32　弹出对话框

⑤ 回到“邮件”选项卡，单击“编写和插入域”组中的“更新标签”按钮，如图5-33所示，给所有标签应用内容和格式。

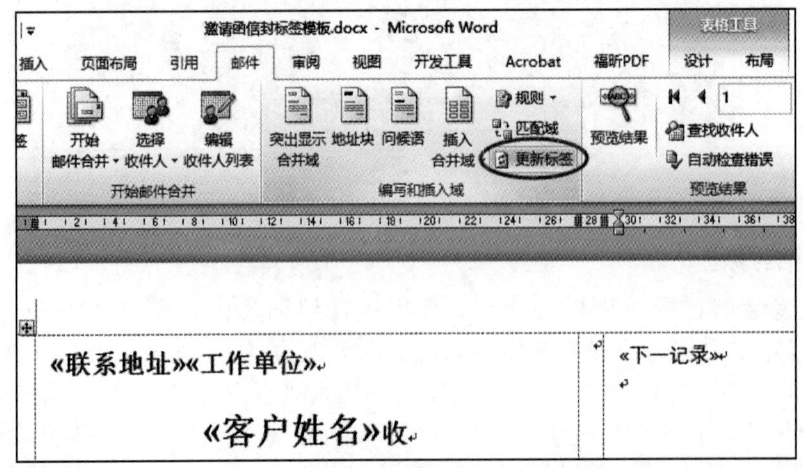

图5-33　更新标签

⑥ 最后单击“完成”组中的“完成并合并”按钮，选择“编辑单个文档 ...”，在打开的“合并到新文档”对话框中选择“全部”并单击“确定”按钮完成合并。效果如图 5-34 所示。

⑦ 选择“文件”|“保存”命令，将文件保存为“邀请函信封标签 .docx”。

⑧ 选择“文件”|“打印”命令，观察到标签打印信息，最终可通过打印机将标签打印出来粘贴到信封上。

广州市越秀区沿江中路298号江湾新城大酒店商业中心19楼 广州市建设投资发展有限公司 杨冬梅 收	广州市天河区体育西路189号城建大厦15楼 广州市城建开发集团 马宗凯 收	广州市天河区侨林街39-49号中旅商务大厦东塔16楼 广东保辉建筑工程有限公司 钟志华 收	广州市番禺区大石南浦 广东省长大公路工程有限公司 张燕 收
广州市海珠区广州大道南788号 广一集团环保总公司 郑洁 收	广州市越秀区站西路57号精都大厦 广州精都集团 施晓欣 收	广州市番禺市桥德兴路301号 广州市番禺区路桥建设实业总公司 谢宇静 收	广州市萝岗区永和经济开发区新业路46号 广州嘉悦实业有限公司 唐安霖 收
广州市天河区天润路87号广建大厦 广东省建筑工程集团有限公司 雷芸铭 收	广州市天河区天河北路689号光大银行大厦11楼 广州福达企业集团有限公司 魏志华 收	广州市越秀区中山一路38号 广州市第一装修公司 文倩萍 收	广州市荔湾区和平西路11号之一第六居委 华辉装修建筑工程有限公司 林志雄 收
广州市天河区燕岭路25号 广州达高建筑材料有限公司 肖纯佳 收	广州市天河区上元岗中成路319号二楼 广东十六冶建设有限公司 梁驹 收	广州市越秀区东风东路750号 广东省建筑装饰集团公司 李木进 收	广州市越秀区署前路33号2号楼3楼 广东省美术设计装修工程公司 刘敏 收
广州市天河区黄埔大道中166号14楼 广州市恒嘉建设有限公司 李连平 收	广州市天河区天河东路21-29号二楼 广州市宝盛建设实业有限公司 杨文彬 收	广州市天河区五山科华街511号9楼 中国联和承造实业有限公司 林炳填 收	广州市天河区黄村西路81号金歌商务中心3A06 广州城建开发装饰有限公司 刘强 收

图5-34 标签效果图

5.1.4 难点解析

通过本节课程的学习，掌握了邮件合并的操作，并进一步掌握了使用插入形状来绘制年会流程图的操作和技巧。其中，邮件合并是本节的难点内容，这里将针对邮件合并作具体的讲解。

1. 邮件合并

“邮件合并”这个名称最初是在批量处理“邮件文档”时提出的。具体地说，就是在邮件文档（主文档）的固定内容中，合并与发送信息相关的一组通信资料，从而批量生成需要的邮件文档，大大提高工作的效率。“邮件合并”功能除了可以批量处理信函、信封等与邮件相关的文档外，还可以轻松地批量制作标签、工资条、成绩单、准考证、获奖证书等。

邮件合并适用于制作需求量比较大且文档内容遵循一定规律的文件。要求这些文档内容分为固定不变的部分和变化的部分，比如打印信封，寄信人信息是固定不变的，而收信人信息就属于变化的内容，变化的部分由数据表中含有标题行的数据记录表表示。

（1）邮件合并的基本过程

邮件合并的基本过程包括三个步骤，只要理解了这些过程，就可以得心应手地利用邮件合并来完成批量作业。

① 建立主文档。主文档是指邮件合并内容的固定不变的部分，如信函中的通用部分、信封上的落款等。

使用邮件合并之前先建立主文档，是一个很好的习惯。一方面可以考查预计中的工作是否适合使用邮件合并，另一方面数据源的建立或选择提供了标准和思路。

② 准备数据源。数据源就是含有标题行的数据记录表，由字段列和记录行构成。字段列规定该列存储的信息，每条记录行存储着一个对象的相应信息。例如，图 5-35 就是这样的表，其中包含的字段为“客户姓名”“联系地址”等。接下来的每条记录存储着每个客户的相应信息。

客户姓名	联系地址	工作单位	邮政编码	联系电话	电子邮箱
黄翼	广州市广花三路合益西街3号	广州市锦豪服装厂	510450	020-36323229	huangsj3423@163.com
关志忠	广州市荔湾区南岸路63号城启大厦1201室	广州市维宝贸易有限公司	510160	020-81275477	weibao@vip.sina.com
贾春月	广州市白云区黄石东路江厦村红星锁厂工业区	广州贵妃时装有限公司	510410	020-86439743	tcfs888@163.com
尚先	广州市天河区黄埔大道中124号	健桥医疗电子有限责任公司	510665	020-85636672	gdjq17@163.com
马宗凯	广州市天河区五山路华南理工大学	广州市蓝康贸易发展有限公司	510641	020-85095413	bai_xve@qq.com
郑洁	广州市流花路119号锦汉展览中心	广州市金晔展览有限公司	510160	020-86663460	zhengjie5088@163.com
施晓欣	广州市荔湾区芳村浣花路109号东	广州亲亲我有限公司	510375	020-81410737	kellylong001@163.com

图5-35　数据源示例表

③ 将数据源合并到主文档中。利用邮件合并工具可以将数据源中的相应字段合并到主文档的固定内容之中，得到我们的目标文档，表格中的记录行数决定着主文件生成的份数，整个合并操作过程可以使用“邮件”选项卡上的命令来执行，还可以使用“邮件合并”任务窗格，该任务窗格将分步引导完成这一过程。要使用该任务窗格，请在“开始邮件合并”组的“邮件”选项卡上，单击“开始邮件合并”，然后单击“邮件合并分步向导”，如图 5-36 所示。

（2）邮件合并的操作步骤

① 设置邮件主文档。启动 Word 2010，默认情况下一个空白文档将会打开。在“邮件”选项卡上的“开始邮件合并”组中，单击“开始邮件合并”，选择“信函”。

② 选择数据文件。要将信息合并到邮件主文档中，必须将文档连接到地址列表，它也称为数据源或数据文件。如果还没有数据文件，则可在邮件合并过程中创建一个数据文件。在“邮件”选项卡上的“开始邮件合并”组中，如图 5-37 所示单击“选择收件人”，再执行下列操作之一。

- 如果还没有数据文件，请单击“键入新列表”，然后使用打开的表格创建列表。该列表将被保存为可以重复使用的数据库（.mdb）文件。
- 如果已有Microsoft Office Excel工作表、Microsoft Office Access数据库或其他类型的数据文件，请单击“使用现有列表”，然后在“选择数据源”对话框中找到所需文件。
- 如果要使用Outlook中的“联系人”列表，请单击“从Outlook联系人中选择”。

③ 调整收件人列表或项列表。在连接到某些数据文件时，你可能并不想将数据文件中所有记录的信息都合并到邮件主文档中。如果数据文件包含没有邮件地址的记录，请在邮件合并中省略这些记录。否则 Word 无法完成合并过程。

要缩小收件人列表或使用数据文件中记录的子集，请在“邮件”选项卡的“开始邮件合并”组中，单击“编辑收件人列表”，在“邮件合并收件人”对话框中执行操作。

④ 插入和编写域。将邮件主文档连接到地址列表后，即可开始键入邮件的文本并将占位符添加到邮件文档中，这些占位符指明在每封邮件内显示唯一信息的位置。占位符（如地址和问候语）称为“邮件合并”域。Word 中的域与所选数据文件中的列标题对应，如图 5-38 所示。

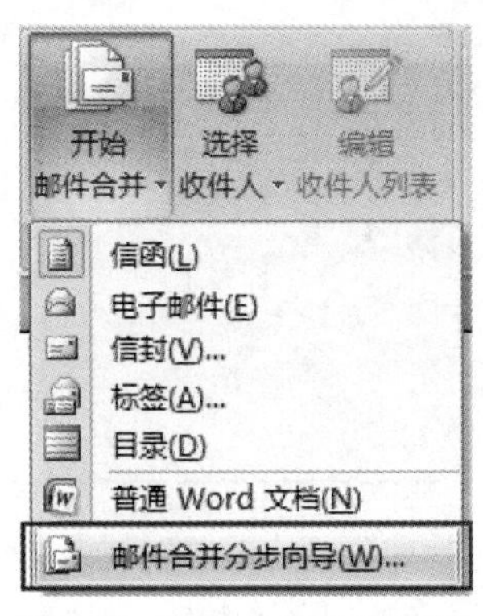

图5-35　邮件合并分步向导

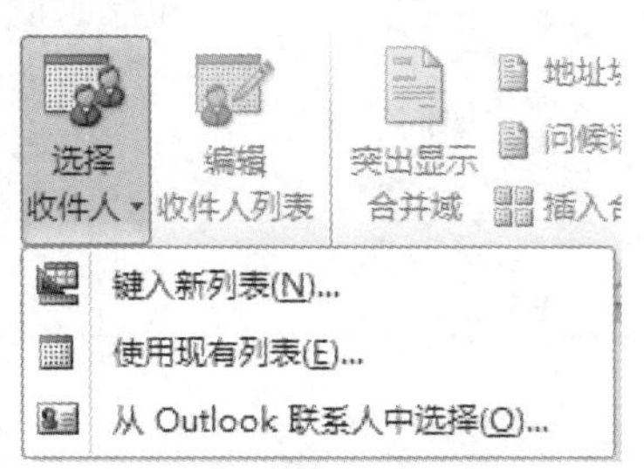

图5-37　选择收件人

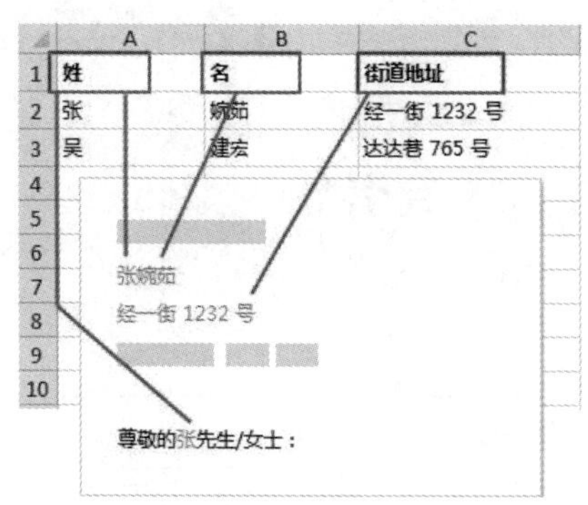

图5-38　数据文件与域对应图

- 数据文件中的列代表信息的类别。添加到邮件主文档中的域是这些类别的占位符。
- 数据文件中的行代表信息的记录。在邮件合并时，Word为每个记录生成一封邮件。

通过在邮件主文档中放置域，即表示你想让特定类别的信息（如姓名或地址）在该位置显示。将邮件合并域插入邮件主文档时，域名始终由书名号《》括起来。这些书名号不在最终邮件中显示。它们只用来帮助你将邮件主文档中的域与常规文字区分开。在合并时，数据文件中第一行的信息替换邮件主文档中的域，以创建第一封邮件。数据文件中第二行的信息替换这些域，以创建第二封邮件，依此类推。

不能手动键入合并域字符《》，也不能使用"插入"菜单上的"符号"命令。必须通过"邮件"选项卡的"编写和插入域"组中的按钮插入合并域。

⑤ 预览结果。在邮件主文档中添加域后，即可开始预览合并结果。如果对预览满意，则可完成合并。单击"预览结果"按钮。使用"预览结果"组中的"下一记录"和"上一记录"按钮可以逐页查看每封邮件。通过单击"查找收件人"来预览某个特定文档。

如果有不希望包括的记录，可以单击"邮件"选项卡上"开始邮件合并"组中的"编辑收件人列表"，打开"邮件合并收件人"对话框，在此处对列表进行筛选，也可以清除收件人。

⑥ 完成合并。单击图 5-39 所示的"完成并合并"按钮，此时，选择"编辑单个文档"命令则可以将所有邮件（或指定的记录）合并到一个新文档里面；选择"打印文档"命令则将可以在打印机上打印合并后的邮件；选择"发送电子邮件"命令则可以将合并后的邮件发送到指定收件人的邮箱。

⑦ 保存邮件主文档。如果你认为以后要重复使用邮件主文档，则可在发送最终邮件前对它进行保存。发送的邮件与邮件主文档是分开的。如果要将邮件主文档用于其他的邮件合并，最好保存邮件主文档。

保存邮件主文档时，也保存了它与数据文件的连接。下次打开邮件主文档时，将弹出对话框提示你选择是否要将数据文件中的信息再次合并到邮件主文档中。如图 5-40 所示，如果单击"是"，则文档打开时将包含合并的第一条记录的信息。如果单击"否"，则断开邮件主文档和数据文件之间的连接。邮件主文档将变成标准 Word 文档。域将被第一条记录中的唯一信息替换。

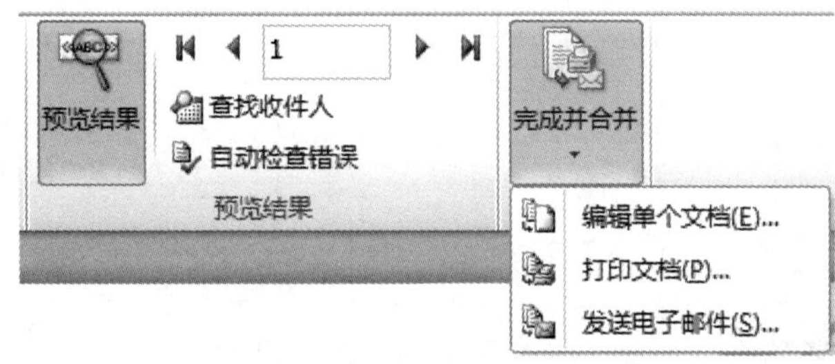

图5-39　预览结果及合并完成

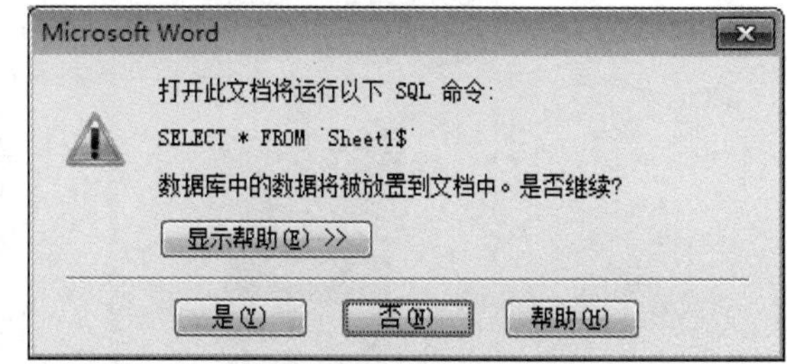

图5-40　再次打开邮件主文档对话框

如果想将邮件主文档恢复为普通 Word 文档，则可以单击"邮件"选项卡"开始邮件合并"组的"开始邮件合并"按钮，然后在下拉列表中选择"普通 Word 文档"命令。

5.2　长文档编辑——毕业论文排版（1）

5.2.1　任务引导

引导任务卡见表 5–2。

表 5–2　引导任务卡

任务编号	5.2		
任务名称	毕业论文排版（1）	计划课时	2 课时
任务目的	本节任务要求学生利用 Word 来完成毕业论文格式模板长文档的编辑。通过任务实践，主要使用的知识点有：文档属性、插入封面、批注和修订、替换、拼写和语法检查、SmartArt 图形、脚注		
任务实现流程	任务引导→任务分析→编辑毕业论文格式模板→教师讲评→学生完成长文档的编辑→难点解析→总结与提高		
配套素材导引	原始文件位置：大学计算机基础 \ 素材 \ 第 5 章 \ 任务 5.2 最终文件位置：大学计算机基础 \ 效果 \ 第 5 章 \ 任务 5.2		

任务分析：

在日常生活或者工作中，有时候需要对一些较长的文档进行编辑排版，也有可能需要多人合作修改编辑文件。毕业论文排版是同学们在大学阶段遇到的一个比较棘手的问题。该任务通过对毕业论文格式模板文档的制作，对长文档快速格式化、批量选取、审阅、协同办公等知识点进行解析，通过插入封面，插入编辑 SmartArt 图形，让文档视觉效果变得更直观突出。

本节任务要求学生利用 Word 软件完成毕业论文格式模板长文档的编辑，融合文档属性、插入封面、批注和修订、替换、拼写和语法检查、SmartArt 图形、脚注等知识点。完成效果如图 5–41 所示，因文档页面较多，所以只截取文档的部分效果图。

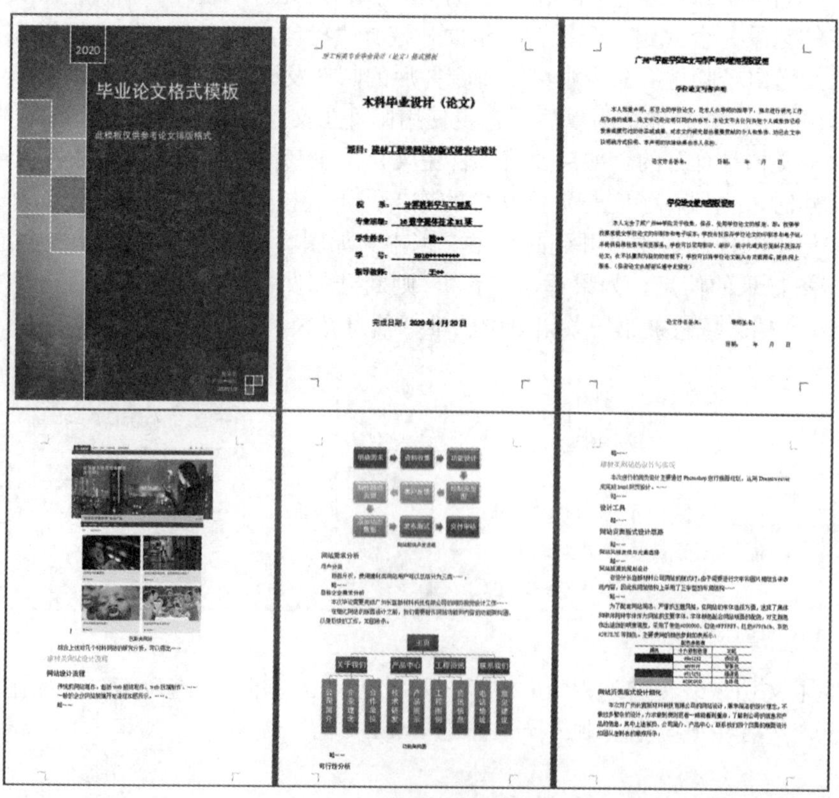

图 5–41　文档部分效果图

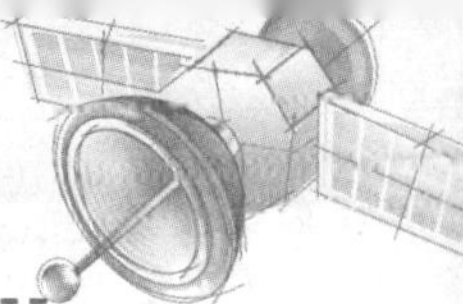

5.2.1 任务步骤

1. 页面和文档属性设置

打开文件“毕业论文格式模板.docx”。设置纸张大小为A4，页边距的要求为上下左右页边距均为2.5厘米，装订线为0.3厘米。设置文档属性：标题为“毕业论文格式模板”；作者为“教务处”；单位为“广州 ** 学院”；备注为“此模板仅供参考论文排版格式”。

2. 插入编辑封面

插入封面“拼板型”。设置年份为2020，输入摘要信息“此模板仅供参考论文排版格式”。更改标题和摘要文字字体为黑体，摘要字号为20磅，删除“副标题”控件。

3. 插入文档

在文档末尾插入文档“论文内容样例.docx”。

4. 批注和修订

删除文档的批注，接受文档中所有添加参考文献序号的修订。

5. 拼写和语法检查

检查文档中的拼写和语法错误，消除文档中红色或绿色的波浪线。

6. 字体段落格式设置

修改论文正文中宋体的文字所在段落为小四号字体，中文字体为宋体、西文字体为Time New Roman；首行缩进2字符，固定行距20磅。设置全文7张图片所在段落的段落属性为居中、无首行缩进、单倍行距。

7. 替换

利用“替换”功能，删除文中多余的手动换行符；将论文正文中的参考文献序号全部更改格式为上标。

8. 表格编辑

设置“配色参数表”表格上下框线为1.5磅实线，其余表线为0.5磅实线，表的左右两端无框线，表格在页面水平居中，表格文字在单元格内水平垂直都居中。

9. 插入流程类SmartArt图形

在“网站前端开发流程”文字上方空白段落处插入SmartArt图形“基本蛇形流程”，如图5–42所示输入文本。设置图形中的文字字体为黑体，字号为14磅。更改SmartArt图形颜色为“渐变循环 - 强调文字颜色1”，SmartArt样式三维效果为“优雅”，适当调整SmartArt图形大小。

10. 插入层次结构类SmartArt图形

在“功能架构图”文字上方空白段落处插入SmartArt图形“组织结构图”，把上方深红色文字移动到SmartArt图形文字编辑框中。如图5–43所示调整图形级别。更改组织结构图布局为标准模式，调整最底层SmartArt图形大小为高度4厘米、宽度1.18厘米左右。设置格式：文字字体为黑体，更改SmartArt图形颜色为“彩色范围 - 强调文字颜色3至4”，SmartArt文档的最佳匹配对象为“中等效果”。

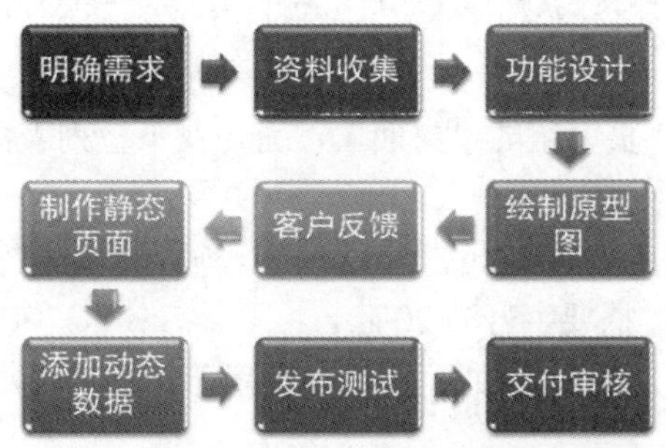

图5–42 流程类SmartArt图形效果图

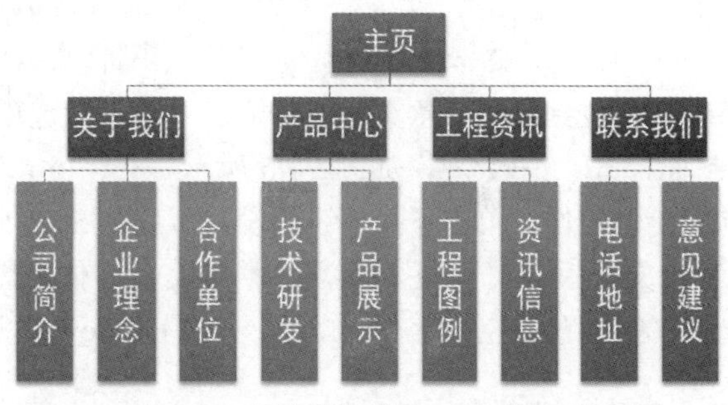

图5–43 层次结构类SmartArt图形效果图

11. 插入脚注

在文字“麦克尼尔”后插入脚注，位置：页面底端，编号格式为 1,2,3…脚注内容为“曾任 Moosylvania Marketing 公司负责交互式内容的副总裁、SimpleFlame 公司网页开发高级工程师。”，保存文件。

5.2.3 任务实施

1. 页面和文档属性设置

打开文件“毕业论文格式模板 .docx”。设置纸张大小为 A4，页边距的要求为上下左右页边距均为 2.5 厘米，装订线为 0.3 厘米。设置文档属性：标题为“毕业论文格式模板”；作者为“教务处”；单位为“广州 ** 学院”；备注为“此模板仅供参考论文排版格式”。

① 打开“毕业论文格式模板 .docx”文件。单击“页面布局”选项卡“页面设置”组中的对话框启动器按钮，弹出“页面设置”对话框，选择“页边距”选项卡，设置页边距为上、下、左、右为 2.5 厘米，装订线为 0.3 厘米；选择“纸张”选项卡，设置纸张大小为 A4。

② 单击“文件”选项卡的“信息”按钮，在弹出的界面中选择“属性”下的“高级属性”命令打开对话框，在“摘要”选项卡中直接输入，如图 5–44 所示。也可以在弹出的界面中单击“显示所有属性”超链接。在“标题”“备注”“单位”属性右边的编辑栏内分别输入“毕业论文格式模板”、“此模板仅供参考论文排版格式”和“广州 ** 学院”；在“作者”编辑栏处右击弹出快捷菜单，选择“编辑属性”命令，弹出“编辑人员”对话框，在“输入姓名或电子邮件地址”编辑栏内输入“教务处”。

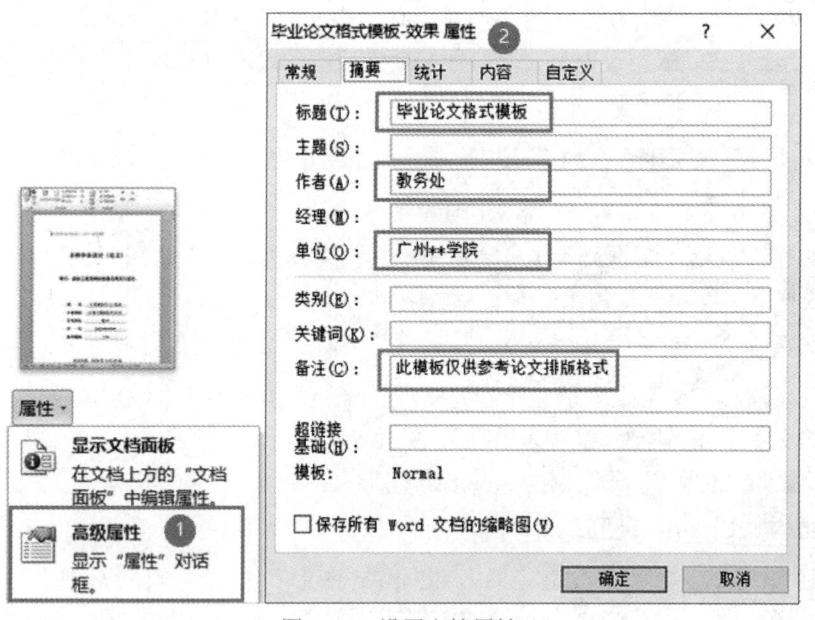

图 5–44　设置文档属性

2. 插入编辑封面

插入封面“拼板型”。设置年份为 2020，输入摘要信息“此模板仅供参考论文排版格式”。更改标题和摘要文字字体为黑体，摘要字号为 20 磅，删除“副标题”控件。

① 将光标定位到文档任意文本处，单击“插入”选项卡“页”组的“封面”按钮，在下拉列表框中选择要使用的封面样式“拼板型”，如图 5–45 所示。

② 选中年份控件，单击下拉按钮，设置日期为 2020 年 1 月 1 日，如图 5–46 所示。输入摘要信息“此模板仅供参考论文排版格式”，更改标题和摘要文字字体为黑体，摘要字号为 20 磅。

③ 选中“副标题”控件所在的矩形，按【Delete】键删除。完成后效果如图 5–47 所示。

图 5-45 选择封面样式

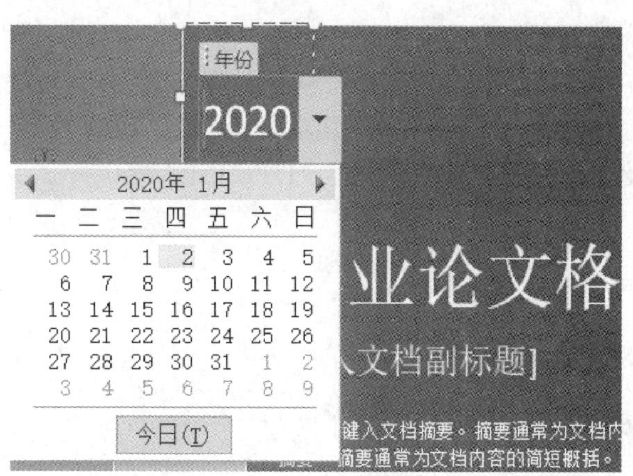

图 5-46 更改年份控件

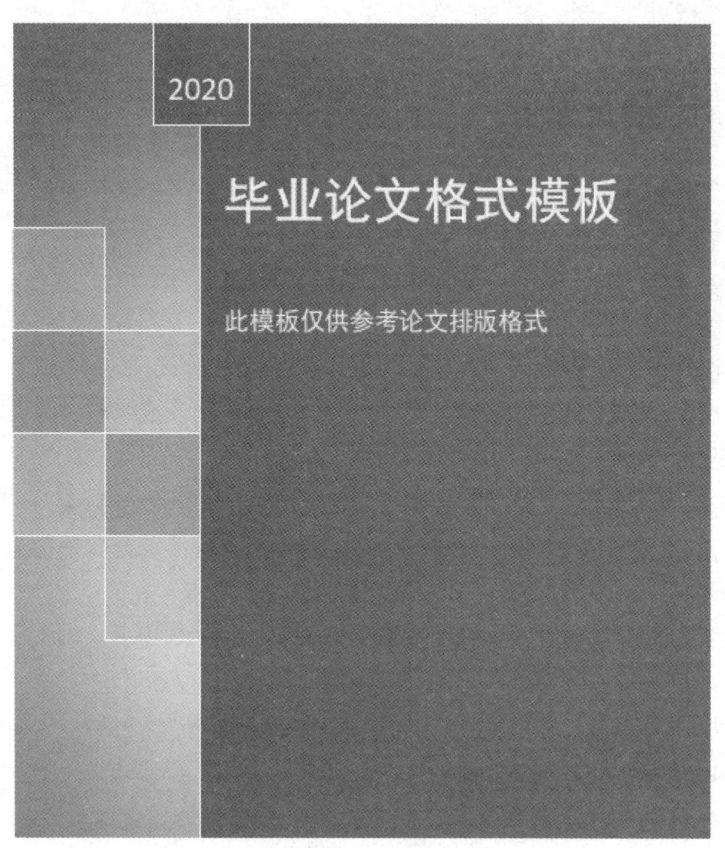

图 5-47 封面效果

3. 和、插入文档

在文档末尾插入文档“论文内容样例 .docx”。

光标定位到文档末尾处，单击“插入”选项卡“文本”组的“对象”右侧下拉按钮，选择“文件中的文字”命令，如图 5-48 所示，在弹出的对话框中选择插入文档“论文内容样例 .docx”。

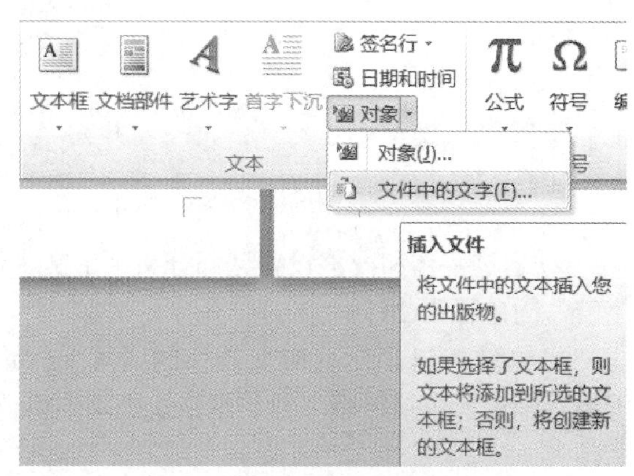

图5-48 选择“文件中的文字”命令

4. 批注和修订

删除文档的批注，接受文档中所有添加参考文献序号的修订。

① 如图 5-49 所示单击“审阅”选项卡“批注”组的“下

一条”按钮，查阅文档中的批注，再次单击“下一条”按钮，可查阅下一条。

② 定位至文档唯一的批注处，单击“批注”组的“删除”按钮删除批注。

③ 逐次单击“审阅”选项卡“更改”组的“下一条”按钮，查阅文档中所有添加参考文献序号的修订，再选择“接受对文档的所有修订”，如图 5-50 所示。

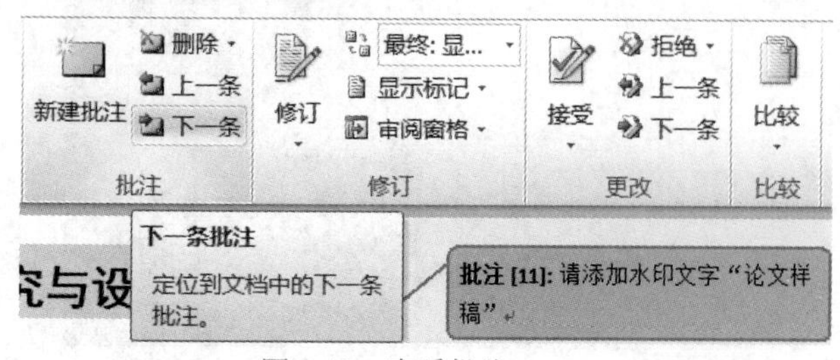

图5-49　查看批注

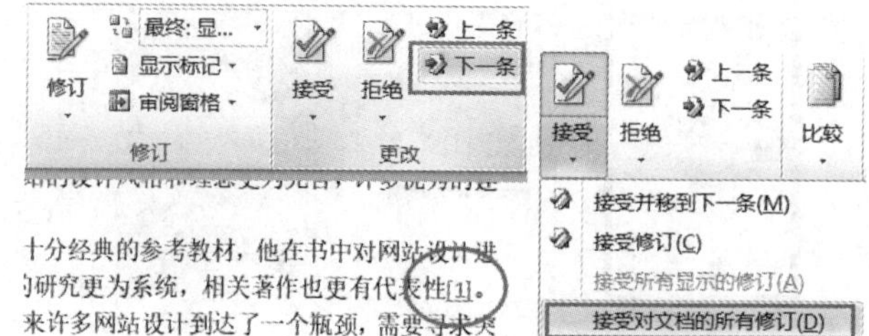

图5-50　查看接受修订

5. 拼写和语法检查

检查文档中的拼写和语法错误，消除文档中红色或绿色的波浪线。

① 单击“审阅”选项卡“校对”组中的“拼写和语法”按钮，如图 5-51 所示。

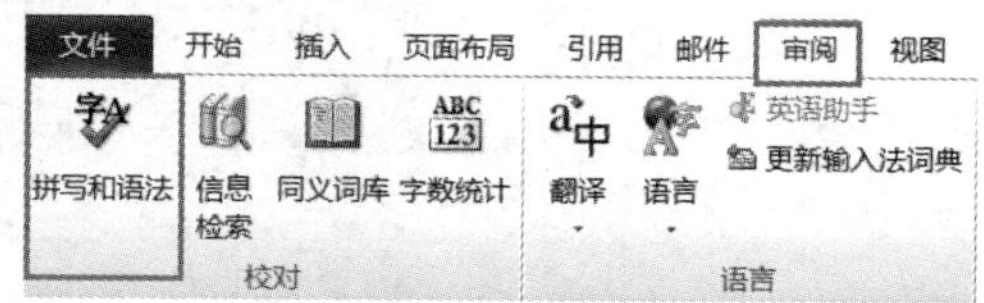

图5-51　拼写和语法

② 如图 5-52 所示，在弹出的“拼写和语法”对话框中会显示系统认为有误的文字（红色代表拼写错误，绿色代表语法错误，在文中用绿色或红色的波浪线标注），根据需要选择“忽略一次”“全部忽略”“下一句”，若检查有误，直接在其编辑框内修改，然后再单击“更改”按钮即可。

③ 完成检查后，文档中“拼写和语法”错误提示的红色或绿色的波浪线即会消失。

6. 字体段落格式设置

修改论文正文中五号宋体的文字所在段落为小四号字体，中文字体为宋体、西文字体为 Time New Roman；首行缩进 2 字符，固定行距 20 磅。设置全文 7 张图片所在段落的段落属性为居中、无首行缩进、单倍行距。

① 将光标定位在论文正文中任意一处五号宋体中，单击“开始”选项卡“编辑”组的“选择”按钮，如图 5-53 所示。所示选取“选定格式相似的文本”选项，此时正文中所有五号宋体文字都被选取。

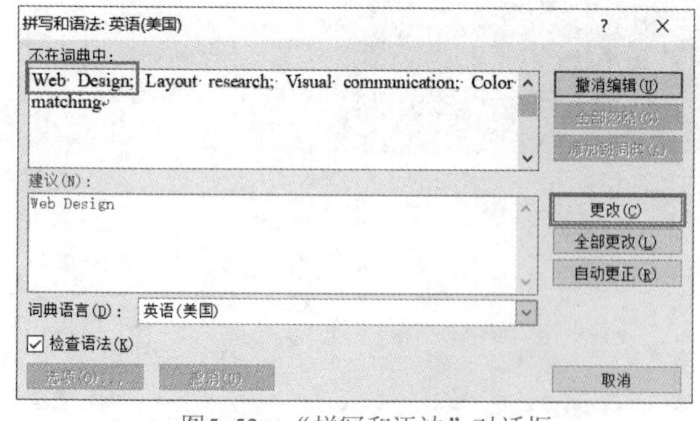

图5-52　“拼写和语法”对话框

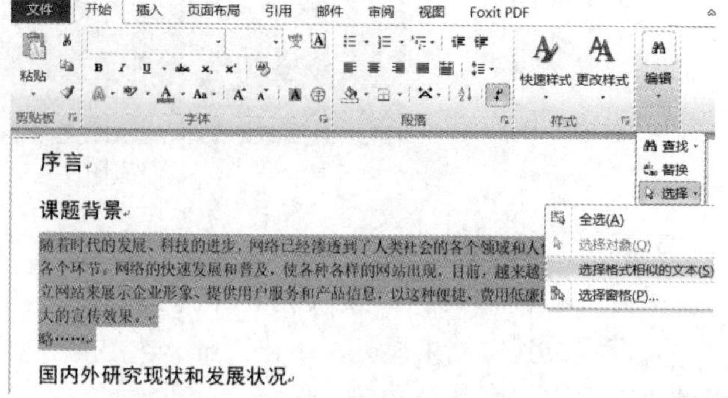

图5-53　选择格式相似的文本

② 通过字体和段落设置这部分文字中文字体为宋体、西文字体为 Time New Roman、小四号；首行缩进 2 字符，固定行距 20 磅。

③如图 5-54 所示此时文档中的图片受行距限制只能显示部分，修改图片所在段落的段落属性为居中、无首行缩进、单倍行距。并使用格式刷功能将该格式复制到其他图片所在段落。

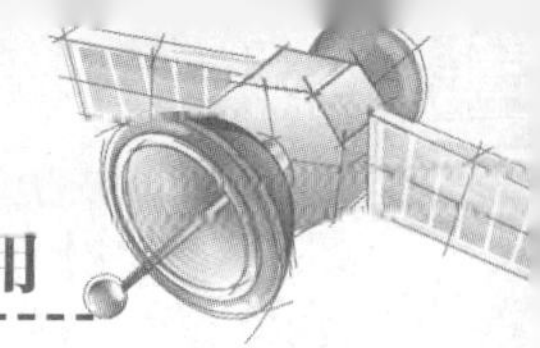

略……

三字型布局结构

图5-54 图片受行距限制部分显示

7. 替换

利用“替换”功能，删除文中多余的手动换行符；将论文正文中的参考文献序号全部更改格式为上标。

① 单击“开始”选项卡“编辑”组中的“替换”按钮，打开“查找和替换”对话框的“替换”选项卡，单击“更多”按钮，打开下方选项。

② 将光标定位到“查找内容”右边的编辑栏中，单击下方“特殊格式”按钮，在其下拉列表框中选择“手动换行符”选项，如图 5-55 所示。

③ 单击“全部替换”按钮，在弹出的提示框中，单击“确定”按钮完成 36 处替换。

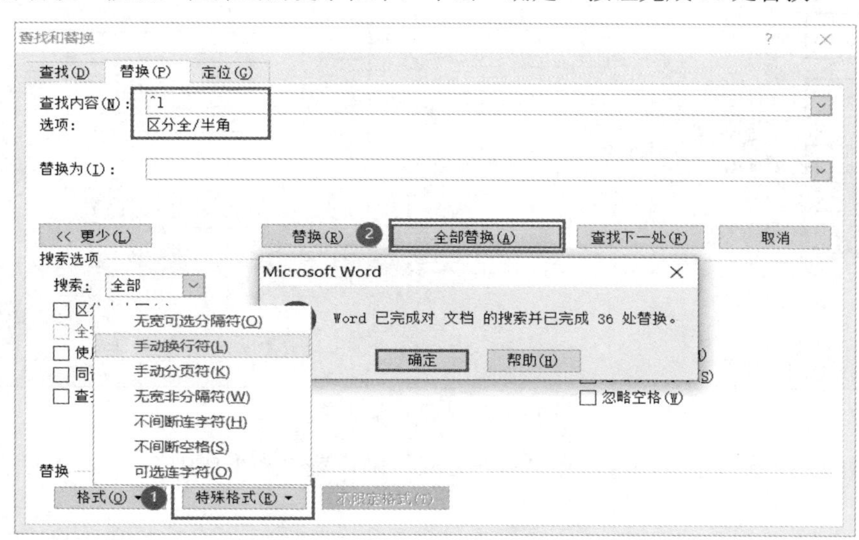

图5-55 替换删除手动换行符

④ 选取“序言”至“参考文献”前的所有论文正文内容，打开“查找和替换”对话框，清除掉“查找内容”输入框的文字，输入英文方括号 [ ]，在方括号内单击下方“特殊格式”按钮，在其下拉列表框中选择“任意数字”选项。

⑤ 将光标定位到“替换为”输入框，单击下方“格式”按钮，在“字体”中选择“上标”选项。如图 5-56 所示单击“全部替换”按钮，完成 7 处替换，在弹出的提示框中单击“否”按钮，只替换选取的论文正文区域中的这部分内容。关闭“查找和替换”对话框。

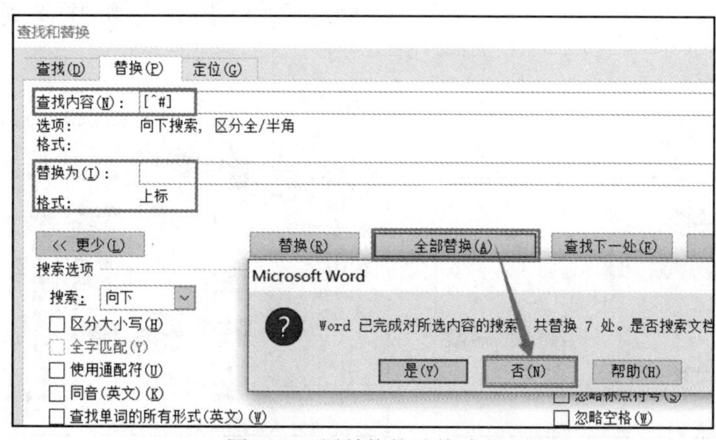

图5-56 用替换快速格式化

8. 表格编辑

设置“配色参数表”表格上下框线为1.5磅实线，其余表线为0.5磅实线，表的左右两端无框线，表格在页面水平居中，表格文字在单元格内水平垂直都居中。

① 全选“配色参数表”下方表格，单击“段落”组的“居中”按钮，将表格设置为在页面水平居中。

② 打开“边框和底纹”对话框，将“设置”修改为“自定义”，选择1.5磅实线，通过单击预览处的上下框线按钮应用该宽度的框线。再单击上下框线按钮取消左右框线。如图5–57所示最终预览效果为要求效果后，单击“确定”按钮。

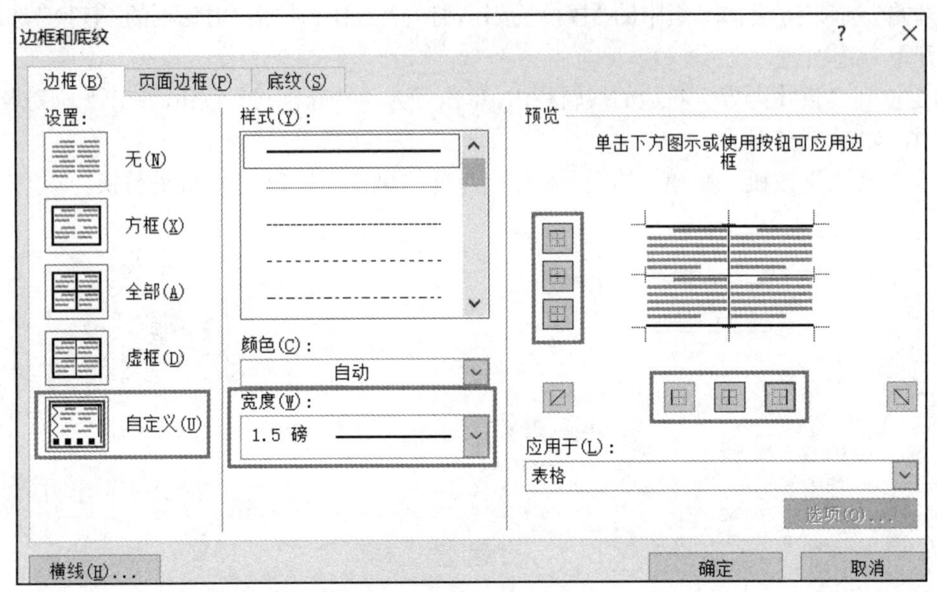

图5–57　表格框线设置

③ 选择“表格工具 | 布局”选项卡，在“对齐方式”中设置“水平居中”，使表格文字在单元格内水平垂直都居中。

9. 插入流程SmartArt图形

在“网站前端开发流程”文字上方空白段落处插入SmartArt图形“基本蛇形流程”，按照样图输入文本。设置图形中的文字字体为黑体，字号为14磅。更改SmartArt图形颜色为“渐变循环 - 强调文字颜色1”，SmartArt样式三维效果为“优雅”，适当调整SmartArt图形大小。

① 单击“开始”选项卡“编辑”组中的“查找”按钮，在“导航”窗格中输入查找内容“网站前端开发流程”，则文档跳转至该处，文档中相应文字突出显示出来，如图5–58所示。

② 将光标定位到文字上方空白段落处，单击“插入”选项卡“插图”组的“SmartArt”按钮，打开“选择SmartArt图形”对话框，如图5–59所示在对话框左侧选择“流程”，右侧的样式列表框中选择“基本蛇形流程”，单击“确定”按钮。

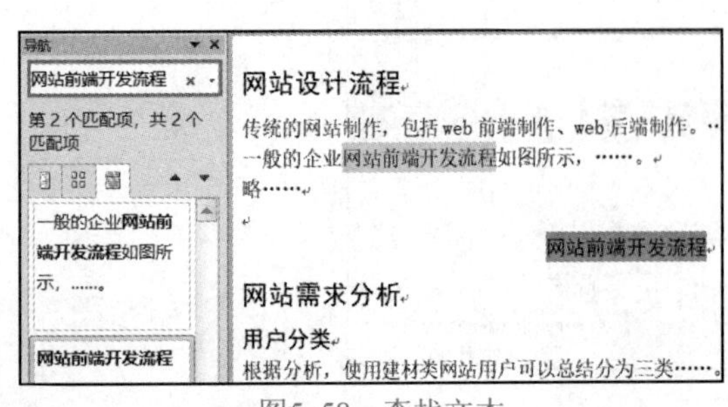

图5–58　查找文本

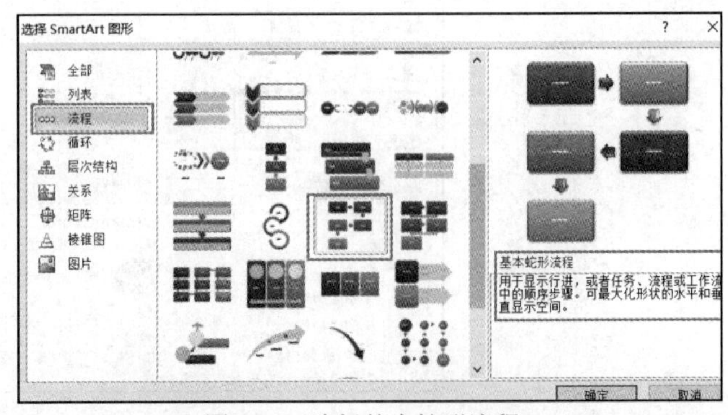

图5–59　选择基本蛇形流程

③ 选择新插入的 SmartArt 图形，左侧有“在此处输入文字”的文本窗格，按图 5-60 所示输入相应文本。

④ 在“在此处输入文字”的文本窗格中删除多余的空行，然后选择所有文本，单击右键设置文字字体为黑体，字号为 14 磅，如图 5-61 所示。此处也可单击画布框全选 SmartArt 图形在“字体”组进行设置。

⑤ 单击“SmartArt 工具 | 设计”选项卡“SmartArt 样式”组的“更改颜色”按钮，在弹出的下拉列表框中选择“渐变循环 - 强调文字颜色 1”，如图 5–62 所示。单击“SmartArt 工具 | 设计”选项卡“SmartArt 样式”，在列表框中设置三维效果为“优雅”。适当调整 SmartArt 图形大小，完成效果如图 5–63 所示。

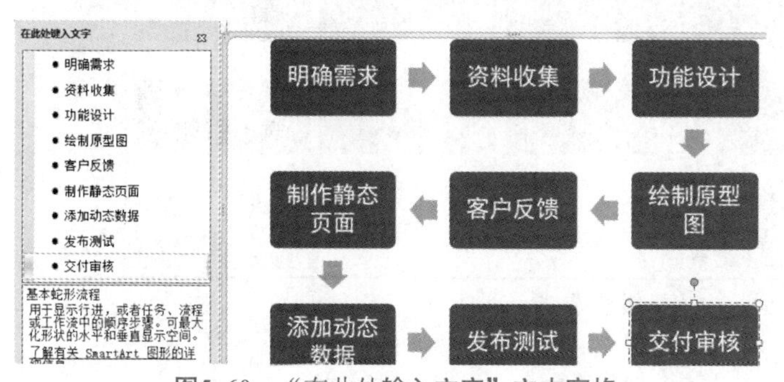

图5-60 “在此处输入文字”文本窗格

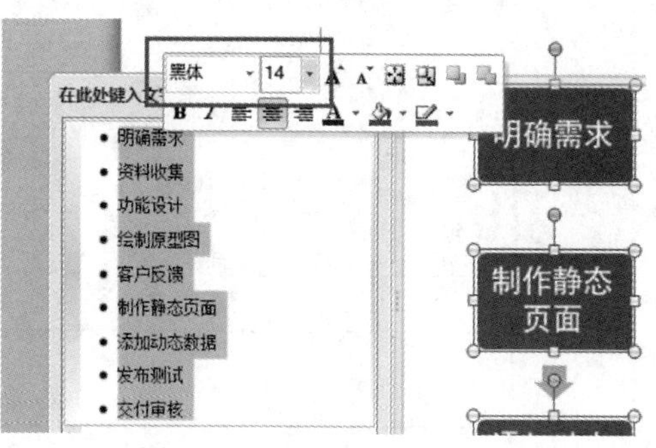

图 5-61 设置字体格式

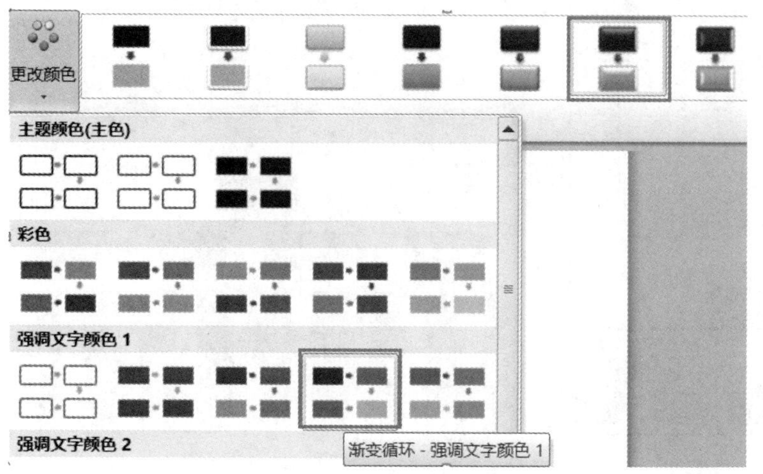

图 5–62 更改样式

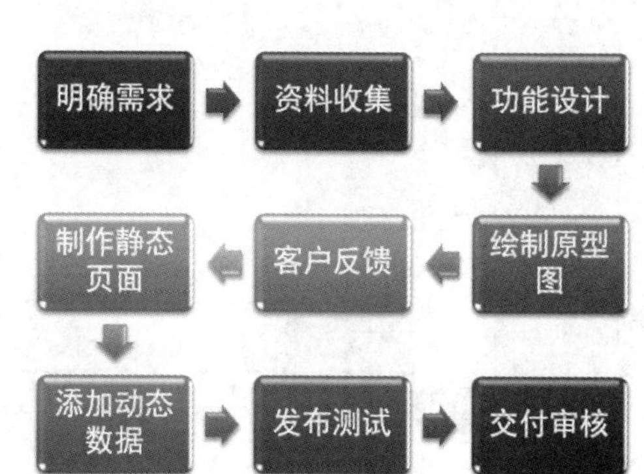

图5–63 本题完成效果

10. 插入层次结构类 SmartArt 图形

在“功能架构图”文字上方空白段落处插入 SmartArt 图形“组织结构图”，把上方深红色文字移动到 SmartArt 图形文字编辑框中样图所示调整图形级别。更改组织结构图布局为标准模式，调整最底层 SmartArt 图形大小为高度 4 厘米、宽度 1.18 厘米左右。设置格式：文字字体为黑体，更改 SmartArt 图形颜色为“彩色范围 - 强调文字颜色 3 至 4”，SmartArt 文档的最佳匹配对象为“中等效果”。

① 将光标定位到在“功能架构图”文字上方空白段落处，单击“插入”选项卡“插图”组的“SmartArt”按钮，打开“选择 SmartArt 图形”对话框，在“层次结构”样式列表框中选择“组织结构图”，单击“确定”按钮。

② 选择 SmartArt 图形上方深红色文字，剪切粘贴到“在此处输入文字”的文本窗格中，删除多余的空行。

③ 选择除第 1 段“主页”外所有文本，按键盘上的【Tab】键，或选择“SmartArt 工具 | 设计”选项卡“创建图形”组的“降级”命令，完成文本降级。再次选择 3~5 段、7~8 段、10~11 段、13~14 段进行文本降级，最后完成效果如图 5–64 所示。

④ 按住【Shift】键同时选择“主页”下的四个子项目，单击“创建图形”组的“组织结构图布局”下拉按纽，选择布局方式为“标准”。效果如图 5–65 所示。

⑤ 按住【Shift】键选中第三层子项目，在“SmartArt 工具 | 格式”选项卡“大小”组设置调整图形大小为高度 4 厘米、宽度 1.18 厘米左右，效果如图 5–66 所示。

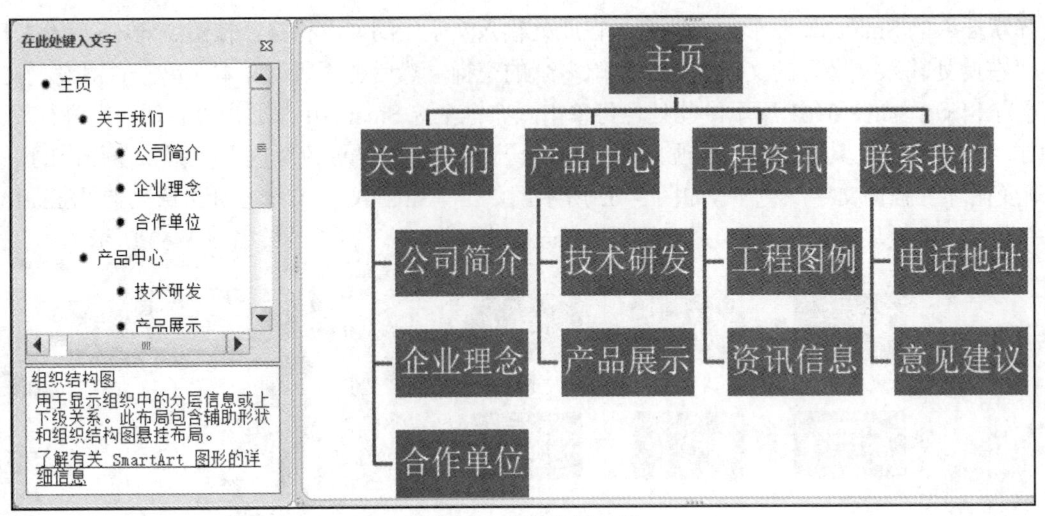

图 5–64 文本降级效果

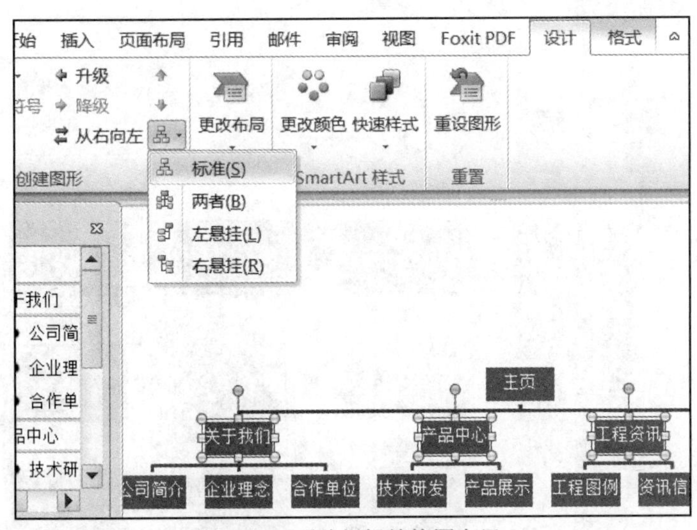

图 5–65 更改组织结构图布局

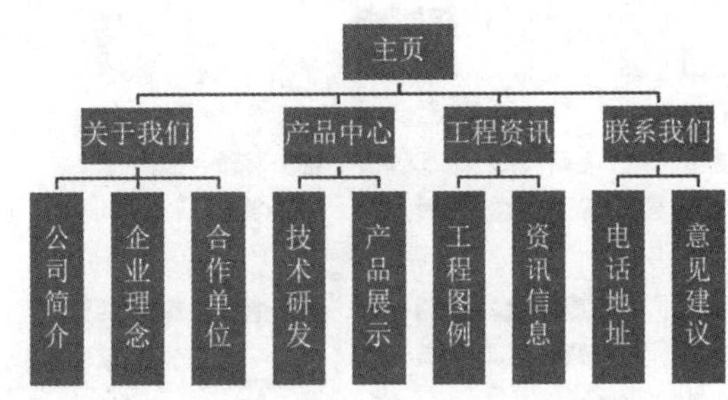

图 5–66 调整形状大小

⑥ 全选图形，设置文字字体为黑体。更改 SmartArt 图形颜色为“彩色范围 - 强调文字颜色 3 至 4”，SmartArt 文档的最佳匹配对象为“中等效果”。

单击“SmartArt 工具 | 设计”选项卡“SmartArt 样式”组的“更改颜色”按钮，在弹出的下拉列表框中选择“彩色范围 - 强调文字颜色 3 至 4”。在“SmartArt 样式”列表框中选择设置“文档的最佳匹配对象”为“优雅”。完成后效果如图 5–67 所示。

11. 拉插入脚注

在文字“麦克尼尔”后插入脚注，位置：页面底端，编号格式为 1,2,3…脚注内容为“曾任 Moosylvania Marketing 公司负责交互式内容的副总裁、SimpleFlame 公司网页开发高级工程师。”，保存文件。

① 在“导航”窗格中查找文字“麦克尼尔”，将光标定位到文字后方，单击“引用”选项卡“脚注”组右下角的对话框启动器按钮，弹出“脚注和尾注”对话框。

② 在“脚注和尾注”对话框中，在“位置”组中选择“脚注”单选按钮，在右边的下拉列表框中选择“页面底端”，在“格式”组“编号格式”的下拉列表框中选择“1,2,3…”，如图 5–68 所示。

③单击“脚注和尾注”对话框的“插入”按钮，此时，光标自动定位到页面底端，在当前位置输入脚注内容“曾任 Moosylvania Marketing 公司负责交互式内容的副总裁、SimpleFlame 公司网页开发高级工程师。”，完成后效果如图 5–69 所示。保存文件。

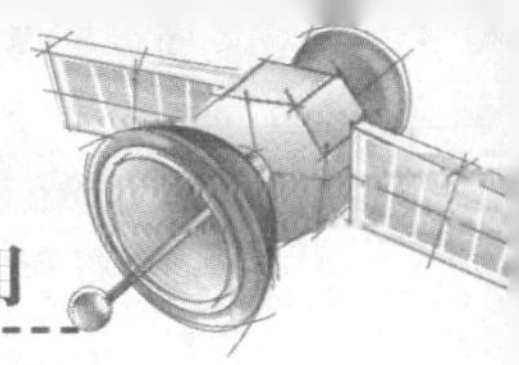

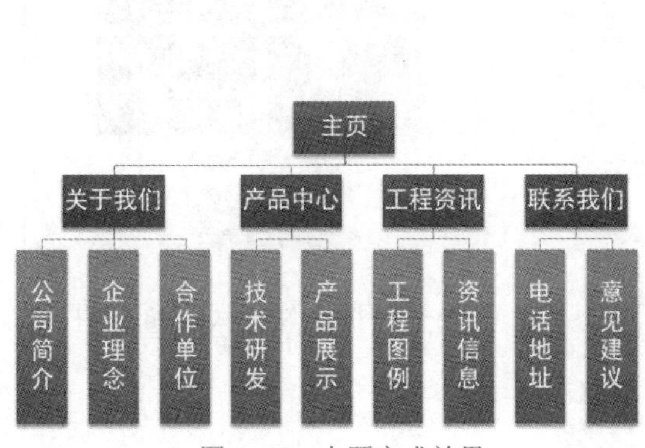

图 5–67 本题完成效果

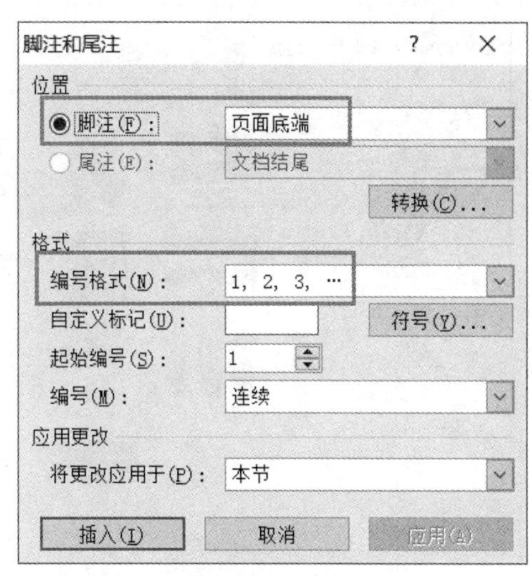

图 5–68 设置脚注

网页设计

网页设计主要是通过运用版面布局设计、文字设计、色彩搭配、图来进行网站页面的排列设计，在规定的尺寸界面和特定的功能下，设计的能力为浏览者提供优秀的视觉感受。高端的网页在设计时还会利用音人机交互等来实现更完美的视觉体验和听觉感受。不同的网页设计有不

[1]曾任 Moosylvania Marketing 公司负责交互式内容的副总裁、SimpleFlame 公司网页开发高级工

图 5–69 脚注完成效果

5.2.4 难点解析

通过本节课程的学习，我们掌握了文档属性、插入封面、批注和修订、替换、拼写和语法检查、SmartArt 图形、脚注等知识点的操作。其中，SmartArt 图形是本节的难点内容，这里将针对 SmartArt 图形作具体的讲解。

1. SmartArt 图形

SmartArt 是 Microsoft Office 2007 新加入的特性，在 Microsoft Office 2010 中提供了更多样式，可以通过更改形状或文本填充、添加效果（如阴影、反射、发光或柔化边缘）或添加三维效果（如凹凸或旋转）来更改 SmartArt 图形的外观。SmartArt 图形是信息和观点的视觉表示形式，可以通过从多种不同布局中进行选择来创建，从而快速、轻松、有效地传达信息。SmartArt 图形可以在 Excel、Outlook、PowerPoint 和 Word 中创建，并且可以在整个 Office 中使用。

SmartArt 图形是信息和观点的可视表示形式，而图表是数字值或数据的可视图示。一般来说，SmartArt 图形是为文本设计的，而图表是为数字设计的。在将包含 SmartArt 图形的文档保存为 Word 97-2003 格式时，SmartArt 图形将被转换为静态图像。用户将无法编辑图形内的文字、更改其布局或更改其普通外观。如果以后将该文档转换为 Word 2010 文件格式，并且没有在之前的版本中对图像进行任何更改，则图形将变回 SmartArt 对象。

（1）版式选择

如图 5–70 所示为 SmartArt 图形选择版式时，首先需要确定传达什么信息以及是否希望信息以某种特定方式显示。在选择 SmartArt 图形时左侧有类别，如“流程”、“层次结构”或“关系”，并且每种类别包含几种不同版式。由于能够快速轻松地切换布局，因此在找到最适合消息的图形之前，可以尽可能多尝试不同的布局。

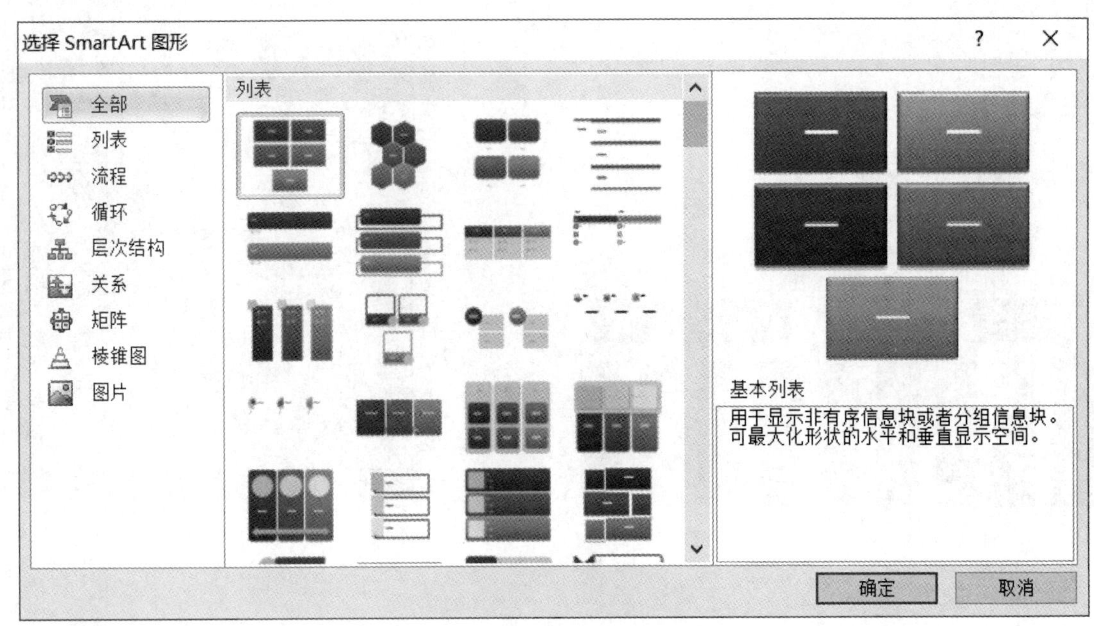

图 5–70　选择SmartArt图形

如表 5–3 所示列出了 SmartArt 图形的类别，以及最适合每种类别表现的数据类型。

表 5–3　SmartArt 图形的类别及适宜表现数据

类　别	适宜表现数据
列表	显示无序信息
流程	在流程或时间线中显示步骤
循环	显示连续的流程
层次结构	创建组织结构图、显示决策树
关系	对连接进行图解
棱锥图	显示与顶部或底部最大一部分之间的比例关系
图片	使用图片传达或强调内容
矩阵	显示各部分如何与整体关联

（2）“文本”窗格

使用“文本”窗格输入和编辑在 SmartArt 图形中显示的文本。“文本”窗格显示在 SmartArt 图形的左侧。在“文本”窗格中添加和编辑内容时，SmartArt 图形会自动更新，即根据需要添加或删除形状。

“文本”窗格与大纲或项目符号列表类似，将信息直接映射到 SmartArt 图形。每个 SmartArt 图形定义了它自己在“文本”窗格中的项目符号与 SmartArt 图形中的一组形状之间的映射。根据所选的版式，“文本”窗格中的每个项目符号在 SmartArt 图形中将表示为一个新的形状或某个形状中的一个项目符号。如图 5–71 所示，文本窗格和形状对应显示。

要在“文本”窗格中新建一行带有项目符号的文本，请按【Enter】键。要在“文本”窗格中降低文本的级别，请选择该文本，然后在“SmartArt 工具”下的“设计”选项卡上，单击“降级”。要逆向改变，请单击“升级”。还可以在“文本”窗格中按【Tab】键进行降级，按【Shift+Tab】组合键进行升级。

创建 SmartArt 图形时，SmartArt 图形及其“文本”窗格由占位符文本填充，可以使用自己的信息替换这些占位符文本。在“文本”窗格顶部，可以编辑将在 SmartArt 图形中显示的文本。在“文本”窗格底部，可以阅读有关该 SmartArt 图形的说明。

在包含固定数量的形状的 SmartArt 图形中，如图 5–72 所示“文本”窗格中的部分文本只会显示在 SmartArt 图形中。不显示的文本、图片或其他内容在 " 文本 " 窗格中以红色 X 标识。如果切换到其他布局，此内容仍可用，但如果保留并关闭此同一布局，则不会保存该信息。

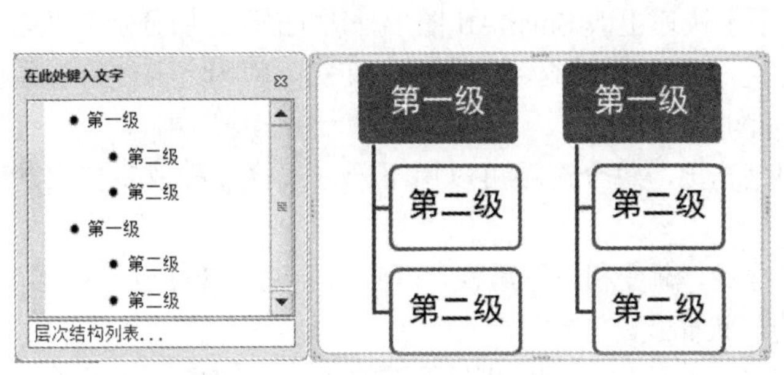

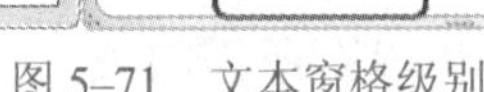
图 5–71 文本窗格级别

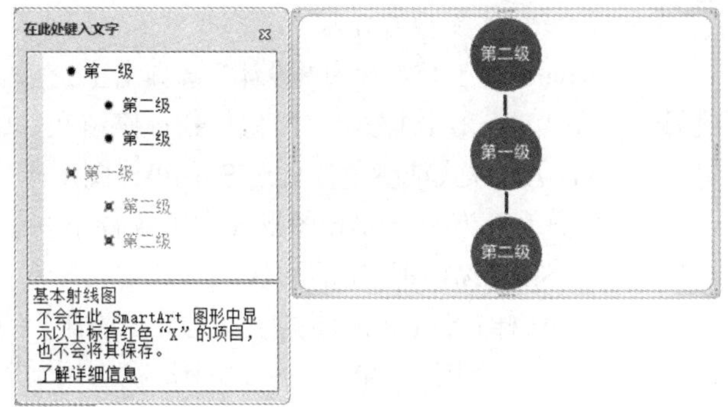

图 5–72 SmartArt图形固定形状数量

如果使用带有“助理”形状的组织结构图布局，如图 5–73 所示则注意这一行的项目符号与其他级别不同，用于指示该“助理”形状。

通过向“文本”窗格中的文本应用格式，可以将字符格式（如字体、字号、加粗、斜体和下划线）应用于 SmartArt 图形中的文本，并将反映在 SmartArt 图形中。一个形状中的字号如果因为添加了更多文本而缩小，SmartArt 图形其他形状中的所有其他文本也会同步缩小，以保持 SmartArt 图形外观一致且专业。

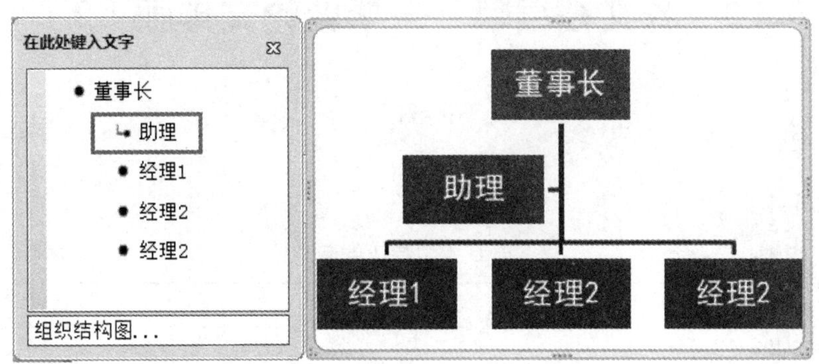

图 5–73 助理形状

（3）SmartArt 图形的形状修改

单击要向其添加另一个形状的 SmartArt 图形，在“SmartArt 工具”下的“设计”选项卡上，如图 5–74 所示在“创建图形”组中单击“添加形状”旁边的箭头。如图 5–75 所示，如果要在所选形状之后插入一个同级别的形状，请单击“在后面添加形状”；如果要在所选形状之前插入一个同级别的形状，请单击“在前面添加形状”。如果要在所选形状上方插入一个高一级别的形状，请单击“在上方添加形状”；如果要在所选形状之前插入一个低一级别的形状，请单击“在下方添加形状”。

注意：若要从“文本”窗格中添加形状，请单击现有形状，将光标移至要添加形状的文本所在位置的前面或后面，然后按【Enter】键。

若要从 SmartArt 图形中删除形状，请单击要删除的形状，然后按【Delete】键。若要删除整个 SmartArt 图形，请单击 SmartArt 图形的边框，然后按【Delete】键。

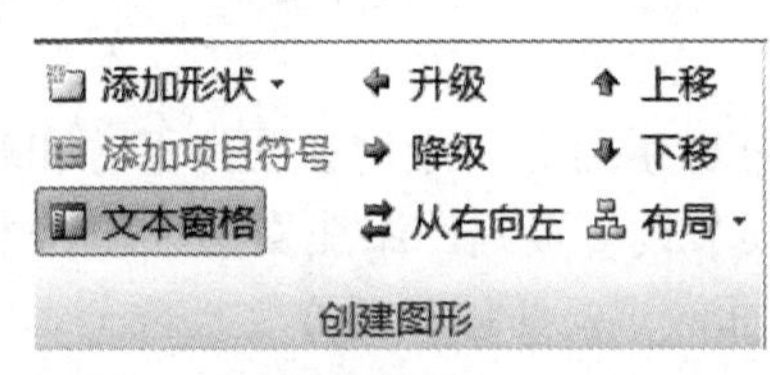

图 5–74 创建图形组

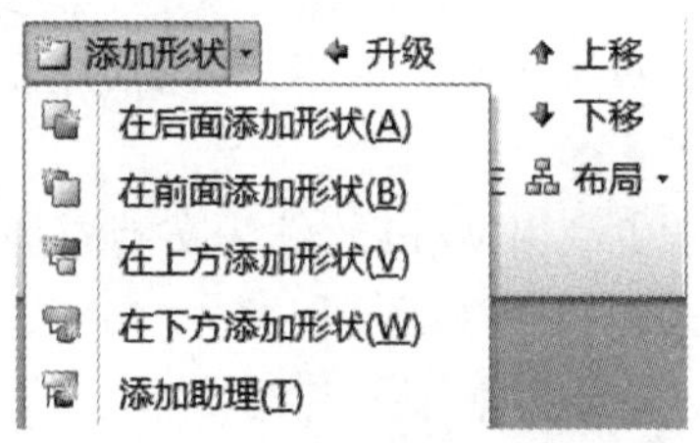

图 5–75 添加形状命令

“从右向左”和“从左向右”可以改变 SmartArt 图形的排列方向，“布局”可以更改所选形状附属形状的排列方式。

（4）SmartArt 图形的样式、颜色和效果

在“SmartArt 工具”下的“设计”选项卡上，有两个用于快速更改 SmartArt 图形外观的库，它们分别为“更改颜色”和“SmartArt 样式”。将鼠标指针停留在其中任意一个库中的缩略图上时，在实际应用之前便可以预览相应 SmartArt 样式或颜色变化对 SmartArt 图形产生的影响。

“更改颜色”为 SmartArt 图形提供了各种不同的颜色选项，每个选项可以用不同方式将一种或多种主题颜色应用于 SmartArt 图形中的形状。

“SmartArt 样式”包括形状填充、边距、阴影、线条样式、渐变和三维透视，可应用于整个 SmartArt 图形。还可以对 SmartArt 图形中的一个或多个形状应用单独的形状样式。

SmartArt 图形的所有部分几乎都可自定义。如果 SmartArt 样式库中没有所需的填充、线条和效果的组合，则可以应用单独的形状样式或完全自定义的形状。也可以移动形状并调整其大小。在“SmartArt 工具”下的“格式”选项卡上，可以找到大多数自定义选项。即使在自定义 SmartArt 图形以后，仍然可以更改为其他版式，并将保留大多数自定义设置。要清除所格式并重新开始，请在“设计”选项卡的“重置”组中，单击“重设图形”。

5.3 长文档编辑——毕业论文排版（2）

5.3.1 任务引导

引导任务卡见表 5–4。

表 5–4 引导任务卡

任务编号	5.3		
任务名称	毕业论文排版（2）	计划课时	4 课时
任务目的	本节任务要求学生利用 Word 来完成毕业论文格式模板长文档的进一步排版。通过任务实践，主要使用的知识点有：样式，多级编号，目录，题注、交叉引用，分节，页码，水印		
任务实现流程	任务引导→任务分析→编辑毕业论文格式模板→教师讲评→学生完成文档的高级排版→难点解析→总结与提高		
配套素材导引	原始文件位置：大学计算机基础 \ 素材 \ 第五章 \ 任务 5.3 最终文件位置：大学计算机基础 \ 效果 \ 第五章 \ 任务 5.3		

任务分析：

对于长文档来说，由于文档较长，则批量修改、标题编号都会存在需要统一管理添加的问题，文档通常结构复杂，有多个组成部分，每个部分在页码方面可能不同要求，还需要目录帮助显示文档结构，同时也便于阅读和查看。利用 Word 样式可以管理好特定文本，方便于我们批量修改，还可以根据样式生成目录。而自动添加的多级编号能在文档结构改变时自动变化，避免长文档修改中编号反复的问题。题注和交叉引用也能自动匹配，文档中的表格图片增加删除都不需要再修改题注编号。文档分节后即使是一个文档也可以在各节中设置不同的页眉页脚页码、水印、页面边框。通过本节的学习，将能很好地掌握 Word 中复杂文档的编排方法。

本节任务要求学生利用 Word 软件为文档添加样式、多级编号、目录，在图片下方和表格上方添加题注、文内使用交叉引用来引用题注标签和编号，分节并在不同节设置页码，添加文字水印。本节内容难点较多，宜安排 4 课时学习。完成效果如图 5–76 所示。（因文档页面较多，所以只截取文档部分页的效果图。）

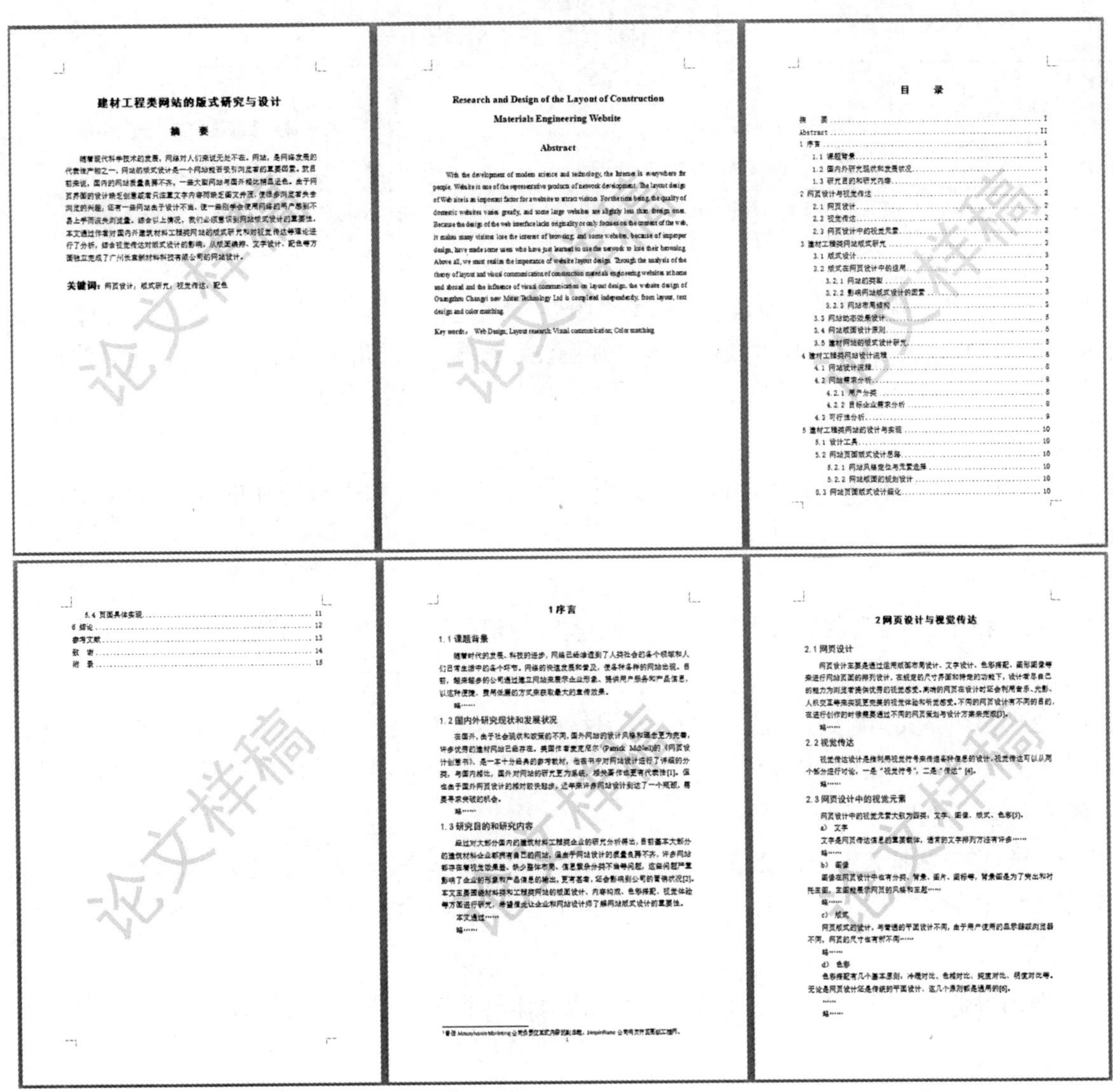

图 5–76　文档部分页效果图

5.3.2　任务步骤

1．应用标题样式

将论文正文中所有橙色小三号黑体文字应用样式“标题 1”，并通过导航窗格查看。

2．更新匹配样式

将论文正文中所有四号黑体文字更新“标题 2”样式以匹配所选内容，所有小四号黑体文字更新“标题 3”样式以匹配所选内容。

选择与“摘要”格式相似的文本，更新“标题”样式以匹配所选内容。选择所有图片下方的五号黑体文本，更新“题注”样式以匹配所选内容。

3．修改标题样式

修改“标题 1”样式：字体修改为黑体，西文字体使用中文字体，字号修改为小三号；段落对齐方式为居中，段前段后间距、行距为固定值 20 磅，段前分页。修改“标题 3”样式的行距为固定值 20 磅。

4．设置多级编号

按照下表的要求，为各级标题设置多级编号，如表 5–5 所示。

表 5-5　标题样式与对应的多级编号

样式名称	多 级 编 号	位　　置
标题 1	X（X 的数字格式为 1，2，3…）	左对齐、对齐和文本缩进均为 0cm、编号之后为空格
标题 2	X.Y（X、Y 的数字格式为 1，2，3…）	左对齐、对齐和文本缩进均为 0cm、编号之后为空格
标题 3	X.Y.Z（X、Y、Z 的数字格式为 1，2，3…）	左对齐、对齐和文本缩进均为 0cm、编号之后为空格

5. 题注

将光标定位在第一处题注前，新建题注标签“图”，设置题注编号包含章节号，章节起始样式为标题 1，使用分隔符 -（短划线）。为所有图片题注文本添加题注。在第五章表格题注文本前，新建题注标签“表”，设置题注编号包含章节号，章节起始样式为标题 1，使用分隔符 -（短划线）。

6. 交叉引用

查找“如图”和“如表”文本，使用交叉引用将对应的图片和表格题注的标签和编号引用至对应文本中。

7. 分节

在“目录”和“1 序言”前插入“下一页”分节符，取消前四节“与上一节相同”。

8. 设置页码

设置第 2 节页码格式为起始页码从 1 开始，编号格式为“Ⅰ，Ⅱ，Ⅲ”，插入页面底端的页码“普通数字 2”。设置第 4 节页码格式为起始页码从 1 开始，编号格式为“1,2,3”，插入页面底端的页码“普通数字 2”。

9. 插入目录

在文字“目录”下方插入三级目录，设置标题和标题 1 为一级目录、标题 2 为二级目录、标题 3 为三级目录。修改“目录 1”“目录 2”“目录 3”样式，均为字体为中西文字体宋体，字号小四号，行距固定值 20 磅。

10. 设置文字水印

为第 4 节内容插入文字水印“论文样稿”，字体为黑体，半透明，版式为斜式。清除各节页眉处的框线。保存文件。

5.3.3　任务实施

1. 应用标题样式

将论文正文中所有橙色小三号黑体文字应用样式“标题 1”，并通过导航窗格查看。

① 打开文件“毕业论文格式模板 .docx”。将光标定位在第 7 页“序言”中，单击“开始”选项卡“编辑”组的“选择”按钮，选取“选定所有格式类似的文本”选项，此时论文正文中所有橙色小三号黑体文字都被选取。

② 单击“开始”选项卡“样式”组的“快速样式”中的“标题 1”应用该样式，如图 5-77 所示。

图 5-77　应用“标题1”样式

③ 打开“视图”选项卡，在“显示”组中勾选“导航窗格”，如图 5-78 所示此时文档左侧“导航”窗格出现刚才设置的标题 1 样式文本。

2. 更新匹配样式

将论文正文中所有四号黑体文字更新“标题 2”样式以匹配所选内容，所有小四号黑体文字更新“标题 3”样式以匹配所选内容。

选择与“摘要”格式相似的文本，更新“标题”样式以匹配所选内容。选择所有图片下方的五号黑体文本，更新“题注”样式以匹配所选内容。

① 将光标定位在“课题背景”中，单击“开始”选项卡“编辑”组的“选择”按钮，选取“选定所有格式类似的文本”选项。如图 5–79 所示右击“样式”组的“快速样式”中的“标题 2”，在弹出的快捷菜单中选择“更新 标题 2 以匹配所选内容”命令。

② 再用同样的方法将“版式在网页设计中的运用”下方小四号黑体文字相似的文本选取，更新“标题 3”样式以匹配所选内容。第 4 页选择与“摘要”格式相似的文本，更新“标题”样式以匹配所选内容。

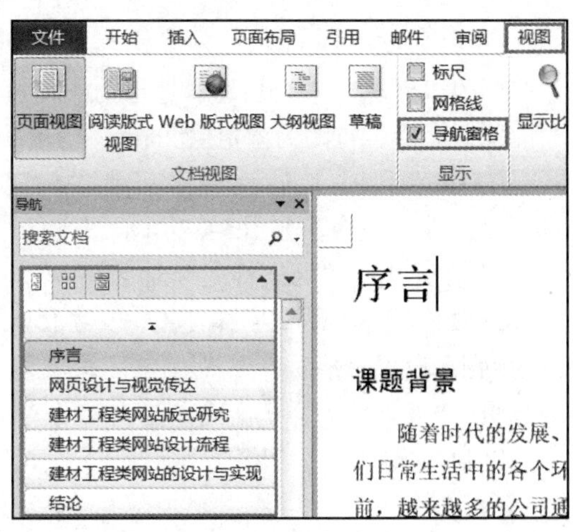

图 5–78　导航窗格

③ 选择所有图片下方的五号黑体文本，更新“题注”样式以匹配所选内容。快速样式中如果没有出现“题注”样式，则如图 5–80 所示单击“样式”组右下角的对话框启动器按钮，打开“样式”任务窗格。在任务窗格底端单击“选项…”打开“样式窗格选项”，将“选择要显示的样式”更改为“所有样式”，则任务窗格中如图 5–81 所示出现“题注”样式。

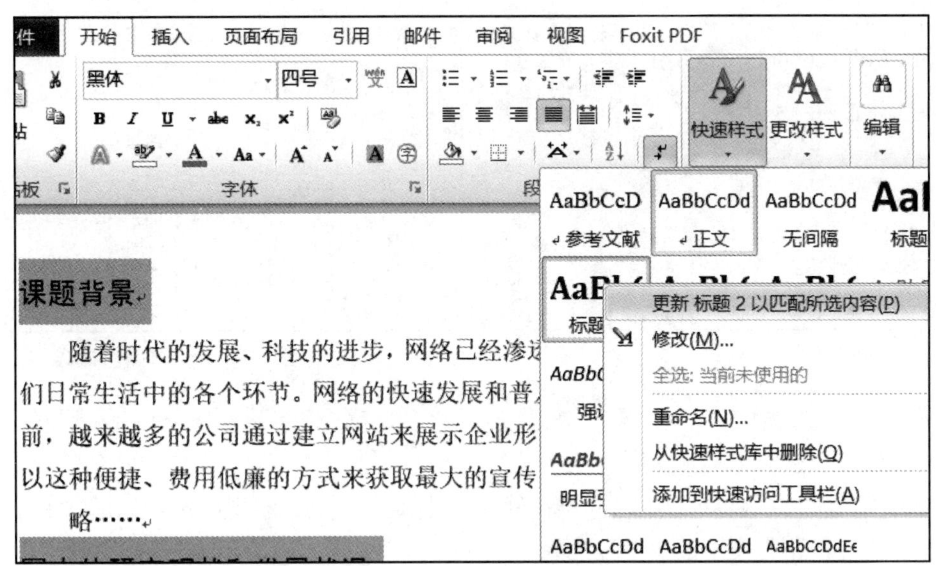

图 5–79　更新匹配样式

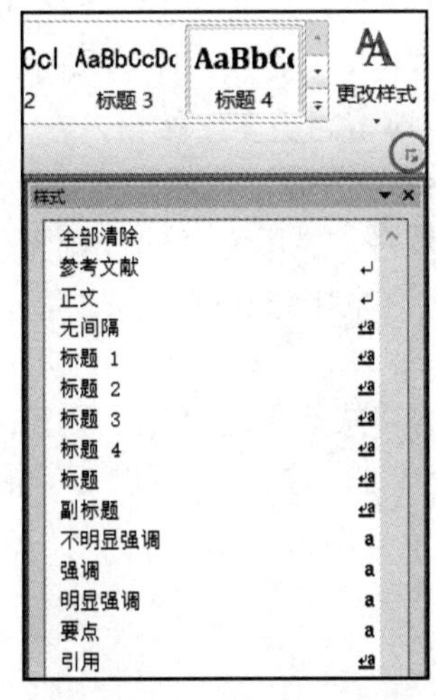

图 5–80　打开任务窗格

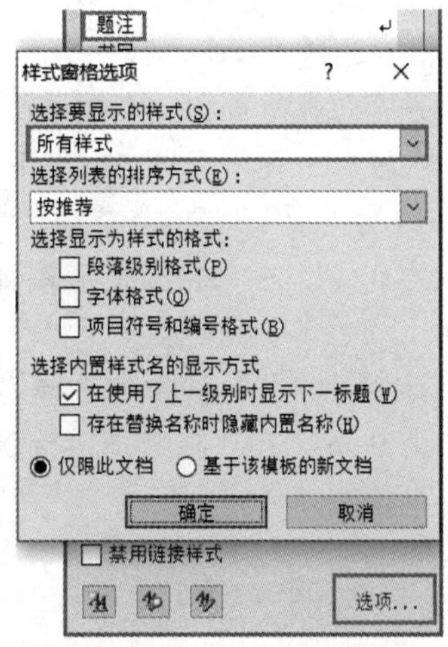

图 5–81　显示所有样式

3. 修改标题样式

修改“标题 1”样式：字体修改为黑体，西文字体使用中文字体，字号修改为小三号；段落对齐方式为居中，段前段后间距、行距为固定值 20 磅，段前分页。修改“标题 3”样式的行距为固定值 20 磅。

① 在“开始”选项卡“样式”组的快速样式库中右击“标题 1”，或者在“样式”任务窗格右击“标题 1”，选择“修改”命令，如图 5–82 所示。

② 在弹出的“修改样式”对话框中，单击左下角“格式”，在菜单中选择“字体”打开字体对话框，将字体修改为黑体，西文字体使用中文字体，字号修改为小三号，单击“确定”按钮。再选择“段落”打开段落对话框，设置段落对齐方式为居中，段前段后间距、行距为固定值 20 磅，在“换行和分页”标签页中勾选“段前分页”。设置后的样式格式如图 5–83 所示。

③再用同样的方法修改“标题 3”样式的段落行距为固定值 20 磅。

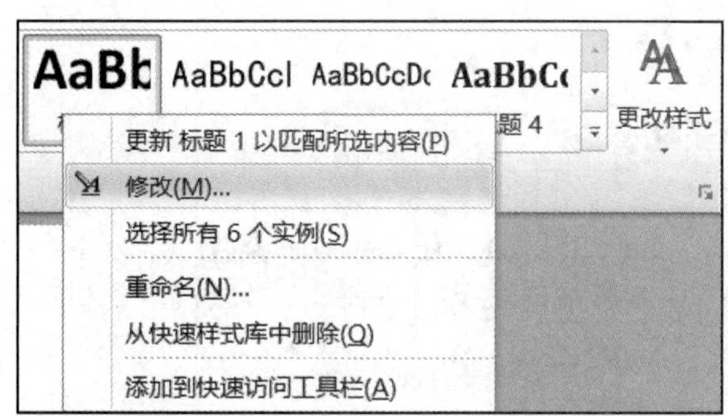

图 5–82 选择修改命令

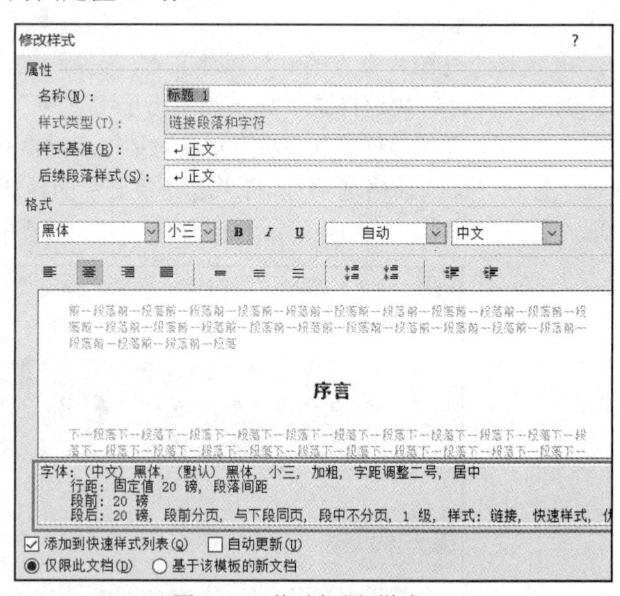

图 5–83 修改标题1样式

4. 设置多级编号

按照表 5–5 的要求，为各级标题设置多级编号。

① 勾选“视图”选项卡“显示”组“导航窗格”，将光标定位到文档出现的第一处标题 1 样式“序言”处。单击“开始”选项卡“段落”组中的“多级列表”按钮，选择“定义新的多级列表”命令，弹出“定义新多级列表”对话框。

② 在“定义新多级列表”对话框中，在“单击要修改的级别”列表框中选择“1”选项，在“此级别的编号样式”下拉列表框中选择“1，2，3，…”（若默认的编号格式符合要求，无须修改）；修改位置信息，“编号对齐方式”为左对齐、对齐位置和文本缩进位置均为 0 cm；单击“更多”按钮，在“将级别链接到样式”下拉列表框中选择“标题 1”；在“编号之后”下拉列表框中选择“空格”，如图 5–84 所示。

③ 在“单击要修改的级别”列表框中选择“2”选项，编号格式显示为“1.1”则无须修改；修改对齐位置和文本缩进位置均为 0 cm，在“将级别链接到样式”下拉列表框中选择“标题 2”，在“编号之后”下拉列表框中选择“空格”，如图 5–85 所示。

④ 在“单击要修改的级别”列表框中选择“3”选项，编号格式显示为“1.1”则无须修改；修改对齐位置和文本缩进位置均为 0 cm，在“将级别链接到样式”下拉列表框中选择“标题 3”，在“编号之后”下拉列表框中选择“空格”，如图 5–86 所示。

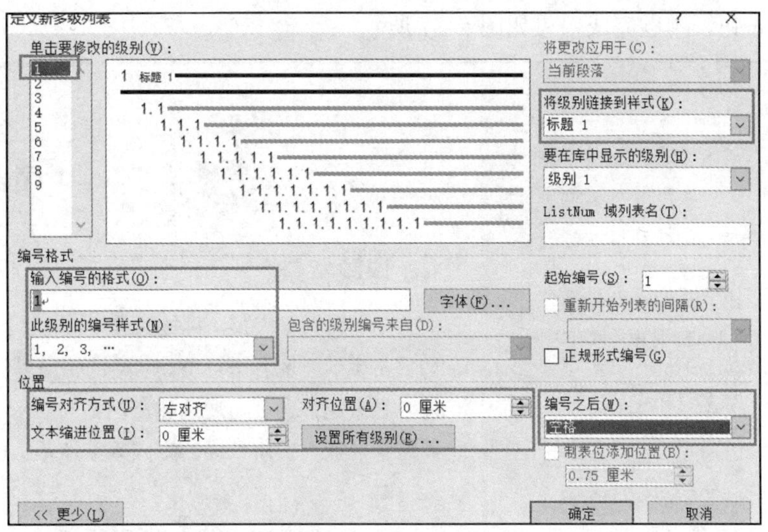

图 5–84　级别1编号格式

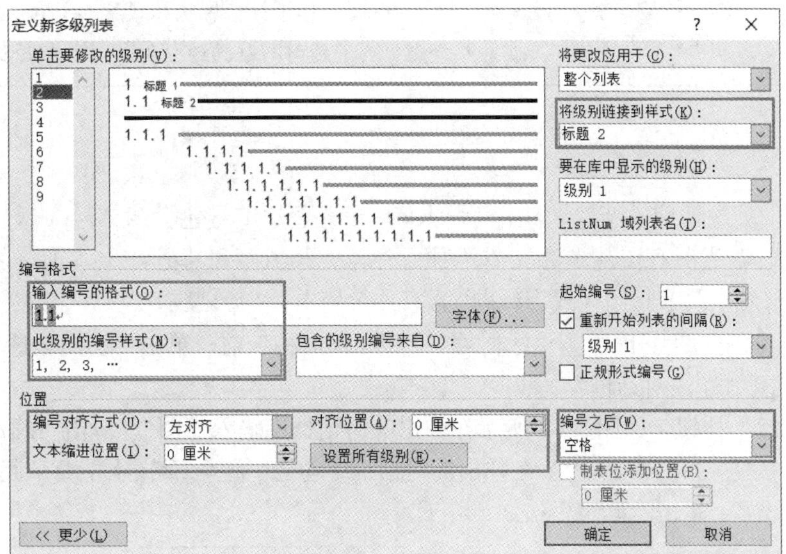

图 5–85　级别2编号格式

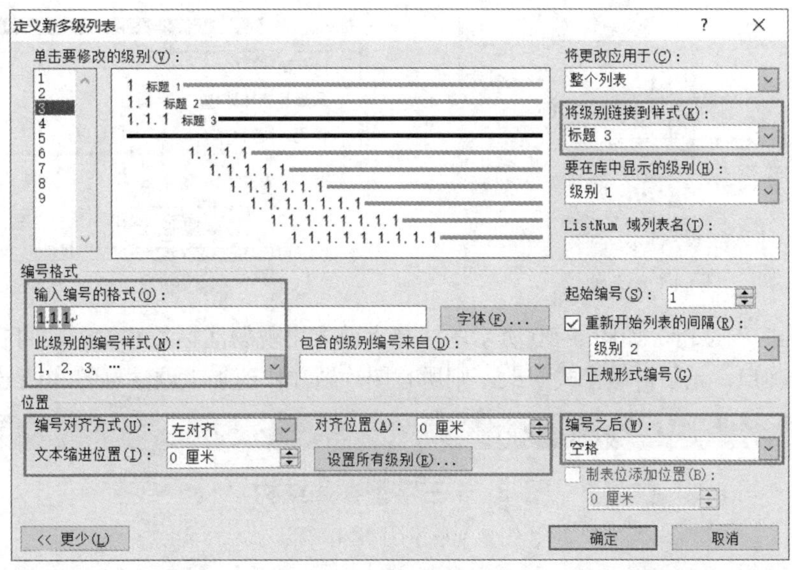

图 5–86　级别3编号格式

⑤ 单击“确定”按钮，本题完成效果如图 5–87 所示。

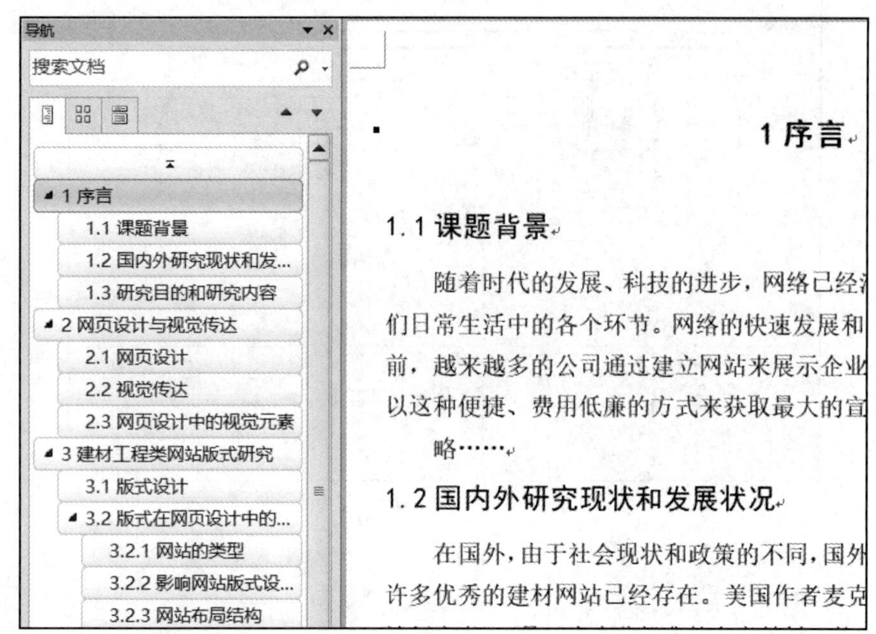

图 5–87　本题完成效果

5. 题注

将光标定位在第一处题注前，新建题注标签“图”，设置题注编号包含章节号，章节起始样式为标题 1，使用分隔符 -（短划线）。为所有图片题注文本添加题注。在第五章表格题注文本前，新建题注标签“表”，设置题注编号包含章节号，章节起始样式为标题 1，使用分隔符 -（短划线）。

① 将光标定位到第一张图片下方题注文本“三字型布局结构”前，单击“引用”选项卡“题注”组中的“插入题注”按钮，打开“题注对话框”。

② 单击“新建标签”按钮，如图 5–88 所示在弹出的对话框中输入“图”，单击“确定”按钮。

③ 单击“编号”按钮，如图 5–89 所示在弹出的对话框中勾选“包含章节号”，章节起始样式为“标题 1”，使用分隔符“-（短划线）”，单击“确定”按钮。

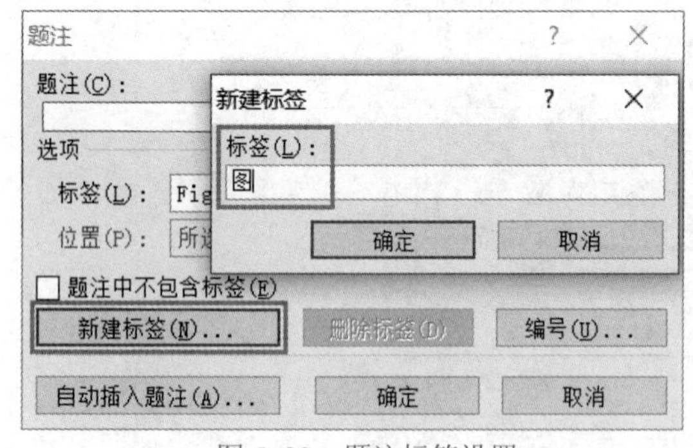

图 5–88　题注标签设置

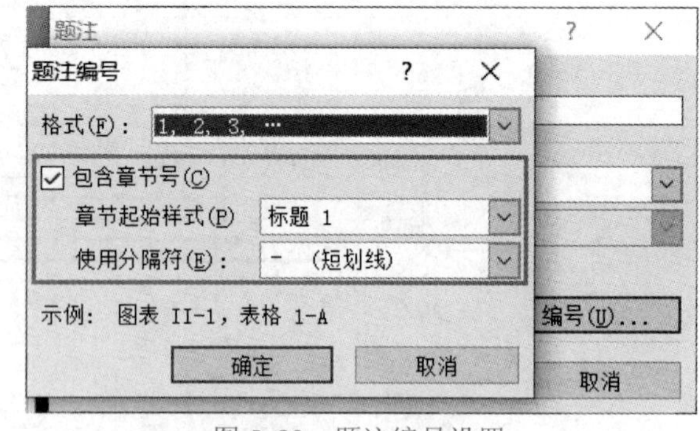

图 5–89　题注编号设置

④ 最后单击“确定”按钮，如图 5–90 所示题注文字前方出现题注标签和编号。再在其余图片题注前方单击“插入题注”并确定，无须再做格式修改，则所有图片题注快速加上题注标签和编号。

图 3 - 1 三字型布局结构

图 5–90　图片题注效果

⑤ 将光标定位到“配色参数表”前，新建题注标签“表”，设置题注编号包含章节号，章节起始样式为标题 1，

使用分隔符 -（短划线），添加后效果如图 5–91 所示。

6. 交叉引用

查找“如图”和“如表”文本，使用交叉引用将对应的图片和表格题注的标签和编号引用至对应文本中。

① 在“导航”窗格中查找文本“如图”，共有 9 个匹配项。选中第一处中的“图”字，单击“题注”组的“交叉引用”按钮，打开“交叉引用”对话框。在对话框中选择引用类型为“图”，引用内容为“只有标签和编号”，引用第一个题注内容，单击“插入”按钮，则文字变为“如图 3-1 所示”，如图 5-92 所示。

表 5 - 1 配色参数表

颜色	十六进制色值	功能
	#8e1212	点缀色
	#FFFFFF	背景色
	#515151	强调色
	#CDCDCD	主体色

图 5–91　表格题注效果

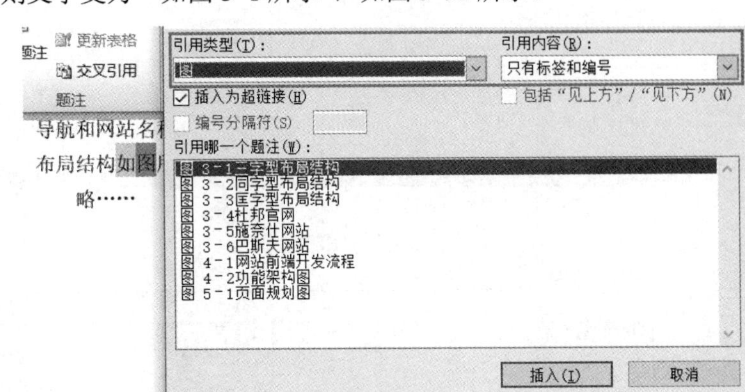

图 5–92　交叉引用

② 单击“导航”窗格“下一处搜索结果”跳转至下一处，用同样的方法依次插入对应的图片题注编号。

③ 在“导航”窗格中查找文本“如表”，在唯一的一处按同样的方法设置交叉引用，注意引用类型为“表”，其余设置一致。则能自动更新的题注和交叉引用设置完毕，如果文档中题注顺序内容有变化，选中文本按【F9】键即可快速更新所有的题注和交叉引用，无须逐一修改编号。

7. 分节

在“目录”和“1 序言”前插入“下一页”分节符，取消前四节“与上一节相同”。

① 将光标定位到“目录”页最顶端，单击“页面布局”选项卡“页面设置”组的“分隔符”按钮，选择“分节符”的“下一页”命令，如图 5–93 所示。

② 单击“段落”组的“显示 / 隐藏编辑标记”按钮，如图 5–94 所示在前一页末尾显示出分页符和分节符。

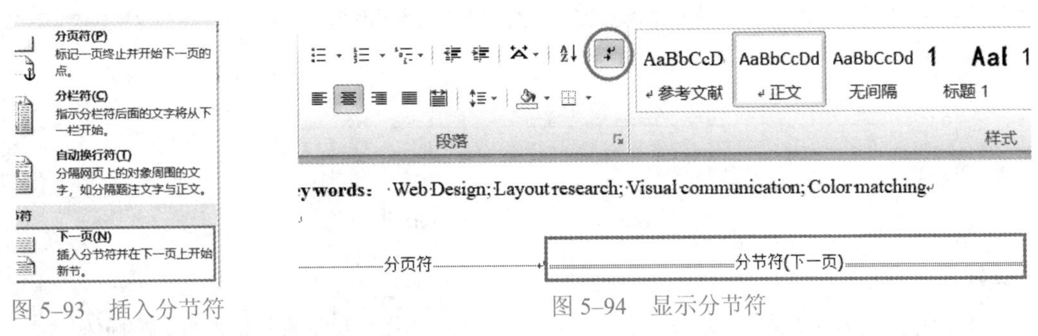

图 5–93　插入分节符　　图 5–94　显示分节符

③ 用同样的方法在“1 序言”前也插入“下一页”分节符。如因分节影响“1 序言”的段前间距，可以在段落中调整段前间距至 40 磅。

④ 将光标定位到第 2 节页眉处，会看到如图 5–95 所示的效果。单击“页眉和页脚工具 | 设计”选项卡“导航”组的“链接到前一条页眉”按钮，此时，页眉右侧“与上一节相同”消失，页眉链接断开。效果如图 5–96 所示，注意比较两张效果图片的区别。

⑤ 将光标定位到第 2 节页脚处，单击“链接到前一条页眉”按钮断开链接。

⑥ 用同样的方法在第 3 节第一页和第 4 节第一页将该节与前一节的链接断开。

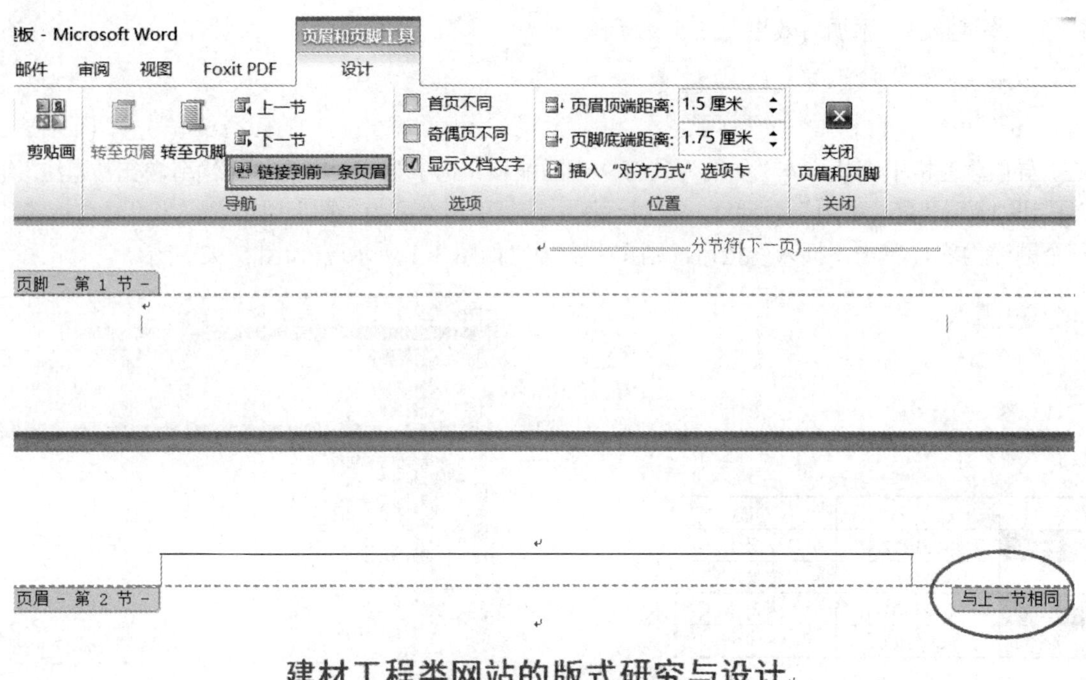

图 5–95　断开链接前效果图

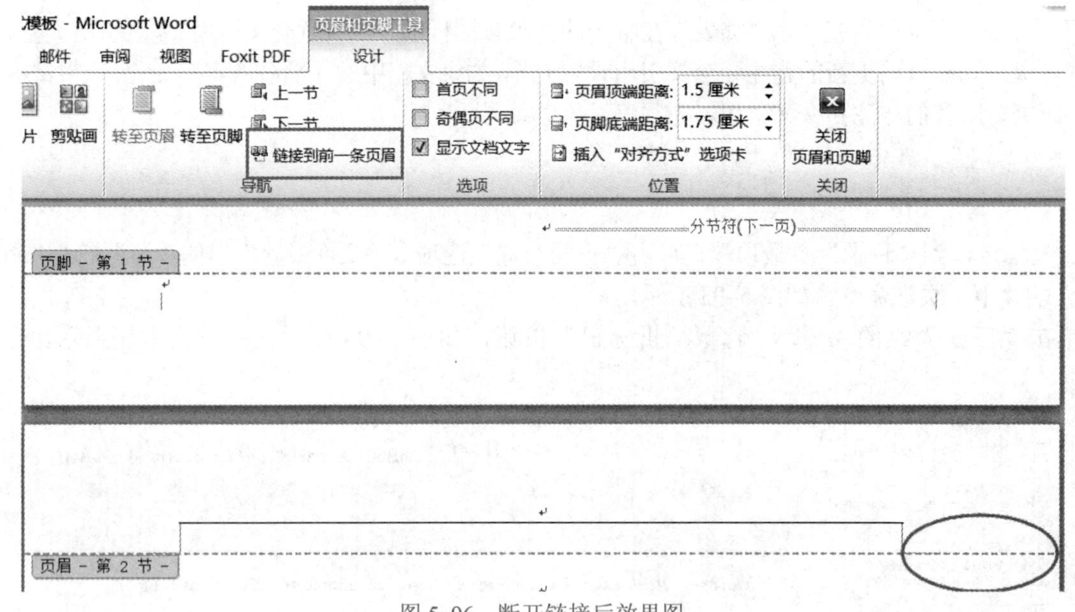

图 5–96　断开链接后效果图

8. 设置页码

设置第 2 节页码格式为起始页码从 1 开始，编号格式为“Ⅰ, Ⅱ, Ⅲ”，插入页面底端的页码“普通数字 2”。设置第 4 节页码格式为起始页码从 1 开始，编号格式为“1,2,3”，插入页面底端的页码“普通数字 2”。

① 将光标定位到第 2 节第一页的页脚处，单击“页眉和页脚工具 | 设计”选项卡“页眉和页脚”组的“页码”按钮，选择“设置页码格式”命令，打开“页码格式”对话框，在“编号格式”中设置大写罗马数字的格式“Ⅰ, Ⅱ, Ⅲ,…”，“页码编号”组中设置“起始页码”为“Ⅰ”，如图 5–97 所示，单击“确定”按钮。

② 再次单击“页码”按钮，选择“页面底端”|“普通数字 2”，如图 5–98 所示插入页码，则此时中英文摘要页页脚处出现页码。

图 5–97 设置页码格式

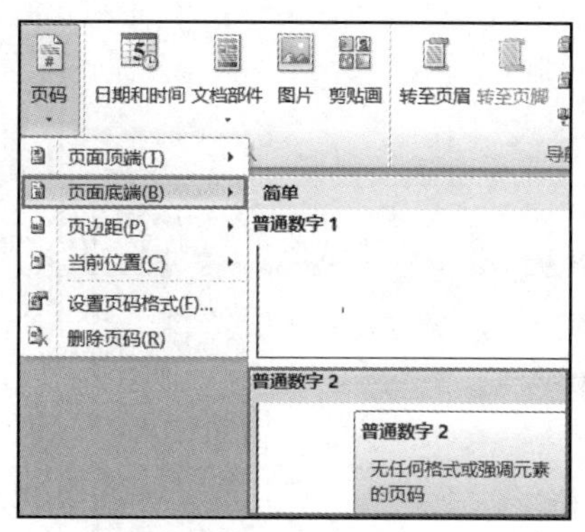

图 5–98 插入页码

③将光标定位到第 4 节第一页的页脚处，用同样的方法先设置页码格式为起始页码从 1 开始，编号格式为“1,2,3”，再插入页面底端的页码“普通数字 2”，则正文部分出现页码。

9. 插入目录

在文字“目录”下方插入三级目录，设置标题和标题 1 为一级目录、标题 2 为二级目录、标题 3 为三级目录。修改“目录 1”“目录 2”“目录 3”样式，均为字体为中西文字体宋体，字号小四号，行距固定值 20 磅。

① 将光标定位到目录页末尾分页符前，如图 5–99 所示单击“引用”选项卡“目录”组的“目录”按钮，选择“插入目录”命令，弹出如图 5–100 所示“目录”对话框。

② 在“目录”对话框中，确定“显示级别”为 3，单击右下方的“选项”按钮，如图 5–101 所示在弹出的对话框中设置样式对应的目录级别。

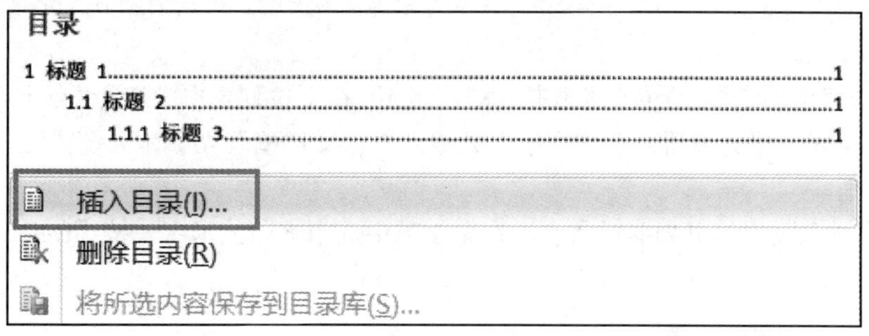

图 5–99 插入目录

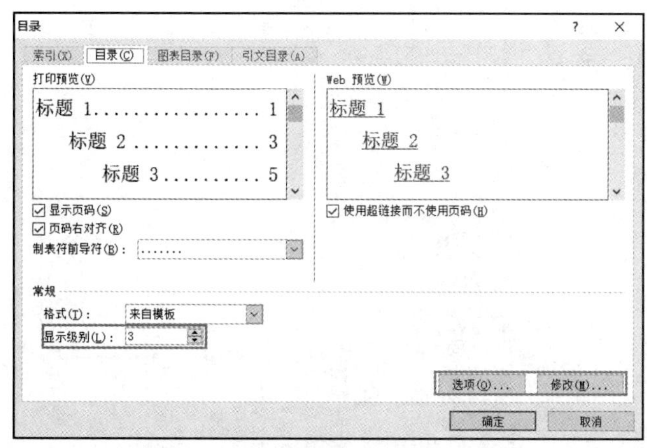

图 5–100 目录对话框

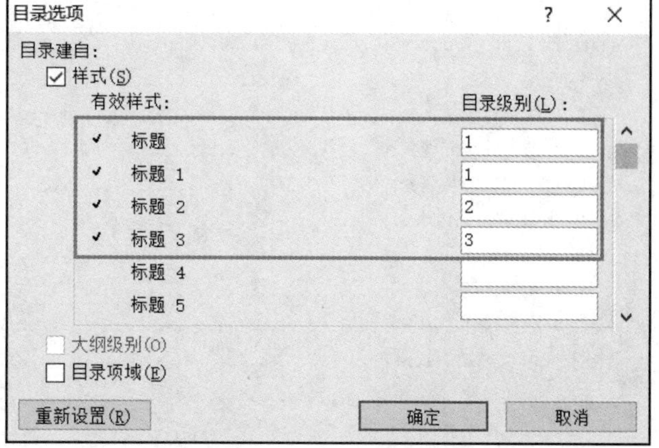

图 5–101 目录选项

③ 单击“目录”对话框右下方的“修改”按钮，在“样式”对话框的列表框中选择“目录 1”选项，单击“修改”按钮，如图 5–102 所示。弹出“修改样式”对话框，修改“目录 1”样式为：中西文字体为宋体，小四号，行距固定值 20 磅。单击“确定”按钮完成“目录 1”的设置，如图 5–103 所示。

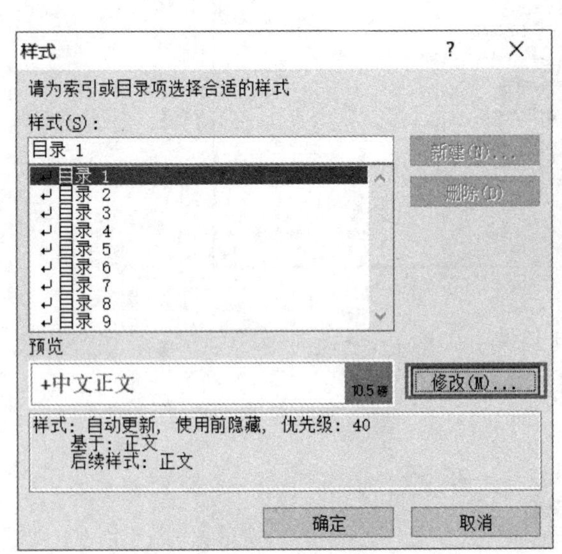

图 5–102　选择目录1

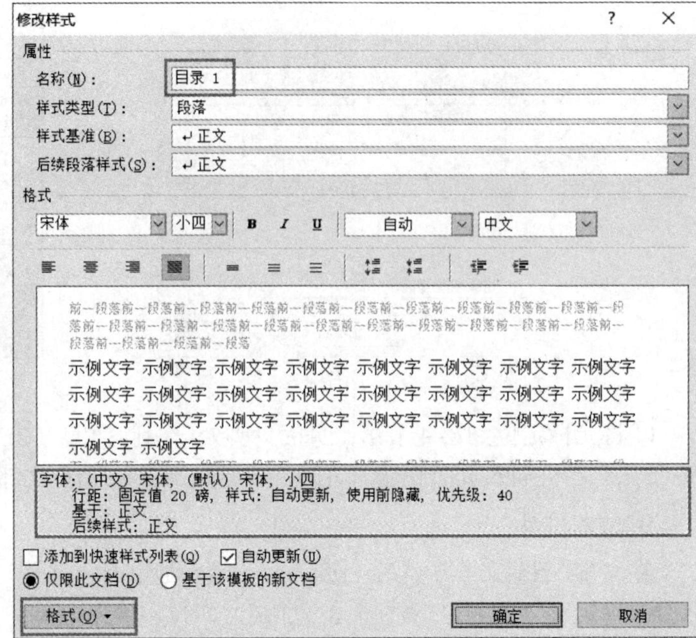

图 5–103　修改目录1样式

④ 利用同样的方法，修改“目录 2”和“目录 3”样式，目录的完成效果如图 5–104 所示。

10. 设置文字水印

为第 2~4 节内容插入文字水印“论文样稿”，字体为黑体，半透明，版式为斜式。清除各节页眉处的框线。保存文件。

① 单击“页面布局”选项卡“页面背景”组的“水印”按钮，在下拉列表框中选择“自定义水印”，弹出“水印”对话框。选择“文字水印”单选按钮，在“文字”处输入“论文样稿”，“字体”设置为“黑体”，如图 5–105 所示单击“确定”按钮。

② 在页眉处双击进入页眉与页脚编辑状态，在第 1 节中选中水印艺术字，按【Delete】键删除。

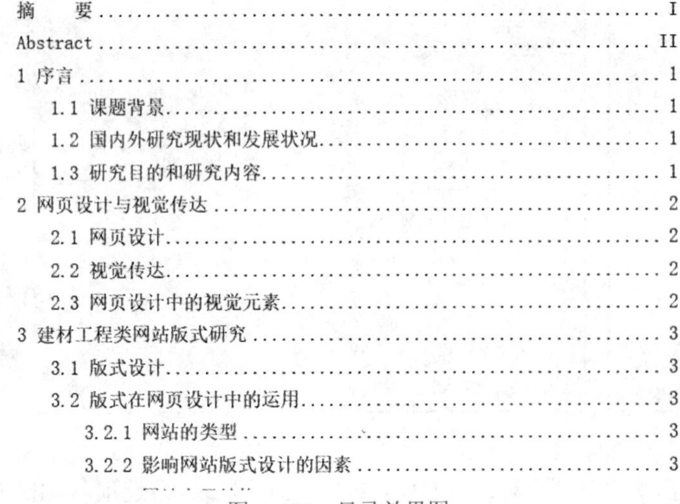

目　　录

摘　　要 I
Abstract II
1 序言 1
1.1 课题背景 1
1.2 国内外研究现状和发展状况 1
1.3 研究目的和研究内容 1
2 网页设计与视觉传达 2
2.1 网页设计 2
2.2 视觉传达 2
2.3 网页设计中的视觉元素 2
3 建材工程类网站版式研究 3
3.1 版式设计 3
3.2 版式在网页设计中的运用 3
3.2.1 网站的类型 3
3.2.2 影响网站版式设计的因素 3

图 5–104　目录效果图

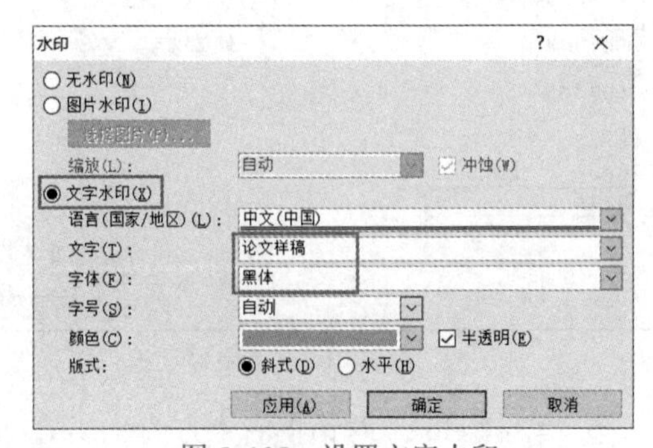

图 5–105　设置文字水印

③ 光标分别定位至每一节节页眉处，单击“开始”选项卡“字体”组的“清除格式”按钮，清除页眉处的框线，关闭页眉与页脚，保存文件。

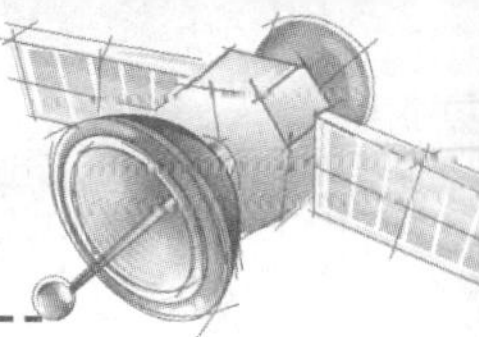

5.3.4 难点解析

通过本节课程的学习，学生掌握了长文档的编辑。本节的内容难点较多，其中，样式、多级编号、分隔符、页眉和页脚是本节的难点内容，这里将针对这三个知识点做具体的讲解。

1. 样式

用户在对文本进行格式化设置时，经常需要对不同的段落设置相同的格式。针对这种繁杂的重复劳动，Word 提供了样式功能，从而可以大大提高工作效率。样式是一组已命名的字符和段落格式设置的组合。根据应用的对象不同，可分为字符样式和段落样式。字符样式包含了字符的格式，如文本的字体、字号和字形等；段落样式则包含了字符和段落的格式及边框、底纹、项目符号和编号等多种格式。另外，对于应用了某样式的多个段落，若修改了样式，这些段落的格式会随之改变，这有利于构造大纲和目录等。

（1）查看和应用样式

Word 中，存储了大量的标准样式。用户可以在“开始”选项卡中“样式”组中的“样式”列表框中查看当前文本或段落应用的样式，如图 5–106 所示。

图 5–106 “样式”列表框

应用样式时，将会同时应用该样式中的所有格式设置。其操作方法为：选择要设置样式的文本或段落，单击“样式”列表框中的样式名称，即可将该样式设置到当前文本或段落中。

如果在“样式”列表框中没有找到需要的样式，可以单击“样式”组右下方的对话框启动器按钮，如图 5–106 所示，打开“样式”窗格，单击该窗格右下角的“选项”按钮，弹出“样式窗格选项”对话框，在对话框“选择要显示的样式”下拉列表中选择“所有样式”，如图 5–107 所示，单击“确定”按钮，此时，“样式”窗格会显示所有的样式。还可以把某些格式在“样式”窗格中显示出来，例如，在图 5–107 所示的对话框中“选择显示为样式的格式”勾选“字体格式”，则在“样式”窗格中可以看到文档中使用的字体格式。

（2）创建新样式

若用户想创建自己的样式，可以选中已经设置好格式的文本，在“开始”选项卡中“样式”组中的“更改样式”下拉列表中选择“样式集”|“另存为快速样式集”选项是最简单快速的方法，但这种方法只适合建立段落样式。现在已经很少使用这种方法创建新样式了。

更多的样式创建则可以通过“样式”窗格来完成。其操作方法为：单击“样式”组右下方的对话框启动器按钮，打开“样式”窗格，单击该窗格左下角的“新建样式（![]）”按钮，弹出“根据格式设置创建新样式”对话框，在对话框中设置样式名称、样式类型和样式格式。

通过“根据格式设置创建新样式”对话框来新建样式，需要注意以下几点问题：

① 新建的样式名称不能出现重名。

② 新建样式的样式基准默认为当前光标所在位置的样式，当新样式创建完成后，Word 会自动把新样式应用到光标所在位置的文本段落。例如，光标定位在应用了标题 1 样式的文字中，然后新建样式，则 Word 会自动把标题 1 样式的所有格式附加到新样式上，也就是说，新样式已经包含了标题 1 样式的所有格式。因此，要先把光标定位到需要应用新样式的文字位置，然后再新建样式。

③ 如果是新建一个样式，然后把该新样式应用到某种样式的文本，则必须先在“样式”窗格中选择旧样式的所有实例，然后再新建新样式。新样式建立完成后，先在“样式”窗格中单击“全部清除”按钮，清除旧样式的格式，然后再单击新样式，应用新样式的格式。

④ 如果只想创建一个新样式，而不需要把该新样式应用到文本中。则单击“样式”窗格左下方“管理样式”按钮，在弹出的“管理样式”对话框中单击“新建样式”按钮，如图 5–108 所示，然后再创建新样式。通过

这种方法创建的样式，如果想要删除时，也只能在“管理样式”对话框中才能删除。

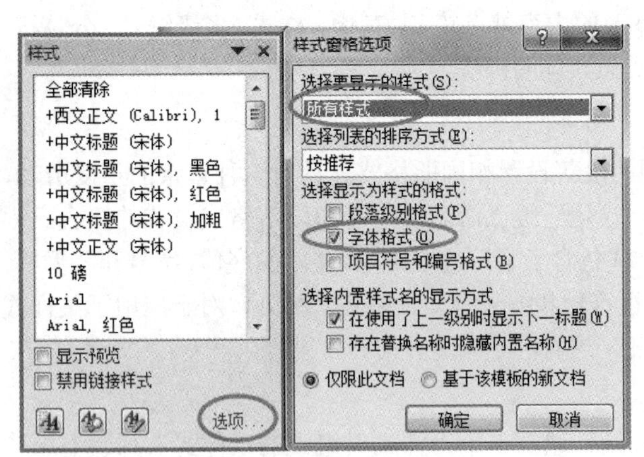

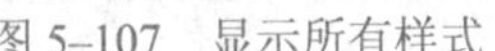
图 5–107　显示所有样式

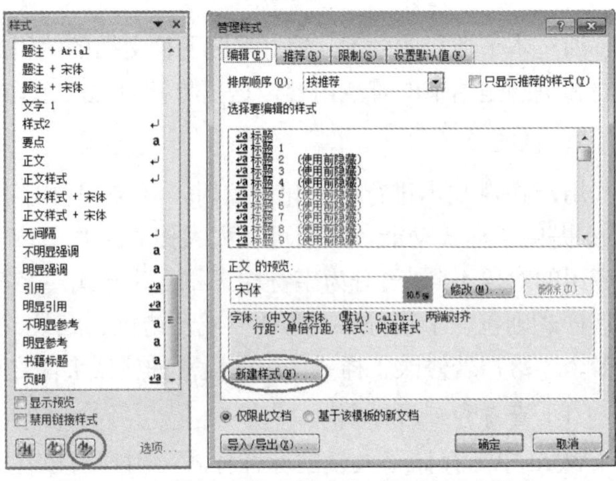

图 5–108　通过“管理样式”对话框新建样式

（3）修改样式

在“样式”组中，单击右下侧的“显示样式窗口”按钮，在打开的“样式”窗格（或者在“样式”列表框）中对准备修改的样式单击右键，在弹出的快捷菜单中选择“修改”命令，如图 5–109 所示。在打开的“修改样式”对话框中进行修改。

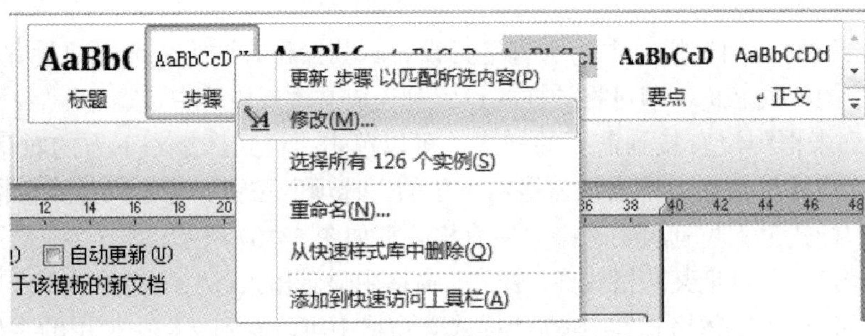

图 5–109　“修改”样式

（4）删除样式

在打开的“样式”窗格中右击准备删除的样式，在弹出的快捷菜单中选择“删除”命令即可。当样式被删除后，应用此样式的段落自动应用“正文”样式。

2. 多级编号

多级列表编号可以清晰地标识出段落之间的层次关系。使用多级编号功能，可以方便地为设置好样式的章标题、节标题、小节标题添加多级编号，形成多级目录的层次结构。多级编号的样式可以设置成数字格式，也可以设置成项目符号。

（1）创建多级编号

当需要为某个文档创建多级编号时，首先，利用 Word 2010 自带的标题样式将目录结构设置好，章标题应用“标题 1”样式，节标题应用“标题 2”样式，小节标题应用“标题 3”样式。然后，将光标定位到章标题文字处，单击“开始”选项卡“段落”组中的“多级列表”按钮，选择“定义新的多级列表”命令，弹出“定义新多级列表”对话框，单击“更多”按钮，进行多级编号设置。

在多级编号设置中，需要注意的事项有：

“输入编号的格式”文本框中的数字不能直接输入数字进去，必须通过在“包含的级别编号来自”下拉列表框中选择，或者在“此级别的编号样式”下拉列表框中选择编号样式，这样的数字都自带灰色的底纹。如果是直接输入的数字，则该数字没有灰色的底纹，而且该数字不会自动增减。

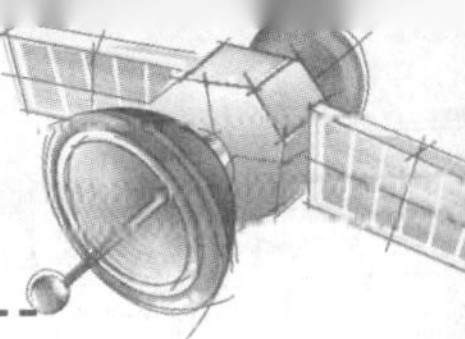

如果需要添加符号或者文字，直接在“输入编号的格式”文本框中输入即可。

① 在“包含的级别编号来自”下拉列表框中选择“级别 1”和“级别 2”等级别时，光标在“输入编号的格式”文本框中的位置决定了多级编号显示的效果。正常的操作是：光标一直定位在“输入编号的格式”文本框内容的最后面，然后，依次在“包含的级别编号来自”下拉列表框中选择“级别 1”“级别 2”……等。

②“将级别链接到样式”的意思是表示将当前设置的级别编号应用到哪一个样式的文字段落中。

③“对齐位置”是表示编号距离页面左边距的距离。

④“文本缩进位置”是表示文字距离页面左边距的距离。

⑤ 如果选中“正规形式编号”复选框，则会把当前的级别编号的编号格式改为阿拉伯数字，不允许出现除了阿拉伯数字以外的其他符号样式，此时“此级别的编号样式”下拉列表框将不可用。

（2）重新开始列表的间隔

选中“重新开始列表的间隔”复选框，然后从下拉列表框中选择相应的级别，可在指定的级别后，重新开始编号。例如，若 3 级标题编号的“重新开始列表的间隔”为 2 级，则效果如图 5–110（a）所示，若 3 级标题编号的“重新开始列表的间隔”为 1 级，则效果如图 5–110（b）所示。

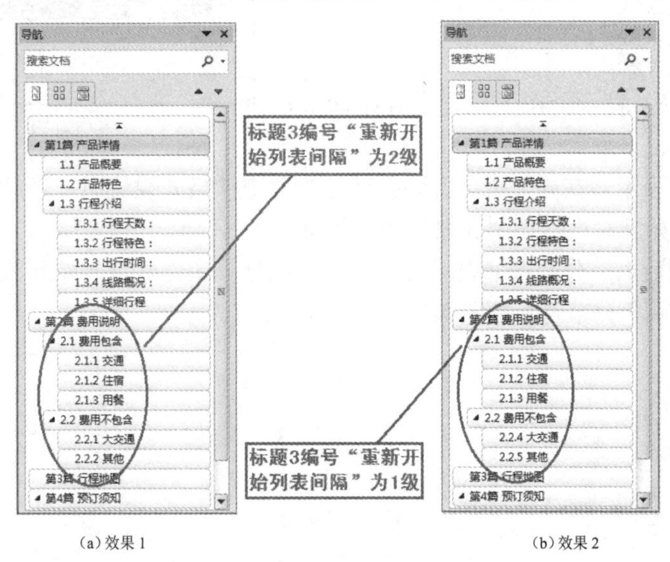

（a）效果 1　　（b）效果 2

图 5–110　“重新开始列表的间隔”示例

（3）修改多级编号

修改多级编号的操作为：将光标定位到文档的任意一级标题处。单击“开始”选项卡“段落”组中的“多级列表”按钮，选择“定义新的多级列表”命令，弹出“定义新多级列表”对话框，单击“更多”按钮。然后在“定义新多级列表”对话框中，选择要修改的级别，对该级别编号进行修改即可。

（4）取消多级编号

想要取消多级编号时，只需要把光标定位到文档的多级编号处，打开“定义新多级列表”对话框，选择要取消的级别，然后在“将级别链接到样式”下拉列表框中选择“无样式”，表示取消该样式的多级编号。如果需要取消整篇文档的多级编号，则在“定义新多级列表”对话框中把每个级别的“将级别链接到样式”下拉列表框中选择“无样式”，单击“确定”按钮后，此时，除了当前光标所在位置还有编号外，整篇文档的多级编号都已经取消了，最后，把当前光标所在位置的编号清除即可。

3. 分隔符

（1）分页符

当到达页面末尾时，Word 会自动插入分页符。如果想要在其他位置分页，可以插入手动分页符。

① 插入分页符。单击要开始新页的位置，在“插入”选项卡“页”组中，单击“分页”，如图 5-111 所示。

② 删除分页符。Word 自动插入的分页符不能删除，但可以删除手动插入的任何分页符。

如果打开“显示 / 隐藏编辑标记”，则查找和删除分节符要容易得多。单击“开始”，然后在“段落”组中单击“显示 / 隐藏编辑标记”以显示分节符和段落标记，如图 5–112 所示。通过单击虚线旁边的空白，如图 5–113 所示选择分页符，按【Delete】键。

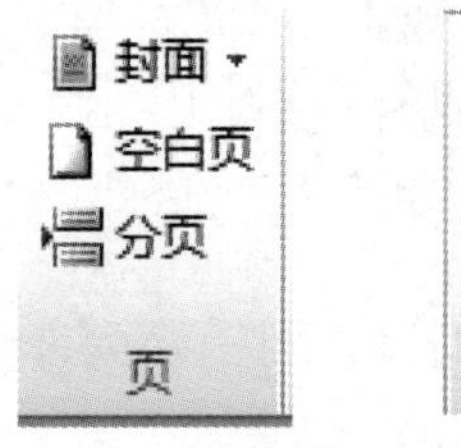

图 5–111　“页”组

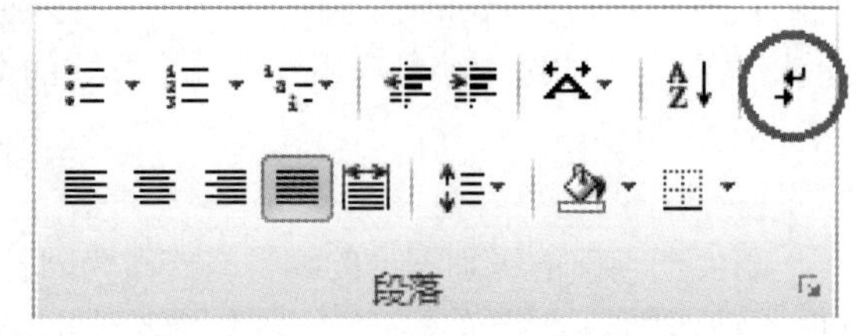

图 5–112　显示/隐藏编辑标记

图 5–113 选取分页符

（2）分节符

单击要开始新节的位置，单击“页面布局”选项卡“页面设置”组的“分隔符”按钮，如图 5–114 所示，在下拉列表中选择要添加的分节符。

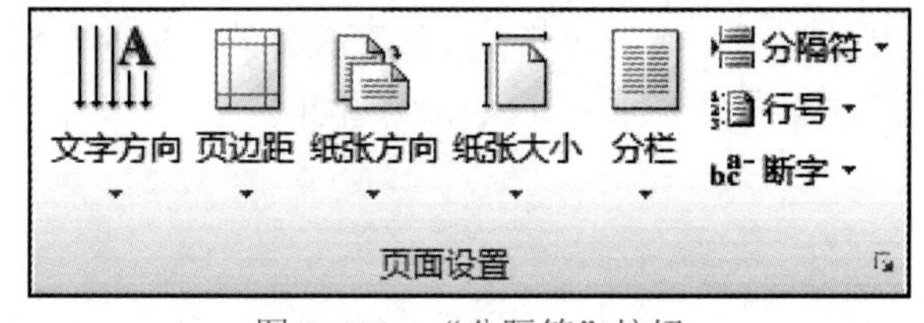

图 5–114　“分隔符”按钮

分节符的类型如下：

①“下一页”分节符：表示会在下一页上开始新节，如图 5-115（a）所示效果、

②“连续”分节符：表示会在同一页上开始新节。当要更改格式设置时，连续分节符非常有用，例如可以更改栏数，而不需要开始新页面，如图 5-115（b）效果。

③“偶数页”或“奇数页”分节符：表示可在下一个偶数页或奇数页开始新节。如果希望文档各章从奇数页开始，可使用“奇数页”分节符，如图 5-115（c）效果。

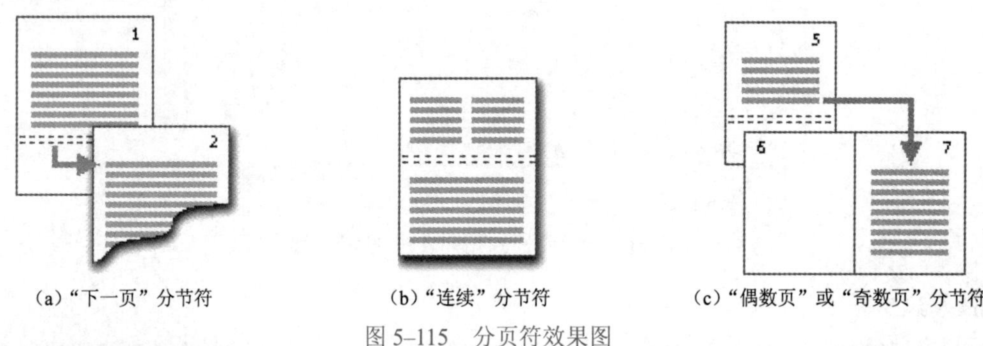

（a）“下一页”分节符　（b）“连续”分节符　（c）“偶数页”或“奇数页”分节符

图 5–115　分页符效果图

可以使用节在文档的不同页上进行其他格式更改，其中包括：纸张大小或方向、页眉和页脚、水印、页码编号、行号、脚注和尾注编号。

（3）分栏符

要将章节的布局更改为多栏，请依次单击“页面布局”|“分栏”和所需的分栏数。

例如，可以添加“连续”分节符，然后将单栏页面的一部分设置为双栏页面。分栏符和分节符结合效果如图 5–116 所示。

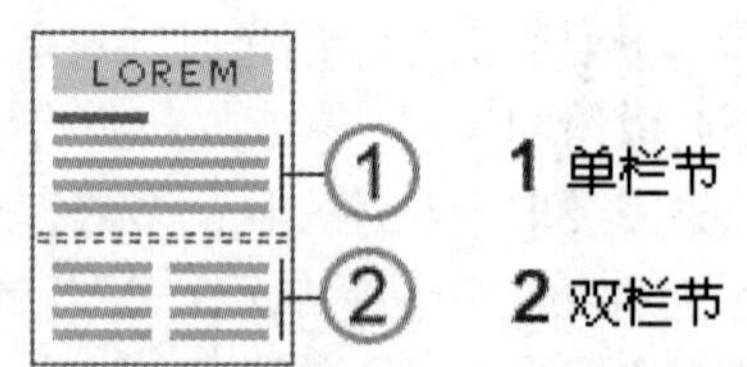

图 5–116　分栏符和分节符结合效果

分节符就像一道篱笆，将栏格式设置围起来。但如果删除分节符，该分节符上方的文本将成为该分节符下方节的一部分，并且前者的格式设置与后者相同。

4．页眉和页脚

为使文档更具可读性和完整性，通常会在文档不同页面的上方和下方设置一些信息，可以是文字信息、图片信息、页码信息等。为了更好地在页眉页脚区域显示更多有价值的信息，还可以对文档按照奇数页和偶

数页来设置不同的页眉和页脚的内容。

对文档进行页眉和页脚设置时，需要注意的事项有下面几个。

（1）页眉和页脚编辑状态

将光标定位到页面的页眉（或页脚）处，双击鼠标左键，即可进入页眉和页脚编辑状态。也可以通过单击“插入”选项卡“页眉和页脚”组的“页眉”（或“页脚”）按钮，在下拉列表框中选择一种内置的格式或“编辑页眉”（或“编辑页脚”）命令，即可进入页眉和页脚编辑状态，此时，Word 会出现“页眉和页脚工具 | 设计”选项卡，如图 5–117 所示。所以，当看到“页眉和页脚工具 | 设计”选项卡存在时，表示当前是处于页眉和页脚编辑状态。

页眉和页脚编辑状态和正文编辑状态是不能同时出现的，两者类似于两张纸叠放的关系，任何时候只能处于其中一种的编辑状态中。如果要退出页眉和页脚编辑状态，可以在如图 5–117 所示的“页眉和页脚工具 | 设计”选项卡中，单击“关闭”组的“关闭页眉和页脚”按钮，也可以直接双击任一处文档正文部分，即可关闭页眉和页脚编辑状态，回到正文编辑状态中。

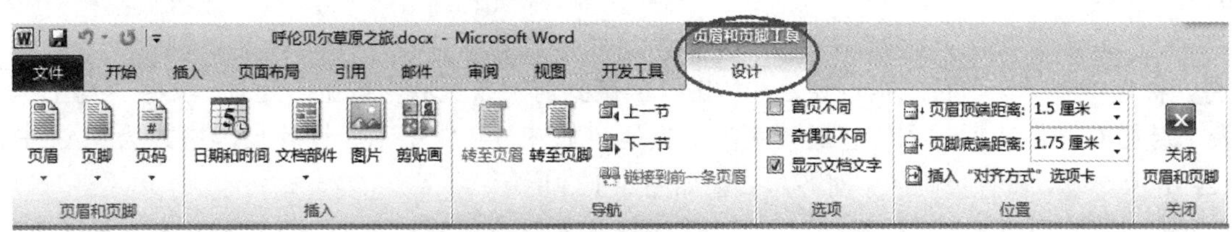

图 5–117 “页眉和页脚工具|设计”选项卡

（2）页眉和页脚的内容

页眉和页脚处的内容，可以是文字信息、页码信息、图片信息等。例如我们在页面中插入的图片水印或文字水印，其原理为页眉和页脚编辑状态下插入置于文档正文位置的图片或者艺术字。

如果文档分成几节（通过使用分节符分节），当某一节想要单独设置该页眉或页脚内容时，需要断开该节页眉或页脚与上一节的链接。断开与上一节相同链接的操作为：在如图 5–117 所示的“页眉和页脚 | 设计”选项卡中，单击“导航”组中的“链接到前一条页眉”按钮，如果文字“与上一节相同”消失，则表示链接断开。然后可以设置与上一节不同的页眉（或页脚）内容。如果文字“与上一节相同”没有消失，则表示当前节使用与上一节相同的页眉（或页脚）内容，此时修改页眉（或页脚）内容，会发现上一节的页眉（或页脚）内容也作同样的修改。

例如，把有封面和目录页的“毕业论文格式模板 .docx”文档分为 3 节，封面页为第 1 节，目录为第 2 节，正文部分为第 3 节，分别设置不同的页眉和页脚信息。要求如下：封面页没有页眉和页脚。目录页页眉内容为“目录”，页脚设置页码，居中对齐，页码格式为“A、B、C…”。正文部分页眉内容为“标题 1 内容”，居中对齐；页脚插入页码，样式为“马赛克 2”，起始页码为 1。实现过程如下：

① 插入分节符。

在“目录”二字前插入分节符“下一页”，在正文开头“秋摄阿尔山越野专辑”文字前，再次插入分节符“下一页”。打开“显示 / 隐藏编辑标记”，此时，可以在封面页和目录页看到如图 5–118 所示的分节符，保证封面页和目录页各有一个分节符，如果有多余的分节符，请删除。

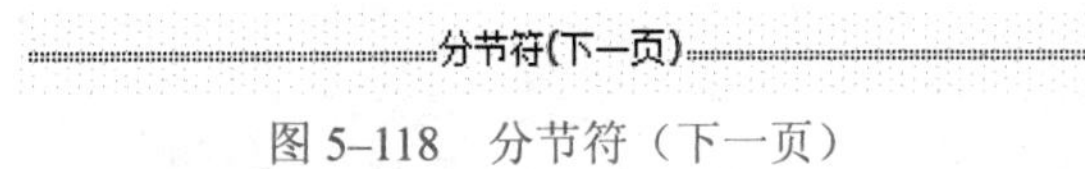

图 5–118 分节符（下一页）

② 进入页眉和页脚编辑状态，把光标定位到目录页页眉处，如图 5–119 所示，会在页眉右边看到文字“与上一节相同”，单击“链接到前一条页眉”按钮，此时，文字“与上一节相同”消失，表示链接断开。然后，输入页眉文字“目录”，效果如图 5–120 所示。

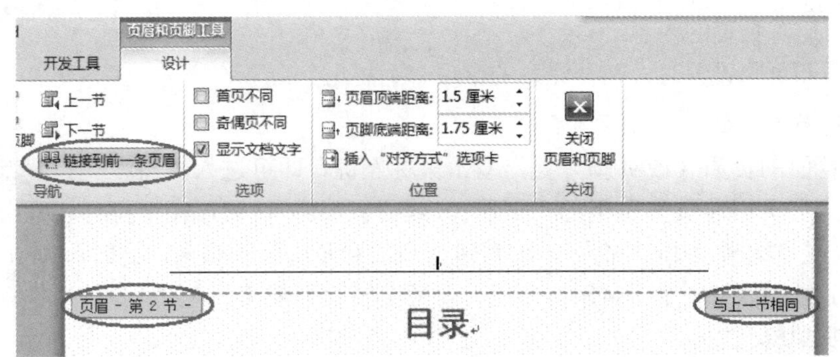

图 5–119　光标定位到目录页页眉处

图 5–120　目录页页眉

③ 将光标定位到第 2 节目录页页脚处，单击“链接到前一条页眉”按钮，此时，文字“与上一节相同”消失，表示链接断开。然后插入“普通数字”的页码，如图 5–121 所示。设置页码格式为“A、B、C…”，如图 5–122 所示。最后设置页码居中对齐。效果如图 5–123 所示。

如果页脚没有断开与上一节的链接，文字“与上一节相同”并没有消失，在这种状态下插入页码，则会看到上一节封面页的页脚也会插入页码，如图 5–124 所示。而我们需要的效果是封面页没有页脚的。修改的方法为：将光标定位到第 2 节目录页页脚处，单击“链接到前一条页眉”按钮，此时，文字“与上一节相同”消失，表示链接断开；然后按两次【Delete】键删除第 1 节封面页页脚的页码。

图 5–121　插入页码

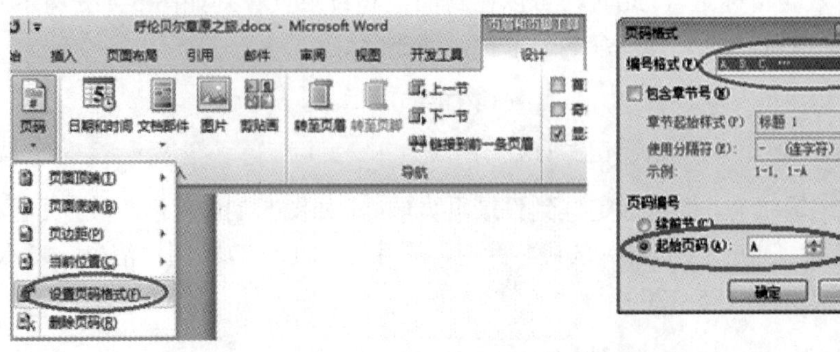

图 5–122　设置页码格式

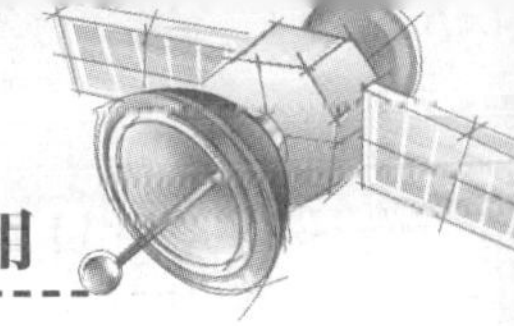

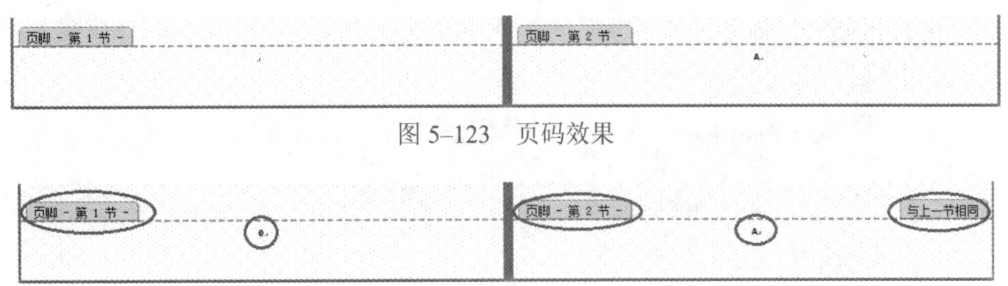

图 5–123 页码效果

图 5–124 “与上一节相同”的页码效果

④ 将光标定位到第 3 节正文部分的页眉处，此时，看到的页眉如图 5–125 所示，因为是“与上一节相同”，所以页眉的内容就是上一节页眉的内容“目录”。如果不断开“与上一节相同”的链接，直接修改页眉内容，则第 2 节目录的页眉内容也会改为相同的内容，两节的页眉内容是一样的。

所以，要设置不同的第 3 节页眉内容时，需要先单击“链接到前一条页眉”按钮，文字“与上一节相同”消失，表示与上一节的链接断开。然后删除“目录”二字，插入“文档部件”的“域”，如图 5–126 所示。在弹出的“域”对话框中，选择类别为“链接和引用”，域名为“StyleRef”，域属性为“标题 1”，如图 5–127 所示，单击“确定”按钮，插入标题 1 内容。如果想要插入标题 1 编号，只需要在如图 5–127 所示的“域”对话框中，同时选中“插入段落编号”复选框，即可插入标题 1 编号。效果如图 5–128 所示。

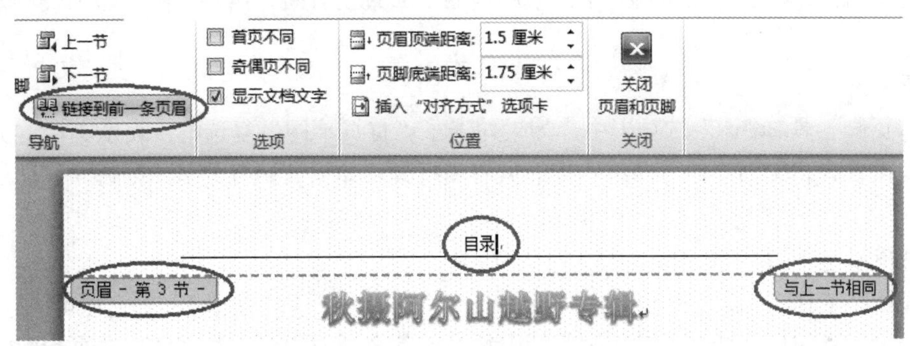

图 5–125 “与上一节相同”的页眉

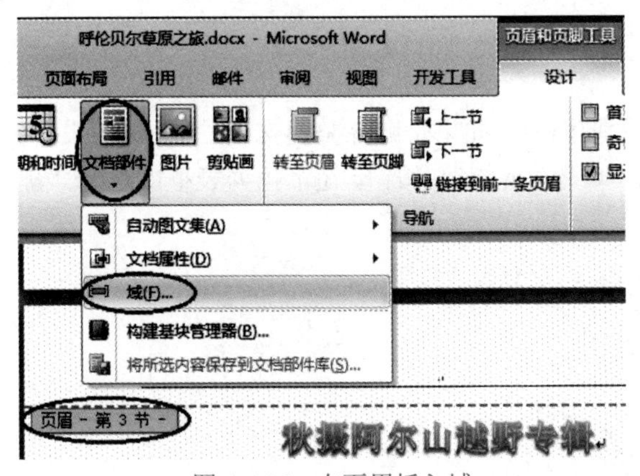

图 5–126 在页眉插入域

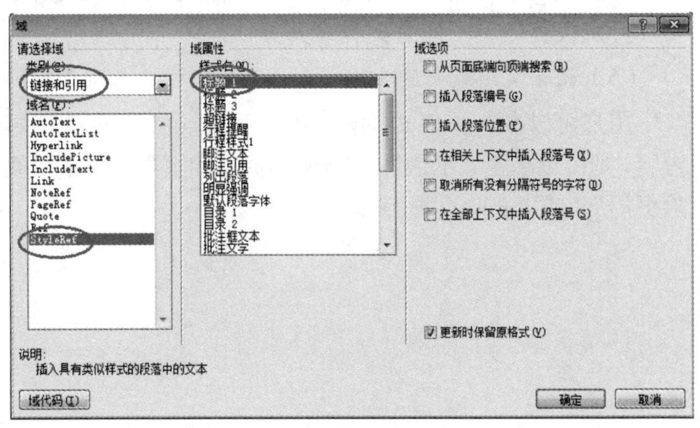

图 5–127 在页眉处插入标题1内容

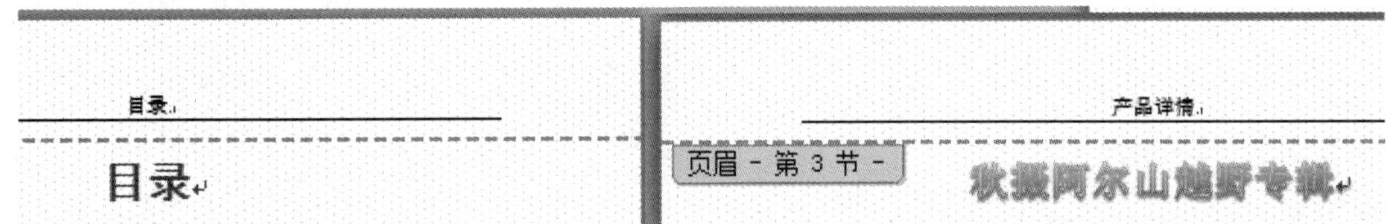

图 5–128 页眉完成效果

⑤ 将光标定位到第 3 节正文部分的页脚处，单击“链接到前一条页眉”按钮，文字“与上一节相同”消

失，表示与上一节的链接断开。删除原来的页码，插入样式为“马赛克 2”的页码，如图 5–129 所示，并且设置页码格式的起始页码为 1。

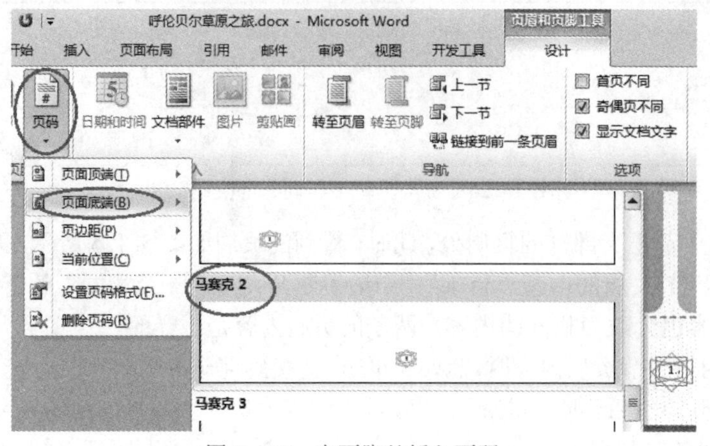

图 5–129　在页脚处插入页码

从这个例子可以看出，当文档分成几节（通过使用分节符分节）时，如果某一节想要设置不同的页眉或页脚内容，则需要断开该节页眉或页脚与上一节的链接；如果没有断开链接，则是与上一节相同的页眉或页脚内容。

（3）首页不同

在“页眉和页脚工具 | 设计”选项卡中，如果勾选了“首页不同”复选框，表示文档首页的页眉和页脚是独立的，可以设置成和文档其他页面不一样的页眉和页脚。如果文档有分节，则每一节都可以设置“首页不同”。

（4）奇偶页不同

在“页眉和页脚工具 | 设计”选项卡中，如果勾选了“奇偶页不同”复选框，则文档可以分别设置奇数页、偶数页的页眉和页脚。如果文档有分节，则文档中每一节都会同时出现奇数页和偶数页，此时，每一节的奇数页页眉、奇数页页脚、偶数页页眉、偶数页页脚是彼此独立的，只需要断开“与上一节相同”的链接，都可以分别设置成不一样的页眉或页脚。

（5）删除页眉或页脚

用户可以在页眉和页脚编辑状态下，删除不需要的页眉或页脚内容。如果是删除整篇文档的页眉（或页脚）内容，则可以单击“插入”选项卡“页眉和页脚”组的“页眉”（或“页脚”）按钮，在下拉列表框中选择“删除页眉”（或“删除页脚”）命令。

第 6 章

Excel 2010 基础应用

表格基本编辑 ——2015 年游客数据编辑	📖 工作表的编辑 📖 数据选取 ★ 📖 数据编辑 📖 行列编辑 📖 单元格格式与表格样式 📖 数字格式 ★ 📖 自动填充 ★
数据简单计算与统计 ——2015 年游客数据分析	📖 数据引用 ★ 📖 公式 ★ 📖 函数 ★ 📖 排序 📖 自动筛选 📖 页面设置
迷你图与图表编辑 ——2015 年游客数据图	📖 迷你图的插入与编辑 📖 图表的插入与编辑 ★ 📖 艺术字的插入与编辑 📖 形状的绘制与编辑

6.1 表格基本编辑——2015 年游客数据编辑

6.1.1 任务引导

引导任务卡见表 6-1。

表 6-1 引导任务卡

任务编号	6.1		
任务名称	2015 年游客数据编辑	计划课时	2 课时
任务目的	通过创建 2015 年游客数据表，熟练掌握工作表的编辑（新建、复制、移动、重命名、更改标签颜色），数据的选取，数据编辑（录入、移动、复制、粘贴、清除），行列编辑（插入、删除、行高列宽设置），单元格格式与表格样式，数字格式，自动填充等知识点		
任务实现流程	任务引导→任务分析→创建 2015 年游客数据表→教师讲评→学生完成表格制作→难点解析→总结与提高		
配套素材导引	原始文件位置：大学计算机基础 \ 素材 \ 第 6 章 \ 任务 6.1 最终文件位置：大学计算机基础 \ 效果 \ 第 6 章 \ 任务 6.1		

任务分析：

某旅游公司想要对一年的游客数据进行分析，方便制定新的营销策略。这些数据由不同的员工负责，现在需要对两个文件的多张工作表进行整合，修改表格结构，规范数据形式，进行适当的美化，最终希望得到美观大方、一目了然的数据表。

本任务要求学生利用 Excel 的基本编辑创建“2015 年游客数据表”文件，文件分三张工作表展现数据，完成效果如图 6-1、图 6-2 和图 6-3 所示。

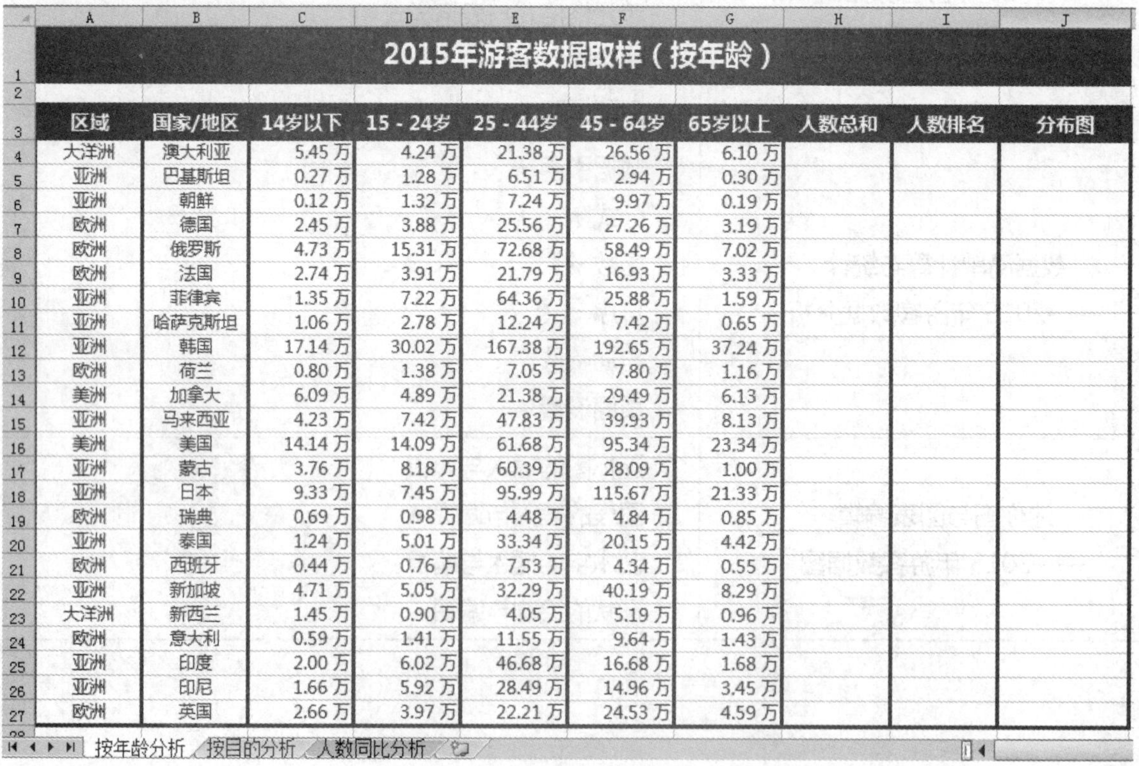

2015年游客数据取样（按年龄）

区域	国家/地区	14岁以下	15 - 24岁	25 - 44岁	45 - 64岁	65岁以上	人数总和	人数排名	分布图
大洋洲	澳大利亚	5.45 万	4.24 万	21.38 万	26.56 万	6.10 万			
亚洲	巴基斯坦	0.27 万	1.28 万	6.51 万	2.94 万	0.30 万			
亚洲	朝鲜	0.12 万	1.32 万	7.24 万	9.97 万	0.19 万			
欧洲	德国	2.45 万	3.88 万	25.56 万	27.26 万	3.19 万			
欧洲	俄罗斯	4.73 万	15.31 万	72.68 万	58.49 万	7.02 万			
欧洲	法国	2.74 万	3.91 万	21.79 万	16.93 万	3.33 万			
亚洲	菲律宾	1.35 万	7.22 万	64.36 万	25.88 万	1.59 万			
亚洲	哈萨克斯坦	1.06 万	2.78 万	12.24 万	7.42 万	0.65 万			
亚洲	韩国	17.14 万	30.02 万	167.38 万	192.65 万	37.24 万			
欧洲	荷兰	0.80 万	1.38 万	7.05 万	7.80 万	1.16 万			
美洲	加拿大	6.09 万	4.89 万	21.38 万	29.49 万	6.13 万			
亚洲	马来西亚	4.23 万	7.42 万	47.83 万	39.93 万	8.13 万			
美洲	美国	14.14 万	14.09 万	61.68 万	95.34 万	23.34 万			
亚洲	蒙古	3.76 万	8.18 万	60.39 万	28.09 万	1.00 万			
亚洲	日本	9.33 万	7.45 万	95.99 万	115.67 万	21.33 万			
欧洲	瑞典	0.69 万	0.98 万	4.48 万	4.84 万	0.85 万			
亚洲	泰国	1.24 万	5.01 万	33.34 万	20.15 万	4.42 万			
欧洲	西班牙	0.44 万	0.76 万	7.53 万	4.34 万	0.55 万			
亚洲	新加坡	4.71 万	5.05 万	32.29 万	40.19 万	8.29 万			
大洋洲	新西兰	1.45 万	0.90 万	4.05 万	5.19 万	0.96 万			
欧洲	意大利	0.59 万	1.41 万	11.55 万	9.64 万	1.43 万			
亚洲	印度	2.00 万	6.02 万	46.68 万	16.68 万	1.68 万			
亚洲	印尼	1.66 万	5.92 万	28.49 万	14.96 万	3.45 万			
欧洲	英国	2.66 万	3.97 万	22.21 万	24.53 万	4.59 万			

按年龄分析 按目的分析 人数同比分析

图6-1 工作表完成效果

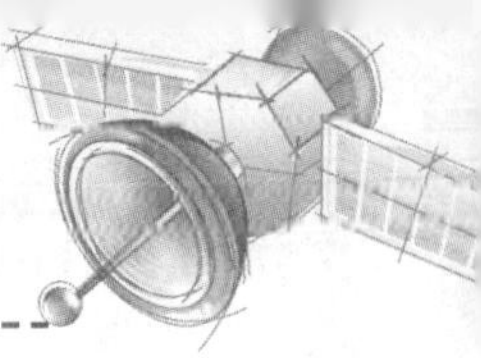

2015年亚洲游客数据取样（按目的）

编号	国家或地区	观光休闲	会议/商务	探亲访友	服务员工	其他	人数总和
001	韩国	202.24	110.58	3.43	40.67	87.51	
002	日本	39.28	77.81	5.35	11.71	115.62	
003	马来西亚	64.2	15.82	1.39	9.57	16.56	
004	蒙古	6.03	10.38	0.04	22.21	62.76	
005	菲律宾	19.34	3.22	0.27	67.68	9.89	
006	新加坡	24.55	20.33	5.23	6.78	33.64	
007	印度	16.53	19.8	0.34	17.08	19.31	
008	泰国	35.28	4.21	0.27	17.28	7.12	
009	印尼	31.28	2.91	0.37	14.54	5.38	
010	哈萨克斯坦	12.24	1.63	0.58	5.37	4.33	
011	朝鲜	0.15	2.59	0.01	9.42	6.67	
012	巴基斯坦	2.82	3.63	0.09	0.82	3.95	
013	斯里兰卡	0.58	1.49	0.02	2.34	1.38	
014	尼泊尔	1.44	0.91	0.04	0.77	1.83	
015	吉尔吉斯斯坦	1.63	0.14	0.03	2.08	0.49	

2015年亚洲游客人数统计	
取样人数总和	
一个国家或地区最高人数	
一个国家或地区最低人数	
15个国家或地区平均人数	

按年龄分析　按目的分析　人数同比分析

图6-2　“按目的分析”工作表完成效果

2015年游客人数同比情况分析

列1	2014年合计（万人）	2015年合计（万人）	同比涨幅	差值
香港同胞	7612.89	7944.81		
澳门同胞	2064.05	2288.82		
台湾同胞	536.61	549.86		
外国人	2635.97	2598.54		

按年龄分析　按目的分析　人数同比分析

图6-3　“人数同比分析”工作表完成效果

6.1.2　任务步骤

1. 工作表重命名、删除

打开文件“2015 年游客数据表 .xlsx”，将“Sheet1”工作表的名称改为“按年龄分析”，删除“Sheet2”工作表。

2. 工作表复制

打开文件“2015 年亚洲游客数据取样表 .xlsx”，将“按目的分析”工作表复制到“2015 年游客数据表 .xlsx”的工作表末尾，关闭文件“2015 年亚洲游客数据取样表 .xlsx”。

3. 数据编辑

在“按目的分析”工作表后新建工作表“人数同比分析”，将“按目的分析”工作表 J12 单元格复制粘贴至“人数同比分析”工作表 A1 单元格，将“按目的分析”工作表 J14:N18 单元格区域转置复制粘贴至“人数同比分析”工作表 A3 单元格。将工作表“人数同比分析”标签颜色设置为标准色：橙色，清除“按目的分析”工作表 J12:N18 单元格区域。

4. 行列数据操作

在“按年龄分析”工作表中删除 B 列，在第 2 行前插入一行。将“区域”列的数据移动至表格第一列，在 H3:J3 分别输入列标题文本“人数总和”“人数排名”和“分布图”。

5. 单元格区域 1 格式设置

将“按年龄分析”工作表 A1:J1 单元格区域合并后居中。再设置该单元区域字体为“微软雅黑”，字号：20，文字加粗，字体颜色：白色，背景 1，背景填充颜色为标准色：深红。设置第 1 行行高为 40。

6. 单元格区域 2 格式设置

设置“按年龄分析”工作表 A3:J3 单元格区域字体为“微软雅黑”，字号：14，字体颜色：白色，背景 1，文字加粗，文字居中对齐，背景填充颜色为自定义 RGB 色，红色 82、绿色 101、蓝色 115；设置第 3 行行高为 25。

7. 单元格区域 3 格式设置及格式复制

设置“按年龄分析”工作表 A4:J4 单元格区域字体为“微软雅黑”，字号：12，字体颜色为标准色：深红，文字居中对齐；A5:J5 单元格区域字体为“微软雅黑”，字号：12，字体颜色为自定义 RGB 色，红色 8、绿色 89、蓝色 156，文字居中对齐。将 A4:J5 单元格区域格式复制到 A6:J27 单元格区域，设置 A:I 列列宽为 12，J 列列宽为 15。

8. 数字格式设置、框线设置

设置“按年龄分析”工作表 C4:H27 单元格区域数字格式为保留两位小数位数，数字后添加空格和文字“万”，文本右对齐。设置“按年龄分析”工作表 A3:J27 单元格区域边框：外边框和内部竖线为粗实线，框线颜色为自定义 RGB 色，红色 82、绿色 101、蓝色 115；无内部横线。

9. 自动填充

在“按目的分析”工作表 A 列前插入一列，将 A1:H1 单元格区域合并后居中。在 A3 单元格输入列标题“编号”，设置 A4:A18 单元格区域的数据格式为文本，并使用自动填充功能输入编号：“001,002,003,…,015”，将 B3:B18 单元格区域格式复制到 A3:A18 单元格区域。

10. 清除格式及套用表格样式

清除“人数同比分析”工作表 A3:E7 单元格区域的格式，为该区域套用表格格式“表样式深色 7”，再设置该单元区域字体为“微软雅黑”，字号：12。在 B3 和 C3 单元格文本后输入换行符，再输入文本“（万人）”，并设置新输入的文本字号为 8。列标题文字居中对齐，自动调整 A1:E7 单元格区域的行高和列宽。保存文件并另存一份以备份。

6.1.3 任务实施

1. 工作表重命名、删除

打开文件“2015 年游客数据表 .xlsx”，将“Sheet1”工作表的名称改为“按年龄分析”，删除“Sheet2”工作表。

① 双击打开文件“2015 年游客数据表 .xlsx”，或使用 Windows“开始”菜单，即选择“开始”|“所有程序”|“Microsoft Office”|“Microsoft Office Excel 2010”命令，使用“文件”选项卡的“打开”命令打开文件，还可以在“最近使用文件”命令中找到最近使用的工作簿文件。

② 双击文件左下角的工作表标签“Sheet1”，使其反白显示，输入工作表名称“按年龄分析”，或在工作表标签上右击并选择“重命名”命令，再输入工作表名称。

③ 如图 6-4 所示，在工作表标签“Sheet2”上右击并选择“删除”命令，或如图 6-5 所示，单击“开始”选项卡“单元格”组中的“删除”按钮，在下拉列表中选择“删除工作表”命令。如果要删除的工作表中有数据时，将出现“警告”对话框，单击“删除”按钮，即可删除当前工作表。

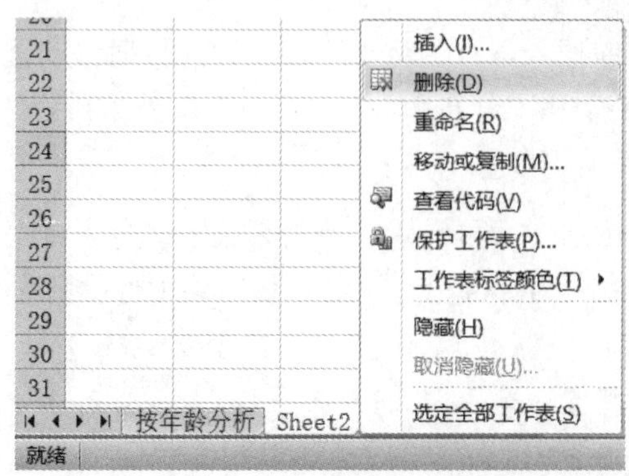

图6-4　右键删除工作表

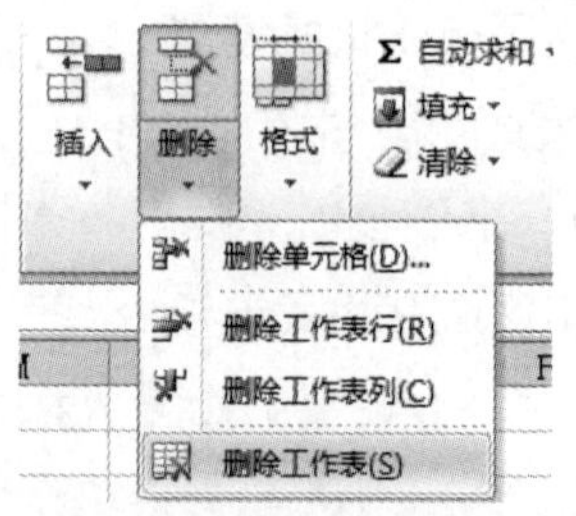

图6-5　删除工作表命令

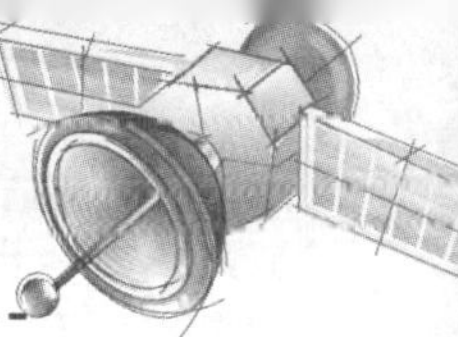

2. 工作表复制

打开文件“2015 年亚洲游客数据取样表 .xlsx”，将“按目的分析”工作表复制到“2015 年游客数据表 .xlsx”的工作表末尾，关闭文件“2015 年亚洲游客数据取样表 .xlsx”。

① 双击打开文件“2015 年亚洲游客数据取样表 .xlsx”，在工作表标签“按目的分析”上右击并选择“移动或复制 ...”命令，如图 6-6 所示，打开“移动或复制工作表”对话框，如图 6-7 所示，在“将选定工作表移至工作簿：”选项卡中选择文件“2015 年游客数据表 .xlsx”，在“下列选定工作表之前：”选择“（移至最后）”，勾选“建立副本”复选框，最后单击“确定”按钮。

② 光标移至任务栏，在 Excel 图标上停留，如图 6-8 所示，弹出文件缩略窗口之后单击文件“2015 年亚洲游客数据取样表 .xlsx”右上角关闭按钮关闭文件。

图6-6　工作表右键菜单

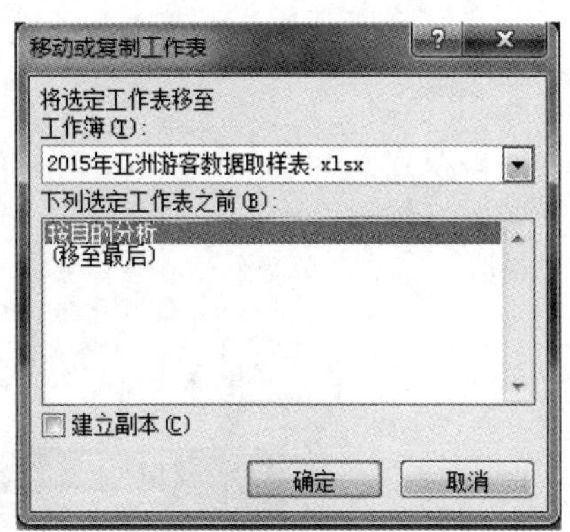

图6-7　建立副本选项

	香港同胞	澳门同胞	台湾同胞	外国人
2014年合计	7612.89	2064.05	536.61	2635.97
2015年合计	7944.81	2288.82	549.86	2598.54
同比涨幅				
差值				

2015年游客数据分析表　2015年亚洲游...

图6-8　关闭文件

3. 数据编辑

在“按目的分析”工作表后新建工作表“人数同比分析”，将“按目的分析”工作表 J12 单元格复制粘贴至“人数同比分析”工作表 A1 单元格，将“按目的分析”工作表 J14:N18 单元格区域转置复制粘贴至“人数同比分析”工作表 A3 单元格。将工作表“人数同比分析”标签颜色设置为标准色：橙色，清除“按目的分析”工作表 J12:N18 单元格区域。

① 单击文件左下角的工作表标签“按目的分析”右侧“插入工作表”按钮，插入新工作表。双击工作表标签，使其反白显示，输入工作表名称“人数同比分析”。

② 选择“按目的分析”工作表 J12 单元格，使用【Ctrl+C】组合键或单击“开始”选项卡“剪贴板”组中的“复制”按钮进行复制，然后选择“人数同比分析”工作表 A1 单元格，使用【Ctrl+V】组合键或单击“开始”选项卡“剪贴板”组中的“粘贴”按钮进行粘贴。

③ 再次选择“按目的分析”工作表 J14:N18 单元格区域，复制，然后选择“人数同比分析”工作表 A3 单元格，如图 6-9 所示，右击并选择“粘贴选项”｜“转置”命令，或如图 6-10 所示打开“选择性粘贴”对话框，勾选“转置”复选框。转置复制后的表格如图 6-11 所示。

④ 在“人数同比分析”工作表标签上如图 6-12 所示右击并选择“工作表标签颜色”命令，在子菜单

中选择“标准色：橙色”。

⑤ 选择“按目的分析”工作表J12:N18单元格区域，如图6-13所示，单击“开始”选项卡“编辑”组中的“清除”按钮，在下拉列表中选择“全部清除”命令。

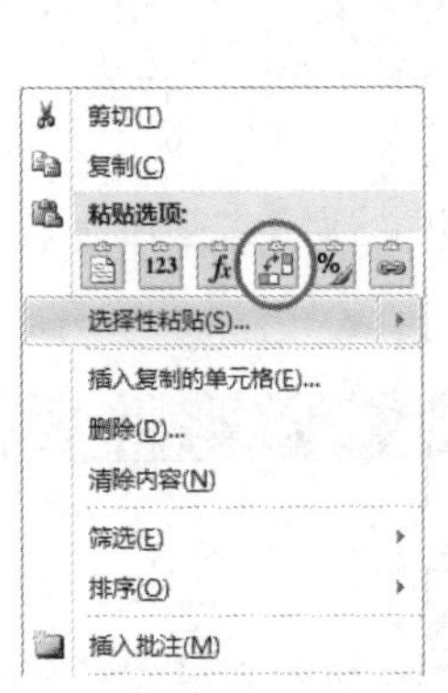

图6-9 右键菜单命令

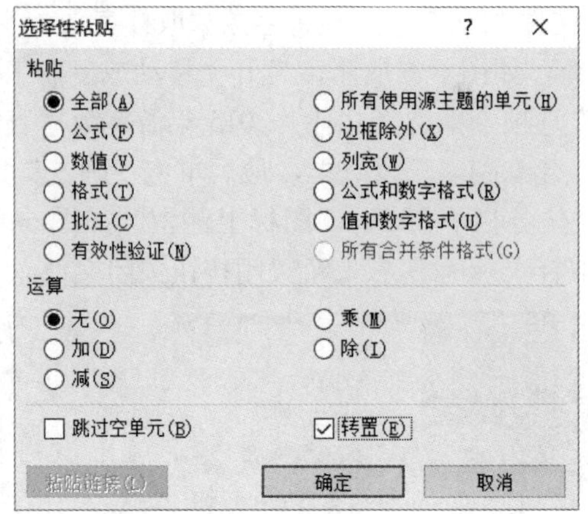

图6-10 “选择性粘贴”对话框命令

	A	B	C	D	E	F
1	2015年游客人数同比情况分析					
2						
3		2014年合计	2015年合计	同比涨幅	差值	
4	香港同胞	7612.89	7944.81			
5	澳门同胞	2064.05	2288.82			
6	台湾同胞	536.61	549.86			
7	外国人	2635.97	2598.54			
8						

图6-11 转置复制效果图

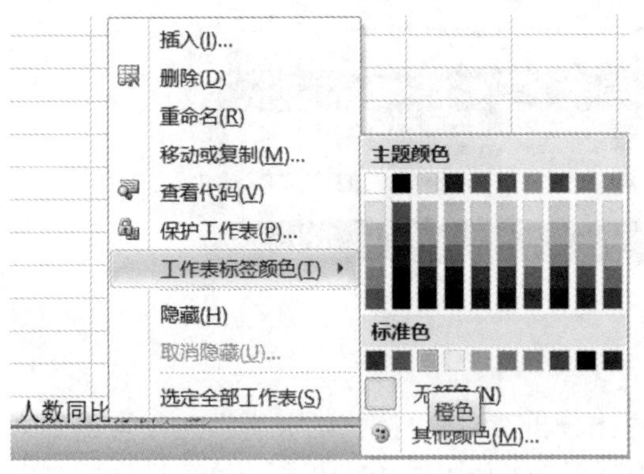

图6-12 更改工作表标签颜色

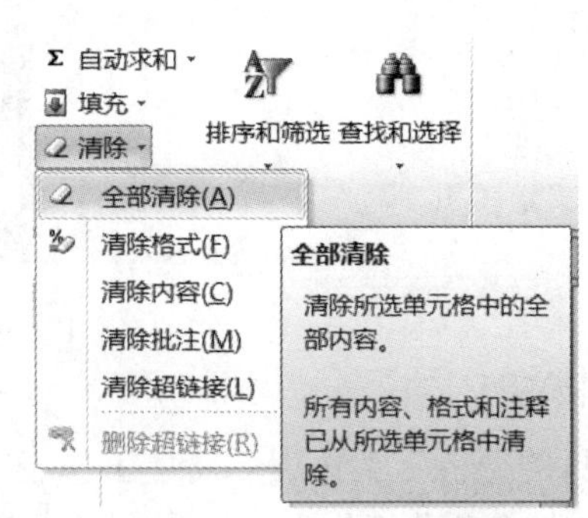

图6-13 清除单元格区域

4. 行列数据操作

在“按年龄分析”工作表中删除B列，在第2行前插入一行。将“区域”列的数据移动至表格第一列，在H3:J3分别输入列标题文本“人数总和”“人数排名”和“分布图”。

① 选择“按年龄分析”工作表，单击列号B选择B列，右击并选择“删除”命令，或单击“开始”选项卡“单元格”组中的“删除”按钮，在下拉列表中选择“删除工作表列”命令。

② 单击行号2选择第2行，右击并选择“插入”命令，或单击“开始”选项卡“单元格”组中的“插入”按钮，在下拉列表中选择“插入工作表行”命令。

③ 选择G3:G27单元格区域，使用【Ctrl+X】组合键或单击“开始”选项卡“剪贴板”组中的“剪切”按钮进行剪切，然后如图6-14所示，选择A3单元格，右击并选择“插入剪切的单元格”命令。

④ 在H3:J3分别输入列标题文本“人数总和”、“人数排名”和“分布图”。

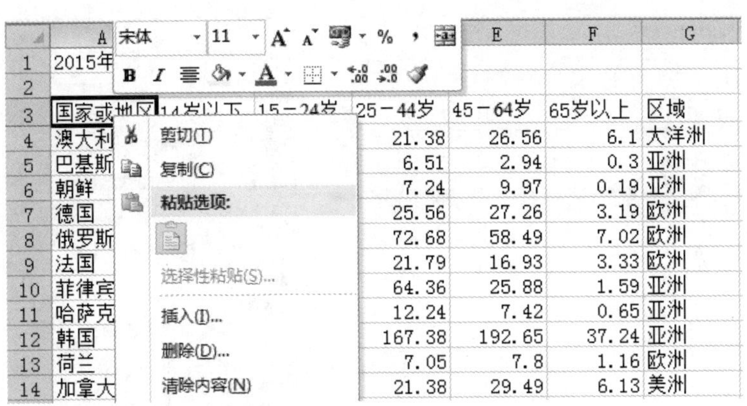

图6-14 插入剪切的单元格

5. 单元格区域 1 格式设置

将“按年龄分析”工作表 A1:J1 单元格区域合并后居中。再设置该单元区域字体为“微软雅黑”，字号：20，文字加粗，字体颜色：白色，背景 1，背景填充颜色为标准色：深红。设置第 1 行行高为 40。

① 选中“按年龄分析”工作表 A1:J1 单元格区域，如图 6-15 在“开始”选项卡“对齐方式”组中单击“合并后居中”按钮，使单元格区域合并为一个单元格且文字对齐方式居中。

② 在“字体”组中设置字体为“微软雅黑”，字号：20，单击“加粗”按钮，在“填充颜色”下拉列表中选择“标准色：深红”，在“字体颜色”下拉列表中选择“主题颜色：白色，背景 1”。

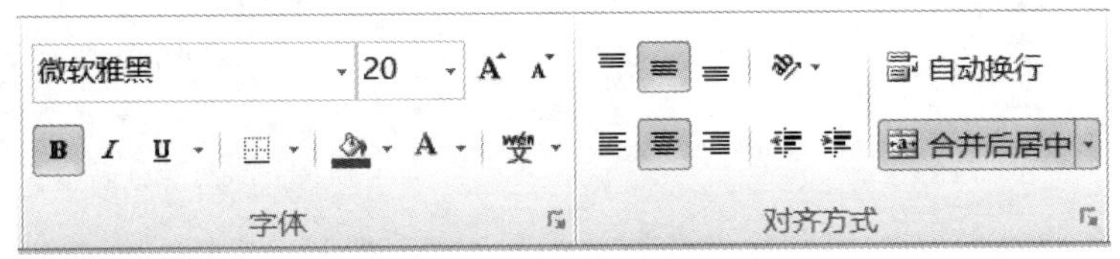

图6-15 选项卡设置字体和对齐方式

③ 单击行号 1 选择第 1 行，如图 6-16 所示，右击并选择“行高”命令，打开“行高”对话框。在“行高：”中输入 40，单击“确定”按钮。设置完后效果如图 6-17 所示。

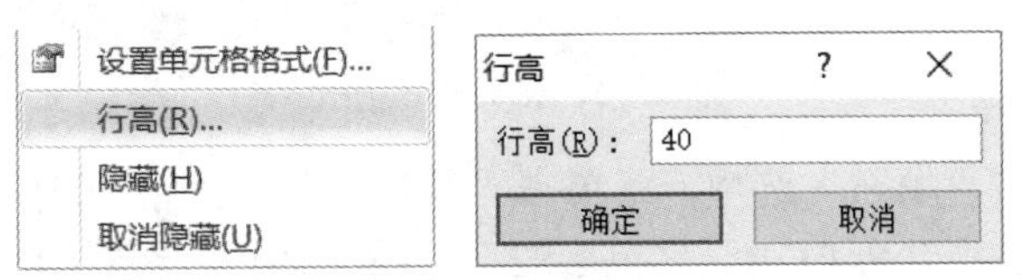

图6-16 右击设置行高

图6-17 本步骤完成效果图

6. 单元格区域 2 格式设置

设置“按年龄分析”工作表 A3:J3 单元格区域字体为“微软雅黑”，字号：14，字体颜色：白色，背景 1，文字加粗，文字居中对齐，背景填充颜色为自定义 RGB 色，红色 82、绿色 101、蓝色 115；设置第 3 行行高为 25。

① 选择“按年龄分析”工作表 A3:J3 单元格区域，单击“开始”选项卡“字体”组的对话框启动器按钮打开“设置单元格格式”对话框。

② 在“字体”选项卡，设置字体为“微软雅黑”，字形：加粗，字号：14，在“颜色”下拉列表中选择“主题颜色：白色，背景 1”，如图 6-18 所示。

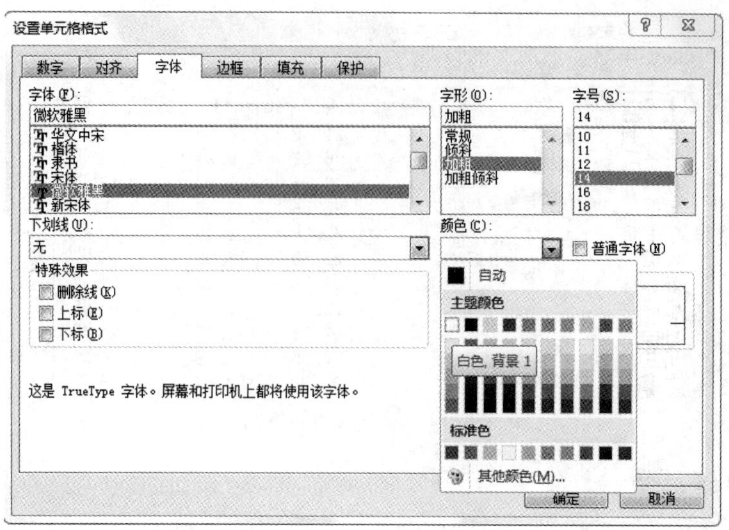

图6-18　设置字体格式

③ 单击“对齐”选项卡，如图 6-19 所示在“水平对齐”下拉列表中选择“居中”。

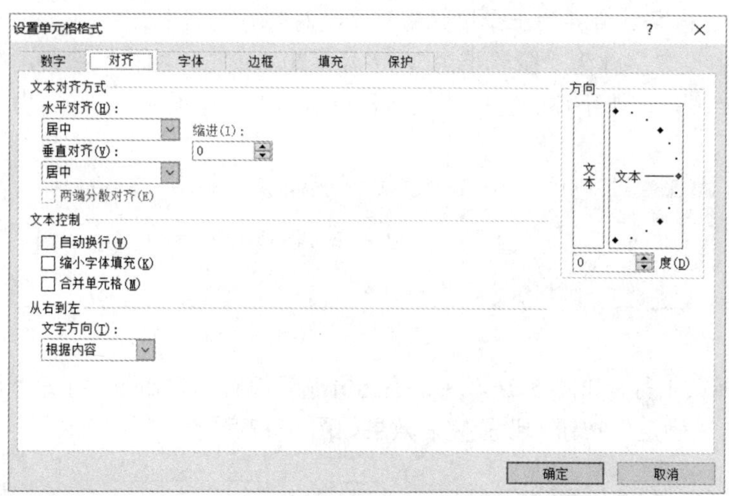

图6-19　设置对齐方式

④ 如图 6-20 所示，单击“填充”选项卡，单击“其他颜色 ...”按钮打开“颜色”对话框。选择“自定义”选项卡，设置“颜色模式”为 RGB，红色：82；绿色：101；蓝色：115。

⑤ 单击行号 3 选择第 3 行，如图 6-21 所示，单击“开始”选项卡“单元格”组的“格式”按钮，在子菜单中选择“行高”命令，打开“行高”对话框，在“行高”文本框中输入 25，单击“确定”按钮完成行高调整。设置完后效果如图 6-22 所示。

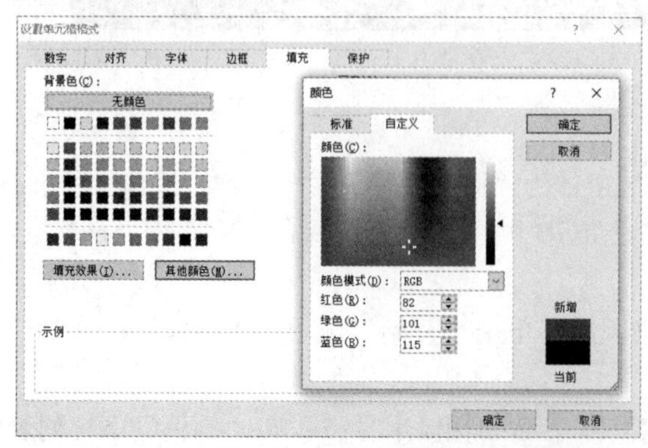

图6-20　设置填充颜色

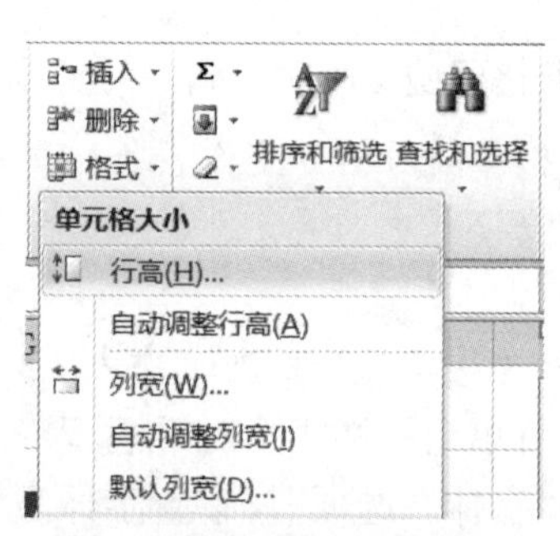

图6-21　选项卡设置行高

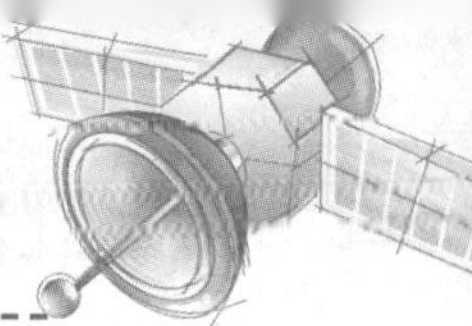

3	区域	国家或地区	14岁以下	15 - 24岁	25 - 44岁	45 - 64岁	65岁以上	人数总和	人数排名	分布图

图6-22 本步骤完成效果图

7. 单元格区域 3 格式设置及格式复制

设置“按年龄分析”工作表 A4:J4 单元格区域字体为“微软雅黑”，字号：12，字体颜色为标准色：深红，文字居中对齐；A5:J5 单元格区域字体为“微软雅黑”，字号：12，字体颜色为自定义 RGB 色，红色 8、绿色 89、蓝色 156，文字居中对齐。将 A4:J5 单元格区域格式复制到 A6:J27 单元格区域，设置 A:I 列列宽为 12，J 列列宽为 15。

① 选中 A4:J4 单元格区域，在“字体”组中设置字体为“微软雅黑”，字号：12，在“字体颜色”下拉列表中选择“标准色：深红”；在“对齐方式”组中单击“居中”按钮。

② 选中 A5:J5 单元格区域，在“字体”组中设置字体为“微软雅黑”，字号：12，在“字体颜色”下拉列表中选择“其他颜色 …”按钮打开“颜色”对话框。选择“自定义”选项卡，设置“颜色模式”为 RGB，红色：8、绿色：89、蓝色：156。在“对齐方式”组中单击“居中”按钮。

③ 选中 A4:J5 单元格区域，在“开始”选项卡“剪贴板”组中单击“格式刷”按钮，再拖动选中 A6:J27 单元格区域。

④ 拖动选择列号 A:I，右击并选择“列宽”命令，打开“列宽”对话框，输入列宽值 12。选中 J 列，右击并选择“列宽”命令，打开“列宽”对话框，输入列宽值 15。效果如图 6-23 所示。

	A	B	C	D	E	F	G	H	I	J
1	2015年游客数据取样（按年龄）									
2										
3	区域	国家或地区	14岁以下	15 - 24岁	25 - 44岁	45 - 64岁	65岁以上	人数总和	人数排名	分布图
4	大洋洲	澳大利亚	5.45	4.24	21.38	26.56	6.1			
5	亚洲	巴基斯坦	0.27	1.28	6.51	2.94	0.3			
6	亚洲	朝鲜	0.12	1.32	7.24	9.97	0.19			
7	欧洲	德国	2.45	3.88	25.56	27.26	3.19			
8	欧洲	俄罗斯	4.73	15.31	72.68	58.49	7.02			
9	欧洲	法国	2.74	3.91	21.79	16.93	3.33			
10	亚洲	菲律宾	1.35	7.22	64.36	25.88	1.59			
11	亚洲	哈萨克斯坦	1.06	2.78	12.24	7.42	0.65			
12	亚洲	韩国	17.14	30.02	167.38	192.65	37.24			
13	欧洲	荷兰	0.8	1.38	7.05	7.8	1.16			
14	美洲	加拿大	6.09	4.89	21.38	29.49	6.13			
15	亚洲	马来西亚	4.23	7.42	47.83	39.93	8.13			
16	美洲	美国	14.14	14.09	61.68	95.34	23.34			
17	亚洲	蒙古	3.76	8.18	60.39	28.09	1			
18	亚洲	日本	9.33	7.45	95.99	115.67	21.33			
19	欧洲	瑞典	0.69	0.98	4.48	4.84	0.85			
20	亚洲	泰国	1.24	5.01	33.34	20.15	4.42			
21	欧洲	西班牙	0.44	0.76	7.53	4.34	0.55			
22	亚洲	新加坡	4.71	5.05	32.29	40.19	8.29			
23	大洋洲	新西兰	1.45	0.9	4.05	5.19	0.96			
24	欧洲	意大利	0.59	1.41	11.55	9.64	1.43			

图6-23 本步骤完成效果图

8. 数字格式设置、框线设置

设置“按年龄分析”工作表 C4:H27 单元格区域数字格式为保留两位小数位数，数字后添加空格和文字“万”，文本右对齐。设置“按年龄分析”工作表 A3:J27 单元格区域边框：外边框和内部竖线为粗实线，框线颜色为自定义 RGB 色，红色 82、绿色 101、蓝色 115；无内部横线。

① 选中“按年龄分析”工作表 C4:H27 单元格区域，单击“开始”选项卡“数字”组的对话框启动器按钮，打开“设置单元格格式”对话框。在“数字”选项卡的“分类”列表框中选择“自定义”，在“类型”中如图 6-24 所示输入“0.00" 万 "”（注意双引号为英文半角，万字前面输入一个空格符），单击“确定”按钮完成设置。

② 在“对齐方式”组中单击“右对齐”按钮。

③ 选中“按年龄分析”工作表 A3:J27 单元格区域，单击“开始”选项卡“字体”组的对话框启动器按钮，打开“设置单元格格式”对话框。单击“边框”选项卡，如图 6-25 在“样式”列表框中选择右侧

倒数第二种线条样式，在“颜色”下拉列表“最近使用的颜色”中选择“蓝－灰”。单击“预置”组的第二个按钮“外边框”，再点击“内部竖框线”按钮，注意观察预览草图，单击“确定”按钮，设置效果如图6-1所示。

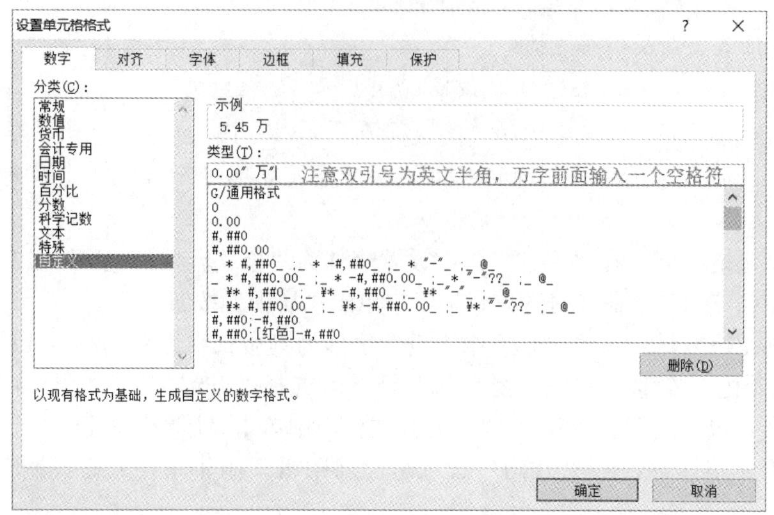

图6-24 数字格式设置

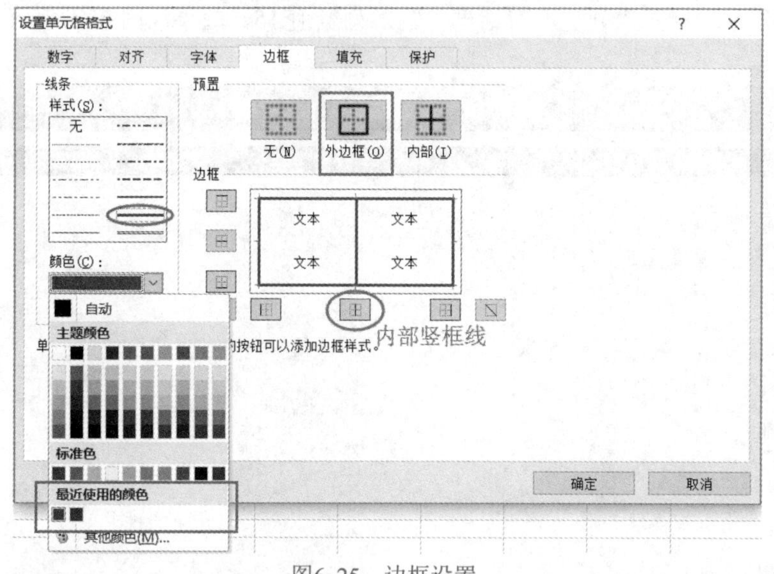

图6-25 边框设置

9. 自动填充

在“按目的分析”工作表A列前插入一列，将A1:H1单元格区域合并后居中。在A3单元格输入列标题“编号”，设置A4:A18单元格区域的数据格式为文本，并使用自动填充功能输入编号：“001,002,003,…,015”，将B3:B18单元格区域格式复制到A3:A18单元格区域。

① 选中“按目的分析”工作表A列的列号，单击右键选择“插入”命令，或单击“开始”选项卡“单元格”组中的“插入”按钮，选择“插入工作表列”命令即可。选中A1:H1单元格区域，在“开始”选项卡“对齐方式”组中单击“合并后居中”按钮。

② 在A3单元格输入列标题“编号”，选中A4:A18单元格区域，在“开始”选项卡“数字”组中的“数字格式”下拉列表中选择“文本”。

③ 在A4单元格中输入“001”，然后选中A4单元格，将鼠标移至单元格右下角填充柄位置（单元格右下角的黑色小方块），当鼠标指针由✚变为+字形时，按下鼠标左键向下拖动至“A18”单元格，填充编号由“001”至“015”。

④ 选中B3:B18单元格区域，在“开始”选项卡“剪贴板”组中单击“格式刷”按钮，再拖动选中A3:A18单元格区域。效果如图6-26所示。

2015年亚洲游客数据取样（按目的）

编号	国家或地区	观光休闲	会议/商务	探亲访友	服务员工	其他	人数总和
001	韩国	202.24	110.58	3.43	40.67	87.51	
002	日本	39.28	77.81	5.35	11.71	115.62	
003	马来西亚	64.2	15.82	1.39	9.57	16.56	
004	蒙古	6.03	10.38	0.04	22.21	62.76	
005	菲律宾	19.34	3.22	0.27	67.68	9.89	
006	新加坡	24.55	20.33	5.23	6.78	33.64	
007	印度	16.53	19.8	0.34	17.08	19.31	
008	泰国	35.28	4.21	0.27	17.28	7.12	
009	印尼	31.28	2.91	0.37	14.54	5.38	
010	哈萨克斯坦	12.24	1.63	0.58	5.37	4.33	
011	朝鲜	0.15	2.59	0.01	9.42	6.67	
012	巴基斯坦	2.82	3.63	0.09	0.82	3.95	
013	斯里兰卡	0.58	1.49	0.02	2.34	1.38	
014	尼泊尔	1.44	0.91	0.04	0.77	1.83	
015	吉尔吉斯斯坦	1.63	0.14	0.03	2.08	0.49	

图6-26　本步骤完成效果图

10. 清除格式及套用表格样式

清除“人数同比分析”工作表A3:E7单元格区域的格式，为该区域套用表格格式“表样式深色7”，再设置该单元区域字体为“微软雅黑”，字号：12。在B3和C3单元格文本后输入换行符，再输入文本“（万人）”，并设置新输入的文本字号为8。列标题文字居中对齐，自动调整A1:E7单元格区域的行高和列宽。保存文件并另存一份以备份。

① 单击“人数同比分析”工作表，选中A3:E7单元格区域，单击“开始”选项卡“编辑”组中的“清除”按钮，在子菜单中选择“清除格式”命令，如图6-27所示。

② 单击“开始”选项卡“样式”组中的“套用表格格式”按钮，在样式表中，如图6-28选择“深色”分类中的“表样式深色7”样式，在弹出的“套用表格式”对话框中单击“确定”按钮。

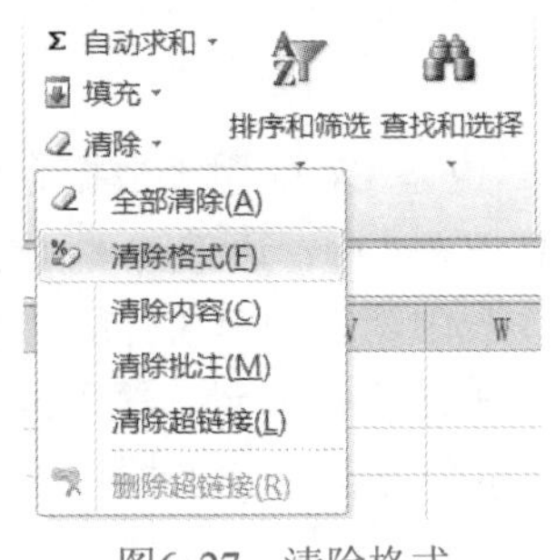

图6-27　清除格式

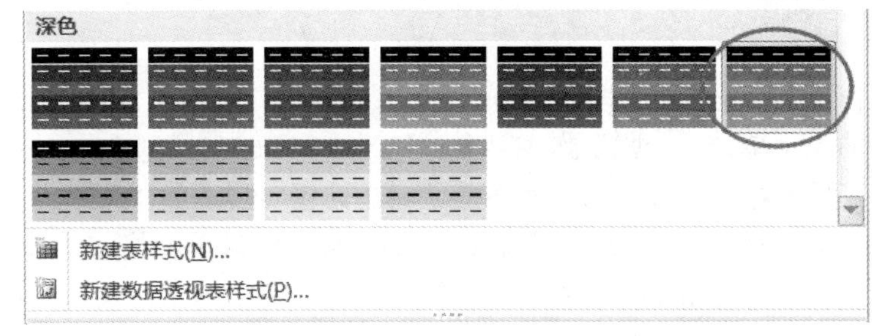

图6-28　表格样式设置

③ 在“开始”选项卡“字体”组中设置字体为“微软雅黑”，字号：12。

④ 选中B3单元格，将编辑栏拖动至显示两行，单击定位光标至编辑栏文字末尾处，按【Alt+Enter】组合键输入换行符，再输入文本“（万人）”，如图6-29所示，鼠标拖拽选中输入的文本，在“开始”选项卡“字体”组中设置字号为8，单击“输入”按钮完成输入。用同样的方法在C3单元格完成输入。

⑤ 选中A3:E3单元格区域，在“开始”选项卡“对齐方式”组中单击“居中”按钮，

⑥ 选中A3:E7单元格区域，单击“开始”选项卡在“单元格”组中单击“格式”按钮，在子菜单中，选择“自动调整行高”和“自动调整列宽”命令，如图6-30所示。

⑦ 单击工具栏的保存按钮 保存文件，再单击“文件”选项卡中的“另存为”按钮，打开另存为对话框，选择合适的路径和文件名将文件备份。

图6-29　文本换行输入

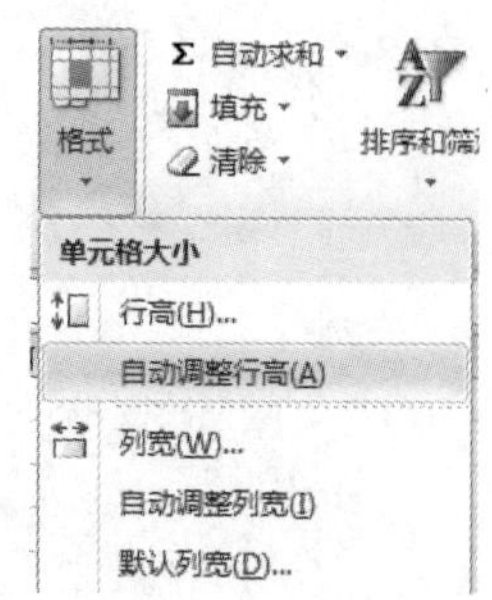

图6-30　自动调整行高列宽

6.1.4　难点解析

通过本节课程的学习，学生掌握了表格的基本编辑方法和使用技巧。其中，数据选取、数字格式和自动填充是本节的难点内容，这里将针对这三个知识点做具体的讲解。

1. 数据选取

一个 Excel 文档（即工作簿）由多个编辑页面（即工作表）组成，而每张编辑页面又由多行多列形成的大量方格（即单元格）组成。掌握工作簿、工作表和单元格的概念和选取方法对熟练使用 Excel 非常重要。

（1）工作簿

所谓工作簿就是指在 Excel 中用来保存并处理数据的文件，即一个 Excel 文档，它的扩展名为“.xlsx”。通常在启动 Excel 后，系统会自动建立一个默认名为“book1.xlsx”的工作簿。

（2）工作表

工作簿中的每一张二维表格称为工作表，由行号、列标和网格线组成。在操作系统支持的情况下一个工作簿中可以建立无数个工作表，每张工作表都有一个名称，显示在工作表标签上。默认情况下一个工作簿会自动创建三张工作表，并命名为 Sheet1、Sheet2 和 Sheet3，用户可以根据需要增加或删除工作表。

工作表是一个由 1048576 行和 16384 列组成的表格。位于其左侧区域的灰色编号为各行的行号，自上而下从 1 到 1048576，共 1048576 行；位于其上方的灰色字母为各列的列标，由左到右分别是“A”“B”……“Z”“AA”“AB”……“ZZ”“AAA”……“XFD”，共 16 384 列。

（3）单元格

工作表的各行与各列交叉形成的就是单元格，它是工作表的最小单位，也是 Excel 用于数据存储或公式计算的最小单位。一张工作表最多可包含 1 048 576×16 384 个单元格。在 Excel 中，通常用“列标行号”来表示某单元格，也被称为单元格地址或单元格名称，如“A3”表示该工作表中第 1 列第 3 行的单元格。

若某单元格周围显示为黑色粗线，则被称为活动单元格或当前单元格，表示当前显示、输入或修改的内容都会在该单元格中。此时，其行号、列标会突出显示，该单元格的名称也会出现在名称框中。

（4）数据选取（见表 6-2）

表 6-2　数据选取方法表

选取数据	选 取 方 法
单个单元格	单击选取
连续单元格区域	先选中第 1 个单元格，按下鼠标左键，拖动鼠标到最后 1 个需要被选择的单元格，松开鼠标。 或先选中第 1 个单元格，按住【Shift】键不放开，用鼠标选取最后 1 个单元格
不连续单元格区域	先选中第 1 个单元格或区域，按住【Ctrl】键不放开，用鼠标选取其他各区域，全部不连续区域选取后松开【Ctrl】键，在名称框中显示的是最第 1 个被选择的单元格的地址
某一行或某一列	单击对应的列标或行号
多行或多列	选取方法与连续单元格区域和非连续单元格区域的选取方式类似，选取的对象为列标或行号
整张工作表	单击第 1 行行号上方和第 1 列列标左侧的小方块即可

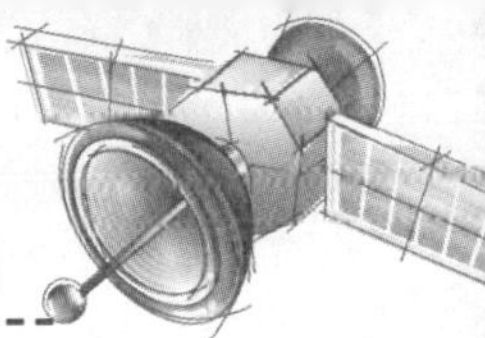

2. 数字格式

在 Excel 中，数据根据性质不同可分为数值型数据、文本型数据、日期型数据和逻辑型数据等几种。各种数据的输入方法大致相同：在选定的单元格中输入所需数据，再用【Enter】键或编辑栏上的“输入”按钮确认输入；或用【Esc】键或编辑栏上的“取消”按钮取消输入，但不同类型的数据也有各自的特性。

（1）数值型数据

数值型数据由数字、正负号和小数点等构成，在单元格中默认为右对齐，列宽不够时显示为 # 以防止数据被看错。

（2）文本型数据

文本型数据由字母、符号和数字等构成，在单元格中默认为左对齐，需要注意：

① 纯数字式文本数据：许多数字在使用时不再代表数量的大小，而是用于表示事物的特征和属性，如身份证号码，这些数据就是由数字构成的文本数据。在输入时应先设置单元格数字格式为文本型或输入“'”再输入数字，如“'3277654”（在单元格内单引号不会显示出来）。

② 单元格内文本换行：在 Excel 中，按【Enter】键表示确认输入，所以若要在同一个单元格内换行应使用“自动换行”按钮或按【Alt+Enter】组合键。使用按钮是“软”换行，只有该单元格的列宽不够显示单元格中的内容，才将内容以多行来显示。而组合键是“硬”换行，无论将列调整到多宽，该单元格总是将 组合键后开始的内容另起一行显示。

（3）时间日期型数据

时间日期型数据默认为“yy-mm-dd hh:mm”格式，在单元格中默认为右对齐。在处理过程中，系统也把它作为一种特殊的数值。

（4）逻辑型数据

逻辑型数据只有两个值“TRUE”（真）、“FALSE”（假），在单元格中默认为居中对齐。

（5）内置数字格式

可以使用“开始”选项卡的“数字”组按钮和常规下拉框对单元格中的数字进行格式化。Excel 会对单元格自动应用一种内部数字格式。

（6）自定义数字格式

自定义数字格式能够几乎随心所欲地显示单元格数值，只要掌握了它的规则，就很容易用格式代码来创建自定义数字格式见表 6-3。

表 6-3 自定义数字格式常用代码表

<table>
<tr><th>数字格式代码</th><th>说　明</th></tr>
<tr><td>G/ 通用格式</td><td>不设置任何格式，按原始输入的数值显示</td></tr>
<tr><td>#</td><td>数字占位符，只显示有意义的数字，不显示无意义的 0</td></tr>
<tr><td>.</td><td>小数点</td></tr>
<tr><td>,</td><td>千位分隔符</td></tr>
<tr><td>E</td><td>科学计数符号</td></tr>
<tr><td>\</td><td>在格式中显示下一个字符</td></tr>
<tr><td>""</td><td>显示双引号内的字符
<table><tr><th>显示为</th><th>原始数值</th><th>自定义格式代码</th></tr><tr><td>MU5653</td><td>5653</td><td>"MU"0000</td></tr><tr><td>USD1,235M</td><td>1234567890</td><td>"USD"#,##0,,"M"</td></tr><tr><td>人民币1,235百万</td><td>1234567890</td><td>"人民币"#,##0,,"百万"</td></tr></table></td></tr>
</table>

3. 自动填充

通过 Excel 的自动填充数据功能可以为有规律的数据输入提供极大的便利。

（1）填充相同的数据

对于不含数字的纯文本，直接拖动填充柄即可将相同的数据复制到鼠标经过的单元格里。

对于含有数字的文本，按住【Ctrl】键再拖动填充柄即可。

（2）按等差序列直接填充数据

对于含有数字的文本，直接拖动填充柄即可使文本不变，数字按自然数序列填充。

对于数值数据，Excel 能预测填充趋势，然后按预测等差趋势自动填充数据。

（3）利用菜单命令填充数据

选定序列初始值，按住鼠标右键拖动填充柄，在松开鼠标后，会弹出快捷菜单，包括“复制单元格”“填充序列”“值填充格式”“不带格式填充”“等差序列”“等比序列”和“序列”等命令，单击进行选择即可。

单击“开始”选项卡中“编辑”组中的“填充”按钮，在下拉列表中有“向下”“向右”“向上”“向左”“两端对齐”和“系列”等选项，选择不同的命令可以将内容填充至不同位置的单元格中。图 6-31、图 6-32 所示为使用“系列”选项填充序列的设置图。

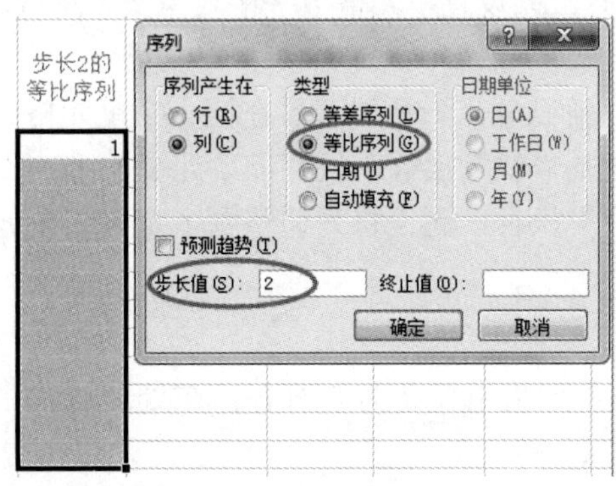

图6-31　等比序列填充图

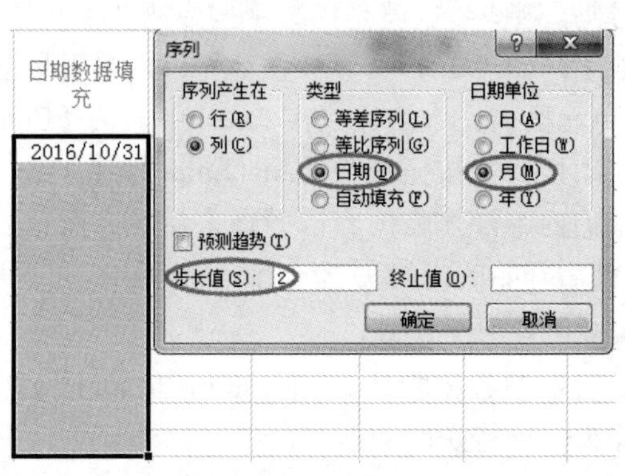

图6-32　日期序列填充图

（4）采用自定义序列自动填充数据

虽然 Excel 自带有一些填充序列，如“星期一”到“星期日”等，但用户也可以通过工作表中现有的数据项或自己输入一些新的数据项来创建自定义序列。其操作可以通过单击“开始”选项卡中“编辑”组中的“排序和筛选”按钮，在“排序和筛选”下拉列表中选择“自定义排序”选项。

如图 6-33 所示，在选择“自定义排序”选项后，弹出“排序”对话框，在“次序”下拉列表框中选择“自定义序列”选项，在“自定义序列”对话框中输入序列，以回车分隔序列，单击“添加”按钮将序列添加，单击“确定”按钮返回，最后单击“取消”按钮。

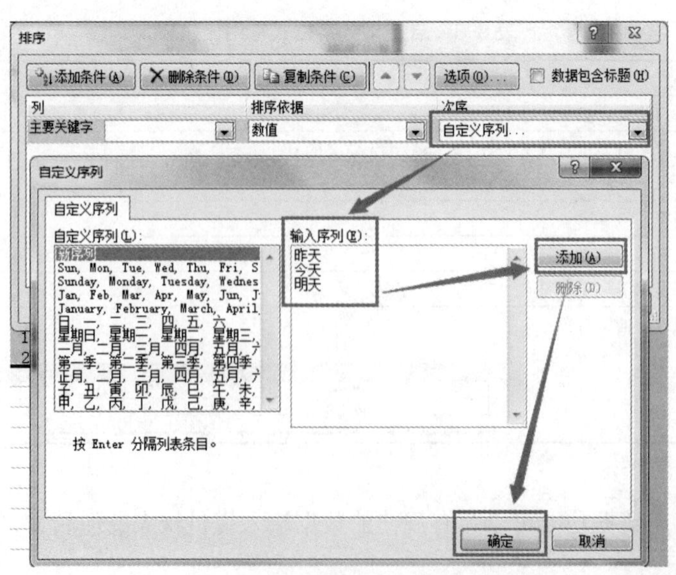

图6-33　自定义序列

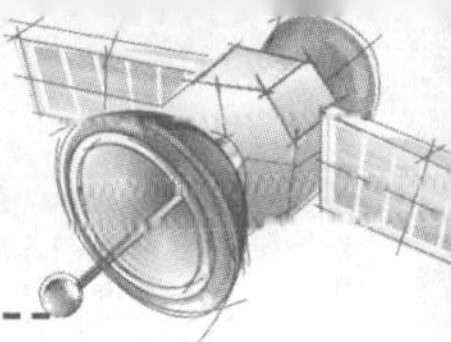

6.2　数据简单计算与统计——2015 年游客数据分析

6.2.1　任务引导

引导任务卡见表 6-4。

表 6-4　引导任务卡

任务编号	6.2		
任务名称	2015 年游客数据分析	计划课时	2 课时
任务目的	通过对 2015 年游客数据表的数据进行简单的计算和统计，熟练掌握不同的数据引用方式、公式的概念和语法规则、函数的概念、简单函数的使用（SUM、MAX、MIN、AVERAGE、RANK.EQ）、排序、自动筛选、页面设置等知识点		
任务实现流程	任务引导→任务分析→编辑 2015 年游客数据表→教师讲评→学生完成表格制作→难点解析→总结与提高		
配套素材导引	原始文件位置：大学计算机基础\素材\第 6 章\任务 6.2 最终文件位置：大学计算机基础\效果\第 6 章\任务 6.2		

任务分析：

得到基础数据的工作表后，为了探索数据后的隐藏信息，发掘数据价值，需要对数据进行简单的统计。我们将通过运算符和函数来编写公式，计算出一些必要数值。还会通过排序和自动筛选来对数据进行整理分析，最终让所收集的数值信息以新的方式加以利用。

本任务要求学生利用简单的计算和统计方法对“2015 年游客数据表”文件中的数据进行处理，完成效果如图 6-34 ～图 6-37 所示。

2015年游客数据取样（按年龄）

区域	国家或地区	14岁以下	15 - 24岁	25 - 44岁	45 - 64岁	65岁以上	人数总和	人数排名	分布图
亚洲	韩国	17.14 万	30.02 万	167.38 万	192.65 万	37.24 万	444.43 万	1	
亚洲	日本	9.33 万	7.45 万	95.99 万	115.67 万	21.33 万	249.77 万	2	
亚洲	马来西亚	4.23 万	7.42 万	47.83 万	39.93 万	8.13 万	107.54 万	5	
亚洲	蒙古	3.76 万	8.18 万	60.39 万	28.09 万	1.00 万	101.42 万	6	
亚洲	菲律宾	1.35 万	7.22 万	64.36 万	25.88 万	1.59 万	100.40 万	7	
欧洲	俄罗斯	4.73 万	15.31 万	72.68 万	58.49 万	7.02 万	158.23 万	4	

按年龄分析　按目的分析　人数同比分析

图6-34　“按年龄分析”工作表完成效果

编号	国家或地区	观光休闲	会议/商务	探亲访友	服务员工	其他	人数总和
001	韩国	202.24 万	110.58 万	3.43 万	40.67 万	87.51 万	444.43 万
002	日本	39.28 万	77.81 万	5.35 万	11.71 万	115.62 万	249.77 万

按年龄分析　按目的分析　人数同比分析

图6-35　“按目的分析”工作表完成效果1

2015年亚洲游客人数统计

取样人数总和	1355.26 万
单个国家或地区最高人数	444.43 万
单个国家或地区最低人数	4.37 万
15个国家或地区平均人数	90.35 万

图6-36　“按目的分析”工作表完成效果2

2015年来华入境游客人数同比情况分析

列1	2014年合计（万人）	2015年合计（万人）	同比涨幅	差值
外国人	2635.97	2598.54	-1.42%	-12.31%
台湾同胞	536.61	549.86	2.47%	-8.42%
香港同胞	7612.89	7944.81	4.36%	-6.53%
澳门同胞	2064.05	2288.82	10.89%	0.00%

图6-37　“人数同比分析”工作表完成效果

6.2.2 任务步骤

1. 计算人数总和

打开文件“2015 年游客数据表 .xlsx”，在“按目的分析”工作表 H4:H18 单元格区域使用公式计算出人数总和，设置 C4:H18 单元格区域数字格式为保留两位小数位数，数字后添加空格和文字“万”。

2. 计算总和、最大值、最小值、平均值

在“按目的分析”工作表 L5:L8 单元格区域使用函数计算出取样人数总和、单个国家或地区最高人数、单个国家或地区最低人数、15 个国家或地区平均人数（提示：分别使用函数 SUM、MAX、MIN、AVERAGE），数字格式与 C4:H18 单元格区域相同。

3. 计算人数同比增长幅度、添加批注

打开“人数同比分析”工作表，在 D4:D7 单元格区域使用公式计算相对于 2014 年的人数同比增长幅度，数字格式为百分比，保留两位小数。为涨幅最高的单元格添加批注，批注的内容为“2015 年度涨幅最高”。

4. 计算差值

在“人数同比分析”工作表 E4:E7 单元格区域使用公式计算各地区相对于 2015 年度涨幅最高区域的差值。

5. 计算总和、排名

打开“按年龄分析”工作表，在 H4:H27 单元格区域使用函数计算人数总和，在 I4:I27 单元格区域使用函数计算各个国家或地区入境人数排名（提示：分别使用函数 SUM、RANK.EQ）。

6. 单一关键字排序

打开“人数同比分析”工作表，按照同比涨幅升序排序。

7. 多个关键字排序

打开“按年龄分析”工作表，进行排序。主要关键字：区域，按照“亚洲、大洋洲、欧洲、美洲”的序列排序；次要关键字：人数总和，降序。

8. 自动筛选 1

在“按年龄分析”工作表中自动筛选出亚洲和欧洲游客人数在 100 万以上的国家或地区数据。

9. 自动筛选 2

在“按目的分析”工作表中自动筛选出观光休闲人数最多的 5 个国家或地区中，会议商务人数还高于平均值的国家或地区数据。

10. 页面设置

打开“按年龄分析”工作表，进行页面设置：纸张为 A4，上下页边距为 2.5，居中方式为水平居中，设置页眉居中为“2015 年游客数据取样（筛选后）”，页脚左侧为文件名，右侧为当前日期；打印区域为 A3:I18，通过打印预览查看设置效果。保存文件。

6.2.3 任务实施

1. 计算人数总和

打开文件“2015 年游客数据表 .xlsx”，在“按目的分析”工作表 H4:H18 单元格区域使用公式计算出人数总和，设置 C4:H18 单元格区域数字格式为保留两位小数位数，数字后添加空格和文字“万”。

① 打开文件“2015 年游客数据表 .xlsx”，选定“按目的分析”工作表 H4 单元格。

② 将光标定位在编辑栏，输入等号 =，再单击 C4 单元格，使编辑栏中出现 C4 单元格的名称，再输

入加号 +，继续单击 D4 单元格，使编辑栏中出现 D4 单元格的名称，要注意输入的符号都为半角英文符号。再输入加号 +，单击 E4 单元格，再输入加号 +，单击 F4 单元格，再输入加号 +，单击 G4 单元格，最后单击编辑栏上的输入按钮，完成公式输入。最终在编辑栏输入的公式为“=C4+D4+E4+F4+G4”，效果如图 6-38 所示。

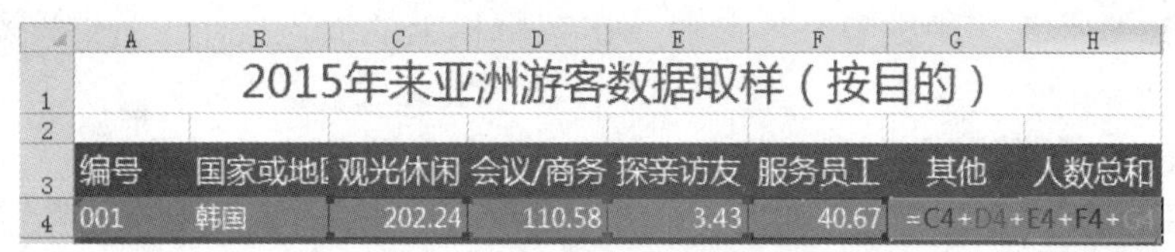

	A	B	C	D	E	F	G	H
1	2015年来亚洲游客数据取样（按目的）							
2								
3	编号	国家或地[	观光休闲	会议/商务	探亲访友	服务员工	其他	人数总和
4	001	韩国	202.24	110.58	3.43	40.67		=C4+D4+E4+F4+G4

图6-38　使用加法运算符计算

③ 选中 H4 单元格，将鼠标移至单元格右下角填充柄位置，当鼠标指针由 ✚ 变为 ✚ 字形时，按下鼠标左键向下拖动至 H18 单元格填充复制公式。如图 6-39 所示，填充完毕后在单元格区域右下角出现“自动填充选项”，选择“不带格式填充”。

	A	B	C	D	E	F	G	H
1	2015年来亚洲游客数据取样（按目的）							
2								
3	编号	国家或地区	观光休闲	会议/商务	探亲访友	服务员工	其他	人数总和
4	001	韩国	202.24	110.58	3.43	40.67	87.51	444.43
5	002	日本	39.28	77.81	5.35	11.71	115.62	249.77
6	003	马来西亚	64.2	15.82	1.39	9.57	16.56	107.54
7	004	蒙古	6.03	10.38	0.04	22.21	62.76	101.42
8	005	菲律宾	19.34	3.22	0.27	67.68	9.89	100.4
9	006	新加坡	24.55	20.33	5.23	6.78	33.64	90.53
10	007	印度	16.53	19.8	0.34	17.08	19.31	73.06
11	008	泰国	35.28	4.21	0.27	17.28	7.12	64.16
12	009	印尼	31.28	2.91	0.37	14.54	5.38	54.48
13	010	哈萨克斯坦	12.24	1.63	0.58	5.37	4.33	24.15
14	011	朝鲜	0.15	2.59	0.01	9.42	6.67	18.84
15	012	巴基斯坦	2.82	3.63	0.09	0.82	3.95	11.31
16	013	斯里兰卡	0.58	1.49	0.02	2.34	1.38	5.81
17	014	尼泊尔	1.44	0.91	0.04	0.77	1.83	4.99
18	015	吉尔吉斯斯坦	1.63	0.14	0.03	2.08	0.49	4.37
19								
20								

图6-39　公式的自动填充

④ 选中 C4:H18 单元格区域，单击“开始”选项卡“数字”组的对话框启动器，打开“设置单元格格式”对话框。在“数字”选项卡的“分类”列表框中选择“自定义”，将“类型”下方选择框右侧的滚动条拖动至末尾，选取曾经定义过的数字格式“0.00" 万 "”，单击“确定”按钮完成设置。

2. 计算总和、最大值、最小值、平均值

在“按目的分析”工作表 L5:L8 单元格区域使用函数计算出取样人数总和、单个国家或地区最高人数、单个国家或地区最低人数、15 个国家或地区平均人数（提示：分别使用函数 SUM、MAX、MIN、AVERAGE），数字格式与 C4:H18 单元格区域相同。

① 选定 L5 单元格；选择“公式”选项卡，单击“函数库”组中的“自动求和”按钮，选择求和函数，如图 6-40 所示。

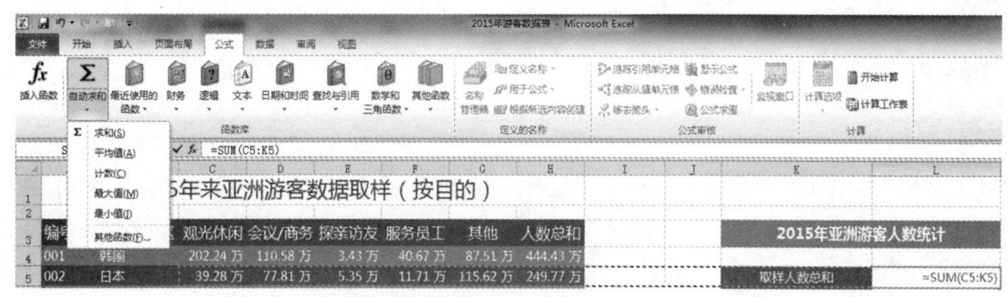

图6-40　使用求和函数计算

② 选取函数后，计算机会自动给出函数参数，并选取函数参数使其显示为黑色底色。直接在文档中拖动选择单元格区域 H4:H18，替换错误的函数参数。最后单击编辑栏上的输入按钮，完成公式输入。最终在编辑栏输入的公式为“=SUM(H4:H18)”。

③ 选定 L6 单元格；选择“公式”选项卡，单击“函数库”组中的“最大值”按钮，在文档中拖动选择单元格区域 H4:H18 作为函数参数，最后单击编辑栏上的输入按钮。最终在编辑栏输入的公式为“=MAX(H4:H18)”。

④ 选定 L7 单元格；选择“公式”选项卡，单击“函数库”组中的“最小值”按钮，在文档中拖动选择单元格区域 H4:H18 作为函数参数，最后单击编辑栏上的“输入”按钮。最终在编辑栏输入的公式为“=MIN(H4:H18)”。

⑤ 选定 L8 单元格；选择“公式”选项卡，单击“函数库”组中的“平均值”按钮，在文档中拖动选择单元格区域 H4:H18 作为函数参数，最后单击编辑栏上的“输入”按钮。最终在编辑栏输入的公式为“=AVERAGE(H4:H18)”。

⑥ 选中 L5:L8 单元格区域，按照上一步骤最后一小步同样的方法设置数字格式。最后的效果如图 6-36 所示。

3. 计算人数同比增长幅度、添加批注

打开“人数同比分析”工作表，在 D4:D7 单元格区域使用公式计算相对于 2014 年的人数同比增长幅度，数字格式为百分比，保留两位小数位数。为涨幅最高的单元格添加批注，批注的内容为“2015 年度涨幅最高”。

① 打开“人数同比分析”工作表，选择 D4 单元格，将光标定位在编辑栏，输入等号 =，再输入左括号“(”，单击 C4 单元格，由于此表格套用表格格式，出现的并不是 C4 而是 [@[2015 年合计（万人）]]。输入减号 -，单击 B4 单元格后输入右括号“)”，再输入除号 /，单击 B4 单元格，最后单击编辑栏上的输入按钮，完成公式输入。

② 套用表格格式的表格会自动创建计算列，因此不需要复制填充公式。最终在编辑栏输入的公式为“=([@[2015 年合计（万人）]]-[@[2014 年合计（万人）]])/[@[2014 年合计（万人）]]”，效果如图 6-41 所示。

③ 选取 D4:D7 单元格区域，单击“开始”选项卡“数字”组“数字格式”下列列表框箭头，选取“百分比”完成设置。

④ 选中 D5 单元格，右击在快捷菜单中选择“插入批注”命令，删除掉批注框中的文本内容，键入批注文本“2015 年度涨幅最高”。完成文本输入后，单击批注框外部的工作表区域，可以发现有批注的单元格的右上角有一个红色的三角符号，可以移动鼠标指针到该符号上面查看批注。如图 6-42 所示还可以通过“审阅”选项卡“批注”组“显示所有批注”命令让批注一直显示或隐藏。

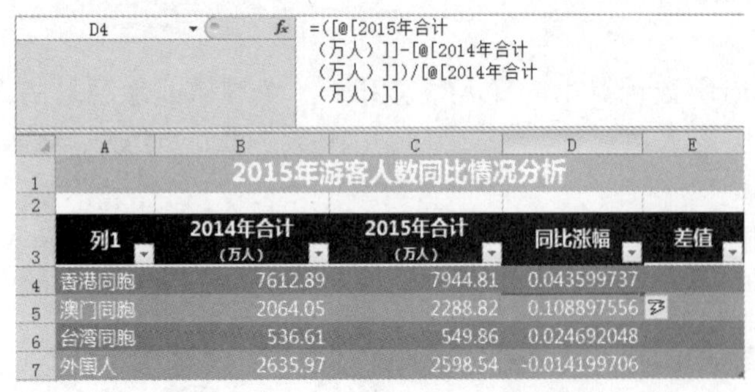

图6-41 计算同比涨幅公式效果图

图6-42 批注设置

4. 计算差值

在“人数同比分析”工作表 E4:E7 单元格区域使用公式计算各地区相对于 2015 年度涨幅最高区域的差值。

① 选定 E4 单元格，将光标定位在编辑栏，输入等号 =，单击 D4 单元格，再输入减号 -，单击 D5 单元格后按【F4】键，使 D5 单元格变为绝对引用状态 $D$5，最后单击编辑栏上的输入按钮，完成公式输入。

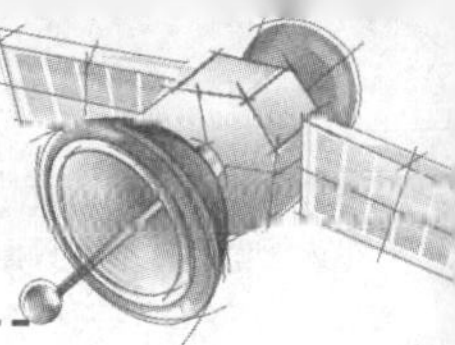

② 套用表格格式的表格会自动创建计算列，因此不需要复制填充公式。最终在编辑栏输入的公式为“=[@ 同比涨幅]-$D$5”，效果如图 6-43 所示。

5. 计算总和、排名

打开“按年龄分析”工作表，在 H4:H27 单元格区域使用函数计算人数总和，在 I4:I27 单元格区域使用函数计算游客人数排名（提示：分别使用函数 SUM、RANK.EQ）。

① 单击“按年龄分析”工作表标签，选定 H4 单元格；单击编辑栏上“插入函数”按钮，或者选择“公式”选项卡，单击“函数库”组中的“插入函数”按钮，如图 6-44 所示，打开“插入函数”对话框。在“搜索函数”文本框输入“SUM”，单击“转到”按钮搜索函数，在“选择函数”框中看到 SUM 函数，然后单击“确定”按钮打开“函数参数”对话框。

② 在 SUM 函数的“函数参数”对话框中，确定 Number1 参数设置为“C4:G4”，如图 6-45 所示，单击“确定”按钮。最后填充复制公式至 H27 单元格，“自动填充选项”设置为“不带格式填充”。

E4 =[@同比涨幅]-$D$5

2015年游客人数同比情况分析

列1	2014年合计（万人）	2015年合计（万人）	同比涨幅	差值
香港同胞	7612.89	7944.81	4.36%	-6.53%
澳门同胞	2064.05	2288.82	10.89%	0.00%
台湾同胞	536.61	549.86	2.47%	-8.42%
外国人	2635.97	2598.54	-1.42%	-12.31%

图6-43 绝对引用计算差值

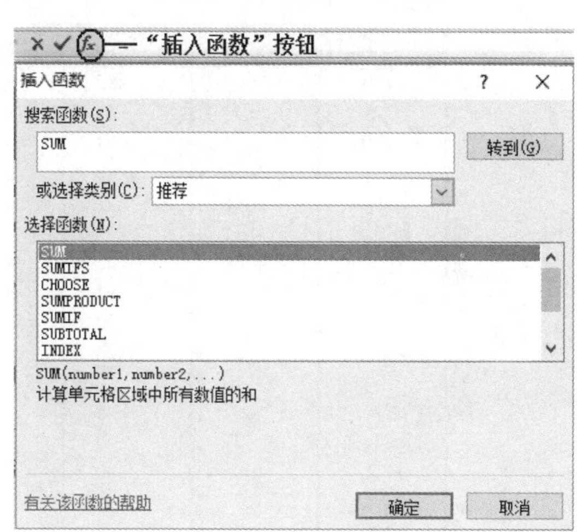

图6-44 搜索函数

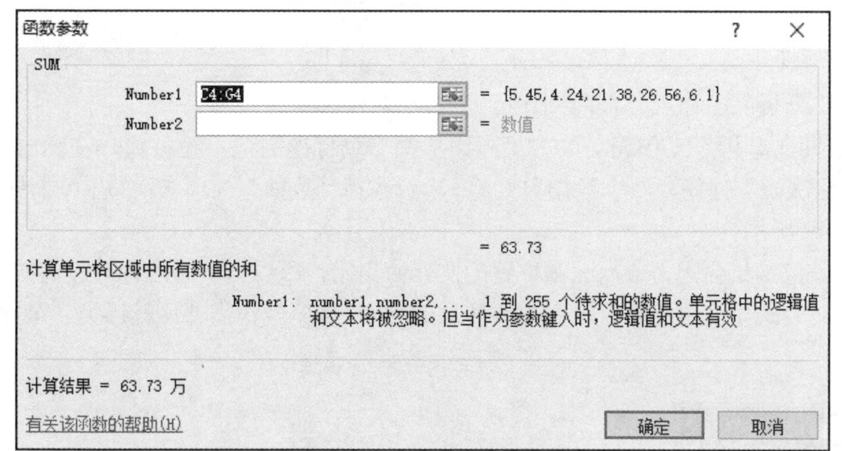

图6-45 SUM函数参数设置

③ 选定 I4 单元格，选择“公式”选项卡，如图 6-46 所示单击“函数库”组中的“其他函数”按钮，在子菜单中选择“统计”，再选择“RANK.EQ”函数打开函数对话框。

④ 在 RANK.EQ 函数的“函数参数”对话框中，将光标置于 Number 参数框中，单击 H4 单元格；再将光标置于 Ref 参数框中，选择 H4:H27 单元格区域，按【F4】键，使 H4:H27 变为绝对引用状态 $H$4:$H$27，最后将光标置于 Order 参数框中，输入 0；最后单击“确定”按钮，如图 6-47 所示。

⑤ 填充复制公式至 I27 单元格，“自动填充选项”设置为“不带格式填充”，完成效果如图 6-48 所示。

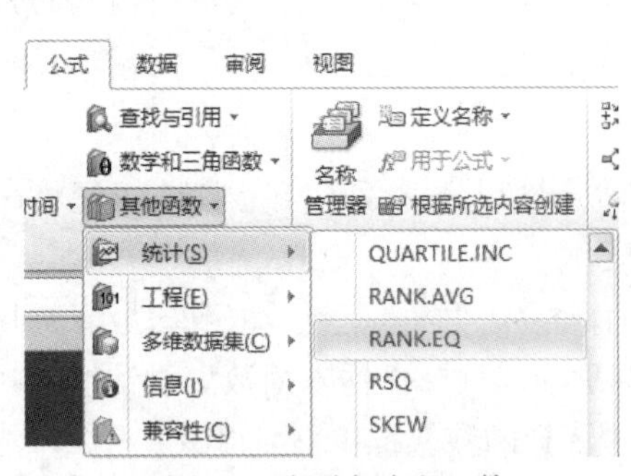

图6-46 选项卡选取函数

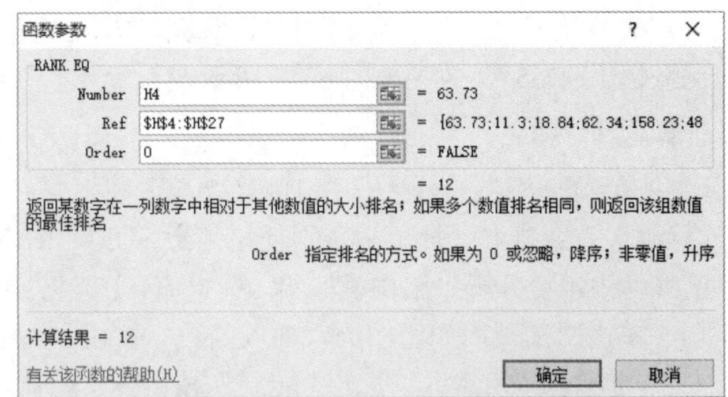

图6-47 RANK.EQ函数参数设置

2015年游客数据取样（按年龄）

国家或地区	14岁以下	15 - 24岁	25 - 44岁	45 - 64岁	65岁以上	人数总和	人数排名
韩国	17.14 万	30.02 万	167.38 万	192.65 万	37.24 万	444.43 万	1
日本	9.33 万	7.45 万	95.99 万	115.67 万	21.33 万	249.77 万	2
马来西亚	4.23 万	7.42 万	47.83 万	39.93 万	8.13 万	107.54 万	5
蒙古	3.76 万	8.18 万	60.39 万	28.09 万	1.00 万	101.42 万	6
菲律宾	1.35 万	7.22 万	64.36 万	25.88 万	1.59 万	100.40 万	7
新加坡	4.71 万	5.05 万	32.29 万	40.19 万	8.29 万	90.53 万	8
印度	2.00 万	6.02 万	46.68 万	16.68 万	1.68 万	73.06 万	9
泰国	1.24 万	5.01 万	33.34 万	20.15 万	4.42 万	64.16 万	11
印尼	1.66 万	5.92 万	28.49 万	14.96 万	3.45 万	54.48 万	15
哈萨克斯坦	1.06 万	2.78 万	12.24 万	7.42 万	0.65 万	24.15 万	18
朝鲜	0.12 万	1.32 万	7.24 万	9.97 万	0.19 万	18.84 万	19
巴基斯坦	0.27 万	1.28 万	6.51 万	2.94 万	0.30 万	11.30 万	24
澳大利亚	5.45 万	4.24 万	21.38 万	26.56 万	6.10 万	63.73 万	12
新西兰	1.45 万	0.90 万	4.05 万	5.19 万	0.96 万	12.55 万	22
俄罗斯	4.73 万	15.31 万	72.68 万	58.49 万	7.02 万	158.23 万	4
德国	2.45 万	3.88 万	25.56 万	27.26 万	3.19 万	62.34 万	13
英国	2.66 万	3.97 万	22.21 万	24.53 万	4.59 万	57.96 万	14

图6-48 本步骤完成效果图

6. 单一关键字排序

打开“人数同比分析”工作表，按照同比涨幅升序排序。

① 选择“人数同比分析”工作表，单击“同比涨幅”列标题右侧下拉按钮，在弹出的菜单中选择“升序”；或者选择“同比涨幅”列任意一个数据单元格，然后选择“数据”选项卡，单击“排序与筛选”组的“升序”按钮，如图 6-49 所示。

② 由于排序后差值结果会因为最高涨幅位置的变化而出错，所以需要修改计算差值的公式为“=[@ 同比涨幅]-$D$7”，这也时公式中使用绝对引用后需要注意的问题，排序操作需要比较谨慎。最终排序后的工作表，如图 6-50 所示。

图6-49 两种排序方法

2015年来华入境游客人数同比情况分析

列1	2014年合计（万人）	2015年合计（万人）	同比涨幅	差值
外国人	2635.97	2598.54	-1.42%	-12.31%
台湾同胞	536.61	549.86	2.47%	-8.42%
香港同胞	7612.89	7944.81	4.36%	-6.53%
澳门同胞	2064.05	2288.82	10.89%	0.00%

图6-50 本步骤完成效果图

7. 多个关键字排序

打开“按年龄分析”工作表，进行排序。主要关键字：区域，按照“亚洲、大洋洲、欧洲、美洲”的序列排序；次要关键字：人数总和，降序。

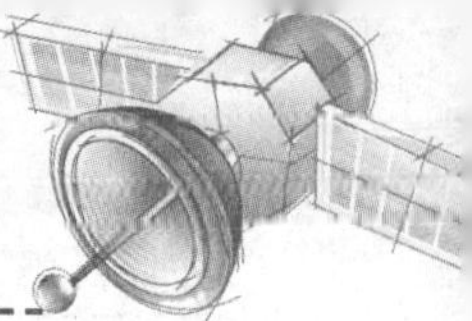

① 单击“按年龄分析”工作表标签，选择数据清单中的任意一个数据单元格，然后选择“数据”选项卡，单击“排序与筛选”组的“排序”按钮，打开“排序”对话框。

② 在“排序”对话框中，在“主要关键字”下拉列表框中选择“区域”，在对应的“次序”下拉列表框中选择“自定义序列”，弹出“自定义序列”对话框。如图6-51所示，在“输入序列”文本框中输入“亚洲”，然后按【Enter】键后输入“大洋洲”，按此方法输入所有序列，单击“添加”按钮，最后单击“确定”按钮。

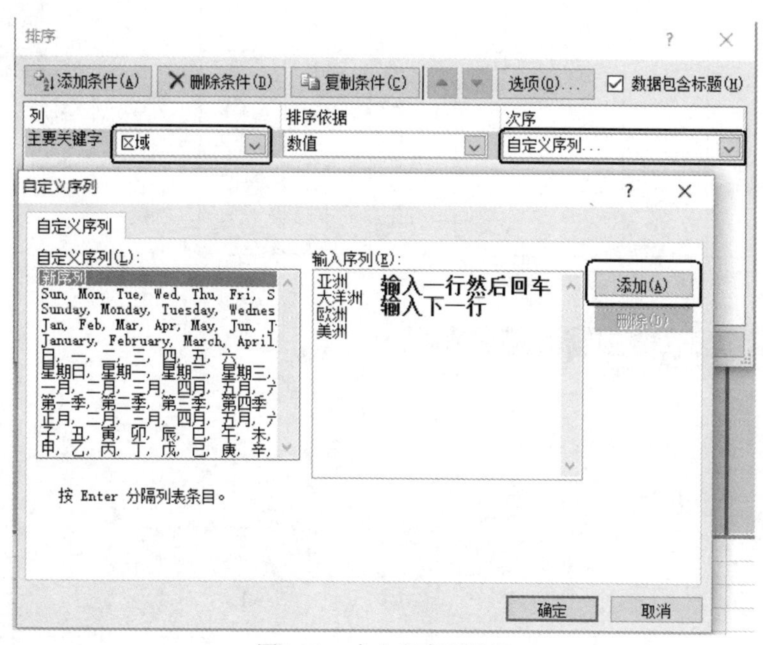

图6-51 自定义序列设置

③ 单击“添加条件”按钮，如图6-52所示，在“次要关键字”下拉列表框中选择“人数总和”，在对应的“次序”下拉列表框中选择“降序”，最后单击“确定”按钮。排序后的工作表，如图6-53所示。

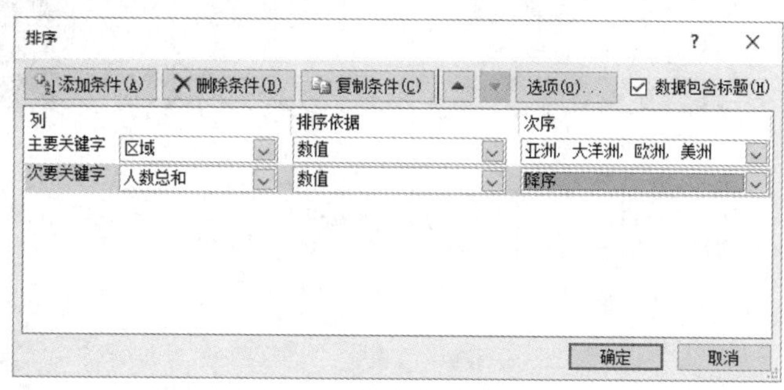

图6-52 排序关键字设置

8. 自动筛选 1

在“按年龄分析”工作表中自动筛选出亚洲和欧洲游客人数在100万以上的国家数据。

① 选择“按年龄分析”工作表中的任意一个数据单元格，然后选择“数据”选项卡，单击“排序与筛选”组的“筛选”按钮，表格列标题右侧出现下拉按钮可以设置自动筛选条件。

② 单击“区域”右侧的下拉按钮，打开下拉列表框。如图6-54所示，取消“大洋洲”和“美洲”的选取，最后单击“确定”按钮。

③ 单击“人数总和”右侧的下拉按钮，打开下拉列表框。如图6-55和图6-56所示，单击“数字筛选”，再选取“大于”命令打开“自定义自动筛选方式”对话框，设置人数总和大于100，最后单击“确定”按钮。筛选后的工作表，如图6-57所示。

区域	国家或地区	14岁以下	15 - 24岁	25 - 44岁	45 - 64岁	65岁以上	人数总和	人数排名
亚洲	韩国	17.14 万	30.02 万	167.38 万	192.65 万	37.24 万	444.43 万	1
亚洲	日本	9.33 万	7.45 万	95.99 万	115.67 万	21.33 万	249.77 万	2
亚洲	马来西亚	4.23 万	7.42 万	47.83 万	39.93 万	8.13 万	107.54 万	5
亚洲	蒙古	3.76 万	8.18 万	60.39 万	28.09 万	1.00 万	101.42 万	6
亚洲	菲律宾	1.35 万	7.22 万	64.36 万	25.88 万	1.59 万	100.40 万	7
亚洲	新加坡	4.71 万	5.05 万	32.29 万	40.19 万	8.29 万	90.53 万	8
亚洲	印度	2.00 万	6.02 万	46.68 万	16.68 万	1.68 万	73.06 万	9
亚洲	泰国	1.24 万	5.01 万	33.34 万	20.15 万	4.42 万	64.16 万	11
亚洲	印尼	1.66 万	5.92 万	28.49 万	14.96 万	3.45 万	54.48 万	15
亚洲	哈萨克斯坦	1.06 万	2.78 万	12.24 万	7.42 万	0.65 万	24.15 万	18
亚洲	朝鲜	0.12 万	1.32 万	7.24 万	9.97 万	0.19 万	18.84 万	19
亚洲	巴基斯坦	0.27 万	1.28 万	6.51 万	2.94 万	0.30 万	11.30 万	24
大洋洲	澳大利亚	5.45 万	4.24 万	21.38 万	26.56 万	6.10 万	63.73 万	12
大洋洲	新西兰	1.45 万	0.90 万	4.05 万	5.19 万	0.96 万	12.55 万	22
欧洲	俄罗斯	4.73 万	15.31 万	72.68 万	58.49 万	7.02 万	158.23 万	4
欧洲	德国	2.45 万	3.88 万	25.56 万	27.26 万	3.19 万	62.34 万	13
欧洲	英国	2.66 万	3.97 万	22.21 万	24.53 万	4.59 万	57.96 万	14
欧洲	法国	2.74 万	3.91 万	21.79 万	16.93 万	3.33 万	48.70 万	16
欧洲	意大利	0.59 万	1.41 万	11.55 万	9.64 万	1.43 万	24.62 万	17
欧洲	荷兰	0.80 万	1.38 万	7.05 万	7.80 万	1.16 万	18.19 万	20
欧洲	西班牙	0.44 万	0.76 万	7.53 万	4.34 万	0.55 万	13.62 万	21
欧洲	瑞典	0.69 万	0.98 万	4.48 万	4.84 万	0.85 万	11.84 万	23
美洲	美国	14.14 万	14.09 万	61.68 万	95.34 万	23.34 万	208.59 万	3
美洲	加拿大	6.09 万	4.89 万	21.38 万	29.49 万	6.13 万	67.98 万	10

图6-53　本步骤完成效果图

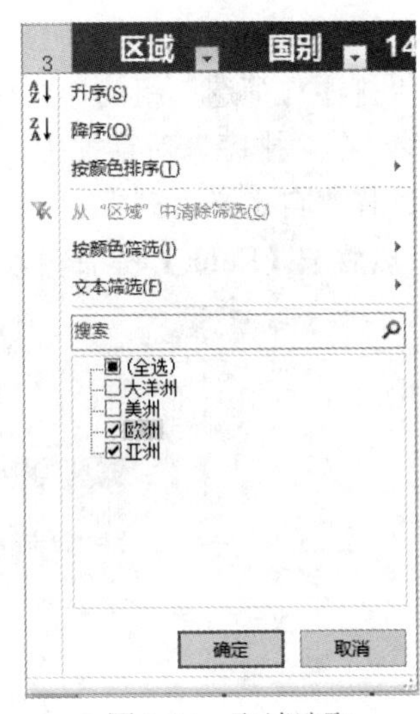

图6-54　取消选取

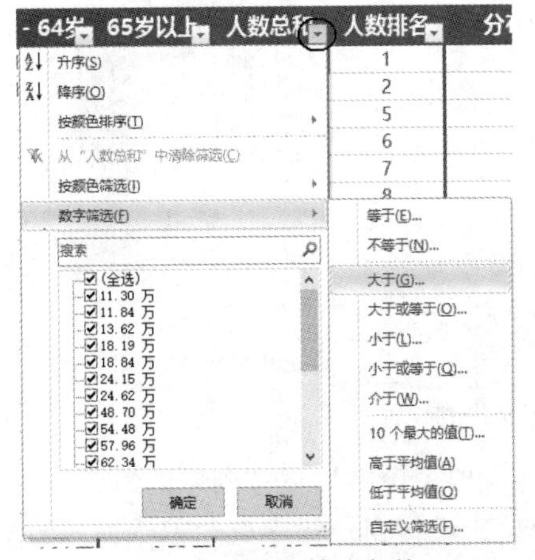

图6-55　数字筛选条件

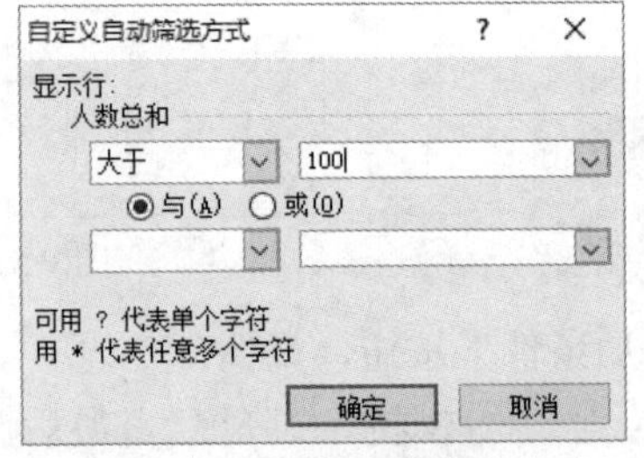

图6-56　自定义自动筛选方式

区域	国家或地区	14岁以下	15 - 24岁	25 - 44岁	45 - 64岁	65岁以上	人数总和	人数排名	分布图
亚洲	韩国	17.14 万	30.02 万	167.38 万	192.65 万	37.24 万	444.43 万	1	
亚洲	日本	9.33 万	7.45 万	95.99 万	115.67 万	21.33 万	249.77 万	2	
亚洲	马来西亚	4.23 万	7.42 万	47.83 万	39.93 万	8.13 万	107.54 万	5	
亚洲	蒙古	3.76 万	8.18 万	60.39 万	28.09 万	1.00 万	101.42 万	6	
亚洲	菲律宾	1.35 万	7.22 万	64.36 万	25.88 万	1.59 万	100.40 万	7	
欧洲	俄罗斯	4.73 万	15.31 万	72.68 万	58.49 万	7.02 万	158.23 万	4	

图6-57　本步骤完成效果图

9．自动筛选 2

在"按目的分析"工作表中自动筛选出观光休闲人数最多的 5 个国家或地区中，会议商务人数还高于平均值的国家或地区数据。

① 选择"按目的分析"工作表中的任意一个数据单元格，然后选择"数据"选项卡，单击"排序与筛选"组的"筛选"按钮，表格列标题右侧出现下拉按钮可以设置自动筛选条件。

② 单击"观光休闲"右侧的下拉按钮，打开下拉列表框。如图 6-58 所示，选取"10 个最大的值"，打开"自动筛选前 10 个"对话框。在对话框中设置显示最大的 5 项，最后单击"确定"按钮。

③ 单击"会议商务"右侧的下拉按钮，打开下拉列表框，选取"高于平均值"。筛选后的工作表，如图 6-59 所示。

10．页面设置

打开"按年龄分析"工作表，进行页面设置：纸张为 A4，上下页边距为 2.5，居中方式为水平居中，

设置页眉居中为“2015 年游客数据取样（筛选后）”，页脚左侧为文件名，右侧为当前日期；打印区域为 A3:I18，通过打印预览查看设置效果。保存文件。

① 打开“按年龄分析”工作表，单击选择“页面布局”选项卡。在“页面设置”组单击右下角的对话框启动器按钮打开“页面设置”对话框。

② 在“页边距”选项卡中设置：上下页边距为 2.5，居中方式勾选“水平”选项，如图 6-60 所示。

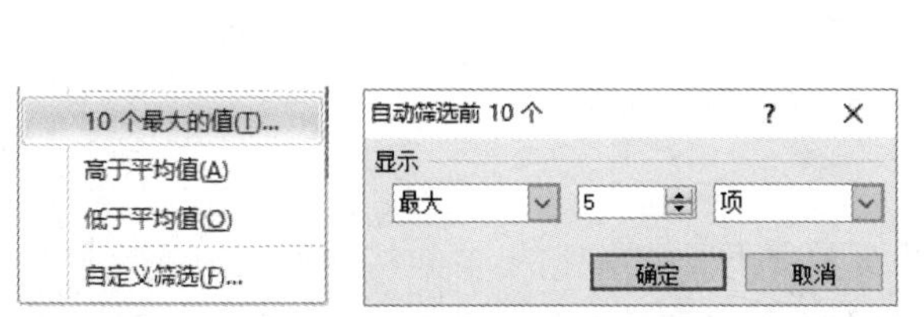

图6-58　自动筛选最大值项

编号	国家或地区	观光休闲	会议/商务	探亲访友	服务员工	其他	人数总和
001	韩国	202.24 万	110.58 万	3.43 万	40.67 万	87.51 万	444.43 万
002	日本	39.28 万	77.81 万	5.35 万	11.71 万	115.62 万	249.77 万

图6-59　本步骤完成效果图

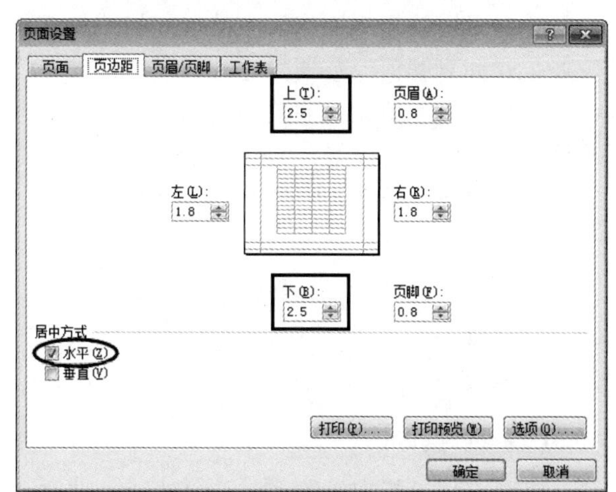

图6-60　页边距和居中方式设置

③ 在“页眉 / 页脚”选项卡中设置：单击“自定义页眉”按钮，打开“页眉”对话框，在“中”内输入文字“2015 年游客数据取样（筛选后）”，单击“确定”按钮。单击“自定义页脚”按钮，在“页脚”对话框中“左”内单击“插入文件名”按钮，“右”内单击“插入日期”按钮，如图 6-61 所示，单击“确定”按钮完成页脚设置。设置好的页眉页脚如图 6-62 所示。

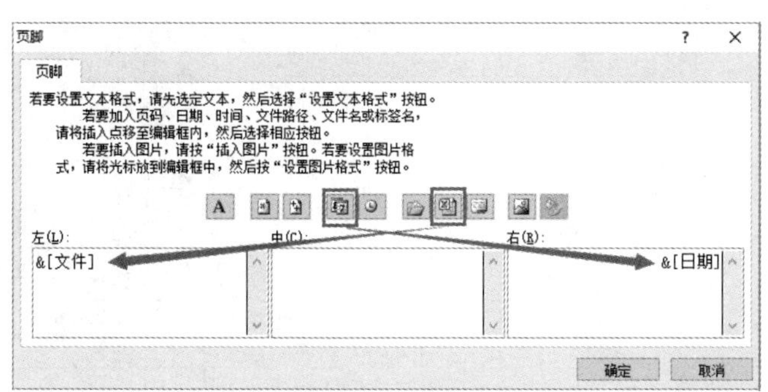

图6-61　页脚设置

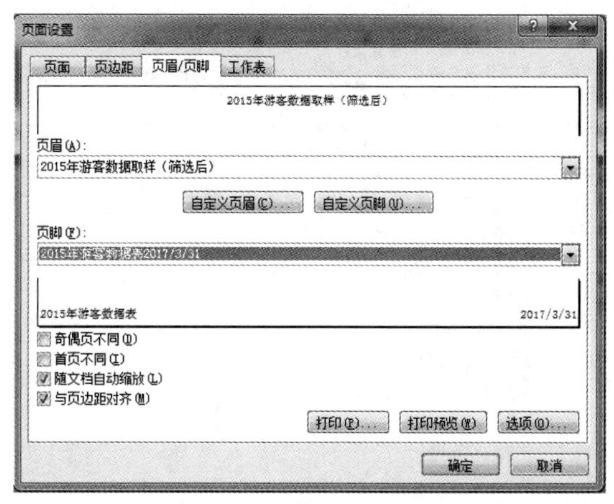

图6-62　页眉页脚设置效果

④ 在“工作表”选项卡中单击“打印区域”右侧按钮，选取 A3:I18，单击“确定”按钮。

⑤ 选取“文件”选项卡单击“打印”命令，预览效果如图 6-63 所示。

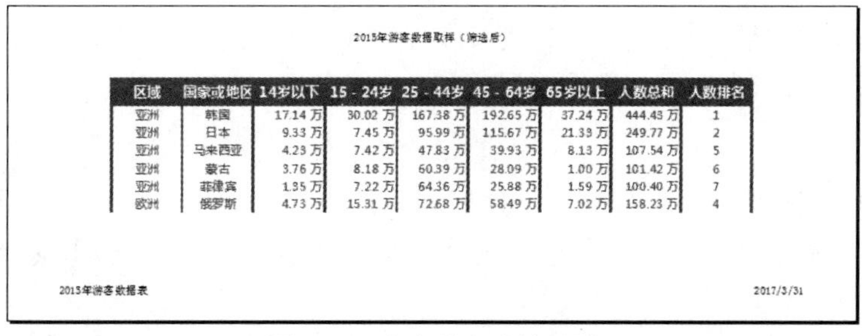

2015年游客数据取样（筛选后）

区域	国家或地区	14岁以下	15 - 24岁	25 - 44岁	45 - 64岁	65岁以上	人数总和	人数排名
亚洲	韩国	17.14 万	30.02 万	167.38 万	192.65 万	37.24 万	444.43 万	1
亚洲	日本	9.33 万	7.45 万	95.99 万	115.67 万	21.33 万	249.77 万	2
亚洲	马来西亚	4.23 万	7.42 万	47.83 万	39.93 万	8.13 万	107.54 万	5
亚洲	蒙古	3.76 万	8.18 万	60.39 万	28.09 万	1.00 万	101.42 万	6
亚洲	菲律宾	1.35 万	7.22 万	64.36 万	25.88 万	1.59 万	100.40 万	7
欧洲	俄罗斯	4.73 万	15.31 万	72.68 万	58.49 万	7.02 万	158.23 万	4

2015年游客数据表　　2017/3/31

图6-63　本步骤完成效果图

6.2.4 难点解析

通过本节课程的学习，学生掌握了数据的简单计算与统计方法。其中，数据引用、公式和函数是本节的难点内容，这里将针对这三个知识点做具体的讲解。

1. 数据引用

数据引用是指对工作表中的单元格或单元格区域的引用，它可以在公式中使用，以便 Excel 可以找到需要公式计算的值或数据。通过引用，可以在公式中使用同一工作表不同单元格区域的数据，或者在多个公式中使用同一单元格的数值。还可以引用同一工作簿不同工作表的单元格、不同工作簿的单元格，甚至其他应用程序中的数据。

公式和函数经常会用到单元格的引用，Excel 中的引用有以下几种 ：

（1）相对引用

相对引用是指在复制或移动公式或函数时，参数单元格地址会随着结果单元格地址的改变而产生相应变化的地址引用方式，其格式为“列标行号”。如图 6-64 所示，在计算奖金提成时公式中的 C4 就会随着公式自动填充变为 C5、C6 等，追踪被引用的单元格可以看到 C4 作为相对引用单元格发生的变化。

（2）绝对引用

绝对引用是指在复制或移动公式或函数时，参数单元格地址不会随着结果单元格地址的改变而产生任何变化的地址引用方式，其格式为“$ 列标 $ 行号”。如图 6-65 所示，在计算人民币奖金时公式中的 D4 是每个人的奖金提成，为相对引用。而 C21 为汇率值，每个公式计算时都需要乘以这个固定值，因此 $C$21 进行绝对引用。追踪被引用的单元格可以看到在公式复制的过程中奖金提成列的数据在变化，而 $C$21 作为绝对引用单元格没有变化。相对引用、绝对引用和混合引用可以使用【F4】键切换。

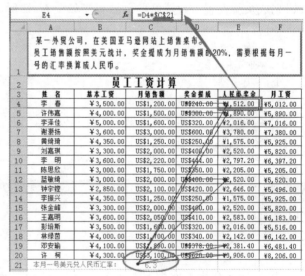

D4 =C4*20%

	A	B	C	D	E	F
1	某一外贸公司，在美国亚马逊网站上销售桌布。 员工销售额按照美元统计，奖金提成为月销售额的20%，需要根据每月一号的汇率换算成人民币。					
2	员工工资计算					
3	姓　名	基本工资	月销售额	奖金提成	人民币奖金	月工资
4	李　春	￥3,500.00	US$1,200.00	US$240.00	¥1,512.00	¥5,012.00
5	许伟嘉	￥4,000.00	US$1,500.00	US$300.00	¥1,890.00	¥5,890.00
6	李泽佳	￥5,000.00	US$1,600.00	US$320.00	¥2,016.00	¥7,016.00
7	谢灏扬	￥3,600.00	US$3,000.00	US$600.00	¥3,780.00	¥7,380.00
8	黄绮琦	￥4,350.00	US$1,250.00	US$250.00	¥1,575.00	¥5,925.00
9	刘嘉琪	￥3,300.00	US$2,000.00	US$400.00	¥2,520.00	¥5,820.00
10	李　明	￥3,600.00	US$2,220.00	US$444.00	¥2,797.20	¥6,397.20
11	陈思欣	￥3,000.00	US$1,750.00	US$350.00	¥2,205.00	¥5,205.00
12	蓝敏绮	￥3,000.00	US$2,000.00	US$400.00	¥2,520.00	¥5,520.00
13	钟宇铿	￥2,850.00	US$2,100.00	US$420.00	¥2,646.00	¥5,496.00
14	李振兴	￥4,350.00	US$1,250.00	US$250.00	¥1,575.00	¥5,925.00
15	张金峰	￥3,300.00	US$2,000.00	US$400.00	¥2,520.00	¥5,820.00
16	王嘉明	￥3,600.00	US$2,050.00	US$410.00	¥2,583.00	¥6,183.00
17	彭培斯	￥3,500.00	US$1,600.00	US$320.00	¥2,016.00	¥5,516.00
18	林绿茵	￥4,000.00	US$1,700.00	US$340.00	¥2,142.00	¥6,142.00
19	邓安瑜	￥4,100.00	US$1,890.00	US$378.00	¥2,381.40	¥6,481.40
20	许　柯	￥4,300.00	US$3,100.00	US$620.00	¥3,906.00	¥8,206.00
21	本月一号美元兑人民币汇率：	6.3				

图6-64　相对引用

E4 =D4*$C$21

	A	B	C	D	E	F
1	某一外贸公司，在美国亚马逊网站上销售桌布。 员工销售额按照美元统计，奖金提成为月销售额的20%，需要根据每月一号的汇率换算成人民币。					
2	员工工资计算					
3	姓　名	基本工资	月销售额	奖金提成	人民币奖金	月工资
4	李　春	￥3,500.00	US$1,200.00	US$240.00	¥1,512.00	¥5,012.00
5	许伟嘉	￥4,000.00	US$1,500.00	US$300.00	¥1,890.00	¥5,890.00
6	李泽佳	￥5,000.00	US$1,600.00	US$320.00	¥2,016.00	¥7,016.00
7	谢灏扬	￥3,600.00	US$3,000.00	US$600.00	¥3,780.00	¥7,380.00
8	黄绮琦	￥4,350.00	US$1,250.00	US$250.00	¥1,575.00	¥5,925.00
9	刘嘉琪	￥3,300.00	US$2,000.00	US$400.00	¥2,520.00	¥5,820.00
10	李　明	￥3,600.00	US$2,220.00	US$444.00	¥2,797.20	¥6,397.20
11	陈思欣	￥3,000.00	US$1,750.00	US$350.00	¥2,205.00	¥5,205.00
12	蓝敏绮	￥3,000.00	US$2,000.00	US$400.00	¥2,520.00	¥5,520.00
13	钟宇铿	￥2,850.00	US$2,100.00	US$420.00	¥2,646.00	¥5,496.00
14	李振兴	￥4,350.00	US$1,250.00	US$250.00	¥1,575.00	¥5,925.00
15	张金峰	￥3,300.00	US$2,000.00	US$400.00	¥2,520.00	¥5,820.00
16	王嘉明	￥3,600.00	US$2,050.00	US$410.00	¥2,583.00	¥6,183.00
17	彭培斯	￥3,500.00	US$1,600.00	US$320.00	¥2,016.00	¥5,516.00
18	林绿茵	￥4,000.00	US$1,700.00	US$340.00	¥2,142.00	¥6,142.00
19	邓安瑜	￥4,100.00	US$1,890.00	US$378.00	¥2,381.40	¥6,481.40
20	许　柯	￥4,300.00	US$3,100.00	US$620.00	¥3,906.00	¥8,206.00
21	本月一号美元兑人民币汇率：	6.3				

图6-65　绝对引用

如图 6-66 所示观察这张表格计算所使用的公式时，不难发现使用相对引用的单元格在公式填充后发生的变化，而绝对引用单元格一直固定不变。此处使用绝对引用而不是使用常量参与运算，好处在于汇率数值变化时，直接改 C21 的数值内容而不需要每月都修改公式，公式计算结果可以自动更新。

（3）混合引用

混合引用是指在单元格引用的两个部分（列标和行号）中，一部分是相对引用，另一部分是绝对引用的地址引用方式，其格式为“列标 $ 行号”或“$ 列标行号”，如图 6-67 所示，乘法口诀表就是混合引用示例。

	A	B	C	D	E	F
1	某一外贸公司，在美国亚马逊网站上销售桌布。 员工销售额按照美元统计，奖金提成为月销售额的20%，需要根据每月一号的汇率换算成人民币。					
2	员工工资计算					
3	姓　名	基本工资	月销售额	奖金提成	人民币奖金	月工资
4	李　春	3500	1200	=C4*20%	=D4*$C$21	=B4+E4
5	许伟嘉	4000	1500	=C5*20%	=D5*$C$21	=B5+E5
6	李泽佳	5000	1600	=C6*20%	=D6*$C$21	=B6+E6
7	谢灏扬	3600	3000	=C7*20%	=D7*$C$21	=B7+E7
8	黄绮琦	4350	1250	=C8*20%	=D8*$C$21	=B8+E8
9	刘嘉琪	3300	2000	=C9*20%	=D9*$C$21	=B9+E9
10	李　明	3600	2220	=C10*20%	=D10*$C$21	=B10+E10
11	陈思欣	3000	1750	=C11*20%	=D11*$C$21	=B11+E11
12	蓝敏绮	3000	2000	=C12*20%	=D12*$C$21	=B12+E12
13	钟宇铿	2850	2100	=C13*20%	=D13*$C$21	=B13+E13
14	李振兴	4350	1250	=C14*20%	=D14*$C$21	=B14+E14
15	张金峰	3300	2000	=C15*20%	=D15*$C$21	=B15+E15
16	王嘉明	3600	2050	=C16*20%	=D16*$C$21	=B16+E16
17	彭培斯	3500	1600	=C17*20%	=D17*$C$21	=B17+E17
18	林绿茵	4000	1700	=C18*20%	=D18*$C$21	=B18+E18
19	邓安瑜	4100	1890	=C19*20%	=D19*$C$21	=B19+E19
20	许　柯	4300	3100	=C20*20%	=D20*$C$21	=B20+E20
21	本月一号美元兑人民币汇率：		6.3			

相对引用时C4在变化

绝对引用时C21不变

图6-66　引用公式图

B2　　=B$1&"*"&$A2&"="&B$1*$A2

	A	B	C	D	E	F	G	H	I	J
1		1	2	3	4	5	6	7	8	9
2	1	1*1=1	2*1=2	3*1=3	4*1=4	5*1=5	[illegible]	[illegible]	[illegible]	[illegible]
3	2	1*2=2	2*2=4	3*2=6	4*2=8	5*2=10	6*2=12	7*2=14	8*2=16	9*2=18
4	3	1*3=3	2*3=6	3*3=9	4*3=12	5*3=15	6*3=18	7*3=21	8*3=24	9*3=27
5	4	1*4=4	2*4=8	3*4=12	4*4=16	5*4=20	6*4=24	7*4=28	8*4=32	9*4=36
6	5	1*5=5	2*5=10	3*5=15	4*5=20	5*5=25	6*5=30	7*5=35	8*5=40	9*5=45
7	6	1*6=6	2*6=12	3*6=18	4*6=24	5*6=30	6*6=36	7*6=42	8*6=48	9*6=54
8	7	1*7=7	2*7=14	3*7=21	4*7=28	5*7=35	6*7=42	7*7=49	8*7=56	9*7=63
9	8	1*8=8	2*8=16	3*8=24	4*8=32	5*8=40	6*8=48	7*8=56	8*8=64	9*8=72
10	9	1*9=9	2*9=18	3*9=27	4*9=36	5*9=45	6*9=54	7*9=63	8*9=72	9*9=81

向右和向下填充

图6-67　混合引用

（4）三维引用

如果要分析同一工作簿中多个工作表上的相同单元格或单元格区域中的数据，需要使用三维引用。三维引用是指在一张工作表中引用另一张工作表的某单元格时的地址引用方式，其格式为“工作表标签名！单元格地址”，如 Sheet1!A5 表示工作表 Sheet1 的 A5 单元格。

（5）名称的应用

在工作表中进行操作时，如果不想使用 Excel 默认的单元格名称，可以为其自行定义一个名称，从而使得在公式中引用该单元格时更加直观，也易于记忆。当公式或函数中引用了该名称时，就相当于引用了这个区域的所有单元格。

在给单元格区域命名名称时要遵循以下原则：

① 名称由字母、汉字、数字、下划线和小数点组成，且第一个字符不能是数字或小数点。

② 名称不能与单元格名称相同，即不能是 A5、D7 等。

③ 名称最多可包含 255 个字符，且不区分大小写。

为单元格或单元格区域命名的操作方法如下：

选定需要命名的单元格区域，在编辑栏左端的“名称框”中输入该区域名称，并按【Enter】键确认。或选定的单元格区域在“公式”选项卡中选择“定义名称”命令，在弹出的“新建名称”对话框中的“名称”文本框输入名称即可。

如图 6-68 所示，F4:F20 单元格区域被命名为“月工资”，计算最高、最低、平均月工资时公式引用参数“月工资”就相当于引用了 F4:F20 单元格区域，如图 6-69 所示。

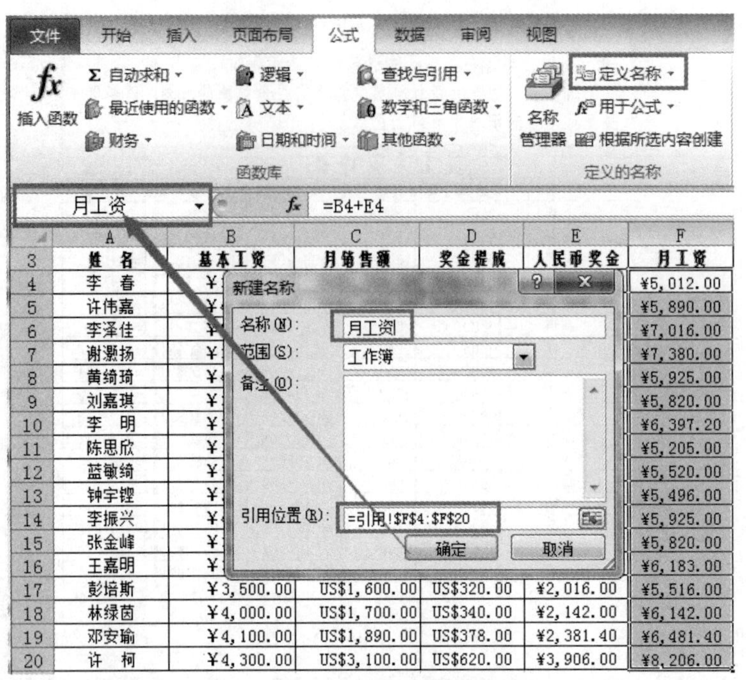

图6-68 单元格区域的命名示例

H	I	J
最高月工资	最低月工资	平均月工资
=MAX(月工资)	=MIN(月工资)	=AVERAGE(月工资)

图6-69 使用名称作为参数计算

2. 公式

公式是对工作表中的值执行计算的等式，它可以对工作表中的数据进行加、减、乘、除、比较和合并等运算，类似于数学中的一个表达式。

公式按特定顺序计算值。Excel 中的公式始终以等号（=）开头。Excel 会将等号后面的字符解释为公式。等号后面是要计算的元素（即操作数），如常量或单元格引用。它们由计算运算符分隔，公式中计算所需的所有符号都应是英文半角符号。Excel 按照公式中每个运算符的优先级别按照顺序计算公式。如图 6-70 所示，该公式是将单元格 B4 中的数值加上 25，再除以单元格 D5、E5 和 F5 中数值的和。

单元格引用
数字常量
工作表函数
=(B4+25)/SUM(D5:F5)
区域引用
除法运算符
加法运算符

图6-70 公式示例

(1) 公式的运算符

运算符用于指定要对公式中的元素执行的计算类型。计算时有一个默认的次序(遵循一般的数学规则)，但可以使用括号更改该计算次序。

① 算术运算符（见表 6-5）。若要进行基本的数学运算（如加法、减法、乘法或除法）、合并数字以及生成数值结果，请使用以下算术运算符。

② 比较运算符（见表 6-6）。可以使用下列运算符比较两个值。当使用这些运算符比较两个值时，结果为逻辑值 TRUE 或 FALSE。

③ 文本连接运算符（见表 6-7）。可以使用 **&**（与号）连接（或串联）一个或多个文本字符串，以生成一段文本。

表 6-5 算术运算符

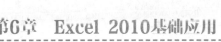

算术运算符	含 义	示 例
+（加号）	加法	3+3
–（减号）	减法	3–1
	负数	–1
*（星号）	乘法	3*3
/（正斜杠）	除法	3/3
%（百分号）	百分比	20%
^（脱字号）	乘方	3^2

表 6-6 比较运算符

比较运算符	含 义	示 例
=（等号）	等于	A1=B1
>（大于号）	大于	A1>B1
<（小于号）	小于	A1<B1
>=（大于等于号）	大于或等于	A1>=B1
<=（小于等于号）	小于或等于	A1<=B1
<>（不等号）	不等于	A1<>B1

表 6-7 文本连接运算符

文本连接运算符	含 义	示 例
&（与号）	将两个值连接（或串联）起来产生一个连续的文本值	"North"&"wind" 的结果为 "Northwind"

④ 引用运算符（见表 6-8）。可以使用以下运算符对单元格区域进行合并计算。

表 6-8 引用运算符

引用运算符	含 义	示 例
:（冒号）	区域运算符，生成一个对两个引用之间所有单元格的引用（包括这两个引用）。	B5:B15
,（逗号）	联合运算符，将多个引用合并为一个引用	SUM(B5:B15,D5:D15)
（空格）	交集运算符，生成一个对两个引用中共有单元格的引用	B7:D7 C6:C8

⑤ 运算符优先级（见表 6-9）。如果一个公式中有若干个运算符，Excel 将按下表中的次序进行计算。如果一个公式中的若干个运算符具有相同的优先顺序（例如，如果一个公式中既有乘号又有除号），则 Excel 将从左到右计算各运算符。若要更改求值的顺序，请将公式中要先计算的部分用括号括起来。

表 6-9 运算符优先级

运 算 符	说 明
:（冒号）,（逗号）	引用运算符
–	负数（如 –1）
%	百分比
^	乘方
* 和 /	乘和除
+ 和 –	加和减
&	连接两个文本字符串（串联）
=<><=>=<>	比较运算符

（2）公式的创建

创建公式类似于一般文本的输入，只是必须以“=”作为开头，然后是表达式，且公式中所有的符号都应是英文半角符号。其操作步骤如下：

① 单击要输入公式的单元格。

② 在单元格或编辑栏中输入“=”。

③ 输入公式，按【Enter】键或单击编辑栏左侧的“输入”按钮进行确认。

公式输入完毕后，结果单元格中只显示公式运算结果，若需查看或修改公式，可以双击单元格或在编辑栏中完成操作。移动公式时，公式中的单元格引用不会发生改变；复制公式时，单元格内的绝对引用也不会发生改变，但相对引用会随着结果单元格的位置变化而变化。

（3）常见计算错误代码和处理方法（见表 6-10）

表 6-10 常见计算错误代码和处理方法

错误	常 见 原 因	处 理 方 法
#####	单元格所含的数字、日期或时间比单元格宽； 单元格的日期时间公式产生了一个负值	通过拖动列表之间的宽度来修改列宽。 1900 年日期系统1中的日期和时间必须为正值。如果公式正确，可以将单元格的格式改为非日期和时间型来显示

（续表）

错误	常 见 原 因	处 理 方 法
#DIV/0!	在公式中有除数为零，或者有除数为空白的单元格（Excel 把空白单元格也当作 0）	把除数改为非零的数值，或者用 IF 函数进行控制
#N/A	在公式使用查找功能的函数 (VLOOKUP、HLOOKUP、LOOKUP 等) 时，找不到匹配的值	检查被查找的值，使之的确存在于查找的数据表中的第一列
#NAME?	在公式中使用了 Excel 无法识别的文本，例如函数的名称拼写错误，使用了没有被定义的区域或单元格名称，引用文本时没有加引号等	根据具体的公式，逐步分析出现该错误的可能，并加以改正
#NUM!	当公式需要数字型参数时，我们却给了它一个非数字型参数；给了公式一个无效的参数；公式返回的值太大或者太小	根据公式的具体情况，逐一分析可能的原因并修正
#VALUE	文本类型的数据参与了数值运算，函数参数的数值类型不正确； 函数的参数本应该是单一值，却提供了一个区域作为参数； 输入一个数组公式时，忘记按【Ctrl + Shift + Enter】组合键	更正相关的数据类型或参数类型； 提供正确的参数； 输入数组公式时，记得使用【Ctrl + Shift + Enter】组合键确定
#REF!	公式中使用了无效的单元格引用。通常如下这些操作会导致公式引用无效的单元格：删除了被公式引用的单元格；把公式复制到含有引用自身的单元格中	避免导致引用无效的操作，如果已经出现错误，先撤销，然后用正确的方法操作
#NULL!	使用了不正确的区域运算符或引用的单元格区域的交集为空	改正区域运算符使之正确；更改引用使之相交

3. 函数

函数是Excel根据各种需要，预先设计好的运算公式，它们使用参数按特定的顺序或结构进行计算。其中，进行运算的数据称为函数参数，返回的计算值称为函数结果。Excel 提供了不同种类的函数，包括：财务函数、日期与时间函数、统计函数、数学与三角函数、逻辑函数、文本函数、查找与引用函数、数据库函数、信息函数等。

（1）函数的格式

Excel 每个函数都包含三个部分：函数名称、参数和小括号。基本格式为：函数名称 (参数 1, 参数 2, 参数 3,…)。其中，函数名称是每一个函数的唯一标志，代表了该函数的功能；参数可以是数字、文本、逻辑值、单元格引用、名称甚至其他公式或函数等，也有函数没有参数。函数的一般格式如图 6-71 所示。

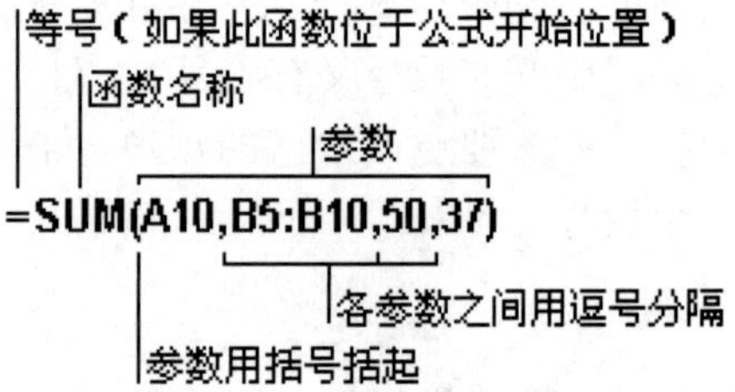

等号（如果此函数位于公式开始位置）
函数名称
参数
=SUM(A10,B5:B10,50,37)
各参数之间用逗号分隔
参数用括号括起

图6-71 函数的一般格式

（2）函数的调用

函数也是公式的一种，所以输入函数时，也必须以等号“=”开头，用户使用函数的方法有两种：一种是在单元格或编辑栏中直接输入函数，另一种方法是选择 Excel 提供的各种“插入函数”功能调用函数。

如图 6-72 所示，在“插入函数”对话框和“函数参数”对话框左下角都有“有关该函数的帮助”命令，可以通过该命令打开帮助，查看函数语法，有部分函数在帮助最后提供示例，可以帮助用户以示例了解函数参数的用法。对话框中还包含函数功能的介绍和函数参数的介绍，认真阅读相关介绍可以更好地避免函数参数的格式错误。

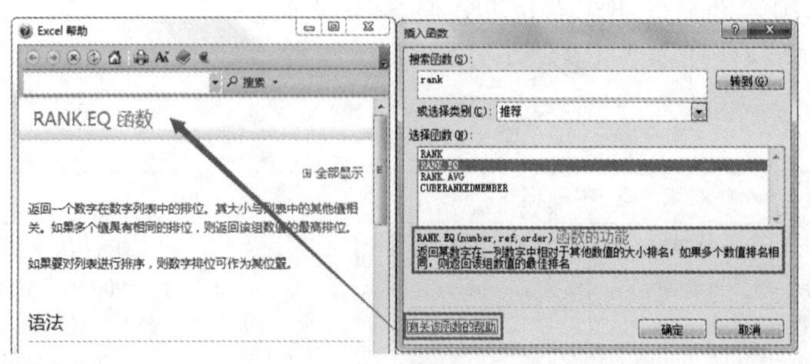

图6-72 函数帮助

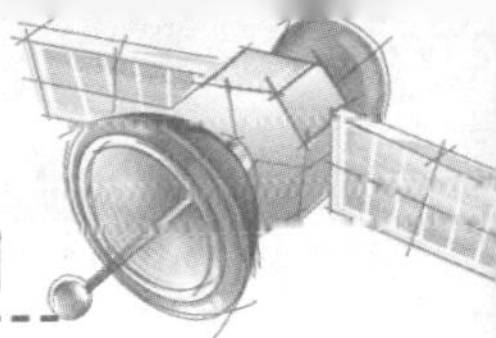

6.3　迷你图与图表编辑——2015 年游客数据图

6.3.1　任务引导

引导任务卡见表 6-11。

表 6-11　引导任务卡

任务编号	6.3		
任务名称	2015 年游客数据图	计划课时	2 课时
任务目的	通过让 2015 年游客数据表中的数据图形化显示，熟练掌握迷你图的插入与编辑、图表的插入与编辑、艺术字的插入与编辑、形状的绘制与编辑等知识点		
任务实现流程	任务引导→任务分析→编辑 2015 年游客数据图表→教师讲评→学生完成表格制作→难点解析→总结与提高		
配套素材导引	原始文件位置：大学计算机基础\素材\第 6 章\任务 6.3 最终文件位置：大学计算机基础\效果\第 6 章\任务 6.3		

任务分析：

企业在日常办公事务中，用数据说话、用图表说话，已经蔚然成风。数据图表以其直观形象的优点，能一目了然的反映数据的特点行业内在规律，在较小的空间里承载较多的信息，因此有“字不如表，表不如图”的说法。这里将通过迷你图与图表对上一节统计出的数据进行更直观的呈现。

本任务要求学生利用迷你图和图表以图形直观展现各个国家或地区各年龄段游客的分布情况、2015 年游客占比情况分析和连续两年游客人数对比情况分析，完成效果如图 6-73、图 6-74 和图 6-75 所示。

区域	国家或地区	14岁以下	15 - 24岁	25 - 44岁	45 - 64岁	65岁以上	人数总和	人数排名	分布图
亚洲	韩国	17.14 万	30.02 万	167.38 万	192.65 万	37.24 万	444.43 万	1	
亚洲	日本	9.33 万	7.45 万	95.99 万	115.67 万	21.33 万	249.77 万	2	
亚洲	马来西亚	4.23 万	7.42 万	47.83 万	39.93 万	8.13 万	107.54 万	5	
亚洲	蒙古	3.76 万	8.18 万	60.39 万	28.09 万	1.00 万	101.42 万	6	
亚洲	菲律宾	1.35 万	7.22 万	64.36 万	25.88 万	1.59 万	100.40 万	7	
亚洲	新加坡	4.71 万	5.05 万	32.29 万	40.19 万	8.29 万	90.53 万	8	
亚洲	印度	2.00 万	6.02 万	46.68 万	16.68 万	1.68 万	73.06 万	9	
亚洲	泰国	1.24 万	5.01 万	33.34 万	20.15 万	4.42 万	64.16 万	11	
亚洲	印尼	1.66 万	5.92 万	28.49 万	14.96 万	3.45 万	54.48 万	15	
亚洲	哈萨克斯坦	1.06 万	2.78 万	12.24 万	7.42 万	0.65 万	24.15 万	18	
亚洲	朝鲜	0.12 万	1.32 万	7.24 万	9.97 万	0.19 万	18.84 万	19	
亚洲	巴基斯坦	0.27 万	1.28 万	6.51 万	2.94 万	0.30 万	11.30 万	24	
大洋洲	澳大利亚	5.45 万	4.24 万	21.38 万	26.56 万	6.10 万	63.73 万	12	
大洋洲	新西兰	1.45 万	0.90 万	4.05 万	5.19 万	0.96 万	12.55 万	22	
欧洲	俄罗斯	4.73 万	15.31 万	72.68 万	58.49 万	7.02 万	158.23 万	4	
欧洲	德国	2.45 万	3.88 万	25.56 万	27.26 万	3.19 万	62.34 万	13	
欧洲	英国	2.66 万	3.97 万	22.21 万	24.53 万	4.59 万	57.96 万	14	
欧洲	法国	2.74 万	3.91 万	21.79 万	16.93 万	3.33 万	48.70 万	16	
欧洲	意大利	0.59 万	1.41 万	11.55 万	9.64 万	1.43 万	24.62 万	17	
欧洲	荷兰	0.80 万	1.38 万	7.05 万	7.80 万	1.16 万	18.19 万	20	
欧洲	西班牙	0.44 万	0.76 万	7.53 万	4.34 万	0.55 万	13.62 万	21	
欧洲	瑞典	0.69 万	0.98 万	4.48 万	4.84 万	0.85 万	11.84 万	23	
美洲	美国	14.14 万	14.09 万	61.68 万	95.34 万	23.34 万	208.59 万	3	
美洲	加拿大	6.09 万	4.89 万	21.38 万	29.49 万	6.13 万	67.98 万	10	

图6-73　“按年龄分析”工作表完成效果

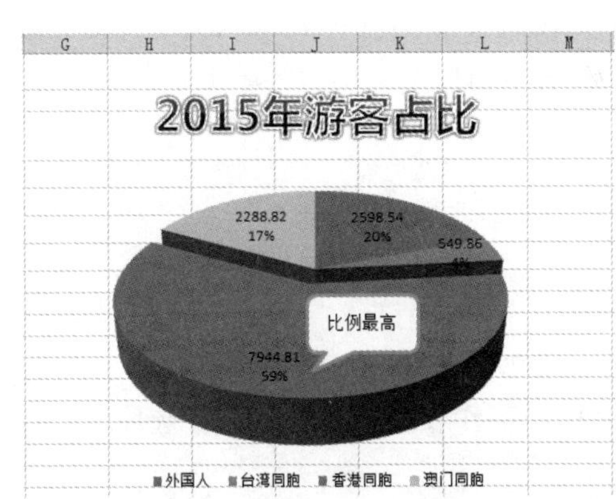

图6-74　“人数同比分析”工作表完成效果

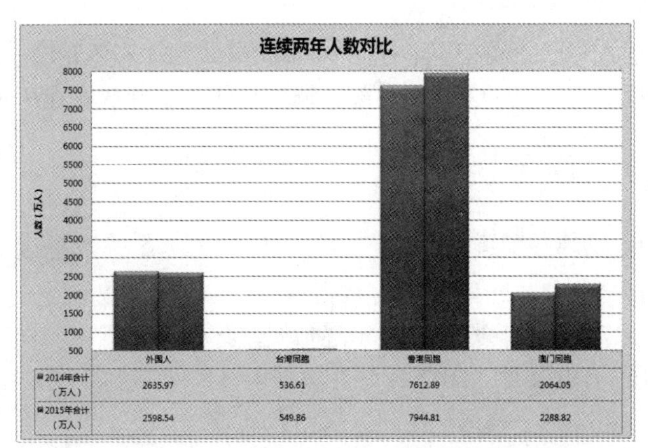

图6-75　“人数同比分析图”工作表完成效果

6.3.2 任务步骤

1. 创建和编辑迷你图

打开文件“2015年游客数据表.xlsx”，在“按年龄分析”工作表中取消自动筛选。使用各年龄段数据在J4:J27单元格区域生成柱形迷你图，迷你图高点用“标准色：深红”标记。

2. 创建簇状柱形图

打开“人数同比分析”工作表，根据A3:C7的数据，建立簇状柱形图以显示2014年和2015年游客人数的对比情况。图表放置于新工作表“人数同比分析图”中，工作表置于最后。

3. 设置图表布局、样式、标题

设置图表布局为“布局5”，图表样式为“样式26”。录入图表标题“连续两年游客人数对比”，纵坐标轴标题“人数（万人）”，设置图表区所有字体格式为“微软雅黑”，图表标题字号为20。

4. 设置坐标轴、模拟运算表、数据系列

设置纵坐标轴的最小值为500、最大值为8000，主要刻度单位为500。设置模拟运算表没有垂直边框线，设置数据系列的“分类间距”为“100%”。

5. 设置渐变填充

为图表区设置渐变填充，渐变类型为“线性”，渐变光圈从“红色，强调文字颜色2，淡色80%”变为“蓝色，强调文字颜色1，淡色80%”，角度为45°。

6. 创建三维饼图

打开“人数同比分析”工作表，根据2015年合计的数据创建一个三维饼图，图表放置在“人数同比分析”工作表G4:M18区域。

7. 设置数据点格式

设置图表样式为“样式8”，设置数据点“香港同胞”的填充为纯色填充，按扇区着色，填充颜色为“橙色，强调文字颜色6，深色25%”。设置图标区无填充色，无轮廓。

8. 设置图例、数据标签

设置图表不显示图表标题，更改图例位置至图表底部，为图表添加显示值和百分比的数据标签，标签位置在数据标签内，标签分隔符使用分行符。

9. 插入和编辑艺术字

插入艺术字“2015年游客占比”，艺术字样式为“渐变填充－黑色，轮廓－白色，外部阴影”，字体为“微软雅黑”，字号为28，将艺术字放置在图表上方。

10. 插入和编辑形状

插入形状“圆角矩形标注”，形状样式为“彩色轮廓－橙色，强调文字颜色6”，录入文字“比例最高”，文本框的文字位于文本框中部。调整形状大小并放置在所在比例最高的数据点扇形区域上。保存文件。

6.3.3 任务实施

1. 创建和编辑迷你图

打开文件“2015年游客数据表.xlsx”，在“按年龄分析”工作表中取消自动筛选。使用各年龄段数据在J4:J27单元格区域生成柱形迷你图，迷你图高点用“标准色：深红”标记。

① 打开文件“2015年游客数据表.xlsx”，选定“按年龄分析”工作表，单击“数据”选项卡“排序和筛选”组中的“筛选”按钮，取消自动筛选。

② 选定J4单元格，单击“插入”选项卡“迷你图”组中的“柱形图”按钮，如图6-76所示选取数据范围为C4:G4，单击“确定”按钮得到迷你图。如图6-77所示在“迷你图工具”的“设计”选项卡中勾选“显示”组的“高点”，在“样式”组“标记颜色”下拉菜单中选择“高点”，设置颜色为“标准色：深红”。

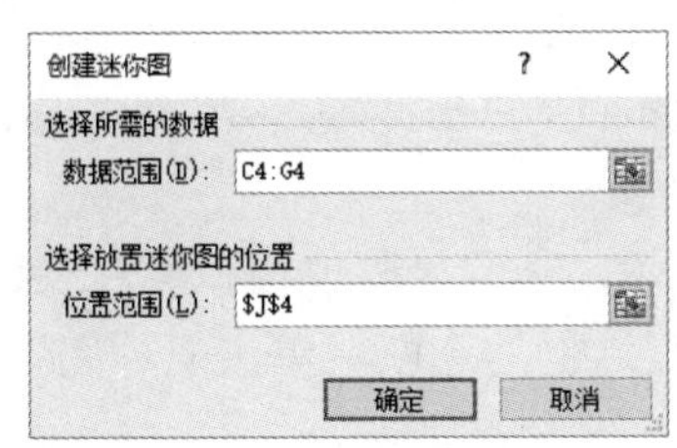

图6-76　创建迷你图

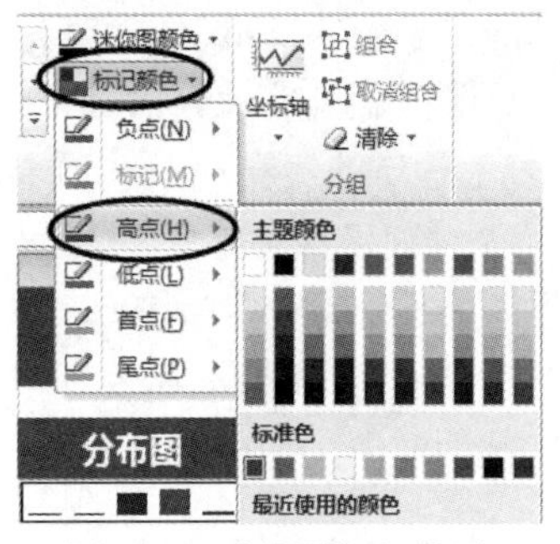

图6-77　迷你图标记设置

③ 填充复制迷你图至J27单元格，“自动填充选项”设置为“不带格式填充”，完成效果如图6-73所示。

2. 创建簇状柱形图

打开“人数同比分析”工作表，根据A3:C7的数据，建立簇状柱形图以显示2014年和2015年游客人数的对比情况。图表放置于新工作表“人数同比分析图”中，工作表置于最后。

① 单击“人数同比分析”工作表标签，选择A3:C7单元格区域。选择“插入”选项卡，单击“图表”组的“柱形图”按钮，选择“二维柱形图”的“簇状柱形图”，如图6-78所示插入图表。

② 单击图表，选择“图表工具”的“设计”选项卡，单击“位置”组的“移动图表”按钮，如图6-79所示。在“移动图表”对话框中，选择放置图表的位置为“新工作表”，名称命名为“人数同比分析图”，单击“确定”按钮。

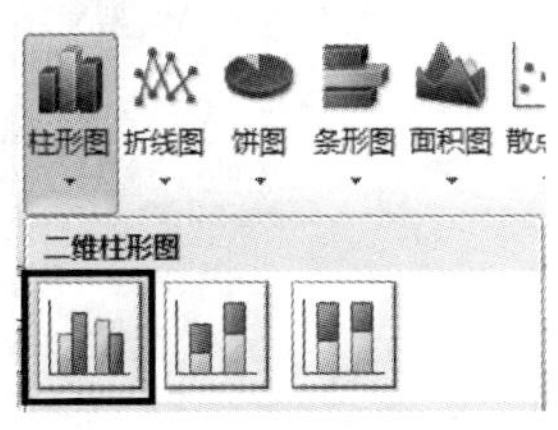

图6-78　插入图表

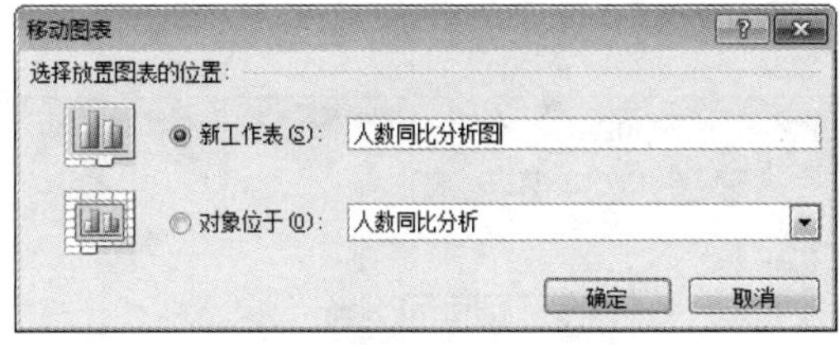

图6-79　移动图表

③ 鼠标移动至“人数同比分析图”工作表名称上方，按下鼠标左键不放，这时鼠标所指定位置出现一个图标“□”，同时在“人数同比分析图”左上角也出现一个小三角形。如图6-80所示，拖动鼠标使小三角形指到工作表“人数同比分析”后面，松开鼠标，则把“人数同比分析图”移动到了最后。

3. 设置图表布局、样式、标题

设置图表布局为“布局5”，图表样式为“样式26”。录入图表标题“连续两年游客人数对比”，纵坐标轴标题“人数（万人）”，设置图表区所有字体格式为“微软雅黑”，图表标题字号为20。

① 单击“人数同比分析图”工作表标签，单击图表区域。如图6-81所示在“图表工具”的“设计”选项卡“图表布局”组中选择“布局5”，“图表样式”组中选择“样式26”。

图6-80　移动工作表

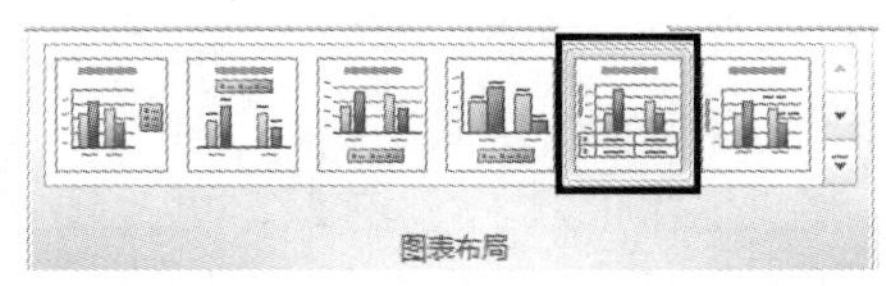

图6-81　图表布局

② 将光标点进图表标题，录入图表标题“连续两年游客人数对比”，再将光标点进坐标轴标题，录入纵坐标轴标题“人数（万人）”。

③ 单击图表空白处，选定图表区。在“开始”选项卡“字体”组设置字体为“微软雅黑”；单击选取图表标题，设置字号为 20。

4. 设置坐标轴、模拟运算表、数据系列

设置纵坐标轴的最小值为 500、最大值为 8000，主要刻度单位为 500。设置模拟运算表没有垂直边框线，设置数据系列的“分类间距”为“100%”。

① 选择“图表工具”的“布局”选项卡，单击“坐标轴”组的“主要纵坐标轴”按钮选取“其他主要纵坐标轴选项”。在“设置坐标轴格式”对话框中，如图 6-82 所示设置“坐标轴选项”的“最小值”为 500，“最大值”为 8000，“主要刻度单位”为 500，单击“关闭”按钮。

② 单击“标签”组的“模拟运算表”按钮，如图 6-83 所示，选取“其他模拟运算表选项”。在“设置模拟运算表格式”对话框中，如图 6-84 所示，取消“垂直”复选框的选取，单击“关闭”按钮。

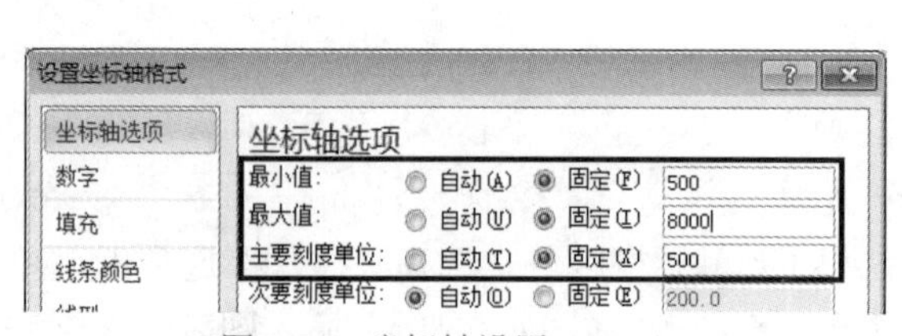

图6-82 坐标轴设置

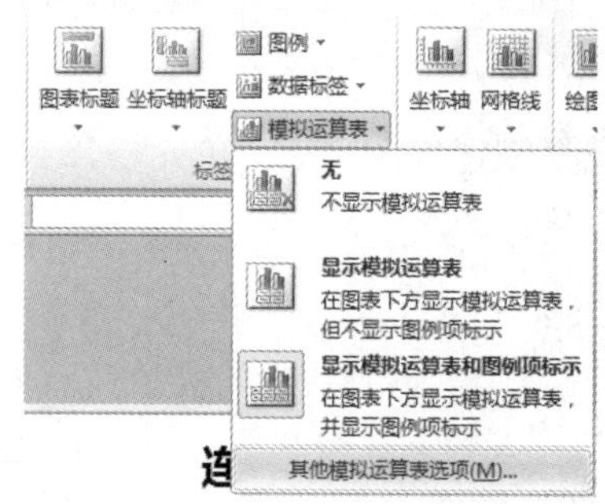

图6-83 打开模拟运算表选项

③ 选择任一数据系列，右击在快捷菜单中选择“设置数据系列格式”命令。在“设置数据系列格式”对话框，如图 6-85 所示，选择“系列选项”的“分类间距”为“100%”，单击“关闭”按钮。

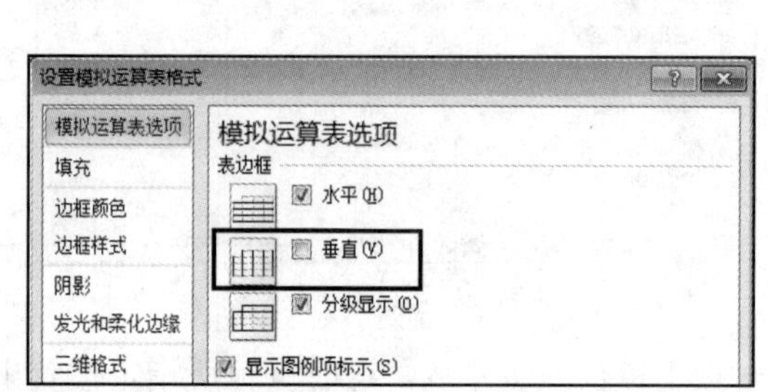

图6-84 设置模拟运算表格式

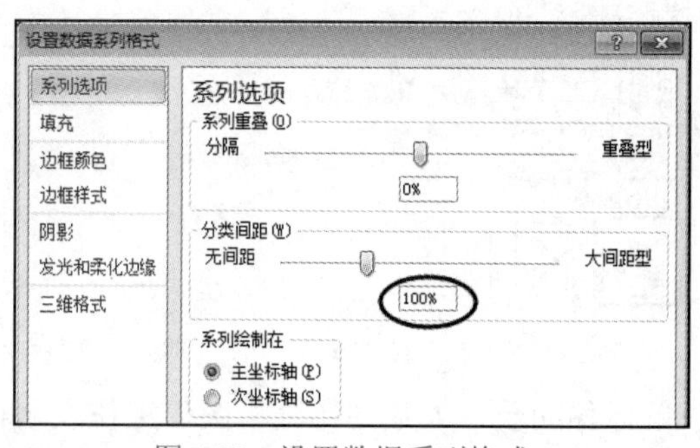

图6-85 设置数据系列格式

5. 设置渐变填充

为图表区设置渐变填充，渐变类型为“线性”，渐变光圈从“红色，强调文字颜色 2，淡色 80%”变为“蓝色，强调文字颜色 1，淡色 80%”，角度为 45°。

① 选择“图表工具”的“格式”选项卡，单击“形状样式”组的“形状填充”按钮，选取“渐变”下的“其他渐变”命令打开对话框。

② 在“设置图标区”对话框中，在“填充”中选取“渐变填充”，如图 6-86 所示在“渐变光圈”中选取中间的“停止点 2”，单击右侧的“删除渐变光圈”按钮。

③ 如图 6-87 所示，选取左侧的“停止点 1”，更改颜色为“主题颜色”内的“红色，强调文字颜色 2，淡色 80%”，选取右侧的“停止点 2”，更改颜色为“主题颜色”内的“蓝色，强调文字颜色 1，淡色 80%”。将“角度”更改为 45°，单击“关闭”按钮。

④ 最终柱形图效果如图 6-74 所示。

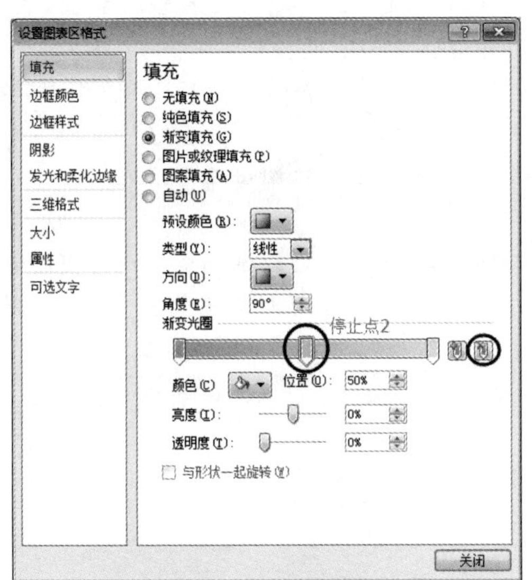
图6-86 删除渐变效果停止点

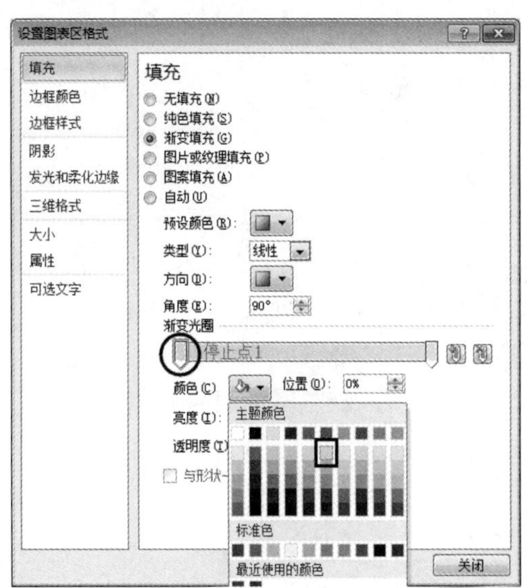
图6-87 修改渐变效果停止点

6. 创建三维饼图

打开“人数同比分析”工作表，根据 2015 年合计的数据创建一个三维饼图，图表放置在“人数同比分析”工作表 G4:M18 区域。

① 单击“人数同比分析”工作表标签，拖动选取 A3:A7 单元格区域，再按住【Ctrl】键拖动选取 C3:C7 单元格区域，如图 6-88 所示，选择“插入”选项卡，单击“图表”组的“饼图”按钮，选择“三维饼图”，在当前工作表插入三维饼图。

② 将饼图移动至以 G4 单元格开始的区域，光标放置在图表区右下角呈双向箭头状态，拖动改变图表区大小为 G4:M18。

7. 设置数据点格式

设置图表样式为“样式 8”，设置数据点“香港同胞”的填充为纯色填充，按扇区着色，填充颜色为“橙色，强调文字颜色 6, 深色 25%”。设置图标区无填充色，无轮廓。

① 在“图表工具”的“设计”选项卡“图表样式”组中选择“样式 26”。

② 在饼图上先单击选取系列“2015 年合计（万人）”，再次单击选取数据点“香港同胞”，如图 6-89 所示，右击，在快捷菜单中选择“设置数据点格式”命令。

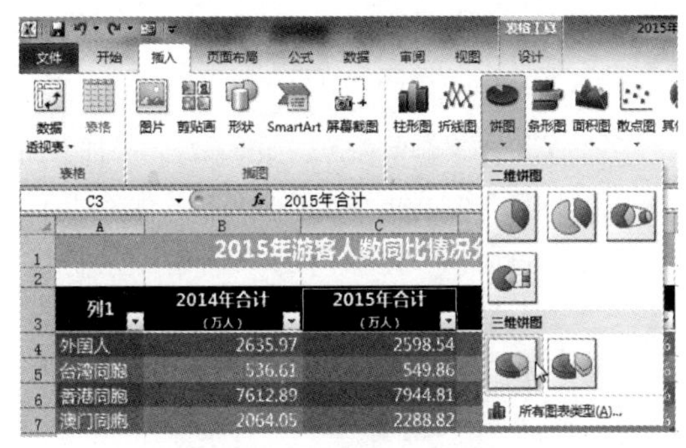
图6-88 插入饼图

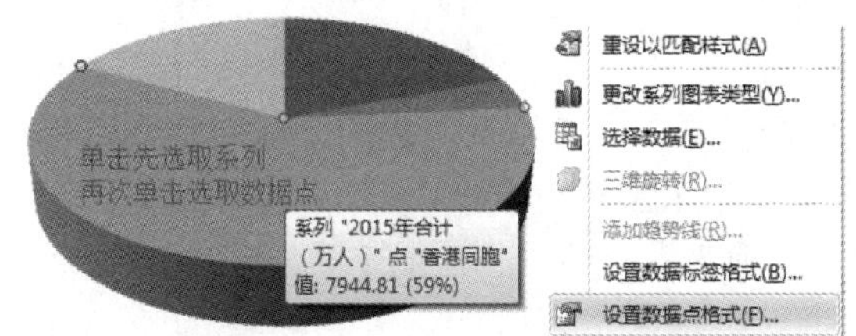
图6-89 选取数据点

③ 在“设置数据点格式”对话框，如图 6-90 所示选择“填充”为“纯色填充”，选中“按扇区着色”复选框。单击“颜色”按钮选择“主题颜色”内的“橙色，强调文字颜色 6, 深色 25%”，单击“关闭”按钮。

④ 选取图表区，在“图表工具”的“格式”选项卡“形状样式”组中单击“形状填充”，选择“无填充颜色”命令，单击“形状轮廓”，选择“无轮廓”命令。

8. 设置图例、数据标签

设置图表不显示图表标题，更改图例位置至图表底部，为图表添加显示值和百分比的数据标签，标签位置在数据标签内，标签分隔符使用分行符。

① 在“图表工具”的“布局”选项卡“标签”组中单击“图表标题”按钮，选择“无”命令。

② 单击“图例”按钮，选择“在底部显示图例”命令。

③ 单击“数据标签”按钮，选择“其他数据标签选项”命令。在“设置数据标签格式”对话框中，设置标签包括“值”和“百分比”，标签位置为“数据标签内”，分隔符在下拉列表中选择“(分行符)”，如图6-91所示，单击“关闭”按钮。

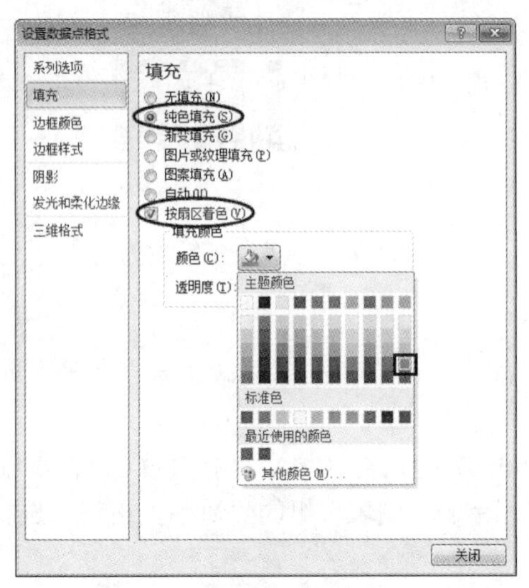

图6-90　设置数据点格式

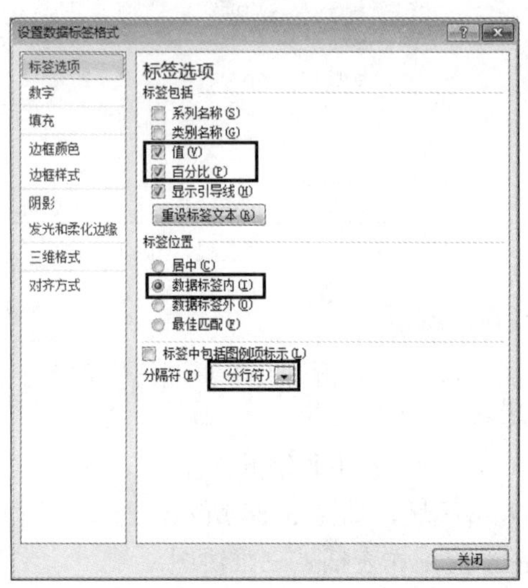

图6-91　设置数据标签格式

④ 取数据点“香港同胞”，将扇形向下略拖动，设置后的图表效果如图6-92所示。

9. 插入和编辑艺术字

插入艺术字“2015年游客占比”，艺术字样式为“渐变填充－黑色，轮廓－白色，外部阴影”，字体为“微软雅黑”，字号为28，将艺术字放置在图表上方。

① 在“插入”选项卡“文本”组中单击“艺术字”按钮，选择艺术字样式为“渐变填充－黑色，轮廓－白色，外部阴影”(艺术字样式第4行第3列)，录入文字“2015年游客占比”。

② 选取艺术字，单击“开始”选项卡“字体”组，设置字体为“微软雅黑”，字号为28。将艺术字拖动至图表上方。

10. 插入和编辑形状

插入形状“圆角矩形标注”，形状样式为“彩色轮廓－橙色，强调文字颜色6”，录入文字“比例最高”，文本框的文字位于文本框中部。调整形状大小并放置在所在比例最高的数据点扇形区域上。保存文件。

① 在“插入”选项卡“插图”组中单击“形状”按钮，选择“标注”类别内的“圆角矩形标注”，拖动鼠标生成一个圆角矩形。

② 选取形状，单击“绘图工具”的“格式”选项卡，在“形状样式”组中选取样式为“彩色轮廓－橙色，强调文字颜色6”。

③ 右击并选择“编辑文字”命令，录入文字“比例最高”。单击“开始”选项卡“对齐方式”组中的“垂直居中”按钮和“居中”按钮。

④ 将形状拖动至“香港同胞”数据点上方，调整形状大小和形状控制点，保存文件。饼图的最终效果如图6-93所示。

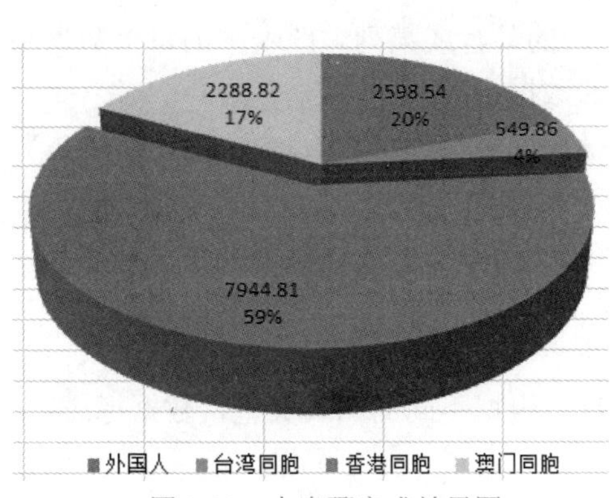

图6-92 本步骤完成效果图

图6-93 本步骤完成效果图

6.3.4 难点解析

通过本节课程的学习，学生掌握了图表和迷你图的编辑方法和使用技巧。由于图表设置相对简单，本节的难点内容只有图表的创建、图表的类型和数据修改。

1. 图表的创建

（1）创建图表

在 Excel 中创建图表，首先在工作表中输入图表的数值数据，然后可以通过在“插入”选项卡上的“图表”组中选择要使用的图表类型来将这些数据绘制到图表中。

图表创建时需要注意数据的选取，比较常出现的错误包括选取数据时不包含数据系列项或者不包含列标题，错误示例如下：

① 如图 6-94 所示，选取的数据范围为 B1:C3，没有包含分类的 A 列数据，这样得到的图表图例有错误。

② 如图 6-95 所示，选取的数据范围为 A2:C3，没有包含第 1 行的列标题，这样得到的图表分类轴有错误。

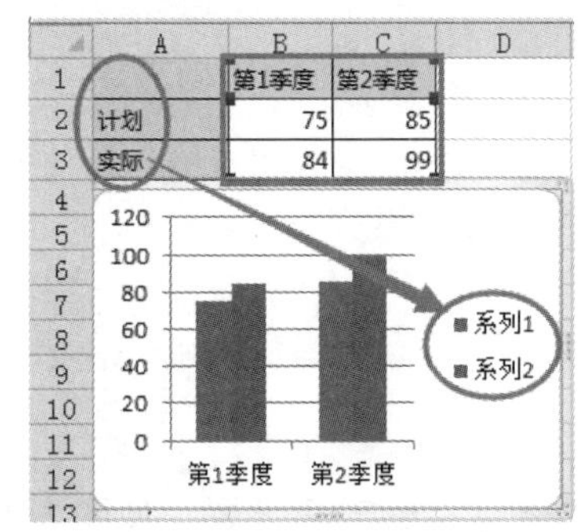

图6-94 数据选取错误1

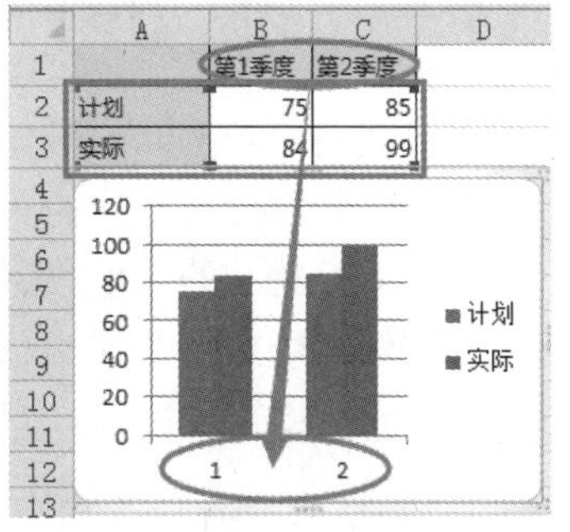

图6-95 数据选取错误2

（2）图表的组成元素

图表中包含许多元素，默认情况下会显示其中一部分元素，而其他元素可以根据需要添加。用户可以通过将图表元素移到图表中的其他位置、调整图表元素的大小或更改格式来更改图表元素的显示。用户也可以删除不希望显示的图表元素。

如图 6-96 所示，一般情况下，图表基本包括以下几部分元素：

① 图表区：整个图表及其包含的元素。

② 绘图区：在二维图表中，以坐标轴为界并包含全部数据系列的区域。在三维图表中，绘图区以坐标轴为界包含数据系

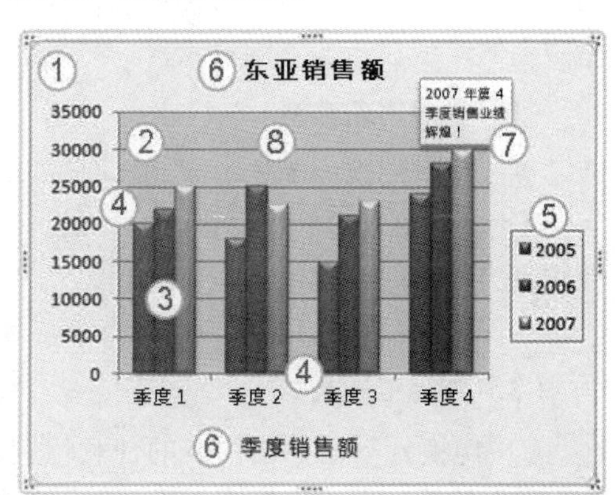

图6-96 图表的组成元素

列、分类名称、刻度线和坐标轴标题。

③ 数据系列：图表上的一组相关数据点，取自工作表的某行或某列。图表中的每个数据系列以不同的颜色和图案加以区别，在同一图表上可以绘制一个以上的数据系列。

④ 横（分类）和纵（值）坐标轴：为图表提供计量和比较的参考线，一般包括 X 轴、Y 轴，数据沿着横坐标轴和纵坐标轴绘制在图表中。

⑤ 图例：是包含图例项和图例项标识的方框，用于标识图表中的数据系列。

⑥ 图表标题以及可以在该图表中使用的坐标轴标题。一般情况下，一个图表应该有一个文本标题，它可以自动与坐标轴对齐或在图表顶端居中。

⑦ 数据标签:用来标识数据系列中数据点的详细信息。根据不同的图表类型，数据标志可以表示数值、数据系列名称和百分比等。

⑧ 网格线：图表中从坐标轴刻度线延伸开来并贯穿整个绘图区的可选线条系列。

（3）常用图表类型

Excel 提供了 11 个大类图表类型，每一大类图表类型又包含了多种图表子类型。创建图表时，用户可以根据实际工作的具体情况，选取适当的图表类型。例如，在某数码产品的销售表中，若要了解该产品在一个地区每月的销售情况，需要分析销售趋势，可以使用折线图；若要分析该产品在各个地区的销售额，应选择饼图，表明部分与整体之间的关系。正确选择图表类型，有利于寻找和发现数据间的相互关联，从而更大限度地发挥数据价值。

常用的图表类型包括以下种类：

① 柱形图：用于一个或多个数据系列中的各项值的比较。图表子类型包括了柱形图、圆柱图、圆锥图和棱锥图。

② 折线图：显示一种趋势，是在某一段区间内的相关值。

③ 饼图：着重部分与整体间的相对大小关系，没有 X 轴、Y 轴。

④ 条形图：实际上是翻转了的柱形图。

⑤ 面积图：显示数据在某一段时间内的累计变化。

⑥ XY 散点图：一般用于科学计算。

⑦ 股价图：用于描绘股票走势，也可以用于科学计算。

⑧ 曲面图：用于寻找两组数据间的最佳组合。

⑨ 圆环图：也用来显示部分与整体的关系，但可以包含多个数据系列。

⑩ 气泡图：可看作一种特殊的 XY 散点图。

⑪ 雷达图：用于比较若干数据系列的总和值。

2. 图表的类型和数据修改

图表创建后，可以对图表内容、图表格式、图表布局和外观进行编辑和设置，使图表的显示效果满足用户的需求。用户可以修改图表的任何一个元素。例如，更改坐标轴的显示方式、添加图表标题、移动或隐藏图例，或显示更多图表元素。

（1）更改图表类型

更改现有图表的图表类型，其操作步骤如下：

① 单击图表的任意位置，选择“设计”选项卡，单击“类型”组中的“更改图表类型”按钮，打开“更改图表类型”对话框。

② 在“更改图表类型”对话框中，选择新的图表类型，如图 6-97 所示。单击“确定”按钮。

（2）更改图表数据

① 切换行列。单击图表的任意位置，选择“图表工具|设计”选项卡，单击“数据”组中的“切换行 / 列”按钮，即可交换图表坐标轴上的数据让数据系列产生在行或者列。如图 6-98 所示，可以看出同一

数据区域生成的图表在切换行列后图表的数据发生的变化。

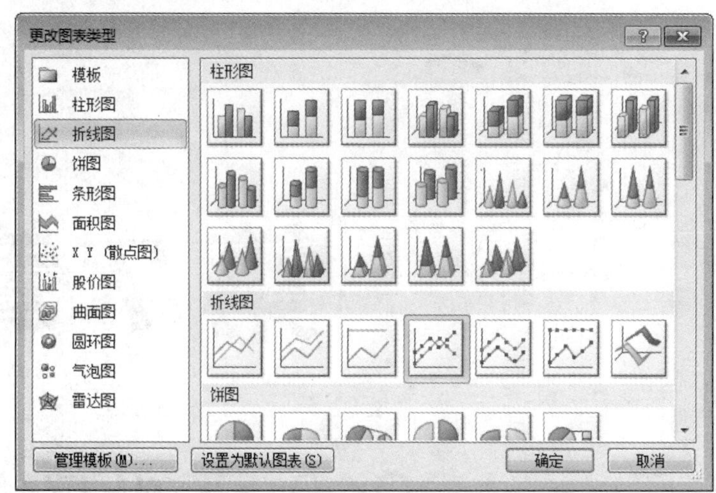

图6-97 “更改图表类型”对话框

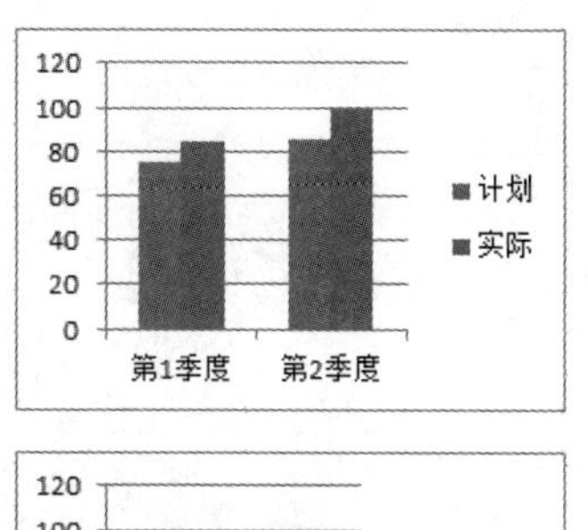

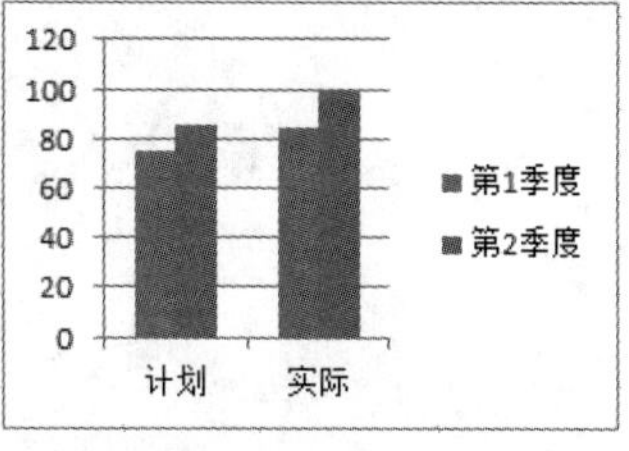

图6-98 切换行列图表比较

② 更改图表数据。有时候选取数据出错或者要增减某些数据时，并不需要重新建立图表，可以使用现有图表通过更改图表数据得到，这样不需要重新设置图表格式。其操作步骤如下：

a．单击图表的任意位置，选择“图表工具”“设计”选项卡，单击“数据”组中的“选择数据”按钮，打开“选择数据源”对话框。

b．在“选择数据源”对话框中，如图6-99所示。

- 在“图表数据区域”中选择新的图表数据区域，在新数据区域明确的情况下这种方法最简单直观。
- 单击“添加”按钮，打开“编辑数据系列”对话框，选择新增数据系列的“系列名称”和“系列值”，在图表中新增一个数据系列。或选择其中一个图例项（系列），单击“删除”按钮，可以删除图表的一个数据系列。
- 单击“切换行/列”按钮，可以交换图表坐标轴上的数据方便添加删除。

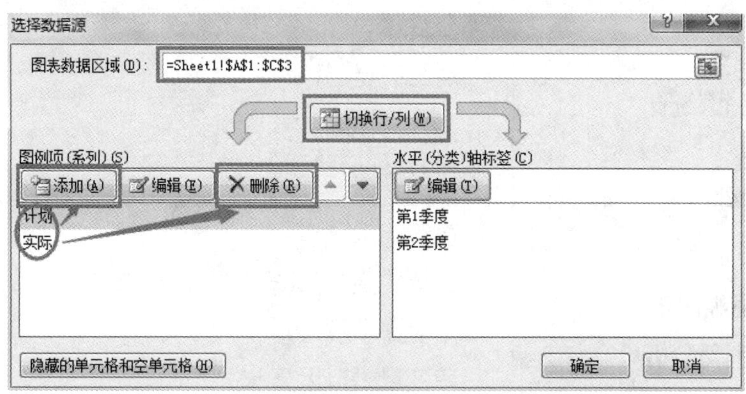

图6-99 更改图表数据

第 7 章

Excel 2010 高级应用

公式和函数高级应用 ——计算职工工资	📖 日期时间函数 📖 文本函数 📖 查找函数 ★ 📖 IF 函数 📖 复杂公式计算 📖 IF 函数嵌套 ★
数据管理 ——SUV 销售统计	📖 数据有效性 📖 条件格式 📖 分类汇总 📖 数据透视图 / 表 ★ 📖 合并计算
数据管理高级应用 ——SUV 销量分析	📖 高级筛选 ★ 📖 计算式高级筛选 📖 单变量求解 📖 单变量模拟运算 ★ 📖 双变量模拟运算 ★

7.1 公式和函数高级应用——计算职工工资

7.1.1 任务引导

引导任务卡如表 7-1 所示。

表 7-1 引导任务卡

任务编号	7.1		
任务名称	计算职工工资	计划课时	2 课时
任务目的	本节任务要求学生使用各种 Excel 的公式和函数完成职工基本情况表和职工工资表数据的编辑和计算。通过任务实践，主要介绍的函数有：日期时间函数（YEAR、NOW）、文本函数（MID）、查找函数（VLOOKUP）、IF 函数、复杂公式计算、IF 函数嵌套		
任务实现流程	任务引导→任务分析→编辑职工工资表→教师讲评→学生完成工作表的编辑→难点解析→总结与提高		
配套素材导引	原始文件位置：大学计算机基础 \ 素材 \ 第 7 章 \ 任务 7.1 最终文件位置：大学计算机基础 \ 效果 \ 第 7 章 \ 任务 7.1		

任务分析：

企业在日常办公事务中，经常需要利用 Excel 电子表格软件进行企业生产、销售、工资、报表等事务处理。这些事务都有一个共同的特点是常常需要对数据进行编辑、计算和统计，通过数据分析为企业管理提供支持。而所有的数据信息都必须以建立好 Excel 工作簿文件，建立好事务所需要的工作表为基础。

本任务要求学生利用 Excel 的公式和函数完成职工基本情况表和职工工资表数据的编辑和计算。涉及的函数如表 7-2 所示。

表 7-2 函数说明

函　数	格　式	功　能	示　例
YEAR	YEAR(d)	返回日期 d 的年份	YEAR(TODAY())
NOW	NOW()	返回当前日期时间	NOW()
MID	MID()	返回文本字符串中指定位置开始的指定长度的字符	MID("hello",2,3)
VLOOKUP	VLOOKUP(v,n,c,k)	在表格数组 n 的首列查找指定的值 v，并由此返回表格数组当前行中其他列 c 的值	VLOOKUP(38,A2:C10,3,0)
IF	IF(r,n1,n2)	判断逻辑条件 r 是否为真，若为真则返回参数 n1 的值，否则返回 n2 的值	IF(A2>60,"Y","N")

任务完成效果如图 7-1 和图 7-2 所示（工作表中数据较多，截图中只截取表中前 23 位职工信息）。

职工基本情况表

	A	B	C	D	E	F	G	H
3	姓名	性别	职务	学历	身份证号	年龄	入职时间	入职年限
4	张斐	男	部门经理	研究生	43230219791008[illegible]	37	2003/12/21	13
5	李斯	女	助理	研究生	23010219781112[illegible]	38	2004/7/2	12
6	王尚	男	技术员	本科	23010119781112[illegible]	38	2004/9/30	12
7	马昭	男	组长	大专	43010119770313[illegible]	39	2004/11/10	12
8	曹草	男	技术员	研究生	43010119750413[illegible]	41	2010/12/6	6
9	关雨	女	办事员	大专	11010119790101[illegible]	37	2001/1/3	15
10	孙香	女	文员	本科	11010119811101[illegible]	35	2010/2/1	6
11	周宇	男	总工程师	研究生	44030419810319[illegible]	35	2010/3/3	6
12	吴光	男	工程师	本科	44030419711212[illegible]	45	2004/4/1	12
13	郑升	男	工程师	大专	44030419821213[illegible]	34	2009/5/4	7
14	章瑜	男	文员	本科	32030419821214[illegible]	34	2010/6/6	6
15	韩菲	女	助理	大专	32030419850101[illegible]	31	2007/6/30	9
16	刘蓓	女	办事员	大专	32030419880304[illegible]	28	2003/10/2	13
17	吕雪	女	技术员	本科	22030419880304[illegible]	28	2011/11/4	5
18	赵俊	男	业务经理	研究生	22030119790102[illegible]	37	1999/12/7	17
19	黄宏	男	助理	研究生	15030119790102[illegible]	37	2006/12/28	10
20	彭柳	女	组长	本科	60101019740102[illegible]	42	2008/2/6	8
21	胡霏	女	办事员	本科	71101019740102[illegible]	42	2004/3/1	12
22	柳静	男	办事员	本科	32020119750202[illegible]	41	2009/4/5	7
23	郑薇	女	组长	研究生	32020119750202[illegible]	41	2009/12/12	7

图7-1 职工基本情况表

	A	B	C	D	E	F	G	H	I	J	K	L	M	N
1	职工工资表													
2									加班/次：	100	迟到/次：	80	请假/次：	50
3	职工编号	姓名	部门编号	部门	职务	工龄	基本工资	工龄补贴	加班小时	迟到次数	请假天数	绩效工资	绩效等级	总工资
4	209004001	马甫仁	004	行政部	部门经理	9	¥8,000	¥500	35	2	1	¥3,290	B	¥11,790
5	209001004	马昭	001	技术部	组长	12	¥6,000	¥1,000	40	0	0	¥4,000	A	¥11,000
6	209002010	王立	002	销售部	组长	5	¥6,000	¥500	30	0	1	¥2,950	C	¥9,450
7	209005007	王志华	005	客服部	业务员	9	¥4,000	¥500	24	0	0	¥2,400	C	¥6,900
8	209003011	王克仁	003	财务部	组长	8	¥6,000	¥500	35	0	1	¥3,450	B	¥9,950
9	209001003	王尚	001	技术部	技术员	12	¥6,000	¥1,000	25	0	2	¥2,400	C	¥9,400
10	209003001	王昊	003	财务部	财务总监	6	¥8,000	¥500	30	3	0	¥2,760	C	¥11,260
11	209004004	王晓宁	004	行政部	业务员	13	¥4,000	¥1,000	40	1	0	¥3,920	A	¥8,920
12	209004007	王超	004	行政部	文员	12	¥4,000	¥1,000	40	1	1	¥3,870	A	¥8,870
13	209002012	邓子业	002	销售部	业务员	15	¥4,000	¥1,000	40	2	0	¥3,840	A	¥8,840
14	209005005	叶品卉	005	客服部	文员	7	¥4,000	¥500	22	0	0	¥2,200	C	¥6,700
15	209004008	叶德伟	004	行政部	办事员	6	¥4,000	¥500	30	1	0	¥2,920	C	¥7,420
16	209001014	吕雪	001	技术部	技术员	5	¥6,000	¥500	23	1	0	¥2,220	C	¥8,720
17	209005003	庄虹星	005	客服部	办事员	6	¥4,000	¥500	30	1	1	¥2,870	C	¥7,370
18	209002011	刘业颖	002	销售部	业务员	6	¥4,000	¥500	30	0	0	¥3,000	B	¥7,500
19	209001013	刘蓓	001	技术部	办事员	13	¥4,000	¥1,000	22	1	0	¥2,120	C	¥7,120
20	209001006	关雨	001	技术部	办事员	15	¥4,000	¥1,000	30	0	0	¥3,000	B	¥8,000
21	209004006	江悦强	004	行政部	业务员	12	¥4,000	¥1,000	30	2	0	¥2,840	C	¥7,840
22	209002008	阮圆	002	销售部	业务员	9	¥4,000	¥500	31	2	0	¥2,940	C	¥7,440
23	209001007	孙香	001	技术部	文员	6	¥4,000	¥500	40	1	1	¥3,870	A	¥8,370

图7-2　职工工资表

7.1.2　任务步骤

1. 日期时间函数

① 打开 Excel 工作簿“职工工资表 .xlsx”，在工作表“职工基本情况表”中，利用 YEAR、NOW 和 MID 函数，计算每位职工的年龄。

② 在工作表“职工基本情况表”中，利用 YEAR 和 NOW 函数，计算每位员工的入职年限。

2. 文本函数

职工编号中的 4 ～ 6 位数为该职工所在部门的部门编号（例如：若职工编号为“209001001”，则该职工的部门编号为“001”）。利用 MID 函数，在“职工基本情况表”C4:C61 单元格区域中获取每位员工的部门编号。

3. 查找函数

在工作表“工资表”中，利用 VLOOKUP 函数获取“职工基本情况表”中的每位职工的职务、工龄信息，结果显示在“工资表”E4:F61 单元格区域中。

4. IF 函数

在工作表“工资表”H4:H61 单元格区域中计算每位职工的工龄补贴。工龄补贴规则：工龄在 10 年及以上的，工龄补贴为 1 000 元；10 年以下则补贴 500 元。

5. 复杂公式计算

在工作表“工资表”L4:L61 单元格区域中计算每位员工的绩效工资。绩效工资的计算公式为：绩效工资 = 加班小时 * 加班费 − 迟到次数 * 迟到扣款 − 请假天数 * 请假扣款。加班费、迟到和请假扣款金额分别在单元格 J2、L2 和 N2 中。

6. IF 函数嵌套

① 使用 IF 函数计算，在工作表“工资表”M4:M61 单元格区域中计算每位员工的绩效等级。等级划分规则如表 7-3 所示。

② 使用 IF 函数计算，在工作表“工资表”D4:D61 单元格区域内获取每位员工的所在部门名称。部门编号与部门名称的对应关系如表 7-4 所示。

表 7-3 绩效等级划分规则

绩效工资	绩效等级
绩效工资 >=3800	A
3800> 绩效工资 >=3000	B
3000> 绩效工资 >=2000	C
绩效工资 <2000	D

表 7-4 部门编号名称对应表

部门编号	部门名称
001	技术部
002	销售部
003	财务部
004	行政部
005	客服部

7. 简单公式计算

在工作表“工资表”N4:N61 单元格区域中计算每位员工的总工资。总工资的计算公式为：总工资 = 基本工资 + 工龄补贴 + 绩效工资。

8. 设置单元格格式

设置工作表“工资表”中的 G4:H61、L4:L61 和 N4:N61 单元格格式为货币，小数位数为 0。

9. 冻结窗口

使“工资表”中第 1、2、3 行和第 1 列的数据始终可见。

7.1.3 任务实施

1. 日期时间函数

① 打开 Excel 工作簿“职工工资表 .xlsx”，在工作表“职工基本情况表”中，利用 YEAR、NOW 和 MID 函数，计算每位职工的年龄。

② 在工作表“职工基本情况表”中，利用 YEAR 和 NOW 函数，计算每位员工的入职年限。

具体操作步骤如下：

① 双击打开素材文件夹中的 Excel 工作簿“职工工资表 .xlsx”，单击窗口下方的“职工基本情况表”，选择“职工基本情况表”工作表。

职工的年龄 = 现在的年份 – 职工的出生年份。首先要计算的是当前的年份，可以通过 YEAR 和 NOW 函数计算出来。

② 将光标定位在 F4 单元格中，插入“YEAR”函数，在弹出的“函数参数”对话框中，输入参数“now()”，表示返回当前时间的年份值（这里要注意的是函数里的所有运算符号都必须使用英文标点），如图 7-3 所示。单击“确定”按钮后，可以得出当前的年份，如图 7-4 所示。

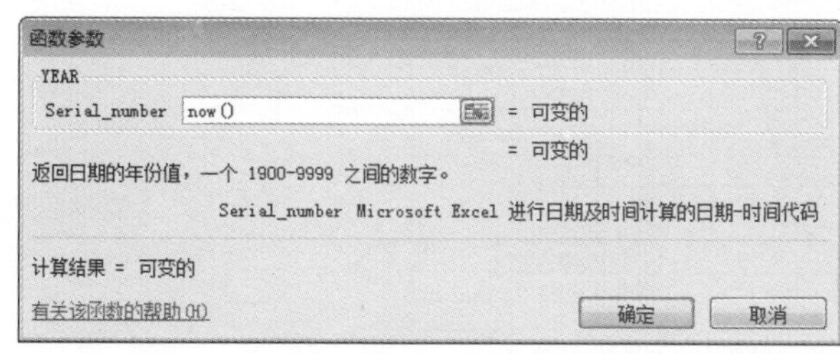

图7-3 YEAR函数参数设置

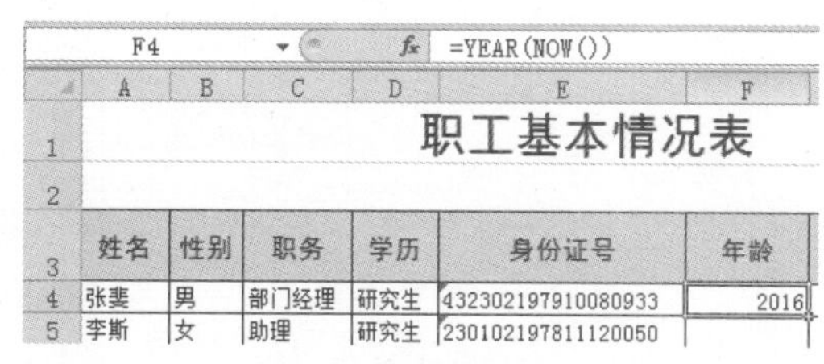

图7-4 计算当前年份

在工作表中，“身份证号”列中的数据包含了职工的出生年份，可以通过 MID 函数来获取。

③ 选中单元格 F4，再将光标定位到编辑栏中的函数后面，输入运算符号“-”，单击窗口左上方的“函数”下拉按钮，选择 MID 函数（这里要注意的是若下拉列表中没有显示“MID”函数，则单击“其他函数…”，再选择 MID 函数），如图 7-5 所示。打开 MID 函数的“函数参数”对话框。

④ 在弹出的对话框中设置参数：

- “text”域中选择单元格“E4”（即对应的职工身份证号）。
- “Start_num”域中输入参数“7”（即从第7位开始提取字符串）。
- “Num_chars”域中输入参数“4”（即提取的字符串长度为4）。

如图 7-6 所示，单击“确定”按钮，计算出每位职工的年龄。

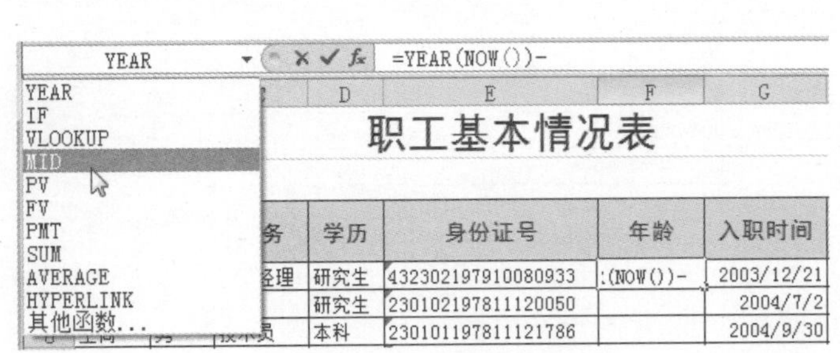

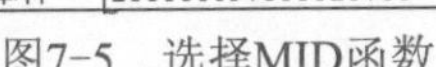
图7-5　选择MID函数

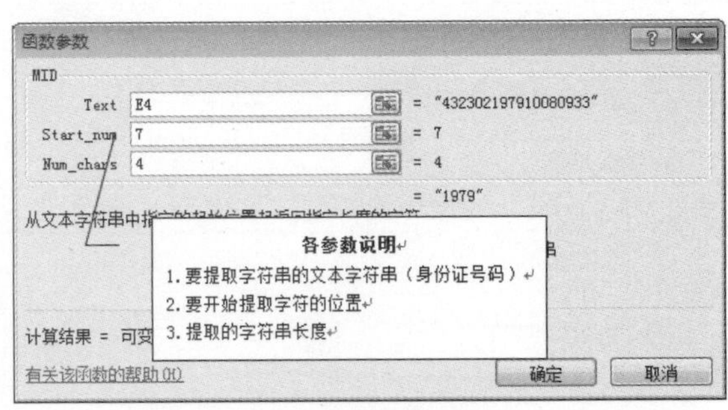

图7-6　MID函数参数设置

⑤ 选择 F4 单元格，移动鼠标，当鼠标指针变成黑色填充柄时双击鼠标，完成函数和公式的复制。

⑥ 职工的入职年限 = 现在的年份 - 职工的入职年份。首先要计算的是当前的年份，即是将光标定位在 H4 单元格中，插入函数“=YEAR(NOW())”计算当前的年份。

⑦ 在编辑栏中的函数后面输入运算符号“-”后，单击窗口左上方的“函数”下拉按钮，选择函数 YEAR，弹出 YEAR 函数的“函数参数”对话框。在“Serial_number”参数编辑区内选取“入职时间”所在的单元格“G4”，如图 7-7 所示。单击“确定”按钮，计算出当前职工的入职年限。

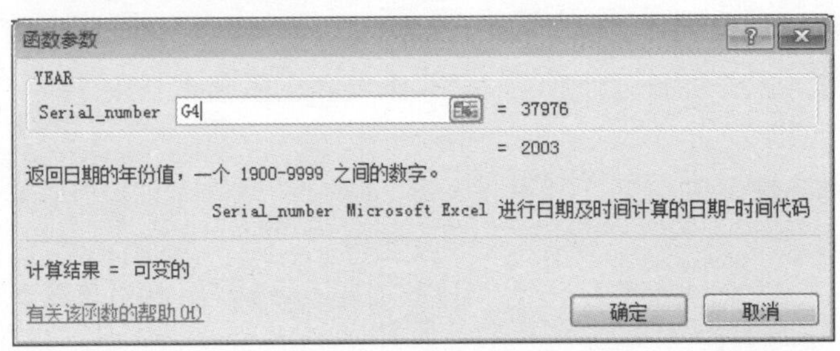

图7-7　计算入职年份

⑧ 选择 H4 单元格，移动鼠标，当鼠标指针变成黑色填充柄时双击鼠标，完成函数和公式的复制（这里注意的是，若返回的结果为日期格式，则选取 H4:H61 单元格区域，设置单元格格式为“数值”）。“职工基本情况表”前 20 条记录计算结果如图 7-8 所示。

姓名	性别	职务	学历	身份证号	年龄	入职时间	入职年限
张葵	男	部门经理	研究生	432302197910080933	37	2003/12/21	13
李斯	女	助理	研究生	230102197811120050	38	2004/7/2	12
王尚	男	技术员	本科	230101197811121786	38	2004/9/30	12
马韶	男	组长	大专	430101197703133322	39	2004/11/10	12
曹草	男	技术员	研究生	430101197504133530	41	2010/12/6	6
关雨	女	办事员	大专	110101197901014493	37	2001/1/3	15
孙香	女	文员	本科	11010119811101838X	35	2010/2/1	6
周宇	男	总工程师	研究生	440304198103194603	35	2010/3/3	6
吴光	男	工程师	本科	440304197112121137	45	2004/4/1	12
郑升	男	工程师	大专	44030419821213479X	34	2009/5/4	7
章瑜	男	文员	本科	320304198212148203	34	2010/6/6	6
韩菲	女	助理	大专	320304198501017912	31	2007/6/30	9
刘蓓	女	办事员	大专	320304198803045900	28	2003/10/2	13
吕雪	女	技术员	本科	220304198803040487	28	2011/11/4	5
赵俊	男	业务经理	研究生	220301197901029704	37	1999/12/7	17

图7-8　职工基本情况表计算结果

2. 文本函数

职工编号中的 4 ～ 6 位数为该职工所在部门的部门编号（例如：若职工编号为“209001001”，则该职工的部门编号为“001”）。打开工作表“工资表”，利用 MID 函数，在 C4:C61 单元格区域中获取每位员工的部门编号。

① 单击窗口下方“工资表”，打开“工资表”工作表。

② 将光标定位在 C4 单元格中，插入“MID”函数，在弹出的“函数参数”对话框中设置参数：

- “Text”域中选择单元格“A4”（即对应的职工编号）。
- “Start_num”域中输入参数“4”（即从第4位开始提取字符串）。
- “Num_chars”域中输入参数“3”（即返回的字符串长度为3）。

如图 7-9 所示，单击“确定”后，可以计算出职工的部门编号。

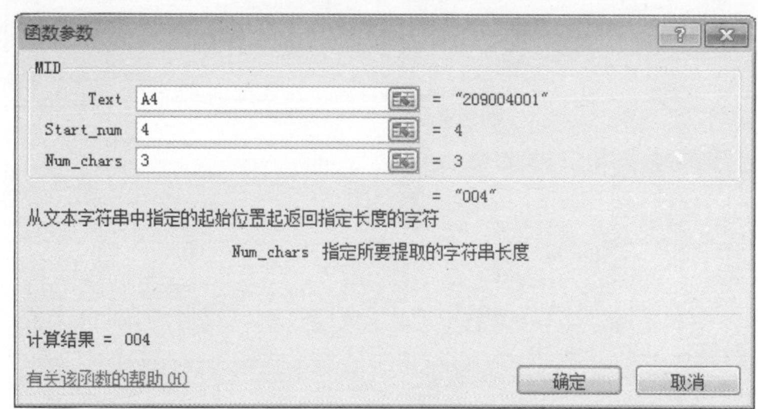

图7-9　计算部门编号

③ 选择 C4 单元格，移动鼠标，当鼠标指针变成黑色填充柄时双击鼠标，完成函数的复制。

3. 查找函数

在工作表“工资表”中，利用 VLOOKUP 函数获取“职工基本情况表”中的每位职工的职务、工龄信息，结果显示在“工资表”E4:F61 单元格区域中。

① 将光标定位在 E4 单元格，插入函数“VLOOKUP”，打开 VLOOKUP 函数参数对话框，参数设置如图 7-10 所示。

- 在“Lookup_value”域中选择单元格“B4”，表示要在“职工基本情况表”中查找的数据为该职工的姓名（这里要注意的是要查找的数据必须是查找区域中第一列中的数据）。
- 在“Table_array”域中选择“职工基本情况表”中A4:H61单元格区域。
- 在“Col_index_num”域中输入“3”，即要返回的数据（“职务”）位于查找区域（A4:H61）的第3列位置；
- 在“Range_lookup”域中输入“0”或者“FALSE”，用于大致匹配查找。若查找区域的第一列数据升序排列，此参数可以输入“TRUE”或者忽略。

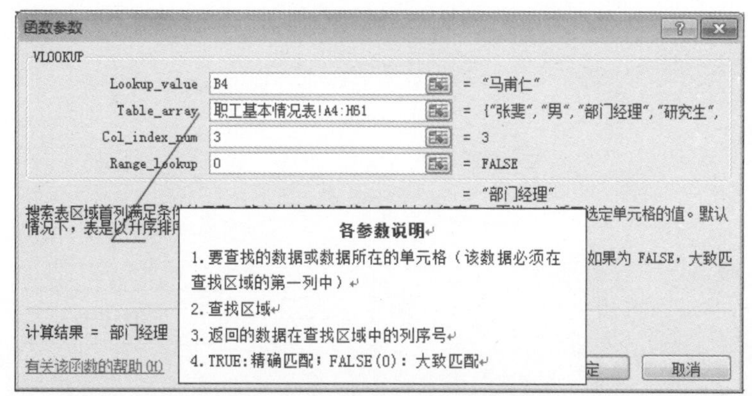

图7-10　VLOOKUP函数参数设置

② 由于公式复制时，查找区域“职工基本情况表 !A4:H61”是不发生改变的，因此该范围需要按【F4】键转换为绝对引用，如图 7-11 所示。单击“确定”按钮，获取职工的职务。

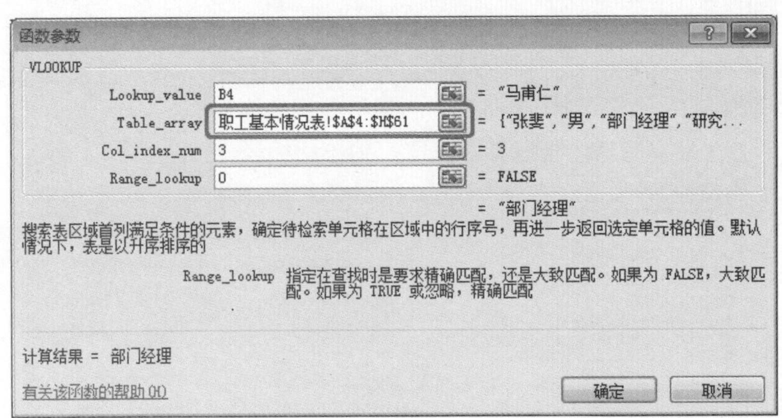

图7-11　获取职工的职务

③ 选择 E4 单元格，移动鼠标，当鼠标指针变成黑色填充柄时双击，完成函数的复制。

④ 将光标定位到 F4 单元格，插入“VLOOKUP”函数，获取每位职员的工龄（入职年限）。参数设置如图 7-12 所示。

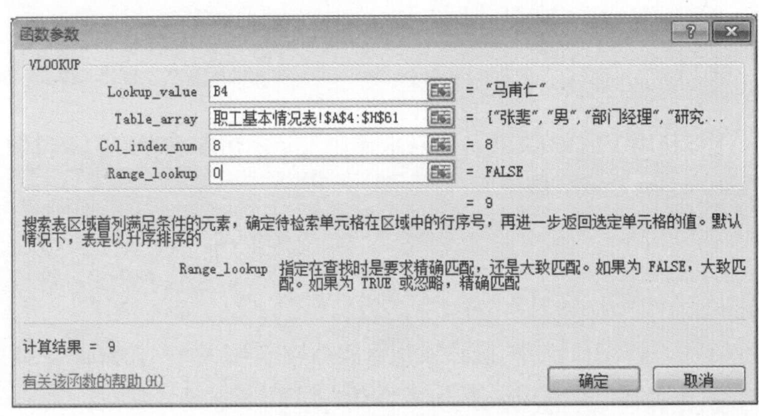

图7-12　获取职工工龄

⑤ 选择 F4 单元格，移动鼠标，当鼠标指针变成黑色填充柄时双击鼠标，完成函数的复制。

4. IF 函数

在工作表“工资表”H4:H61 单元格区域中计算每位职工的工龄补贴。工龄补贴规则：工龄在 10 年及以上的，工龄补贴为 1 000 元；10 年以下则补贴 500 元。

本例中，工龄补贴的计算与工龄有关。逻辑图如图 7-13 所示。

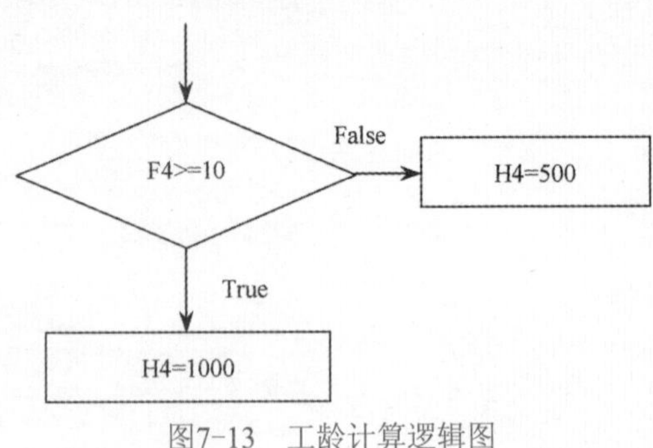

图7-13　工龄计算逻辑图

具体操作步骤如下：

① 将光标定位在 H4 单元格，插入函数“IF”，打开 IF 函数参数对话框。

② 在 IF 函数参数对话框中设置参数：

- 在“Logical_test”域中逻辑表达式“F4>=10”，表示判断工龄是否大于等于10。
- 在“Value_if_true”域中输入表达式结果为真时返回的结果“1000”。
- 在“Value_if_false”域中输入表达式结果为假时返回的结果“500”。

如图 7-14 所示，单击“确定”按钮，返回职工的工龄补贴。

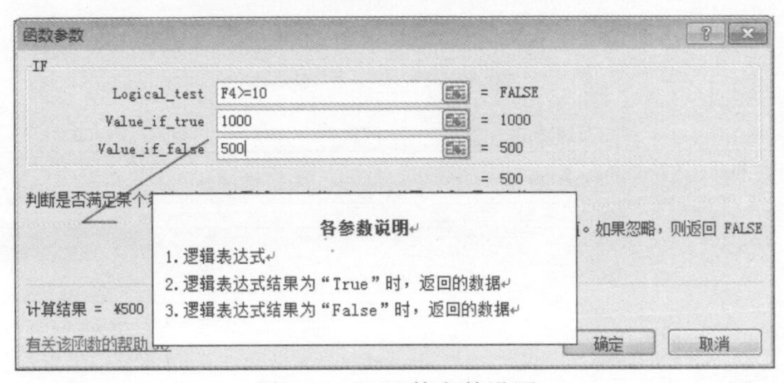

图7-14 IF函数参数设置

③ 选择 H4 单元格，移动鼠标，当鼠标指针变成黑色填充柄时双击鼠标，完成函数的复制。

5. 复杂公式计算

在工作表“工资表”L4:L61 单元格区域中计算每位员工的绩效工资。绩效工资的计算公式为：绩效工资 = 加班小时 * 加班费 - 迟到次数 * 迟到扣款 - 请假天数 * 请假扣款。加班费、迟到和请假扣款金额分别在单元格 J2、L2 和 N2 中。

① 将光标定位到 L4 单元格中，输入运算符号“=”，在“=”后面按题目中的公式输入数据对应的单元格，即“=I4*J2-J4*L2-K4*N2”。

② 由于公式复制时，加班费、迟到和请假扣款金额数据所在的单元格是不发生改变的，因此这三个单元格需要按【F4】键转换为绝对引用，即“=I4*$J$2-J4*$L$2-K4*$N$2”，如图 7-15 所示。

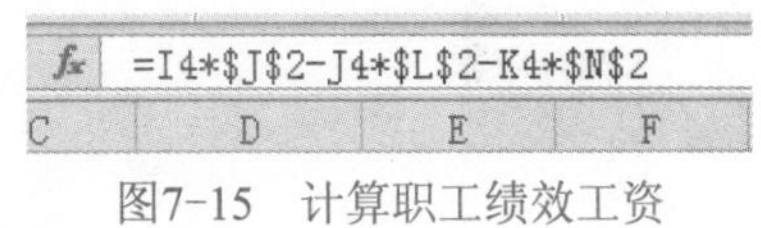

图7-15 计算职工绩效工资

③ 公式输入完成后，按【Enter】键得到计算结果。

④ 选择 L4 单元格，移动鼠标，当鼠标指针变成黑色填充柄时双击鼠标，完成公式的复制。

6. IF 函数嵌套

① 使用 IF 函数计算，在工作表“工资表”M4:M61 单元格区域中计算每位员工的绩效等级。等级划分规则如表 7-3 所示。

② 使用 IF 函数计算，在工作表“工资表”D4:D61 单元格区域内获取每位员工的所在部门名称。部门编号与部门名称的对应关系如表 7-6 所示。

IF 函数计算中，当需要对多个条件进行判断时，则嵌套使用 IF 函数，IF 函数最多可以嵌套 7 层。计算职工的绩效等级，具体操作步骤如下：

① 将光标定位到 M4 单元格，插入函数“IF”。在 IF 函数参数对话框中，函数参数设置如图 7-16 所示。

- 在“Logical_test”域中输入逻辑表达式“L4>=3800”，按等级划分规则，先判断绩效工资是否大于 3800。
- 在“Value_if_true”域中输入表达式“L4>=3800”结果为真时返回结果“A”。
- 将光标定位在“Value_if_false”域中，单击窗口左上方的IF函数，弹出第二个IF函数参数对话框。

② 在第二个 IF 函数参数对话框中，参数设置如图 7-17 所示。

- 在“Logical_test”域中逻辑表达式“L4>=3000”。
- 在“Value_if_true”域中输入表达式结果为真时返回结果“B”。
- 将光标定位在“Value_if_false”域中，单击窗口左上方的IF按钮，弹出第三个IF函数参数对话框。

这里要注意的是：在嵌套的时候，不要出现类似“3800>L4>=3000”的连续比较条件表达式，否则将导致不正确的结果。

③ 在第三个 IF 函数参数对话框中，参数设置如图 7-18 所示。这次的“Value_if_false”域中直接输入结果“D”即可，单击“确定”按钮，得到职工绩效等级。

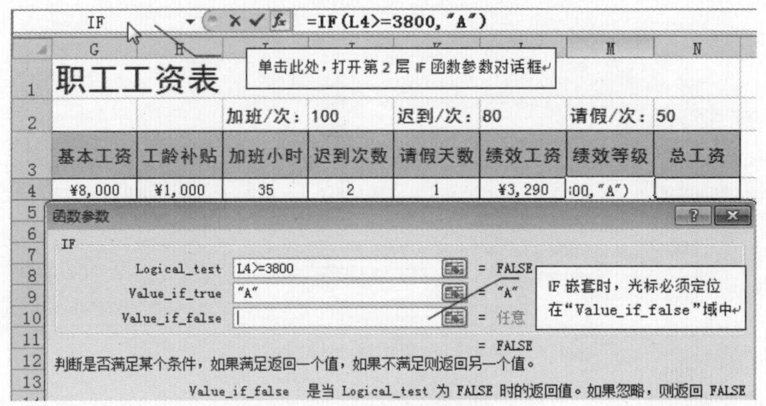

图7-16　第一层IF函数参数设置

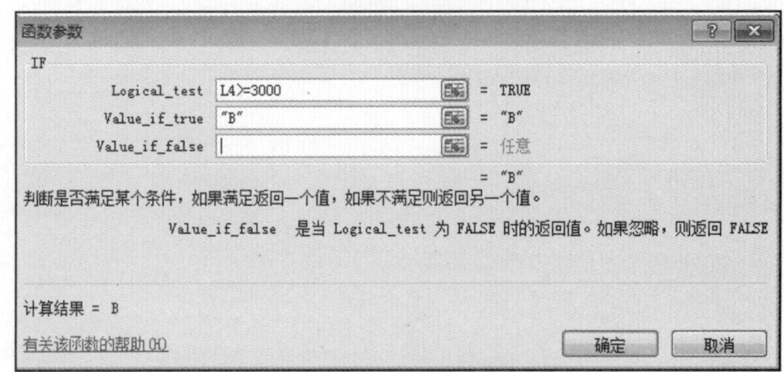
图7-17　第二层IF函数参数设置

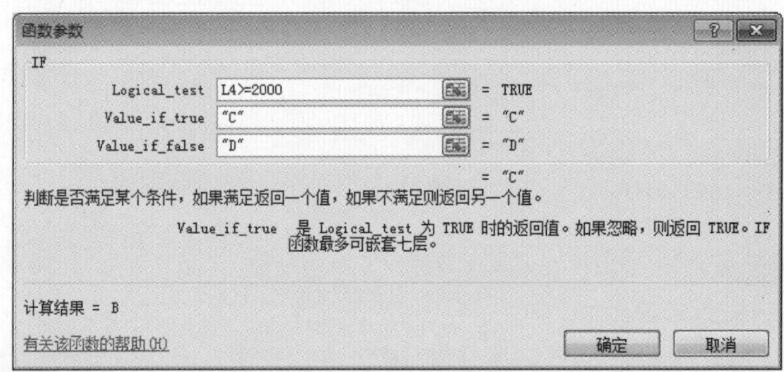
图7-18　第三层IF函数参数设置

④ 选择 M4 单元格，移动鼠标，当鼠标指针变成黑色填充柄时双击，完成函数的复制。

⑤ 要获取职工所在的部门名称，先将光标定位在 D4 单元格中，插入"IF"函数，弹出的"函数参数"对话框，参数设置如图 7-19 所示。

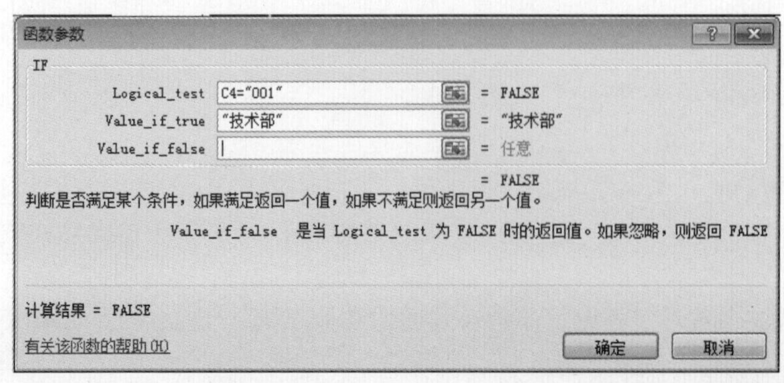
图7-19　第一层IF函数参数设置

- 在“Logical_test”域中输入逻辑表达式“C4="001"”。
- 在“Value_if_true”域中输入表达式结果为真时返回的结果“技术部”。
- 将光标定位在“Value_if_false”域中，单击窗口左上方的IF按钮，弹出第二个IF函数参数对话框。

这里要注意的是，因为“001”为数字型文本字符，在进行计算时，需要添加英文标点双引号。

⑥ 依次进行剩下 IF 函数嵌套计算，获取部门名称。最终函数如图 7-20 所示。

```
=IF(C4="001","技术部",IF(C4="002","销售部",IF(C4=
"003","财务部",IF(C4="004","行政部","客服部"))))
```

图7-20 获取部门名称

⑦ 计算完成后，选择 D4 单元格，移动鼠标，当鼠标指针变成黑色填充柄时双击鼠标，完成函数的复制。

7. 简单公式计算

在工作表“工资表”N4:N61 单元格区域中计算每位员工的总工资。总工资的计算公式为：总工资 = 基本工资 + 工龄补贴 + 绩效工资。

① 将光标定位在 N4 单元格，输入公式“= G4+H4+L4”，按【Enter】键得到结果，如图 7-21 所示。

② 选择 N4 单元格，移动鼠标，当鼠标指针变成黑色填充柄时双击鼠标，完成公式的复制。

```
=G4+H4+L4
```

	L	M	N
/次：80		请假/次：50	
天数	绩效工资	绩效等级	总工资
	¥3,290	B	¥11,790
	¥4,000	A	¥11,000

图7-21 计算总工资

8. 设置单元格格式

设置工作表“工资表”中的 G4:H61，L4:L61 和 N4:N61 单元格格式为货币，小数位数为 0。

① 选择单元格区域 G4:H61，按住【Ctrl】键，再选择 L4:L61 和 N4:N61 区域。

② 右击并选择“设置单元格格式”命令，打开“设置单元格格式”对话框，在“数字”选项卡中选择“货币”，小数位数设置为“0”。

③ 单击“确定”按钮。工资表前 20 条记录计算结果如图 7-22 所示。

9. 冻结窗口

使“工资表”中第 1、2、3 行和第 1 列的数据始终可见。

① 将光标定位在 B4 单元格。

② 单击“视图”选项卡“窗口”组中的“冻结窗格”下拉按钮，选择“冻结拆分窗格”命令，如图 7-23 所示。即实现 1 ～ 3 行和第 1 列的数据一直显示在屏幕上。

职工工资表

								加班/次：	100	迟到/次：	80	请假/次：	50
职工编号	姓名	部门编号	部门	职务	工龄	基本工资	工龄补贴	加班小时	迟到次数	请假天数	绩效工资	绩效等级	总工资
209004001	马甫仁	004	行政部	部门经理	9	¥8,000	¥500	35	2	1	¥3,290	B	¥11,790
209001004	马昭	001	技术部	组长	12	¥6,000	¥1,000	40	0	0	¥4,000	A	¥11,000
209002010	王立	002	销售部	组长	5	¥6,000	¥500	30	0	1	¥2,950	C	¥9,450
209005007	王志华	005	客服部	业务员	9	¥4,000	¥500	24	0	0	¥2,400	C	¥6,900
209003011	王克仁	003	财务部	组长	8	¥6,000	¥500	35	0	1	¥3,450	B	¥9,950
209001003	王尚	001	技术部	技术员	12	¥6,000	¥1,000	25	0	2	¥2,400	C	¥9,400
209003001	王昊	003	财务部	财务总监	6	¥8,000	¥500	30	3	0	¥2,760	C	¥11,260
209004004	王晓宁	004	行政部	业务员	13	¥4,000	¥1,000	40	1	0	¥3,920	A	¥8,920
209004007	王超	004	行政部	文员	12	¥4,000	¥1,000	40	1	1	¥3,870	A	¥8,870
209002012	邓子业	002	销售部	业务员	15	¥4,000	¥1,000	40	2	0	¥3,840	A	¥8,840
209005005	叶品卉	005	客服部	文员	7	¥4,000	¥500	22	0	0	¥2,200	C	¥6,700
209004008	叶德伟	004	行政部	办事员	6	¥4,000	¥500	30	1	0	¥2,920	C	¥7,420
209001014	吕雪	001	技术部	技术员	5	¥6,000	¥500	23	1	0	¥2,220	C	¥8,720
209005003	庄虹星	005	客服部	办事员	6	¥4,000	¥500	30	1	1	¥2,870	C	¥7,370
209002011	刘业颖	002	销售部	业务员	6	¥4,000	¥500	30	0	0	¥3,000	B	¥7,500
209001013	刘蓓	001	技术部	办事员	13	¥4,000	¥1,000	22	1	0	¥2,120	C	¥7,120
209001006	关雨	001	技术部	办事员	15	¥4,000	¥1,000	30	0	0	¥3,000	B	¥8,000
209004006	江悦强	004	行政部	业务员	12	¥4,000	¥1,000	30	2	0	¥2,840	C	¥7,840
209002008	阮圆	002	销售部	业务员	9	¥4,000	¥500	31	2	0	¥2,940	C	¥7,440
209001007	孙香	001	技术部	文员	6	¥4,000	¥500	40	1	1	¥3,870	A	¥8,370

图7-22 职工工资表

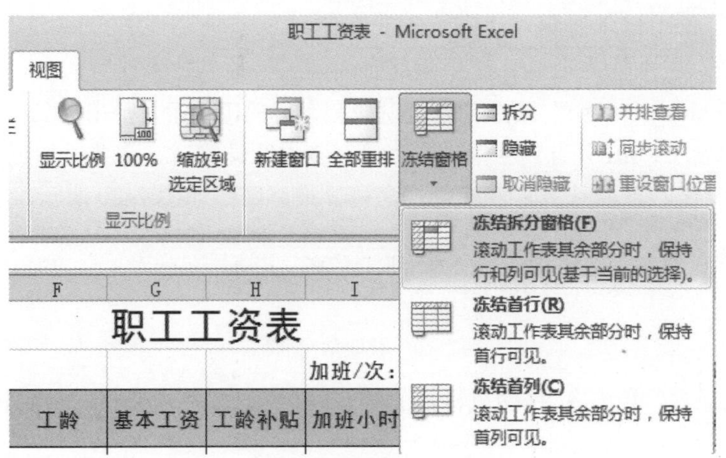

图7-23　冻结拆分窗格

7.1.4　难点解析

通过本节课程的学习，学生掌握了 YEAR、NOW、MID、VLOOKUP、IF 以及 IF 嵌套等多个函数的操作和使用技巧。其中，查找函数 VLOOKUP 和 IF 函数嵌套是本节的难点内容，这里将针对这两个函数做具体的讲解。

1. VLOOKUP 函数

VLOOKUP 函数是 Excel 中的一个纵向查找函数，它与 LOOKUP 函数和 HLOOKUP 函数属于同一类函数，在工作中都有广泛应用。VLOOKUP 是按列查找，最终返回该列所需查询列序号对应的值；与之对应的 HLOOKUP 是按行查找的。

（1）函数概述

VLOOKUP 函数的函数功能是在表格或者单元格区域的首列查找指定的数值，并由此返回表格或数组当前行中指定列的数值。也就是说，用户可以使用 VLOOKUP 函数搜索某个单元格区域的第一列，然后返回该区域相同行上任何单元格中的值。

函数动态图解如图 7-24 所示。

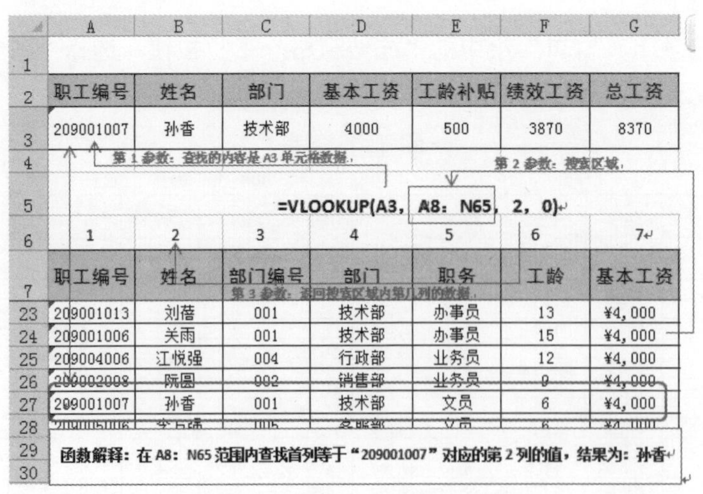

职工编号	姓名	部门	基本工资	工龄补贴	绩效工资	总工资
209001007	孙香	技术部	4000	500	3870	8370

职工编号	姓名	部门编号	部门	职务	工龄	基本工资
209001013	刘蓓	001	技术部	办事员	13	¥4,000
209001006	关雨	001	技术部	办事员	15	¥4,000
209004006	江悦强	004	行政部	业务员	12	¥4,000
209002008	阮圆	002	销售部	业务员	9	¥4,000
209001007	孙香	001	技术部	文员	6	¥4,000

图7-24　VLOOKUP函数动态图解

① 语法规则。

VLOOKUP 函数的语法规则如下：

```
VLOOKUP(Lookup_value,Table_array,Col_index_num,Range_lookup)
```

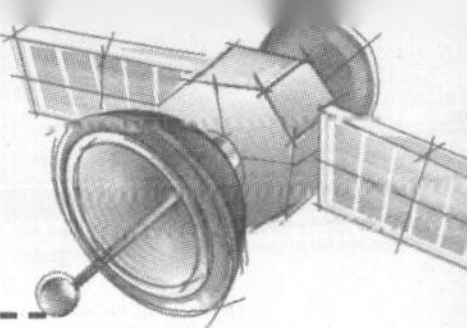

② 函数参数说明。

VLOOKUP 函数参数说明如表 7-5 所示。

表 7-5　VLOOKUP 函数参数说明

参　数	简单说明	输入数据类型
Lookup_value	要查找的值	数值、引用或文本字符串
Table_array	要查找的区域	数据表区域
Col_index_num	返回数据在查找区域的第几列数据	正整数（首列的列序号为 1）
Range_lookup	模糊匹配或精确匹配	FALSE(或 0)/TRUE（或不填）

（2）函数使用注意事项

① 参数“Lookup_value”为搜索区域第一列中需要查找的值。此参数是必需的，可以是值，也可以是单元格的引用。查询的数据必须是搜索区域中第一列的数据。注意这里的第一列是指搜索区域的第一列，并不是数据表的第一列。若需要查询的值是数据表其他列的数据，灵活变换搜索区域即可。

例如，在“工资表”中，查询部门编号“003”的部门名称，则可将搜索区域定为“C4:D61”，而返回数据的列序号为“2”。所使用的函数公式为 =VLOOKUP（"003"，C4:D61，2，FALSE），此函数查找单元格区域“C4:D61”中第一列的值“003”，然后将“003”所在行的第 2 列单元格数据作为查询值返回。VLOOKUP 函数参数设置如图 7-25 所示。

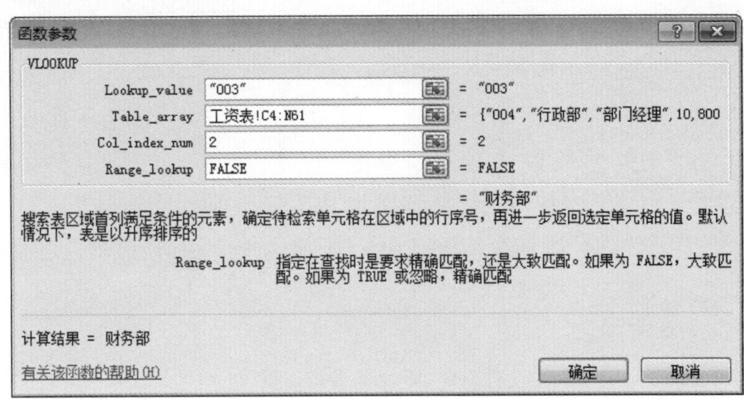

图7-25　使用VLOOKUP函数获取部门名称

② 若需要使用 VLOOKUP 进行多次计算，如图 7-26 所示，计算“职工编号”单元格中显示的编号所对应的职工姓名、部门、基本工资、工龄补贴、绩效工资和总工资等信息。可以利用单元格的绝对引用和公式的复制操作来完成计算。

职工工资表

	A	B	C	D	E	F	G	H	I	J	K	L	M	N
1							职工工资表							
2									加班/次：	100	迟到/次：	80	请假/次：	50
3	职工编号	姓名	部门编号	部门	职务	工龄	基本工资	工龄补贴	加班小时	迟到次数	请假天数	绩效工资	绩效等级	总工资
61	209004005	魏文鼎	004	行政部	助理	12	¥6,000	¥1,000	30	3	1	¥2,710	C	¥9,710
62														
63														
64							职工工资查询表							
65				职工编号	姓名	部门	基本工资	工资补贴	绩效工资	总工资				
66				209001007	孙香	技术部	¥4,000	¥500	¥3,870	¥8,370				

图7-26　职工工资查询表

本例中，职工编号数据是根据用户需要查询的信息而变动的，但单元格的位置是固定在 D66 的，所以参数“Lookup_value”可以用单元格引用，并将该单元格固定起来，即 $D$66。

要查询的搜索区域是整张职工工资表数据区域，即 A4:N61。无论查询的数据是姓名、部门还是基本工资等，搜索区域同样是固定不变的，所以参数“Table_array”所引用的区域也应该固定起来，即 $A$4:$N$61。函数参数设置如图 7-27 所示。

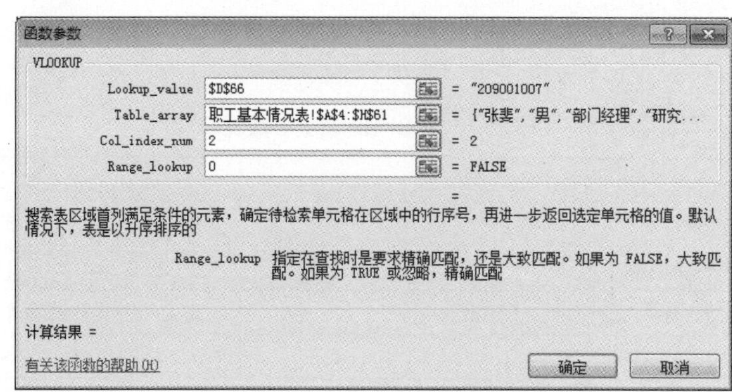

图7-27　职工工资查询表的计算

复制公式后，逐一修改其他列所对应的列序号即可。

③ 参数“Range_lookup”可选。要注意的是如果 Range_lookup 为“TRUE”或者省略，则必须按升序排列搜索区域第一列的值，否则 VLOOKUP 可能无法返回正确的值。也就是说，如果搜查区域的第一列数据的值不是升序排列的话，此参数需要输入“FALSE”或者“0”。

2. IF 函数嵌套

IF 函数的功能是执行真假值判断，根据逻辑表达式的真假值，返回不同结果。例如，A10=100 就是一个逻辑表达式，如果单元格 A10 中的值等于 100，表达式即为 TRUE，否则为 FALSE。

IF 函数可以嵌套 7 层，用 Value_if_true 和 Value_if_false 参数可以构造复杂的检测条件。

（1）函数概述

① 语法规则。

IF 函数的语法结构为“=IF(逻辑表达式，结果 1，结果 2)”，也就是说如果表达式的计算结果为 TRUE，IF 函数将返回结果 1；如果该条件的计算结果为 FALSE，则返回结果 2。

若是 IF 函数嵌套，则当条件的计算结果为 FALSE，则进入下一层 IF 函数，进行第 2 次的表达式计算。

② 参数说明。

IF 函数参数说明如表 7-6 所示。

表 7-6　IF 函数参数说明

参　数	简 单 说 明	参 数 说 明
Logical_test	表示计算结果为 TRUE 或 FALSE 的任意值或表达式	• 连接条件表达式主要使用的关系运算符有：=、<>、>、<、>= 和 <= 等关系运算符。 • 条件表达式中根据需要可嵌套其他函数。 • 若表达式中出现了文本字符串，需要使用双引号，例如：A10=" 优秀 "
Value_if_true	“Logical_test”结果为真时返回的值	数值、引用、文本字符串或公式函数
Value_if_false	“Logical_test”结果为假时返回的值	数值、引用、文本字符串或公式函数，若是 IF 函数嵌套，则单击左上方“IF”按钮

（2）函数使用注意事项

IF 嵌套函数的操作步骤在任务中已经有实例讲解，这里需要注意的是，在完成 IF 函数嵌套时，经常会出现以下几点问题：

① 不能出现类似“1500<=B3<=2000”的连续比较条件表达式，否则将导致不正确的结果。

例如：如图 7-28 所示，若销售额在 20 000 元以上，奖励 1 000 元；介于 15 000 ～ 20 000 元之间，奖励 500 元；其他奖励为 0。

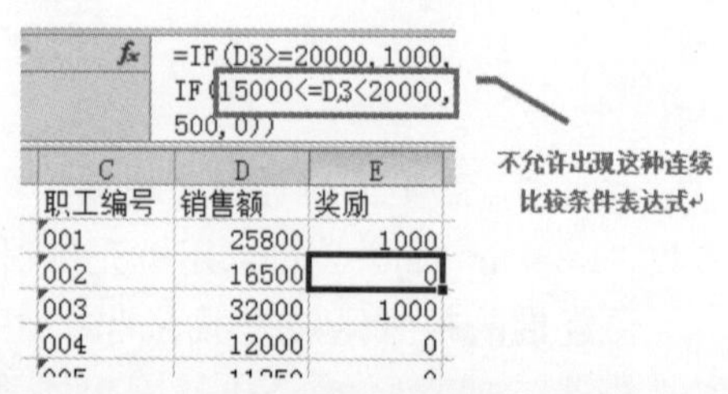

图7-28　IF函数计算错误示例

从上图中可以看到，D3 的单元格值为 16500，正确的计算结果应该是 500。可当 E3 单元格的计算公式是“=IF(D3>=20000,1000,IF(D3>=15000,500,0))”时，计算结果为“0”，这明显是一个错误的

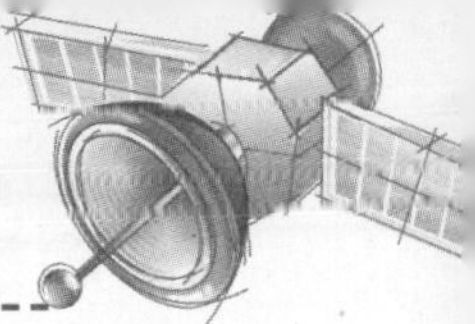

计算结果。这是因为在执行“IF(15000<=D3<20000……)”过程中，先执行了“15000<=D3”比较，结果为“TRUE”，再执行“TRUE”<20000 比较，“TRUE”是字符串，系统认定字符串比任何值都大，所以结果为假，从而得到 0 的结果。

正确的公式应该如图 7-29 所示。

② 不能出现条件交叉包含的情况。如果条件出现交叉包含，在 IF 函数执行过程中条件判断就会产生逻辑错误，最终导致结果不正确。

为防止出现条件交叉包含，在进行多条件嵌套时：

- 条件判断要么从最大到最小，要么从最小到最大，不要出现大小交叉情况；
- 如果条件判断为从大到小，通常使用的比较运算符为大于（>）或者大于等于（>=）；
- 如果条件判断为从小到大，通常使用的比较运算符为小于（<）或者小于等于（<=）。

③ IF 函数嵌套的操作过程中，如果光标定位在“Value_if_true”参数文本框时，就打开了新的 IF 函数参数对话框，将导致计算结果出错。

图 7-30 所示的公式就是光标定位错误时，函数中出现的错误。可以看到，嵌套连接的符号是“+”，出现这种错误，只需要在 E2 单元格的函数中，将 IF 嵌套连接符号“+”修改为“,”，重新双击黑色填充柄，复制公式即可。这里要注意的是“,”为英文标点符号。正确的计算公式应该是“=IF(D3>=20000,1000,IF(D3>=15000,500,0))”。

C	D	E
职工编号	销售额	奖励
001	25800	1000
002	16500	500
003	32000	1000
004	12000	0
005	11250	0
006	18900	500
007	30000	1000
008	10000	0

图7-29 IF函数计算

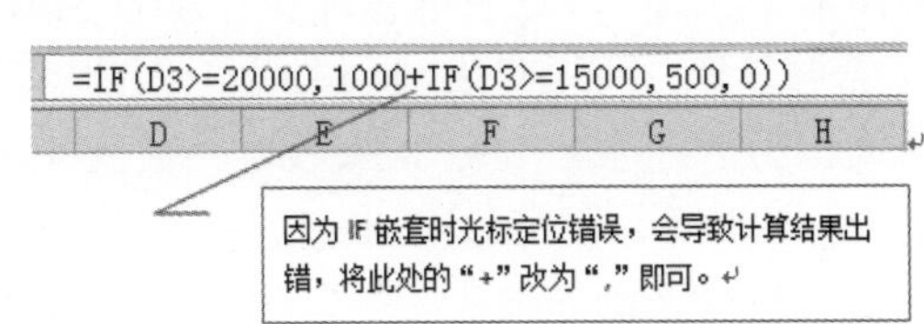

图7-30 IF函数计算错误示例

7.2 数据管理——SUV 销售统计

7.2.1 任务引导

引导任务卡见表 7-7。

表 7-7 引导任务卡

任务编号	7.2		
任务名称	SUV 销售统计	计划课时	2 课时
任务目的	本节任务要求学生利用 EXCEL 的数据管理功能完成 SUV 销售统计表中的数据管理和汇总统计。通过任务实践，要求学生掌握数据有效性、条件格式、分类汇总、数据透视图 / 表和合并计算等知识点		
任务实现流程	任务引导→任务分析→在“SUV 销售统计表”中，完成 SUV 销售情况的数据汇总→教师讲评→学生完成工作表的编辑→难点解析→总结与提高		
配套素材导引	原始文件位置：大学计算机基础 \ 素材 \ 第 7 章 \ 任务 7.2 最终文件位置：大学计算机基础 \ 效果 \ 第 7 章 \ 任务 7.2		

任务分析：

Excel 除了拥有强大的数据计算功能，还提供了强大的数据管理汇总功能，如数据有效性、条件格式、

分类汇总、数据透视图表和合并计算等，使用户在实际工作中可以及时、准确地处理大量的数据。这些数据在工作表中，常被建立为有结构的数据清单。

数据清单是指工作表中包含相关数据的一系列数据行，又称工作表数据库，是一种特殊的工作表，可以像数据库一样使用。可以理解成工作表中的一张二维表格，由若干数据列组成，每一列具有相同的数据类型，称为字段，且每一列的第一个单元格为列标题，称为字段名；除列标题所在行外，每一行被称为一条记录。

在数据清单中，用户可以添加、删除和查找数据，也可以快捷地进行数据的排序、分类汇总、数据有效性设置等操作。这些操作一般可以选择“数据”选项卡中的命令完成。

本任务要求学生利用 Excel 的数据管理功能完成 SUV 销售统计表中的数据编辑和统计。涉及的知识点包括：

① 数据有效性：对于工作表中的数据，有些数据固定为几个有限的数据时我们可以预先设置一个或多个单元格区域允许输入的数据类型、范围，而这些是通过设置“数据有效性”来实现，这样既方便输入，又能够检查数据。

② 分类汇总：分类汇总是指对工作表中的某一项数据进行分类，再对需要汇总的数据进行汇总计算。该功能分为两部分操作：首先对数据按指定列（分类字段）排序，即完成分类操作；然后对同类别的数据进行汇总统计（包括求和、求平均值、计数、求最大或最小值等）。进行汇总后，可以显示或隐藏明细数据。

③ 数据透视表：数据透视表是一种比分类汇总功能更加强大的分析数据方式，在不改变原始数据的情况下，可以用不同的方式来查看数据。它对于汇总、分析、浏览和呈现汇总数据是非常有用的。

④ 数据透视图：数据透视图是以图形形式表示数据透视表中的数据，此时数据透视表称为相关联的数据透视表。数据透视图是交互式的，这表示您可以对其进行排序或筛选，来显示数据透视表数据的子集。

⑤ 合并计算：合并计算，可以对来自一张或多张工作表中的数据进行汇总，并建立合并计算表，存放合并计算结果的工作表称为“目标工作表”，接收合并数据并参与合并计算的区域称为“源区域”。如果在一个工作表中对数据进行合并计算，则可以更加轻松地对数据进行定期或不定期的更新和汇总。

⑥ 条件格式：条件格式是指当指定条件为真时，Excel 将自动设置的格式应用于满足条件单元格。

本任务要求学生利用 Excel 的数据管理功能完成 SUV 销售统计表中的数据编辑和统计。各操作的完成效果如图 7-31 所示。（因工作表中数据较多，部分效果截图只截取部分职工的统计信息。）

汽车车型	所属厂商	所属品牌	5月销量	6月销量	7月销量	累计销量
绅宝X25	北京汽车	宝	5943	8488	5831	46718
绅宝X55	长城汽车	宝	3099	2126	1071	22685
S50	上海通用	汽威旺	4000	4132	3000	10381
绅宝X35	长安汽车 一汽	宝	3003	5977	8005	8980
BJ212	北京汽车	汽制造	699	681	681	3662
北京40	北京汽车	北京汽车	1000	529	672	2075
宝骏560	上海通用	宝骏	18515	18002	15607	174529
昂科威	上海通用	别克	19150	19888	16026	115684
昂科拉	上海通用	别克	7569	2496	4570	31140
创酷	上海通用	雪佛兰	2399	2426	2073	18665
科帕奇	上海通用	雪佛兰	1399	1197	1178	9130
凯迪拉克XT	上海通用	凯迪拉克	2853	2466	3580	7182

数据验证

3	汽车车型	所属厂商	所属品牌	5月销量	6月销量	7月销量	累计销量
6		北京奔驰 平均值					36234.5
13		北京汽车 平均值					15750.17
18		北京现代 平均值					44268.75
21		北汽银翔 平均值					36711.5
26		比亚迪汽车 平均值					26734.5
29		东风本田 平均值					83062.5
32		东风风神 平均值					21619.5
37		东风日产 平均值					45456.75
41		东风悦达起亚 平均值					26164
44		广汽传祺 平均值					77962.5
47		广汽三菱 平均值					9623.5
50		华晨汽车 平均值					34717.5
53		华泰汽车 平均值					13279.5
56		吉利汽车 平均值					13814.5
60		江淮汽车 平均值					47265.67
64		江铃汽车 平均值					16905.33
67		力帆汽车 平均值					7793
70		奇瑞捷豹路虎 平均值					13045
73		奇瑞汽车 平均值					40055
80		上海通用 平均值					59388.33
85		一汽 平均值					43090.75
89		长安福特 平均值					43931.67
94		长安汽车 平均值					58995
102		长城汽车 平均值					54102.71
106		众泰汽车 平均值					40838.67
107		总计平均值					38524.18

3	汽车车型	所属厂商	所属品牌	5月销量	6月销量	7月销量	累计销量
4	Q3	一汽	奥迪	8269	8060	8838	39804
5	奥迪Q5	一汽	奥迪	10708	9924	10849	64933
6			奥迪 最大值			10849	
7			奥迪 平均值				52368.5
8	宝骏560	上海通用	宝骏	18515	18002	15607	174529
9			宝骏 最大值			15607	
10			宝骏 平均值				174529
11	北京40	北京汽车	北京汽车	1000	529	672	2075
12			北京汽车 最大值			672	
13			北京汽车 平均值				2075
14	幻速S6	北汽银翔	北汽幻速	3029	3225	3006	20951
15	幻速S3	北汽银翔	北汽幻速	6506	6111	5120	52472
16			北汽幻速 最大值			5120	
17			北汽幻速 平均值				36711.5
18	S50	北京汽车	北汽威旺	4000	4132	3000	10381
19			北汽威旺 最大值			3000	
20			北汽威旺 平均值				10381
21	BJ212	北京汽车	北汽制造	699	681	681	3662
22			北汽制造 最大值			681	
23			北汽制造 平均值				3662
24	奔驰GLA	北京奔驰	奔驰	5746	6219	6114	33829
25	GLK	北京奔驰	奔驰	7254	8300	8083	38640
26			奔驰 最大值			8083	

分类汇总

图 7-31 7.2 操作效果

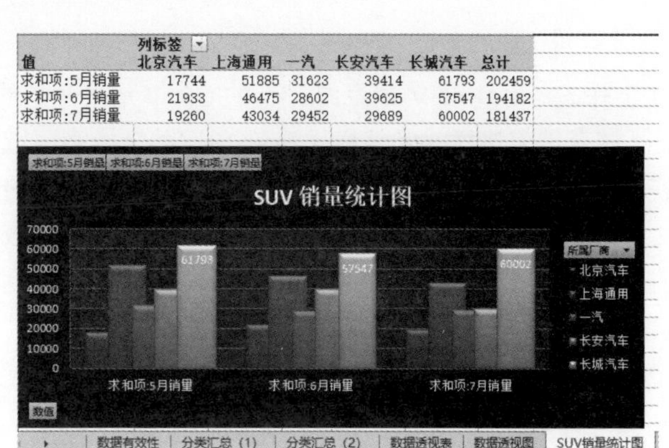

值	列标签 北京汽车	上海通用	一汽	长安汽车	长城汽车	总计
求和项:5月销量	17744	51885	31623	39414	61793	202459
求和项:6月销量	21933	46475	28602	39625	57547	194182
求和项:7月销量	19260	43034	29452	29689	60002	181437

数据透视图

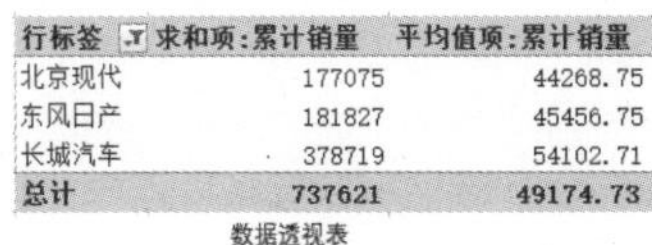

行标签	求和项:累计销量	平均值项:累计销量
北京现代	177075	44268.75
东风日产	181827	45456.75
长城汽车	378719	54102.71
总计	737621	49174.73

数据透视表

所属品牌	最大销量
哈弗	37547
福特	9228
北京汽车	529
北汽制造	681
现代	13203
日产	15920
雪佛兰	2426
江铃	1440
绅宝	8488
力帆	4864
凯迪拉克	2466
别克	19888
丰田	7902
江淮	11271
比亚迪	6161
北汽威旺	4132
陆风	5300
启辰	6081
奥迪	9924
长安	12031
宝骏	18002

所示厂商	平均销量
江铃汽车	2303
长城汽车	8827.5714
长安福特	4415.3333
北京汽车	2957.3333
北京现代	8091
上海通用	8647.5
东风日产	8429
力帆汽车	2092.5
一汽	7905.75
江淮汽车	5852.6667
比亚迪汽车	5132.5
长安汽车	9853.5

二季度SUV销量统计

所属厂商	4月销量	5月销量	6月销量
江铃汽车	6909	7194	5901
长城汽车	61793	57547	60002
长安福特	13246	18519	15905
北京汽车	17744	21933	19260
北京现代	32364	30417	20602
上海通用	51885	46475	43034
东风日产	33716	35520	27966
力帆汽车	4185	7207	7127
一汽	31623	28602	29452
江淮汽车	17558	17890	15180
比亚迪汽车	20530	20089	17430
长安汽车	39414	39625	29689

合并计算/条件格式

图 7-31　7.2 操作效果（续）

7.2.2　任务步骤

1. 数据有效性

① 打开 Excel 工作簿“SUV 销售统计表 .xlsx”，在工作表“数据有效性”中设置所属厂商的数据（B4:B30）输入只允许为长城汽车、上海通用、长安汽车、一汽和北京汽车。

② 设置各月销量允许输入的数据为“0-40000”；输入错误时给出错误提示：标题为“数据错误”；样式为“警告”；内容为“错误，请检查数据后重新输入！”。

2. 分类汇总

① 在“分类汇总（1）”工作表中，统计各厂商的汽车累计销量平均值，隐藏明细数据。

② 在“分类汇总（2）”工作表中，统计各品牌的累计销量的平均值以及 7 月销量的最大值。

3. 数据透视表

① 在“数据透视表”工作表 I3 开始的单元格区域生成数据透视表：统计各厂商汽车累计销量的和以及平均值，其中平均值结果保留 2 位小数。

② 对透视表数据进行筛选，最终透视表中只显示北京现代、东风日产以及长城汽车三家厂商的统计结果。

4. 数据透视图

① 根据“数据透视图”工作表中的数据，在新工作表中生成数据透视图，统计各厂商 5~7 月各自销量的总和。

② 生成的数据透视图采用“布局 10”“样式 44”；图表标题为“SUV 销量统计图”；图表所在的新工作表重命名为“SUV 销量统计图”。

5. 合并计算

① 在工作表“4 月 SUV 销量统计”的 G3 单元格开始的区域中，利用合并计算统计各厂商的平均销量。统计结果区域套用表格样式“表样式浅色 13”并转换为区域。

② 在工作表“5 月 SUV 销量统计”的 G3 单元格开始的区域中，利用合并计算统计各品牌销量的最大值。统计结果区域套用表格样式“表样式浅色 13”并转换为区域。

③ 在工作表“二季度 SUV 销量汇总”的 A3 单元格开始的区域中，利用合并计算统计各厂商二季度的销售总和。

6. 条件格式

① 在“二季度 SUV 销量汇总”工作表中，“4 月销量”数据显示数据条为渐变填充（绿色）。

② 设置“5 月销量”数据前 20% 的累计销量用“浅红填充色深红色文本”格式特别标注出来；5 月销量数据小于等于 10 000 的用“绿色，加粗”字体特别标注出来。

③ 设置“6 月销量”数据用“三色旗”来进行特殊标注：当数值大于等于 40 000 时，显示“绿旗”；当数值介于 20 000 和 40 000 之间，显示“黄旗”；其他数值显示“红旗”。

7.2.3　任务实施

1. 数据有效性

① 打开 Excel 工作簿“SUV 销售统计表 .xlsx”，在工作表“数据有效性”中设置所属厂商的数据（B4:B30 单元格区域）输入只允许为长城汽车、上海通用、长安汽车、一汽和北京汽车。

② 设置各月销量允许输入的数据为“0-40000”；输入错误时给出错误提示：标题为“数据错误”；样式为“警告”；内容为“错误，请检查数据后重新输入！”。

具体操作步骤如下：

① 双击打开素材文件夹中的 Excel 工作簿“SUV 销售统计表 .xlsx”，单击窗口下方的“数据有效性”，选择“数据有效性”工作表。

所属厂商的数据只允许为长城汽车、上海通用、长安汽车、一汽和北京汽车，这就指定了单元格区域输入数据的内容。

② 选择 B4:B30 单元格区域。单击“数据”选项卡“数据工具”组中的“数据有效性”按钮，弹出“数据有效性”对话框。

③ 在对话框内选择“设置”选项卡，设置如图 7-32 所示。“允许”选择“序列”，“来源”中输入“长城汽车 , 上海通用 , 长安汽车 , 一汽 , 北京汽车”，这里要注意的是，分隔符号为英文标点逗号。

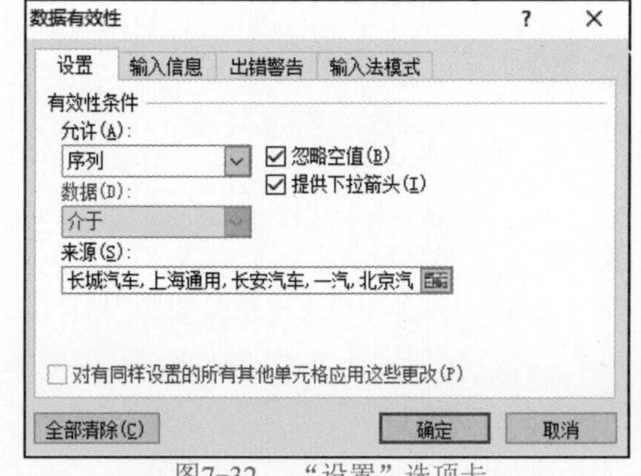

图7-32　“设置”选项卡

④ 单击“确定”按钮。单击 B4:B30 单元格区域中任意一个单元格后面的下拉按钮，会弹出如图 7-33 所示的下拉列表供用户选择。

	A	B	C	D	E	F	G
1	SUV销售统计表						
2							
3	汽车车型	所属厂商	所属品牌	5月销量	6月销量	7月销量	累计销量
4	绅宝X25	北京汽车	宝	5943	8488	5831	46718
5	绅宝X55	长城汽车 上海通用 长安汽车 一汽 北京汽车	宝	3099	2126	1071	22685
6	S50		汽威旺	4000	4132	3000	10381
7	绅宝X35		宝	3003	5977	8005	8980

图7-33　数据有效性设置效果

⑤ 要对各月销量数据设置错误提示。选择 D4:F30 单元格区域，单击“数据有效性”按钮，弹出“数据有效性”

对话框。在弹出的对话框内选择“设置”选项卡，设置数据范围，如图 7-34 所示。“允许”选择“整数”，“数据”选择“介于”，“最小值”和“最大值”分别设置为 0 和 40000。

⑥ 再单击“出错警告”选项卡，设置如图 7-35 所示。“样式”选择“警告”，“标题”中输入“数据错误”，“错误信息”中输入“错误，请检查数据后重新输入！”。

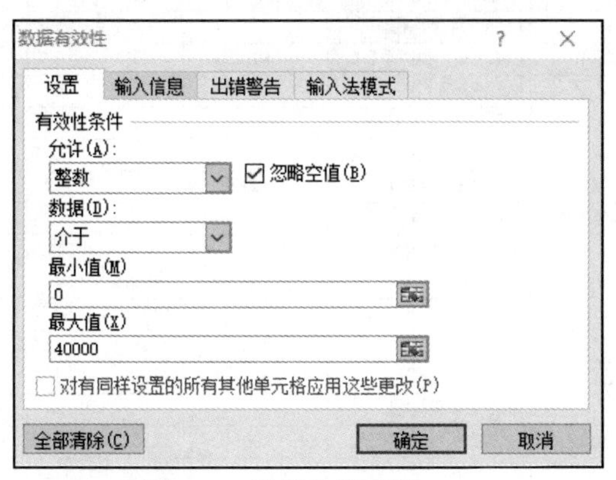

图7-34　设置数据范围

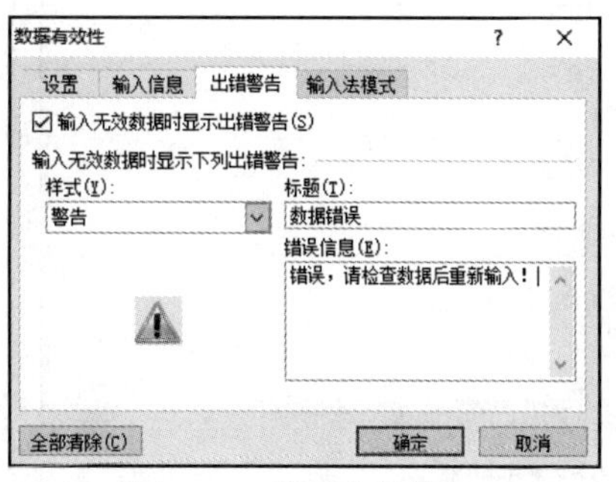

图7-35　设置出错警告

⑦ 单击“确定”按钮。这样，D4:F30 单元格区域就只允许输入 0 ～ 40 000 的整数了。若输入错误，会出现“数据错误”的对话框，如图 7-36 所示。

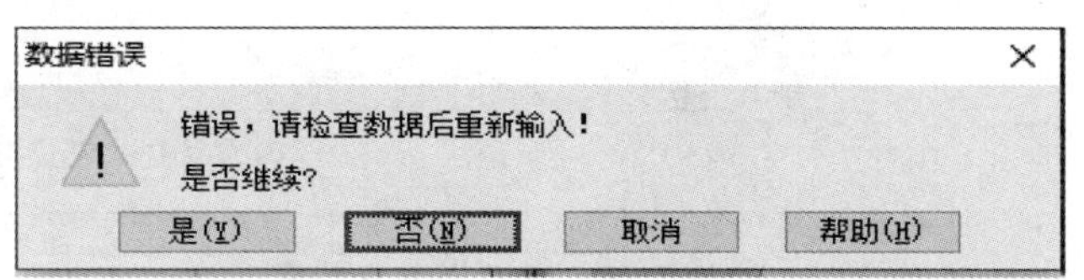

图 7-36　“数据错误”提示

提示：若要取消数据有效性的设置，单击“数据有效性”对话框下方的“全部清除”按钮即可。

2. 分类汇总

① 在“分类汇总（1）”工作表中，统计各厂商的汽车累计销量平均值，隐藏明细数据。

② 在“分类汇总（2）”工作表中，统计各品牌的累计销量的平均值以及 7 月销量的最大值。

本例中，要统计各厂商的累计销量平均值，则需要先按“所属厂商”进行排序后，再通过“分类汇总”统计数据。这里要注意的是，分类汇总操作必须先排序，再汇总。

具体操作步骤如下：

① 单击“分类汇总（1）”工作表。

② 光标定位在“分类汇总（1）”工作表中 A3:G81 单元格区域中任意一个单元格上，单击“数据”选项卡“排序和筛选”组中的“排序”按钮，弹出“排序”对话框。主要关键字选择“所属厂商”，单击“确定”按钮，数据按“所属厂商”进行排序。

③ 光标继续定位在 A3:G81 单元格区域中任意一个单元格上，单击“数据”选项卡“分级显示”组中的“分类汇总”按钮，弹出“分类汇总”对话框，设置如图 7-37 所示。“分类字段”选择“所属厂商”，即是上一步中排序的主要关键字，汇总方式为“平均值”，汇总项为“累计销量”，单击“确定”按钮，部分数据的汇总结果如图 7-38 所示。

这里注意的是，若分类汇总出错，需要删除分类汇总设置，选择分类汇总区域内任意一个单元格，打开“分类汇总”对话框，单击对话框下方的“全部删除”按钮即可。

④ 选择 A3:G107 单元格区域，单击“数据”选项卡“分级显示”组中的“隐藏明细数据”按钮，如图 7-39 所示。隐藏分类汇总明细数据，汇总结果如图 7-40 所示。

⑤ 单击“分类汇总（2）”工作表，选择 A3:G81 单元格区域中任意一个单元格，以“所属品牌”为主要关键字排序。

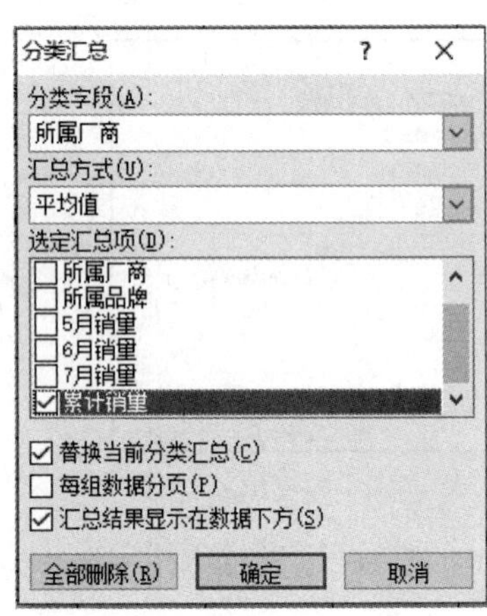

图7-37 统计累计销量平均值

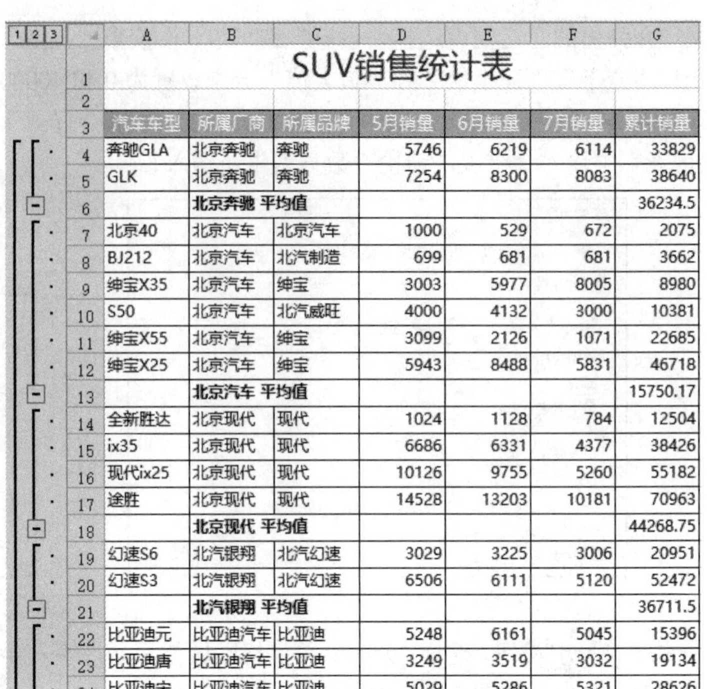

SUV销售统计表

	A	B	C	D	E	F	G
3	汽车车型	所属厂商	所属品牌	5月销量	6月销量	7月销量	累计销量
4	奔驰GLA	北京奔驰	奔驰	5746	6219	6114	33829
5	GLK	北京奔驰	奔驰	7254	8300	8083	38640
6		北京奔驰 平均值					36234.5
7	北京40	北京汽车	北京汽车	1000	529	672	2075
8	BJ212	北京汽车	北汽制造	699	681	681	3662
9	绅宝X35	北京汽车	绅宝	3003	5977	8005	8980
10	S50	北京汽车	北汽威旺	4000	4132	3000	10381
11	绅宝X55	北京汽车	绅宝	3099	2126	1071	22685
12	绅宝X25	北京汽车	绅宝	5943	8488	5831	46718
13		北京汽车 平均值					15750.17
14	全新胜达	北京现代	现代	1024	1128	784	12504
15	ix35	北京现代	现代	6686	6331	4377	38426
16	现代ix25	北京现代	现代	10126	9755	5260	55182
17	途胜	北京现代	现代	14528	13203	10181	70963
18		北京现代 平均值					44268.75
19	幻速S6	北汽银翔	北汽幻速	3029	3225	3006	20951
20	幻速S3	北汽银翔	北汽幻速	6506	6111	5120	52472
21		北汽银翔 平均值					36711.5
22	比亚迪元	比亚迪汽车	比亚迪	5248	6161	5045	15396
23	比亚迪唐	比亚迪汽车	比亚迪	3249	3519	3032	19134

图7-38 分类汇总（1）结果

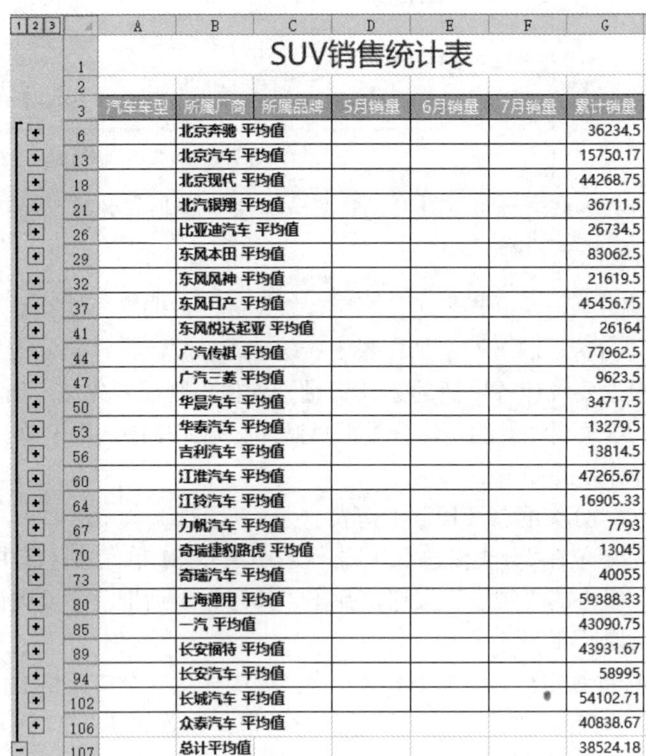

SUV销售统计表

	A	B	C	D	E	F	G
3	汽车车型	所属厂商	所属品牌	5月销量	6月销量	7月销量	累计销量
6		北京奔驰 平均值					36234.5
13		北京汽车 平均值					15750.17
18		北京现代 平均值					44268.75
21		北汽银翔 平均值					36711.5
26		比亚迪汽车 平均值					26734.5
29		东风本田 平均值					83062.5
32		东风风神 平均值					21619.5
37		东风日产 平均值					45456.75
41		东风悦达起亚 平均值					26164
44		广汽传祺 平均值					77962.5
47		广汽三菱 平均值					9623.5
50		华晨汽车 平均值					34717.5
53		华泰汽车 平均值					13279.5
56		吉利汽车 平均值					13814.5
60		江淮汽车 平均值					47265.67
64		江铃汽车 平均值					16905.33
67		力帆汽车 平均值					7793
70		奇瑞捷豹路虎 平均值					13045
73		奇瑞汽车 平均值					40055
80		上海通用 平均值					59388.33
85		一汽 平均值					43090.75
89		长安福特 平均值					43931.67
94		长安汽车 平均值					58995
102		长城汽车 平均值					54102.71
106		众泰汽车 平均值					40838.67
107		总计平均值					38524.18

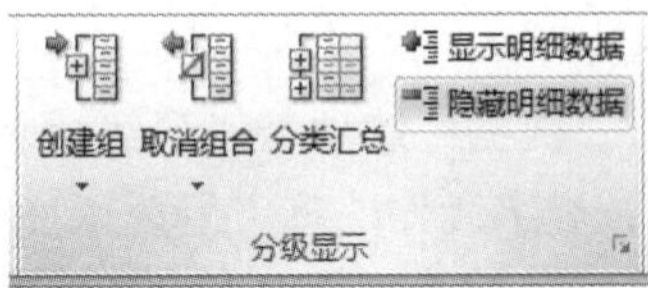

图7-39 隐藏明细数据

图7-40 隐藏分类汇总明细数据

⑥ 光标定位在 A3:G81 单元格区域中任意一个单元格上，单击“分类汇总”按钮。弹出对话框后，设置如图 7-41 所示。“分类字段”选择“所属品牌”，汇总方式为“平均值”，汇总项为“累计销量”，单击“确定”按钮，得到第一次分类汇总的结果。

⑦ 光标继续定位在 A3:G81 单元格区域中任意一个单元格上，再次单击“分类汇总”按钮。弹出对话框后，设置如图 7-42 所示。“分类字段”选择“所属品牌”，汇总方式为“最大值”，汇总项为“7 月销量”，取消对话框下方的“替换当前分类汇总”选项。

这里要注意的是由于是在同一张表中进行的第二次分类汇总，所以需要取消“替换当前分类汇总”。

⑧ 单击“确定”按钮。部分数据的汇总结果如图 7-43 所示。

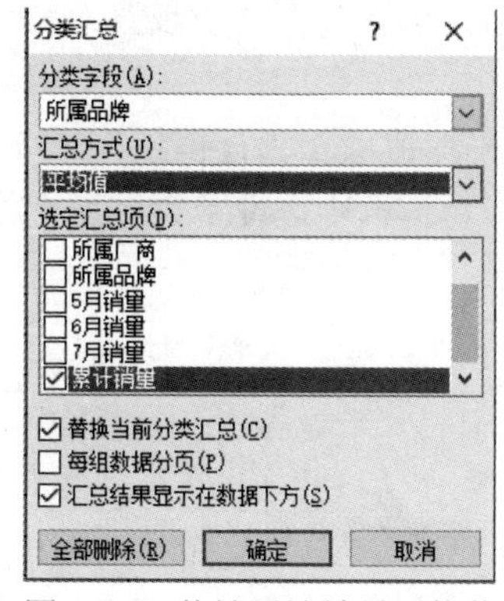

图 7-41 统计累计销量平均值

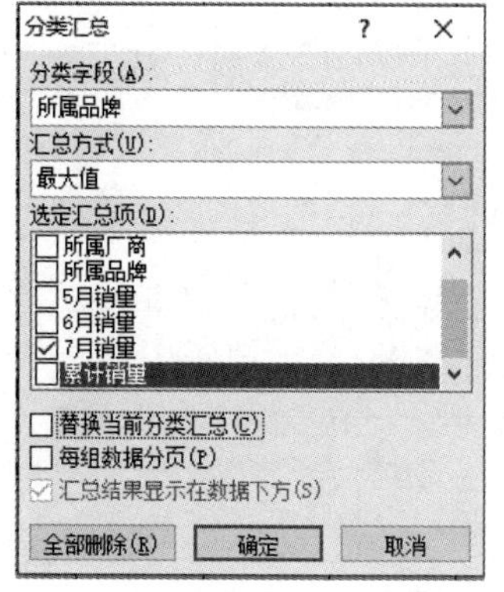

图7-42 设置各品牌7月销量最大值

	A	B	C	D	E	F	G
1	SUV销售统计表						
2							
3	汽车车型	所属厂商	所属品牌	5月销量	6月销量	7月销量	累计销量
4	Q3	一汽	奥迪	8269	8060	8838	39804
5	奥迪Q5	一汽	奥迪	10708	9924	10849	64933
6			奥迪 最大值			10849	
7			奥迪 平均值				52368.5
8	宝骏560	上海通用	宝骏	18515	18002	15607	174529
9			宝骏 最大值			15607	
10			宝骏 平均值				174529
11	北京40	北京汽车	北京汽车	1000	529	672	2075
12			北京汽车 最大值			672	
13			北京汽车 平均值				2075
14	幻速S6	北汽银翔	北汽幻速	3029	3225	3006	20951
15	幻速S3	北汽银翔	北汽幻速	6506	6111	5120	52472
16			北汽幻速 最大值			5120	
17			北汽幻速 平均值				36711.5
18	S50	北京汽车	北汽威旺	4000	4132	3000	10381
19			北汽威旺 最大值			3000	
20			北汽威旺 平均值				10381
21	BJ212	北京汽车	北汽制造	699	681	681	3662
22			北汽制造 最大值			681	
23			北汽制造 平均值				3662
24	奔驰GLA	北京奔驰	奔驰	5746	6219	6114	33829
25	GLK	北京奔驰	奔驰	7254	8300	8083	38640

图7-43 分类汇总（2）结果

3. 数据透视表

① 在“数据透视表”工作表 I3 开始的单元格区域生成数据透视表：统计各厂商汽车累计销量的和以及平均值，其中平均值结果保留 2 位小数。

② 对透视表数据进行筛选，最终透视表中只显示北京现代、东风日产以及长城汽车三家厂商的统计结果。

具体操作步骤如下：

① 将光标定位在 A3:G81 单元格区域中任意一个单元格上，单击“插入”选项卡“表格”组中的“数据透视表”下拉按钮，选择“数据透视表”，如图 7-44 所示。

② 在弹出“创建数据透视表”对话框中，设置如图 7-45 所示。“表 / 区域”编辑框中选取单元格区域“$A$3:$G$81”，即原始数据区域。透视表放置位置选择“现有工作表”，“位置”编辑框中选取单元格“$I$3”。单击“确定”按钮，Excel 窗口的右侧将出现“数据透视表字段列表”窗格。

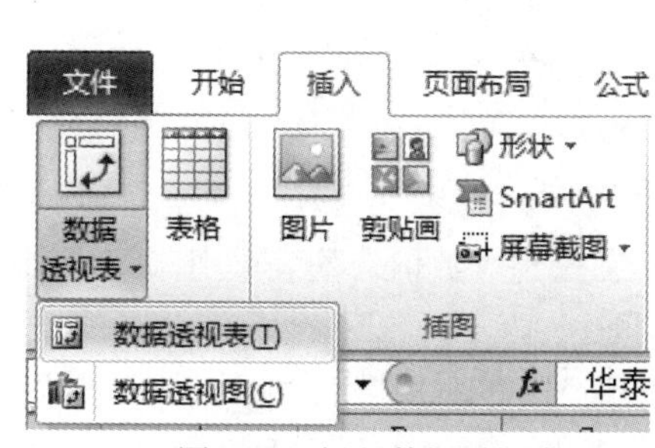

图7-44 插入数据透视表

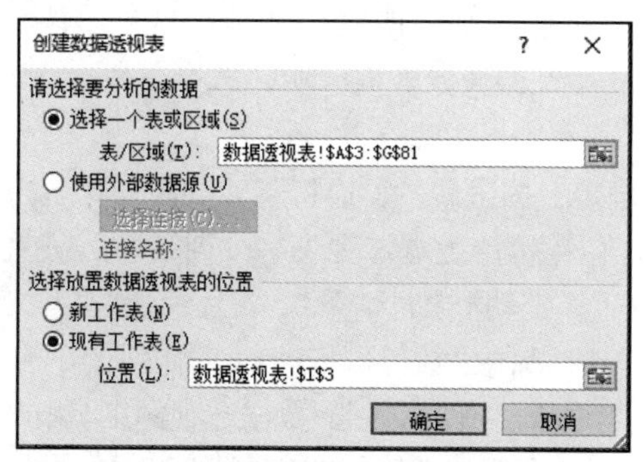

图7-45 设置“创建数据透视表”对话框

③ 在“数据透视表字段列表”窗格中，设置如图 7-46 所示。选择“所属厂商”拖动添加到“行标签”列表框中，两次选择“累计销量”字段添加到“数值”列表框中，“列标签”列表框中将自动生成“数值”。

④ 在“数值”列表框中，单击“求和项：累计销量 2”右侧的下拉按钮，选择“值字段设置”命令，如图 7-47 所示，打开“值字段设置”对话框。

⑤ 在对话框中，选择计算类型“平均值”；将“自定义名称”修改为“平均值项：累计销量”；单击对话框下方的“数字格式”按钮，如图 7-48 所示。在弹出的“设置单元格格式”对话框中，设置数字为“数值”，保留两位小数。单击“确定”按钮，生成数据透视表。

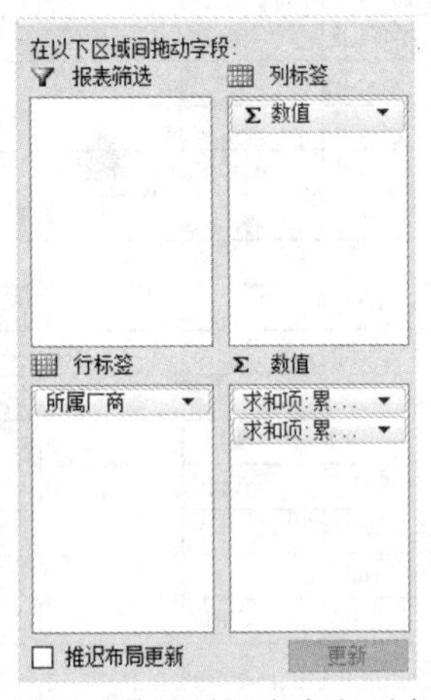

图7-46　设置“数据透视表字段列表”

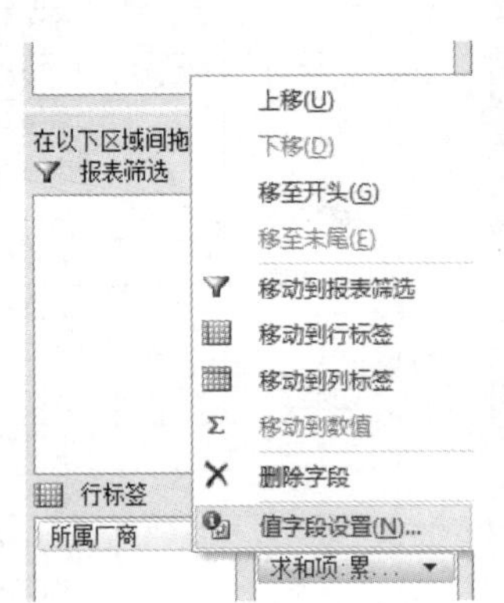

图7-47　设置值字段

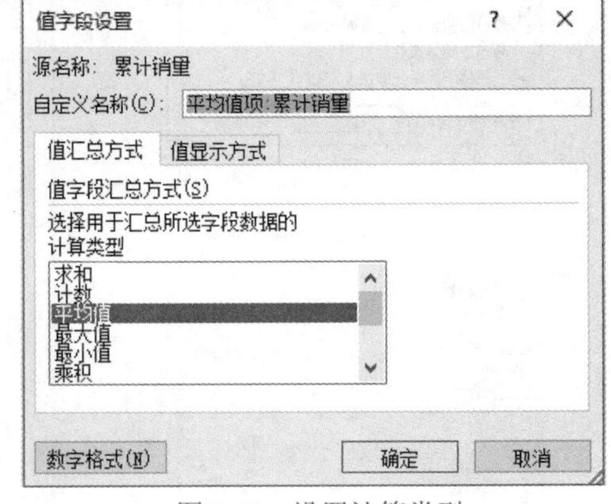

图7-48　设置计算类型

⑥ 在生成的透视表中，单击“行标签”下拉按钮，取消“全选”选项后，选择北京现代、东风日产和长城汽车，如图 7-49 所示。筛选后，透视表如图 7-50 所示。

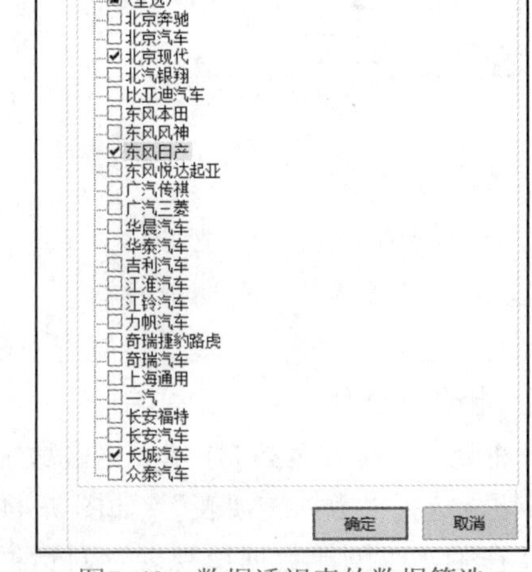

图7-49　数据透视表的数据筛选

行标签	求和项:累计销量	平均值项:累计销量
北京现代	177075	44268.75
东风日产	181827	45456.75
长城汽车	378719	54102.71
总计	737621	49174.73

图7-50　数据透视表

4. 数据透视图

① 根据“数据透视图”工作表中的数据，在新工作表中生成数据透视图，统计各厂商 5~7 月各自销量的总和。

② 生成的数据透视图采用“布局 10”，“样式 44”；图表标题为“SUV 销量统计图”；图表所在的新工作表重命名为“SUV 销量统计图”。

具体操作步骤如下：

① 打开“数据透视图”工作表。

② 将光标定位在 A3:G30 单元格区域中任意一个单元格上，单击“插入”选项卡“表格”组中的“数据透视表”下拉按钮，选择“数据透视图”。弹出“创建数据透视表”对话框。在该对话框中，设置如图 7-51 所示。“表 / 区域”中选择单元格区域“$A$3:$G$30”，即原始数据区域。透视表放置位置选择“新工作表”。

单击“确定”按钮后，窗口将跳转到新工作表中。

③ 在窗口右侧的“数据透视表字段列表”中，设置如图 7-52 所示。拖动“所属厂商”字段到“图例字段（系列）”列表框中。拖动“5 月销量”、“6 月销量”和“7 月销量”字段到“数值”列表框中。将“图例字段（系列）”列表框中生成的“数值”拖动到“轴字段（分类）”列表框中。

④ 选中数据透视图表，单击“数据透视图工具 | 设计”选项卡中“图表布局”组中“快速布局”按钮，选择“布局 10”，如图 7-53 所示。单击“图表样式”组中“快速样式”按钮，选择“样式 44”，在图表中输入图表标题“SUV 销量统计图”，如图 7-54 所示。

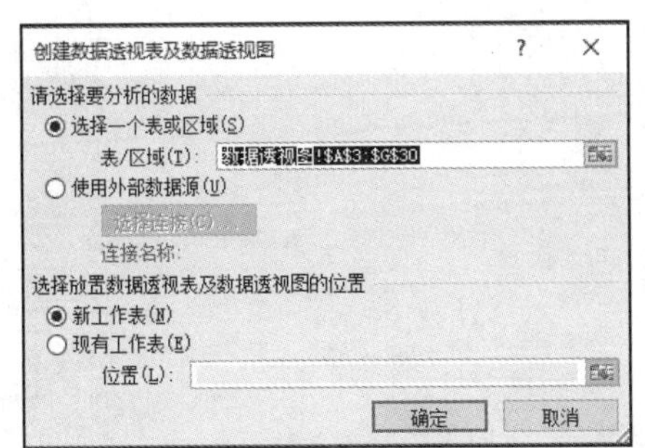

图7-51 “创建数据透视表及数据透视图”对话框

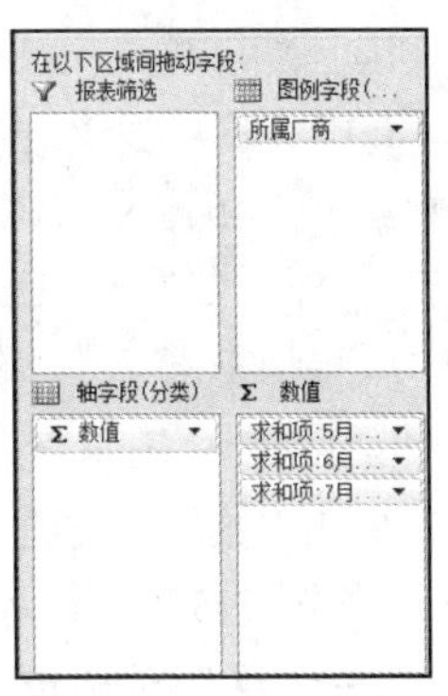

图7-52 设置“数据透视表字段列表”

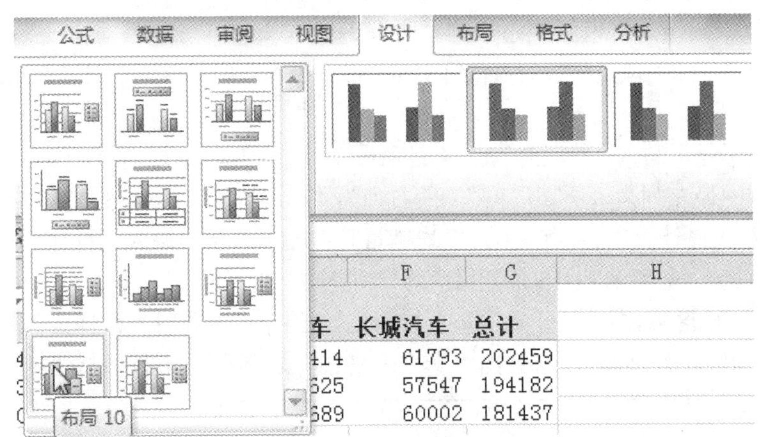

图7-53 设置图表布局

⑤ 双击窗口下方工作表名称“Sheet1”，将该工作表重命名为“SUV 销量统计图”，如图 7-54 所示。

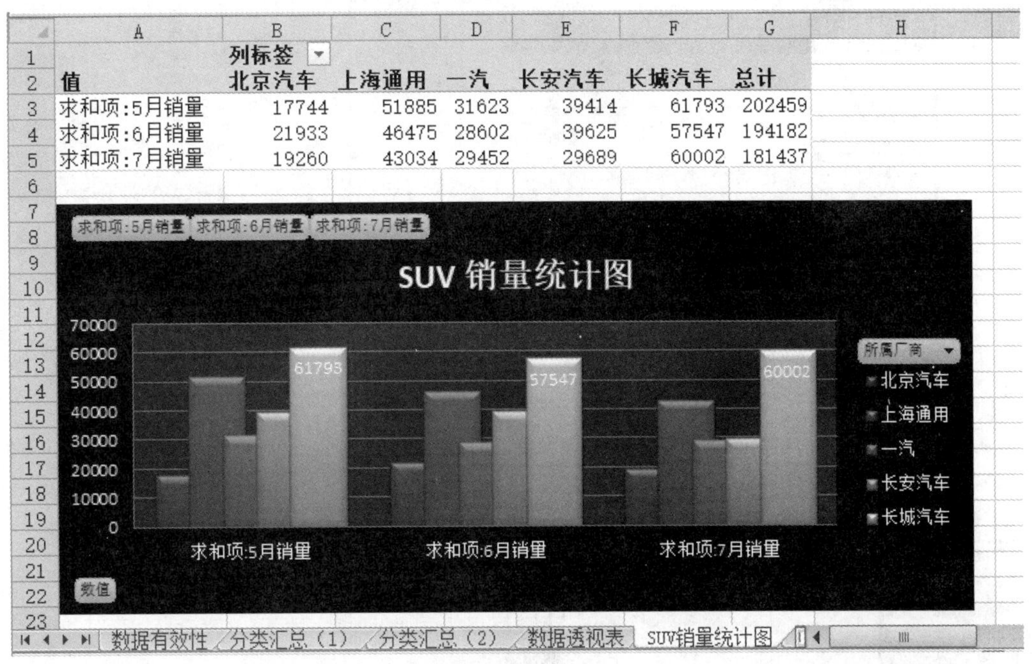

	A	B	C	D	E	F	G
1		列标签					
2	值	北京汽车	上海通用	一汽	长安汽车	长城汽车	总计
3	求和项:5月销量	17744	51885	31623	39414	61793	202459
4	求和项:6月销量	21933	46475	28602	39625	57547	194182
5	求和项:7月销量	19260	43034	29452	29689	60002	181437

图7-54 数据透视图

5. 合并计算

① 在工作表“4 月 SUV 销量统计”的 G3 单元格开始的区域中，利用合并计算统计各厂商的平均销量。统计结果区域套用表格样式“表样式浅色 13”并转换为区域。

② 在工作表"5 月 SUV 销量统计"的 G3 单元格开始的区域中，利用合并计算统计各品牌销量的最大值。统计结果区域套用表格样式"表样式浅色 13"并转换为区域。

③ 在工作表"二季度 SUV 销量汇总"的 A3 单元格开始的区域中，利用合并计算统计各厂商二季度的销售总和。

具体操作步骤如下：

① 打开"4 月 SUV 销量统计"工作表，将光标定位到 G3 单元格，单击"数据"选项卡"数据工具"组中的"合并计算"按钮，如图 7-55 所示，弹出"合并计算"对话框。

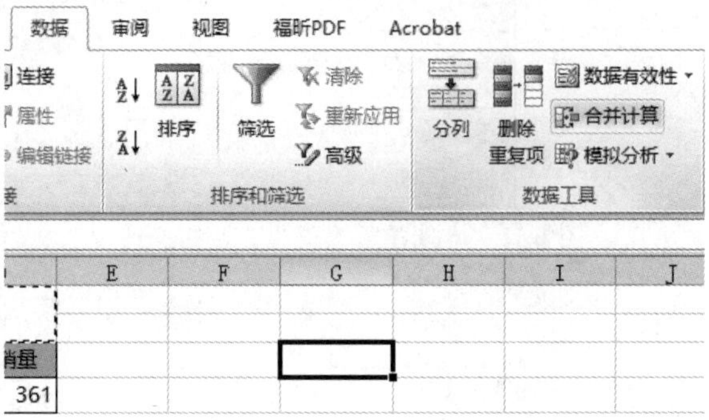

图7-55　单击"合并计算"按钮

② 在"合并计算"对话框中，设置如图 7-56 所示。"函数"选择"平均值"，"引用位置"中选取单元格区域"B3:D53"，单击"添加"按钮，将该区域添加到"所有引用位置"列表框中。选中"标签位置"中的"首行"和"最左列"选项。

这里要注意的是由于是汇总"所属厂商"的"4 月销量"平均值，所以所选区域的最左列为"所属厂商"，最右列为"4 月销量"，即 B3:D53 单元格区域。

③ 单击"确定"按钮，计算出各厂商 4 月平均销量。在 G3 单元格输入列标题"所属厂商"，将 I3 单元格内容修改为"平均销量"，删除 H3:H15 单元格区域，如图 7-57 所示。

④ 选择 G3:H15 单元格区域，单击"开始"选项卡"样式"组中的"套用表格样式"下拉按钮，选择样式"表样式浅色 13"，如图 7-58 所示。同时，将弹出"套用表格式"对话框，如图 7-59 所示。

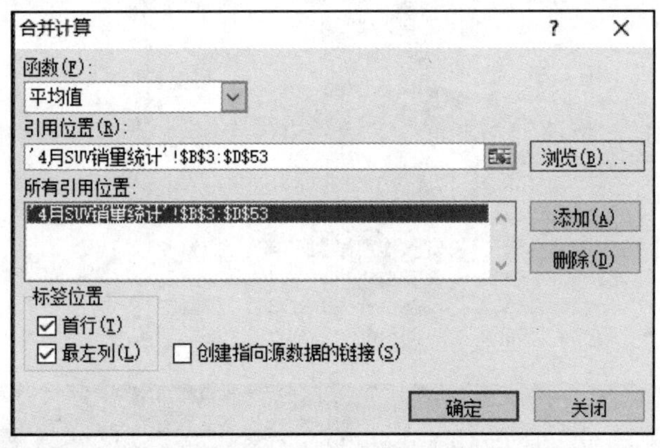

图7-56　设置"合并计算"对话框

所示厂商	平均销量
江铃汽车	2303
长城汽车	8827.571
长安福特	4415.333
北京汽车	2957.333
北京现代	8091
上海通用	8647.5
东风日产	8429
力帆汽车	2092.5
一汽	7905.75
江淮汽车	5852.667
比亚迪汽车	5132.5
长安汽车	9853.5

图7-57　各厂商平均销量

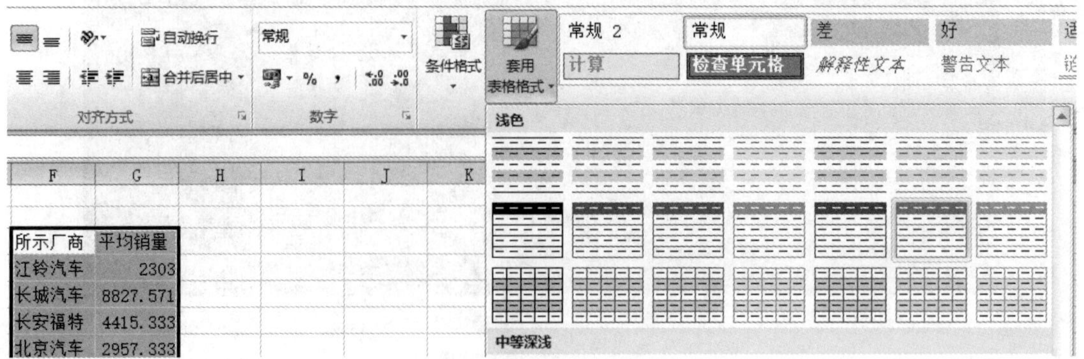

图7-58　套用表格样式

⑤ 单击"确定"按钮，表格样式如图 7-60 所示。单击"表格工具 | 设计"选项卡"工具"组中的"转换为区域"按钮，如图 7-61 所示。将表格转换为普通单元格区域，结果如图 7-62 所示。这里要注意的是，必须选择了 G3:H15 单元格区域或者区域中任意单元格，才会出现"表格工具 | 设计"选项卡。

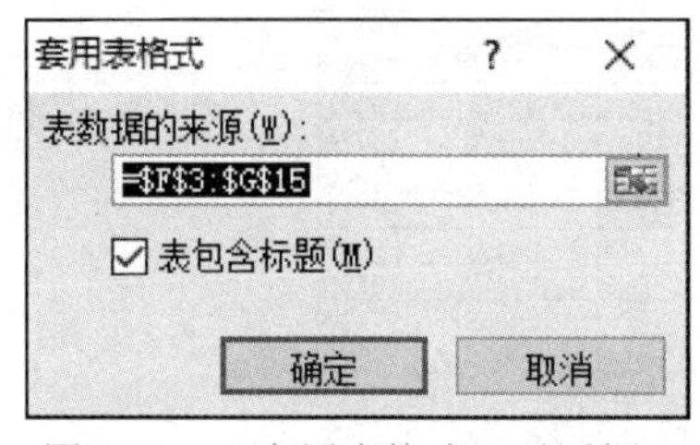

图7-59 “套用表格式”对话框

所示厂商	平均销量
江铃汽车	2303
长城汽车	8827.5714
长安福特	4415.3333
北京汽车	2957.3333
北京现代	8091
上海通用	8647.5
东风日产	8429
力帆汽车	2092.5
一汽	7905.75
江淮汽车	5852.6667
比亚迪汽车	5132.5
长安汽车	9853.5

图7-60 套用“表样式浅色13”

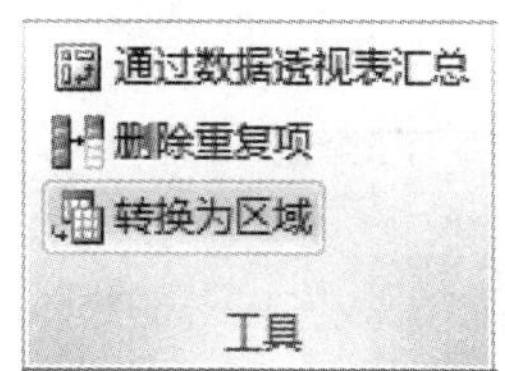

图7-61 转换为普通区域

所示厂商	平均销量
江铃汽车	2303
长城汽车	8827.5714
长安福特	4415.3333
北京汽车	2957.3333
北京现代	8091
上海通用	8647.5
东风日产	8429
力帆汽车	2092.5
一汽	7905.75
江淮汽车	5852.6667
比亚迪汽车	5132.5
长安汽车	9853.5

图7-62 合并计算结果

⑥ 打开工作表“5 月 SUV 销量统计”。将光标定位到 G3 单元格，单击“合并计算”按钮，弹出“合并计算”对话框，设置如图 7-63 所示。

这里要注意的是由于是汇总“所属品牌”的“5 月销量”最大值，所以所选区域的最左列为“所属品牌”，最右列为“5 月销量”，即 C3:D53 单元格区域。

⑦ 单击“确定”按钮即可计算出各品牌的销量最大值。在 G3 单元格输入列标题“所属品牌”，将 G3 单元格内容修改为“最大销量”。选择 G3:H24 单元格区域，设置表格样式为并转换为普通单元格区域，结果如图 7-64 所示。

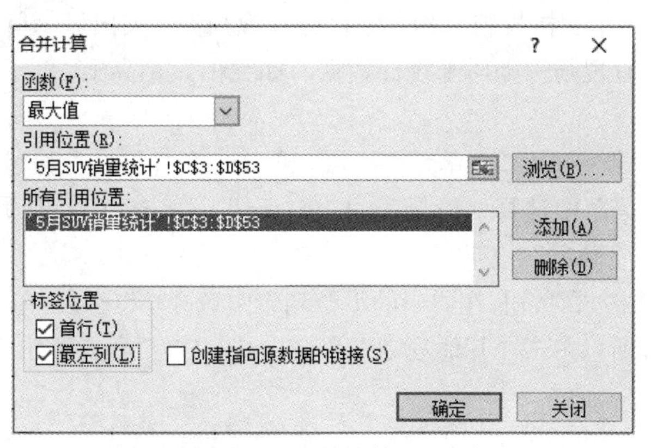

图7-63 设置“合并计算”对话框

所属品牌	最大销量
哈弗	37547
福特	9228
北京汽车	529
北汽制造	681
现代	13203
日产	15920
雪佛兰	2426
江铃	1440
绅宝	8488
力帆	4864
凯迪拉克	2466
别克	19888
丰田	7902
江淮	11271
比亚迪	6161
北汽威旺	4132
陆风	5300
启辰	6081
奥迪	9924
长安	12031
宝骏	18002

图7-64 合并计算结果区域

⑧ 打开“二季度 SUV 销量汇总”工作表。将光标定位到 A3 单元格。单击“合并计算”按钮，弹出“合并计算”对话框。在“合并计算”对话框中，设置如图 7-65 所示。“函数”选择“求和”，“引用位置”中依次选取“4 月 SUV 销量统计”表、“5 月 SUV 销量统计”表和“6 月 SUV 销量统计”表的单元格区域“B3:D53”，依次“添加”到“所有引用位置”列表框中。选中“标签位置”中的“首行”和“最左列”选项，单击“确定”按钮。

⑨ 在 A3 单元格输入列标题“所属厂商”，删除 B3:B15 单元格区域。选择 A3:D15 单元格区域，单击“开始”选项卡“字体”组中的“边框”下拉按钮，选择“所有框线”，如图 7-66 所示。效果如图 7-67 所示。

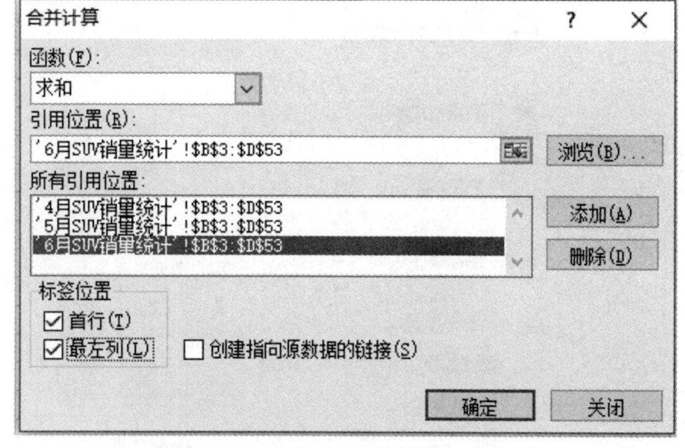

图7-65 设置“合并计算”对话框

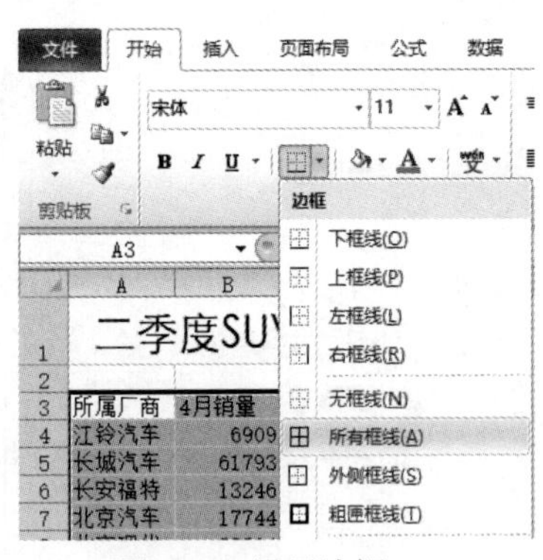

图7-66　设置边框

	A	B	C	D
1	二季度SUV销量统计			
2				
3	所属厂商	4月销量	5月销量	6月销量
4	江铃汽车	6909	7194	5901
5	长城汽车	61793	57547	60002
6	长安福特	13246	18519	15905
7	北京汽车	17744	21933	19260
8	北京现代	32364	30417	20602
9	上海通用	51885	46475	43034
10	东风日产	33716	35520	27966
11	力帆汽车	4185	7207	7127
12	一汽	31623	28602	29452
13	江淮汽车	17558	17890	15180
14	比亚迪汽车	20530	20089	17430
15	长安汽车	39414	39625	29689

图7-67　合并计算结果区域

6. 条件格式

① 在“二季度 SUV 销量汇总”工作表中，“4 月销量”数据显示数据条为渐变填充（绿色）。

② 设置“5 月销量”数据前 20% 的累计销量用“浅红填充色深红色文本”格式特别标注出来 ；5 月销量数据小于等于 10 000 的用“绿色，加粗”字体特别标注出来。

③ 设置“6 月销量”数据用“三色旗”来进行特殊标注 ：当数值大于等于 40 000，显示“绿旗”；当数值介于 20 000 和 40 000 之间，显示“黄旗”；其他数值显示“红旗”。

具体操作步骤如下 ：

① 选择工作表“二季度 SUV 销量汇总”中 B4:B15 单元格区域。

② 单击“开始”选项卡“样式”组中的“条件格式”按钮，在弹出的下拉列表中选择“数据条”命令，在子菜单中选择“渐变填充”|“绿色数据条”命令，如图 7-68 所示。

条件格式中最常用的命令是“突出显示单元格规则”和“项目选取规则”。“突出显示单元格规则”用于突出一些固定格式的单元格 ；而“项目选取规则”则用于统计数据，如突出显示高于 / 低于平均值数据，或者按百分比来找出数据。

③ 选择工作表“二季度 SUV 销量汇总”中 C4:C15 单元格区域。单击“条件格式”按钮，在弹出的下拉列表中选择“项目选取规则”命令，在子菜单中选择“值最大的 10% 项”，弹出“10% 最大的值”对话框，修改百分比为 20%，如图 7-69 所示。单击“确定”按钮。

④ 选择 C4:C15 单元格区域。单击“条件格式”按钮，在弹出的下拉列表中选择“突出显示单元格规则”命令，由于在子菜单中没有“小于或等于”选项，所以单击“其他规则”命令，如图 7-70 所示，弹出“新建格式规则”对话框。

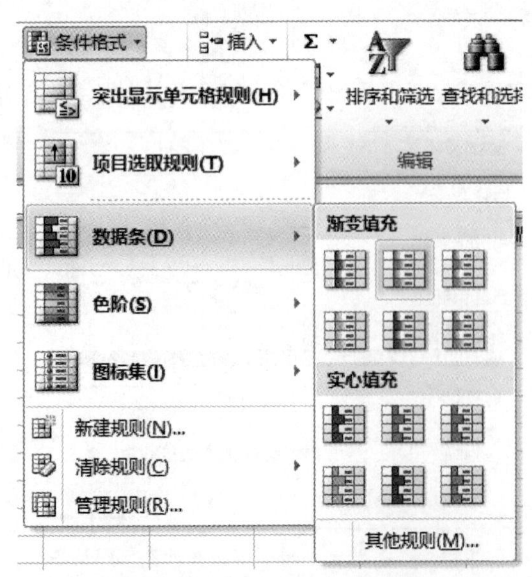

图7-68　设置条件格式的数据条

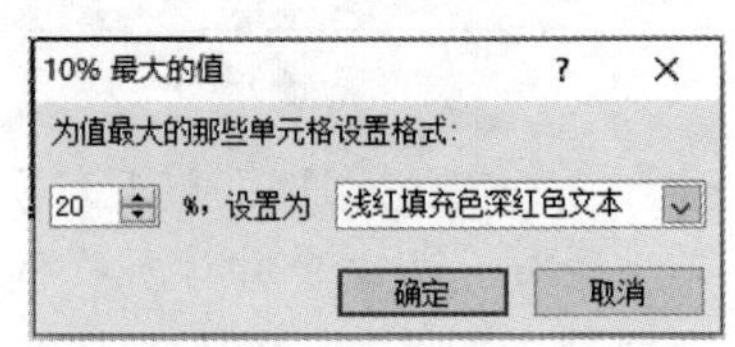

图7-69　“10%最大的值”对话框

图7-70　“其他规则”命令

⑤“新建格式规则”对话框设置如图 7-71 所示。单击“格式”按钮，在弹出的“设置单元格格式”对话框中选择“字体”选项卡，设置字体颜色为“绿色”，字型为“加粗”。单击“确定”按钮。

⑥选择 D4:D15 单元格区域。单击“开始”选项卡“样式”组中的“条件格式”下拉按钮，选择“图标集”|“其他规则”命令，如图 7-72 所示。弹出“新建格式规则”对话框。

⑦在“新建格式规则”对话框中，设置如图 7-73 所示。单击“确定”按钮。效果如图 7-74 所示。

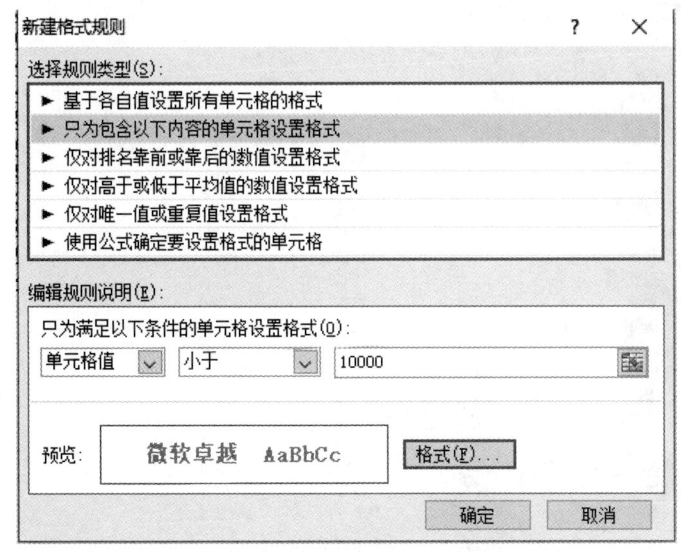

图7-71　“新建格式规则”对话框

图7-72　条件格式-图标集-其他规则

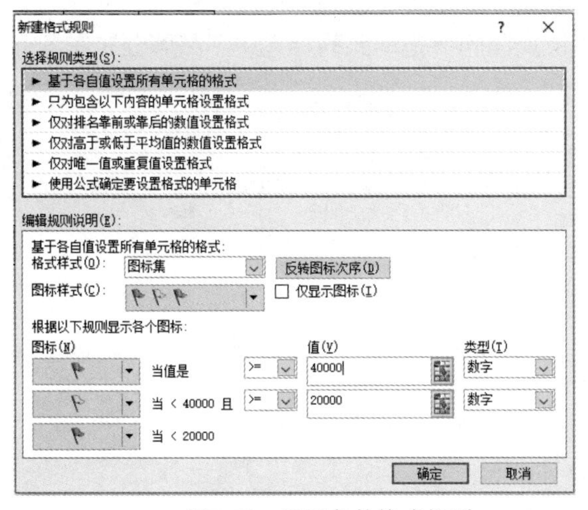

图7-73　设置条件格式规则

	A	B	C	D
1	二季度SUV销量统计			
2				
3	所属厂商	4月销量	5月销量	6月销量
4	江铃汽车	6909	7194	5901
5	长城汽车	61793	57547	60002
6	长安福特	13246	18519	15905
7	北京汽车	17744	21933	19260
8	北京现代	32364	30417	20602
9	上海通用	51885	46475	43034
10	东风日产	33716	35520	27966
11	力帆汽车	4185	7207	7127
12	一汽	31623	28602	29452
13	江淮汽车	17558	17890	15180
14	比亚迪汽车	20530	20089	17430
15	长安汽车	39414	39625	29689

图7-74　条件格式效果

7.2.4　难点解析

通过本节课程的学习，学生掌握了数据有效性、条件格式、数据透视图 / 表、合并计算等多个数据管理的操作和使用技巧。其中，数据透视表是本节的难点内容，这里将详细解析数据透视表这一知识点。

数据透视表是一种交互式的表，可以进行某些计算，如求和与计数等。所进行的计算与数据透视表中的排列有关。

之所以称为数据透视表，是因为用户可以动态地改变它们的版面布置，以便按照不同方式分析数据，也可以重新安排行字段、列字段和页字段。每一次改变版面布置时，数据透视表会立即按照新的布置重新计算数据。另外，如果原始数据发生更改，则可以更新数据透视表。

1. 数据透视表的结构

（1）字段列表

明细表的所有第一行列标题都会显示在“字段列表”中，相当于数据透视表的原材料基地，如图 7-75 所示。

（2）筛选框

顾名思义，将字段拖动到筛选框中，可以利用此字段对透视表进行筛选。将“所属厂商”拖动到筛选框中，可以对所属厂商进行筛选，筛选结果如图 7-76 所示。

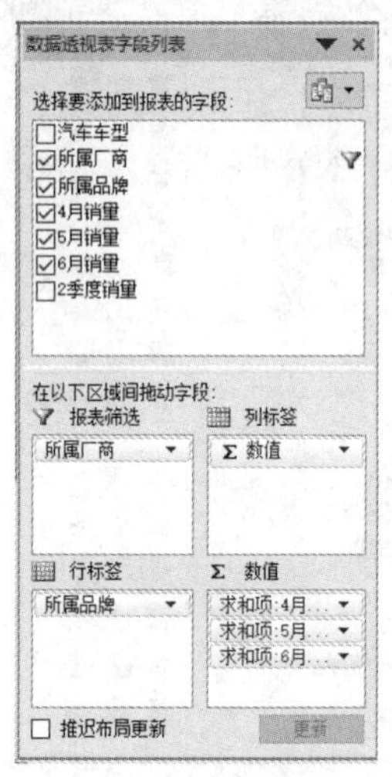

图7-75　数据透视表字段列表

所属厂商	(全部)		
行标签	求和项:4月销量	求和项:5月销量	求和项:6月销量
奥迪	13900	12034	9437
宝骏	7569	2496	4570
北京汽车	19150	19888	16026
北汽威旺	10708	9924	10849
北汽制造	18515	18002	15607
别克	3399	2955	2745
丰田	17703	13593	13709
福特	2310	1501	1530
江铃	37435	37547	39079
凯迪拉克	3175	3594	4079
陆风	442	425	573
启辰	728	887	1032
日产	6998	6379	8086
绅宝	12045	16591	14907
雪佛兰	11122	11255	7747
总计	165199	157071	149976

图7-76　“所属厂商”在筛选框

（3）列标签

将字段拖动到列标签，数据将以列的形式展示，将“所属品牌”拖动到列标签中，品牌分布在各列中，如图 7-77 所示。

列标签									
宝骏			别克			凯迪拉克			雪佛
求和项:4月销量	求和项:5月销量	求和项:6月销量	求和项:4月销量	求和项:5月销量	求和项:6月销量	求和项:4月销量	求和项:5月销量	求和项:6月销量	求和
7569	2496	4570	3399	2955	2745	3175	3594	4079	

图7-77　“所属品牌”在列标签

（4）行标签

将字段拖动到行标签，数据将以行的形式展示，如果将“所属品牌”拖动到“列标签”区域中，则品牌分布在各行中，如图 7-78 所示。

行标签	求和项:4月销量	求和项:5月销量	求和项:6月销量
宝骏	7569	2496	4570
别克	3399	2955	2745
凯迪拉克	3175	3594	4079
雪佛兰	11122	11255	7747
总计	25265	20300	19141

图7-78　“所属品牌”在行标签

（5）“数值”区域

“数值”区域主要用来统计，数字字段可进行数学运算（求和、平均值、计数等），文本字段可计数，如图 7-75 所示，将“4 月销量”等字段拖动到值框中，透视表显示出每个月的销售和。

2. 数据透视表排序

数据透视表的排序主要有 3 种：根据字段排序、手动排序、根据值大小排序。

（1）根据字段排序

在数据透视表中，可以直接单击行标签或者列标签右侧的下拉按钮，选择“升序”或“降序”命令，默认按照字段名称第 1 个字的拼音排序。如果是数字，则按数字的大小排序，如图 7-79 所示。

（2）手动排序

选择一行，将鼠标放置于单元格下边框，当箭头变成了拖动的符号时，左击并拖动整行到想要的位置即可。

（3）根据值大小排序

在数据透视表中，可以直接单击行标签或者列标签右侧的下拉按钮，现在“其他排序选项”命令，如

图 7-80 所示。在弹出的“排序”对话框中，可以设置需要排序的字段和排序方式，如图 7-81 所示。

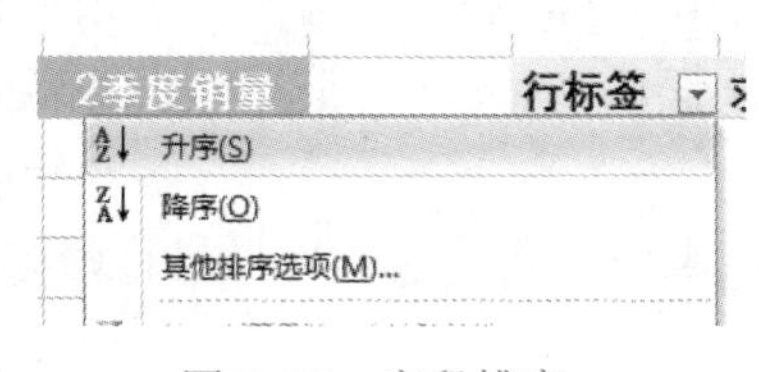

图 7-79 字段排序

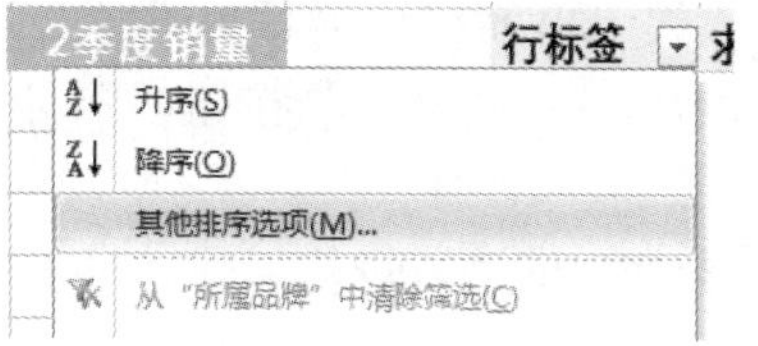

图 7-80 其他排序选项

3. 数据透视表筛选

（1）搜索筛选

在数据透视表中，可以直接单击行标签或者列标签右侧的下拉按钮，在“搜索”文本框中输入需要筛选的内容，如图 7-82 所示，对数据透视表数据进行筛选。筛选结果如图 7-83 所示。

（2）值筛选

在数据透视表中，可以直接单击行标签或者列标签右侧的下拉按钮，单击“值筛选”命令，在弹出的子菜单中，选择需要的命令，进行数值筛选，如图 7-84 所示。

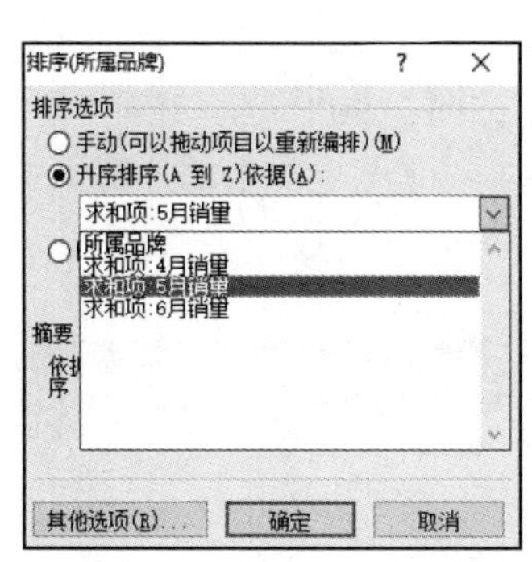

图7-81 “排序”对话框

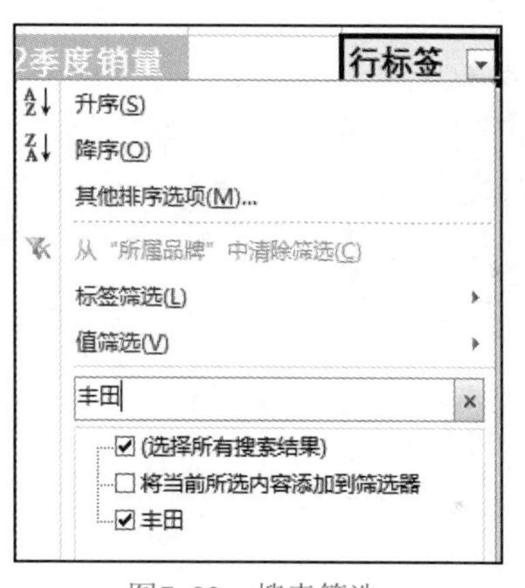

图7-82 搜索筛选

行标签	求和项:4月销量	求和项:5月销量	求和项:6月销量
丰田	17703	13593	13709
总计	**17703**	**13593**	**13709**

图7-83 搜索筛选结果

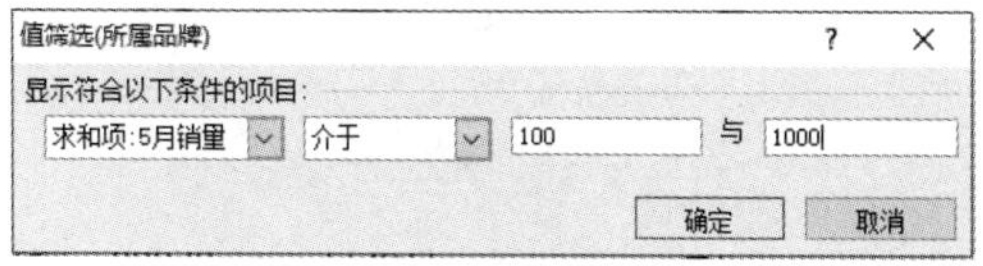

图7-84 值筛选

（3）标签筛选

在数据透视表中，可以直接单击行标签或者列标签右侧的下拉按钮，单击“标签筛选”命令，在弹出的子菜单中，选择需要的命令，进行标签筛选，如图 7-85 所示。筛选效果如图 7-86 所示。

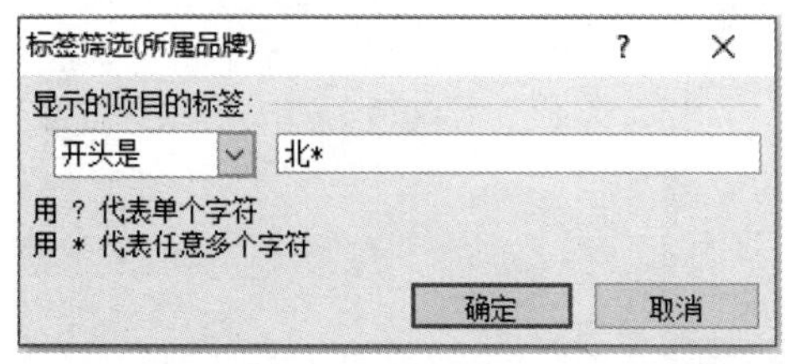

图7-85 标签筛选

行标签	求和项:4月销量	求和项:5月销量	求和项:6月销量
北京汽车	19150	19888	16026
北汽威旺	10708	9924	10849
北汽制造	18515	18002	15607
总计	**48373**	**47814**	**42482**

图7-86 标签筛选结果

4. 切片器

切片器是 Excel 2010 新增的功能，在 Excel 2007 及之前的版本中是没有的。与传统点选下拉选项筛选不同的是，通过切片器可以更加快速直观地实现对数据的筛选操作。

（1）切片器的插入

单击透视表任意一单元格，激活分析窗口，单击“插入切片器”，选择“所示厂商”和“所属品牌”，如图 7-87 所示，单击“确定”按钮，即可创建 2 个字段的切片器，可以通过单击筛选展示数据，如图 7-88 所示。

通过对“切片器”中的字段进行选择，可以更加快速直观地对透视表的数据进行筛选操作，如图 7-89 所示。

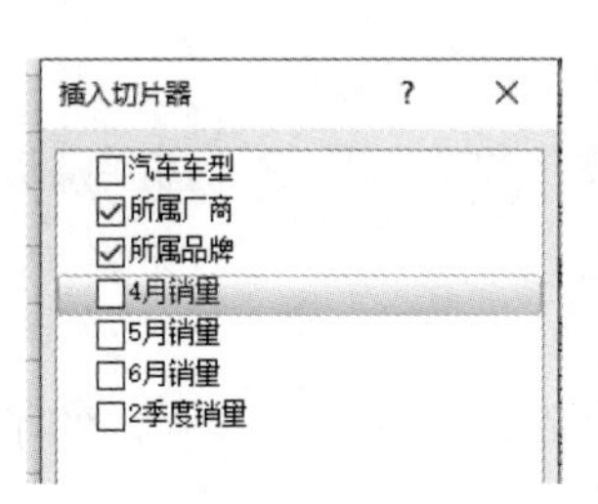

图7-87 插入切片器

图7-88 切片器

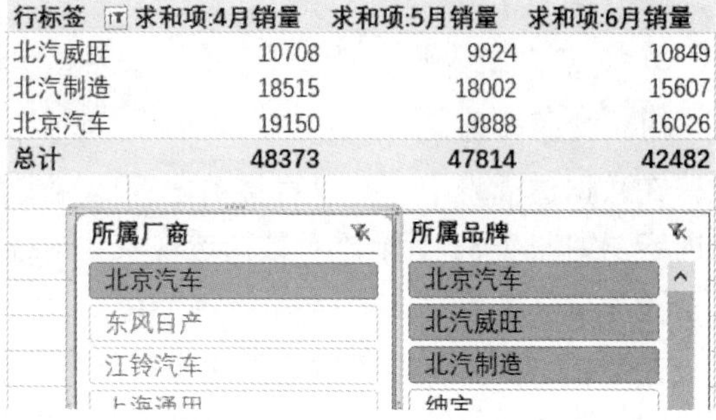

图7-89 切片器筛选数据

（2）切片器的联动

切片器还可以同时连接多个数据透视表，以实现同时对多张工作表进行数据筛选操作。操作方法是：右击切片器，在弹出的快捷菜单中选择“数据透视表连接”命令，如图 7-90 所示。在弹出的“数据透视表连接”对话框中，勾选需要连接的数据透视表，如图 7-91 所示。这样，用户在单击切片器上的选项时，可以同时对两张透视表同时进行数据的筛选，如图 7-92 所示。

行标签	1月总销量	2月总销量	3月总销量
北京汽车	17744	21933	19260
东风日产	33716	35520	27966
江铃汽车	6909	7194	5901
上海通用	51885	46475	43034
一汽	31623	28602	29452
总计	141877	139724	125613

所属厂商	所属品牌	1月平均销量	2月平均销量	3月平均销量
⊟北京汽车		4011	5180.75	17907
	北汽威旺	4000	4132	3000
	绅宝	4015	5530.333333	14907
⊟东风日产		8429	8880	27966
	启辰	5793	6081	3441
	日产	9308	9813	24525
⊟江铃汽车		5709	5300	4001
	陆风	5709	5300	4001
⊟上海通用		15078	13462	36203
	宝骏	18515	18002	15607
	别克	13360	11192	20596
⊟一汽		7906	7150.5	29452
	奥迪	9489	8992	19687
	丰田	6323	5309	9765
总计		8270	8158.1875	115529

所属厂商
北京汽车
东风日产
江铃汽车
上海通用
一汽

剪切(T)
复制(C)
粘贴选项:
刷新(R)
升序(S)
降序(O)
从“所属厂商”中清除筛选器(A)
数据透视表连接(I)...

图7-90 “数据透视表连接”命令

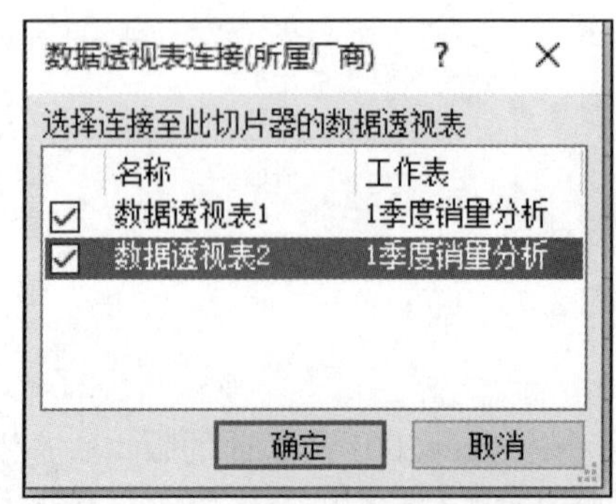

图7-91 “数据透视表连接”对话框

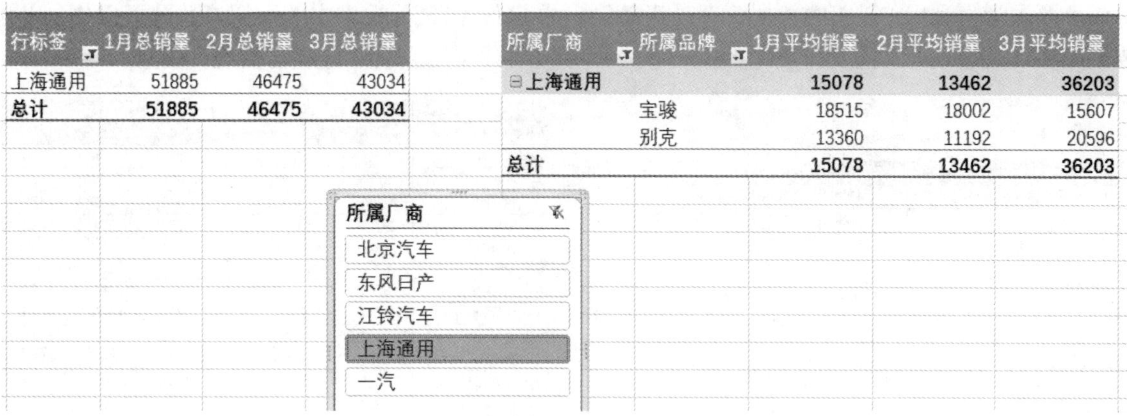

行标签	1月总销量	2月总销量	3月总销量
上海通用	51885	46475	43034
总计	**51885**	**46475**	**43034**

所属厂商	所属品牌	1月平均销量	2月平均销量	3月平均销量
⊟上海通用		**15078**	**13462**	**36203**
	宝骏	18515	18002	15607
	别克	13360	11192	20596
总计		**15078**	**13462**	**36203**

所属厂商

北京汽车

东风日产

江铃汽车

上海通用

一汽

图7-92　切片器的联动

7.3　数据管理高级应用——SUV 销量分析

7.3.1　任务引导

引导任务卡见表 7-8。

表 7-8　引导任务卡

任务编号	7.3		
任务名称	SUV 销量分析	计划课时	2 课时
任务目的	本节任务要求学生利用 EXCEL 的数据管理功能完成 SUV 销量分析表中的数据统计和分析。通过任务实践，要求学生掌握高级筛选、计算式高级筛选、单变量求解、单变量模拟运算、双变量模拟运算等知识点		
任务实现流程	任务引导→任务分析→在“SUV 销量分析表”中完成 SUV 销售情况的统计分析→教师讲评→学生完成工作表的编辑→难点解析→总结与提高		
配套素材导引	原始文件位置：大学计算机基础 \ 素材 \ 第 7 章 \ 任务 7.3 最终文件位置：大学计算机基础 \ 效果 \ 第 7 章 \ 任务 7.3		

任务分析：

Excel 2010 数据管理功能，除了 7.2 节介绍的数据有效性、条件格式、分类汇总、数据透视表、数据透视图和合并计算等功能外，还提供了高级筛选、模拟分析等数据管理的高级应用。

数据筛选：数据筛选是在数据库中查找满足条件的记录，它是一种用于查找数据的快速方法。使用“筛选”功能可在数据清单中显示满足条件的数据行，而不满足条件的数据行则被暂时隐藏但并非被删除。数据筛选分为自动筛选和高级筛选。

高级筛选：在 Excel 中高级筛选是自动筛选的升级功能。在使用高级筛选时，需要具备数据区域、条件区域以及结果输出区域等三部分区域。它的功能更加优于自动筛选。

计算式高级筛选：在 Excel 高级筛选中，可以将公式的计算结果作为条件使用。使用公式结果作为条件进行高级筛选时必须注意的是：要将条件标题保留为空，或者使用与数据区域中的列标题不同的标题。

单变量求解：单变量求解主要用来解决以下问题：先假定一个公式的计算结果是个固定值，当其中应用的单元格变量应取值多少时，该结果成立。

模拟运算表：模拟运算表实际上是工作表中的一个单元格区域，它可以显示一个计算公式中一个或两个参数值的变化对计算结果的影响。由于它可以将所有不同的计算结果以列表方式同时显示出来，因而便于查看、比较和分析。根据分析计算公式中参数的个数，模拟运算表又分为单变量模拟运算表和双变量模拟运算表。

本任务要求学生利用 Excel 的数据管理高级功能完成 SUV 销量分析表中的数据汇总分析操作。各操作的完成效果如图 7-93 所示。（因工作表中数据较多，部分效果截图只截取部分职工的统计信息。）

所属厂商	7月销里
上海通用	>15000

汽车车型	所属厂商	所属品牌	5月销量	6月销量	7月销量	累计销量
昂科威	上海通用	别克	19150	19888	16026	115684
宝骏560	上海通用	宝骏	18515	18002	15607	174529

所属厂商	6月销里
力帆汽车	
	>=30000

汽车车型	所属厂商	所属品牌	5月销量	6月销量	7月销量	累计销量
力帆X50	力帆汽车	力帆	2101	2343	2149	6296
迈威	力帆汽车	力帆	2084	4864	4978	9290
哈弗H6	长城汽车	哈弗	37435	37547	39079	240253

所属品牌	累计销里
哈弗	>90000
长安	>90000

汽车车型	所属厂商	所属品牌	5月销量	6月销量	7月销量	累计销量
CS35	长安汽车	长安	11785	12031	9594	90512
CS75	长安汽车	长安	11495	8624	6737	96855
哈弗H6	长城汽车	哈弗	37435	37547	39079	240253

高级筛选

	汽车车型	所属厂商	所属品牌	4月销量	5月销量	6月销量	累计销量
3							
4	撼路者	江铃汽车	福特	361	454	530	1852
6	北京40	北京汽车	北京汽车	1000	529	672	2075
8	哈弗H8	长城汽车	哈弗	442	425	573	3692
9	中华V5	华晨汽车	中华	730	381	422	4957
10	传祺GS5	广汽传祺	广汽	861	293	387	5130
11	哈弗H9	长城汽车	哈弗	728	887	1032	5142
14	凯迪拉克XT5	上海通用	凯迪拉克	2853	2466	3580	7182
15	帝豪GS	吉利汽车	吉利汽车	2800	4600	6728	7400
16	狮跑	东风悦达起亚	起亚	1727	953	1177	7971
17	哈弗H7	长城汽车	哈弗	3175	3594	4079	8059
18	绅宝X35	北京汽车	绅宝	3003	5977	8005	8980
19	楼兰	东风日产	日产	1500	1185	1358	8988
21	迈威	力帆汽车	力帆	2084	4864	4978	9290
24	哈弗H5	长城汽车	哈弗	2310	1501	1530	12035
25	发现神行	奇瑞捷豹路虎	路虎	3842	2329	2440	12166
27	极光	奇瑞捷豹路虎	路虎	1636	1183	1198	13924
29	普拉多	一汽	丰田	2746	2716	3328	15340
32	新圣达菲	华泰汽车	华泰	2567	2926	3517	16497
35	SR7	众泰汽车	众泰	5100	3884	4293	18675
37	博越	吉利汽车	吉利汽车	6049	8142	10128	20229
39	翼搏	长安福特	福特	606	1994	2465	21833
43	风神AX7	东风风神	东风风神	3405	4018	4048	26779
44	比亚迪宋	比亚迪汽车	比亚迪	5029	5286	5321	28626
46	瑞虎5	奇瑞汽车	奇瑞	3243	2888	3718	29910

高级筛选（1）

	汽车车型	所属厂商	所属品牌	7月销量	8月销量	9月销量	累计销量
3							
14	凯迪拉克XT5	上海通用	凯迪拉克	2853	2466	3580	7182
48	昂科拉	上海通用	别克	7569	2496	4570	31140

高级筛选（2）

哈弗H9销售利润计算表	
销售收入（万元）	14723
产品成本（万元）	10601
销售费用（万元）	1472
利润（万元）	2650

哈弗H9目标利润计算表	
销售收入（万元）	19444
产品成本（万元）	14000
销售费用（万元）	1944
利润（万元）	3500

单变量求解

购车分期付款计算表	
购车价格	279800
首付款	129800
贷款额	150000
年利率	6.30%
还款期限（月）	36
月还款	¥-4,583.71
总还款额	¥-165,013.49
利息比例	110.01%

不同利率下分期付款计算表	
贷款利率	月还款
	¥-4,583.71
6%	¥-4,563.29
6.20%	¥-4,576.90
6.30%	¥-4,583.71
6.51%	¥-4,598.03
6.65%	¥-4,607.60

购车分期付款计算表

贷款金额	还款期限				
¥-4,583.71	12	24	36	48	60
¥60,000.00	¥-5,172.26	¥-2,667.35	¥-1,833.48	¥-1,417.37	¥-1,168.36
¥80,000.00	¥-6,896.35	¥-3,556.47	¥-2,444.64	¥-1,889.83	¥-1,557.81
¥100,000.00	¥-8,620.44	¥-4,445.59	¥-3,055.81	¥-2,362.28	¥-1,947.26
¥120,000.00	¥-10,344.53	¥-5,334.71	¥-3,666.97	¥-2,834.74	¥-2,336.71
¥150,000.00	¥-12,930.66	¥-6,668.39	¥-4,583.71	¥-3,543.42	¥-2,920.89
¥180,000.00	¥-15,516.79	¥-8,002.06	¥-5,500.45	¥-4,252.11	¥-3,505.07
¥200,000.00	¥-17,240.88	¥-8,891.18	¥-6,111.61	¥-4,724.56	¥-3,894.52

模拟运算表

图 7-93　SUV销量分析操作效果

7.3.2　任务步骤

1．高级筛选

① 打开 Excel 工作簿“SUV 销量分析表 .xlsx”，在“SUV 销售情况表”工作表中，筛选出“上海通用”汽车 7 月份销量大于 15 000 的记录，条件区域在 I4 开始的单元格，结果区域在 I7 开始的单元格。

② 在“SUV 销售情况表”工作表中，筛选出所属厂商为“力帆汽车”或者所有 6 月份销量都不小于

30 000 的记录，条件区域在 I12 开始的单元格，结果区域在 I16 开始的单元格。

③ 在“SUV 销售情况表”工作表中，筛选出品牌为“哈弗”和“长安”的汽车累计销量大于 90 000 的记录，条件区域在 I22 开始的单元格，结果区域在 I26 开始的单元格。

2. 计算式高级筛选

① 打开“二季度销售情况表”工作表，筛选出 6 月销量大于 5 月销量的所有记录，条件区域在 I3 开始的单元格，在原有区域显示结果。

② 打开“三季度销售情况表”工作表，筛选出“上海通用”汽车 9 月销量大于 8 月销量的所有记录，条件区域在 I1 开始的单元格，在原有区域显示结果。

3. 单变量求解

① 打开“销售利润计算”工作表，哈弗 H9 汽车 6 月份销售收入为 14 723 万元，产品成本占销售收入的 72%，销售成本占销售收入的 10%，根据公式：利润 = 销售收入 – 产品成本 – 销售成本完成表中 B3:B6 单元格区域的数据输入以及计算，计算结果保留整数位。

② 若销售目标利润为 3 500 万元，使用“模拟分析 – 单变量求解”，在 E3 单元格计算该车型的销售收入需达到多少万元才能实现销售目标利润。

4. 财务函数 PMT

某人考虑购买一辆汽车，要承担一笔贷款，按月还款，分 3 年还清。在“购车分期付款计算表”工作表 B3:B10 单元格区域内，计算贷款额、还款期限（月）、月还款、还款总额和还款比例（还款比例 = 还款总额 / 贷款额，计算结果以百分比显示）。

5. 单变量模拟运算

在不同的还款利率下，月还款金额是不同的。利用模拟运算，在“购车分期付款计算表”工作表 F5:F9 单元格区域计算不同利率情况下 3 年还清 150 000 元贷款的月还款额。计算结果数据格式与 F4 单元格数据格式相同。

6. 双变量模拟运算

利用模拟运算，在“购车分期付款计算表”工作表 B17:F23 单元格区域内计算等利率不同期限，不同贷款金额的情况下的月还款额。计算结果数据格式与 A16 单元格数据格式相同。

7.2.3 任务实施

1. 高级筛选

① 打开 Excel 工作簿“SUV 销量分析表 .xlsx”，在“SUV 销售情况表”工作表中，筛选出“上海通用”汽车 7 月份销量大于 15 000 的记录，条件区域在 I4 开始的单元格，结果区域在 I7 开始的单元格。

② 在“SUV 销售情况表”工作表中，筛选出所属厂商为“力帆汽车”或者所有 6 月份销量都不小于 30 000 的记录，条件区域在 I12 开始的单元格，结果区域在 I16 开始的单元格。

③ 在“SUV 销售情况表”工作表中，筛选出品牌为“哈弗”和“长安”的汽车累计销量大于 90 000 的记录，条件区域在 I22 开始的单元格，结果区域在 I26 开始的单元格。

具体操作步骤如下：

① 双击打开素材文件夹中的 Excel 工作簿“SUV 销量分析表 .xlsx”，单击“SUV 销售情况表”工作表，选择“SUV 销售情况表”工作表。

② 在单元格 I4 和 J4 复制或者手动输入列标题“所属厂商”和“7 月销量”；I5 单元格输入“上海通用”，表示所属厂商为上海通用；J5 单元格输入“>15000”，表示 7 月份销量大于 15 000，如图 7-94 所示。

注意：“上海通用”和“>15000”两个条件是要同时成立的，关系为“与”，所以两个条件放置在同一行的单元格中。

③ 光标定位在 A3:G81 单元格区域中任意一个单元格上，单击“数据”选项卡“排序和筛选”组中的“高级”按钮，如图 7-95 所示。

④ 弹出“高级筛选”对话框，设置如图 7-96 所示。“方式”选择“将筛选结果复制到其他位置”，“列表区域”为要参与筛选的原始数据区域，即“$A$3:$G$81”，“条件区域”选择的区域为“$I$4:$J$5”，“复制到”选择单元格“$I$7”，单击“确定”按钮，得出筛选结果，如图 7-97 所示。

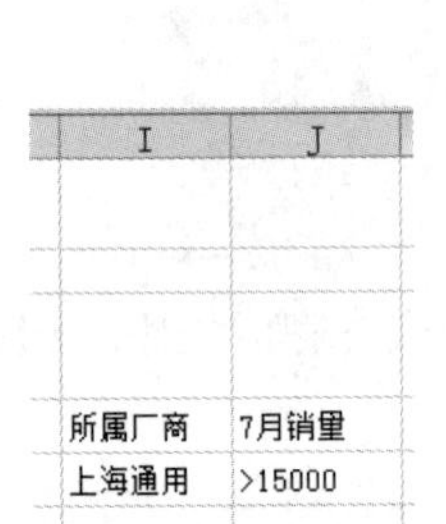

I	J
所属厂商	7月销量
上海通用	>15000

图7-94 设置条件区域

D	E	F	G
730	381	422	4957
861	293	387	5130
728	887	1032	5142
839	1440	1370	5746
2101	2343	2149	6296

图7-95 高级筛选命令

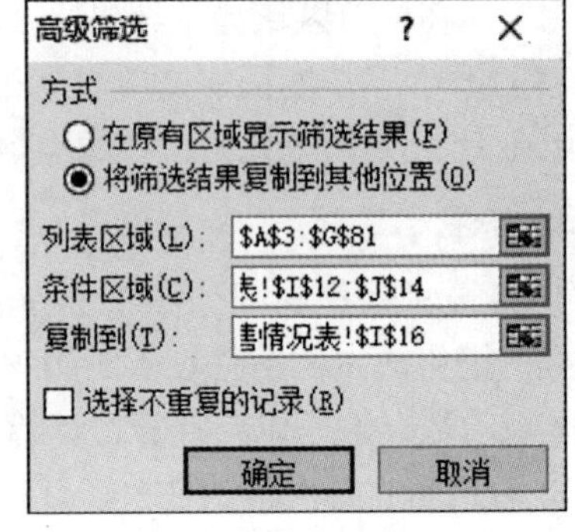

图7-96 设置“高级筛选”对话框

⑤ 第②题中，“力帆汽车”和“>=30000”这两个条件满足其一即可，两个条件的关系为“或”。高级筛选中，若条件间的关系为“或”，则将条件 2 写在条件 1 的下一行。所以，在 I12 开始的单元格区域中，输入条件区域。

⑥ 单击“高级”按钮，完成“高级筛选”对话框的设置，如图 7-98 所示。筛选结果如图 7-99 所示。

⑦ 第③题的结果区域如图 7-100 所示，操作步骤请自行思考。

所属厂商	7月销量					
上海通用	>15000					
汽车车型	所属厂商	所属品牌	5月销量	6月销量	7月销量	累计销量
昂科威	上海通用	别克	19150	19888	16026	115684
宝骏560	上海通用	宝骏	18515	18002	15607	174529

图7-97 高级筛选（1）筛选结果

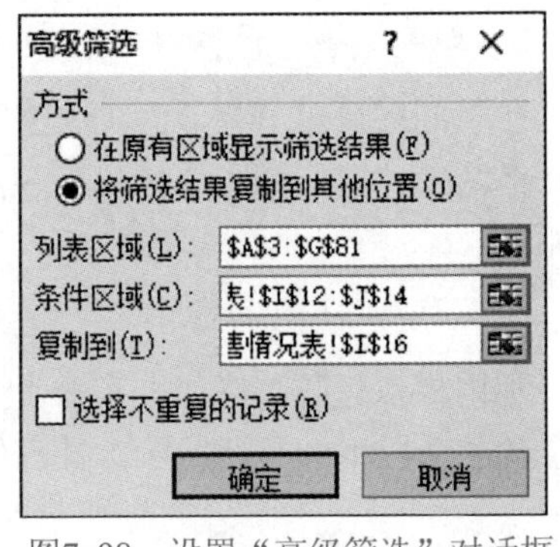

图7-98 设置“高级筛选”对话框

所属厂商	6月销量					
力帆汽车						
	>=30000					
汽车车型	所属厂商	所属品牌	5月销量	6月销量	7月销量	累计销量
力帆X50	力帆汽车	力帆	2101	2343	2149	6296
迈威	力帆汽车	力帆	2084	4864	4978	9290
哈弗H6	长城汽车	哈弗	37435	37547	39079	240253

图7-99 高级筛选（2）筛选结果

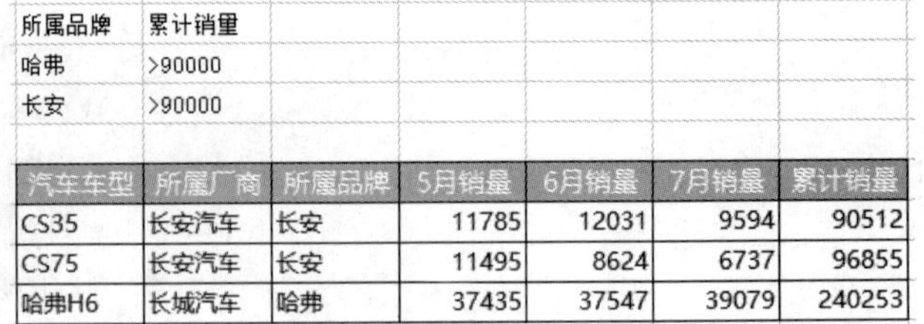

所属品牌	累计销量					
哈弗	>90000					
长安	>90000					
汽车车型	所属厂商	所属品牌	5月销量	6月销量	7月销量	累计销量
CS35	长安汽车	长安	11785	12031	9594	90512
CS75	长安汽车	长安	11495	8624	6737	96855
哈弗H6	长城汽车	哈弗	37435	37547	39079	240253

图7-100 高级筛选（3）筛选结果

2. 计算式高级筛选

① 打开“二季度销售情况表”工作表，筛选出 6 月销量大于 5 月销量的所有记录，条件区域在 I3 开始的单元格，在原有区域显示结果。

② 打开“三季度销售情况表”工作表，筛选出“上海通用”汽车 9 月销量大于 8 月销量的所有记录，条件区域在 I1 开始的单元格，在原有区域显示结果。

具体操作步骤如下：

① 单击“二季度销售情况表”工作表，条件区域列标题单元格 I3 留空，在 I4 单元格中，输入计算公式

“=F4>E4”，表示“6 月销量”数据 >“5 月销量”数据。条件区域如图 7-101 所示。

② 光标定位在 A3:G81 单元格区域中任意一个单元格上，单击“数据”选项卡“排序和筛选”组中的“高级”按钮，弹出“高级筛选”对话框，设置如图 7-102 所示。“方式”选择“在原有区域显示筛选结果”，“列表区域”为要参与筛选的原始数据区域，即“$A$3:$G$81”，“条件区域”选择的区域为“$I$3:$I$4”。

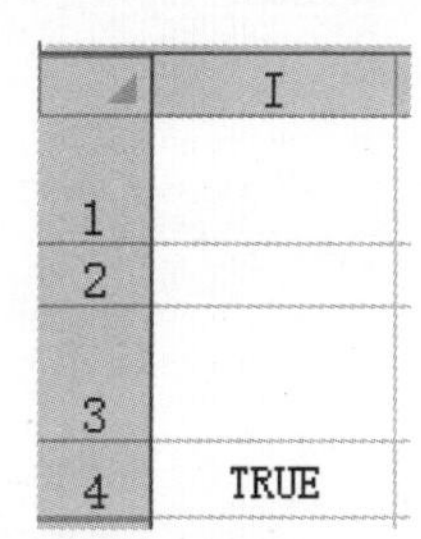

	I
1	
2	
3	
4	TRUE

图7-101　设置计算式高级筛选的条件区域

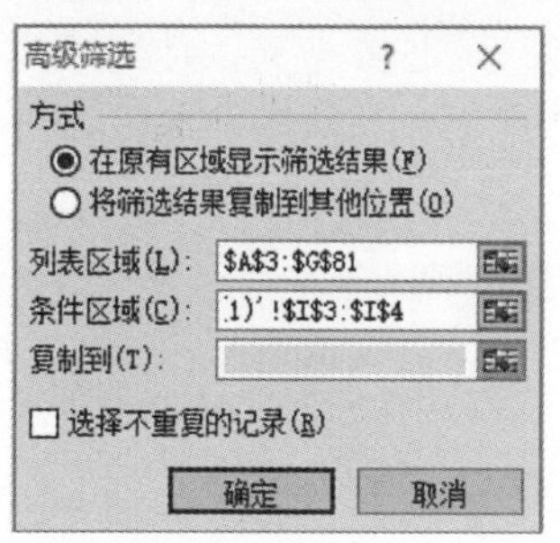

图7-102　“高级筛选”对话框设置

③ 单击“确定”按钮，A3:G81 单元格区域内不符合条件的数据将会被隐藏起来，只显示符合条件的 35 条记录。结果（部分数据）如图 7-103 所示。

第②题中的筛选条件是将一个普通筛选条件和一个计算式筛选条件组合起来，而且条件间的关系为“与”。

④ 单击“三季度销售情况表”工作表，在单元格 I1 中输入普通筛选条件标题“所属厂商”，J1 单元格留空；在 I2 单元格中，输入条件“上海通用”，在 J2 单元格中，输入计算公式“=F4>E4”，表示“9 月销量”数据 >“8 月销量”数据，如图 7-104 所示。

⑤ 光标定位在 A3:G81 单元格区域中任意一个单元格上，单击“高级”按钮，弹出“高级筛选”对话框，设置如图 7-105 所示。“方式”选择“在原有区域显示筛选结果”，“列表区域”为要参与筛选的原始数据区域，即“$A$3:$G$81”，“条件区域”选择的区域为“$I$1:$J$2”。

	A	B	C	D	E	F	G
1	SUV销售情况表						
2							
3	汽车车型	所属厂商	所属品牌	4月销量	5月销量	6月销量	累计销量
4	揽路者	江铃汽车	福特	361	454	530	1852
6	北京40	北京汽车	北京汽车	1000	529	672	2075
8	哈弗H8	长城汽车	哈弗	442	425	573	3692
9	中华V5	华晨汽车	中华	730	381	422	4957
10	传祺GS5	广汽传祺	广汽	861	293	387	5130
11	哈弗H9	长城汽车	哈弗	728	887	1032	5142
14	凯迪拉克XT5	上海通用	凯迪拉克	2853	2466	3580	7182
15	帝豪GS	吉利汽车	吉利汽车	2800	4600	6728	7400
16	狮跑	东风悦达起亚	起亚	1727	953	1177	7971

图7-103　“计算式高级筛选（1）”结果

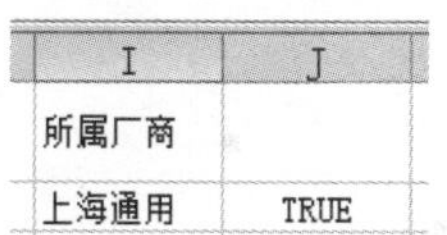

I	J
所属厂商	
上海通用	TRUE

图7-104　设置计算式高级筛选的条件区域

高级筛选
方式
在原有区域显示筛选结果(F)
将筛选结果复制到其他位置(O)
列表区域(L): $A$3:$G$81
条件区域(C): 况表!$I$1:$J$2
复制到(T):
选择不重复的记录(R)
确定　取消

图7-105　“高级筛选”对话框设置

⑥ 单击“确定”按钮，A3:G81 单元格区域内不符合条件的数据将会被隐藏起来，只显示符合条件的 2 条记录，如图 7-106 所示。

	A	B	C	D	E	F	G
1	SUV销售统计表						
2							
3	汽车车型	所属厂商	所属品牌	7月销量	8月销量	9月销量	累计销量
14	凯迪拉克XT5	上海通用	凯迪拉克	2853	2466	3580	7182
48	昂科拉	上海通用	别克	7569	2496	4570	31140

图7-106　“计算式高级筛选（1）”结果

3．单变量求解

① 打开“销售利润计算”工作表，哈弗 H9 汽车 6 月份销售收入为 14 723 万元，产品成本占销售收入的 72%，销售成本占销售收入的 10%，根据公式：利润 = 销售收入 – 产品成本 – 销售成本完成表中 B3:B6 单元格区域的数据输入以及计算，计算结果保留整数位。

② 若销售目标利润为 3 500 万元，使用“模拟分析 – 单变量求解”，在 E3 单元格计算该车型的销售收入需达到多少万元才能实现销售目标利润。

具体操作步骤如下：

① 打开“销售利润计算”工作表，在 B3 单元格输入数据“14723”；光标定位到 B4 单元格，输入公式“=B3*72%”，计算产品成本；将光标定位到 B5 单元格，输入公式“=B3*10%”，计算销售成本；将光标定位到 B6 单元格，输入公式“=B3–B4–B5”，计算利润。

② 选择 B4:B6 单元格区域，右击，在快捷菜单中选择“设置单元格格式”命令，选择“数字”选项卡，设置“数值”小数位数为“0”。结果如图 7-107 所示。

要使用模拟运算器，需要先建立变量求解工作表。利用复制上一步已建立好的单元格区域来建立变量求解工作表，来进行计算。

③ 将 A3:B6 单元格区域复制到 D3 开始的单元格区域中。光标定位到 E6 单元格中，单击“数据”选项卡“数据工具”组中的“模拟分析”下拉按钮，选择“单变量求解”命令，如图 7-108 所示。弹出“单变量求解”对话框。

	A	B
1	哈弗H9销售利润计算表	
2		
3	销售收入（万元）	14723
4	产品成本（万元）	10601
5	销售费用（万元）	1472
6	利润（万元）	2650

图7-107 销售利润计算表

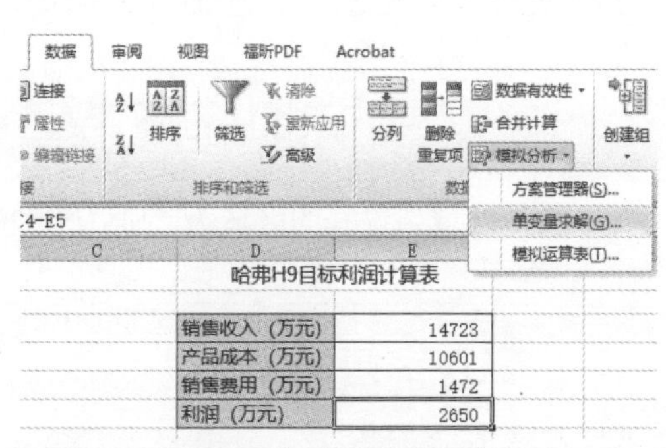

图7-108 单变量求解

④“单变量求解”对话框中设置如图 7-109 所示。“目标单元格”编辑框中选择单元格“E6”，表示计算公式在 E6 单元格中。“目标值”编辑框中输入目标值“3500”，表示公式计算结果为 3 500。“可变单元格”中选择单元格“E3”，本例中，利润的结果取决于销售收入的多少。所以变量是销售收入，其所在单元格为 E3。

⑤ 单击“确定”按钮后，弹出“单变量求解状态”对话框，如图 7-110 所示。单击“确定”按钮，计算结果如图 7-111 所示。

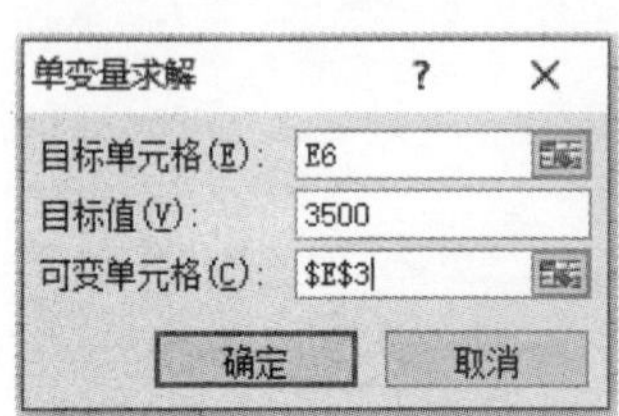

图7-109 单变量求解对话框

单变量求解状态

对单元格 E6 进行单变量求解求得一个解。

目标值：3500

当前解：3500

单步执行(S)　暂停(P)　确定　取消

图7-110 “单变量求解状态”对话框

D	E
哈弗H9目标利润计算表	
销售收入（万元）	19444
产品成本（万元）	14000
销售费用（万元）	1944
利润（万元）	3500

图7-111 “单变量求解”计算结果

4．财务函数 PMT

某人考虑购买一辆汽车，要承担一笔贷款，按月还款，分 3 年还清。在“购车分期付款计算表”工作表 B3:B10 单元格区域内，计算贷款额、还款期限（月）、月还款、还款总额和还款比例（还款比例 = 还款总额 / 贷款额，计算结果以百分比显示）。

① 打开“购车分期付款计算表”工作表。

② 计算贷款额：将光标定位到 B5 单元格，输入公式“=B3-B4”，按【Enter】键确认结果。

③ 计算还款期限（月）：将光标定位到 B7 单元格，输入公式“=3*12”，按【Enter】键确认结果。

④ 计算月还款额：将光标定位到 B8 单元格，插入 PMT 函数，在 PMT“函数参数”对话框中，设置如图 7-112 所示。“Rate”域中表示的是每期支付的贷款利息。因为是按月支付，所以本例中，输入“=B6/12”，计算每个月的贷款利率。“Nper”域中输入的是贷款期限，即选取“B7”单元格。“Pv”域中输入的是贷款金额，即选取“B5”单元格，其他参数均省略。单击“确定”按钮，计算出月还款额。

总还款额：将光标定位到 B9 单元格，输入公式“=B8*B7”，按【Enter】键确认结果。

利息比例：将光标定位到 B10 单元格，输入公式“=-B9/B5”，按【Enter】键确认结果。设置单元格数字格式为“百分比”。计算结果如图 7-113 所示。

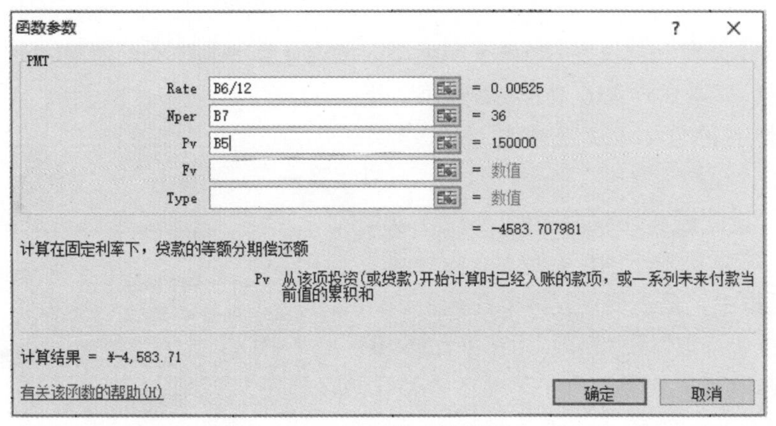

图7-112　PMT函数参数设置

	A	B
1	购车分期付款计算表	
2		
3	购车价格	279800
4	首付款	129800
5	贷款额	150000
6	年利率	6.30%
7	还款期限（月）	36
8	月还款	¥-4,583.71
9	总还款额	¥-165,013.49
10	利息比例	110.01%

图7-113　购车分期付款计算表计算结果

5. 单变量模拟运算

在不同的还款利率下，月还款金额是不同的。利用模拟运算，在“购车分期付款计算表”工作表 F5:F9 单元格区域计算不同利率情况下 3 年还清 150 000 元贷款的月还款额。计算结果数据格式与 F4 单元格数据格式相同。

本例中，运算函数为 PMT 函数，其中的变量只有一个，即是不同的“贷款利率”。

① 将光标定位到 F4 单元格中，使用 PMT 计算月还款额，参数设置如图 7-114 所示。

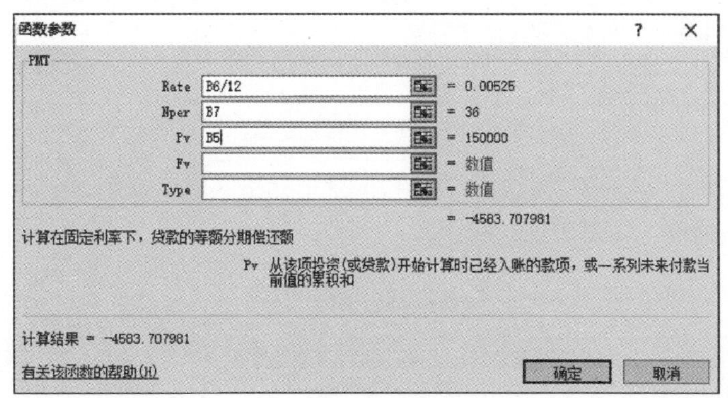

图7-114　PMT函数参数设置

② 选择模拟运算表单元格区域 E4:F9，单击“数据”选项卡“数据工具”组中的“模拟分析”下拉按钮，选择“模拟运算表”命令，弹出“模拟运算表”对话框。

本例中变量“贷款利率”的不同数值是存放在模拟运算表区域的列方向中的。所以在“模拟运算表”对话框中，只需要设置单变量“输入引用列的单元格”。

③ 在“输入引用列的单元格”编辑框中选取函数计算中贷款利率数值所在的单元格“B6”，如图 7-115 所示。

④ 单击“确定”按钮，F5:F9 单元格区域内即可得出不同利率下的月还款金额，如图 7-116 所示。

⑤ 选中 F4 单元格，单击“格式刷”按钮后，在 F5:F9 单元格区域上拖动鼠标，复制格式，如图 7-117 所示。

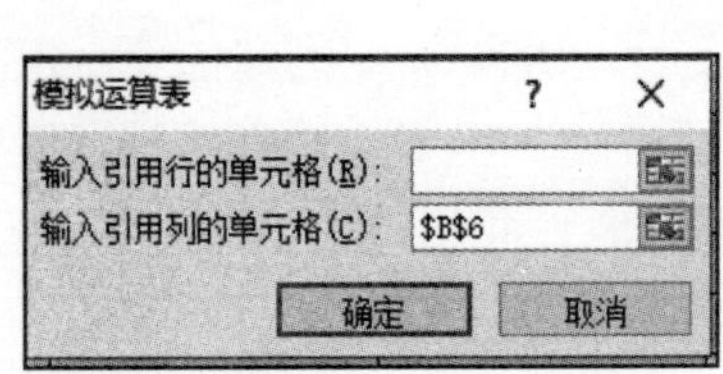

图7-115　模拟运算表对话框设置

E	F
不同利率下分期付款计算表	
贷款利率	月还款
	¥-4,583.71
6%	-4563.290618
6.20%	-4576.896017
6.30%	-4583.707981
6.51%	-4598.033202
6.65%	-4607.59847

图7-116　单变量模拟运算结果

E	F
不同利率下分期付款计算表	
贷款利率	月还款
	¥-4,583.71
6%	¥-4,563.29
6.20%	¥-4,576.90
6.30%	¥-4,583.71
6.51%	¥-4,598.03
6.65%	¥-4,607.60

图7-117　设置单元格格式

6. 双变量模拟运算

利用模拟运算，在“购车分期付款计算表”工作表 B17:F23 单元格区域内计算等利率不同期限，不同贷款金额的情况下的月还款额。计算结果数据格式与 A16 单元格数据格式相同。

① 将光标定位到 A16 单元格中，使用 PMT 计算月还款额。

② 选择 A16:F23 单元格区域，单击“模拟运算表”命令，弹出“模拟运算表”对话框。

本例中，公式中出现了两个变量（贷款额和还款期限），其中还款期限的不同值存放在模拟运算表的行方向，贷款额的不同值存放在模拟运算表的列方向中。所以在“模拟运算表”对话框中，是需要设置两个变量的。

③ 在“输入引用行的单元格”编辑框中选取“还款期限”所在单元格“B7”，在“输入引用列的单元格”编辑框中选取“贷款额”所在单元格“B5”，如图 7-118 所示。

模拟运算表
输入引用行的单元格(R): $B$7
输入引用列的单元格(C): $B$5
确定　取消

图7-118　模拟运算表对话框设置

④ 单击“确定”按钮，B17:F23 单元格区域内即可计算出月还款金额，如图 7-119 所示。

购车分期付款计算表					
贷款金额	还款期限				
¥-4,583.71	12	24	36	48	60
¥60,000.00	-5172.262861	-2667.354753	-1833.483193	-1417.369146	-1168.356294
¥80,000.00	-6896.350482	-3556.473004	-2444.644257	-1889.825529	-1557.808392
¥100,000.00	-8620.438102	-4445.591255	-3055.805321	-2362.281911	-1947.26049
¥120,000.00	-10344.52572	-5334.709506	-3666.966385	-2834.738293	-2336.712587
¥150,000.00	-12930.65715	-6668.386882	-4583.707981	-3543.422866	-2920.890734
¥180,000.00	-15516.78858	-8002.064259	-5500.449578	-4252.107439	-3505.068881
¥200,000.00	-17240.8762	-8891.18251	-6111.610642	-4724.563822	-3894.520979

图7-119　双变量模拟运算结果

⑤ 选中 A16 单元格，单击“格式刷”按钮后，在 B17:F23 单元格区域上拖动鼠标，复制格式。若出现“######”的情况则自动调整单元格列框，如图 7-120 所示。

购车分期付款计算表					
贷款金额	还款期限				
¥-4,583.71	12	24	36	48	60
¥60,000.00	¥-5,172.26	¥-2,667.35	¥-1,833.48	¥-1,417.37	¥-1,168.36
¥80,000.00	¥-6,896.35	¥-3,556.47	¥-2,444.64	¥-1,889.83	¥-1,557.81
¥100,000.00	¥-8,620.44	¥-4,445.59	¥-3,055.81	¥-2,362.28	¥-1,947.26
¥120,000.00	¥-10,344.53	¥-5,334.71	¥-3,666.97	¥-2,834.74	¥-2,336.71
¥150,000.00	¥-12,930.66	¥-6,668.39	¥-4,583.71	¥-3,543.42	¥-2,920.89
¥180,000.00	¥-15,516.79	¥-8,002.06	¥-5,500.45	¥-4,252.11	¥-3,505.07
¥200,000.00	¥-17,240.88	¥-8,891.18	¥-6,111.61	¥-4,724.56	¥-3,894.52

图7-120　设置单元格格式

7.3.4 难点解析

通过本节课程的学习，学生掌握了高级筛选、计算式高级筛选和模拟分析等数据管理高级应用的操作和使用技巧。其中，高级筛选和模拟运算表是本节的难点，这里将针对这两个知识点做具体的解析。

1. 高级筛选

在第 6 章中我们介绍了 Excel 中的"自动筛选"的功能，对于条件简单的筛选操作，它基本可以完成。但是，最后符合条件的结果只能显示在原有的数据表格中，不符合条件的将自动隐藏。若要筛选含有指定关键字的记录，并且将结果显示在两个表中进行数据比对或其他情况，"自动筛选"就有些捉襟见肘了。

在 Excel 中高级筛选是自动筛选的升级功能，可以将自动筛选的定制格式改为自定义设置。在使用高级筛选时，需要具备数据区域、条件区域以及结果输出区域等三部分区域。它的功能更加优于自动筛选。

（1）条件区域书写规则

高级筛选的难点在于设置筛选条件。它可以设置一个或多个筛选条件。筛选条件之间可以是与的关系、或的关系、与或结合的关系。

通过前面的学习，我们已经知道了，高级筛选在设置筛选条件时，条件区域至少包含两行，在默认情况下，第一行作为字段标题，第二行作为条件参数。

在设置条件区域时，有以下几点需要注意：

① 为避免出错，条件区域应尽量与数据区域分开放置，条件区域甚至可以放置在不同的工作表中。

② 设置条件区域时，要注意条件区域的标题格式与筛选区域的标题格式要一致，最好直接将原标题复制到条件区域。

③ 设置条件区域时，要注意表达式符号的格式，必须是英文半角状态下输入的。

（2）条件区域写法实例

下面以几个实例说明条件区域的写法，在学习的过程中注意理解和应用。

① 条件参数需要按条件之间的不同关系放置在不同的单元格中。比如：条件 1 和条件 2 之间是与的关系，两个条件应该写在同一行；若两个条件是或的关系，则写在不同行，如图 7-121 所示。

所属厂商	7月销量
上海通用	>15000

筛选出"上海通用"汽车7月份销量大于15000的记录。
条件1和条件2之间是与（同时满足）的关系，两个条件写在同一行。

汽车车型	所属厂商	所属品牌	5月销量	6月销量	7月销量	累计销量
昂科威	上海通用	别克	19150	19888	16026	115684
宝骏560	上海通用	宝骏	18515	18002	15607	174529

所属厂商	6月销量
力帆汽车	
	>=30000

筛选出所属厂商为"力帆汽车"或者所有6月份销量都不小于30000的记录。
条件1和条件2之间是或（满足其一即可）的关系，两个条件写在不同行。

汽车车型	所属厂商	所属品牌	5月销量	6月销量	7月销量	累计销量
力帆X50	力帆汽车	力帆	2101	2343	2149	6296
迈威	力帆汽车	力帆	2084	4864	4978	9290
哈弗H6	长城汽车	哈弗	37435	37547	39079	240253

图7-121 筛选条件为与、或的关系

② 同一列中有多个条件，需要符合条件 1 或符合条件 2，这时我们就可以把多个条件写在同一列中，如图 7-122 所示。

③同一列中有多个条件，既要符合条件 1 又要符合条件 2，这时我们就可以把两个条件写在同一行中，并分别输入列标题，如图 7-123 所示。

7月销量
>15000
<500

7月销量超过15000或者未超过500的记录。
在“7月销量”中同时筛选2个条件，条件1和条件2是或的关系，两个条件写在同一列中。

汽车车型	所属厂商	所属品牌	5月销量	6月销量	7月销量	累计销量
帕杰罗•劲畅	广汽三菱	三菱	526	583	367	2005
中华V5	华晨汽车	中华	730	381	422	4957
传祺GS5	广汽传祺	广汽	861	293	387	5130
CR-V	东风本田	本田	14194	14883	18600	85482
昂科威	上海通用	别克	19150	19888	16026	115684
传祺GS4	广汽传祺	广汽	26019	26120	27607	150795
宝骏560	上海通用	宝骏	18515	18002	15607	174529
哈弗H6	长城汽车	哈弗	37435	37547	39079	240253

图7-122　同一列中筛选条件为或的关系

7月销量	7月销量
>12000	<15000

7月销量介于12000至15000之间的记录。
在“7月销量”中同时筛选2个条件，条件1和条件2是与的关系，两个条件写在同一行中，并分别输入列标题。

汽车车型	所属厂商	所属品牌	5月销量	6月销量	7月销量	累计销量
XR-V	东风本田	本田	14959	13337	14232	80643
奇骏	东风日产	日产	14623	15920	13115	80955

图7-123　同一列中筛选条件为与的关系

④ 在条件参数中，除了直接填写文本和数值，还可以使用比较运算符直接与文本或数值相连，表示比较的条件。

例如，筛选的是“上海通用”汽车 5 月销量大于 7 月销量的记录。条件区域设置如图 7-124 所示，输入“=D4>F4”计算公式，由于单元格中的实际数值 361<530，该公式的计算结果为“FALSE”，所以最终条件区域如图 7-125 所示。

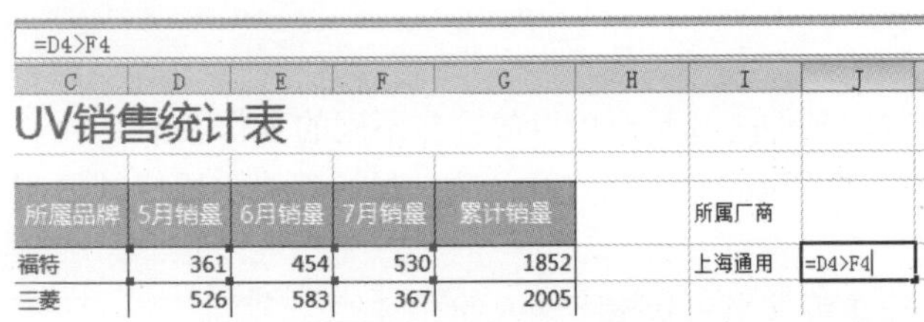
=D4>F4

UV销售统计表

所属品牌	5月销量	6月销量	7月销量	累计销量		所属厂商
福特	361	454	530	1852	上海通用	=D4>F4
三菱	526	583	367	2005		

图7-124　输入计算式高级筛选条件区域

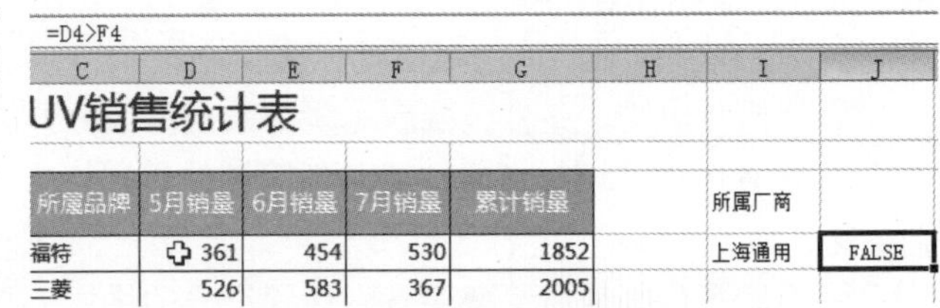
=D4>F4

UV销售统计表

所属品牌	5月销量	6月销量	7月销量	累计销量		所属厂商
福特	361	454	530	1852	上海通用	FALSE
三菱	526	583	367	2005		

图7-125　计算式高级筛选条件区域

2. 模拟运算表

（1）模拟运算表概述

模拟运算表实际上是工作表中的一个单元格区域，它可以显示一个计算公式中一个或两个参数值的变化对计算结果的影响。由于它可以将所有不同的计算结果以列表方式同时显示出来，因而便于查看、比较和分析。根据分析计算公式中参数的个数，模拟运算表又分为单变量模拟运算表和双变量模拟运算表。

① 单变量模拟运算。单变量模拟运算主要是用来分析当其他因素不变时，一个参数的变化对目标的影响。单变量模拟运算中，变量不同的输入值被排列在一列或一行中，根据方向的不同，单变量模拟运算表又分为垂直方向的单变量模拟运算和水平方向的单变量模拟运算。

② 双变量模拟运算。单变量模拟运算主要是用来分析当其他因素不变时，两个参数的变化对目标的影响。双变量模拟运算中，变量不同的输入值被分别排列在一列和一行中。

以本节任务中所讲解的使用 PMT 函数计算每月的还款金额为例，该函数使用了三个参数：“Rate”、“Nper”和“PV”，分别表示贷款利率、贷款期限和贷款金额。例如，任务中的第 7 题，计算三个参数中的“Rate”（年利率）在不同数值的情况下每月还款金额，就可以利用单变量模拟运算表功能。在第 8 题中，计算三个参数中的两个参数“PV”和“Nper”（贷款金额和贷款期限）在不同数值的情况下每月还款金额，则利用双变量模拟运算表功能来完成计算。

（2）模拟运算表实例解析

① 垂直方向的单变量模拟运算。

a. 创建模拟运算表区域。

要进行模拟运算，首先要创建模拟运算表。如图 7-126 所示，计算不同利率下，每个月的还款金额。选择 A5 单元格开始的位置作为模拟运算表：将函数中的变量值（不同利率）输入在一列（列方向）中，即 A6:A10 单元格区域，在 B6:B10 单元格区域中计算出不同利率代入函数后的结果。单元格区域 A5:B10 就是

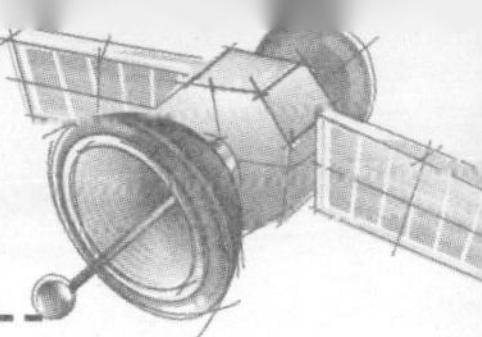

模拟运算表区域。

b. 在模拟运算表区域以外的单元格中输入一个利率值，作为变量代入函数中进行计算。本例中，我们在 B2 单元格输入数值“5.8%”，如图 7-126 所示。

c. 垂直方向的单变量模拟运算时，应该在紧接变量值所在列的右上角的单元格中输入函数或公式。本例中，在模拟运算表区域的右上角 B5 单元格中输入函数，函数中的参数“Rate”引用单元格 B2，计算年利率为 5.8% 时，每月的还款额，如图 7-127 所示。

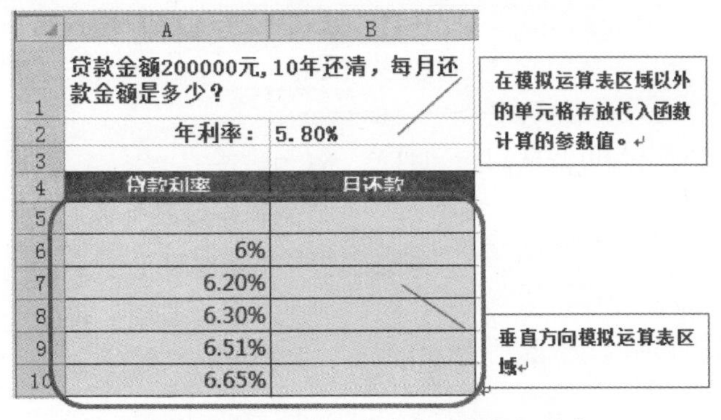

图7-126　垂直方向单变量模拟运算表

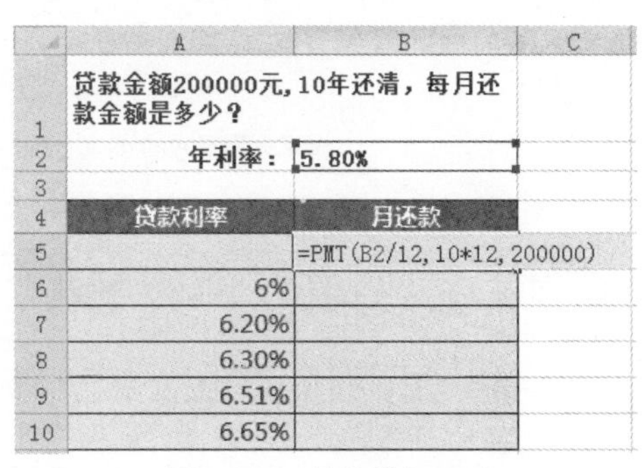

图7-127　计算模拟公式

d. 选择模拟运算表区域，即 A5:B10。单击“数据”选项卡“数据工具”组中的“模拟分析”下拉按钮，选择“模拟运算表”。打开“模拟运算表”对话框。

e. 由于垂直方向单变量模拟运算表中，变量值（不同利率）是存放在列方向单元格区域中的，所以在“输入引用列的单元格”中选取“B2”（存放变量的单元格），将不同利率值替换步骤 c 的函数计算中“B2”的值。如图 7-128 所示。

f. 单击“确定”按钮关闭对话框后，可以看到所有的计算结果已经显示在右侧的单元格中了，如图 7-129 所示。

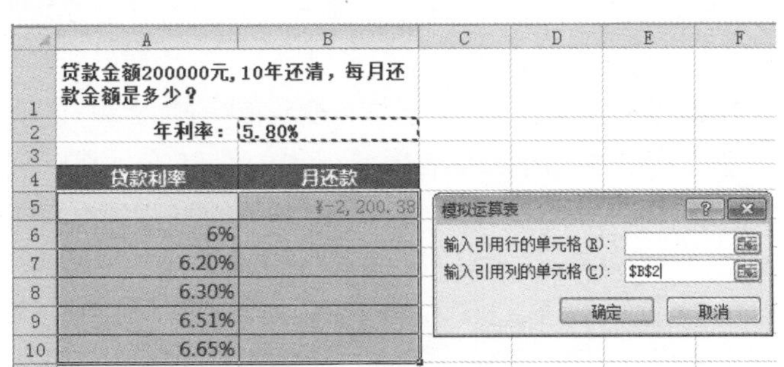

图7-128　单变量模拟运算

贷款利率	月还款
	¥-2,200.38
6%	¥-2,220.41
6.20%	¥-2,240.55
6.30%	¥-2,250.66
6.51%	¥-2,271.98
6.65%	¥-2,286.25

图7-129　计算结果

由此可见，通过模拟运算表的操作，可以瞬间完成将数据代入公式进行计算的大量操作。此外要注意的是，“模拟运算表”的运算结果是一种 {=TABLE()} 数值公式。

② 水平方向的单变量模拟运算。

a. 创建模拟运算表。选择 A4 单元格开始的位置作为模拟运算表，将函数中的变量值输入在一行（行方向）中。如图 7-130 所示，B4:F4 单元格区域中的数值就是变量（年利率）的输入值，B5:F5 区域中将计算出不同年利率代入函数后的计算结果。

b. 水平方向的单变量模拟运算，应该在紧接变量值所在行的左下角的单元格中输入公式。本例中，应该在 A5 单元格中输入函数，函数中的参数“Rate”引用单元格 B2，计算年利率为 5.8% 时，每月的还款额，如图 7-130 所示。

c. 选择模拟运算表区域，打开“模拟运算表”对话框。由于水平方向单变量模拟运算表中，变量值（不同利率）是存放在行方向的，在“输入引用行的单元格”中选取变量存放单元格“B2”，计算不同年利率值的函数结果。如图 7-131 所示。单击“确定”按钮关闭对话框，计算结果显示在 B5:F5 单元格区域中。

	A	B	C	D	E	F
1	贷款金额200000元，10年还清，每月还款金额是多少？					
2	年利率：	5.80%				
3						
4	年利率 月还款	6%	6.20%	6.30%	6.51%	6.65%
5	=PMT(B2/12,10*12,200000)					

图7-130　水平方向的模拟运算表

	A	B	C	D	E	F
1	贷款金额200000元，10年还清，每月还款金额是多少？					
2	年利率：	5.80%				
3						
4	年利率 月还款	6%	6.20%	6.30%	6.51%	6.65%
5	¥-2,200.38					

模拟运算表

输入引用行的单元格(R)：$B$2

输入引用列的单元格(C)：

确定　取消

图7-131　输入存放变量单元格

③ 双变量模拟运算。

a．创建双变量模拟运算表。

该实例是在计算不同贷款金额，不同年利率的情况下，每月的还款金额。将年利率的不同值输入在行方向的单元格区域（B6:F6）中；将贷款金额的不同值输入在列方向的单元格区域（A7:A13）中；模拟运算表区域为 A6:F13，如图 7-132 所示。

b．在模拟运算表区域以外的单元格中输入两个变量值，作为变量代入到函数中进行计算。本例中，我们在 B2 单元格输入贷款金额数值“200000”，在 B3 单元格输入年利率值“5.8%”。

c．双变量模拟运算表，也就是说一个变量值（年利率）位于一行中，另一个变量值（贷款金额）位于一列中。计算时，应该在右上角紧接变量值的行列相交的单元格中输入函数或公式。本例中，在 A6 单元格中输入函数，函数中的参数“Rate”引用单元格 B3，参数“PV”引用单元格 B2，计算当 PV=200000；Rate=5.8% 的时候函数的结果，如图 7-133 所示。

d．选择模拟运算表区域，即 A6:F13，打开“模拟运算表”对话框。在选定的数据区域中，年利率的值是存放在一行中的，所以在“输入引用行的单元格”中输入存放“Rate”变量的单元格“$B$3”；贷款金额的值是存放在一列中的，所以在“输入引用列的单元格”中输入存放贷款金额变量的单元格“$B$2”，如图 7-134 所示。这样，将所选区域里行与列中的数据替换步骤 c 的函数中 B2 和 B3 的数据。

	A	B	C	D	E	F
1	贷款金额如下表所示，10年还清，每月还款金额是多少？					
2	贷款金额：	200000				
3	年利率：	5.80%				
4						
5	贷款金额	年利率				
6		6%	6.20%	6.30%	6.51%	6.65%
7	¥60,000.00					
8	¥80,000.00					
9	¥100,000.00					
10	¥120,000.00					
11	¥150,000.00					
12	¥180,000.00					
13	¥200,000.00					

图7-132　双变量模拟运算表

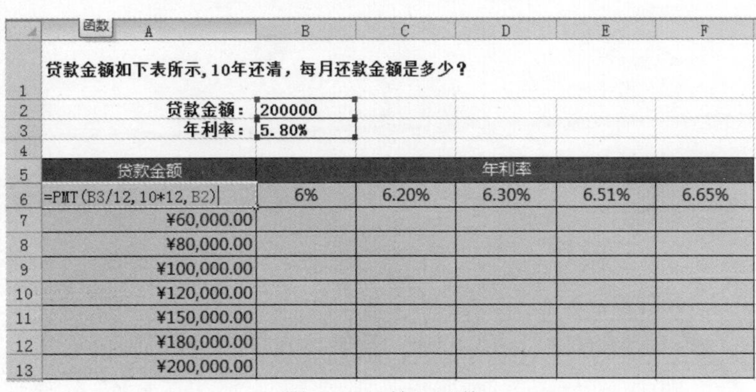

图7-133　输入函数

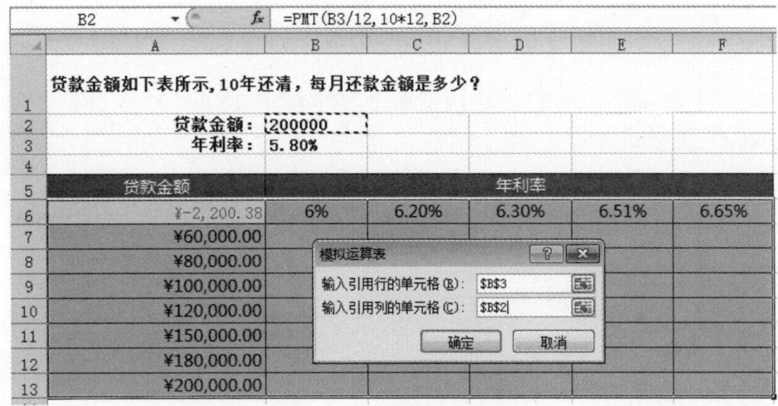

图7-134　输入存放变量单元格

e．单击“确定”按钮关闭对话框后，可以看到所有的计算结果已经显示在对应的单元格中了。

第 8 章

PowerPoint 2010 应用

母版编辑 ——制作企业模板文件	🕮 新建幻灯片 🕮 幻灯片格式化（背景、设计主题、版式和母版等）★ 🕮 对象及对象格式化（图片、艺术字、形状等） 🕮 设置幻灯片页眉和页脚 🕮 设置幻灯片背景音乐 ★ 🕮 排练计时
演示文稿编辑 ——编辑企业宣传手册	🕮 演示文稿的编辑 🕮 插入表格与图表 🕮 文本转换为 SmartArt 图形 🕮 SmartArt 图形制作动画 ★ 🕮 设置幻灯片动画 ★ 🕮 插入视频文件 🕮 设置幻灯片切换

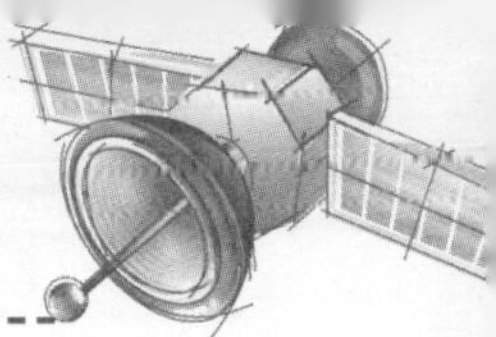

8.1 母版编辑——制作企业模板文件

8.1.1 任务引导

引导任务卡见表 8-1。

表 8-1 引导任务卡

任务编号	8.1		
任务名称	制作企业模板文件	计划课时	2 课时
任务目的	本次任务将利用幻灯片母版等知识点制作企业模板文件，并应用到“企业宣传手册”演示文稿中。通过学习，要求学生了解演示文稿的版式、母版和模板的作用与区别，清楚幻灯片制作的一般流程，熟练掌握对幻灯片插入的各种对象的编辑与格式化操作		
任务实现流程	任务引导→任务分析→制作企业模板文件，并应用到《企业宣传手册》演示文稿中→教师讲评→学生完成模板文件的制作与应用→难点解析→总结与提高		
配套素材导引	原始文件位置：大学计算机基础\素材\第 8 章\任务 8.1 最终文件位置：大学计算机基础\效果\第 8 章\任务 8.1		

任务分析：

演示文稿是指人们在介绍自身或组织、阐述计划或任务、传授知识或技术、宣传观点或思想等时，向听众或观众展示的一系列材料。这些材料是集文字、图形、图像、声音、动画、视频等多种信息于一体，由一组具有特定用途的多张幻灯片组成。一般来说，一份完整的演示文稿包括幻灯片（若干张相互联系、按一定顺序排列的幻灯片，能够全面说明演示内容）、演示文稿大纲（演示文稿的文字部分）、观众讲义（将页面按不同的形式打印在纸张上发给观众，以加深观众的印象）和演讲者备注（演示过程中提示演讲者注意，附加材料，一般只给演讲者本人看）。

PowerPoint 是日常办公中必不可少的幻灯片制作工具。使用 PowerPoint 可以快速制作出精美的演示文稿，可以制作出各种动态效果，可以加入多种媒体文件，从而丰富读入内容。在当前的演示型多媒体课件中，PowerPoint 的应用最广泛，使用最为方便。主要介绍的知识点如下：

幻灯片格式化：幻灯片格式化主要包括设置幻灯片背景、设计主题、版式和母版等。

幻灯片母版：幻灯片母版用于设置预设格式，这些格式包括出现的文本或者图形图像，正文文字的格式，标题文本的格式、位置、颜色，背景颜色等。

幻灯片模板文件：演示文稿中的特殊一类，扩展名为 .potx。用于提供样式文稿的格式、配色方案、母版样式及产生特效的字体样式等。应用设计模板可快速生成风格统一的演示文稿。

排练计时：使用排练计时设置幻灯片放映时间是以幻灯片上各个对象播放的演示时间为间隔。选择“排练计时”命令，在全屏幕方式下播放演示文稿时，以“预演”方式设置对象的间隔时间。

对象及对象格式化：在 PowerPoint 中，丰富的插入对象可以使演示文稿更生动活泼，让人直观地感受到作者想表达的内容。插入对象一般是选择“插入”功能区中的命令完成的。对象主要包括文本框、图片、艺术字、形状、表格、图表、音频和视频等。

本任务将利用幻灯片母版等知识点制作企业模板文件，并应用到“企业宣传手册”演示文稿中。“企业宣传手册”完成效果如图 8-1 所示。

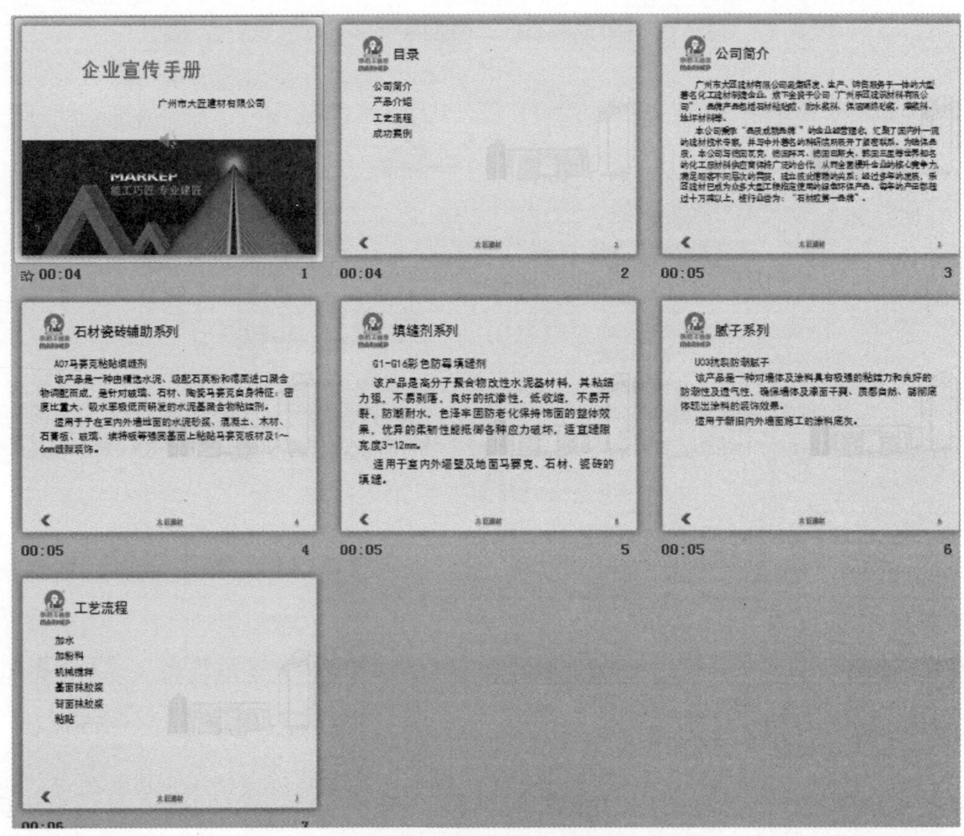

图8-1　企业宣传手册

8.1.2　任务步骤

1. 设置母版背景

新建 Microsoft PowerPoint 演示文稿。添加第一张幻灯片后，设置“Office 主题　幻灯片母版”的背景样式为“样式 2”。

2. 字体段落格式化

设置母版的标题格式为：黑体，字号为 32 磅，左对齐；文本格式为：黑体，字号为 24 磅，文本段落无项目符号，首行缩进 1.27 厘米，1.1 倍行距。

3. 图片格式化

插入图片“图片 1.png”，设置图片颜色为“重新着色 - 茶色，背景颜色 2 浅色”。

4. 形状格式化

① 插入形状“燕尾形”，箭头方向向左。设置形状大小为 0.8 厘米 ×0.8 厘米，位置水平自左上角 1.5 厘米，垂直自左上角 17.66 厘米。

② 形状无轮廓颜色，形状效果为“棱台　角度”。

③ 添加超链接，链接到前一页幻灯片。

5. 艺术字格式化

① 插入艺术字“大匠建材”，艺术字样式为“填充 - 蓝色，强调文字颜色 1，金属棱台，映像（第 6 行第 5 列）”；艺术字字体为黑体，字号为 16 磅。

② 艺术字位置在距离左上角垂直 17.66 厘米，左右居中对齐。

③ 对艺术字的文本框添加超链接，链接到第一张幻灯片。

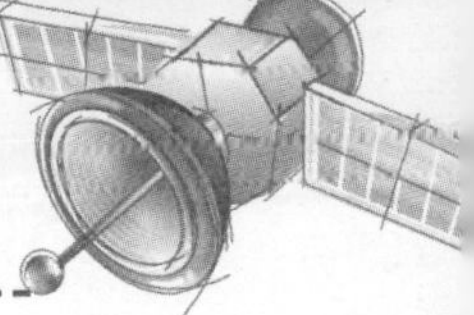

6. 页码格式化

修改页码占位符的字体为黑体，16 号，艺术字样式为："填充 - 蓝色，强调文字颜色 1，金属棱台，映像（第 6 行第 5 列）"。

7. 编辑"标题幻灯片 版式"母版

① 隐藏"标题幻灯片 版式"母版的背景图形。

②"标题幻灯片 版式"母版标题的艺术字样式为"填充 - 红色，强调文字颜色 2，粗糙棱台"；字体为黑体，字号为 44 磅，字符间距加宽 5 磅；标题位置在垂直距离左上角 1.5 厘米。

③ 副标题字体为黑体，字号为 24 磅，颜色为黑色，文字 1；副标题位置在水平距离左上角 7.6 厘米，垂直距离左上角 5.8 厘米。

④ 插入图片"图片 2.png"，设置图片"底端对齐"。

8. 编辑"内容与标题版式"母版

① 标题文本格式为黑体，字号为 24 磅，不加粗。

② 标题下方的文本格式为黑体，字号为 20 磅；并添加图片项目符号，项目符号样式可以自行选择；

③ 调整各占位符的大小和位置。

9. 模板文件保存与应用

退出母版编辑，将文档保存为模板文件"qymb.potx"；打开演示文稿"企业宣传手册素材 .pptx"，设置演示文稿的主题为"qymb.potx"；将文档另存为"企业宣传手册 .pptx"。

10. 修改幻灯片母版

设置所有幻灯片标题文本缩进 3 厘米；在标题前插入图片"LOGO.jpg"，图片为原大小的 75%，颜色为"蓝色，强调文字颜色 1 浅色"。

11. 插入页脚与音频

在"企业宣传手册 .pptx"演示文稿中，插入幻灯片编号，标题幻灯片中不显示；给第一张幻灯片添加背景音乐"背景音乐 .mp3"，音频放映时隐藏，跨幻灯片播放音频。

12. 排练计时

设置每张幻灯片播放时，停留时间在 3 ～ 5 秒。

8.1.3 任务实施

1. 设置母版背景

新建 Microsoft PowerPoint 演示文稿。添加第一张幻灯片后，设置"Office 主题 幻灯片母版"的背景样式为"样式 2"。

① 在桌面空白区域右击弹出快捷菜单，选择"新建"命令，在弹出的子菜单中选择"Microsoft PowerPoint 演示文稿"，新建 Microsoft PowerPoint 演示文稿。

② 双击打开新建的演示文稿，在编辑区（灰色区域）单击，添加第一张幻灯片。

③ 单击"视图"选项卡"母版视图"组中的"幻灯片母版"按钮，如图 8-2 所示。进入幻灯片母版编辑窗口。此时，窗口上面会出现"幻灯片母版"选项卡，可以对幻灯片进行母版设置。

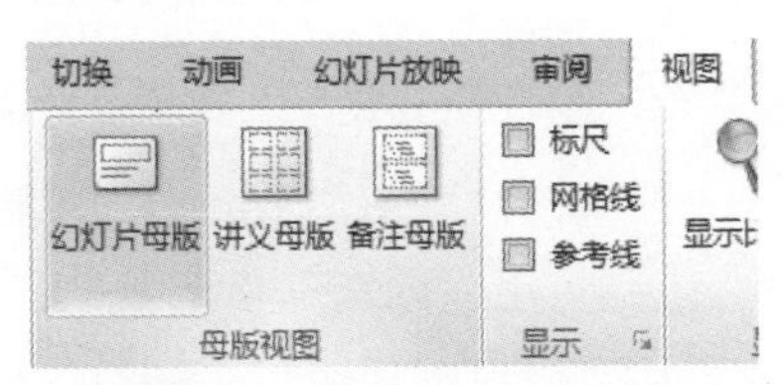

图8-2 "幻灯片母版"按钮

④ 单击窗口左侧"幻灯片缩略图"窗格中的第一个母版视图，选中该母版，如图 8-3 所示。这张母版的名称是"Office 主题 幻灯片母版"，也是幻灯片的主母版。在这张母版上的所有修改编辑都可以应用到所有的幻灯片中。

⑤ 单击“幻灯片母版”选项卡中“背景”组下拉按钮，选择“背景样式”中的“样式 2”，如图 8-4 所示。

2. 字体段落格式化

设置母版的标题格式为：黑体，字号为 32 磅，左对齐；文本格式为：黑体，字号为 24 磅，文本段落无项目符号，首行缩进 1.27 厘米，1.1 倍行距。

① 选中标题占位符中的文本“单击此处编辑母版标题样式”，设置字体为“黑体”，字号为“32”磅，左对齐。

② 选中文本占位符中的所有文本，设置文本字体格式为“黑体”，字号为“24”磅，如图 8-5 所示。

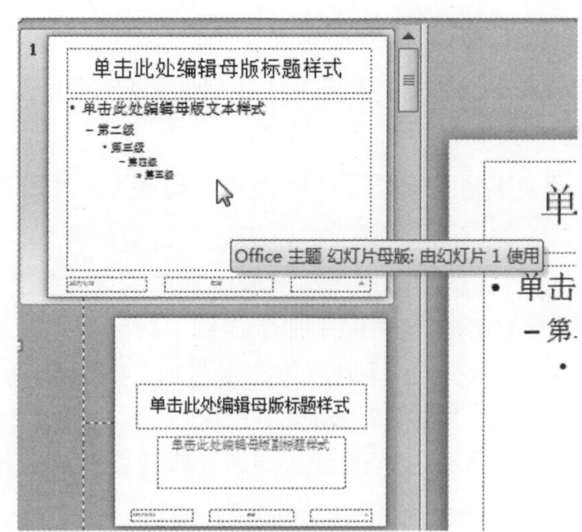

图8-3 选择“Office主题幻灯片母版”母版

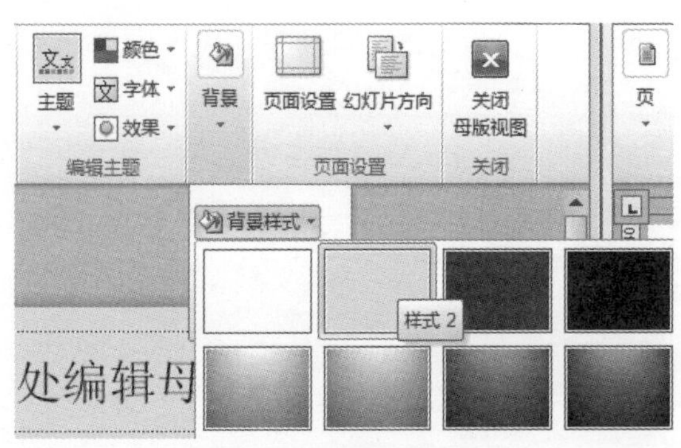

图8-4 设置背景样式

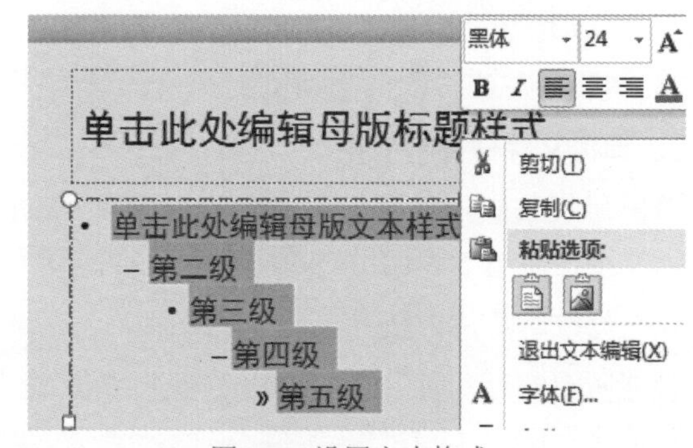

图8-5 设置文本格式

③ 继续选中所有文本并右击，选择“项目符号”|“无”命令，取消段落项目符号。

④ 继续选中所有文本并右击，选择“段落”命令，打开“段落”对话框。在“缩进”组的“特殊格式”下拉列表中选择“首行缩进”|“1.27 厘米”；在“间距”组中的“行距”下拉列表中选择“多倍行距”，“设置值”微调框内输入“1.1”，如图 8-6 所示。

⑤ 字体、段落格式化完成效果如图 8-7 所示。

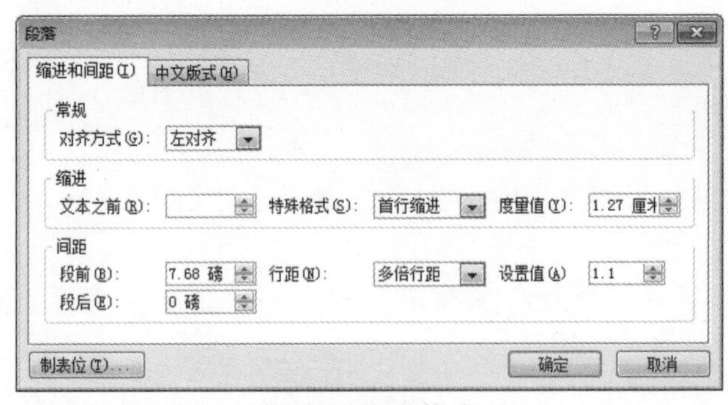

图8-6 设置文本段落格式

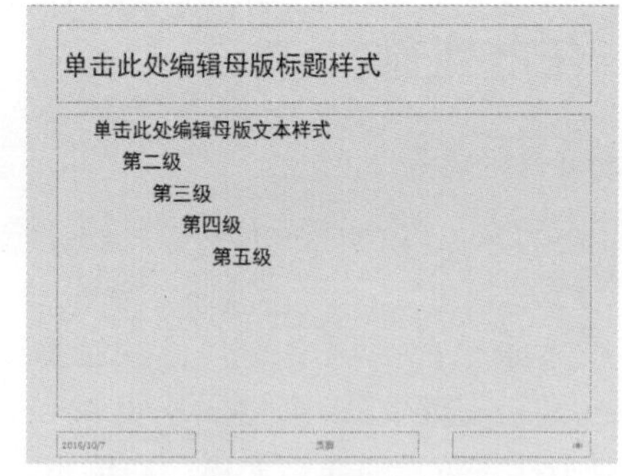

图8-7 本题完成效果

3. 图片格式化

插入图片“图片 1.png”，设置图片颜色为“重新着色 - 茶色，背景颜色 2 浅色”。

① 单击“插入”选项卡中的“图片”按钮，打开“插入图片”对话框，选择素材文件夹，在下面的列表框中选择图片“图片 1.png”，单击“插入”按钮，将图片插入到幻灯片中。

② 选中图片，单击“格式”选项卡“调整”组中的“颜色”下拉按钮，选择“重新着色”组下的“茶色，背景颜色 2 浅色”，如图 8-8 所示。

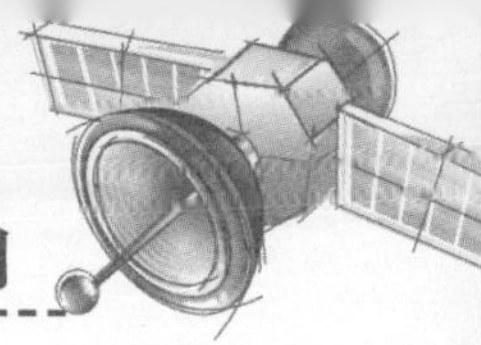

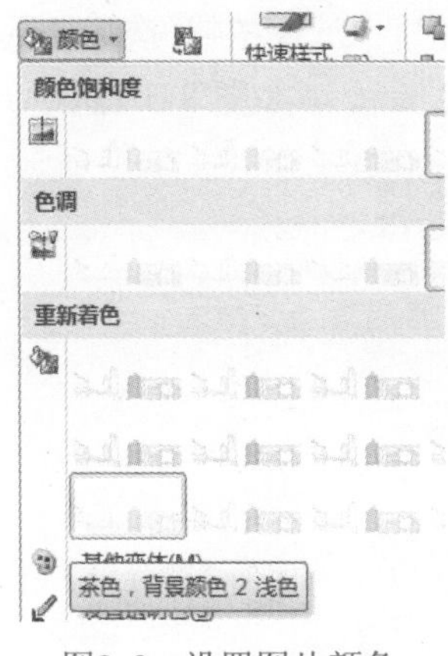

图8-8 设置图片颜色

4. 形状格式化

① 插入形状"燕尾形"，箭头方向向左。设置形状大小为 0.8 厘米 ×0.8 厘米，位置水平自左上角 1.5 厘米，垂直自左上角 17.66 厘米。

② 形状无轮廓颜色，形状效果为"棱台 角度"。

③ 添加超链接，链接到前一页幻灯片。

具体操作步骤如下：

① 单击"插入"选项卡中"形状"命令下拉按钮，在下拉列表的"箭头总汇"组中选择自选图形"燕尾形"，如图 8-9 所示。

② 在幻灯片左下方空白区域拖动鼠标，绘制形状，如图 8-10 所示。

③ 选中绘制的燕尾形，选择"绘图工具 格式"选项卡，单击"排列"组中的"旋转"下拉按钮，选择"水平翻转"命令，调整箭头方向，如图 8-11 所示。或在"设置形状格式"对话框中，设置"旋转"值为"180°"。

④ 选中绘制的燕尾形并右击，选择命令"大小和位置"，打开"设置形状格式"对话框，如图 8-12 所示。在对话框"大小"选项卡中，设置高度和宽度均为"0.8 厘米"，如图 8-13 所示。

图8-9 插入燕尾形

图8-10 绘制燕尾形

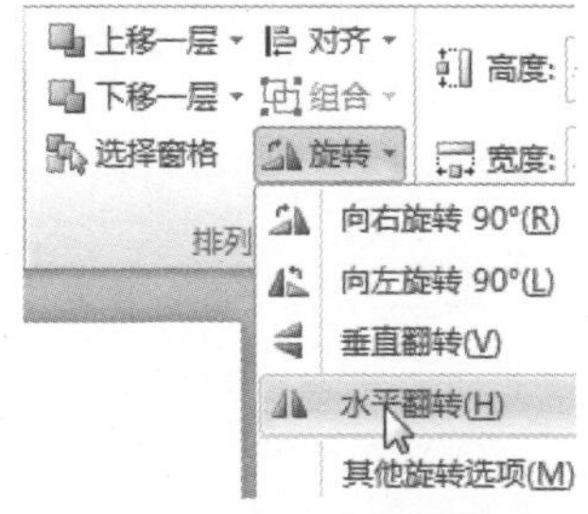

图8-11 水平翻转形状

图8-12 "大小和位置"命令

⑤ 在"设置形状格式"对话框左侧选择"位置"选项卡，在"水平"微调框内输入"1.5 厘米"，垂直微调框内输入"17.66 厘米"，如图 8-14 所示。关闭对话框。

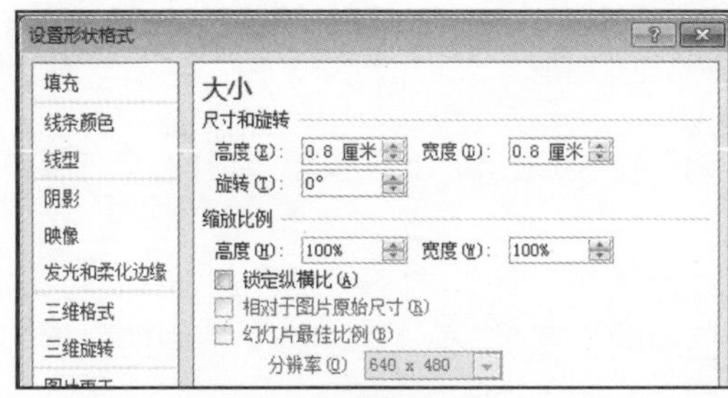

图8-13 设置形状大小

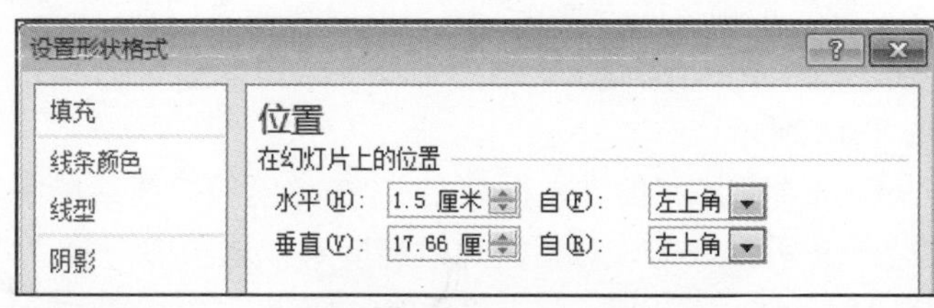

图8-14 设置形状位置

⑥ 选中形状，选择“绘图工具 | 格式”选项卡，单击“形状样式”组中的“形状轮廓”下拉按钮，选择“无轮廓”命令，如图 8-15 所示；单击“形状效果”下拉按钮，选择“棱台”|“角度”命令，如图 8-16 所示。

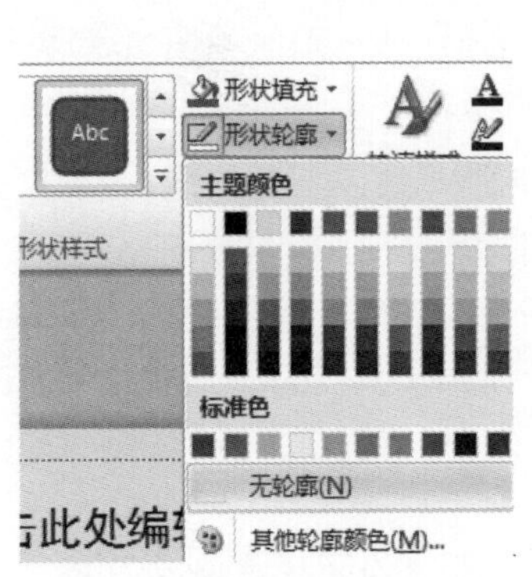

图8-15　设置形状无轮廓

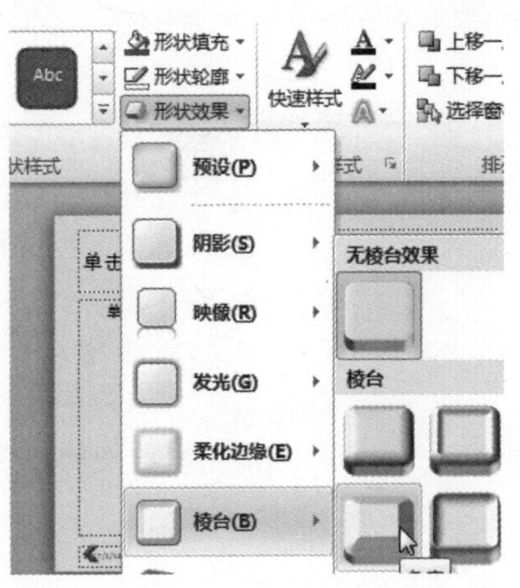

图8-16　设置形状效果

⑦ 选中形状并右击，在弹出的快捷菜单中选择“超链接”命令。打开“插入超链接”对话框。在对话框的“链接到”选项中选择“本文档中的位置”，在“请选择文档中的位置”中选择“上一张幻灯片”，如图 8-17 所示。单击“确定”按钮，关闭对话框。

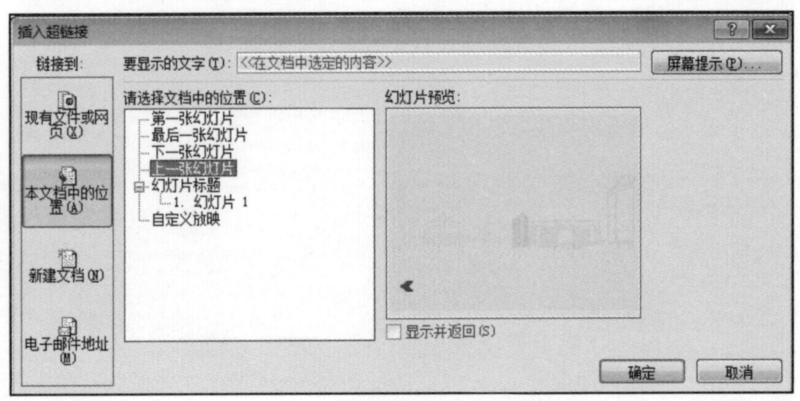

图8-17　设置形状的超链接

5. 艺术字格式化

① 插入艺术字“大匠建材”，艺术字样式为“填充 - 蓝色，强调文字颜色 1，金属棱台，映像（第 6 行第 5 列）”；艺术字字体为黑体，字号为 16 磅。

② 艺术字位置在距离左上角垂直 17.66 厘米，左右居中对齐。

③ 对艺术字的文本框添加超链接，链接到第一张幻灯片。

具体操作步骤如下：

① 单击“插入”选项卡“文本”组中的“艺术字”下拉按钮，在下拉列表中选择第 6 行第 5 列艺术字样式；输入文本“大匠建材”，设置字体为“黑体”，字号为“16”磅。

② 选中艺术字，右击鼠标，在快捷菜单中选择“设置形状格式”命令，打开“设置形状格式”对话框，在“位置”选项中的“垂直”微调框内输入“17.66 厘米”。

③ 选中艺术字，选择“绘图工具 | 格式”选项卡，单击“排列”组中“对齐”下拉按钮，选择“左右居中”，如图 8-18 所示。

④ 选中艺术字的文本框并右击，在弹出的快捷菜单中选择“超链接”命令，打开“插入超链接”对话框，如图 8-19 所示。在该对话框的“链接到”选项中选择“本文档中的位置”，在“请选择文档中的位置”中选择“第一张幻灯片”，单击“确定”按钮，关闭对话框。

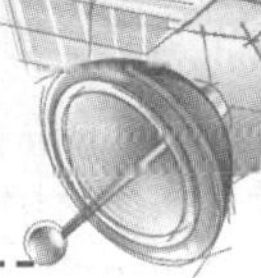

6．页码格式化

修改页码占位符的字体为黑体，16 号，艺术字样式为："填充 - 蓝色，强调文字颜色 1，金属棱台，映像（第 6 行第 5 列）"。

① 选中页码占位符内的"<#>"，设置字体为黑体，字号为 16 磅。

② 继续选中"<#>"，单击"绘图工具｜格式"选项卡中"艺术字样式"列表框右下方的"其他"按钮，如图 8-20 所示。选择第 6 行第 5 列艺术字样式。

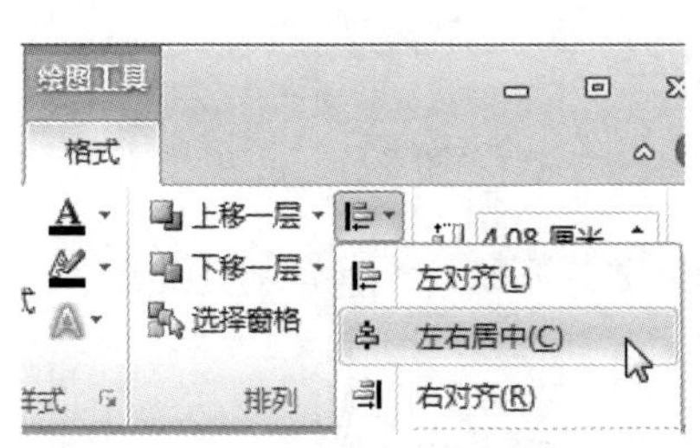

图8-18　设置艺术字左右居中

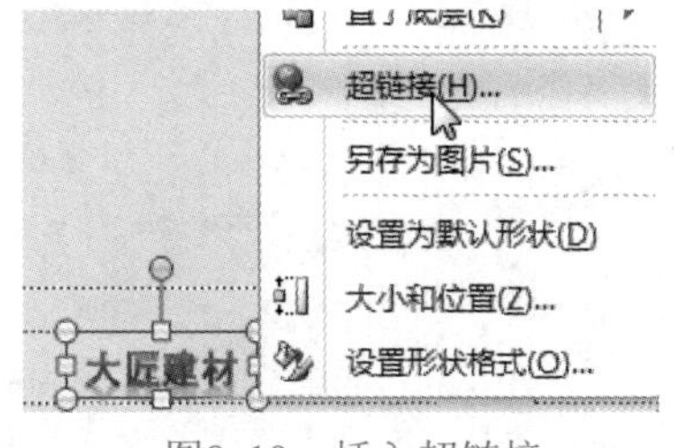

图8-19　插入超链接

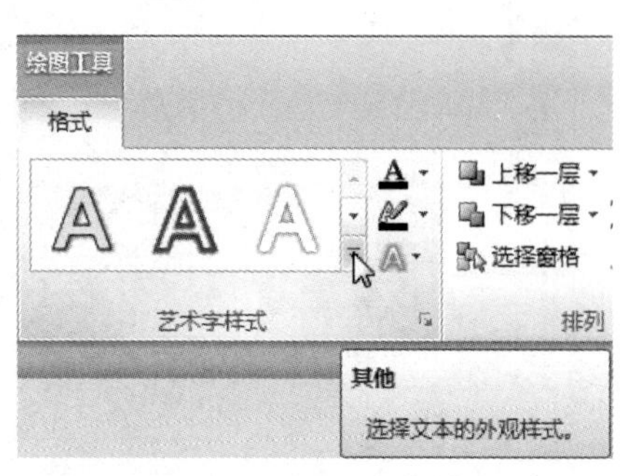

图8-20　设置艺术字样式

③ 设置完成后，母版效果如图 8-21 所示。

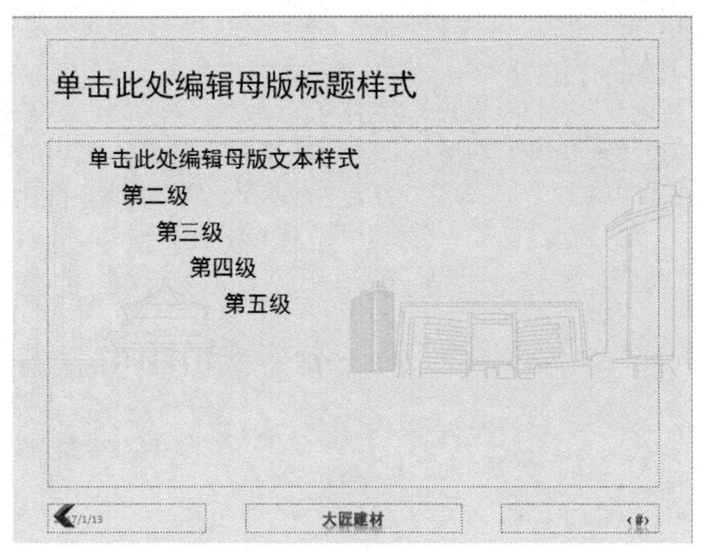

图8-21　本题完成效果

7．编辑"标题幻灯片 版式"母版

① 隐藏"标题幻灯片 版式"母版的背景图形。

② "标题幻灯片 版式"母版标题的艺术字样式为"填充 - 红色，强调文字颜色 2，粗糙棱台"；字体为黑体，字号为 44 磅，字符间距加宽 5 磅；标题位置在垂直距离左上角 1.5 厘米。

③ 副标题字体为黑体，字号为 24 磅，颜色为黑色，文字 1；副标题位置在水平距离左上角 7.6 厘米，垂直距离左上角 5.8 厘米。

④ 插入图片"图片 2.png"，设置图片"底端对齐"。

具体操作步骤如下：

① 在"幻灯片缩略图"窗格中选中"标题幻灯片版式"母版，如图 8-22 所示。

② 选中"幻灯片母版"选项卡中"背景"组中"隐藏背景图形"选项，如图 8-23 所示。

③ 选中标题占位符（文本框），选择"绘图工具｜格式"选项卡，单击"艺术字样式"组中的艺术字样式列表框右下方的"其他"按钮，在下拉列表中选择艺术字样式"填充 - 红色，强调文字颜色 2，粗糙棱台"。

④ 选中文本，设置字体为“黑体”，字号为“44”磅，右击弹出快捷菜单，选择“字体”命令，打开“字体”对话框，设置字符间距加宽 5 磅，单击“确定”按钮，如图 8-24 所示。

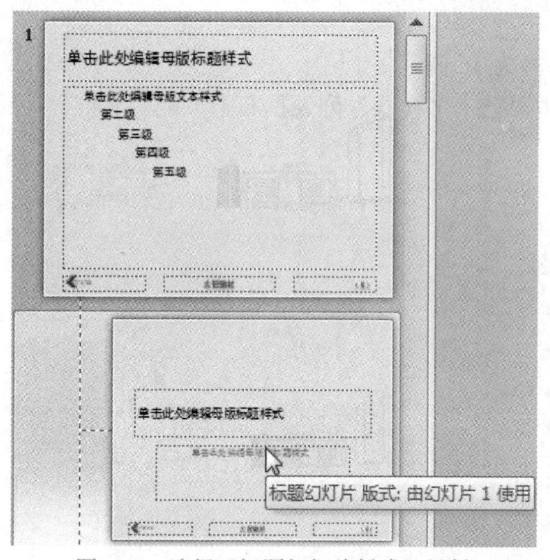

图8-22　选择“标题幻灯片版式”母版

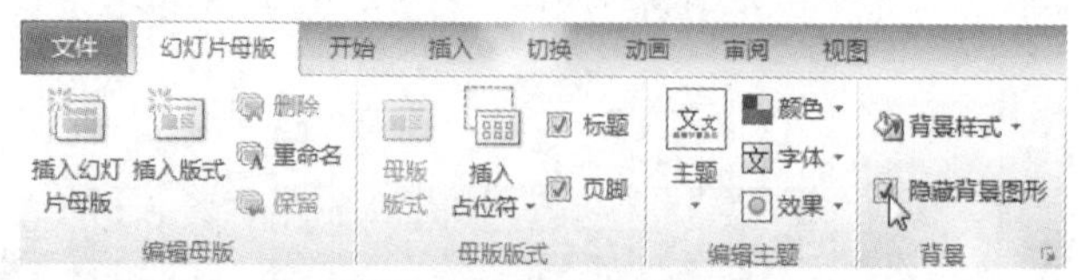

图8-23　隐藏背景图形

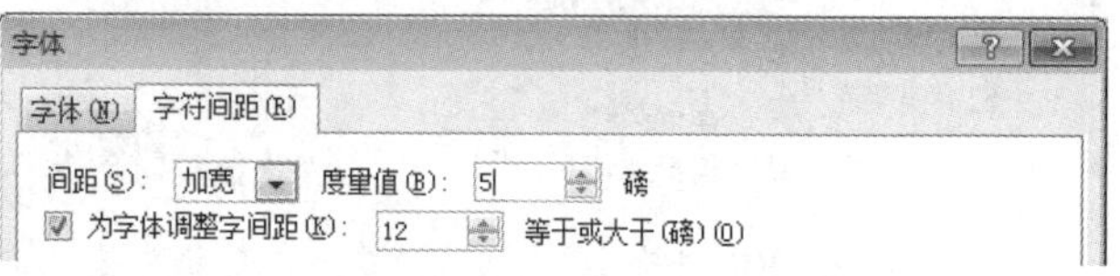

图8-24　设置字符间距

⑤ 选中文本框并右击，选择“大小和位置”命令，在弹出的“设置形状格式”对话框中，选择“位置”选项，在“垂直”微调框内输入“1.5 厘米”。

⑥ 同样的方法，设置副标题占位符格式：“黑体”，字号为“24”磅，字体颜色为“黑色，文字 1”；位置在水平距离左上角“7.6 厘米”，垂直距离左上角“5.8 厘米”。完成效果如图 8-25 所示。

⑦ 单击“插入”选项卡中的“图片”命令，打开“插入图片”对话框，选择素材文件夹，在列表框中选择图片“图片 2.png”，单击“插入”按钮，关闭对话框。将图片插入幻灯片中。

⑧ 选中图片，单击“格式”选项卡“排列”组中的“对齐”下拉按钮，选择“底端对齐”命令。完成效果如图 8-26 所示。

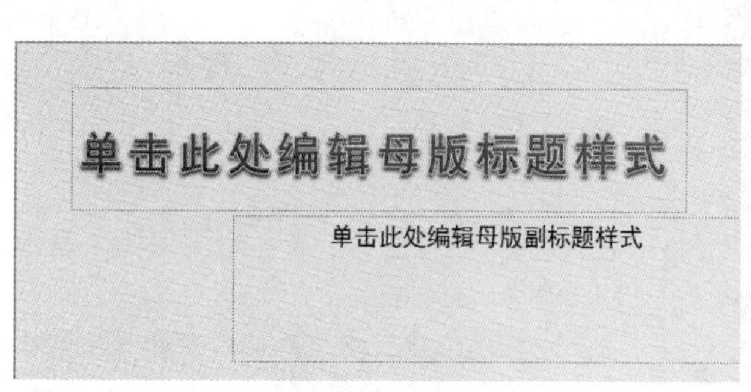

图8-25　标题、副标题格式

图8-26　本题完成效果

8．编辑“内容与标题版式”母版

① 标题文本格式为：黑体，字号 24 磅，不加粗。

② 标题下方的文本格式为：黑体，字号为 20 磅，并添加图片项目符号，项目符号样式可以自行选择。

③ 调整各占位符的大小和位置。

具体操作步骤如下：

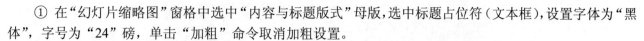

① 在“幻灯片缩略图”窗格中选中“内容与标题版式”母版，选中标题占位符（文本框），设置字体为“黑体”，字号为“24”磅，单击“加粗”命令取消加粗设置。

② 选中标题占位符下方的文本占位符（文本框），设置字体为“黑体”，字号为“20”磅；选中文本，右击鼠标，选择“项目符号”命令，在弹出的子菜单中选择“项目符号和编号”命令，如图8-27所示。打开“项目符号和编号”对话框。

③ 在弹出的“项目符号和编号”对话框中单击“图片”按钮，如图8-28所示。打开“图片项目符号”对话框，任选一种图片项目符号，单击“确定”按钮，关闭对话框。

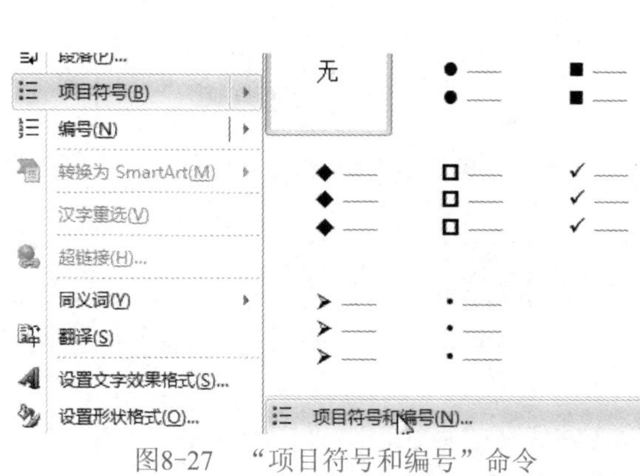

图8-27 “项目符号和编号”命令

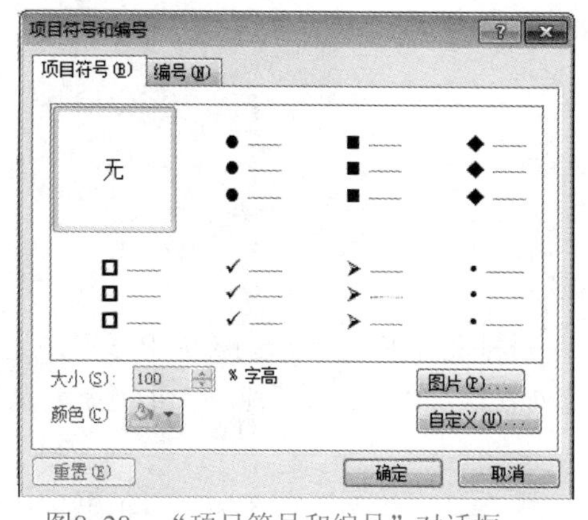

图8-28 “项目符号和编号”对话框

④ 调整各占位符（文本框）的大小和位置，完成效果如图8-29所示。

9. 模板文件保存与应用

退出母版编辑，将文档保存为模板文件“qymb.potx”；打开演示文稿“企业宣传手册素材.pptx”，设置该演示文稿的主题为“qymb.potx”；将文档另存为“企业宣传手册.pptx”。

① 选择“幻灯片母版”选项卡，单击“关闭母版视图”按钮，如图8-30所示。退出母版编辑。退出后，“幻灯片”窗格如图8-31所示。

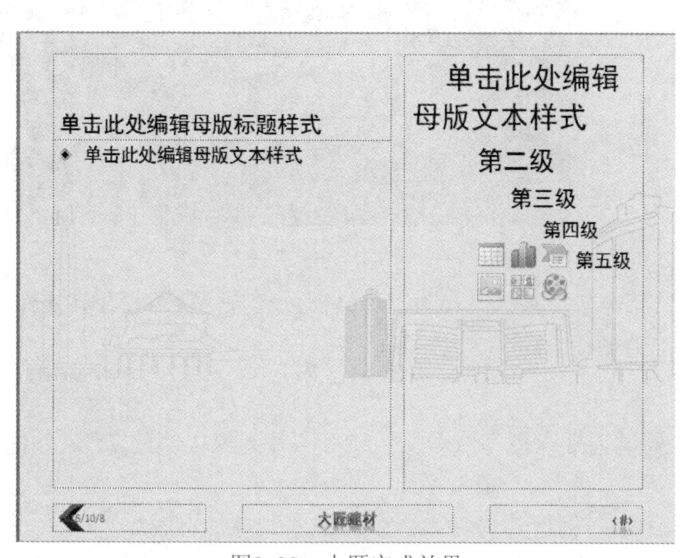

图8-29 本题完成效果

图8-30 关闭母版视图

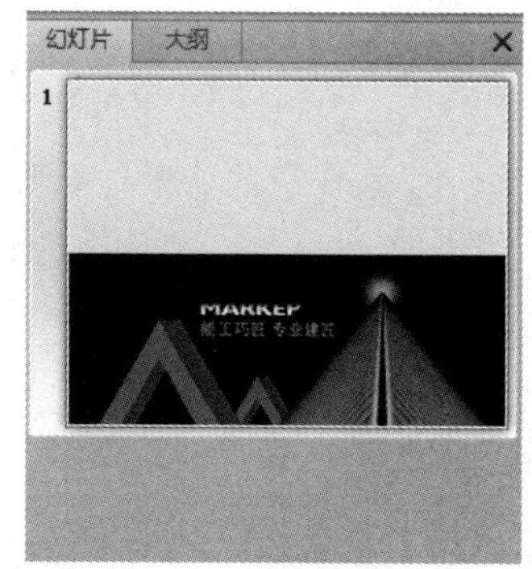

图8-31 退出视图后幻灯片效果

② 单击“保存”按钮，弹出“另存为”对话框，在对话框下方的“保存类型”下拉列表中选择保存类型为“PowerPoint模板”；在对话框“保存位置”下拉列表中设置保存路径；输入“文件名”为“qymb”；如图8-32所示。单击“保存”按钮，关闭对话框。

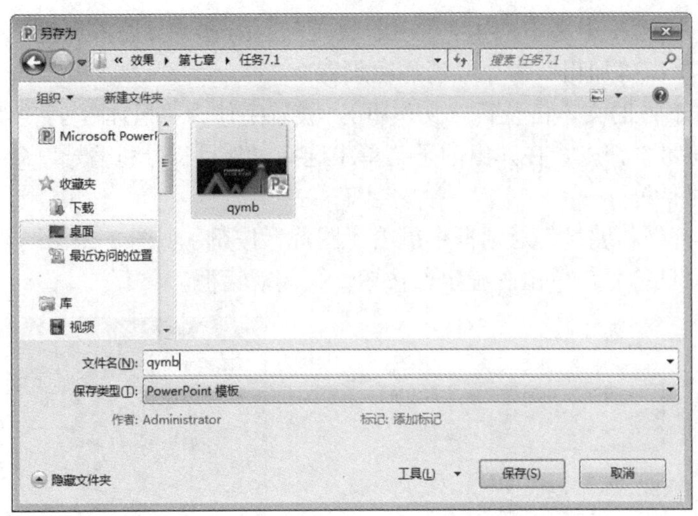

图8-32 保存幻灯片模板文件

③ 在素材文件夹中，双击打开演示文稿“企业宣传手册素材.pptx”。选择“设计”选项卡，单击“主题”组中主题列表框右下方的“其他”按钮，选择“浏览主题”命令，如图8-33所示。打开“选择主题或主题文档”对话框。

④ 在“选择主题或主题文档”对话框中选择模板文件保存的路径，选择模板文件“qymb.potx”。单击“应用”按钮，模板设计会自动应用到当前文档中，如图8-34所示。

图8-33 “主题”下拉列表

图8-34 应用模板文件效果

⑤ 打开“文件”选项卡，单击“另存为”命令，打开“另存为”对话框，设置保存路径，将文件名改为“企业宣传手册.pptx”后，单击“保存”按钮，保存文档。

10. 修改幻灯片母版

设置所有幻灯片标题文本缩进3厘米；在标题前插入图片“LOGO.jpg”，图片为原大小的75%，颜色为“蓝色，强调文字颜色1浅色”。

① 单击“视图”选项卡的“母版视图”组中“幻灯片母版”命令。进入幻灯片母版编辑。

② 选择“Office主题 幻灯片母版”，选中文本“单击此处编辑母版标题样式”并右击，选择“段落”命令，打开“段落”对话框。在“文本之前”微调框内输入“3厘米”。

③ 插入图片“LOGO.jpg”，单击“图片工具 | 格式”选项卡“大小”组中对话框启动器按钮，打开“设置图片格式”对话框。将“缩放比例”组中的“高度”调整为“75%”，如图8-35所示。移动图片到标题文本的前面。

④ 选中图片，单击“图片工具｜格式”选项卡“调整”组中“颜色”下拉按钮，在下拉列表中选择“蓝色，强调文字颜色 1 浅色”，效果如图 8-36 所示。

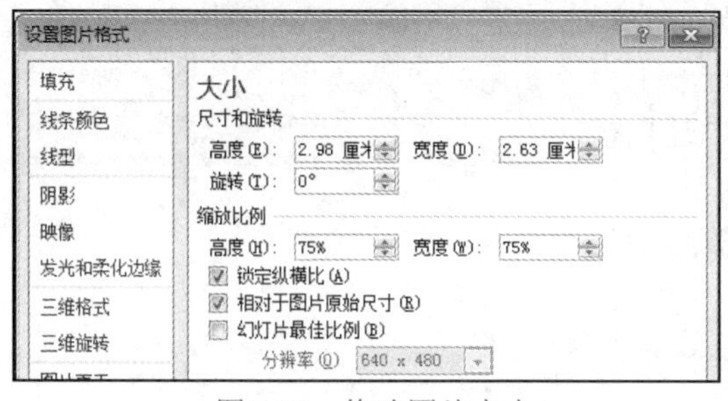

图8-35 修改图片大小

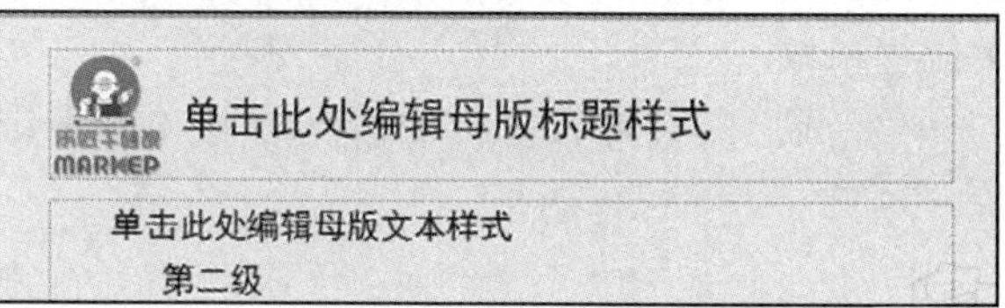

图8-36 设置图片颜色

⑤ 单击“幻灯片母版”选项卡右侧的“关闭母版视图”按钮，退出母版编辑。

11．插入页脚与音频

在“企业宣传手册 .pptx”演示文稿中，插入幻灯片编号，标题幻灯片中不显示；给第一张幻灯片添加背景音乐“背景音乐 .MP3”，音频放映时隐藏，跨幻灯片播放音频。

① 单击“插入”选项卡的“文本”组中“页眉和页脚”命令，如图 8-37 所示，打开“页眉和页脚”对话框。

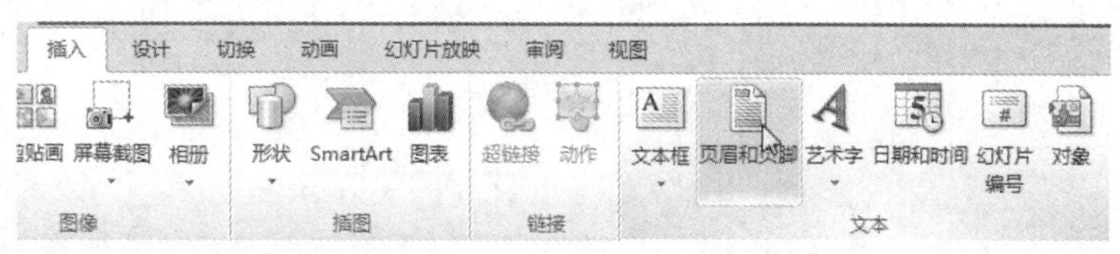

图8-37 插入“页眉和页脚”

② 在“页眉和页脚”对话框中，选中“幻灯片编号”和“标题幻灯片中不显示”复选框，单击“全部应用”按钮关闭对话框，如图 8-38 所示。

这里要注意区分的是：前面母版操作中设置“<#>”的格式，只是修改了页眉和页脚的格式，并没有插入编号。插入页眉页脚的内容必须通过“插入”|“页眉和页脚”命令来完成，在“页眉和页脚”对话框中根据需要选中日期、编号和页脚选项即可。

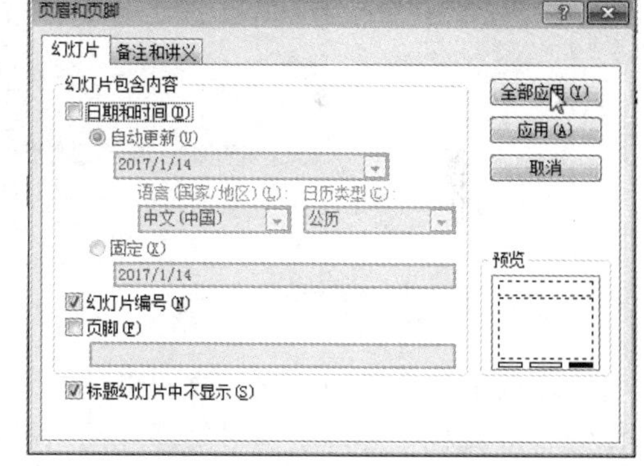

图8-38 插入幻灯片编号

③ 选中第 1 张幻灯片，单击“插入”选项卡中“媒体”组中的“音频”按钮，在弹出的下拉列表中选择“文件中的音频”，如图 8-39 所示，打开“插入音频”对话框。

④ 在素材文件夹中选择音频文件“背景音乐 .MP3”，单击“插入”按钮，插入音频。

⑤ 此时幻灯片中会出现一个喇叭图标，如图 8-40 所示。选中该图标，在“音频工具｜播放”选项卡的“音频选项”组中，单击“开始”下拉按钮，选择“跨幻灯片播放”，并选中“放映时隐藏”多选框，如图 8-41 所示。

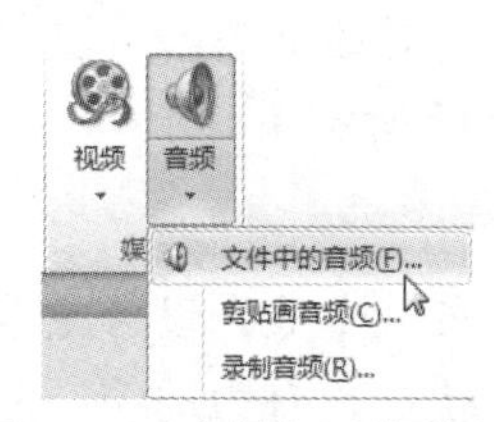

图8-39 “音频”下拉列表

图8-40 喇叭图标

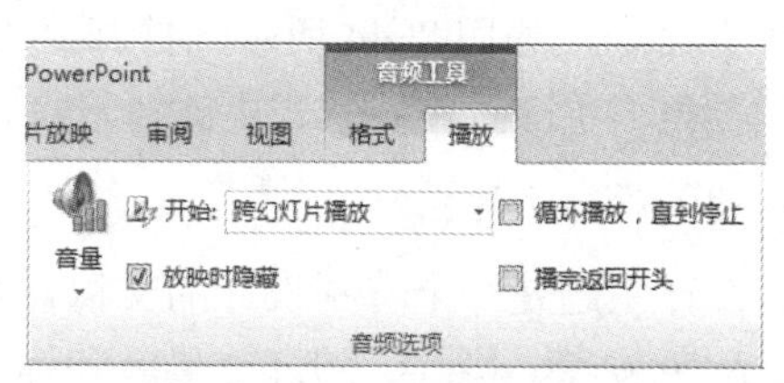

图8-41 音频的编辑

12. 排练计时

设置每张幻灯片播放时，停留时间为 3 ～ 5 秒。

① 单击“幻灯片放映”选项卡的“设置”组中“排列计时”命令。进入排练计时。控制每页幻灯片的停留时间，单击鼠标进入下一页幻灯片，结束时，出现如图 8-42 所示的提示框。单击“是”按钮关闭提示框。

图8-42　排练计时

② 完成后幻灯片如图 8-43 所示，按【F5】键可播放整个幻灯片。

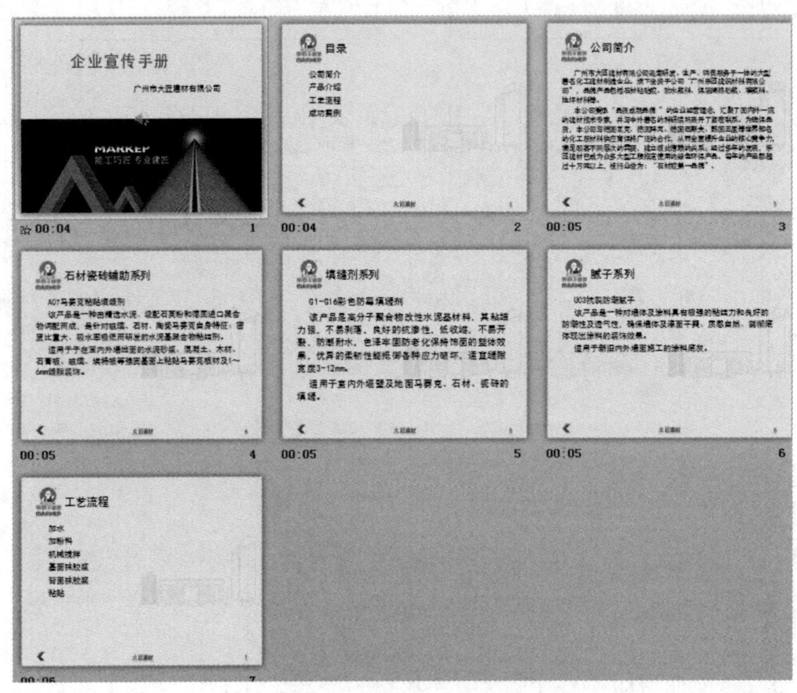

图8-43　企业宣传手册

8.1.4　难点解析

通过本次任务的学习，我们将了解到演示文稿的版式、母版和模板文件的作用与区别，清楚幻灯片制作的一般流程，熟练掌握对幻灯片插入的各种对象的编辑与格式化操作。这里，将主要介绍幻灯片格式化以及音频文件的编辑。

1. 幻灯片格式化

（1）背景

背景是对整张幻灯片的应用，既可以单独应用于演示文稿的某张幻灯片，也可以应用于全体幻灯片。背景的改变包括更改背景颜色、更改过渡背景、更改背景纹理、更改背景图案、更改背景图片。

背景的设置方法比较简单，要注意的是，如果系统提供样式不满足用户的需求，可以选择“设置背景格式”命令，如图 8-44 所示，打开“设置背景格式”对话框。在“设置背景格式”对话框中，可以更改背景颜色、更改过渡背景、更改背景纹理、更改背景图案、更改背景图片，如图 8-45 所示。

（2）设计主题

设计主题是一个特别设计的文稿，文稿设计完整、对象搭配协调、配色悦目，外观专业。设计主题定制了配色方案、格式、幻灯片母版和标题母版等；用于控制幻灯片上对象的布局，快捷、有力地统一演示文稿的外观。建立演示文稿后，再采用修改模板的方法，选择设计精良、贴近主题的现成模板。具体操作方法是：单击“设计”选项卡“主题”组“主题”列表框右下方的其他按钮，在下拉列表中选择现成的内置模板，如图 8-46 所示。

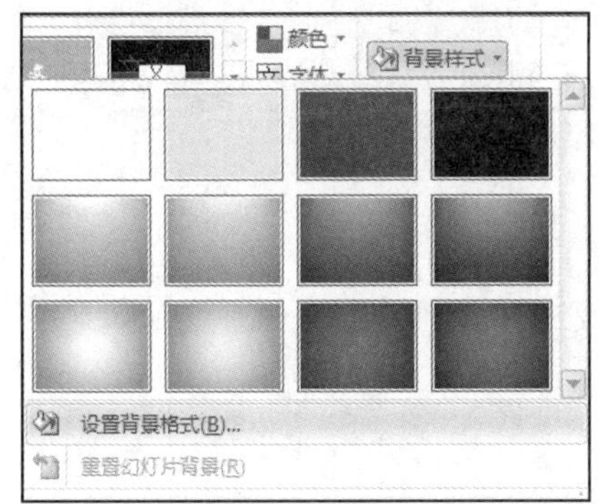

图8-44　背景设置

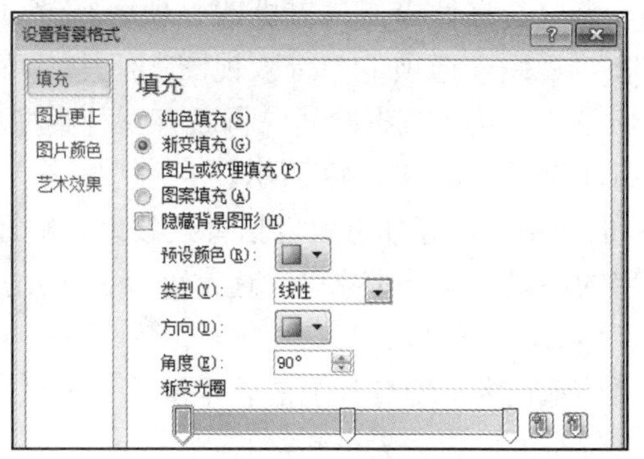

图8-45　“设置背景格式”对话框

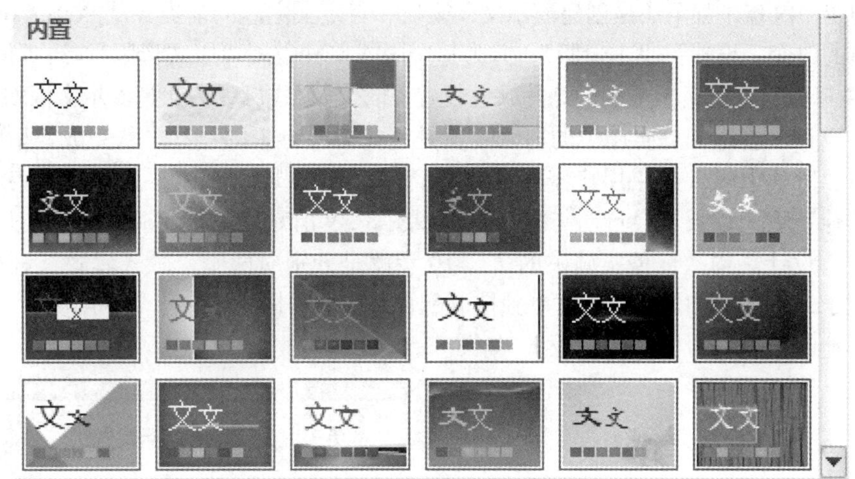

图8-46　幻灯片内置主题

（3）幻灯片版式

演示文稿的每一张幻灯片都有其特定的版式。幻灯片版式包括显示的内容及其排列方式，如图 8-47 所示。在新建幻灯片的时候需要选定幻灯片的版式，如果需要对已选定的版式进行修改，可以选定幻灯片后，通过“开始”选项卡“幻灯片”组中“版式”下拉按钮来进行修改，或者直接右击，选择“版式”命令进行修改。

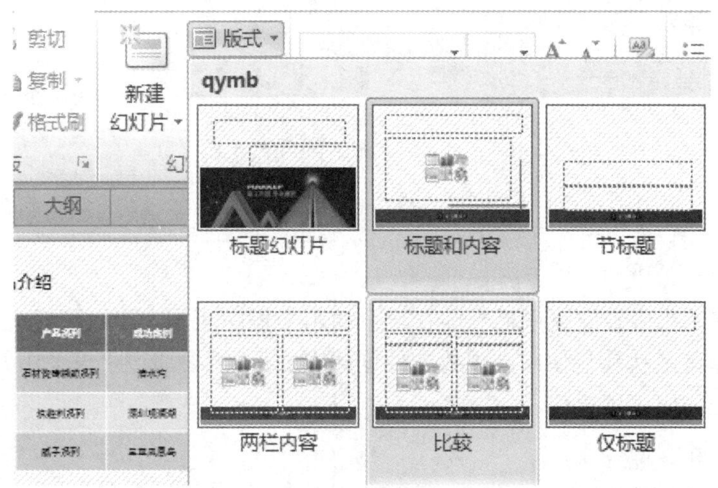

图8-47　幻灯片版式

（4）幻灯片母版

① 母版的类型。母版用于设置幻灯片的样式，可供用户设定各种标题文字、背景、属性等，只需更改一项内容就可更改所有幻灯片的设计。在“视图”选项卡“母版视图”组中，可以选择不同的母版进行重新设置，从而节省时间。母版有三种类型：幻灯片母版、讲义母版、备注母版，如图 8-48 所示。

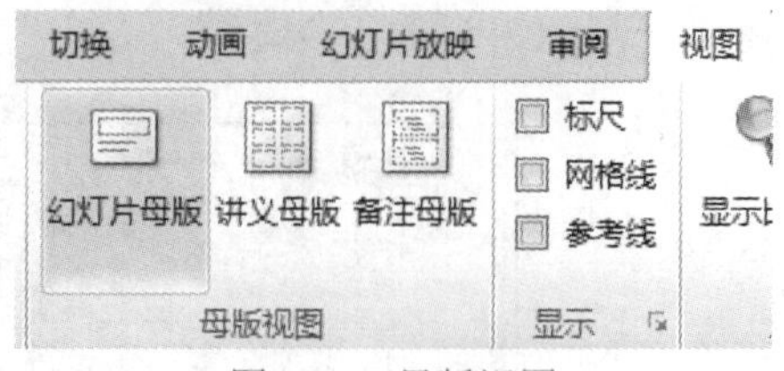

图8-48 母版视图

② 母版的作用。幻灯片母版包括背景效果、幻灯片标题、层次小标题、文字的格式、背景对象等。通常可以使用幻灯片母版进行下列操作：

- 更改字体或项目符号。
- 插入要显示在多个幻灯片上的艺术图片（如徽标）。
- 更改占位符的位置、大小和格式。

在演示文稿设计中，除了每张幻灯片的制作外，最核心、最重要的就是母版的设计，因为它决定了演示文稿的一致风格和统一内容，甚至还是创建演示文稿模板和自定义主题的前提。从 PowerPoint 2007 开始，母版有了两个最明显的改变：设置了“主母版”，并为每个版式单独设置“版式母版”（还可创建自定义的版式母版）。如果把“主母版”看成演示文稿幻灯片共性设置，那么“版式母版”就是演示文稿幻灯片个性的设置。

③“主母版”设计。本次任务实施中的前六步就是完成对主母版的设计，从完成效果中可以看到，“主母版”能影响所有“版式母版”，如果用户需要设置统一的内容、图片、背景、格式和超链接，可以直接在“主母版”中设置，其他“版式母版”会自动与之一致。如图 8-49 所示，所选母版即是“主母版”。

④“版式母版”设计。本次任务实施中的 7 ～ 10 步就是分别对两个“版式母版”进行设计，“版式母版”的设计只作用于该版式的幻灯片上，可单独控制配色、文字和格式，进行个性化设置。“母版”窗格中，除第一张母版，其他的母版均为“版式母版”，如图 8-50 所示。

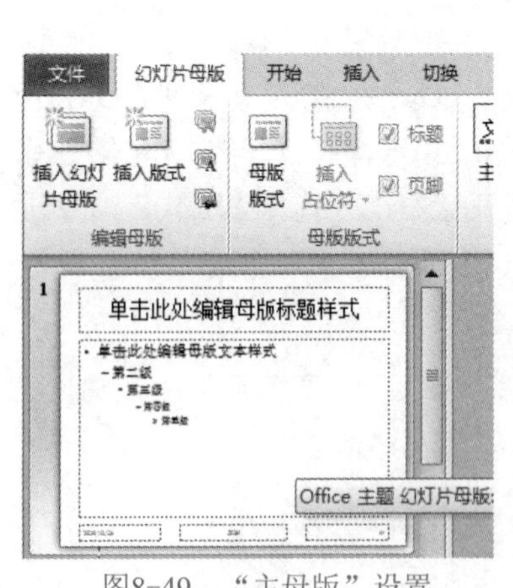

图8-49 “主母版”设置

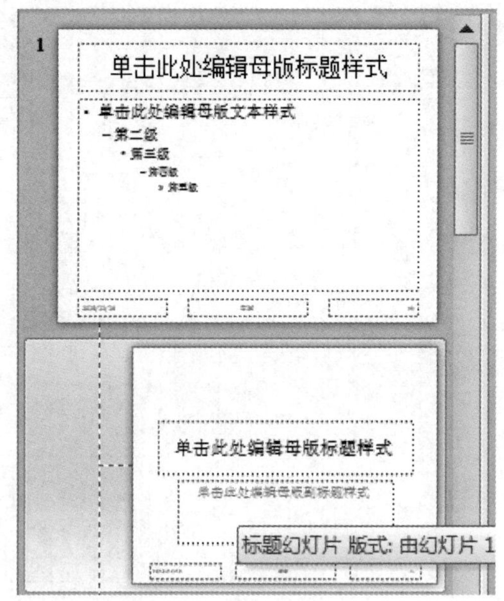

图8-50 版式母版

⑤ 模板文件的创建。母版设置完成后只能在一个演示文稿中应用，用户可以把母版设置保存成演示文稿模板文件（*.potx），即可多次反复使用。模板文件创建完成后，需要通过“设计主题”命令应用模板文件。本次任务中第 11 步就是完成该项操作。

2. 设置幻灯片背景音乐

（1）剪辑声音文件

添加到幻灯片中的音频文件可以根据需要进行裁剪后播放。具体操作为：选中幻灯片中的声音图标，单

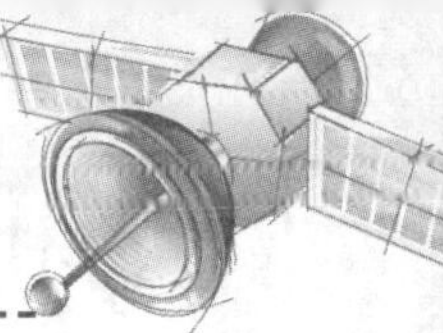

击“音频工具播放”选项卡“编辑”组中的“剪辑音频”按钮，在打开的“剪裁音频”对话框，如图 8-51 所示。

（2）设置声音的播放方式

单击“音频工具播放”选项卡“音效选项”组中的按钮可以设置声音的播放方式，如图 8-52 所示。可设置的播放方式有三种：自动播放、单击时播放、跨幻灯片播放。

- “自动”选项：声音将在进入幻灯片放映时自动播放，直到声音结束。
- “单击时”选项：幻灯片放映时不会自动播放声音，只有单击声音图标后，才会播放声音。
- “跨幻灯片”播放选项：当包含多张幻灯片时，声音的播放可以从一张幻灯片延续到另一张指定的幻灯片，不会因为幻灯片的切换而中断声音的播放。

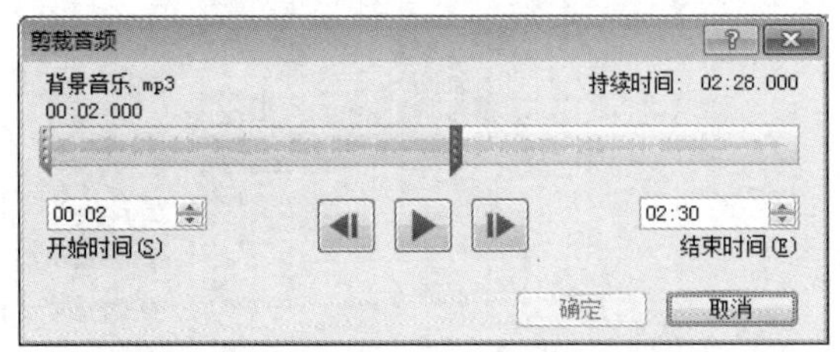

图8-51 “剪裁音频”对话框

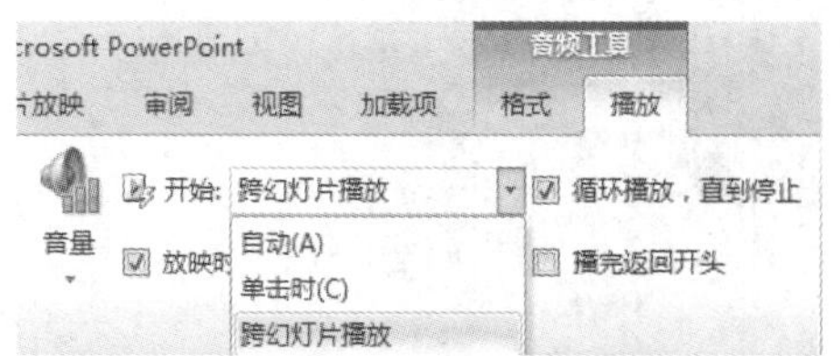

图8-52 设置声音播放方式

（3）添加背景音乐

制作幻灯片时，利用添加音效的方法可以为演示文稿设置背景音乐。具体操作是：插入音频文件，然后选中声音图标，单击“音频工具播放”选项卡按钮设置声音的播放方式，在“音频选项”组中选择“循环播放，直到停止”和“放映时隐藏”复选框，在“开始”下拉列表框中选择“跨幻灯片播放”或“自动”选项。至此，演示文稿中添加了自始至终的背景音乐。

8.2 演示文稿编辑——编辑企业宣传手册

8.2.1 任务引导

引导任务卡见表 8-2。

表 8-2 引导任务卡

任务编号	8.2		
任务名称	编辑企业宣传手册	计划课时	2 课时
任务目的	本节内容通过编辑企业宣传手册，要求学生熟练掌握编辑幻灯片（复制、移动、插入、删除幻灯片），插入表格与图表并格式化，将文本转换 SmartArt 图形，设置各类动画效果，插入视频以及设置幻灯片切换的方法		
任务实现流程	任务引导→任务分析→编辑企业宣传手册→教师讲评→学生完成模板文件的制作→难点解析→总结与提高		
配套素材导引	原始文件位置：大学计算机基础 \ 素材 \ 第 8 章 \ 任务 8.2 最终文件位置：大学计算机基础 \ 效果 \ 第 8 章 \ 任务 8.2		

任务分析：

利用模板文件制作幻灯片可以大大减少幻灯片格式化的操作时间，但生成的幻灯片可能出现格式单一，内容简单的问题，可以通过对单页幻灯片进行背景设置、添加动画、表格与图表、SmartArt 图形和视频文件等对象来丰富幻灯片。重点介绍的知识点如下：

演示文稿的编辑：演示文稿的编辑包括幻灯片的选择、复制、移动、插入和删除等操作，这些操作可以在普通视图、幻灯片浏览视图下进行，而不能在放映视图模式下进行。

文本转换 SmartArt 图形：SmartArt 图形是用来说明各种概念性资料关系，能使文稿更生动。PowerPoint 2010 除了可以直接插入 SmartArt 图形，还提供了将文本转换为 SmartArt 图形命令。

幻灯片动画：动画可以使 Microsoft PowerPoint 2010 演示文稿上的文本、图形、图示、图表和其他对象具有动画效果，这样就可以突出重点、控制信息流，并增加演示文稿的趣味性。除了可以给文本框、段落、文本、图片等设置动画，还可以给 SmartArt 图形制作动画，使你的图形更令人难忘。

幻灯片切换：幻灯片切换是指幻灯片之间进行切换时，使下一张幻灯片以某种特定的方式出现在屏幕上的效果设置。切换方式有水平百叶窗、垂直百叶窗、盒状收缩、盒状展开等可供选择；可以修改切换的效果，如速度、声音等；可以选择换片方式，是单击鼠标、还是使用间隔时间；可以确定作用范围，是所选幻灯片，还是所有幻灯片等。

本任务要求编辑企业宣传手册，完成效果如图 8-53 所示。

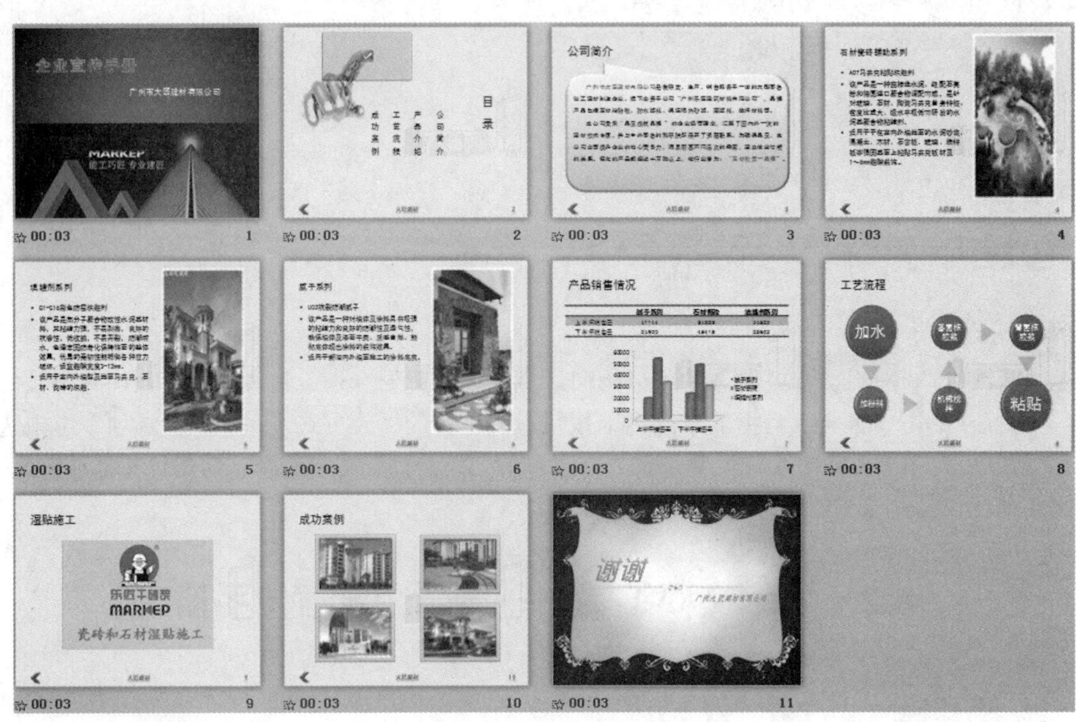

图8-53　企业宣传手册效果

8.2.2　任务步骤

1. 编辑第 1 张幻灯片

打开“企业宣传手册 .pptx”演示文稿，设置第 1 张幻灯片背景样式为“样式 12”。

2. 编辑第 2 张幻灯片

① 修改幻灯片版式为“垂直排列标题与文本”。

② 设置“目录”字符间距加宽 30 磅，居中对齐。

③ 设置文本占位符中的文字字符间距加宽 10 磅，文本之前缩进 6 厘米，2 倍行距。

④ 插入图片“图片 1.png”，图片对齐方式为：顶端对齐，左对齐。

3. 编辑第 3 张幻灯片

① 将幻灯片中的文本占位符形状改为“圆角矩形标注”，形状样式为“细微效果 - 黑色，深色 1”，形状效果为“棱台 冷色斜面”，无轮廓。

② 设置形状内字体为黑体，字号为“18”，1.5 倍行距；将文本“广州市大匠建材有限公司”和“石材胶第一品牌”的字体颜色改为“蓝色”。

③ 调整形状的顶点、大小和位置。

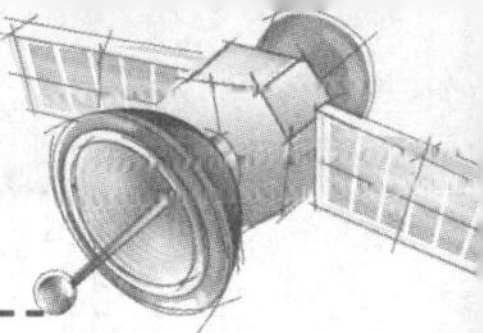

4. 编辑第 4 张幻灯片

① 将幻灯片的版式改为“内容与标题”。

② 设置标题占位符文本垂直中部对齐。

③ 将右侧文本占位符的内容移动到左边文本占位符中；在幻灯片右侧插入图片“图片 2.png”，设置图片样式为“简单框架，白色”。

④ 幻灯片左侧的文本占位符设置动画“劈裂”，动画自动播放。并将动画效果复制到第 5、6 张幻灯片左侧的文本占位符上。

5. 编辑第 7 张幻灯片

① 在第 6 张幻灯片后面插入一张新幻灯片，新幻灯片版式为“标题和内容”，输入标题“产品销售情况”；在内容占位符中插入 3 行 4 列的表格，表格内的内容如表 8-3 所示。

表 8-3 插入表格

	腻子系列	石材瓷砖	填缝剂系列
上半年销售量	17 744	51 885	31 623
下半年销售量	21 933	46 475	28 602

② 设置表格样式为“浅色样式 1”，字体为“幼圆”，单元格内文本水平垂直居中对齐。

③ 在表格下方插入“簇状圆柱图”图表，显示产品销售情况；图表显示最大销量的数据标签，无主要网格线；字体为微软雅黑，15 磅，适当调整图表大小与位置。

6. 编辑第 8 张幻灯片

① 将幻灯片中的文本内容转换成 SmartArt 图形：环状蛇形流程。

② 设置 SmartArt 图形中的文本的字体为黑体，艺术字样式为“填充 - 白色，投影”，套用“嵌入”SmartArt 样式。

(3) 添加所有形状依次“旋转”进入的动画效果。

7. 编辑第 9 张幻灯片

① 在插入视频文件“1.wmv”，视频高度为 11 厘米，左右居中对齐。

② 剪辑视频时间到 36.5 秒停止，幻灯片放映时自动开始播放视频。

8. 编辑第 10 张幻灯片

(1) 在幻灯片中插入“图片 3.png”～“图片 6.png”四张图片。设置四张图片大小均为 5.5 厘米 ×8 厘米，图片样式为“金属框架”，调整图片位置。

(2) 设置动画效果：四张图片按从左往右，从上往下的次序依次“浮入”进入，上面两张图片“下浮”，下面两张图片“上浮”，动画延迟时间均为 1 秒。

9. 编辑第 11 张幻灯片

① 幻灯片的设计主题改为“时装设计”。

② 所有文本艺术字样式为“填充 - 褐色，强调文字颜色 2，暖色粗糙棱台”。

③ 标题字体为幼圆，字号 72，加粗倾斜，左对齐；副标题右对齐。

10. 幻灯片的切换

① 设置第一张幻灯片切换效果为“分割”；其余所有幻灯片的切换效果为“框（自底部）”。

② 所有幻灯片的自动换片时间均为 3 秒。

11. 幻灯片的“保存”与“另存为”命令

① 原名保存幻灯片。

② 将幻灯片另存为放映文件，文件名为“企业宣传手册 .ppsx”。

8.2.3 任务实施

1. 编辑第 1 张幻灯片

打开“企业宣传手册 .pptx”演示文稿，设置第 1 张幻灯片背景样式为“样式 12”。

① 双击打开“企业宣传手册 .pptx”，在窗口左侧的“幻灯片”视图窗格单击第 1 张幻灯片，选中该幻灯片。

② 单击“设计”选项卡中“背景”组中的“背景样式”下拉按钮，鼠标指向弹出的下拉列表中“样式 12”，右击，在弹出的快捷菜单中选择“应用于所选幻灯片”命令，如图 8-54 所示。

③ 完成后第 1 张幻灯片效果如图 8-55 所示。

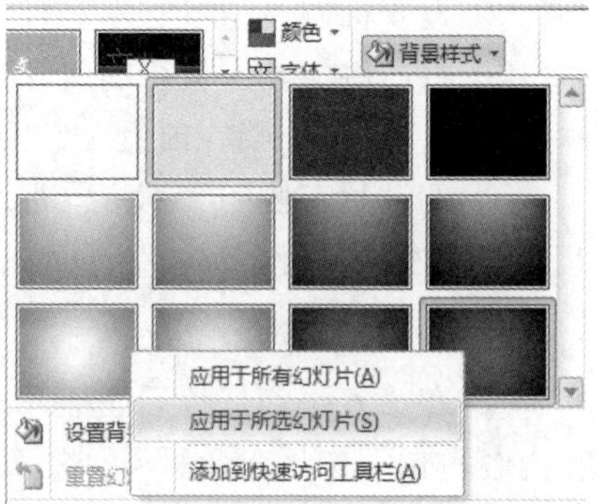

图8-54 设置第1张幻灯片背景样式

2. 编辑第 2 张幻灯片

① 修改幻灯片版式为“垂直排列标题与文本”。

② 设置“目录”字符间距加宽 30 磅，居中对齐。

③ 设置文本占位符中的文字字符间距加宽 10 磅，文本之前缩进 6 厘米，2 倍行距。

④ 插入图片“图片 1.png”，图片对齐方式：顶端对齐，左对齐。

具体操作步骤如下：

① 选中第 2 页幻灯片，单击“开始”选项卡的“幻灯片”组中“版式”下拉按钮。选择“垂直排列标题与文本”版式，如图 8-56 所示。

图8-55 第1张幻灯片效果

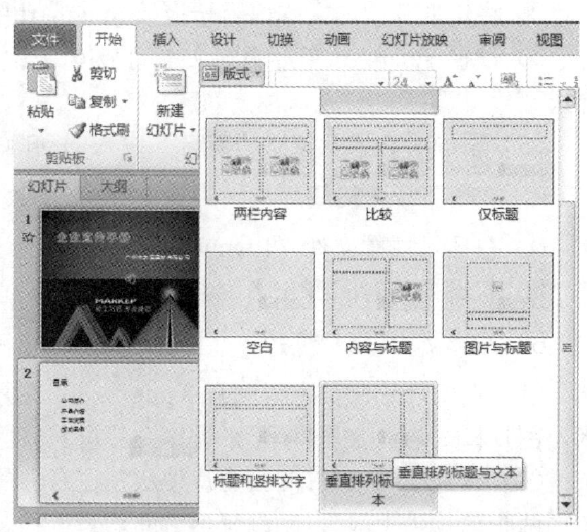

图8-56 修改幻灯片版式

② 选中文本“目录”并右击，选中“字体”命令，打开“字体”对话框。在“字体”对话框中选择“字符间距”选项卡，设置间距“加宽”|“30”磅。在“开始”选项卡的“段落”组中单击“居中”按钮。

③ 选中文本占位符中的 4 行文字，右击鼠标，选择“字体”命令，打开“字体”对话框。在“字符间距”选项卡中，设置间距“加宽”|“10”磅。

④ 继续选中 4 行文字并右击，选择“段落”命令，打开“段落”对话框，在“缩进”组的“文本之前”微调框内输入“6 厘米”，行距下拉列表中选择“双倍行距”，如图 8-57 所示。单击“确定”按钮，关闭对话框。

⑤ 单击“插入”选项卡中“图片”按钮，打开“插入图片”对话框。在素材文件夹中选择图片“图片 1.png”，单击“打开”按钮。插入图片“图片 1.png”。

⑥ 选中图片，在“图片工具 | 格式”选项卡“排列”组中单击“对齐”下拉按钮，依次设置“左对齐”和“顶端对齐”。完成效果如图 8-58 所示。

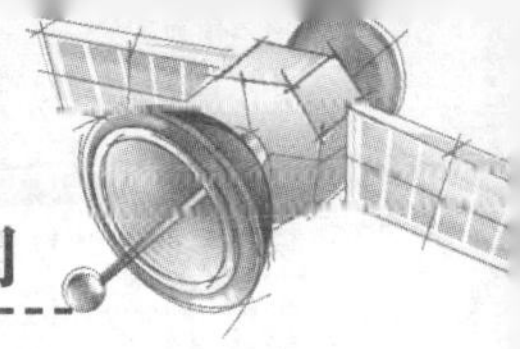

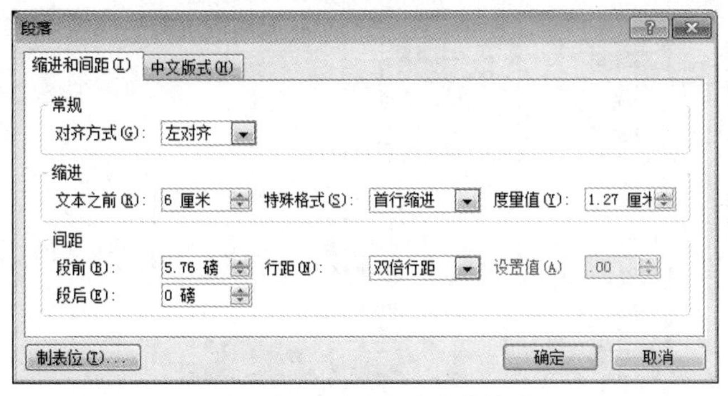

图8-57　设置文本段落格式

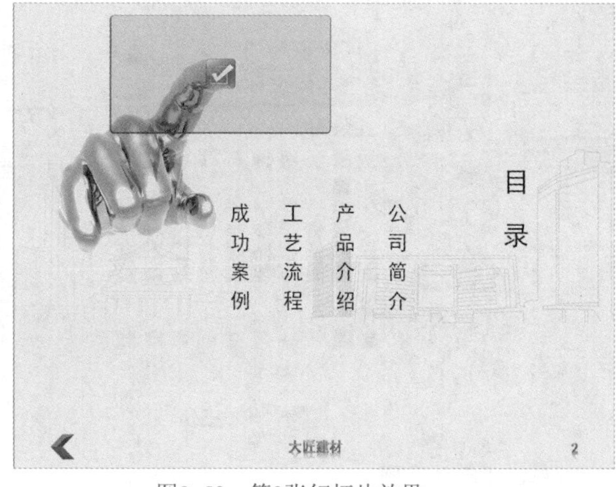

图8-58　第2张幻灯片效果

3. 编辑第 3 张幻灯片

① 将幻灯片中的文本占位符形状改为“圆角矩形标注”，形状样式为“细微效果 - 黑色，深色 1”，形状效果为“棱台 冷色斜面”，无轮廓。

② 设置形状内字体为黑体，字号为“18”，1.5 倍行距；将文本“广州市大匠建材有限公司”和“石材胶第一品牌”的字体颜色改为“蓝色”。

③ 调整形状的顶点、大小和位置。

具体操作步骤如下：

① 选中文本占位符（文本框），单击“绘图工具｜格式”选项卡“插入形状”组中的“编辑形状”下拉按钮，在下拉列表中选择“更改形状”版式。选择“标注”组中的“圆角矩形标注”，如图 8-59 所示。

② 继续选中文本框，单击“绘图工具｜格式”选项卡“形状样式”组中“形状样式”下方“其他”按钮，在下拉列表中选择“细微效果 - 黑色，深色 1”样式，如图 8-60 所示。

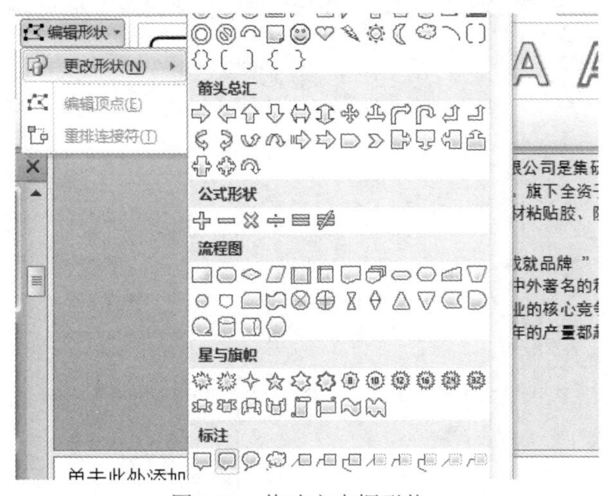

图8-59　修改文本框形状

图8-60　设置形状样式

③ 继续选中文本框，单击“绘图工具｜格式”选项卡“形状样式”组中“形状轮廓”下拉按钮，选择“无轮廓”命令，如图 8-61 所示；在“形状效果”下拉列表中选择“棱台 - 冷色斜面”效果，如图 8-62 所示。

④ 选中文本框内的所有文本，设置字体为黑体，字号为 18；打开“段落”对话框，设置段落行距为 1.5 倍行距；选中文本“广州市大匠建材有限公司”，按住【Ctrl】键，选中文本“石材胶第一品牌”，设置字体颜色为“标准色 蓝色”。完成效果如图 8-63 所示。

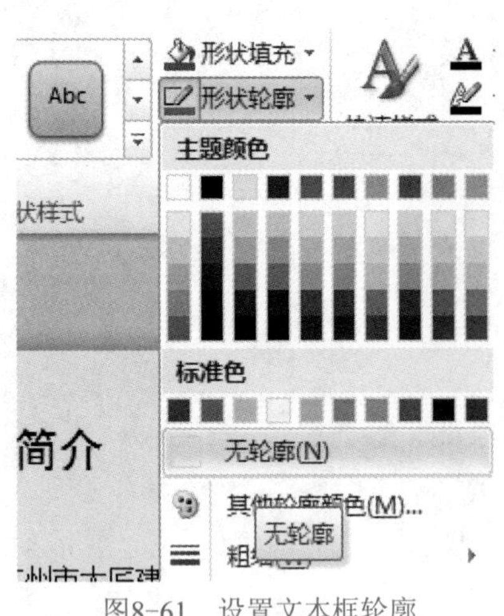

图8-61　设置文本框轮廓

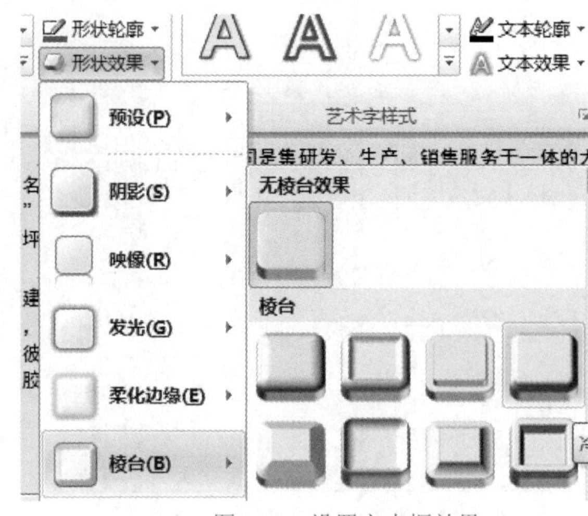

图8-62　设置文本框效果

⑤ 选中文本框，在文本框下方出现一个黄色顶点标记，拖动黄色标记到形状上方，适当修改形状的大小和位置，如图 8-64 所示。

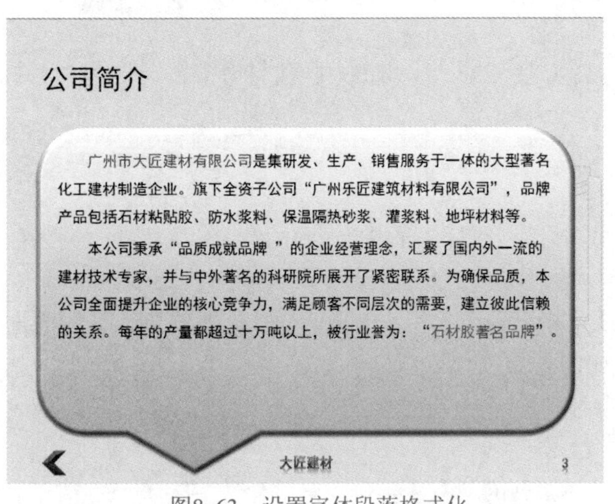

图8-63　设置字体段落格式化

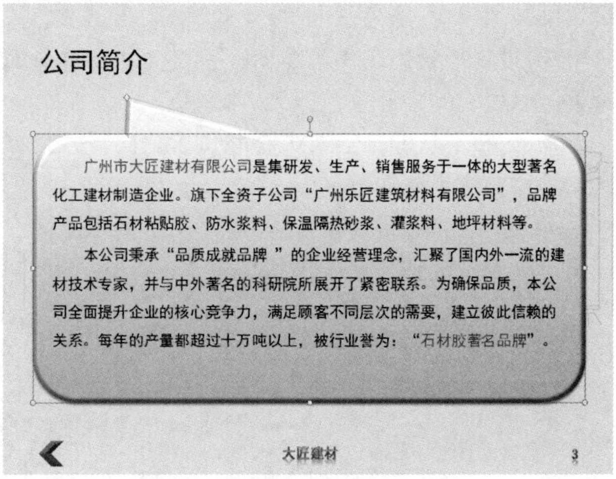

图8-64　调整形状大小和位置

4. 编辑第 4 张幻灯片

① 将幻灯片的版式改为“内容与标题”。

② 设置标题占位符文本垂直中部对齐。

③ 将右侧文本占位符的内容移动到左边文本占位符中；在幻灯片右侧插入图片“图片 2.png”，设置图片样式为“简单框架，白色”。

④ 幻灯片左侧的文本占位符设置动画：“劈裂”效果，动画自动播放。并将动画效果复制到第 5、6 张幻灯片左侧的文本占位符上。

具体操作步骤如下：

① 选中第 4 张幻灯片，右击并选择“版式”命令，在弹出的子菜单中选择“内容与标题”版式，修改幻灯片版式，如图 8-65 所示。

② 选中标题占位符（文本框），单击“开始”选项卡“段落”组中“对齐文本”下拉按钮，选择“中部对齐”命令，如图 8-66 所示。

③ 选中右侧文本占位符中的所有文本，剪切粘贴到左侧文本占位符中，效果如图 8-67 所示。

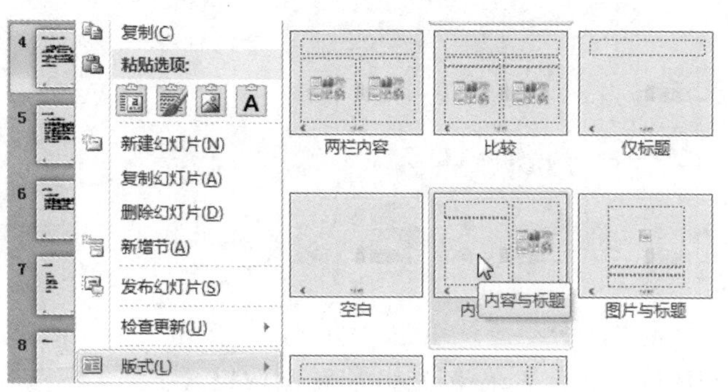

图8-65 修改幻灯片版式

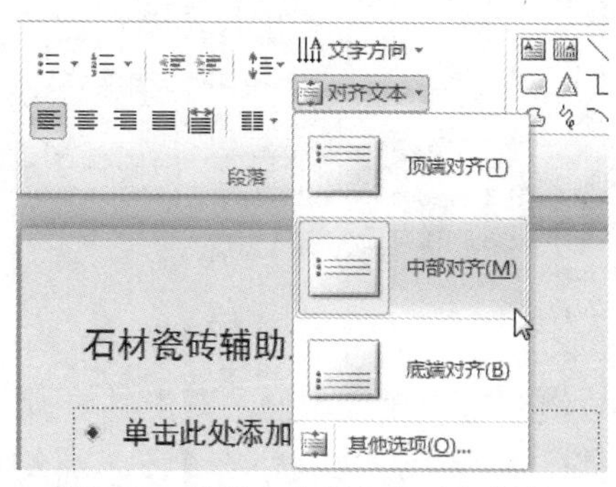

图8-66 设置文本框文本对齐方式

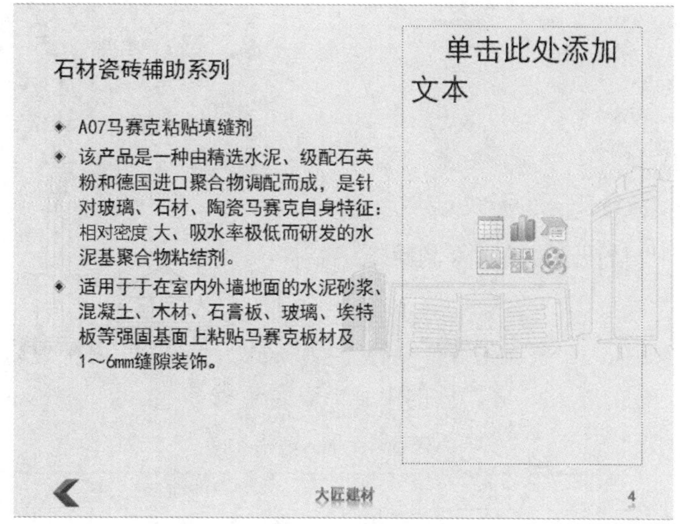

图8-67 移动文本

④ 单击右侧文本占位符中的“插入来自文件的图片”按钮，如图 8-68 所示。打开素材文件夹，插入图片“图片 2.png”。

⑤ 选中图片，单击“图片工具 | 格式”选项卡中的“图片样式”列表框右下角“其他”按钮，选择样式“简单框架，白色”。完成效果如图 8-69 所示。

图8-68 “插入图片”按钮

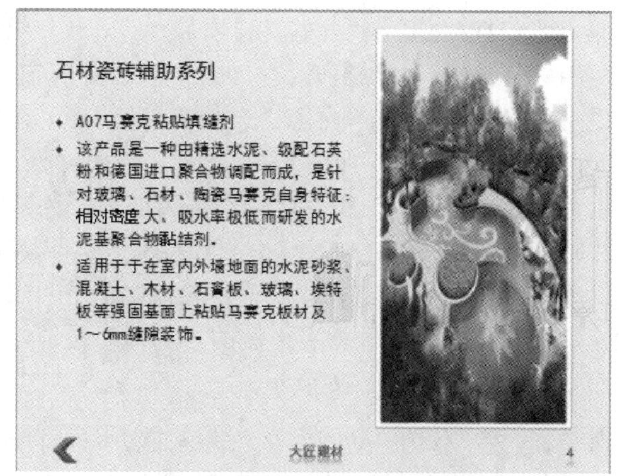

图8-69 插入图片效果

⑥ 选中幻灯片左侧的文本占位符，单击“动画”选项卡的“动画”组列表框中“劈裂”动画效果，如图 8-70 所示。

⑦ 继续选中该文本框，单击“动画”选项卡的“计时”组中“开始”右侧的下拉按钮，选择“上一动画之后”选项，设置动画自动依次播放，如图 8-71 所示。按【Shift+F5】组合键可以查看本页幻灯片的放映效果。

图8-70　设置劈裂动画效果

⑧ 继续选中该文本框，双击“动画”选项卡的“高级动画”组中“动画刷”按钮，如图 8-72 所示。此时，鼠标将变成刷子形状，在第 5、6 张幻灯片左侧的文本位置单击鼠标，将动画效果复制到文本占位符中，注意将动画的“开始”计时都改为“上一动画之后”。

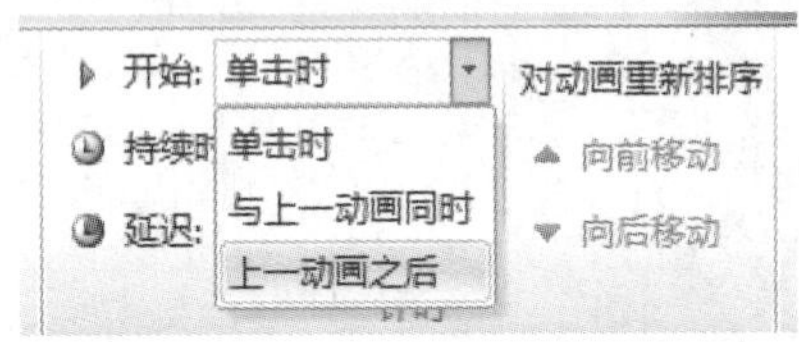

图8-71　设置动画自动播放

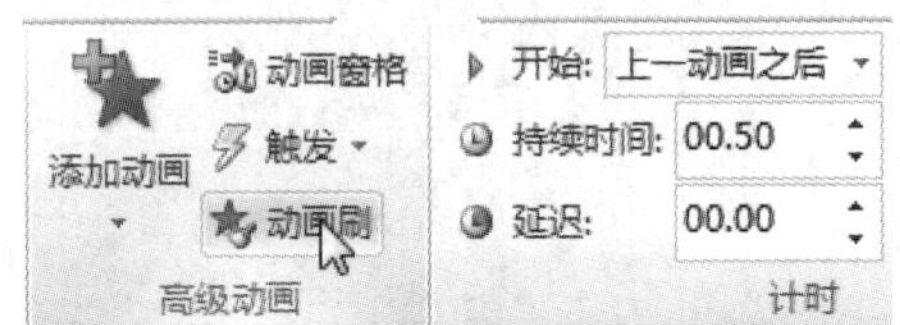

图8-72　“动画刷”按钮

⑨ 再次单击“动画刷”按钮退出动画复制操作。

5. 编辑第 7 张幻灯片

① 在第 6 张幻灯片后面插入一张新幻灯片，新幻灯片版式为“标题和内容”，输入标题“产品销售情况”；在内容占位符中插入 3 行 4 列的表格，表格内的内容如表 8-4 所示。

表 8-4　插入表格

	腻子系列	石材瓷砖	填缝剂系列
上半年销售量	17 744	51 885	31 623
下半年销售量	21 933	46 475	28 602

② 设置表格样式为“浅色样式 1”，字体为“幼圆”，单元格内文字水平垂直居中对齐。

③ 在表格下方插入“簇状圆柱图”图表，显示产品销售情况；图表显示最大销量的数据标签，无主要网格线；字体为微软雅黑，15 磅，适当调整图表大小与位置。

具体操作步骤如下：

① 选中第 6 张幻灯片，单击“开始”选项卡“幻灯片”组中“新建幻灯片”下拉按钮，选择“标题和内容”版式，如图 8-73 所示。

② 在标题占位符中输入文本内容“产品销售情况”；在内容占位符中单击“插入表格”按钮，如图 8-74 所示。弹出“插入表格”对话框，在对话框中的“列数”和“行数”微调框内分别输入“4”和“3”，如图 8-75 所示。

③ 在插入的表格中输入指定内容。选中表格，单击“表格工具 | 设计”选项卡“表格样式”列表框右下侧的“其他”按钮，选择表格样式为“浅色样式 1”，如图 8-76 所示。

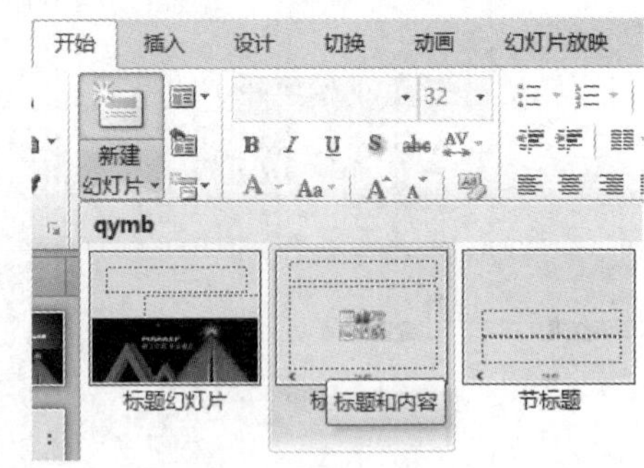

图8-73　插入新幻灯片

④ 选中表格，设置字体为“幼圆”；在“表格工具 | 布局”选项卡“对齐方式”组中，单击“居中”和“垂直居中”按钮，设置文本居中对齐，如图 8-77 所示。

⑤ 选中幻灯片，单击“插入”选项卡中“图表”命令，打开“插入图表”对话框，选择图表类型“簇状圆柱图”，如图 8-78 所示。单击“确定”按钮，插入图表。

⑥ 此时，幻灯片除了插入了图表，同时打开了一张 Excel 电子表格，如图 8-79 所示。选择幻灯片表格中的内容，复制并粘贴到 Excel 表格 A1 开始的单元格中，如图 8-80 所示。

图8-74 “插入表格”按钮

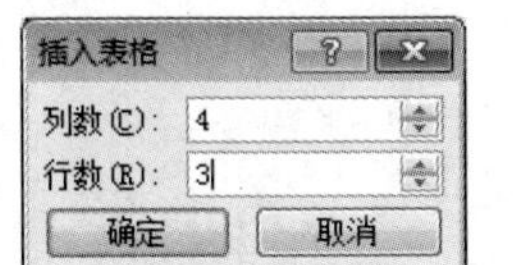

图8-75 “插入表格”对话框

图8-76 设置表格样式

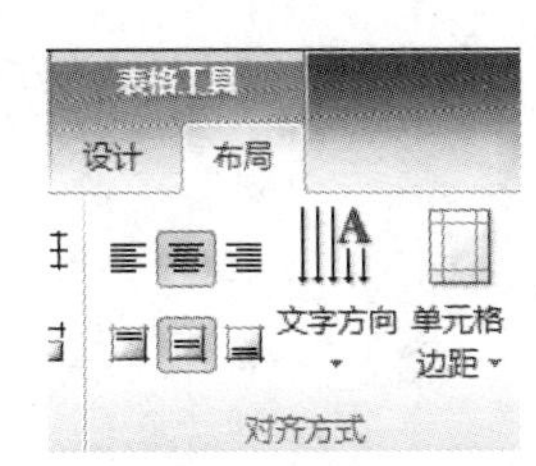

图8-77 设置文本对齐方式

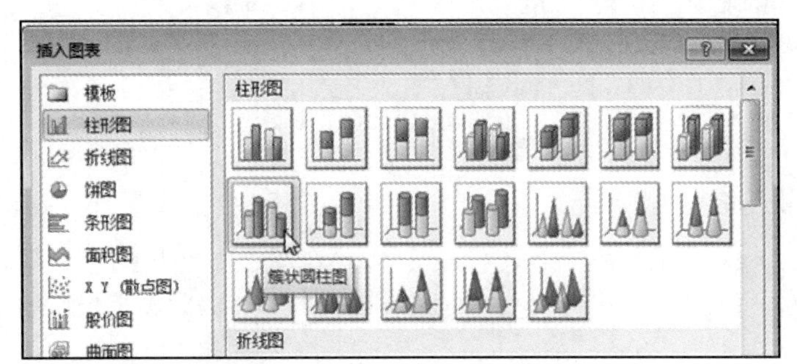

图8-78 插入簇状圆柱图

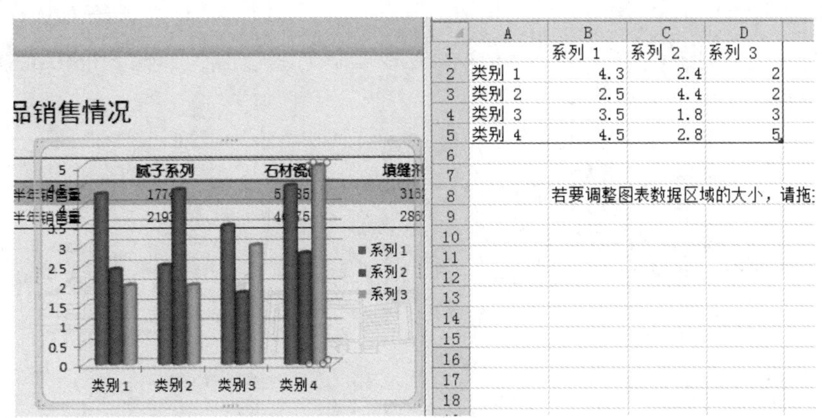

图8-79 插入图表

⑦ 拖动Excel电子表格中蓝色边框的右下角，调整区域大小与复制内容的区域大小一致，如图8-81所示。关闭Excel表格后，幻灯片上的图表数据已经更新，如图8-82所示。

	A	B	C	D
1	列1	腻子系列	石材瓷砖	填缝剂系列
2	上半年销	17744	51885	31623
3	下半年销	21933	46475	28602
4	类别 3	3.5	1.8	3
5	类别 4	4.5	2.8	5

图8-80 复制表格数据

	A	B	C	D
1	列1	腻子系列	石材瓷砖	填缝剂系列
2	上半年销	17744	51885	31623
3	下半年销	21933	46475	28602
4	类别 3	3.5	1.8	3
5	类别 4	4.5	2.8	5

图8-81 调整图表数据区域大小

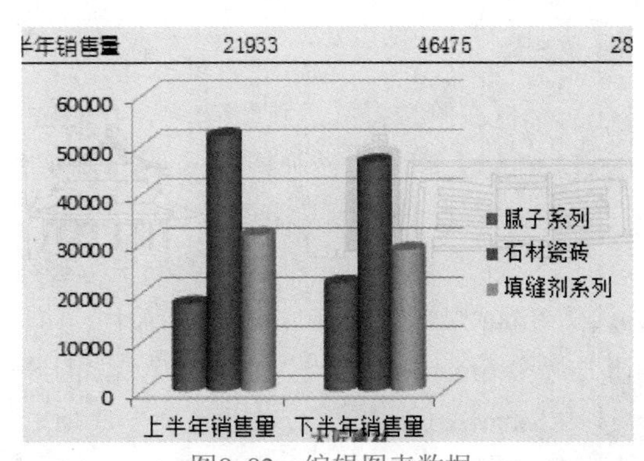

图8-82 编辑图表数据

⑧ 选中图表，在图表中任意一个红色系列（最高的数据系列）上右击，选择“添加数据标签”命令，如图 8-83 所示。

⑨ 选中图表，单击“图表工具 | 布局”选项卡中“坐标轴”组中“网格线”下拉按钮，选择“主要横网格线”|“无”命令，如图 8-84 所示。

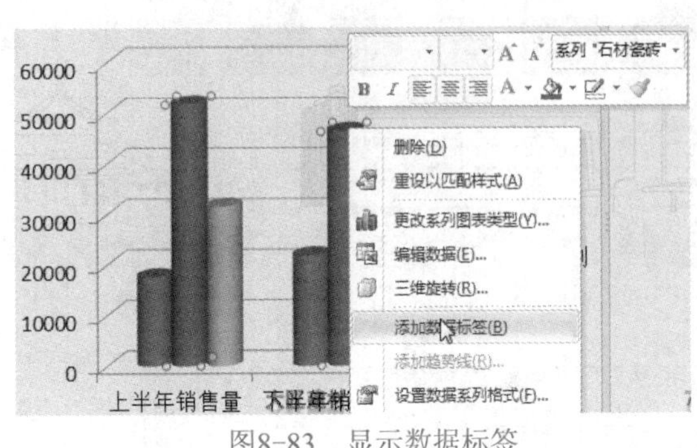

图8-83　显示数据标签

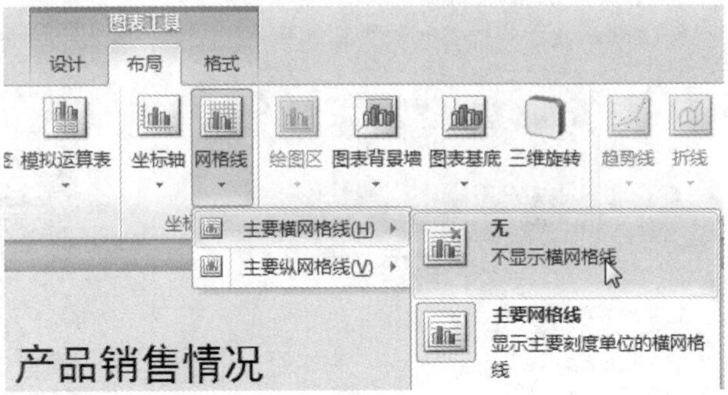

图8-84　隐藏网格线

⑩ 选中图表，设置字体为微软雅黑，字号为 15。适当调整图表的大小和位置，完成效果如图 8-85 所示。

6. 编辑第 8 张幻灯片

① 将幻灯片中的文本内容转换成 SmartArt 图形：环状蛇形流程。

② 设置 SmartArt 图形中文本字体为黑体，艺术字样式为“填充 - 白色，投影”，套用“嵌入”SmartArt 样式。

③ 添加所有形状依次“旋转”进入的动画效果。

具体操作步骤如下：

① 选中文本并右击，选择“转换为 SmartArt 图形”命令，单击“其他 SmartArt 图形”，打开“选择 SmartArt 图形”对话框，如图 8-86 所示。

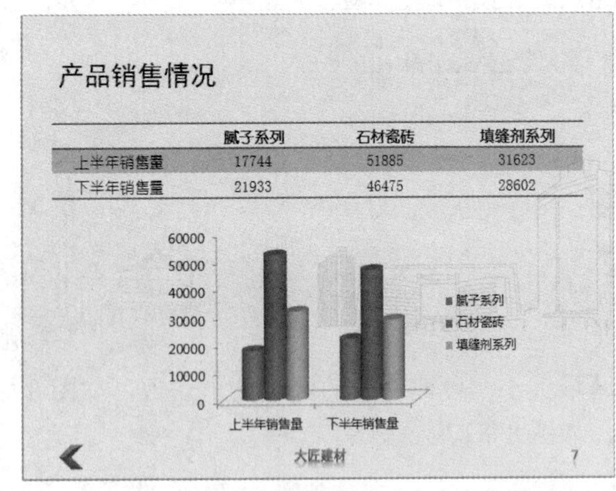

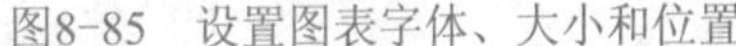
图8-85　设置图表字体、大小和位置

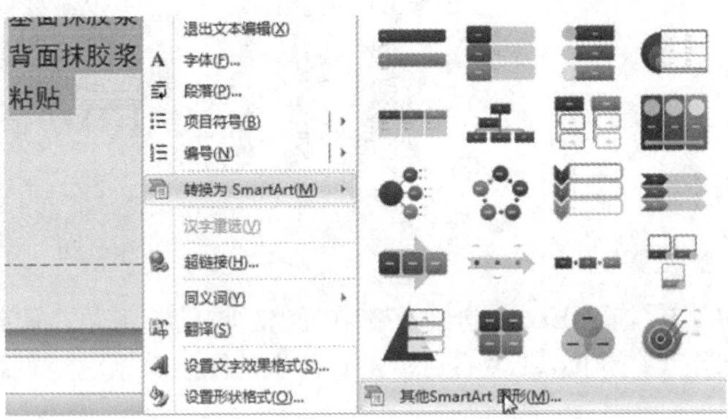

图8-86　转换为SmartArt图形

② 在对话框左侧选择“流程”选项，在右侧的列表框中选择“环状蛇形流程”样式，如图 8-87 所示。单击“确定”按钮，将文本转换成 SmartArt 图形，如图 8-88 所示。

③ 在左侧“在此处键入文字”窗格中，选中所有文本，设置字体为黑体；选择“SmartArt 工具 格式”选项卡，在“艺术字样式”组中的列表框中选择艺术字样式“填充 - 白色，投影”，如图 8-89 所示。

④ 选中 SmartArt 图形，单击“SmartArt 工具 | 设计”选项卡中“SmartArt 样式”组中的列表框右下“其他”按钮，选择 SmartArt 样式为“嵌入”，如图 8-90 所示。

⑤ 选中 SmartArt 图形，单击“动画”选项卡，在“动画”列表框中选择“旋转”进入动画；单击“效果选项”下拉按钮，在下拉列表中选择“逐个”，如图 8-91 所示。

⑥ 单击“动画”选项卡“计时”组中“开始”右侧下拉按钮，选择“上一动画之后”命令，完成效果如图 8-92 所示。

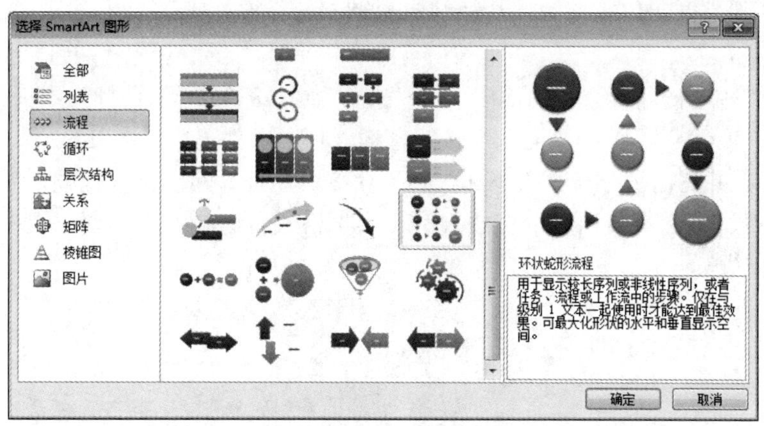

图8-87 “选择SmartArt图形”对话框

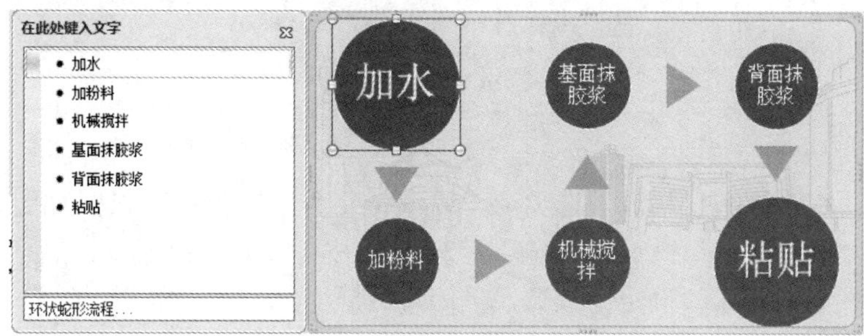

图8-88 将文本转换成SmartArt图形

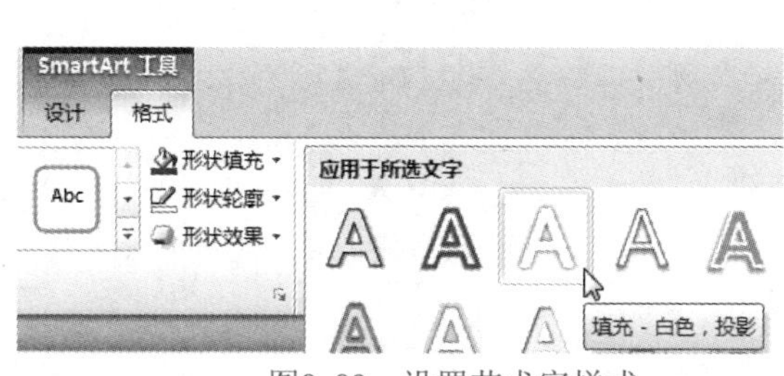

图8-89 设置艺术字样式

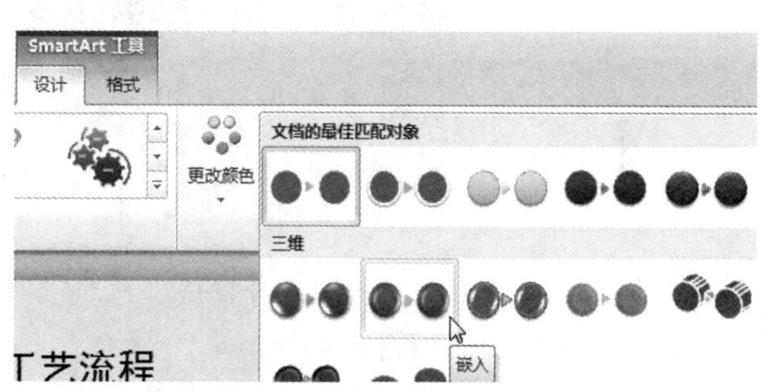

图8-90 设置SmartArt样式

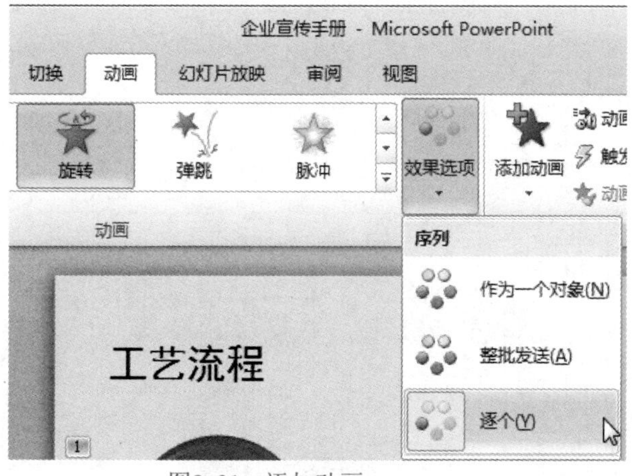

图8-91 添加动画

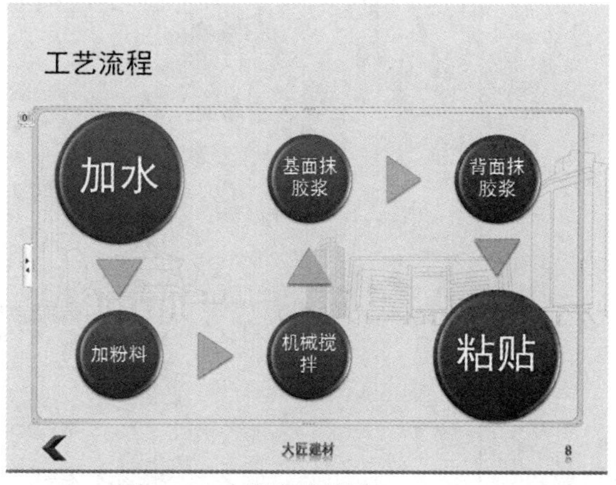

图8-92 本题完成效果

7. 编辑第 9 张幻灯片

① 插入视频文件“1.wmv”，视频高度为 11 厘米，左右居中对齐。

② 剪辑视频时间到 36.5 秒停止，幻灯片放映时自动开始播放视频。

具体操作步骤如下：

① 单击内容占位符中的“插入媒体剪辑”命令按钮，如图 8-93 所示。打开“插入视频文件”对话框，在素材文件夹中选择“1.wmv”，单击“插入”按钮，插入视频文件。

② 选中插入的视频并右击，选择“大小和位置”命令，在打开的“设置视频格式”对话框中的高度微调栏中输入“11 厘米”，如图 8-94 所示；在“视频工具 | 格式”选项卡“排列”组中，单击“对齐”下拉列表，选择“左右居中”。

图8-93　插入媒体剪辑

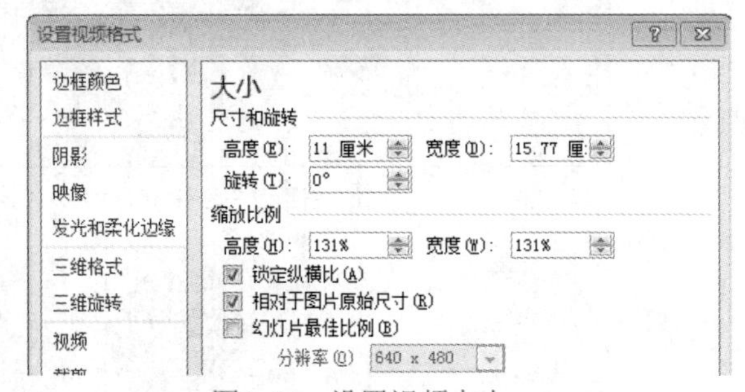

图8-94　设置视频大小

③ 选中视频，单击“视频工具 播放”选项卡“编辑”组“剪裁视频”按钮，如图 8-95 所示。打开“剪裁视频”对话框，在“结束时间”微调框中输入“36.5”，按【Enter】键确认。或者拖动红色标记到 36.5 秒的位置，如图 8-96 所示，单击“确定”按钮，关闭对话框。

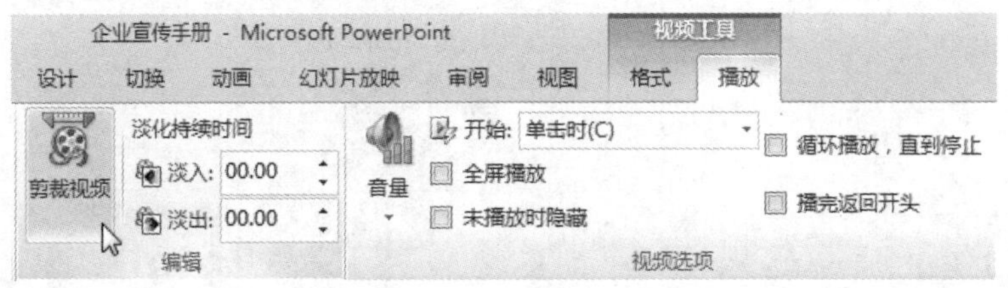

图8-95　“剪裁视频”命令

④ 选中视频，单击“视频工具 | 播放”选项卡“视频选项”组“开始”下拉按钮，选择“自动”，如图 8-97 所示。完成效果如图 8-98 所示。

图8-96　剪裁视频

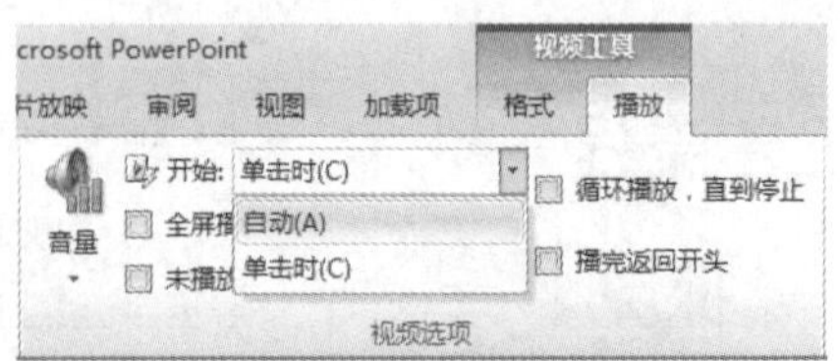

图8-97　设置视频自动播放

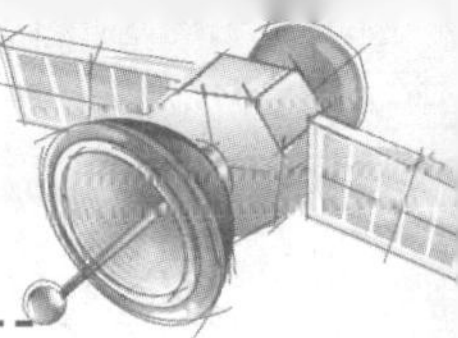

8. 编辑第 10 张幻灯片

① 在幻灯片中插入“图片 3.png”～“图片 6.png”四张图片。设置四张图片大小均为 5.5 厘米 ×8 厘米，图片样式为“金属框架”，调整图片位置。

② 设置动画效果：四张图片按从左往右，从上往下的次序依次“浮入”进入，上面两张图片“下浮”，下面两张图片“上浮”，动画延迟时间均为 1 秒。

具体操作步骤如下：

① 选中第 10 张幻灯片，单击“插入”选项卡中“图片”按钮，打开“插入图片”对话框，按住【Ctrl】键，在素材文件夹中同时选中“图片 3.png”～“图片 6.png”四张图片，如图 8-99 所示。单击“插入”按钮，将四张图片同时插入到幻灯片中。

图8-98 本题完成效果

图8-99 插入四张图片

② 此时，幻灯片中的四张图片是同时被选中的，如图 8-100 所示。右击并选择“大小和位置”命令，取消选择“锁定纵横比”复选框，设置图片大小为 5.5 厘米 ×8 厘米。

③ 继续选中所有图片。单击“图片工具｜格式”选项卡“图片样式”组样式列表框中的“金属框架”样式；取消选中状态，逐一调整图片的位置。完成效果如图 8-101 所示。

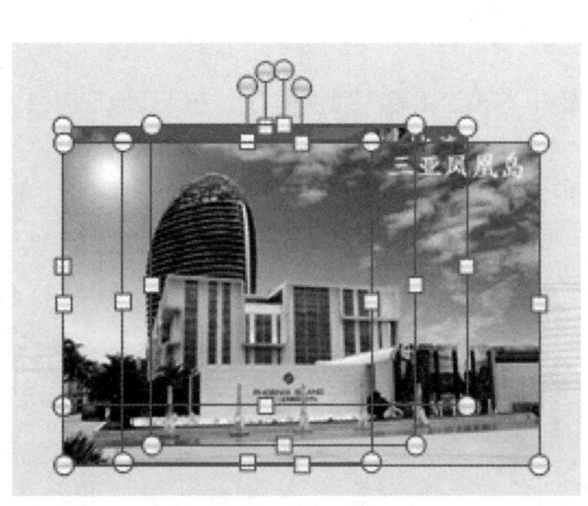

图8-100 图片选中状态

图8-101 设置图片的样式和位置

④ 选中第 1 张图片。单击“动画”选项卡“动画”组中的动画列表框选择“浮入”进入动画；单击“效果选项”下拉按钮，选择“下浮”选项，如图 8-102 所示。

⑤ 单击“动画”选项卡“计时”组中“开始”右侧的下拉按钮，在下拉列表中选择“上一动画之后”；“延迟”微调框内输入数值“1”，如图 8-103 所示。

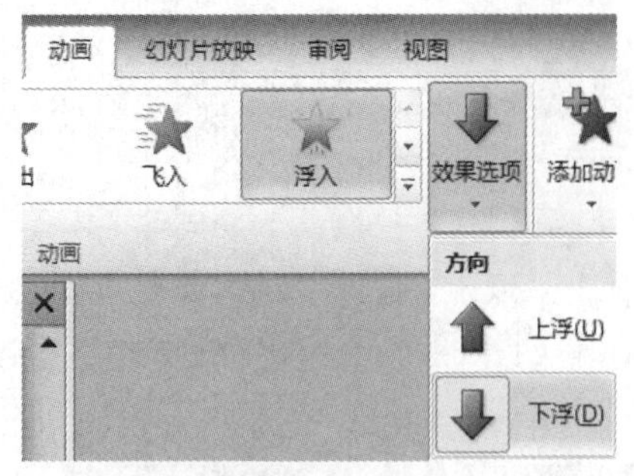

图8-102 添加下浮进入动画

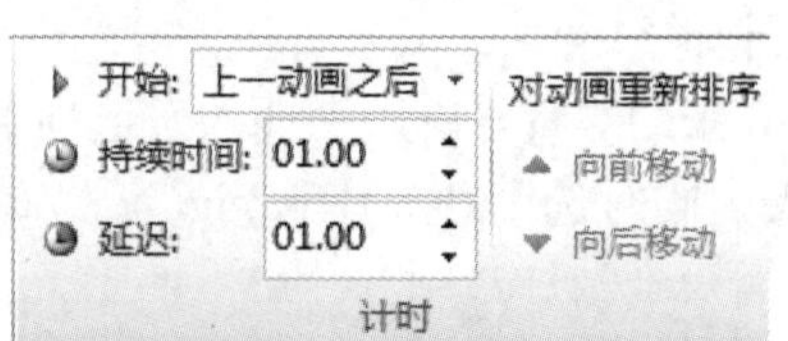

图8-103 设置动画开始和延迟

⑥ 选中第一张图片，双击动画刷，分别单击其余三张图片复制动画效果，再将下面两张图片动画的效果选项改为“上浮”即可。单击“动画窗格”按钮，可以查看动画的顺序、时长和延迟信息，如图 8-104 所示。

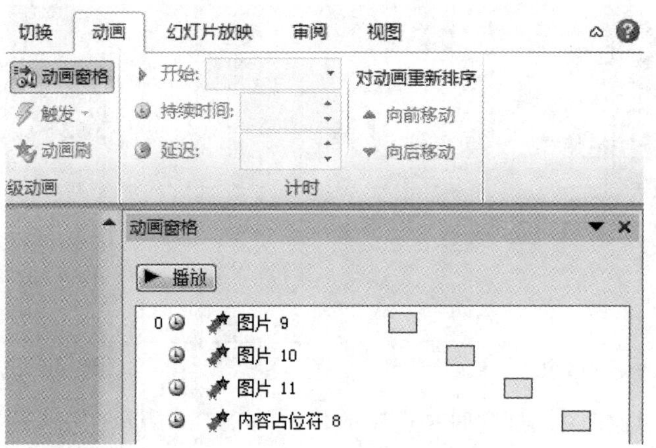

图8-104 查看“动画窗格”

9. 编辑第 11 张幻灯片

① 幻灯片的设计主题改为“时装设计”。

② 所有文本艺术字样式为“填充 - 褐色，强调文字颜色 2，暖色粗糙棱台”。

③ 标题字体为幼圆，字号 72，加粗倾斜，左对齐；副标题右对齐。

具体操作步骤如下：

① 选择第 11 张幻灯片，单击“设计”选项卡，在“主题”组中单击“主题”列表框右下方“其他”按钮，打开主题列表框，如图 8-105 所示。

② 右击“时装设计”主题，选择“应用于选定幻灯片”命令，如图 8-106 所示。

图8-105 打开主题列表框

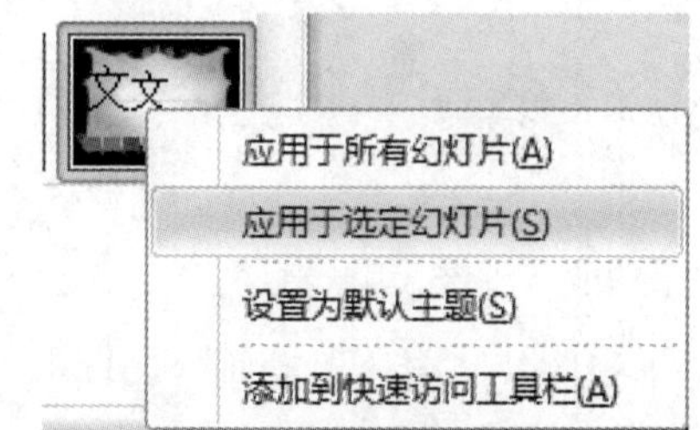

图8-106 应用设计主题

③ 选中幻灯片中的文本，在“绘图工具 | 格式”选项卡中“艺术字样式”列表框中，选择“填充 - 褐色，强调文字颜色 2，暖色粗糙棱台”样式，如图 8-107 所示。

④ 设置标题文字“谢谢”的字体为幼圆，字号为 72，加粗倾斜，左对齐；设置副标题文本右对齐。效果如图 8-108 所示。

10. 幻灯片的切换

① 设置第一张幻灯片切换效果为“分割”；其余所有幻灯片的切换效果为“框（自底部）”。

② 所有幻灯片的自动换片时间均为 3 秒。

具体操作步骤如下：

① 选中第一张幻灯片。单击“切换”选项卡，在“切换”列表框中选择“分割”；再选中第 2 张幻灯片，按住【Shift】键，单击第 11 张幻灯片，在“切换”列表框中选择“框”，单击“效果选项”下拉按钮，选择“自底部”，如图 8-109 所示。

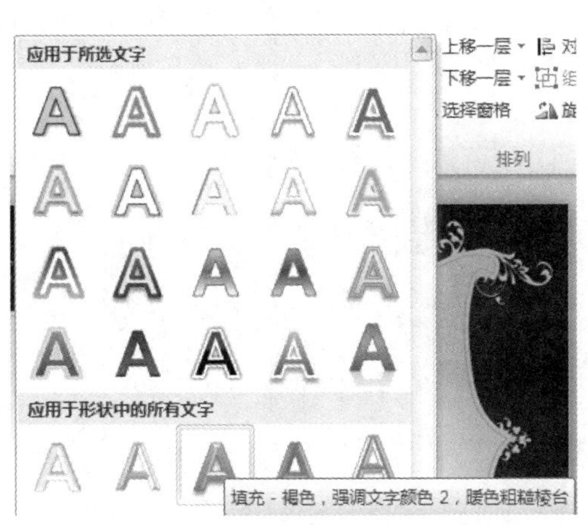

图8-107　设置文本艺术字样式

图8-108　幻灯片完成效果

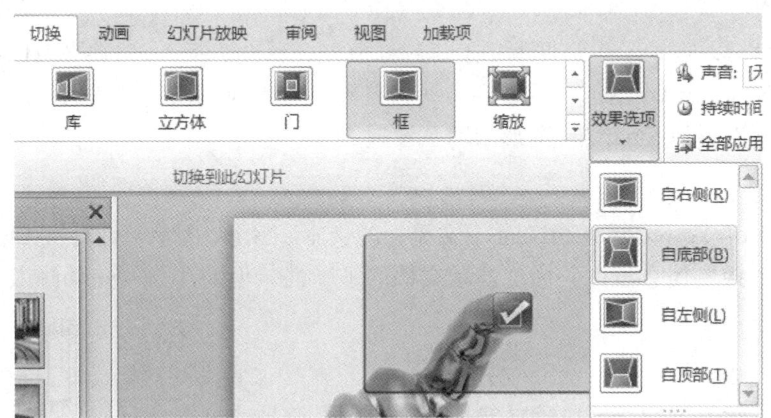

图8-109　设置幻灯片切换

② 选中所有幻灯片，在“切换”选项卡“计时”组中选中“设置自动换片时间”多选框，在微调框内输入“3”，按【Enter】键确认，如图 8-110 所示。

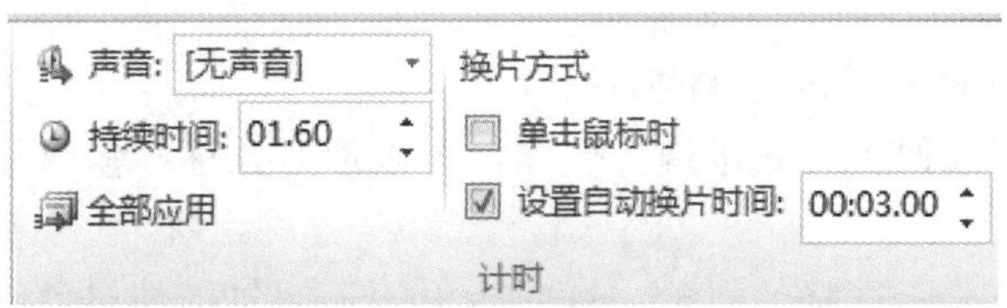

图8-110　设置自动换片时间

③ 按【F5】键，观看幻灯片放映。

11. 幻灯片的“保存”与“另存为”

① 原名保存幻灯片。

② 将幻灯片另存为放映文件，文件名为“企业宣传手册 .ppsx”。

具体操作步骤如下：

① 单击“保存”按钮，保存文档。

② 选择“文件”选项卡中的“另存为”命令，打开“另存为”对话框后，选择保存类型为“PowerPoint 放映”，同时设置好保存位置与文件名称，如图 8-111 所示。单击“保存”按钮，关闭对话框。

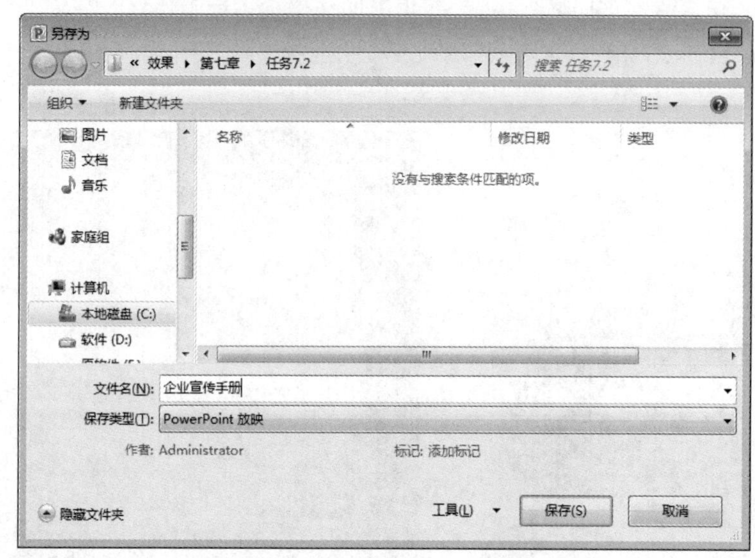

图8-111 “另存为”对话框

8.2.4 难点解析

通过本次任务的学习，要求学生掌握编辑幻灯片（复制、移动、插入、删除幻灯片）、插入表格与图表并格式化、将文本转换 SmartArt 图形、设置各类动画效果、插入视频以及设置幻灯片切换的方法。这里将主要介绍幻灯片的动画设置和 SmartArt 图形的动画设置。

1. 幻灯片动画

动画可以使 Microsoft PowerPoint 2010 演示文稿上的文本、图形、图示、图表和其他对象具有动画效果，这样就可以突出重点、控制信息流，并增加演示文稿的趣味性。但要注意的是动画太多会分散注意力。不要让动画和声音喧宾夺主。

（1）动画类别

动画可应用于幻灯片、占位符或段落（包括单个的项目符号或列表项目）中的项目。除了预设动画或自定义动作路径之外，还可使用进入、强调或退出选项。使用自定义动画功能可以对同一张幻灯片上的各个对象进行编排，设置其出现时间、动画和声音效果，以设计所有对象的整体效果。同样还可以对单个项目应用多个的动画将多种效果组合在一起，例如，可以对一行文本应用“强调”进入效果及“陀螺旋”强调效果，使它旋转起来。

PowerPoint 2010 中有以下四种不同类型的动画效果：

①“进入”效果：指对象以何种方式出现。例如，可以使对象逐渐淡入焦点、从边缘飞入幻灯片或者跳入视图中。

②“强调”效果：指突出显示选择的对象。这些效果的示例包括使对象缩小或放大、更改颜色或沿着

其中心旋转。

③“退出”效果：指对象离开幻灯片时的过程。这些效果包括使对象飞出幻灯片、从视图中消失或者从幻灯片旋出。

④“动作路径”效果：是使选择的对象按照某条制定的路径运行而产生动画。动作路径有对角线向右上、对角线向右下、向上、向下、向右、向左等，更多的路径分为三大类（基本型、直线和曲线型、特殊型），还可以自己绘制路径（直线、曲线、任意多边形、自由曲线）。

注意：进入、强调、退出这三类效果分成基本型、细微型、温和型、华丽型四大类。在动画库中，进入效果图标呈绿色、强调效果图标呈黄色、退出效果图标呈红色。

（2）添加动画

① 添加预设动画。具体操作方法是：

a．选择要设置动画的对象，然后在“动画”选项卡中“动画”组中的“动画样式”列表框内选择样式，这时可以给对象添加第一个动画效果，如图 8-112 所示。

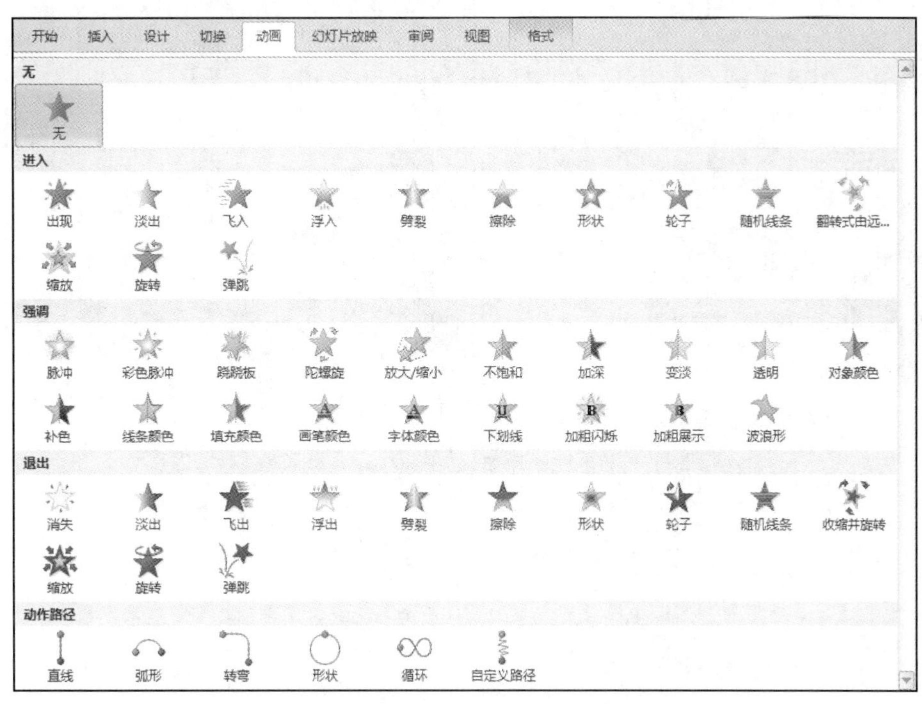

图8-112 “动画样式”列表框

b．如果需要再给这个对象添加其他动画效果，单击“动画”选项卡中“高级动画”组中的“添加动画”按钮，会出现“进入”“强调”“退出”“动作路径”四种效果大类的动画。

c．如果在已出现效果中找不到理想的效果，可以选择“更多 ×× 效果”，如图 8-113 所示。

d．采用同样方法给其他对象设置动画效果。在主窗口文本框前面可以看到数字序号，它们表示动画播放的先后顺序。

e．完成动画设置后，可以预览效果。

② 添加动作路径动画。如果不满意“动画样式”中的动画效果，也可以使用动作路径可以给文本或对象添加更复杂的动画动作。动作路径中的绿色箭头表示路径的开头，红色箭头表示结尾，如图 8-114 所示。具体操作如下所述。

a．单击要向其添加动作路径的对象或文本，对象或文本项目符号的中心跟随你应用的路径。

b．在“动画”选项卡“动画”组中的“动作路径”下面，单击“线条”“弧线”“转弯”“形状”或“循环”，所选路径以虚线的形式出现在选定对象或文本之上。

c．单击“自定义路径”命令，还可以自行设计动画路径，如图 8-115 所示。

（3）删除动画效果

① 删除一个动画效果。在“动画”选项卡上，单击“高级动画”组的“动画窗格”按钮，在幻灯片上，单击要从中删除效果的动画对象，在“动画窗格”中，选中要删除的效果，单击向下箭头，然后单击“删除”，如图 8-116 所示，或者直接按【Delete】键删除。

② 删除多个或所有动画效果。如要从文本或对象中删除多个动画效果，在“动画窗格”中，按住【Ctrl】键单击选取多个要删除的动画效果，然后删除。

③ 删除所有动画效果。如要从文本或对象中删除所有动画效果，单击要停止动画的对象。然后在“动画”选项卡的动画列表框中，单击“无”，如图 8-117 所示。

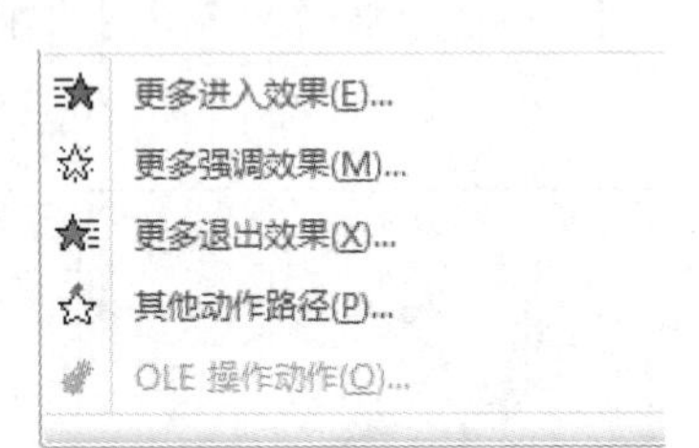

图8-113　其他动画效果

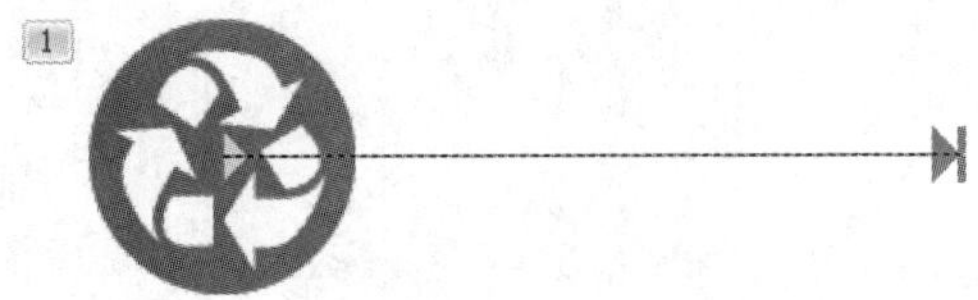

图8-114　动作路径

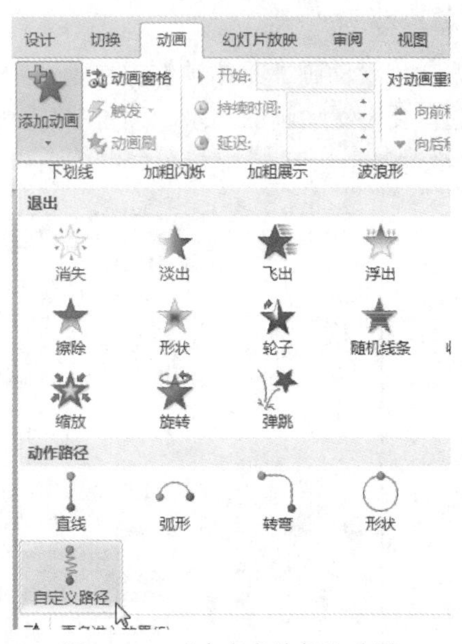

图8-115　“自定义路径”动画

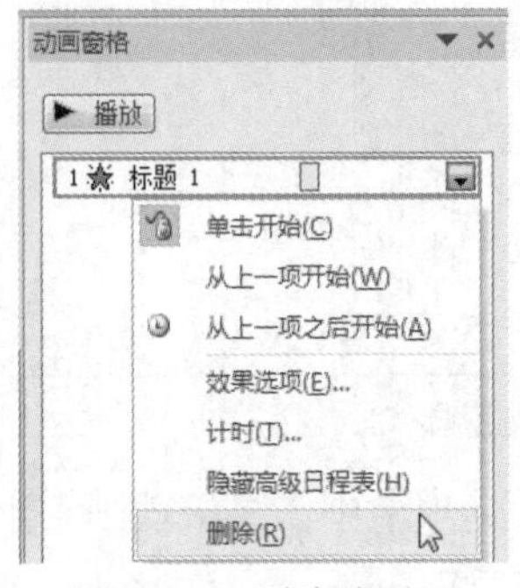

图8-116　删除动画

图8-117　删除所有动画效果

（4）对动画文本和对象添加效果

声音效果是指为增强动画效果而添加的、随动画一起表现的效果形式。一般都很短小，如爆炸、抽气、锤打、打字机、鼓声、鼓掌、炸弹、照相机、疾驰等，除系统提供的选项外，还可以选择其他，一般不宜太大。修饰动画效果除了对声音进行设置外，还包括对动画播放后的变化（变暗与否等）、动画文本的发送方式（整批、按字 / 词、按字母）的选择。

通过应用声音效果，你可以额外强调动画文本或对象。要对动画文本或对象添加声音，请执行以下操作：

① 在“动画”选项卡的“高级动画”组中，单击“动画窗格”。“动画窗格”在工作区窗格的一侧打开，显示应用到幻灯片中文本或对象的动画效果的顺序、类型和持续时间。

② 找到要向其添加声音效果的动画，单击向下箭头，然后单击“效果选项”，如图 8-118 所示。

③ 在“效果”选项卡“增强功能”下面的“声音”框中，单击箭头以打开列表，单击列表中的一个声音，

如图 8-119 所示。然后单击“确定”按钮。若是要从文件添加声音，请单击列表中的“其他声音”，找到要使用的声音文件，然后单击“打开”按钮。

（5）设置动画时间效果

PowerPoint 2010 可以自定义动画的时间效果，设置对象的时间效果是指选择各种计时选项以确保动画的每一部分平稳出现。对象的时间效果包括开始时间（含延迟时间）、触发器、速度或持续时间、循环、自动返回等的设计。

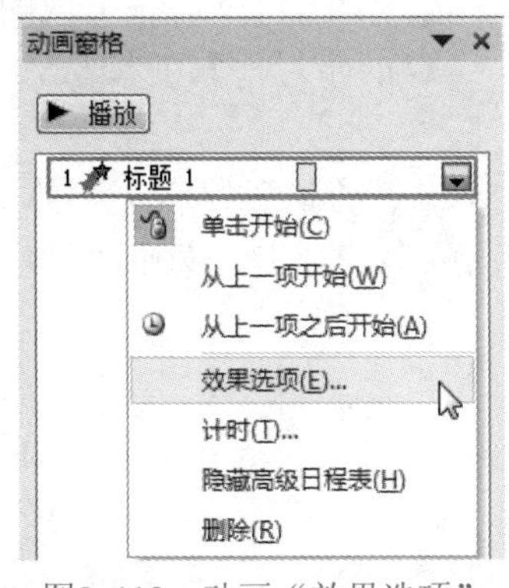

图8-118　动画“效果选项”

图8-119　动画声音

① 设置动画效果的开始时间。在幻灯片上单击包含要为其设置开始计时的动画效果的文本或对象，在“动画”选项卡上的“计时”组中，执行以下操作之一：

- “单击时”：若要在单击幻灯片时开始动画效果，请选择“单击时”。
- “从上一项开始”：若要在列表中的上一个效果开始时开始该动画效果（即一次执行多个动画效果），请选择“从上一项开始”。
- “从上一项之后开始”：若要在列表中的上一个效果完成播放后立即开始动画效果（即无须再次单击便可开始下一个动画效果），请选择“从上一项之后开始”。

② 延迟开始动画效果。在幻灯片上，单击包含要为其设置延迟或其他计时选项的动画效果的文本或对象，在“动画”选项卡上的“计时”组中，执行下列一项或多项操作：

- “持续时间”：若要指定动画效果的时间长度，请在“持续时间”框中输入数字。
- “延迟”：要在一个动画效果结束和新动画效果开始之间创建延迟，请在“延迟”框中输入一个数字。

2. SmartArt 图形制作动画

（1）SmartArt 图形动画概述

SmartArt 图形的作用很多，要使你的图形更令人难忘，你可以逐个地为某些形状制作动画。例如，可以让维恩图的每个圆圈一次一个地飞入，或让组织结构图按级别淡入，如图 8-120 所示。动画的添加和删除方法和应用到形状、文本或艺术字的动画添加删除方法一样。

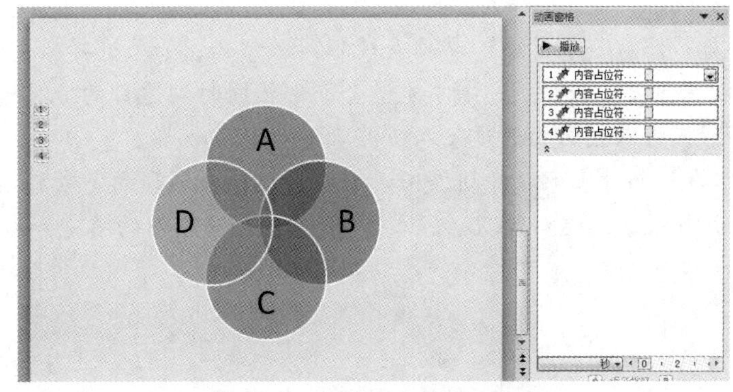

图8-120　SmartArt图形动画

应用到 SmartArt 图形的动画与可应用到形状、文本或艺术字的动画有以下几方面的不同：

① 形状之间的连接线通常与第二个形状相关联，且不将其单独地制成动画。

② 如果将一段动画应用于 SmartArt 图形中的形状，动画将以形状出现的顺序播放，或者将顺序整个颠倒播放动画。

③ 当切换 SmartArt 图形版式时，添加的任何动画将传送到新版式中。

（2）动画序列

① 颠倒动画的顺序。将一段动画应用于 SmartArt 图形中的形状，动画将以形状出现的顺序播放，或者倒序播放。例如：如果有六个形状，且每个形状包含一个从 A 到 D 的字母，只能按从 A 到 F 或从 D 到 A 的顺序播放动画。不能以错误的顺序播放动画。设置方法是：

选择要颠倒动画顺序的 SmartArt 图形，单击“动画”，然后单击“动画”组右下侧的对话框启动器，如图 8-121 所示。在弹出的“飞入”对话框中，选择“SmartArt 动画”选项卡，选中“倒序”复选框。如图 8-122 所示。

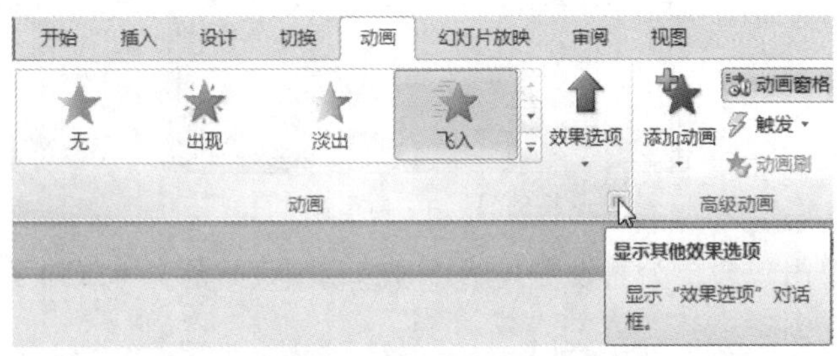

图8-121　“动画”组对话框启动器

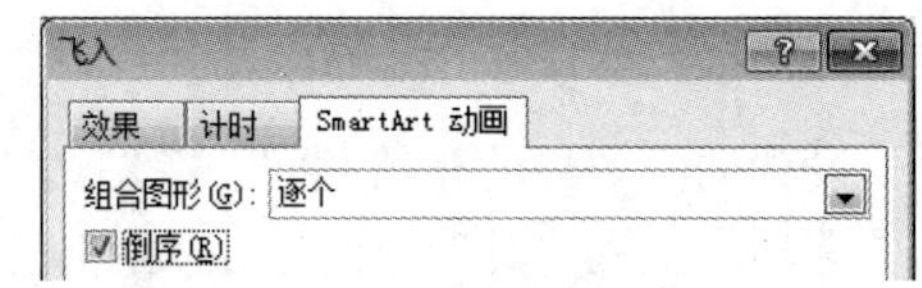

图8-122　SmartArt动画倒序设置

② 动画序列说明。在图 8-122 所示的对话框中，单击“组合图形”右侧的下拉按钮，可以看到动画序列选项，或者选中包含要调整的动画的 SmartArt 图形，单击“效果选项”按钮在弹出的下拉列表中，也可以看到动画序列。

可以根据不同的需要，选择不同的序列，各序列的说明见表 8-5。

表 8-5　动画序列说明

选　项	说　明
作为一个对象	将整个 SmartArt 图形作为一张大图片或一个对象制成动画
整批发送	同时将每个形状分别制成动画。当动画中的形状旋转或增长时，该动画与“作为一个对象”这两者之间的不同之处最为明显。使用“整批发送”时，每个形状单独旋转或增长。使用“作为一个对象”时，整个 SmartArt 图形旋转或增大
逐个	逐个将各个形状分别制成动画
一次按级别	同时将相同级别的所有形状制成动画。例如，如果有三个包含 1 级文本的形状和三个包含 2 级文本的形状，首先将 1 级形状制成动画，然后将 2 级形状制成动画
逐个按级别	将各个级别中的各个图形制成动画，然后转到下一级别的形状。例如，如果你有四个 1 级文本的形状和三个 2 级文本的形状，先将 1 级形状制成动画，然后将三个 2 级形状制成动画

注意：

①“整批发送”动画与“作为一个对象”动画表现不同。例如，如果选择“整批发送”选项和“飞入”动画，飞行距离较远的形状将飞得比较快，这样才能使全部形状同时到达目的地。如果选择同一动画和“作为一个对象”选项，所有形状将以相同的速度飞入。

② 如果选择除了“作为一个对象”以外的任何动画，SmartArt 图形的背景将显示在幻灯片上。无法对背景添加动画效果，因此，如果遇到这种情况，请尝试将 SmartArt 图形的填充和线条设置为“无”。

第 9 章

多媒体数据表示与处理

多媒体数据表示与处理概述	📖 多媒体数据表示 📖 多媒体数据处理
矢量绘图 ——制作可爱风格插画	📖 新建 Photoshop 文件 📖 形状工具 📖 钢笔工具 📖 图像变换 📖 图层的新建与合并
Photoshop 综合运用 ——制作化妆品海报	📖 磁性套索工具与魔棒工具抠图 📖 图层混合模式 📖 图层样式 📖 文字输入 📖 画笔工具
微信编辑器 ——广州旅游攻略推文	📖 布局设计 📖 文字、图形、图像、视频编辑 📖 引导分享 📖 保存同步与公众号授权

9.1 多媒体数据表示与处理概述

9.1.1 多媒体数据表示

1. 媒体与多媒体

（1）媒体（Medium）

媒体是指承载信息的载体，可以分为两类。

① 存储信息的实体：磁带、磁盘、半导体存储器等。

② 信息载体：数字、文字、声音、图形、图像等。

（2）多媒体（Multimedia）

多媒体是两种以上媒体组成的结合体，这里的媒体可以是文本、图形、图像、动画、视频、声音等。

2. 多媒体的特点

① 多样性：数据类型多、数据类型间差距大。

② 集成性：多种不同的媒体信息构成完整的多媒体信息综合地表达事物。

③ 交互性：多媒体数据的输入和输出是比较复杂的。

④ 协同性：多媒体中的各种媒体之间必须有机配合、协调一致。

3. 多媒体元素

（1）文本

① 文本是计算机文字处理程序的基础。

② 文本数据可以在文本编辑软件里进行输入和编辑。

③ 文本需要经过各种编码方案进行输入、存放、传输和显示。

（2）图形图像

计算机中的图形和图像的差别主要反映在它们的数据表示方式上。常用的数据表示方式是位图和矢量图。

位图：又称位图图像，由数字阵列信息组成，阵列中的各个数字描述构成图像的各个点（称为像素）的强度与颜色信息。

矢量图：又称图形或向量图，一般是指用计算机绘制的画面，是一组描述点、线、面等图形的大小、形状及位置、维数的指令集合。图形矢量化有利于对图形的各个部分实施控制，便于对图形进行移动、缩放、叠加和扭曲等变幻与修改，可以任意放大而不失真，而位图放大到一定程度后，则会出现“马赛克”现象，或者边缘产生“锯齿”，如图 9-1 所示。

图9-1 位图与矢量图对比

位图图像大小及字节表示颜色的方式：如果用 1 个字节（8 位）对应 1 个像素，则从黑到白分为 256 级（$256=2^8$）。RGB 色彩模式是工业界的一种颜色标准，是通过对红（Red）、绿（Green）、蓝（Blue）三个颜色通道的变化以及它们相互之间的叠加来得到各式各样的颜色的。在显示器上，色彩是通过电子枪打在屏幕的红、绿、蓝三色发光极上来产生的。电脑屏幕上的所有颜色，都是由红色、绿色、蓝色三种色光按照不同的比例混合而成的。一组红色、绿色、蓝色就是一个最小的显示单位。屏幕上的任何一个颜色都可以由一组 RGB 值来记录和表达。按照计算，256 级的 RGB 色彩总共能组合出约 1678 万种色彩，即 256×256×256=16 777 216。通常也被简称为 1 600 万色或千万色，或称为 24 位色（16777216=224）。

常见的图像文件格式有以下几种。

BMP：标准位图，未经压缩。

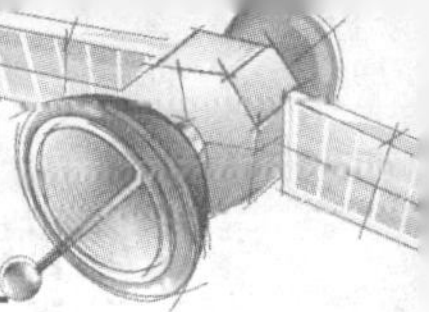

JPG：应用最广泛，压缩比可较大。

GIF：支持动态和透明背景，常见的比如表情包。

PNG：与 JPG 类似，压缩比高于 GIF，支持透明度。

（3）音频

当某种东西使得介质（空气、水等）分子振动起来，人们的耳朵中所感到的振动就是声音。凡是通过声音的形式以听觉传递信息的媒体，都属于听觉类媒体。波形声音是用声波形式记录声音，可以描述自然界中所有的声音，如图 9-2 所示。

下面介绍波形声音的采样量化与编码。

采样：音频是典型的连续信号，其特点是在指定的范围内有无穷多个幅值。在某特定时刻对这些信号的测量称为采样。每秒采样的次数称为采样频率。

量化：对每个采样点进行数字化，可用 8 位或 16 位数字表示，称为采样精度。由于在每个采样点，其声压的幅度也是有无穷个幅值，因此量化的过程是有失真的。

波形声音的采样量化编码过程如图 9-3 所示。

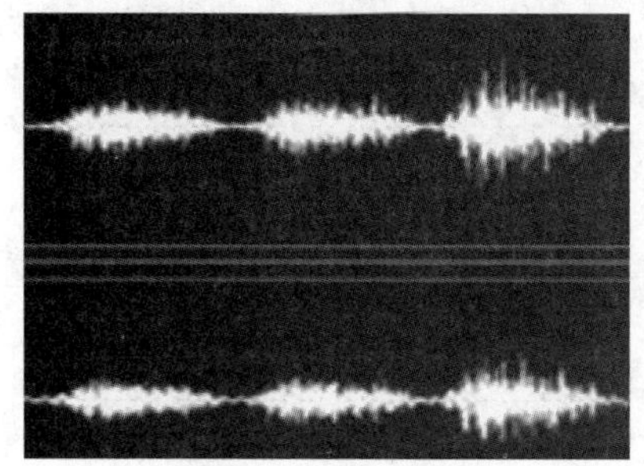

图9-2　波形声音

图 9-3　波形声音的采样量化编码过程

常见的声音文件格式有以下几种。

MP3：能够以高音质、低采样率对数字音频文件进行压缩。

WAV：这是最早的数字音频格式，被 Windows 平台及其应用程序广泛支持，对存储空间需求很大。

MIDI：是数字音乐 / 电子合成乐器的统一国际标准，可以模拟多种乐器的声音。

WMA：压缩率一般可以达到 1:18，还可以通过 DRM 方案加入防止拷贝，或者加入限制播放时间和播放次数，甚至是播放机器的限制，可有力地防止盗版。

M4A：M4A 是 MPEG-4 音频标准的文件的扩展名。Apple 为了区别纯音频的 MP4 和视频的 MP4，在它的 iTunes 以及 iPod 中使用“.m4a”作为纯音频的文件格式，现在很多手机录音都使用这种格式。

（4）视频

简单来说，一个视频的画质取决于四个因素：分辨率、帧速、编码格式和码流。分辨率影响视频文件画面的大小，帧速影响画面的流畅性，编码格式和码流影响画面质量。

分辨率是用于度量视频画面数据量多少的一个参数，比较常见的有 1080P 或者 4K 的表示方法。通常 1080P 的画面像素数为 1920×1080，P 是 Progressive 的缩写，表示的是逐行扫描，1080 表示的是视频像素的总行数。4K 的画面像素数是 3840×2160 或 4096×2160，4K 表示的是视频像素的总列数有约 4000 列。

视频中的每一幅图像称为一帧。每秒播放多少帧称为帧速。帧速 16fps（frame per second）就可以达到满意的动态效果。每帧数据量乘以帧速即为视频数据大小。压缩后视频数据量变化会很大。

视频编码格式是指通过特定的压缩技术，将某个视频格式的文件转换成另一种视频格式文件的方式。视频流传输中最为重要的编解码标准有国际电联的 H.261、H.263、H.264，运动静止图像专家组的 M-JPEG 和国际标准化组织运动图像专家组的 MPEG 系列标准，此外被广泛应用的还有 Real-Networks 的 RealVideo、微软公司的 WMV 以及 Apple 公司的 QuickTime 等。

码流是数据传输时单位时间传送的数据位数，一般我们用的单位是 kbps 即千位每秒。通俗一点的理解就是取样率，单位时间内取样率越大，精度就越高，处理出来的文件就越接近原始文件，也就是说画面的细节就越丰富。

① 常见的视频文件格式有以下几种。

MP4：应用于 MPEG4 标准的封装，手机上常用的一种格式。

WMV：微软公司开发的一种流媒体格式，可以边下载边播放。

MKV：万能的多媒体封装格式，有良好的兼容和跨平台性、纠错性，可带外挂字幕。

RMVB：一种媒体容器，可变比特率的 RMVB 格式，体积很小。

AVI：微软在 90 年代初创立的封装标准，当前流行的 AVI 格式一般采用 DviX5 以及 Xvid 的 MPEG4 编码器压制，视频的画质和体积都得到了很好的控制。

② 视频的封装格式与编码格式。

视频格式涵盖了两个概念：一个是封装格式，一个是编码格式。我们经常说一个视频文件是 AVI 格式或者 MP4 格式指的都是封装格式，而非编码格式，真正决定画质的因素其实更多的取决于编码格式，当然码率也有关系。

封装格式（又称容器）就是将已经编码压缩好的视频轨和音频轨按照一定的格式放到一个文件中，也就是说仅仅是一个外壳，或者大家把它当成一个放视频轨和音频轨的文件夹也可以。说得通俗点，视频轨相当于饭，而音频轨相当于菜，封装格式就是一个碗，或者一个锅，用来盛放饭菜的容器。

编码格式和封装格式之间对应的关系如下：

AVI：可用 MPEG-2、DIVX、XVID、WMV3、WMV4、WMV9、H.264。

MP4：MPEG-4。

WMV：可用 WMV3、WMV4、WMV9。

RM/RMVB：可用 RV40、RV50、RV60、RM8、RM9、RM10。

MOV：可用 MPEG-2、MPEG4-ASP（XVID）、H.264。

MKV：可用所有视频编码方案。

文件当中的视频和音频的压缩算法才是具体的编码。也就是说一个 .avi 文件，当中的视频可能是编码 a，也可能是编码 b，音频可能是编码 5，也可能是编码 6，具体的用哪种编码的解码器，则由播放器按照 AVI 文件格式读取信息去调用。

9.1.2 多媒体数据处理

1. 多媒体数据处理

（1）图像处理

图像处理是按照预定目标对图像进行加工处理，以满足人们的视觉心理或实际应用的需要。图像处理可以是将一幅图像变为另一幅图像的加工过程，也可以是将一幅图像转化为一种非图像的表示。图像处理是比较底层的操作，它主要在图像像素上进行处理，处理的数据量非常大。图像处理的研究内容主要有图像数字化、图像编码、图像变换、图像增强、图像恢复等。图像处理效果如图 9-4 所示。

图9-4　图像处理效果

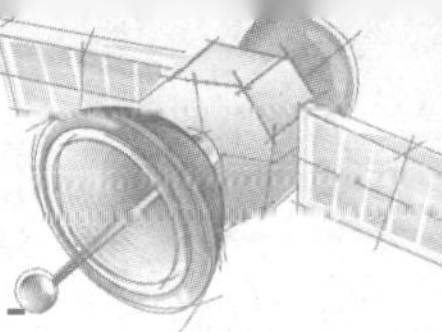

（2）音频处理

音频处理是指在连续的模拟数据数字化之后进行的可以通过相邻时间轴上的数据内插、外延等方法，达到变速、变调的变声效果。

（3）视频处理

视频处理是指在图像处理的基础上，进一步考虑相邻帧图像之间的相关性，采用运动补偿、运动预测等技术对视频数据进行处理。如电视电影的后期剪辑就是对视频的后期处理。

2. 数据压缩

数据压缩是一种减少存储数据的编码方案，对于任何形式的通信来说，只有当信息的发送方和接收方都能够理解编码机制的时候压缩数据通信才能够工作。在信息传播的过程中，信源编码和信道编码是一项重要的内容。信源编码的目标就是使信源减少冗余，更加有效、经济地传输，最常见的应用形式就是压缩。相对地，信道编码是为了对抗信道中的噪音和衰减，通过增加冗余，如校验码等，来提高抗干扰能力以及纠错能力。

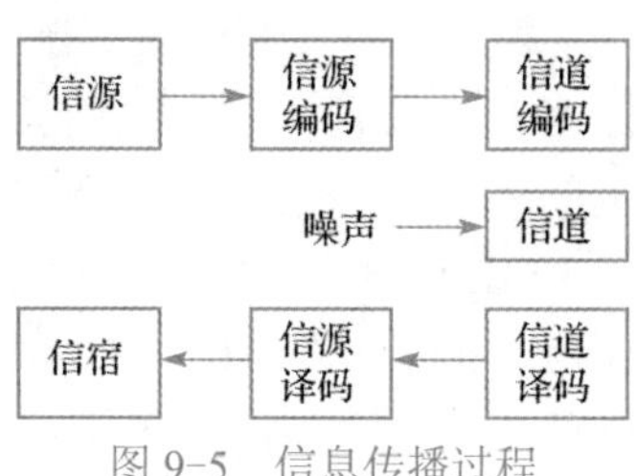

图 9-5 信息传播过程

信息传播过程可以简单地描述为：信源→信道→信宿，如图 9-5 所示。

① 信源：产生信息的实体。信息产生后，由这个实体向外传播。如 QQ 使用者，他通过键盘录入的文字是需要传播的信息。

② 信宿：信息的归宿或接收者，如使用 QQ 的另一方，他透过屏幕接收 QQ 使用者发送的文字。

③ 信道：传送信息的通道，如 TCP/IP 网络。信道可以从逻辑上理解为抽象信道，也可以是具有物理意义的实际传送通道。TCP/IP 网络是个逻辑上的概念，这个网络的物理通道可以是光纤、铜轴电缆、双绞线，也可以是 4G 网络，甚至是卫星或者微波。

④ 噪声：是指信息传递中的干扰，噪声将对信息的发送与接收产生影响，使两者的信息意义发生改变。干扰可以来自于信息系统分层结构的任何一层，当噪声携带的信息大到一定程度的时候，在信道中传输的信息可以被噪声淹没导致传输失败。

⑤ 编码：编码需要编码器。编码器在信息论中泛指所有变换信号的设备，实际上就是终端机的发送部分。它包括从信源到信道的所有设备，如量化器、压缩编码器、调制器等，使信源输出信号转换成适于信道传送的信号。在 QQ 应用中，键盘敲击会使键盘由不确定状态转换为某种确定状态，此时信息产生了，通过一系列的信号采集、加工、转换、编码，信息最终被封装为 TCP/IP 包，推入 TCP/IP 网络，开始传播之旅。从信息安全的角度出发，编码器还可以包括加密设备。加密设备利用密码学的知识，对编码信息进行加密再编码。

⑥译码：译码需要译码器。译码器是编码器的逆变换设备，它将信道上送来的信号（原始信息与噪声的叠加）转换成信宿能接受的信号，包括解调器、译码器、数模转换器等。在上述 QQ 应用中，TCP/IP 包被解析，信息将显示在信宿的电脑屏幕上，发送者传送信息的不确定性就消除了。

3. 多媒体数据压缩

多媒体数据中存在的冗余信息种类很多，如空间冗余、时间冗余等。大量冗余信息的存在使得数据压缩成为可能。衡量数据压缩效果的标准之一是压缩比。根据压缩是否损失信息，分为有损和无损压缩。

下面介绍文本、图像、音频、视频等媒体的压缩。

（1）文本压缩

文本的压缩绝大多数选择无损压缩。常用的算法有：Huffman 编码、算术编码、行程编码、LZ77、LZ78、LZW 等。常用的 WinRAR 就是采用了多种无损压缩算法。

（2）图像压缩

图像压缩是数据压缩技术在数字图像上的应用，它的目的是减少图像数据中的冗余信息从而用更加高效的格式存储和传输数据。图像数据的冗余主要表现为：图像中相邻像素间的相关性引起的空间冗余；图像序列中不同帧之间存在相关性引起的时间冗余；不同彩色平面或频谱带的相关性引起的频谱冗余。数据压缩的目的就是通过去除这些数据冗余来减少表示数据所需的比特数。由于图像数据量的庞大，在存储、传输、处理时非常困难，因此图像数据的压缩就显得非常重要。

图像压缩可以是有损数据压缩，也可以是无损数据压缩。对于如绘制的技术图、图表或者漫画优先使用无损压缩，这是因为有损压缩方法将会带来压缩失真，尤其是在低位速条件下更易导致压缩失真。如医疗图像或者用于存档的扫描图像等这些有价值的内容的压缩也尽量选择无损压缩方法。有损方法非常适合于自然的图像，例如一些应用中图像的微小损失是可以接受的，这样就可以大幅度地减小位速。

（3）音频压缩

数字音频压缩编码是在保证信号在听觉方面不产生失真的前提下，对音频数据信号进行尽可能大的压缩。数字音频压缩编码采取去除声音信号中冗余成分的方法来实现。所谓冗余成分指的是音频中不能被人耳感知到的信号，它们对确定声音的音色，音调等信息没有任何帮助。

冗余信号包含人耳听觉范围外的音频信号以及被掩蔽掉的音频信号等。例如，人耳所能察觉的声音信号的频率范围为 20 Hz ～ 20 KHz，除此之外的其他频率人耳无法察觉，都可视为冗余信号。此外，根据人耳听觉的生理和心理声学现象，当一个强音信号与一个弱音信号同时存在时，弱音信号将被强音信号所掩蔽而听不见，这样弱音信号就可以视为冗余信号而不用传送。这就是人耳听觉的掩蔽效应，主要表现为频谱掩蔽效应和时域掩蔽效应。

（4）视频压缩

数字化后的视频信号能进行压缩主要依据两个基本条件：

① 数据冗余：例如空间冗余、时间冗余、结构冗余、信息熵冗余等，即图像的各像素之间存在着很强的相关性。消除这些冗余并不会导致信息损失，属于无损压缩。

② 视觉冗余：人眼的一些特性（比如亮度辨别阈值、视觉阈值、对亮度和色度的敏感度）不同，使得在编码的时候引入适量的误差，也不会被察觉出来。可以利用人眼的视觉特性，以一定的客观失真换取数据压缩。这种压缩属于有损压缩。

数字视频信号的压缩正是基于上述两种条件，使得视频数据量得以极大的压缩，有利于传输和存储。一般的数字视频压缩编码方法都是混合编码，即将变换编码，运动估计和运动补偿，以及熵编码这三种方式相结合来进行压缩编码。通常使用变换编码来去除图像的帧内冗余，用运动估计和运动补偿来去除图像的帧间冗余，用熵编码来进一步提高压缩的效率。

9.2 矢量绘图——制作可爱风格插画

9.2.1 任务引导

引导任务卡见表 9-1。

表 9-1 引导任务卡

任务编号	9.2		
任务名称	制作可爱风格插画	计划课时	2 课时
任务目的	本任务将利用形状工具、钢笔工具等知识点制作可爱风格插画。通过学习，要求学生了解新建 Photoshop 文件的相关知识点，清楚图形图像变换的操作，熟练掌握利用形状工具和钢笔工具绘制矢量图形，以及矢量图形的编辑等操作		
任务实现流程	任务引导→任务分析→制作可爱风格插画→教师讲评→学生完成可爱风格插画的制作→难点解析→总结与提高		
配套素材导引	原始文件位置：大学计算机基础\素材\第 9 章\任务 9.2 最终文件位置：大学计算机基础\效果\第 9 章\任务 9.2		

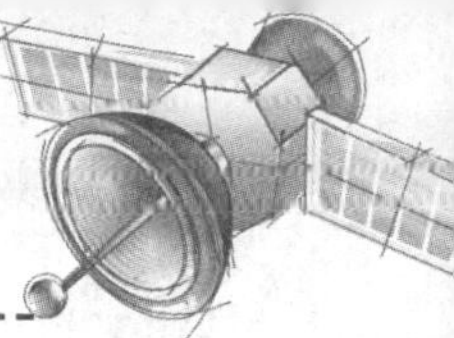

任务分析：

插画就是大家所称的插图，在平常所见的报纸、杂志、图书中一般都会有插画。插画使文字表达的意思更利于读者理解，突出主题，且能够增强艺术感染力。目前插画这种艺术形式已经广泛应用于各个领域中，例如出版物、商业宣传、影视媒体、游戏等。

随着信息技术的发展，Photoshop 已经成为设计插画的主要工具，利用 Photoshop 软件绘制插画不仅可以提高绘图速度，方便图形的编辑、复制等，还可以获得较为理想的插图效果，深受插画设计者的喜爱。

图9-6　可爱风格插画效果

本章任务 9.2 和 9.3 使用 Adobe Photoshop CC 2014 编辑完成。该软件的各项功能极大地丰富了我们对数字图像的处理体验。本任务利用 Photoshop 中的形状工具和钢笔工具，将绘制的矢量图形组成可爱风格的插画。可爱风格插画完成效果如图 9-6 所示。

9.2.2　任务步骤

1．新建文件

新建 Photoshop 文件，设置文件名称为“可爱风格插画”，宽度为 60 厘米，高度为 40 厘米，分辨率为 72 像素 / 英寸，颜色模式为 8 位的 RGB 颜色。

2．设置前景色并填充背景图层

设置前景色（R：220，G：250，B：250），并用前景色填充背景图层。

3．绘制背景圆形和太阳

利用椭圆工具绘制背景圆形和太阳，分别设置背景圆形的填充色（R:100，G:200，B:250）和太阳的填充色（R:234，G:107，B:72），并设置背景圆形所在图层的不透明度为 70%。

4．绘制云彩

① 利用椭圆工具以及相关的路径操作制作云彩，云彩颜色为白色（R:255，G:255，B:255），将其放置于太阳的前方。

② 复制云彩，改变大小，将其置于右侧。

③ 再次利用椭圆工具和相关的路径操作完成左侧云彩的绘制。

5．绘制青山和路

① 利用钢笔工具绘制青山，并设置青山的颜色（R:122，G:232，B:205）。

② 利用钢笔工具绘制房前的路，并设置路的颜色（R:57，G:172，B:144）。

6．绘制房子

① 利用矩形工具绘制房子的主体，设置颜色为白色（R:255，G:255，B:255）。

② 利用矩形工具绘制门，门的颜色为橙色系（R:232，G:100，B:27）。

③ 利用多边形工具和矩形工具绘制房顶和烟囱，二者的颜色相同（R:245，G:159，B:188）。

④ 利用椭圆工具绘制烟囱所冒出的烟（R:255，G:255，B:255）。

⑤ 将组成房子的形状进行合并，并将房子拖放至合适的位置。

7．绘制绿树

① 利用钢笔工具和矩形工具绘制一棵绿树，并分别设置叶子的颜色（R:0，G:255，B:0）和树干的颜色（R:0，G:159，B:60）。

② 复制多棵绿树，并分别调整绿树的大小的位置，完成左侧绿树的制作。

③ 复制左侧的绿树，通过适当调整完成右侧绿树的制作。

8. 去除圆形背景多余的部分

通过形状的路径操作将圆形背景多余的部分删除。

9.2.3 任务实施

1. 新建文件

新建 Photoshop 文件，设置文件名称为“可爱风格插画”，宽度为 60 厘米，高度为 40 厘米，分辨率为 72 像素 / 英寸，颜色模式为 8 位的 RGB 颜色。

① 启动 Photoshop 程序，执行“文件”|“新建”命令，或者是利用【Ctrl+N】组合键，打开“新建”对话框。

② 在“新建”对话框中，设置名称为“可爱风格插画”，大小设置为高度为 40 厘米，宽度为 60 厘米，分辨率为 72 像素 / 英寸，颜色模式为“RGB”颜色、8 位，如图 9-7 所示。

2. 设置前景色并填充背景图层

设置前景色（R:220，G:250，B:250），并用前景色填充背景图层。

① 在工具箱中单击“前景色与背景色”按钮中的“前景色”按钮，在弹出的“拾色器（前景色）”对话框中设置前景色，如图 9-8 所示。

②按住【Alt+Delete】组合键，用前景色填充背景图层。此操作也可以用工具箱中的“油漆桶”工具。

3. 绘制背景圆形和太阳

利用椭圆绘制背景圆形和太阳，分别设置背景圆形的填充色（R:100，G:200，B: 250）和太阳的填充色（R:234，G:107，B:72），设置背景圆形所在图层的不透明度为 70%。

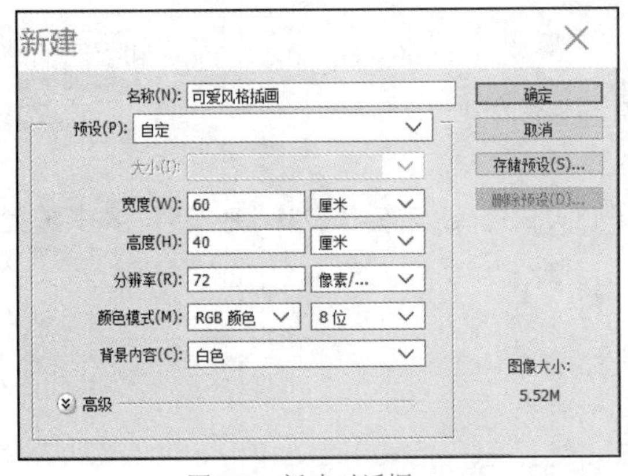

图9-7 新建对话框

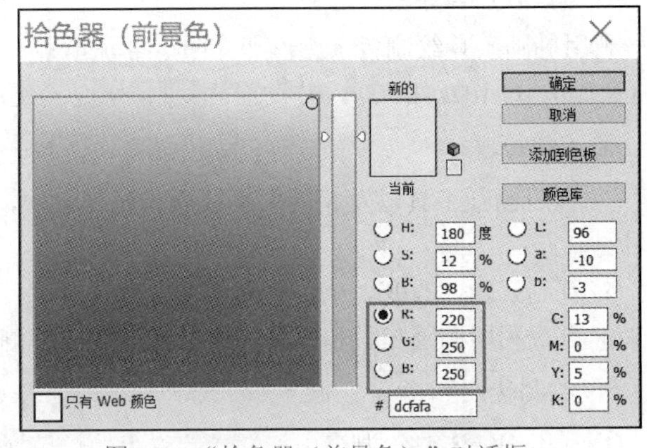

图9-8 “拾色器（前景色）”对话框

① 单击图层面板下方“创建新图层”按钮，如图 9-9 所示。在工具箱中右击“矩形工具”，在弹出的隐藏工具中选择椭圆工具，如图 9-10 所示。

② 在“椭圆工具”选项栏中选择工具模式为形状，无描边。单击填充颜色，在弹出的下拉菜单中单击拾色器按钮，如图 9-11 所示，在弹出的“拾色器（填充颜色）”对话框中设置背景圆形的填充色（R:100，G:200，B:250）。

③按住【Shift】键的同时开始绘制图形，可获得正圆形。按【Ctrl+T】组合键，并在选项栏中选中“保持长宽比”按钮，如图 9-12 所示，将鼠标放置于圆形的四个对角处拖动鼠标可以在保持长宽比的情况下缩放圆形，如图 9-13 所示，大小调整好以后按下【Enter】键完成。随后单击工具箱中的“移动工具”，将背景圆形拖放至合适的位置。

④ 为方便识别和编辑，双击背景圆形所在图层，将图层的名称改成“背景圆形”，然后按【Enter】键即可完成重命名。在图层面板中设置该图层的不透明度为 70%，如图 9-14 所示。

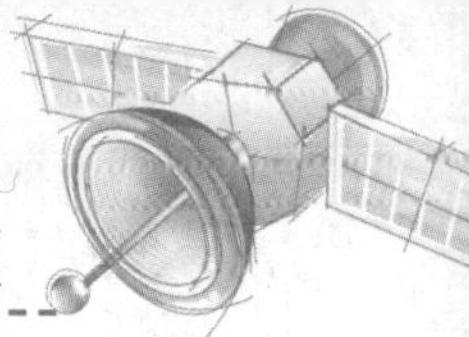

图9-9　“创建新图层”按钮

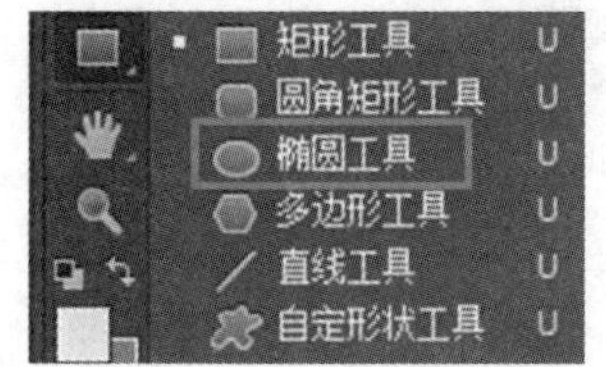

图9-10　选择“椭圆工具”

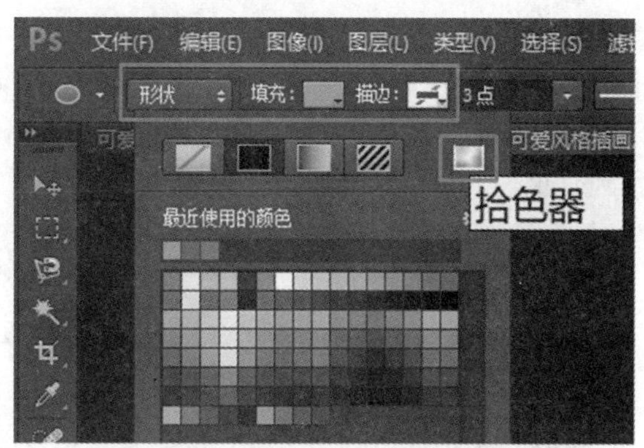

图9-11　“椭圆工具”选项栏

图9-12　选中“保持长宽比”按钮

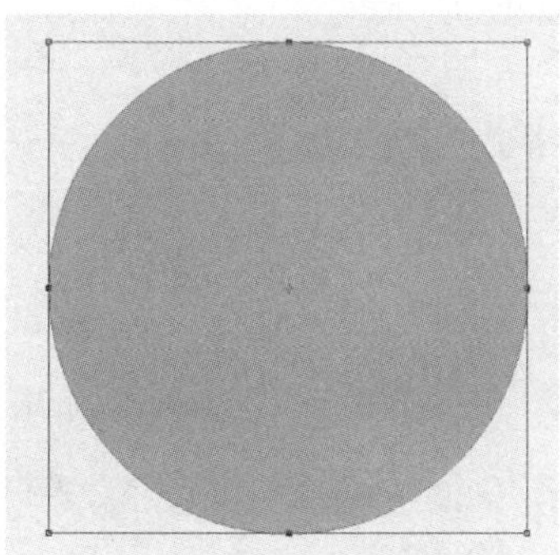

图9-13　自由变换图形

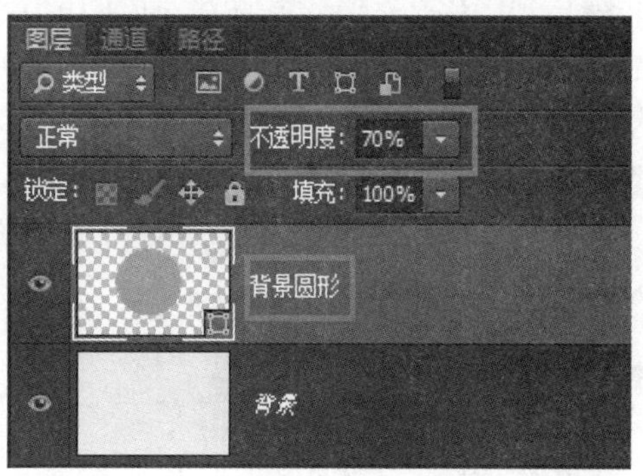

图9-14　重命名与不透明度的设置

⑤ 新建图层，采用相同的方法绘制太阳。利用移动工具将太阳移动至合适的位置，修改太阳所在图层的名称为“太阳”，获得效果如图 9-15 所示。

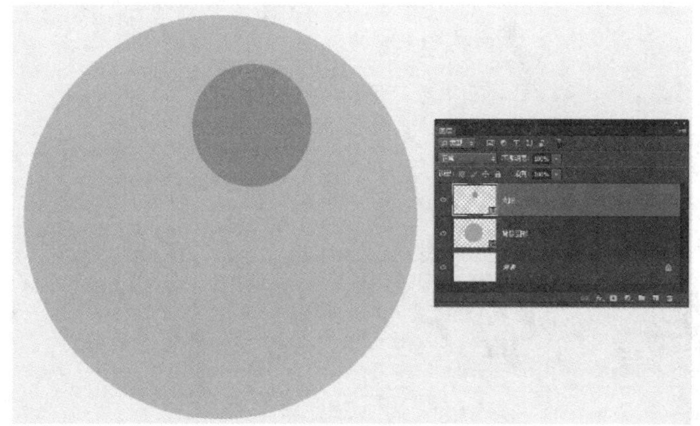

图9-15　绘制背景圆形与太阳

4．绘制云彩

① 利用椭圆工具以及相关的路径操作制作云彩，云彩颜色为白色（R:255，G:255，B:255），将其放置于太阳的前方。

② 复制云彩，改变大小，将其置于右侧。

③ 再次利用椭圆工具和相关的路径操作完成左侧云彩的绘制。

具体操作步骤如下：

① 新建图层，利用椭圆工具绘制颜色为白色（R:255，G:255，B:255）的正圆形。

② 修改路径操作为“合并形状”，再次绘制正圆，使其与第一个正圆有重叠。再次绘制第三个正圆，将其与第二个正圆有重叠，如图 9-16 所示。

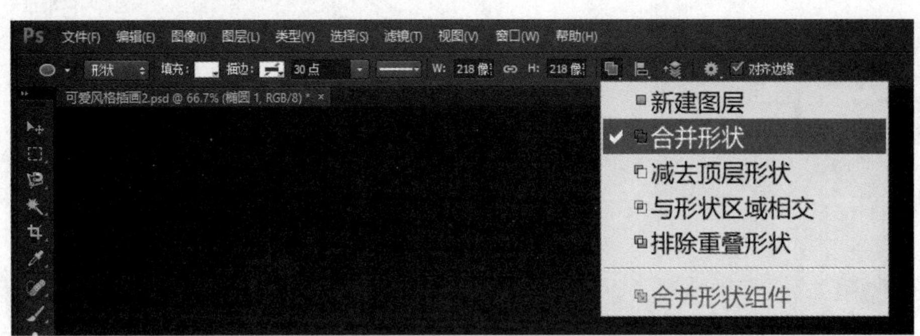

图9-16 设置“合并形状”

③ 选中矩形工具，修改路径操作为“减去顶层形状”，在三个圆形的下方绘制矩形，即可获得云彩效果，如图 9-17 所示。然后利用移动工具将其拖放至太阳前方，如图 9-18 所示。

图9-17绘制云彩

图9-18 获得效果

④ 修改云彩所在图层名称为“云彩”，选中“云彩”图层并右击，在弹出的快捷菜单中选择“复制图层”命令，即可获得“云彩 拷贝”图层，利用【Ctrl+T】组合键，缩放复制的云彩，使用移动工具将其放置到背景圆形的右边的位置，如图 9-19 所示。

图9-19 获得效果

⑤ 利用相同的方法，绘制两个圆形和一个矩形完成最左侧云彩的制作。

⑥ 单击图层面板底部的“创建新组”按钮，修改组名为“云彩”，将放置云彩的三个图层拖放至“云彩”组中。

5. 绘制青山和路

① 利用钢笔工具绘制青山，并设置青山的颜色（R:122，G:232，B:05）。

② 利用钢笔工具绘制房前的路，并设置路的颜色（R:57，G:172，B:144）。

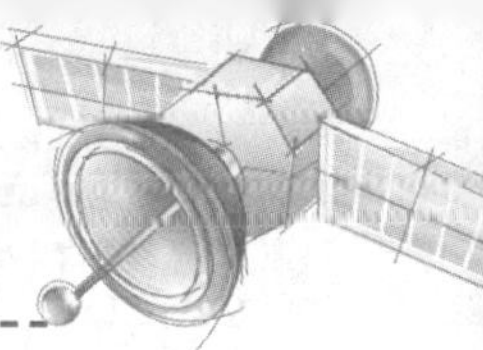

具体操作步骤如下：

① 新建图层“山与路”，单击工具箱中的“钢笔工具”，在选项栏中设置选择工具模式为“路径”，如图 9-20 所示。然后绘制出山的大致轮廓，在拐角处可以多添加几个锚点，形成闭合的路径，如图 9-21 所示。

图9-20　选项栏设置

② 选中钢笔工具，按住【Alt】键，将会启动“转换点工具”，将鼠标放置锚点上该锚点将会由角点变为平滑点，通过调整锚点的调节柄和控制点使山的轮廓平滑，从而获得最终效果，如图 9-22 所示。

③ 将鼠标置于路径内右击，在弹出的快捷菜单中选择“建立选区”命令，如图 9-23 所示，弹出“建立选区”对话框，按默认设置，单击“确定”按钮建立选区，如图 9-24 所示。

④ 单击工具箱中的“矩形选框工具”，如图 9-25 所示，按【Ctrl+Shift+I】组合键建立反向选区，即可获得山形选区，如图 9-26 所示。将鼠标置于选区内右击，选择快捷菜单中的“填充”命令，如图 9-27 所示。在弹出的“填充”对话框中设置内容使用“颜色”，将会弹出“拾色器（填充颜色）”对话框，如图 9-28 所示，在该对话框中设置山的填充颜色（R:122，G:232，B:205）。完成后利用【Ctrl+D】组合键取消选区。

⑤ 使用钢笔工具，利用相同的方法完成房前路的制作。最终获得效果如图 9-29 所示

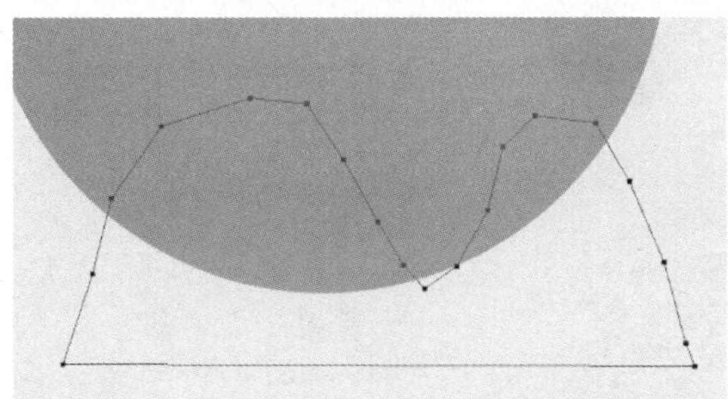

图 9-21　绘制路径

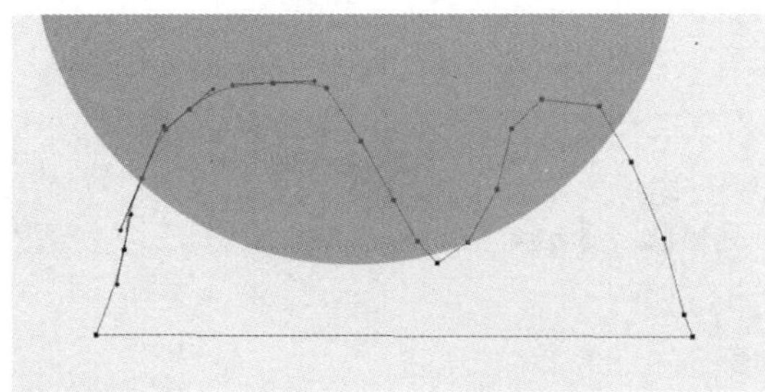

图9-22　调整轮廓

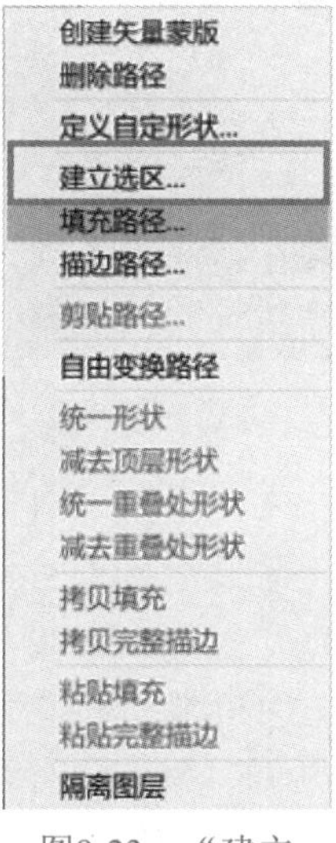

图9-23　“建立选区”命令

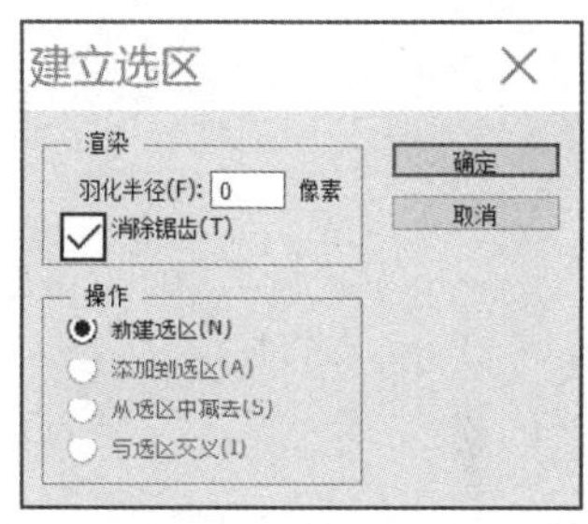

图9-24　“建立选区”对话框

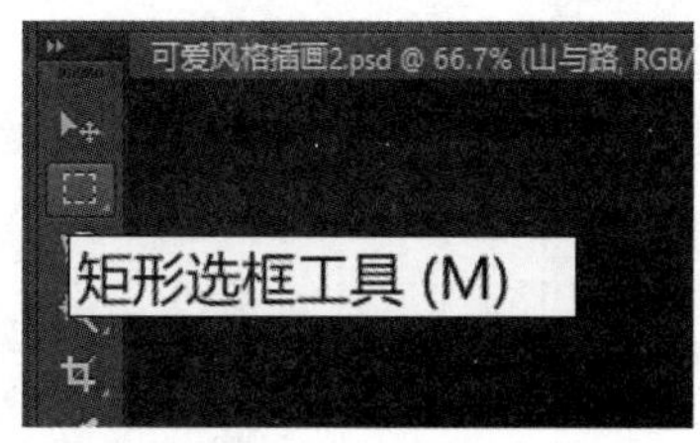

图9-25　矩形选框工具

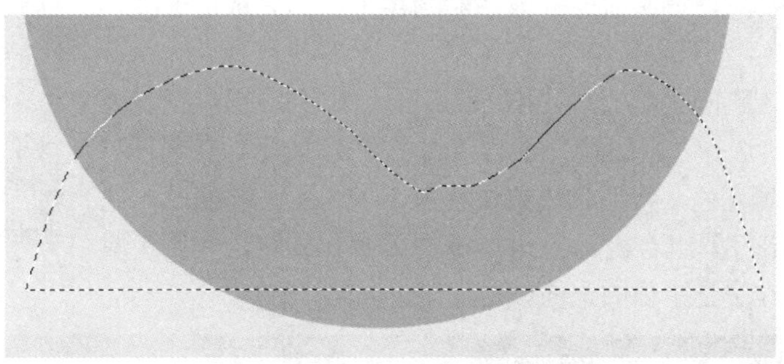

图9-26　山形选区

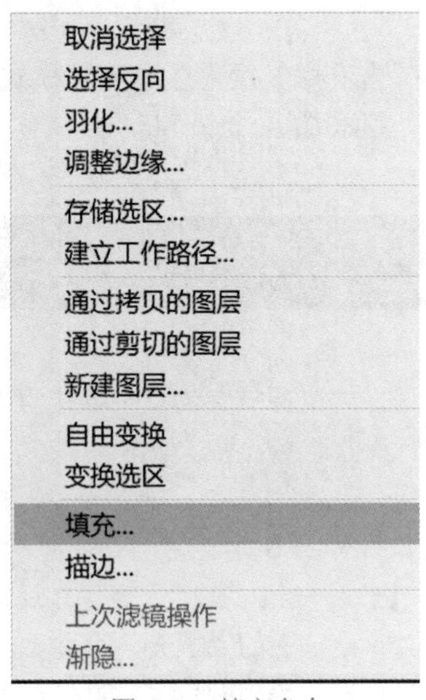

图9-27　填充命令

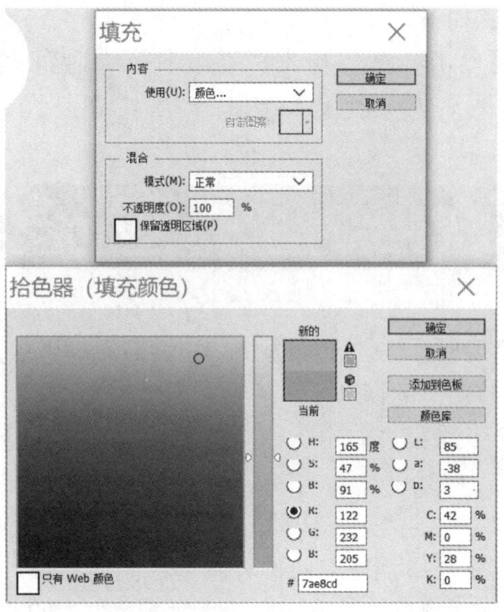

图9-28　填充色设置

图9-29　最终获得效果

6. 绘制房子

① 利用矩形工具绘制房子的主体，设置颜色为白色（R:255，G:255，B:255）。

② 利用矩形工具绘制门，门的颜色为橙色系（R:232，G:100，B:27）。

③ 利用多边形工具和矩形工具绘制房顶和烟囱，二者的颜色相同（R:245，G:159，B:188）。

④ 利用椭圆工具绘制烟囱所冒出的烟（R:255，G:255，B:255）。

⑤ 将组成房子的形状进行合并，并将房子拖放至合适的位置。

具体操作步骤如下：

① 新建图层“房子主体”，参照前面的方法利用矩形工具完成房子主体的绘制。

② 新建图层“门”，参照前面的方法利用矩形工具完成门的绘制。

③ 新建图层“房顶”，选择“多边形”工具，如图9-30所示，在选项栏中设置选择工具模式以及填充色，将形状边数设置为3，如图9-31所示，绘制三角形。然后利用【Ctrl+T】组合键对三角形进行缩放和旋转，利用工具箱中的移动工具将其放置在房子主体的上面。

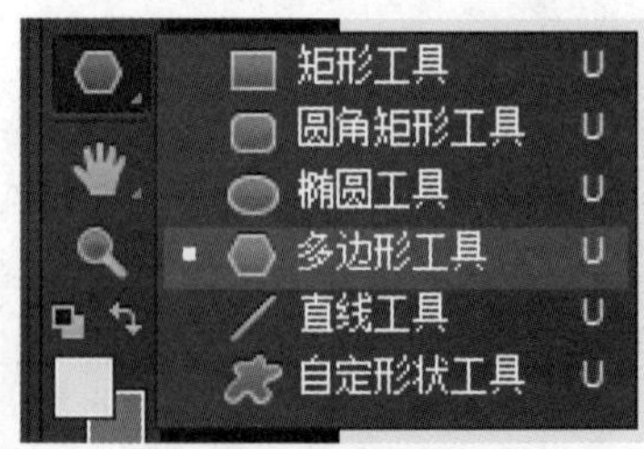

图9-30　多边形工具

图9-31　选项栏设置

④ 新建图层“烟囱”，参照前面的方法利用矩形工具完成烟囱的绘制。

⑤ 新建图层“烟”，利用椭圆工具绘制烟囱所冒出的烟。按【Ctrl+J】组合键复制该图层，并利用【Ctrl+T】组合键对复制出来的烟进行缩放调整，利用移动工具将复制的烟移动到合适的位置。再次复制图层“烟”，利用相同的方法完成最小的烟的绘制。

⑥ 选中“房子主体”图层右击，在弹出的快捷菜单中选择“栅格化图层”，如图 9-32 所示，将组成房子其余元素所在的图层均执行此操作。利用【Shift】键，在图层面板中选择组合房子元素的所有图层右击，选择“合并图层”命令，如图 9-33 所示，所有图层将会合并为一个图层，将其重命名为“房子”，利用移动工具将房子移动至合适的位置。获得效果如图 9-34 所示。

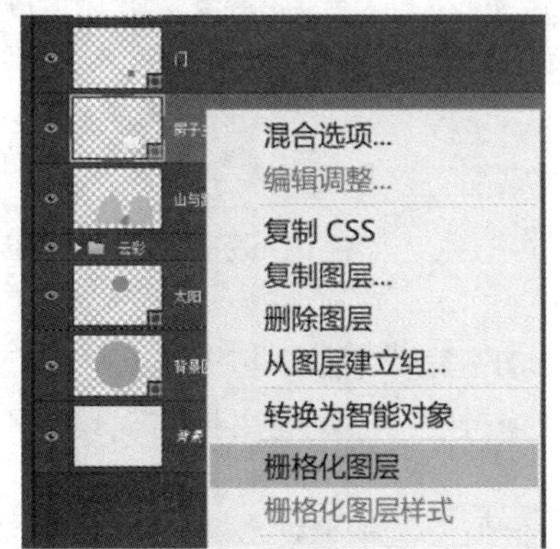

图9-32　栅格化图层

图9-34　获得效果

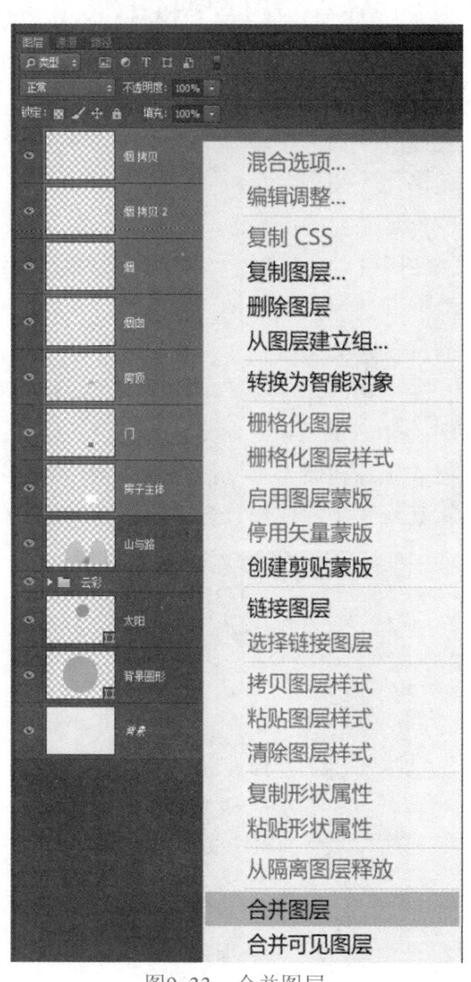

图9-33　合并图层

7. 绘制绿树

① 利用钢笔工具和矩形工具绘制一棵绿树，并分别设置叶子（R:0，G:255，B:0）和树干的颜色（R：0，G:159，B:60）。

② 复制多棵绿树，并分别调整绿树的大小和位置，完成左侧绿树的制作。

③ 复制左侧的绿树，通过适当调整完成右侧绿树的制作。

具体操作步骤如下：

① 新建图层“树干”，参照前面的方法利用矩形工具完成树干的绘制。

② 新建图层“叶子”，利用钢笔工具绘制一个三角形，如图 9-35 所示，按住【Alt】键将三角形的边缘调整圆滑，如图 9-36 所示，参照前面绘制青山的方法将路径转换为选区，填充叶子的颜色（R:0，G:255，B:0），如图 9-37 所示。

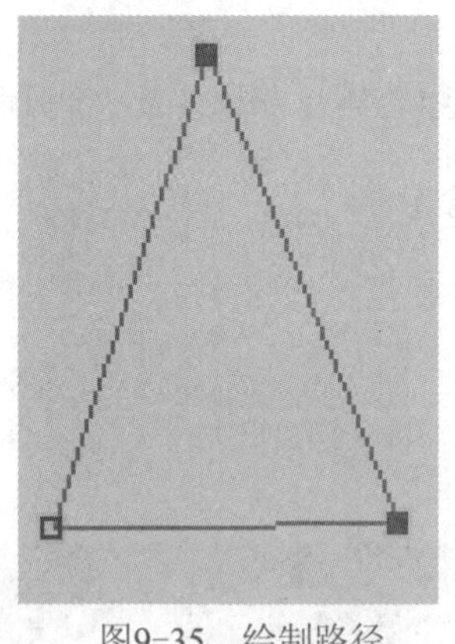
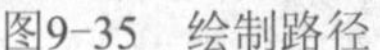
图9-35 绘制路径

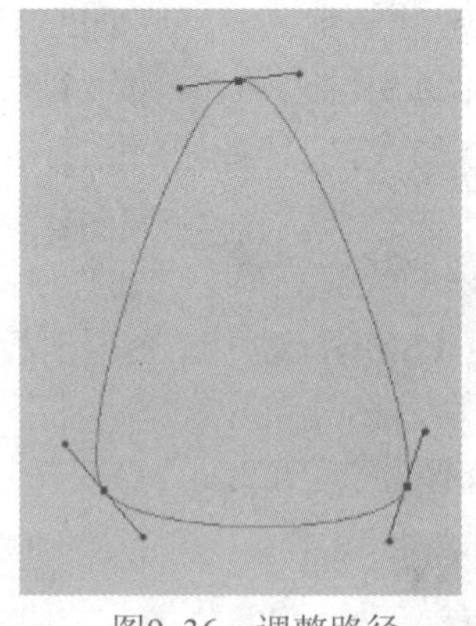
图9-36 调整路径

图9-37 填充选区

③ 将"叶子"图层置于"树干"图层上方，使用移动工具调整二者的位置。选中"树干"图层右击，执行"栅格化"图层命令。同时选中"叶子"图层和"树干图层"右击，在弹出的快捷菜单中选择"合并图层"命令，将合并后的图层改名为"绿树"。

④ 利用【Ctrl+T】组合键，按照原始比例缩放绿树，按【Enter】键完成缩放。按【Shift+Alt+Ctrl+T】组合键，再次变换并复制为单独图层，按键 3 次，将会形成 3 个包含有绿树的图层，利用移动工具将各个绿树移动到合适的位置。

⑤ 新建图层组"树"，将包含有绿树的 4 个图层拖放到该组中。选中"树"图层组右击，在弹出的快捷菜单中选择"复制组"命令，如图 9-38 所示，获得新图层组"树拷贝"。选中新图层组"树拷贝"利用移动工具将 4 棵绿树统一移动到路的右侧，单击打开"树拷贝"图层组，删除其中一个绿树图层，再次利用移动工具将其他 3 个绿树放置合适的位置。效果如图 9-39 所示。

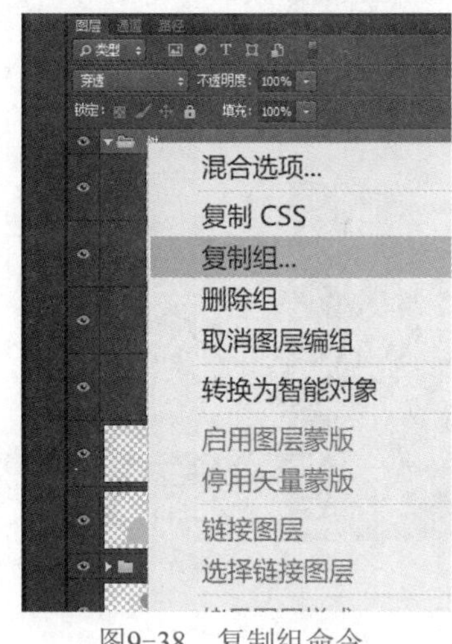

图9-38 复制组命令

图9-39 获得效果

8. 去除圆形背景多余的部分

通过形状的路径操作将圆形背景多余的部分删除。

① 绘制完成后，背景圆形下方多余的部分需要删除，如图 9-40 所示，选中"背景圆形"图层。

图9-40 背景圆形多余部分

② 单击矩形工具，在选项栏中设置“路径操作”为“减去顶层形状”，如图 9-41 所示，绘制矩形后将背景圆形多余的部分去掉。保存文件为 PSD 格式。最终效果如图 9-42 所示。

③ 保存文件为 PSD 格式，并导出为 jpg 图片。

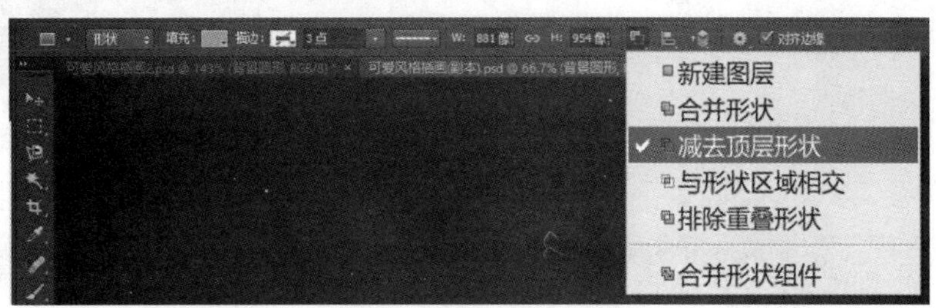

图9-41　减去顶层形状

图9-42　最终获得效果

9.2.4　难点解析

通过本任务的学习，要求学生掌握新建 Photoshop 文件、形状工具的使用、钢笔工具的使用、图像的变换、新建图层、新建图层组、合并图层等操作。这里将在介绍 Photoshop 软件界面的基础上，讲解形状工具、钢笔工具以及图像变换的相关知识。

1. Photoshop 软件界面

Photoshop 界面包括菜单栏、选项栏、工具箱、状态栏、控制面板、图像编辑区，如图 9-43 所示。界面右侧是常用的控制面板，可以在“窗口”菜单下勾选所需要的控制面板。

图9-43　Photoshop软件界面

2. 形状工具

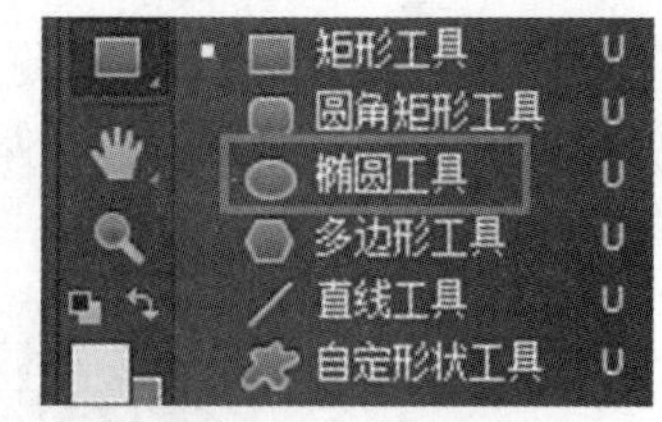

图9-44　形状工具

利用形状工具可轻松绘制矢量图形，常见的形状工具有“矩形工具”“圆角矩形工具”“椭圆工具”“多边形工具”“直线工具”“自定义形状工具”等，如图 9-44 所示。形状工具的选项栏均相似，这里以矩形工具为例进行展示，如图 9-45 所示。

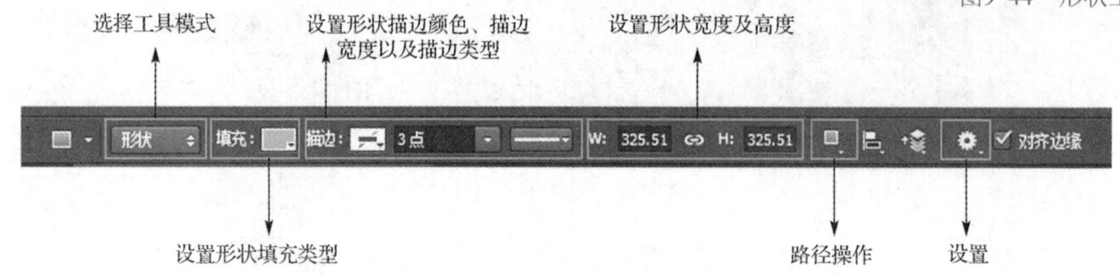

图9-45　矩形工具选项栏

这里重点讲解选项栏中“选择工具模式”、“路径操作”及“设置”按钮的知识。

（1）选择工具模式

“选择工具模式”分为 3 种情况：

① 形状：带有路径，矢量绘图时一般采用此种模式，可以方便进行填充和描边操作。

② 路径：只能绘制路径，不能直接进行填充，路径绘制完成后利用“描边路径”“填充路径”和“建立选区”等操作对路径进行编辑。

③ 像素：没有路径，以前景色填充绘制的区域。

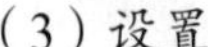

（2）路径操作

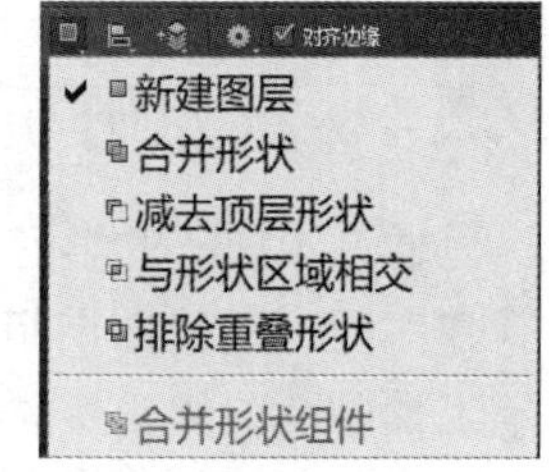

图9-46　路径操作类型

使用形状工具绘图时，选择合适的“路径操作”将会获得不同的设计效果，“路径操作”共有 6 种，如图 9-46 所示。

① 新建图层：默认的路径操作，绘制的形状将会位于一个新的图层。

② 合并形状：新绘制的图形将会添加到原有的图形中。

③ 减去顶层形状：在原有图形上减去与新绘制图形的交叉区域。

④ 与形状区域相交：得到新图形与原有图形的相交区域。

⑤ 排除重叠形状：去除两个图形的交叉部分。

⑥ 合并形状组件：将多个形状组件合并为一个。

（3）设置

图9-47　设置按钮选项

设置按钮的相关选项如图 9-47 所示。

①不受约束：绘制任意大小的矩形。

②方形：绘制任意大小的正方形。

③固定大小：绘制固定尺寸的矩形。

④比例：绘制一定比例的矩形。

⑤从中心：以鼠标单击点为中心绘制矩形。

3. 钢笔工具

钢笔工具与形状工具的选项栏相似，这里不再详述。与形状工具不同的是，钢笔工具可绘制不规则的路径，常用于绘制不规则的矢量图形。设计者常利用钢笔工具绘制路径，通过路径的编辑和调整从而获得理想的图形。

（1）认识路径

钢笔工具与自由钢笔工具为常见的绘制路径工具，一般情况下先使用钢笔工具绘制大致的路径，随后通过调整路径的弧度来获得最终效果，一般具有一定绘画功底的设计者才会直接使用自由钢笔工具。路径是由

锚点连接而形成的曲线。锚点即为路径上面的矩形。矩形为空心时代表没有选中该锚点，矩形为黑色实心的时候代表选中了该锚点。锚点分为角点和平滑点两种，其中在平滑点处有控制点和调节柄，通过控制点和调节柄的编辑可以改变路径的位置和弧度，从而改变路径的形状，如图9-48所示。

（2）编辑路径

编辑路径的工具如图9-49所示。

① 路径的选择：利用工具箱中的“路径选择工具”。

② 路径锚点的移动：利用工具箱中的“直接选择工具”。

③ 锚点的添加、删除、转换：利用工具箱中的“添加锚点工具”、“删除锚点工具”及“转换点工具”。

④ 路径的变换：执行“编辑/变换路径”或“编辑/自由变换”命令，可将鼠标定位于路径内右击，在弹出的快捷菜单中选择“自由变换路径”，如图9-50所示。

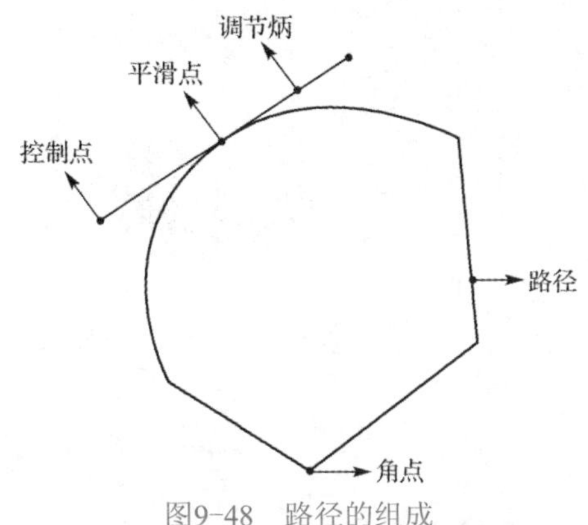

图9-48 路径的组成

图9-49 编辑路径的工具

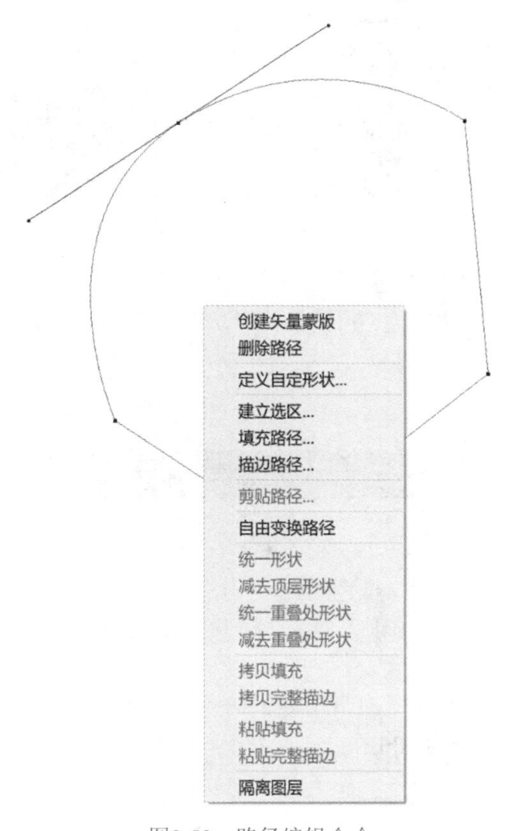

图9-50 路径编辑命令

⑤ 路径的填充：路径不能直接通过选项栏进行填充，可以单击如图9-51所示的路径面板下方的“用前景色填充路径”按钮，或者是将鼠标定位于路径内右击，在弹出的快捷菜单中选择“填充路径”。

⑥ 路径的描边：可以使用画笔、铅笔、橡皮擦等绘图工具沿着路径的边缘进行描边，单击路径面板下方的“用画笔描边路径”按钮，或者是将鼠标定位于路径内右击，在弹出的快捷菜单中选择“描边路径”。

⑦ 路径与选区的转换：单击路径面板下方的“将路径作为选区载入”和“从选区生成工作路径”按钮，或将鼠标定位于路径内右击，在弹出的快捷菜单中选择“建立选区”命令可创建选区。

图9-51 路径面板

4. 图像变换

编辑图像时通常需要对图像进行变换操作，包括缩放、变形、旋转等。选中对象后，执行“编辑/变换”命令，即可看到常见的变换选项，包括缩放、旋转、翻转、变形等，如图 9-52 所示。选中对象后，执行“编辑 / 自由变换”命令，或者是利用【Ctrl+T】组合键即可实现自由变换，一般情况下使用“自由变换”命令会更加的方便。按【Enter】键完成变换。

执行“变换”或“自由变换”后图像四周将会出现定界框和控制点便于编辑，右击图像，在弹出的快捷菜单中也有常见的编辑命令，如图 9-53 所示。

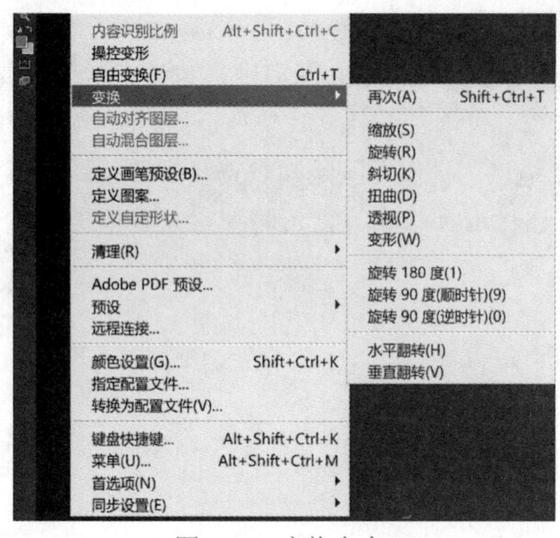

图9-52 变换命令

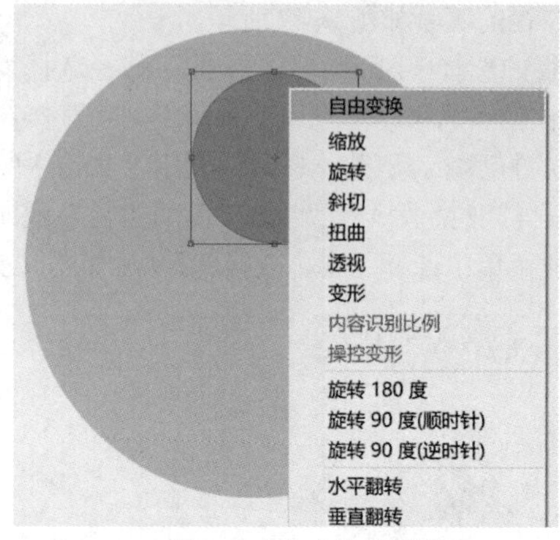

图9-53 右击快捷菜单

执行“变换”或“自由变换”命令时，通常需要配合选项栏的使用，最常使用到的是“保持长宽比”和“旋转角度”等按钮，如图 9-54 所示。

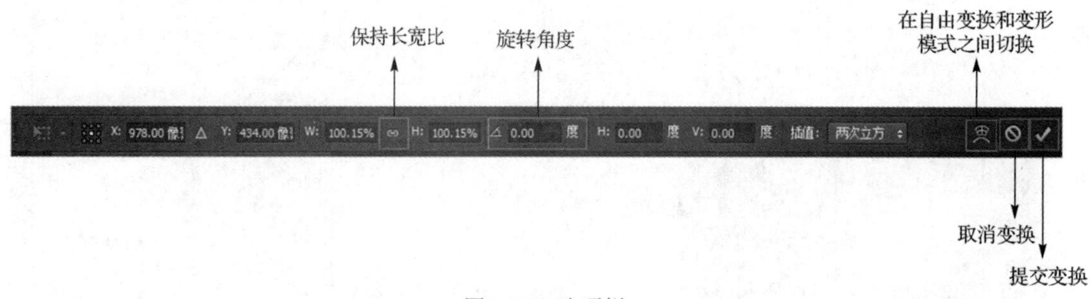

图9-54 选项栏

图像变换常用的快捷键有 3 个：按【Ctrl+T】组合键可自由变换；按【Shift+Ctrl+T】组合键可再次变换；按【Alt+Shift+Ctrl+T】组合键可再次变换并复制为单独的图层。

9.3 Photoshop 综合运用——制作化妆品海报

9.3.1 任务引导

引导任务卡见表 9-2。

表 9-2 引导任务卡

任务编号	9.3		
任务名称	制作化妆品海报	计划课时	2 课时
任务目的	本任务将利用抠图工具、图层样式等知识点制作化妆品海报。通过学习，要求学生了解图层混合模式的相关知识点，清楚文字输入以及画笔工具的操作，熟练掌握利用磁性套索工具、魔棒工具抠图，并掌握图层样式的相关操作		
任务实现流程	任务引导→任务分析→制作化妆品海报→教师讲评→学生完成化妆品海报的制作→难点解析→总结与提高		
配套素材导引	原始文件位置：大学计算机基础\素材\第 9 章\任务 9.3 最终文件位置：大学计算机基础\效果\第 9 章\任务 9.3		

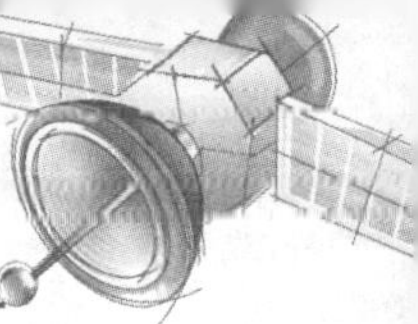

任务分析：

海报是一种艺术形式，属于广告的一种，具有宣传性，是能够吸引人们目光的张贴物，多用于电影、戏剧、比赛、文艺演出等活动。海报是图片、文字、颜色、空间等要素的完美结合，应内容简明扼要，形式新颖美观，有号召力和艺术感染力。在设计时需要利用多种元素获得强烈的视觉效果。一般来讲海报内容不宜过多，以图片为主，文字为辅，且文字要醒目。常见的海报有商业海报、文化海报、电影海报、公益广告等。

Photoshop 是一款功能强大的图形图像处理软件。平面设计是 Photoshop 应用最为广泛的领域，海报即属于典型的平面设计。使用 Photoshop 制作海报时通常会运用抠图、图层样式、文字、滤镜等相关知识。

本任务是利用磁性套索工具和魔棒工具抠图，并进行图层混合模式以及图层样式的设置，同时利用画笔和文字工具进行点缀，从而获得化妆品海报。“化妆品海报”完成效果如图 9-55 所示。

图9-55　化妆品海报效果

9.3.2　任务步骤

1. 新建文件

新建 Photoshop 文件，设置文件名称为“化妆品海报”，宽度为 48 厘米，高度为 27 厘米，分辨率为 72 像素 / 英寸，颜色模式为 8 位的 RGB 颜色。

2. 置入图片并填充背景图层

在文件中置入图片“人物 .jpg”，用吸管吸取“人物 .jpg”图片的背景色用以填充背景图层。

3. 利用画笔工具制作光斑效果

设置前景色（R:240，G:149，B:224）。选中画笔工具，利用画笔面板对画笔进行设置，笔尖形状：柔角 30，间距调整为 200%；形状动态：大小抖动为 100%；散布：散布随机性为 200%，数量抖动 100%；传递：不透明抖动为 100%；勾选“平滑”。用画笔工具在“人物 .jpg”所在图层拖动鼠标绘制光斑效果。

4. 置入“花. jpg”素材

打开“花 .jpg”素材，选择“磁性套索工具”，设置羽化值为 20，建立选区，将其拖放至人物眉眼处，设置图层混合模式为“正片叠底”。

5. 置入“化妆品 .jpg”素材

① 将“化妆品 .jpg”置入文件中，旋转 180°，对其进行缩小，使其置于左下角。

② 选中“魔棒工具”，设置容差为 20，选中背景并将其删除。

③ 设置所在图层不透明度为 80%。

④ 做投影图层样式效果，具体要求为：混合模式为正片叠底；不透明度为 75%；角度为 120°；距离为 10 像素；大小为 5 像素。

6. 输入文字“COSMETICS”

① 选中“横排文字工具”，设置字体为“Freestyle Script”，字体颜色为白色，字号为 200 点，字距为 100，仿粗体，输入文字“COSMETICS”。

② 设置图层样式，描边：大小为 5 像素，描边颜色为（R:240，G:80，B:110）。外发光：混合模式为滤色，颜色为（R:240，G:80，B:110），大小为 50 像素；投影：混合模式为正片叠底，不透明度为 75%，角度为 120°，距离为 15 像素，大小为 5 像素。

7. 绘制文本框

① 选中“横排文字工具”绘制文本框，输入两行文字，分别为“Makeup Set”和“遇见更美的自己”；

② 设置“Makeup Set”的字体格式和段落格式，字体为“Freestyle Script”，字号为 72 点，字距为 100，字体颜色为（R:240，G:80，B:110），段落居中对齐。

③ 设置“遇见更美的自己”的字体格式和段落格式，字体为“方正静蕾简体”，字号为 72 点，字距为 0，字体颜色为（R:240，G:80，B:110），段落居中对齐。

9.3.3 任务实施

1. 新建文件

新建 Photoshop 文件，设置文件名称为“化妆品海报”，宽度为 48 厘米，高度为 27 厘米，分辨率为 72 像素 / 英寸，颜色模式为 8 位的 RGB 颜色。

① 启动 Photoshop 软件，按【Ctrl+N】组合键打开“新建”对话框。

② 设置文件名称为“化妆品海报”，宽度为 48 厘米，高度为 27 厘米，分辨率为 72 像素 / 英寸，颜色模式为 8 位的 RGB 颜色，如图 9-56 所示。

2. 置入图片并填充背景图层

在文件中置入图片“人物 .jpg”，用吸管吸取“人物 .jpg”图片的背景色用以填充背景图层。

① 拖动“人物 .jpg”到文件中，如图 9-57 所示，按【Enter】键完成，利用移动工具将其拖放至文档右侧。

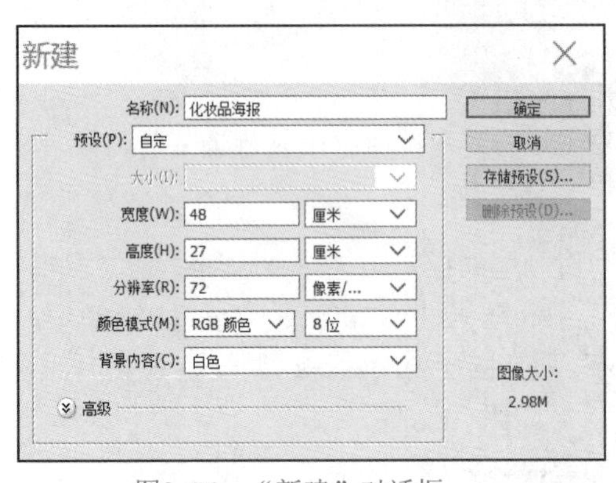

图9-56 “新建”对话框

图9-57 置入素材图片

② 选中工具箱中的“吸管工具”，吸取“人物 .jpg”图片的背景色。

③ 选中背景图层，按【Alt+Delete】组合键，用吸取的前景色填充背景图层。

3. 利用画笔工具制作光斑效果

设置前景色（R:240，G:149，B:224）。选中画笔工具，利用画笔面板对画笔进行设置，笔尖形状：柔角 30，间距调整为 200%；形状动态：大小抖动为 100%；散布：散布随机性为 200%，数量抖动 100%；传递：不透明抖动为 100%；勾选“平滑”。用画笔工具在“人物.jpg”所在图层拖动鼠标绘制光斑效果。

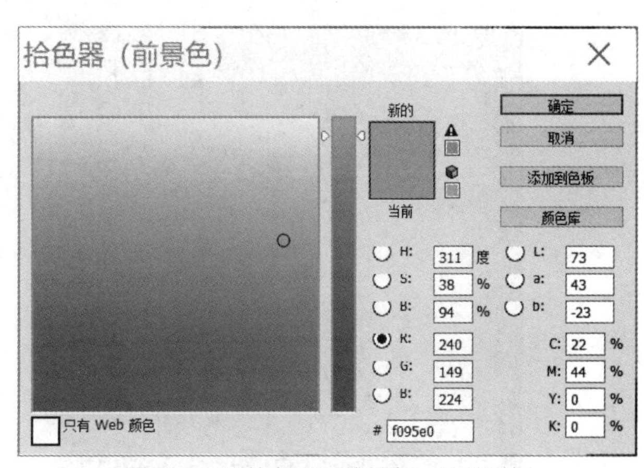

图9-58　“拾色器（前景色）”对话框

① 单击工具箱中“设置前景色”按钮，在弹出的“拾色器（前景色）”对话框中设置前景色，如图 9-58 所示。

② 选中工具中的画笔工具，打开画笔面板，选择“画笔笔尖形状”，设置笔尖的形状为柔角 30，间距为 200%，如图 9-59 所示。

③ 在画笔面板中选择“形状动态”，设置大小抖动为 100%，如图 9-60 所示。

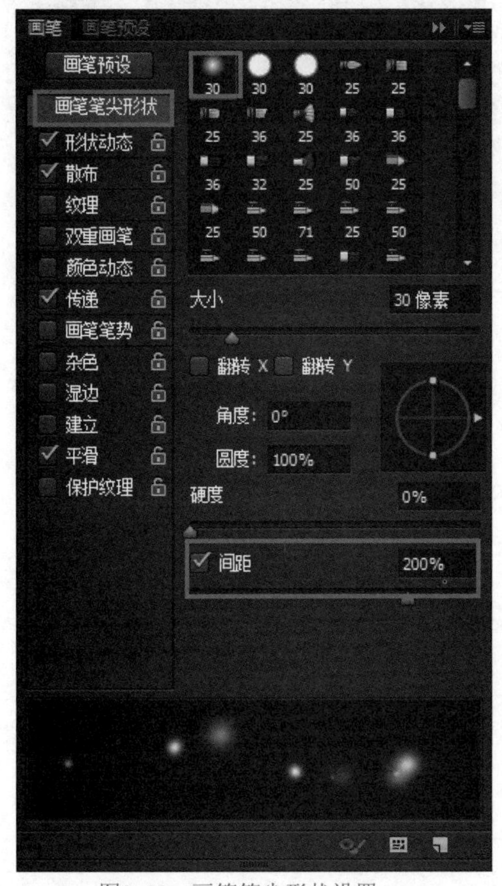

图9-59　画笔笔尖形状设置

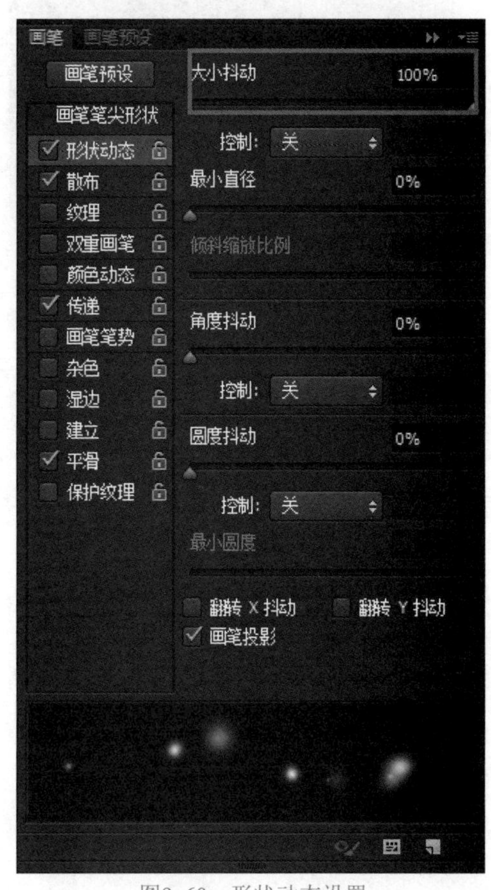

图9-60　形状动态设置

④ 在画笔面板中选择“散布”，设置散布随机性为 200%，数量抖动为 100%，如图 9-61 所示。

⑤ 在画笔面板中选择“传递”，设置不透明抖动为 100%，如图 9-62 所示。

⑥ 在画笔面板中勾选“平滑”。

⑦ 选中“人物”图层右击，在弹出的快捷菜单中选择“栅格化图层”命令，在该图层左上角用画笔涂抹，获得光斑效果，如图 9-63 所示。

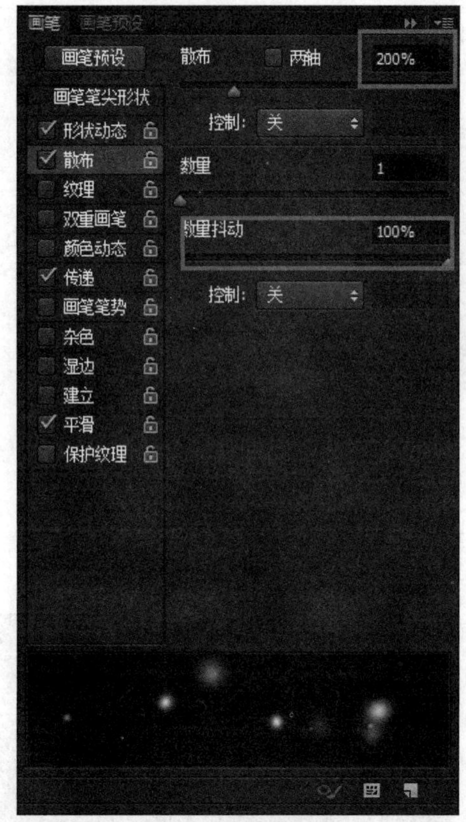

图9-61　散布设置

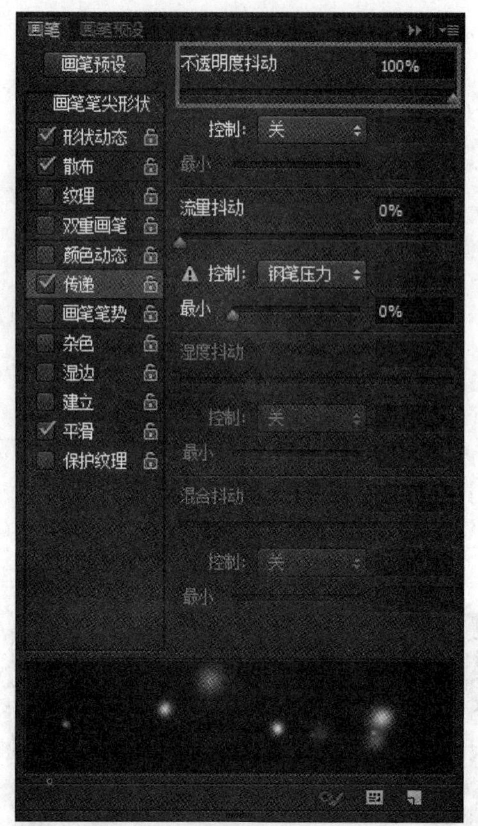

图9-62　传递设置

图9-63　获得效果

4. 置入“花.jpg”素材

打开“花.jpg”素材，选择“磁性套索工具”，设置羽化值为20，建立选区将其拖放至人物眉眼处，设置图层混合模式为“正片叠底”。

①按【Ctrl+O】组合键，打开“花.jpg”图片。

② 选中工具箱中的“磁性套索工具”，在选项栏中设置羽化值为20，勾勒包含有花朵的选区，如图9-64所示。

③选择工具箱的中的“移动工具”，将选区内的花朵拖动到“化妆品广告”文件中，如图9-65所示。

图9-64　建立选区

图9-65　移动后效果

④ 设置花朵所在图层混合模式为“正片叠底”，如图 9-66 所示。获得的最终效果如图 9-67 所示。

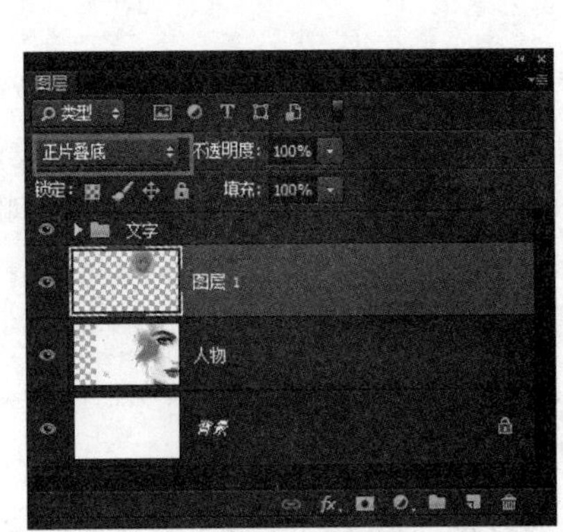

图9-66　正片叠底设置

图9-67　设置图层混合模式效果

5. 置入“化妆品 .jpg”素材

① 将“化妆品 .jpg”置入文件中，旋转 180°，对其进行缩小，使其置于左下角。

② 选中“魔棒工具”，设置容差为 20，选中背景并将其删除。

③ 设置所在图层不透明度为 80%。

④ 做投影图层样式效果，具体要求为：混合模式为正片叠底；不透明度为 75%；角度为 120°；距离为 10 像素；大小为 5 像素。

具体操作步骤如下：

①将化妆品图片拖放至文件中，如图 9-68 所示，按【Enter】键完成拖动。

图9-68　置入图片效果

②按【Ctrl+T】组合键，右击图片，在弹出的快捷菜单中选择“旋转 180° ”命令，如图 9-69 所示。选中选项栏中的“保持长宽比”按钮，将其缩小，拖放至页面左下角，按【Enter】键完成。

图9-69　自由变换效果

③ 选中工具箱中的“魔棒工具”，在选项栏中选中“添加到选区”，并设置容差为 20，如图 9-70 所示。

图9-70　选项栏设置

④ 为方便编辑可隐藏“人物”、“图层 1”和“背景图层”，如图 9-71 所示。选中“化妆品”图层右击，执行“栅格化”图层操作，利用魔棒工具选择图片中多处的白色背景，如图 9-72 所示。按【Delete】键删除白色背景，按【Ctrl+D】组合键取消选区，如图 9-73 所示。将其他图层显示，获得效果如图 9-74 所示。

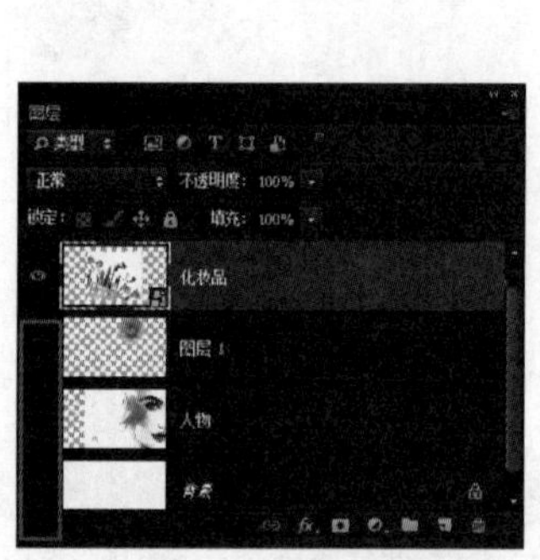

图9-71　隐藏图层

图9-72　建立选区

图9-73　删除背景

图9-74　获得效果

⑤ 在图层面板中设置“化妆品”图层的不透明度为 80%，如图 9-75 所示。

⑥ 单击图层面板中的“添加图层样式”按钮，选择“投影”图层样式，如图 9-76 所示。

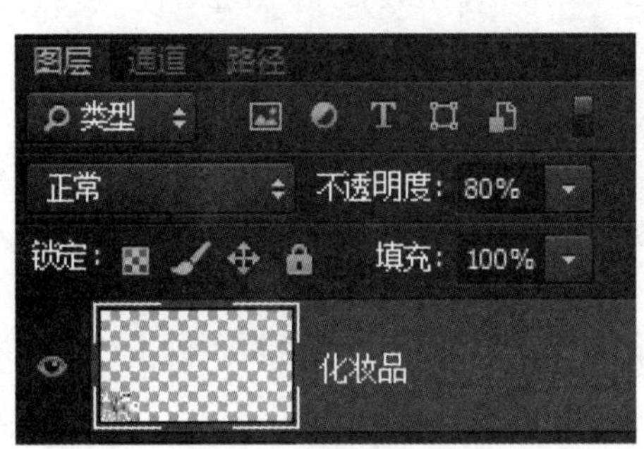

图9-75　图层不透明度设置

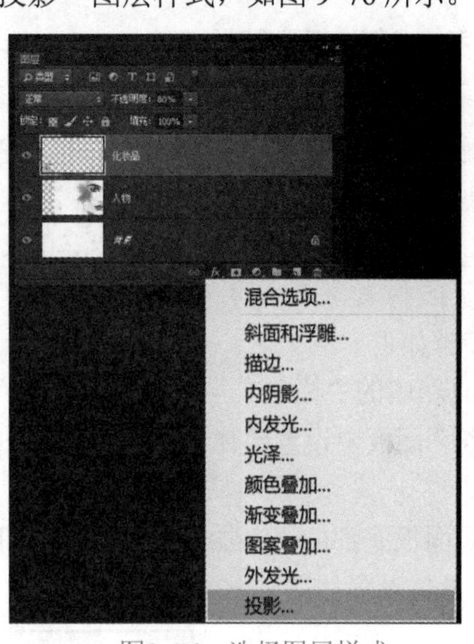

图9-76　选择图层样式

⑦ 在弹出的图层样式对话框中进行相关的设置，混合模式为正片叠底；不透明度为 75%；角度为 120%；距离为 10 像素；大小为 5 像素，如图 9-77 所示。获得的最终效果如图 9-78 所示。

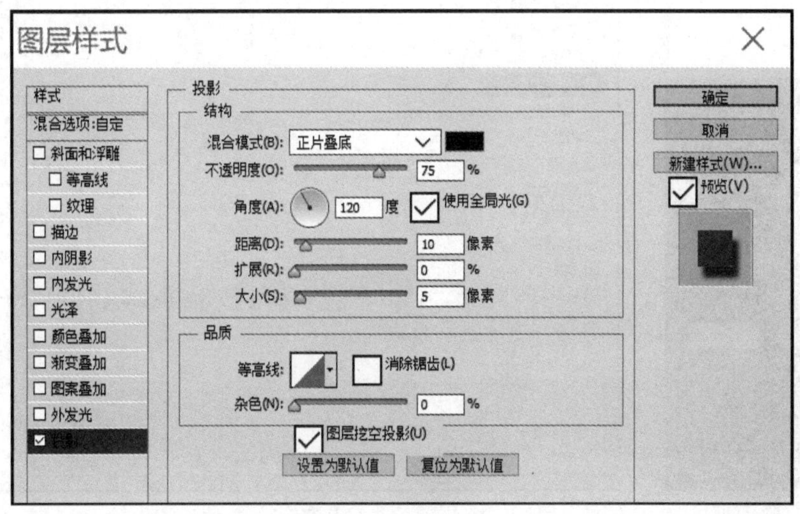

图9-77　设置图层样式

图9-78　获得效果

6．输入文字“COSMETICS”

① 选中“横排文字工具”，设置字体为“Freestyle Script”，字体颜色为白色，字号为 200 点，字距为 100，仿粗体，输入文字“COSMETICS”。

② 设置图层样式，描边：大小为 5 像素，描边颜色为（R:240，G:80，B:110）；外发光：混合模式为滤色，颜色为（R:240，G:80，B:110），大小为 50 像素；投影：混合模式为正片叠底，不透明度为 75%，角度为 120°，距离为 15 像素，大小为 5 像素。

具体操作步骤如下：

① 选中工具箱中的“横排文字工具”，定位光标于文件中的合适位置，输入文字“COSMETICS”。

② 在“字符”面板中设置字体为“Freestyle Script”，字体颜色为白色，字号为 200 点，字距为 100，仿粗体，如图 9-79 所示。

③ 单击图层面板底部的“添加图层样式”按钮，选择“描边”样式，大小为 5 像素，描边颜色为（R:240，G:80，B:110），具体设置如图 9-80 所示。

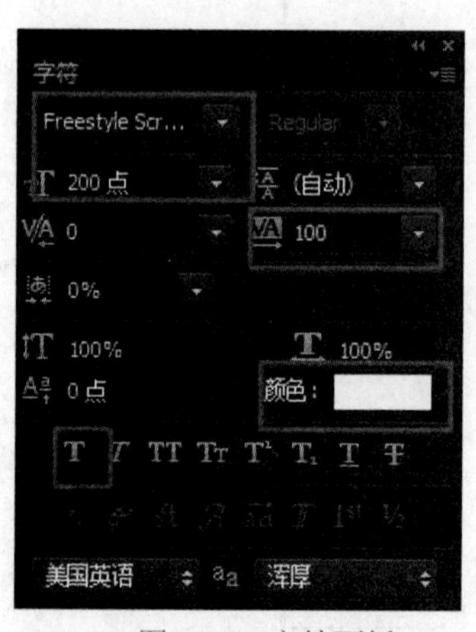

图9-79　字符面板

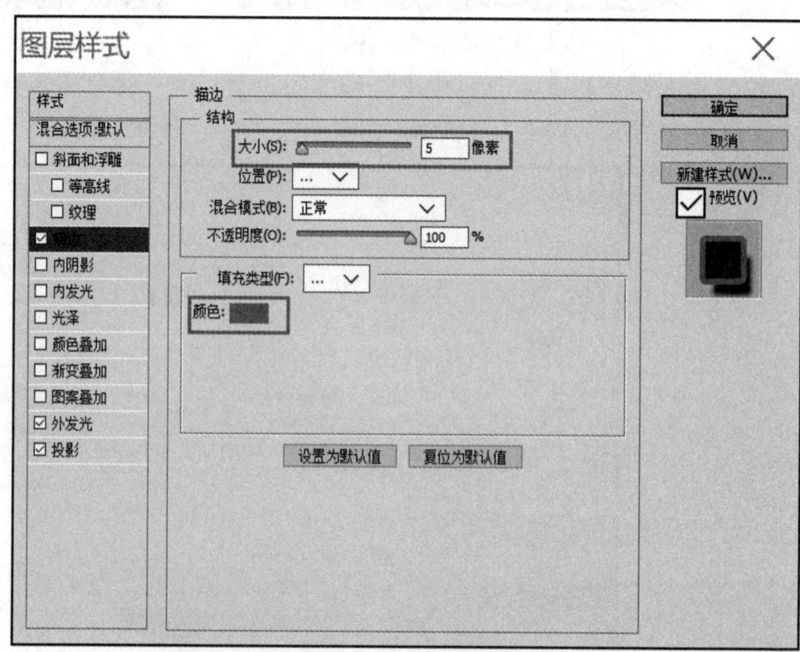

图9-80　描边样式设置

④ 在当前的“图层样式”对话框中选择“外发光”,设置“外发光”样式混合模式为滤色,颜色为（R:240，G:80，B:110），大小为 50 像素，如图 9-81 所示。

⑤ 在当前的“图层样式”对话框中选择“投影”，设置“投影”样式混合模式为正片叠底，不透明度为 75%，角度为 120°，距离为 15 像素，大小为 5 像素，如图 9-82 所示。获得的最终效果如图 9-83 所示。

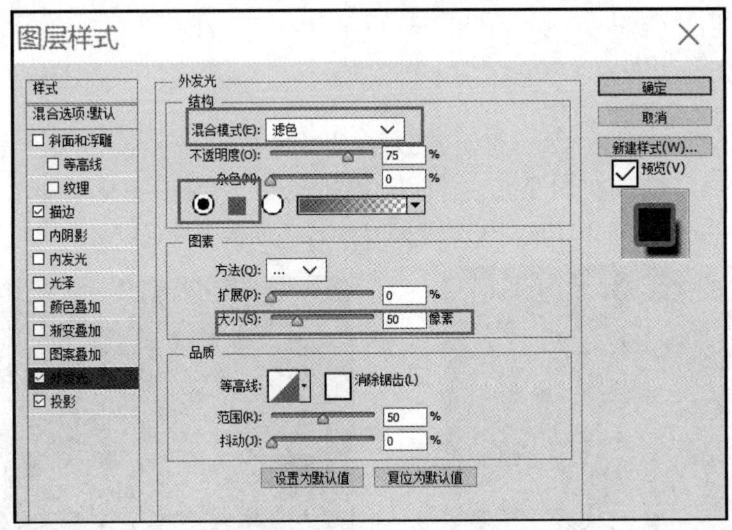

图9-81　外发光样式设置

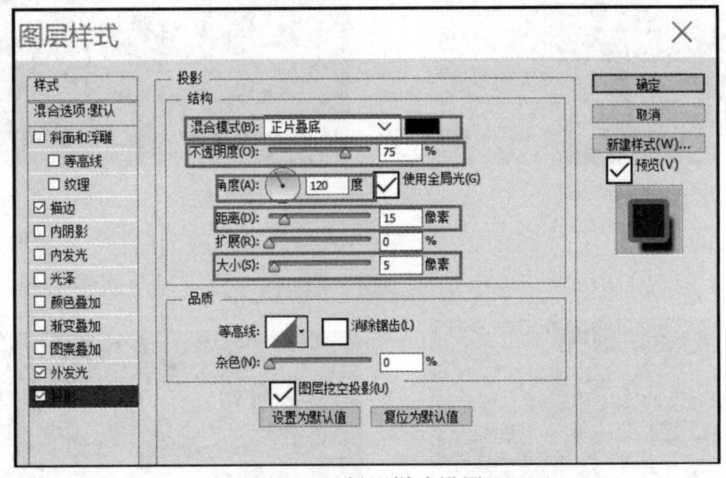

图9-82　投影样式设置

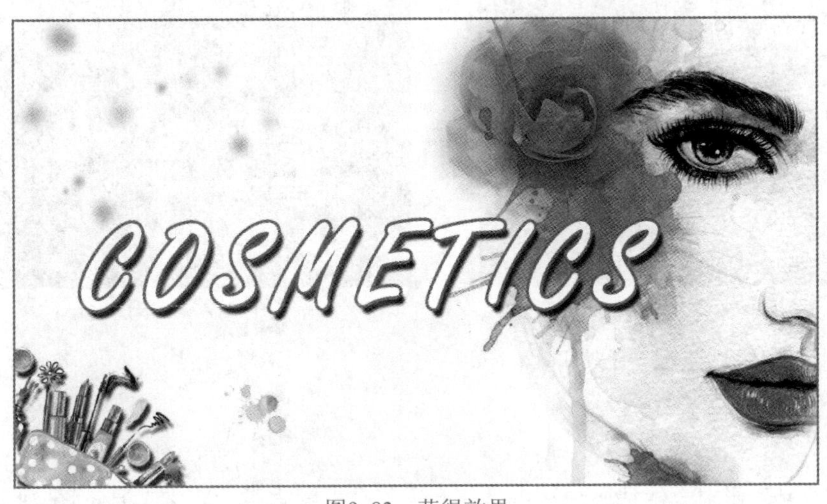

图9-83　获得效果

7. 绘制文本框

① 选中"横排文字工具"绘制文本框，输入两行文字，分别为"Makeup Set"和"遇见更美的自己"。

② 设置"Makeup Set"的字体格式和段落格式，字体为"Freestyle Script"，字号为 72 点，字距为 100，字体颜色为（R:240，G:80，B:110）, 段落居中对齐。

③ 设置"遇见更美的自己"的字体格式和段落格式，字体为"方正静蕾简体"，字号为 72 点，字距为 0，字体颜色为（R:240，G:80，B:110）, 段落居中对齐。

具体操作步骤如下：

① 选中工具箱中的"横排文字工具"绘制文本框，输入两段文字"Makeup Set"和"遇见更美的自己"。

② 选中"Makeup Set"，在图 9-84 所示字符面板中设置字体为"Freestyle Script"，字号为 72 点，字距为 100，字体颜色为（R:240，G:80，B:110）。在图 9-85 所示段落面板中设置段落居中对齐。

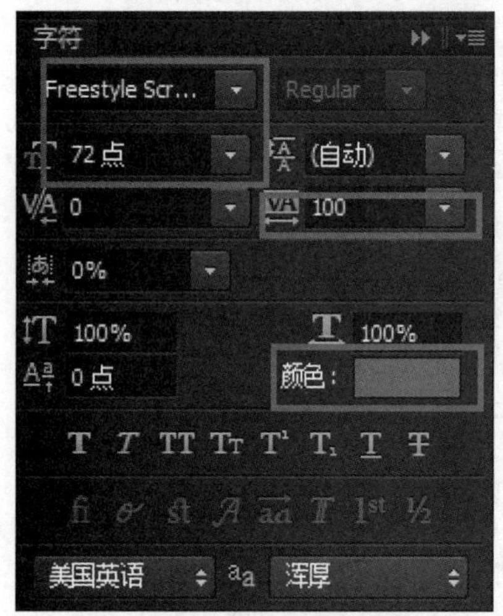

图9-84　字符面板设置

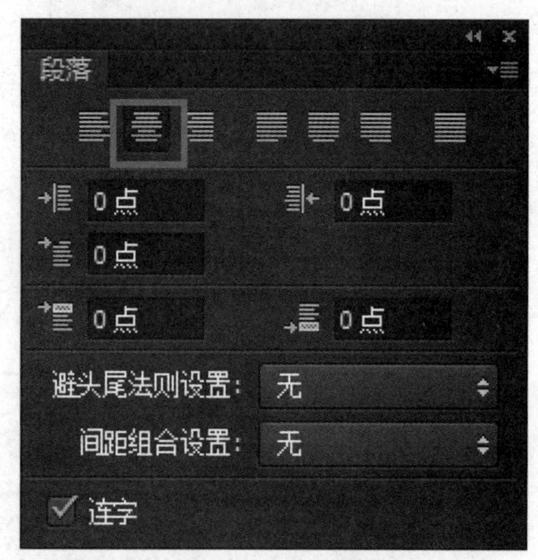

图9-85　段落面板设置

③ 选中"遇见更美的自己"，在字符面板中设置字体为"方正静蕾简体"，字号为 72 点，字距为 0，字体颜色为（R:240，G:80，B:110），如图 9-86 所示。在段落面板中设置段落居中对齐，如图 9-87 所示。

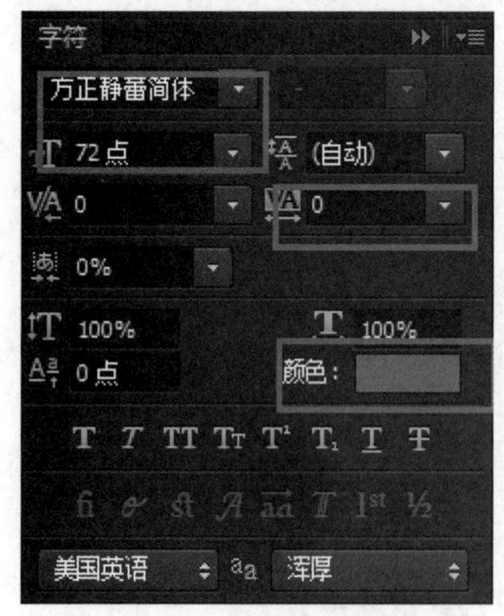

图9-86　字符面板设置

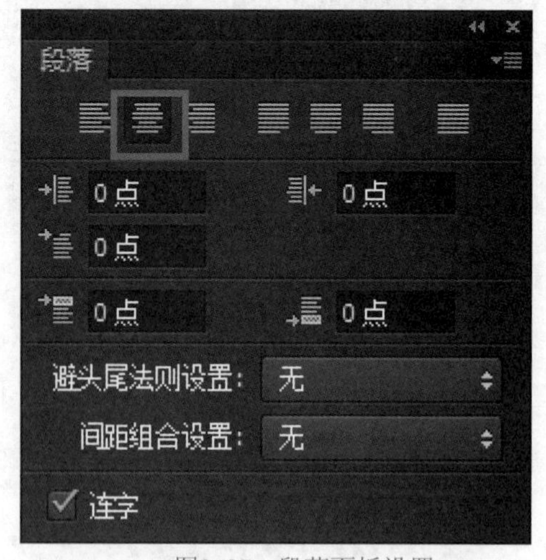

图9-87　段落面板设置

④保存文件为 PSD 格式，并导出为 jpg 图片。

9.3.4　难点解析

通过本任务的学习，要求学生掌握画笔工具、魔棒工具抠图、磁性套索工具抠图、图层样式、图层混合

模式以及文字等操作。这里将主要介绍选区工具、图层样式、图层混合模式以及文字的相关知识。

1. 选区工具

创建选区操作在 Photoshop 中是较为常见的，“选区”即绘制出来的一个区域，区域内为选中的部分，对区域内对象的编辑不影响其他的部分。在图形图像处理中常用选区工具进行抠图从而实现图像的合成。

（1）选区的创建

创建选区的工具常见的有 3 类，分别是选框类工具、套索类工具以及快速选择类工具。选框类工具包括“矩形选框工具”、“椭圆选框工具”、“单行选框工具”和“单列选框工具”，如图 9-88 所示。选框类工具可以创建规则选区。套索类工具包括“套索工具”、“多边形套索工具”及“磁性套索工具”，如图 9-89 所示。套索类工具可以创建不规则选区。需要注意的是，当选区定位出现偏差时，可以利用【Delete】键删除定位点后重新定位。快速选择类工具包括“快速选择工具”和“魔棒工具”，如图 9-90 所示，快速选择工具基于颜色的不同进行选区的设置，在选项栏中设置的容差越大，可以选取的颜色范围就越大。

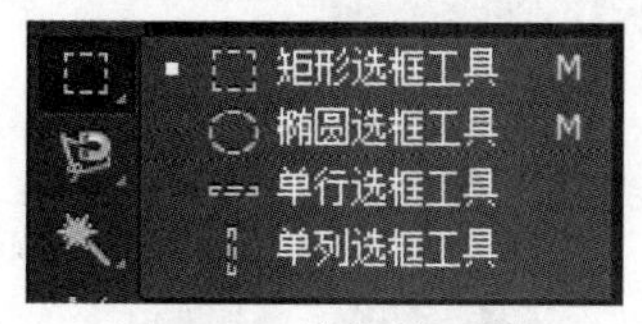

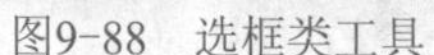
图9-88　选框类工具

图9-89　套索类工具

图9-90　快速选择类工具

选区工具的选项栏大同小异，这里不再一一列举。以矩形选区为例，重点讲解部分按钮的功能，如图 9-91 所示。

① 新选区：默认选项，创建新选区代替原有选区。

② 添加到选区：新建选区与原有选区合并为一个选区。

③ 从选区中减去：从原有选区中减去新建选区的部分。

④ 与选区交叉：保留新建选区与原有选区交叉的部分。

⑤ 羽化：羽化值越大，选区的边缘越平滑。

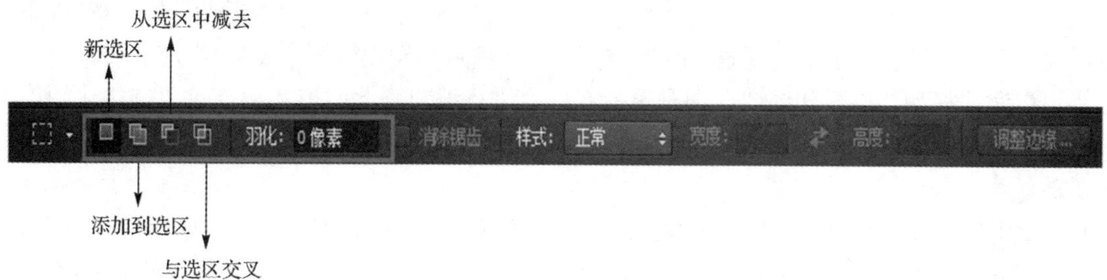

图9-91　矩形选框工具选项栏

（2）选区的编辑

选区编辑常见的快捷键包括：按【Ctrl+D】组合键可取消选区，按【Ctrl+Shift+I】组合键可反选选区。除此外其他常见操作如表 9-3 所示。

表 9-3　选区的编辑命令

操　作	相 关 命 令
填充选区	使用油漆桶工具或者执行“编辑 / 填充”命令
描边选区	执行“编辑 / 描边”命令
修改选区	执行“选择 / 修改”命令，包括边界、平滑、扩展、收缩、羽化 5 种
变换选区	执行“选择 / 变换选区”命令
选区内图像移动	单击工具箱中的移动工具

2. 认识图层

平面设计效果一般是多个图层叠加的效果。常见的图层有普通层、背景层、文字层、形状层、智能对象层、填充层、调整层等。不同的图层在图层面板中显示图像是不同的。

（1）图层面板

编辑图层常用的方法有两种，一种是利用图层面板，如图 9-92 所示。尤其是面板下方的按钮，如图 9-93 所示，从左至右依次是“链接图层”、“添加图层样式”、“添加图层蒙版”、“创建新的填充或调整图层”、“创建新组”、“创建新图层” 和 “删除图层”。另外一种方法是选中图层后右击，在弹出的快捷菜单中选择图层编辑的相关命令，如图 9-94 所示。

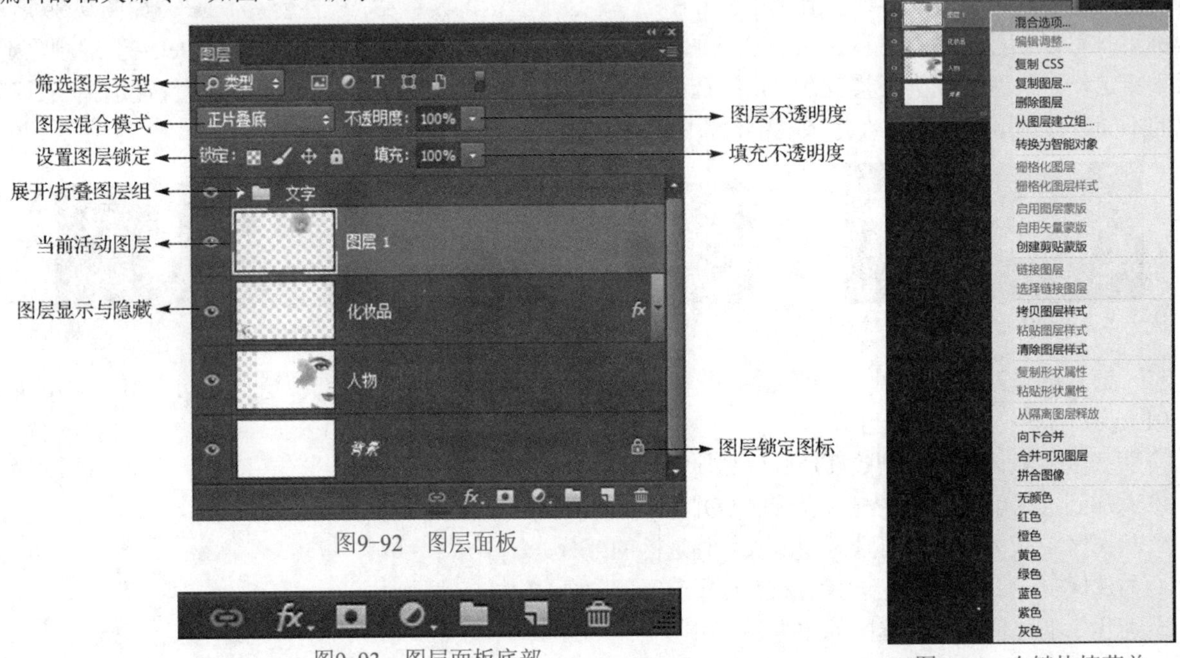

图9-92　图层面板

图9-93　图层面板底部

图9-94　右键快捷菜单

这里需要特别强调快捷菜单中的“栅格化图层”操作。一些特殊图层，例如“文字图层”、“智能对象层”或“形状图层” 等可以实现移动、旋转和缩放，但是不能对内容进行编辑，此时就需要通过 “栅格化图层” 操作使其转换为普通层。

（2）图层样式

图层样式的应用可以使图层产生不同的艺术效果。常见的方法有两种。一种是利用 “样式面板”，如图 9-95 所示。另外一种方法是利用图层面板下方的 “添加图层样式” 按钮，在弹出的图层样式对话框中进行相关的设置，如图 9-96 所示。

（3）图层混合模式

图层混合模式是将当前图层中的像素与其下层图层的像素融合，从而获得特殊的图像效果，且不会破坏原始图像。在图层面板中可以设置图层混合模式，菜单如图 9-97 所示。系统提供了 6 组共 27 种图层混合模式，具体见表 9-4。

表 9-4　图层混合模式

组　别	图层混合模式
基本模式组	正常、溶解
加深模式组	变暗、正片叠底、颜色加深、线性加深、深色
减淡模式组	变亮、滤色、颜色减淡、线性减淡（添加）、浅色
对比模式组	叠加、柔光、强光、亮光、线性光、点光、实色混合
比较模式组	差值、排除、减去、划分
色彩模式组	色相、饱和度、颜色、明度

图9-95 样式面板

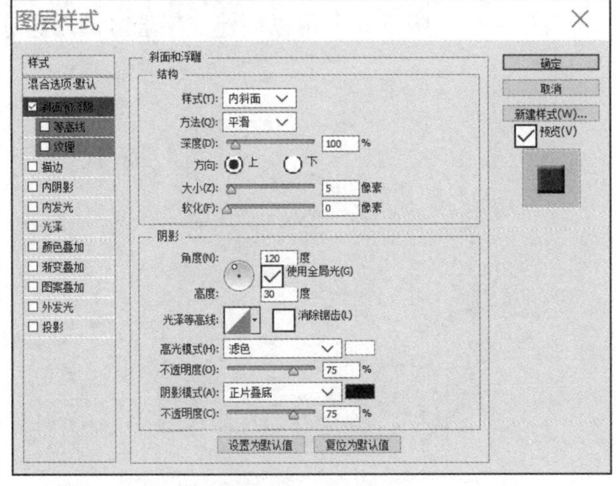

图9-96 图层样式对话框

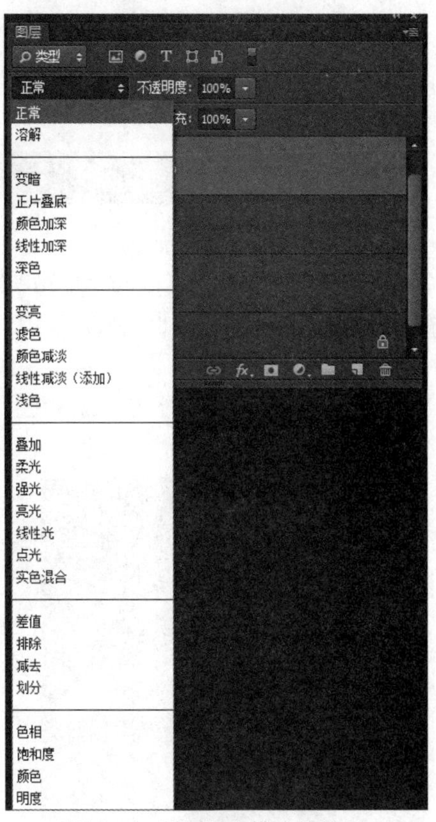

图9-97 图层混合模式的设置

下面以加深组的“变暗”混合模式和减淡组的“变亮”混合模式为例，观察不同混合模式下，图像效果的区别，如图 9-98、图 9-99 所示。

图9-98 “变暗”混合模式效果

图9-99 “变亮”混合模式效果

3. 文字编辑

(1) 创建文字

文字工具组有 4 种创建文字的工具，分别是“横排文字工具”、“直排文字工具”、“横排文字蒙版工具”和“直排文字蒙版工具”，如图 9-100 所示。选择文字工具后，可以定位光标然后输入相关的文字，也可以利用文字工具创建文本框，在文本框内输入文字。

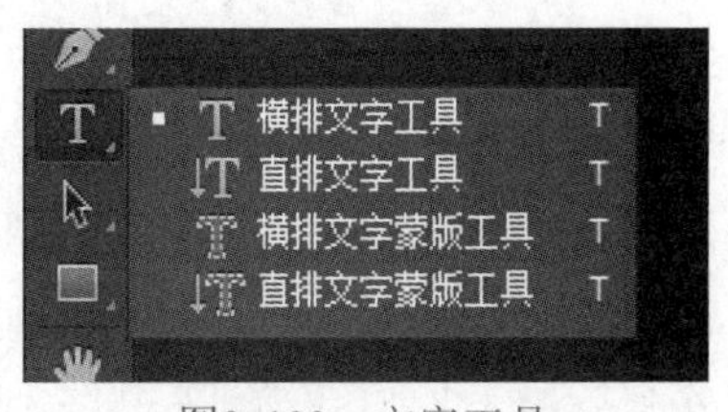

图9-100 文字工具

（2）编辑文字

在文字工具选项栏中，可以设置文字的字形、字号、颜色等属性，如图 9-101 所示，也可以使用“字符”面板设置文字的字体格式，如图 9-102 所示，“字符”面板与“段落”面板通常配合使用。

图9-101　文字工具选项栏

① 创建路径文字：首先绘制一个路径，然后选择“横排文字工具”，将鼠标移动到路径上单击，输入文字，文字将会沿着路径进行排列，如图 9-103 所示。

② 创建文字选区：使用“横排文字蒙版工具”和“直排文字蒙版工具”可以创建文字选区，创建选区方法与创建文字相同，可以对文字选区进行填充、描边等操作。

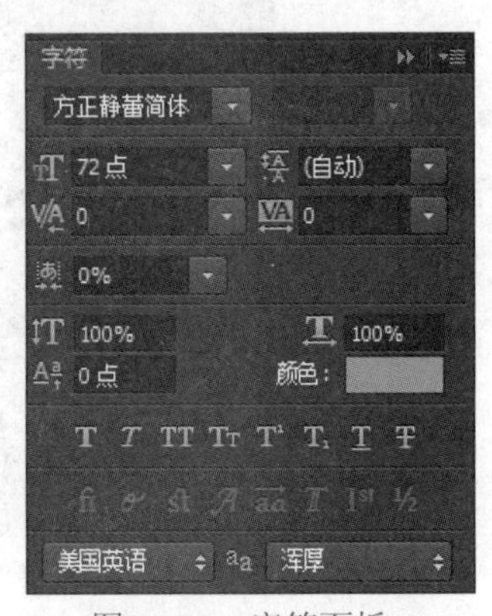

图9-102　字符面板

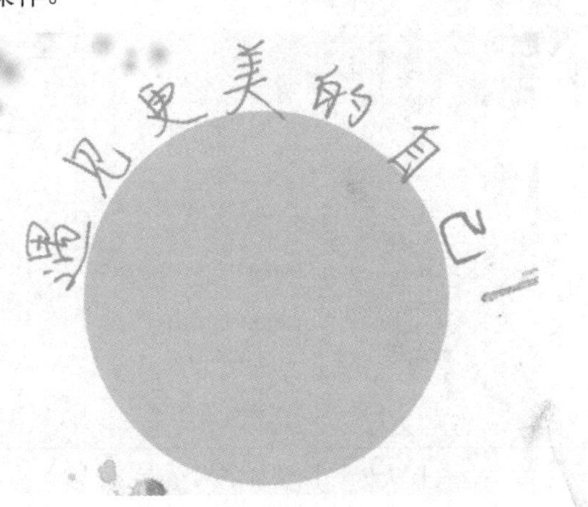

图9-103　路径文字

9.4　微信编辑器——广州旅游攻略推文

9.4.1　任务引导

引导任务卡见表 9-5。

表 9-5　引导任务卡

任务编号	9.4		
任务名称	制作微信公众号文章广州旅游攻略推文	计划课时	2 课时
任务目的	本任务使用微信编辑器 135 编辑器的功能制作微信公众号推文广州旅游攻略。通过学习，要求学生能够了解编辑器的样式：标题、正文、引导、图文、布局以及文字、视频、图片的插入和设置，熟悉使用 135 编辑器制作微信公众号的一般流程		
任务实现流程	任务引导→任务分析→制作微信公众号推文广州旅游攻略→教师讲评→学生完成制作微信公众号推文广州旅游攻略→难点解析→总结与提高		
配套素材导引	原始文件位置：大学计算机基础\素材\第 9 章\任务 9.4 最终文件位置：大学计算机基础\效果\第 9 章\任务 9.4		

任务分析：

新媒体时代，几乎每一位移动手机用户都会安装微信，微信在媒体信息交互方面具有信息更新速度快，覆盖面广等特点，并且用户还在每年提升。2011 年，腾讯推出了微信公众平台。截至 2019 年，已经汇聚超 2 000 万公众账号。不少作者通过原创文章和原创视频形成了自己的品牌，成为了微信里的创业者。如今微信已经成为公司、企业、政府单位等机构部门进行宣传、管理、盈利的工具，当代大学生应当能够熟练地掌

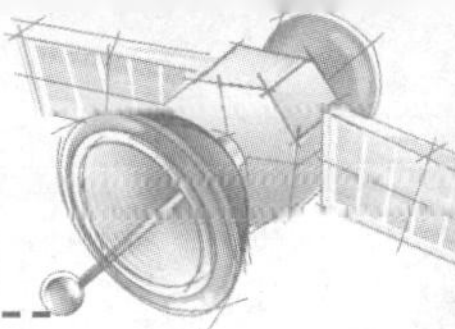

握如何进行微信公众号文章的制作。

微信公众号的文章可以直接在微信公众平台进行制作，但是微信公众平台在编辑文章时，会遇到过图文受限，编辑工具太少等问题，因此各大商家推出了微信编辑器，用于辅助用户制作出高创作水平的微信公众号文章，目前网络的微信编辑器非常多，各有各的优点，本节我们将以135微信编辑器为例来讲述使用微信编辑器在线制作公众平台文章的方法。主要涉及的知识点有。

样式设置：主要包括对文章标题、正文、引导、图文、布局等的样式设置。在样式功能界面为用户提供了大量的样式，并且在这些样式的基础上，还可以进行进一步的自定义修改，极大地方便了用户的编辑和设计。

功能区设置：主要包括对文章的字体、段落以及插入图片、视频、字符、表情等设计。

授权公众号和同步：编辑完成的文章可以通过微信复制粘贴至公众号平台，也可以直接将135编辑器授权给自己的公众号，保存同步后即可将在135编辑器中设计好的微信公众号文章同步至公众号平台“素材管理”中。

本任务要求学生根据提供的文字和图片素材，将素材复制到135微信编辑器中，通过使用135微信编辑器的标题样式、正文样式、引导样式、图文样式的设置，以及字体段落、插入图片、视频等其他功能设置，使微信公众号文章的编辑更加方便美观，最终完成效果如图9-104所示。

图9-104　广州旅游攻略效果图

9.4.2 任务步骤

1. 注册用户

打开浏览器，在网页地址栏中输入网址：https://www.135editor.com/，进入 135 在线微信编辑器页面。使用微信号注册用户。

2. 打开并复制素材

打开素材文件“素材 9-1.txt”，将文件中的内容复制粘贴至 135 编辑器中。

3. 布局样式设置

选中文字内容“景点概况……另外陈家祠、现代化建筑广州塔和白云山也是值得一看的地方。”，为这几段文字添加样式为“ID:2484, 紫色简约居中左右留白正文”样式的左右留白布局。

4. 标题样式设置

选中第一段文字“广州旅游攻略”，为文字添加框线标题样式，使用推荐样式“id:87975, 春天黄色边框小鸟树枝框线图片标题”样式，添加完成后设置第一段文字字体为“微软雅黑”，大小“20px”。

5. 副标题样式设置

① 选中第一个副标题“沙面岛”，为文字添加“编号标题”样式中的“ID92984. 居左圆形序号标题”类型的标题样式。

② 添加完成后，为该副标题“区域 1”添加边框，边框宽度：3，边框类型：点线，边框颜色：#16de41。

③ 为标题添加背景，背景样式为：ID：86739，文艺唯美云朵背景。

④ 单击下方快捷菜单中的“保存”按钮，将设计好的样式保存为“个人模板”，模板分组“默认分类”。

⑤ 依次选择文章剩下的四个副标题，单击左侧样式功能界面中“个人”选项下保存的个人模板，将模板样式依次应用至五个副标题中，单击“自动编号”按钮为副标题自动编号。

6. 正文样式设置

① 为“沙面岛”和“广州塔”副标题下方的正文文本添加正文样式，样式为“边框内容”下的“ID97467，植树节绿色山蝴蝶边框内容正文卡片”样式。

② 为“圣石心大教堂”副标题下的文本添加正文样式：样式为“边框内容”下的“ID94900, 简约动态星际科技感边框正文卡片”样式。

③ 为“陈家祠”和“白云山”副标题下方的文本添加正文样式：样式为“边框内容”下的“ID97238，文艺小清新绿色柳叶山峰春天春季边框正文”样式。

④ 样式添加完成后设置所有正文文本字体大小 15px，行距 1.5，字体颜色为“#1fab7a”，分别为各正文文本段落添加“无序列表”“小黑点”。

7. 添加引导线

① 在第一段“广州旅游攻略”前面添加“引导关注”引导线，引导线样式为：“ID:97236，文艺小清新绿色柳叶燕子山峰春天春季引导关注”，引导线设置样式中字体大小 16px。

② 在第一段“广州旅游攻略”后面添加“分割线”，引导线样式为：“ID:93192，粉色儿童节动图耳朵分割线”。

③ 在文章末尾添加“引导分享”引导线，引导和“二维码”引导线，引导线样式分别为：“可爱卡通猫玩毛线引导分享”、“ID：97243，文艺小清新绿色柳叶燕子山峰春天春季引导二维码”。

8. 在“沙面岛”下方正文文本下方插入图片

在“沙面岛”下方正文文本（沙面是广州重要商埠……到这里拍照是个不错的选择。）下插入图片，图片样式为三图，“ID：94434，文艺小清新三图纯图片卡片”，将样式中的图片分别替换为素材图片中的沙面岛 1.jpg、沙面岛 2.jpg、沙面岛 3.jpg。为该图片区域添加背景图，背景图样式为“ID：95396，简约中国古风

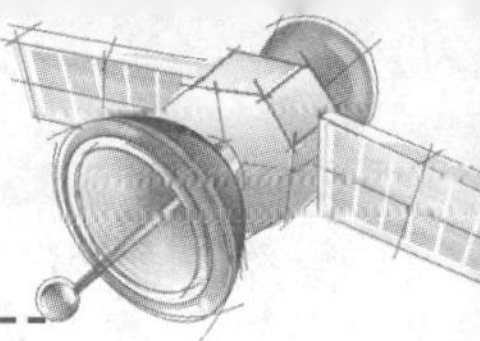

长安十二时辰古典边框正文卡片”。

9. 在“广州塔”正文文本下方插入视频

在“广州塔”正文文本(广州塔是广州的地标……观看日落及夜景。)下方插入视频,视频下方标题为“广州塔”，视频地址为：https://v.qq.com/x/page/g30258zlf2u.html。

10. 在“广州石室圣心大教堂”正文文本下方插入图片

① 在“广州石室圣心大教堂”正文文本(天主教广州教区最宏伟、最具特色的大教堂，……彩色玻璃窗上所绘的是圣经故事。)下方通过“插入多图”按钮插入广州石室圣心大教堂 1.jpg 和广州石室圣心大教堂 2.jpg,

②“广州石室圣心大教堂 1.jpg”左对齐，为图片添加图片边框；“广州石室圣心大教堂 2.jpg”右对齐，为图片添加图片边框 .

③ 为图片区添加背景图样式“ID：95396，简约中国古风长安十二时辰古典边框正文卡片”。调整宽度比例为 95%。

11. 分别在“陈家祠”、“白云山”正文文本下方插入图片

① 在“陈家祠”正文文本(原称陈氏书院，……铁铸工艺等装饰物件。)下方插入图片，图片样式为三图，“ID:92944, 三图品字形排列”，将样式中的图片分别替换为陈家祠 1.jpg、陈家祠 2.jpg、陈家祠 3.jpg，为图片区添加背景图样式“ID：95396，简约中国古风长安十二时辰古典边框正文卡片”，调整宽度比例为 90%。

② 在“白云山”正文文本(白云山是南粤名山之一……小型蹦极等娱乐项目。)下方插入图片，图片样式为单图，“ID:94275, 单页卡片单图圆形图”，将样式中的图片替换为白云山 .jpg。

12. 保存同步

单击预览按钮预览最终效果，单击“保存同步”按钮，将文章命名为“广州旅游攻略”，封面选择“封面 .jpg”，单击“保存文章”。

9.4.3　任务实施

1. 用户注册

打开浏览器，在网页地址栏中输入网址：https://www.135editor.com/，进入 135 在线微信编辑器页面，使用微信号注册用户。

① 打开浏览器，在地址栏中输入网页地址：https://www.135editor.com/，打开 135 在线编辑器。

② 单击页面右上角的注册按钮，在打开的页面中选择“第三方账号免费注册”。单击下方微信图标选择微信注册，如图 9-105 所示，最后使用微信扫码关注 135 平台公众号，即可注册登录 135 编辑器。

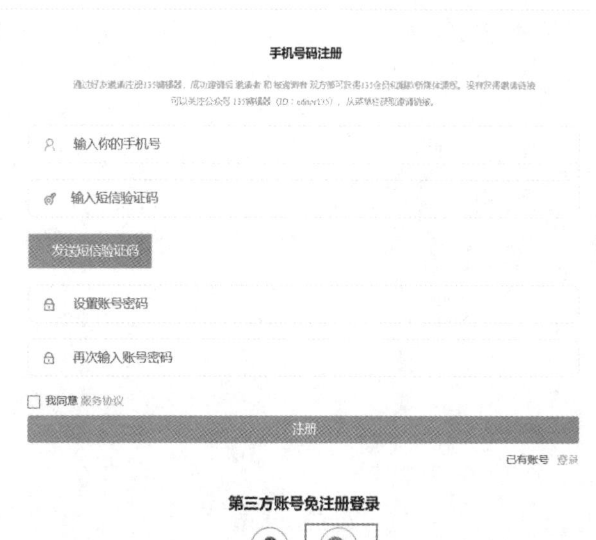

图9-105　使用微信注册账号

2. 打开并复制素材

打开素材文件“素材 9-1.txt”，将文件中的内容复制粘贴至 135 编辑器中。

① 双击打开“素材 9-1.txt”，用鼠标拖动全选或按【Ctrl+A】组合键全选文档，右击，在快捷菜单中选中“复制”命令。

② 在 135 编辑器编辑界面中按【Ctrl+V】组合键，将内容粘贴至 135 编辑器中，关闭打开的“素材 9-1.txt”，完成文档内容的复制。

3. 布局样式设置

选中文字内容“景点概况……另外陈家祠、现代化建筑广州塔和白云山也是值得一看的地方。”，为这几段文字添加样式为“ID:2484, 紫色简约居中左右留白正文”样式的左右留白布局。

① 选中文字内容“景点概况……另外陈家祠、现代化建筑广州塔和白云山也是值得一看的地方。”，单击页面左侧选择“样式”按钮，打开“样式”按钮的功能界面，在功能界面中选择“布局”，在布局下拉列表中选择“左右留白”，在推荐样式中找到“ID:2484, 紫色简约居中左右留白正文”，如图 9-106 所示，单击样式为这段文字添加选择的布局样式。

② 光标放至此段文字区域内，下方出现快捷菜单，在快捷菜单中调整宽度比例为 70%，如图 9-106、图 9-107 所示。

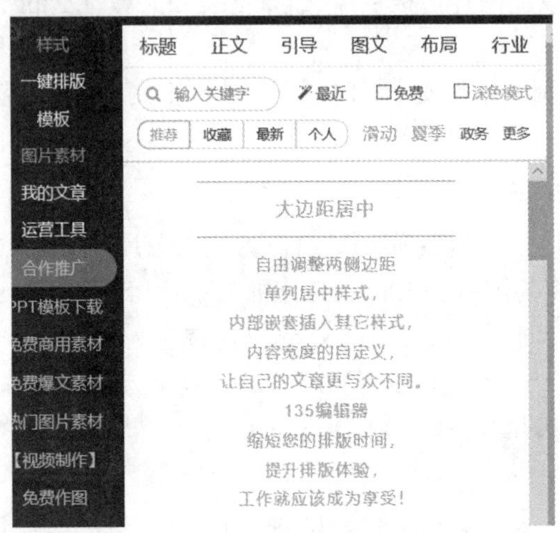

图9-106　留白样式

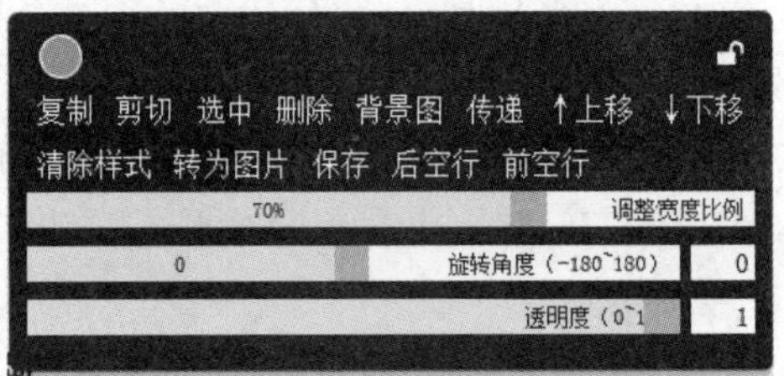

图9-107　调整宽度比例

4. 标题样式设置

选中第一段文字“广州旅游攻略”，为文字添加框线标题样式，使用推荐样式“id:87975, 春天黄色边框小鸟树枝框线图片标题”样式，添加完成后设置第一段文字字体为“微软雅黑”，大小“20px”。

① 选中第一段文字“广州旅游攻略”，在页面左侧选择“样式”按钮，打开“样式”按钮的功能界面，在功能界面中选择“标题”，在下拉列表中单击“框线标题”，如图 9-108 所示。

② 在下方推荐样式中找到样式名称为“id:87975, 春天黄色边框小鸟树枝框线图片标题”的标题样式，如图 9-109 所示。

③ 选中“广州旅游攻略”，在上方功能面板中设置字体为“微软雅黑”，大小“20px”，最终效果图如图 9-110 所示。

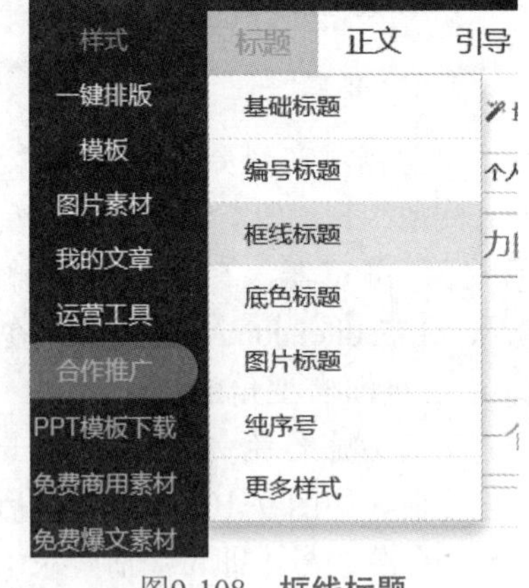

图9-108　框线标题

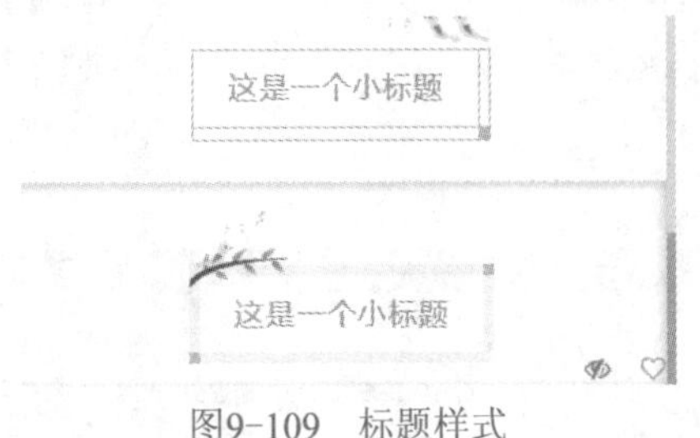

图9-109　标题样式

图9-110　应用样式后的标题

5. 副标题样式设置

① 选中第一个副标题“沙面岛”，为文字添加“编号标题”样式中的“ID92984. 居左圆形序号标题”类

型的标题样式。

② 添加完成后，为该标题区域 1 添加边框，边框宽度：3，边框类型：点线，边框颜色：#16de41。

③ 为标题添加背景，背景样式为：ID：86739，文艺唯美云朵背景。

④ 单击下方快捷菜单中的“保存”按钮，将设计好的样式保存为“个人模板”，模板分组“默认分类”。

⑤ 依次选择文章剩下的四个副标题，单击“个人”选项下保存的个人模板，将模板样式依次应用至五个副标题中，单击“自动编号”按钮为副标题自动编号。

具体操作步骤如下：

① 单击“标题”按钮，在下拉列表中选择“编号标题”，在下方推荐标题中选择样式为“ID92984. 居左圆形序号标题”的标题样式，如图 9-111 所示。

图9-111　副标题样式

② 光标放至副标题区域，在下方出现的快捷菜单中选择“边框”按钮，打开“边框底纹设置”对话框，在区域 1 的“宽度”选项中输入 3，“类型”选择“点线”，颜色框中输入“#16de41”，如图 9-112 所示。

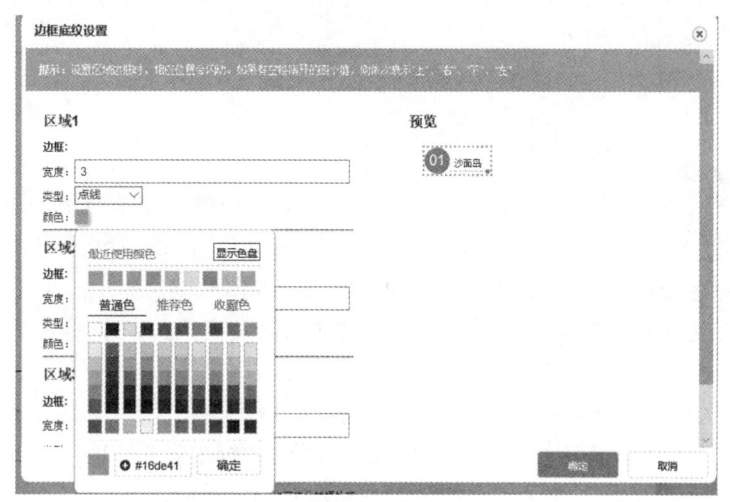

图9-112　添加样式边框

③ 光标放至副标题区域，在下方出现的快捷菜单中选择“背景图”按钮，打开“样式背景图设置”对话框，在对话框中选择“绿色”选项下的“ID：86739，文艺唯美云朵背景”的背景样式，如图 9-113 所示。

④ 光标放至标题区域，在下方出现的快捷菜单中选择“保存”按钮，打开“保存”对话框。单击保存为“个人模板”，“选择模板分组”为“默认分类”，如图 9-114 所示。

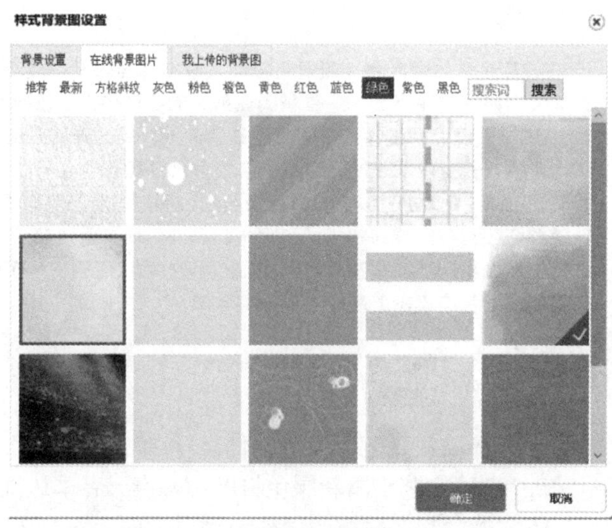

图9-113　添加样式背景图

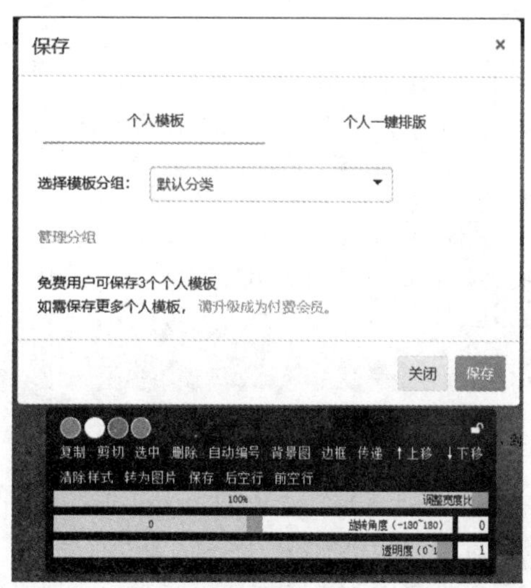

图9-114　保存为个人模板

⑤ 选择副标题“广州塔”。单击“样式”功能界面中“个人”选项下刚刚保存的样式模板，如图 9-115 所示，为“广州塔”添加与“沙面岛”相同的样式。选择副标题区域下方快捷菜单中的“自动编号”按钮为副标题进行自动编号。同样的操作，依次为“石室圣心大教堂”“陈家祠”“白云山”添加相同副标题样式，并进行自动编号。

推荐
收藏
最新
个人
护士节
夏季
政务
更多
01 沙面岛

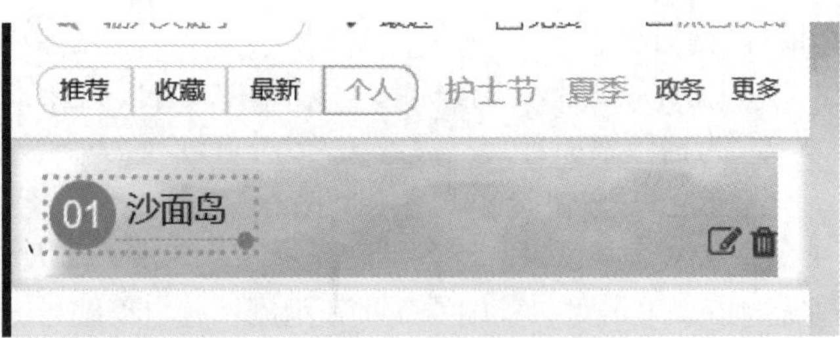

图9-115　个人模板中的样式

6. 正文样式设置

① 为“沙面岛”和“广州塔”副标题下方的正文文本添加正文样式，样式为“边框内容”下的“ID97467，植树节绿色山蝴蝶边框内容正文卡片”样式。

② 为“石室圣石心大教堂”副标题下的文本添加正文样式：样式为“边框内容”下的“ID94900, 简约动态星际科技感边框正文卡片”样式。

③ 为“陈家祠”和“白云山”副标题下方的正文文本添加正文样式:样式为“边框内容”下的“ID97238，文艺小清新绿色柳叶山峰春天春季边框正文”样式。

④ 样式添加完成后设置所有正文文本字体大小 15px，行距 1.5，字体颜色为“#1fab7a”，为段落添加无序列表“小黑点”。

具体操作步骤如下：

① 选择“沙面岛”下方的正文文本（沙面是广州重要商埠……到这里拍照是个不错的选择。），单击“样式”按钮，打开样式功能界面，单击“正文”，在下拉列表中选择“边框内容”选项，在下方推荐样式中找到“ID97467，植树节绿色山蝴蝶边框内容正文卡片”样式，如图 9-116 所示。单击选择，为正文添加该样式。选择广州塔下方的文字 (广州塔是广州的地标……观看日落及夜景。)，同样的操作为广州塔下方文字添加“ID97467，植树节绿色山蝴蝶边框内容正文卡片”正文样式。

② 选择“石室圣心大教堂”下方的正文文本 (天主教广州教区最宏伟、最具特色的大教堂，……彩色玻璃窗上所绘的是圣经故事。),单击“正文”,在下拉列表中选择“边框内容”选项,在推荐样式中找到“ID94900, 简约动态星际科技感边框正文卡片”样式。最终效果图如图 9-117 所示。

到内容正文卡片
最近
免费
深色模式
推荐
收藏
最新
个人
护士节
夏季
政务
更多
搜索结果
植树节是由美国的内布拉斯加州发起的。1872年4月10日，在内布拉斯加州园采纳了莫顿的建议，将每年的4月22日定为该州的植树节，并于1932年发行世界上首枚植树节邮票，画面为两个儿童在植树，以后美国各州以至世界各国均有响应。

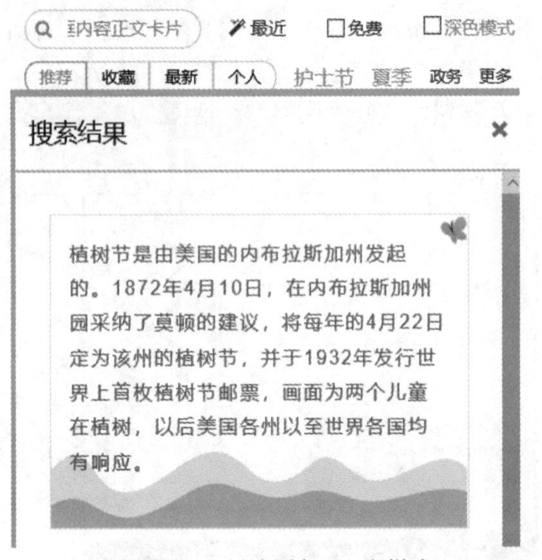

图9-116　“沙面岛”正文样式

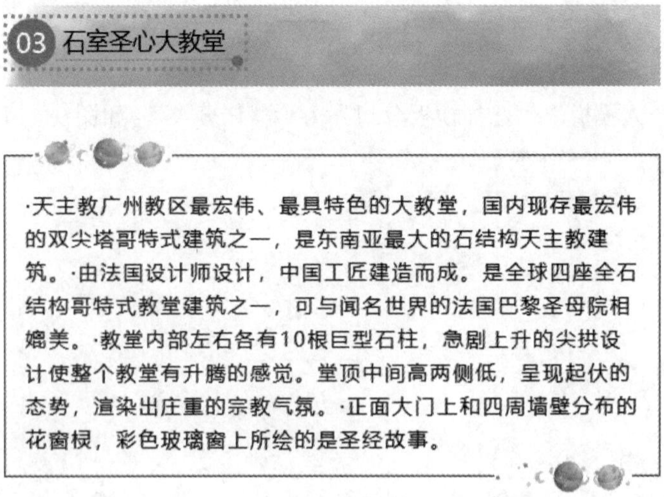

03 石室圣心大教堂
·天主教广州教区最宏伟、最具特色的大教堂，国内现存最宏伟的双尖塔哥特式建筑之一，是东南亚最大的石结构天主教建筑。·由法国设计师设计，中国工匠建造而成。是全球四座全石结构哥特式教堂建筑之一，可与闻名世界的法国巴黎圣母院相媲美。·教堂内部左右各有10根巨型石柱，急剧上升的尖拱设计使整个教堂有升腾的感觉。堂顶中间高两侧低，呈现起伏的态势，渲染出庄重的宗教气氛。·正面大门上和四周墙壁分布的花窗棂，彩色玻璃窗上所绘的是圣经故事。

图9-117　石室圣心大教堂正文效果图

③ 选择“陈家祠”下方的正文文本（原称陈氏书院，……铁铸工艺等装饰物件。），单击“正文”，在下拉列表中选择“边框内容”选项，在推荐样式中找到“ID97238，文艺小清新绿色柳叶山峰春天春季边框正文”样式，单击选择，为正文添加该样式。选择“白云山”下方的文字，同样的操作为“白云山”下方文字（白

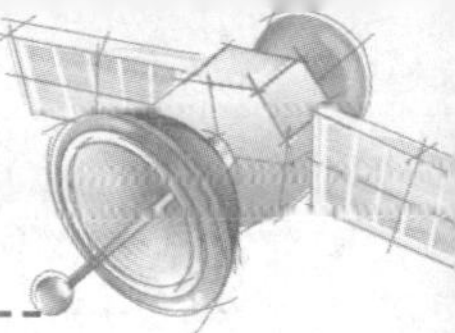

云山是南粤名山之一……小型蹦极等娱乐项目。）添加“ID97238，文艺小清新绿色柳叶山峰春天春季边框正文”正文样式。最终效果如图 9-118 所示。

④ 选择“沙面岛”下方的正文文本，单击文字上方功能面板中字体大小下三角按钮，选择大小 15px。单击“行距”下三角按钮，选择 1.5，如图 9-119 所示，在“字体颜色”下拉列表的颜色栏中输入“#1fab7a”，如图 9-120 所示。单击“无序列表”下三角按钮，选择“小黑点”，如图 9-121 所示。依次选择“广州塔”、“圣石心大教堂”、“陈家祠”和“白云山”下方的正文文本，相同的操作，设置字体大小为 15px，行距 1.5，字体颜色 #1fab7a，添加无序列表“小黑点”。

·白云山是南粤名山之一，被称为羊城第一秀、南越第一山。
·由30多座山峰组成，登高可俯览全市，遥望珠江，是知名的踏青胜地。
·每当雨后天晴或暮春时节，山间白云缭绕，白云山名由此而来。
·分为明珠楼、摩星岭、鸣春谷、三台岭、麓湖、飞鹅岭及荷依岭七个游览区。
·景区内还能体验滑草、滑道、小型蹦极等娱乐项目。

图9-118　白云山堂正文效果图

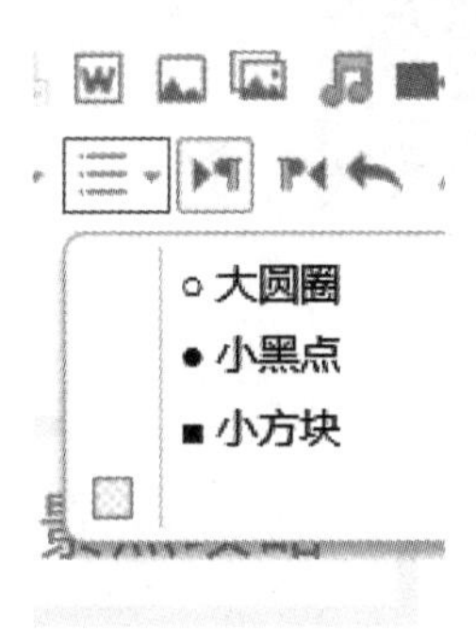

图9-119　无序列表设置

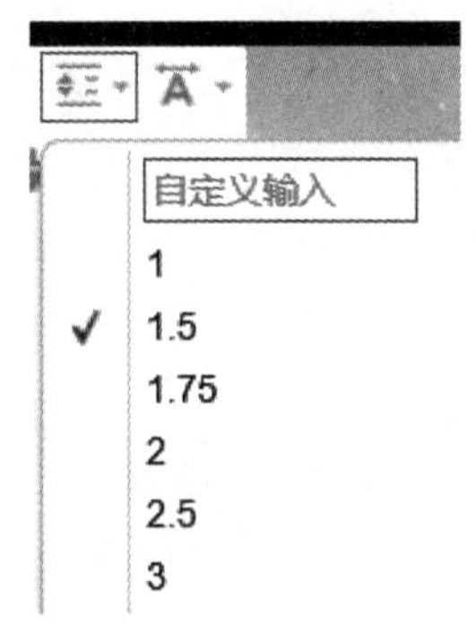

图9-120　行距设置

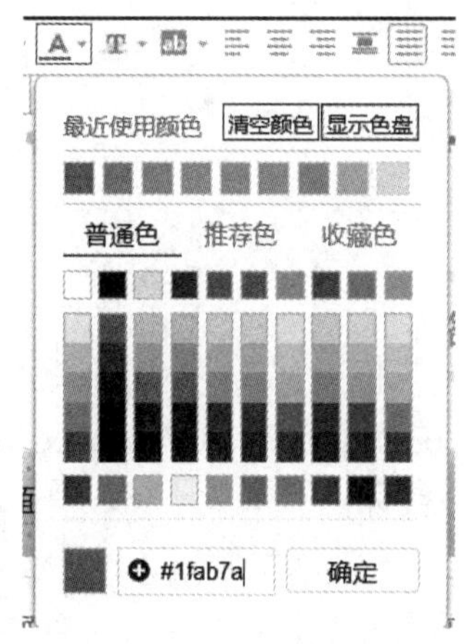

图9-121　文字颜色设置

7. 添加引导线

① 在第一段“广州旅游攻略”前面添加“引导关注”引导线，引导线样式为：“ID:97236，文艺小清新绿色柳叶燕子山峰春天春季引导关注”，引导线设置样式中字体大小 16px。

② 在第一段“广州旅游攻略”后面添加“分割线”，引导线样式为：“ID:93192，粉色儿童节动图耳朵分割线”。

③ 在文章末尾添加“引导分享”引导线，引导和“二维码”引导线，引导线样式分别为：“可爱卡通猫玩毛线引导分享”、“ID：97243，文艺小清新绿色柳叶燕子山峰春天春季引导二维码”。

具体操作步骤如下：

① 在第一段“广州旅游攻略”处单击，在下方出现的快捷菜单中选择“前空行”按钮，在第一段前面插

入一行，如图 9-122 所示。

② 选择“引导”按钮，在下拉列表中选择“引导关注”，在推荐样式中找到“ID:97236，文艺小清新绿色柳叶燕子山峰春天春季引导关注”样式，单击选择插入到文章开头处。设置文字字体为 16px。

③ 在第一段“广州旅游攻略”处单击，在下方出现的快捷菜单中选择“后空行”按钮，在第一段后面插入一行。

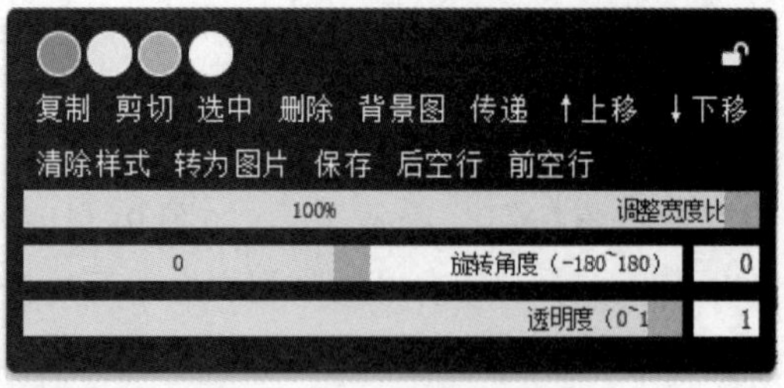

图9-122　前空行按钮

④ 选择“引导”按钮，在下拉列表中选择“分割线”，在推荐样式中找到“ID:93192，粉色儿童节动图耳朵分割线”样式，单击选择插入到文章开头处，如图 9-123 所示。

⑤ 光标定位至文档末尾，选择“引导”按钮，在下拉列表中选择“引导分享”，找到“可爱卡通猫玩毛线引导分享”样式的引导分享线，单击选择插入到文章末尾。继续选择“引导”按钮，在下拉列表中选择“二维码”，单击选择“ID：97243，文艺小清新绿色柳叶燕子山峰春天春季引导二维码”样式的引导二维码，添加引导二维码。单击中间二维码图形，选择“换图”按钮，打开“多图上传”对话框，在“本地上传”选项下，选择“普通上传”按钮，选择素材中的二维码 .jpg，单击“开始上传”，上传完毕后，单击“确定”。最终效果图如图 9-124 所示。

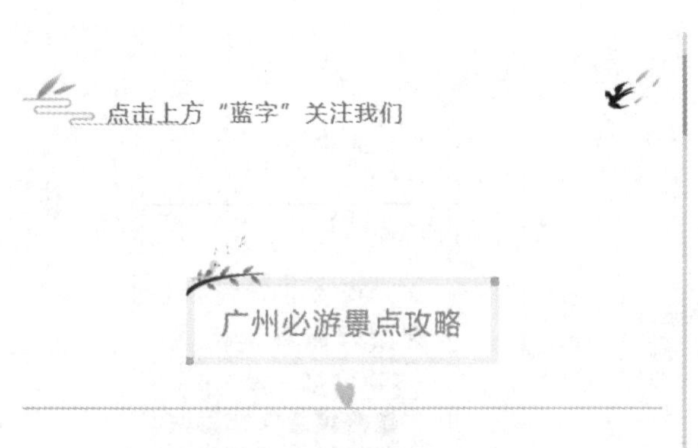

图9-123　引导关注和分割线

图9-124　引导分享和二维码

8. 在“沙面岛”下方正文文本下插入图片

在“沙面岛”下方正文文本下插入图片，图片样式为三图，“ID：94434，文艺小清新三图纯图片卡片”，将样式中的图片分别替换为素材图片中的沙面岛 1.jpg、沙面岛 2.jpg、沙面岛 3.jpg。为该图片区域添加背景图，背景图样式为“ID：95396，简约中国古风长安十二时辰古典边框正文卡片”。

① 光标放至副标题“广州塔”前，选择“前空行”按钮，在前方插入一个空行，单击“图文”按钮，在下拉列表中选择“三图”选项，在推荐样式中找到“ID：94434，文艺小清新三图纯图片卡片”的图文样式，如图 9-125 所示，单击插入至“沙面岛”正文文本下方。

② 选择左侧长图，单击图片下方快捷菜单中的“换图”按钮，打开“多图上传”对话框，选择“本地上传”选项下的“图片上传”按钮，在素材中找到“沙面岛 1.jpg”，单击选择图片，接着单击“开始上传”，图片上传完毕后，单击确定。相同的操作，将右上侧图片替换为“沙面岛 2.jpg”，右下侧图片替换为“沙面岛 3.jpg”。

③ 单击图片区，在下方快捷菜单中选择“背景图”按钮，打开“样式背景图设置”对话框，选择“ID：95396，简约中国古风长安十二时辰古典边框正文卡片”背景样式。最终效果图如图 9-126 所示。

图9-125　三图样式

图9-126　正文效果图

9．在“广州塔”正文文本下方插入视频

在“广州塔”正文文本（广州塔是广州的地标……观看日落及夜景。）下方插入视频，视频下方标题为“广州塔”，视频地址为：https://v.qq.com/x/page/g30258zlf2u.html。

①光标放至副标题“圣石心教堂”前，选择：“前空行”按钮，在前方插入一个空行。

②单击上方功能面板中的“视频”按钮，打开“视频”对话框，在“插入视频”下方的选项栏中输入腾讯视频地址：https://v.qq.com/x/page/g30258zlf2u.html，单击“确定”按钮，如图9-127所示。

③修改下方视频名称为“广州塔”。

图9-127　插入视频

10．在“广州石室圣心大教堂”正文文本下方插入图片

①在“广州石室圣心大教堂”正文文本（天主教广州教区最宏伟、最具特色的大教堂，……彩色玻璃窗上所绘的是圣经故事。）下方通过“插入多图”按钮插入广州石室圣心大教堂1.jpg和广州石室圣心大教堂2.jpg。

②“广州石室圣心大教堂1.jpg”左对齐，为图片添加图片边框；“广州石室圣心大教堂2.jpg”右对齐，为图片添加图片边框。

③ 为图片区添加背景图样式“ID：95396，简约中国古风长安十二时辰古典边框正文卡片”。调整宽度比例为 95%。

具体操作步骤如下：

① 光标放至副标题“陈家祠”前，选择“前空行”按钮，在前方插入一个空行。

② 单击上方功能面板中的“多图”按钮，弹出“多图上传”对话框，在对话框“本地上传”选项下单击“普通图片上传”按钮，找到“素材”中的“广州石室圣心大教堂 1.jpg”，单击“添加图片”按钮，继续添加“广州石室圣心大教堂 2.jpg”，单击“开始上传”按钮，上传完毕后单击“确定”按钮，如图 9-128 所示。

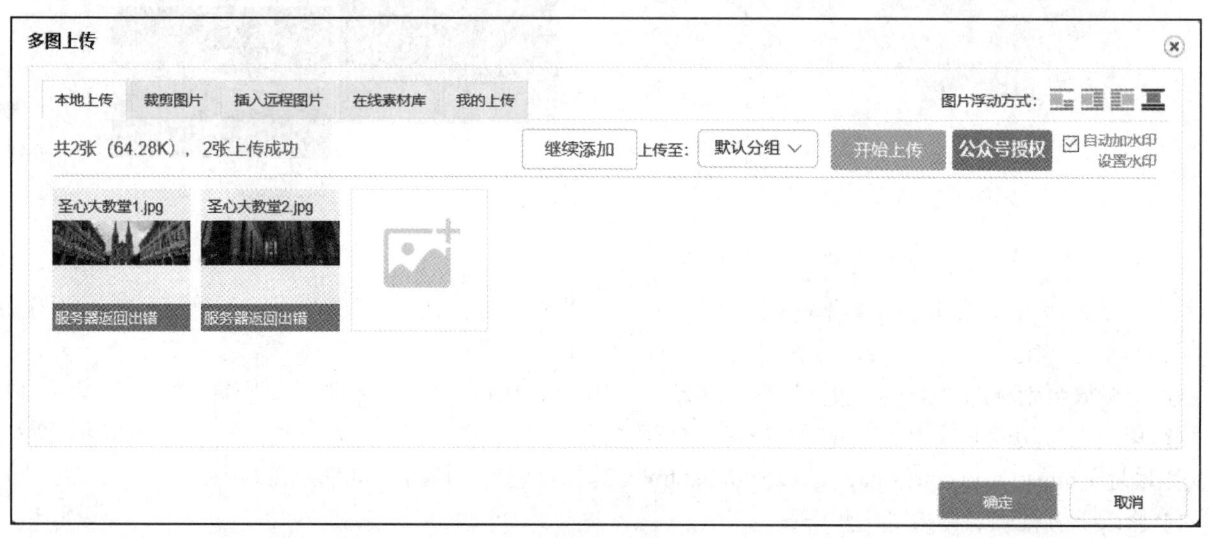

图9-128　上传图片

③ 选择“广州石室圣心大教堂 1.jpg”图片，单击上方功能区“左对齐”按钮。选择下方快捷菜单中的“图片边框阴影”按钮，如图 9-129 所示，为图片添加如图 9-130 所示图片边框。

④ 选择广州石室圣心大教堂 2. jpg 图片，单击上方功能区“右对齐”按钮。选择下方“图片边框阴影”按钮，为图片添加如图 9-130 所示图片边框。

图9-129　图片边框阴影

图9-130　石室圣心大教堂图片效果图

⑤ 单击图片区，在下方快捷菜单中调整宽度比例为 95%。选择“背景图”按钮，打开“样式背景图设置”对话框，选择背景图样式“ID：95396，简约中国古风长安十二时辰古典边框正文卡片”。

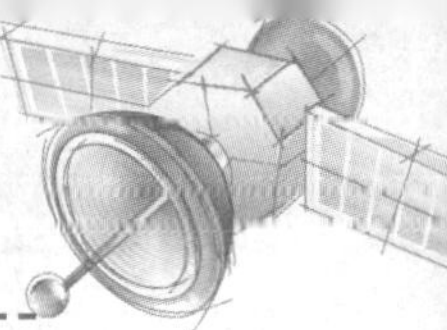

11. 分别在“陈家祠”和“白云山”正文文本下方插入图片

① 在“陈家祠”正文文本（原称陈氏书院，……铁铸工艺等装饰物件。）下方插入图片，图片样式为三图，“ID:92944, 三图品字形排列”，将样式中的图片分别替换为陈家祠 1.jpg、陈家祠 2.jpg、陈家祠 3.jpg，为图片区添加背景图样式“ID：95396，简约中国古风长安十二时辰古典边框正文卡片”，调整宽度比例为 90%。

② 在“白云山”正文文本（白云山是南粤名山之一……小型蹦极等娱乐项目。）下方插入图片，图片样式为单图，“ID:94275, 单页卡片单图圆形图”，将样式中的图片替换为白云山 .jpg。

具体操作步骤如下：

① 光标放至副标题“白云山”前，选择“前空行”按钮，在前方插入一个空行。

② 单击“图文”按钮，在下拉列表中选择“三图”选项，在下方推荐样式中找到“ID:92944, 三图品字形排列”的图文样式，单击插入至“陈家祠”正文文本下方。

③ 选择上方长图，单击图片下方“换图”按钮，打开“多图上传”对话框，选择“本地上传”选项下的“图片上传”按钮，在素材中找到“陈家祠 1.jpg”，单击选择图片，接着单击“开始上传”，图片上传完毕后，单击确定。相同的操作，将右下侧图片替换为“陈家祠 2.jpg”，左下侧图片替换为“陈家祠 3.jpg”。

④ 在图片区右击，在出现的快捷菜单中调整宽度比例为 90%。

⑤ 单击图片区，选择“背景图”按钮，打开“样式背景图设置”对话框，选择“ID：95396，简约中国古风长安十二时辰古典边框正文卡片”背景样式。最终效果图如图 9-131 所示。

⑥ 光标选择“引导分享”引导线，选择“前空行”按钮，在前方插入一个空行。单击“图文”按钮，在下拉列表中选择“单图”选项，在推荐样式中找到“ID:94275, 单页卡片单图圆形图”的图文样式，单击插入至“白云山”正文文本下方。选择中间图片，将其替换为“白云山 .jpg”。最终效果如图 9-132 所示。

图9-131 陈家祠图片效果图

图9-132 白云山图片效果图

12. 保存同步

单击“保存同步”按钮，将文章命名为“广州旅游攻略”，封面选择“封面 .jpg”，单击“保存文章”。

单击“保存同步”按钮，打开“保存图文”对话框，“图文标题”中输入“广州旅游攻略”，单击“文件上传”按钮，选择素材中的“封面 .jpg”作为封面，如图 9-133 所示。保存完毕后可以在 135 编辑器的“我的文章”功能界面区中查看和修改文章，如图 9-134 所示。

图9-133　保存同步

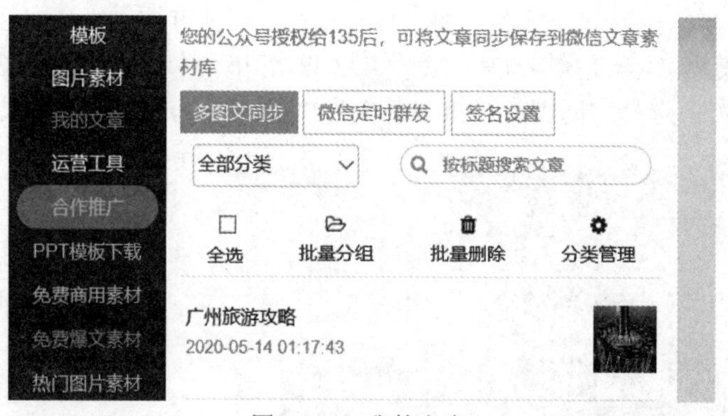

图9-134　我的文章

9.4.4　难点解析

通过本任务的学习，要求学生掌握如何利用 135 微信编辑器新建和保存文档，并为文档添加标题、正文、引导线、图文、布局等样式，对样式进行设计和编辑后，保存为个人模板。同时还可以利用上方功能区进行字体、段落、无序列表插入图片、视频等操作设置。其中文档的新建与保存，利用样式功能为文档添加不同的样式是本节课的难点，这里将针对这些进行讲解。

1. 文档新建与保存

（1）文档的新建

在 135 编辑器中编辑完成一篇文档以后，如果想要继续编辑新的文档，可以单击“清空 / 新建”按钮，如图 9-135 所示。单击“清空 / 新建”按钮以后，页面内容就会清空，可以在新的页面中进行文档的编辑和设计。

（2）微信复制

135 编辑器虽然可以方便的编辑微信公众号文章，但毕竟不是微信公众号平台，不能直接在编辑器里发布，因此需要将编辑好的文章复制到微信公众号中，单击 135 编辑器的“微信复制”按钮，如图 9-136 所示。打开微信公众平台，新建图文素材，鼠标单击正文任意处，按【Ctrl+V】组合键粘贴，所有美化都可以完美的复制到微信上，内容也不会有任何的改变。微信复制功能的方便之处是不需要授权公众号，但文章每次进行了更新修改后，需要再次复制微信，才能在微信公众号平台进行更新。

（3）快速保存

用户在编辑文档时，为防止文档内容丢失，可以在每次完成一步以后单击“快速保存”按钮，如图 9-136 所示，快速保存保存的文档将保存至左侧功能区“我的文章”中，快速保存的文档不对文档命名，默认名为“草稿”。

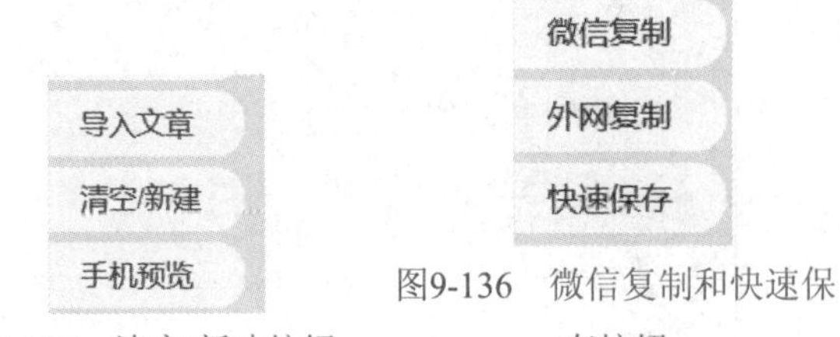

图9-135　清空/新建按钮

图9-136　微信复制和快速保存按钮

（4）保存同步与公众号授权

使用“微信复制”功能需要每次在对文章更新后都要将文章再次复制到微信公众号平台一次，如果想要文章每次保存后自动更新至微信公众号平台，则需要将微信公众号平台授权给 135 编辑器，授权的方法是：

① 单击页面你右上角用户名，在个人中心中选择“授权公众号”，如图 9-137 所示。

② 进入我的公众号后单击“授权新的微信公众号，使用公众平台绑定的管理员个人微信号扫二维码授权，就完成了绑定，如图 9-138 所示。

图9-137　授权公众号

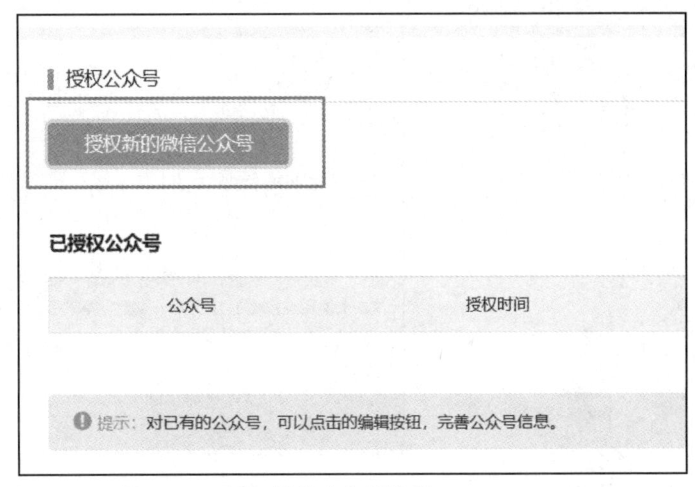

图9-138　授权新的公众号按钮

将微信公众平台授权给 135 编辑器后，单击“保存同步”按钮，打开“保存图文”对话框，输入“图文标题”，单击“文件上传”按钮，上传封面，在“同步”选项中勾选关联的微信公众号，即可将文章保存至公众号的“素材管理”中，如图 9-139 所示，也可以在 135 编辑器的“我的文章”功能区中查看和修改文章。保存同步后，在 135 编辑器中做的任何修改都可以同步至微信公众号，达到省时省力的效果。与公众号关联以后，选择“定时群发”按钮，还可以直接在 135 编辑器中直接发布文章。

（5）手机预览与生成长图

在 135 编辑器中完成文章的编辑以后单击“手机预览”按钮，查看手机预览效果。单击“生成长图”按钮，可以将编辑号的文章直接生成长图，便于用户的观察，如图 9-140 所示。

2．一键排版

135 编程器的一键排版功能，是用户赶稿的必备功能，用户只需要将素材导入到编辑区，单击“一键排版”中设计好的模板，就可以实现自动排版。

我们在前面学习设计副标题样式时，将重新设计的副标题保存为“个人模板”，除了可以保存为“个人模板”以外，还可以保存为“个人一键排版”，选择类型副标题，就可将副标题样式添加至个人一键排版中，如图 9-141 所示。

图9-139 保存同步

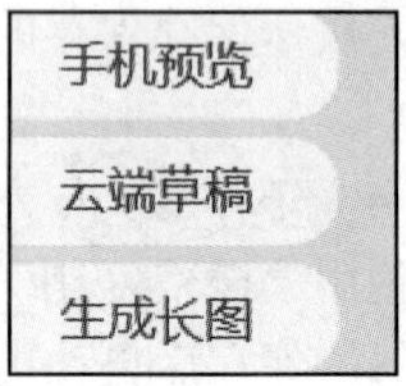

手机预览

云端草稿

生成长图

图9-140 “手机预览”和“生成长图”按钮

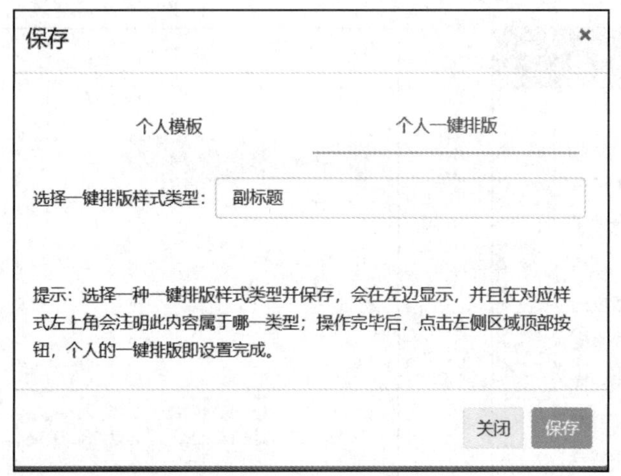

图9-141 个人一键排板

除了副标题外，还可以设置“顶部签名”、“主标题”、“引用”、“单图”、“双图”、“三图”、“四图”、“分割线”和“底部签名”等一键排版样式，如图 9-142 所示。

① 单击样式中间的加号“单击添加此样式按钮”，为各类样式添加“一键排版样式”。或者在样式中选择某一样式，在编辑器页面自己编辑样式的颜色，间距等，将设计好的样式保存为“个人一键排版”，并选择样式类型。还可以修改正文基础样式，设置正文字体、字号、颜色、间距。

② 设置好各一键排版样式后，将素材导入至编辑器，在左侧单击“一键排版”，进入一键排版的设置界面。使用 MarkDown 语法来判断标题、副标题样式等。

MarkDown 语法就是给文档添加一些小符号。例如可以在标题前增加『#』号，来区分标题和短句。比如：“# 我是一级标题”就是一级标题，“## 我是二级标题”就是二级标题，如图 9-143 所示。

③ 单击“一键排版”按钮，自动为编辑器页面的全文一键排版。

一键排版更像是一个宏观、整体的排版，它使用简单、快速方便，用极少的时间就可以完成排版工作。当用完排版之后，可以对排版的细节进行处理，比如在一键排版的基础上进行优化、添加引导关注、底部二维码等。

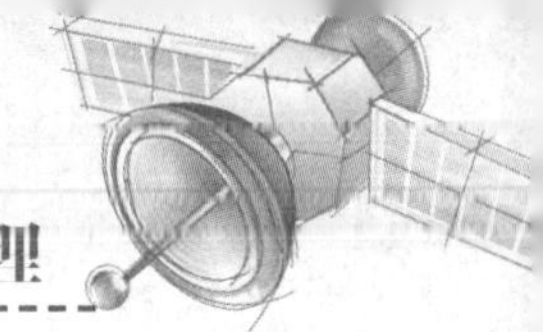

图9-142 一键排版界面

在要设置一级标题（主标题）的内容前输入『#』

在要设置二级标题（副标题）的内容前输入『##』

在要设置为引用的内容前输入『>』

在想要设置分割线的地方输入『---』

图9-143 MarkDown语法

注意：一键排版适合于有规律的标题→文字→图片，这类循环的简约的文章排版风格，不支持多种样式混合排版。